Praktische Getriebelehre

Von

Dr.-Ing. habil. Kurt Rauh †

ehem. a. pl. Professor für Getriebelehre
an der Technischen Hochschule Aachen

Zweiter Band

Die Keilkette

Zweite erweiterte Auflage

Bearbeitet von

Dipl.-Ing. Wolfgang K. Rauh

Mit 886 Abbildungen in einem Bildanhang
und 4 Tafeln

Springer-Verlag Berlin Heidelberg GmbH

1954

ISBN 978-3-642-94632-5   ISBN 978-3-642-94631-8 (eBook)
DOI 10.1007/978-3-642-94631-8

Additional material to this book can be downloaded from http://extras.springer.com

Vorwort zur zweiten Auflage.

Die Getriebelehre soll im „kalten Maschinenbau" die Bedeutung erhalten, wie die der Thermodynamik im „warmen Maschinenbau". Dies war der Leitgedanke des am 18. April 1952 viel zu früh verstorbenen Verfassers der „Praktischen Getriebelehre", Prof. Dr.-Ing. habil. KURT RAUH.

Die Konstruktion neuer Maschinen der Verarbeitungstechnik, der Landmaschinentechnik und anderer Gebiete des „kalten Maschinenbaus" soll diese praxisnahe Getriebelehre erleichtern und fördern. Wie im ersten Bande der Praktischen Getriebelehre ist auch hier Wert gelegt auf eine möglichst vielseitige Behandlung des Stoffes, der in fast alle Gebiete der Technik hineinreicht. Behandelte der erste Band ausschließlich die Getriebe der *Viergelenkkette*, so geht der zweite Band aus von der scheinbar dreigliedrigen *Keilkette* mit ihren so vielseitigen Anwendungen auf den Gebieten der Keilschubgetriebe, Kupplungen und Führungen, Zahnradgetriebe, Differentialgetriebe und Schaltwerke. Im weiteren Verlauf werden rechnende Getriebe und Getriebe der Feinmechanik eingehend behandelt und an vielen Anwendungsbeispielen erläutert.

Neu gegenüber der ersten Auflage sind die Abschnitte über „Wendegetriebe", „Gegendopplung und Wertigkeit der Getriebe", „Genauigkeit der Getriebe", „Federn in Getrieben" und „Konstruktionstafeln". Andere Abschnitte wurden wesentlich erweitert. Vielfachem Wunsch gemäß wurden die im ersten Band nur kleingedruckten *Konstruktionstafeln zur Ermittlung von Getrieben* sowie eine *Genauigkeitstafel* zur Abschätzung der erzielbaren Krümmungsübereinstimmung bei Koppelkurvengetrieben in praktisch verwendbarem, großen Format beigefügt. In den beiden letzten Abschnitten des Buches wird auf die Benutzung dieser Konstruktionstafeln besonders Bezug genommen. Mit den Tafeln, die bereits mit dem Heft 2 der Schriftenreihe „Praktische Getriebetechnik" 1937 im VDI-Verlag sowie 1948 im Selbstverlag veröffentlicht wurden, soll dem Konstrukteur ein besonders günstiges Mittel zur schnellen und mühelosen Getriebeermittlung in die Hand gegeben werden.

Entsprechend dem ersten Bande ist wieder die bewährte Form eines getrennten Text- und Bildteiles gewählt worden, wodurch die Übersichtlichkeit besonders der Abbildungen bedeutend verbessert wird. Für die Abbildungen ist wieder in Anlehnung an die HUNDHAUSENsche Farbgebung für die Getriebeglieder die Schwarz-Weiß-Darstellung gewählt worden. Die Zahl der Abbildungen ist gegenüber der ersten Auflage wesentlich erweitert worden.

Im Jahre 1945 wurde durch einen Fliegerangriff die Druckerei mit der bereits im Druck befindlichen zweiten Auflage beider Bände der „Praktischen Getriebelehre" restlos zerstört. Die erste Auflage ist in den Vereinigten Staaten von Amerika zweimal nachgedruckt worden. Nach mühevoller Neuarbeit gelang es dem Verfasser nach dem Kriege, neben anderen neuen Büchern aus dem Gebiete der Getriebelehre und der Maschinenaufbaulehre den ersten Band der Praktischen Getriebelehre in der zweiten Auflage neu zu veröffentlichen. Sein früher Tod hinderte ihn aber daran, den zweiten Band ebenfalls wieder neu erstehen zu lassen.

Als der Springer-Verlag nach dem Tode des Verfassers an mich, den ältesten Sohn des Verfassers, mit der Bitte herantrat, die Bearbeitung dieses Bandes zu übernehmen, erklärte ich mich gern bereit, das Werk meines Vaters nicht unvollendet zu lassen. An Hand hinterlassener Druckfahnen der zerstörten Kriegsauflage und neu hinzugekommener Notizen sowie auf Grund von Gesprächen und Hinweisen während meiner Hilfsassistentenzeit an der „Dozentur für Getriebelehre" der Technischen Hochschule Aachen, gelang es mir, den zweiten Band in der vom Verfasser gewünschten Form zusammenzustellen.

Für die fleißige Mithilfe an der Zusammenstellung und teilweisen Neuanfertigung der Abbildungen, sowie eines großen Teils der Korrekturarbeit, möchte ich an dieser Stelle besonders meinem Bruder, stud. ing. HELLMUT RAUH, danken.

Für die zweckmäßige, gute Ausstattung des Buches danke ich dem Springer-Verlag, auch im Namen vieler Freunde der „Praktischen Getriebelehre".

Im ewigen Andenken an den heute vor zwei Jahren dahingeschiedenen Verfasser lege ich diesen Band seines weiterlebenden Werkes der Öffentlichkeit vor, in der Hoffnung, daß die konstruktive und praxisnahe Entwicklung und Darstellung der Getriebelehre weiterhin wächst und den Ingenieuren am Reißbrett und im Betrieb eine wertvolle Hilfe ist.

Aachen, den 18. April 1954.

Wolfgang K. Rauh.

Inhaltsverzeichnis des zweiten Bandes.

In der Tasche am Schluß des Buches 4 Tafeln.

Inhalt des ersten Bandes.

I. Die Viergelenkkette.

II. Die Entwicklung von Geradführungen in der Viergelenkkette.

III. Die Keilkette.

1. Die Getriebearten der Keilkette.

Die Keilkette entsteht aus der Viergelenkkette, wenn drei der vier Drehkörperpaare der Viergelenkkette durch Geradführungen ersetzt werden. Das vierte Drehkörperpaar ist dann bewegungslos und wird meist weggelassen, so daß die beiden durch das 4. Gelenk verbundenen Glieder zu einem einzigen verschmelzen. So entsteht die — scheinbar — dreigliedrige Keilkette[1].

Damit geht die Sinusgesetzmäßigkeit, die den Bewegungsgesetzen der Viergelenkkette zugrunde liegt, vollständig verloren. Zwischen den Gliedern der Keilkette gibt es nur noch einfache lineare Bewegungsgesetze, die allein durch die Steigungswinkel[2] zwischen den Geradführungen beeinflußt werden.

Hierbei sind drei grundsätzliche und für die Getriebebildung bedeutungsvolle Fälle möglich.

A. Die Geradführungen der Keilkette liegen in drei verschiedenen Richtungen. Dann entstehen beim Feststellen eines der Glieder Schubgetriebe (Abb. 1 und 4).

B. Zwei der drei Geradführungsrichtungen fallen zusammen oder sind parallel. Dann entstehen Sperrungen (Riegelungen) und Kupplungen (Abb. 2 und 5).

C. Alle drei Geradführungen der Keilkette liegen in ein und derselben Richtung. Dann entstehen Führungen (Abb. 3 und 6).

Diese drei großen Gruppen können weiter unterteilt werden. Wenn statt einer der Geradführungen eine Führung mit wechselndem Steigungswinkel verwendet wird, so entstehen z. B. bei A. *Kurvenschub*, bei B. *Schaltung* (Schubbewegung mit Stillstand), bei C. *Faltführungen, Umleitungen* usw.

Weiter ist es möglich, eine oder zwei Geradführungen des Keilschubes in Bogenführungen zurückzubilden, wodurch Keilschubgetriebe auch auf einem oder zwei Zylindern entstehen können, im Gegensatz zu den Getrieben der Viergelenkkette, die nur in der Ebene oder auf der Kugelfläche möglich sind.

Kurventrieb, Rädertrieb, Rollentrieb, Schraubentrieb und Sperrtrieb, die seit REULEAUX als Elementargetriebe angesehen werden, stellen sich jetzt als *Entwicklungsformen der Keilkette* dar. Getriebe und Getriebeformen, die man bisher nicht recht in den Rahmen der Elementargetriebe einschalten konnte, erhalten nun fast von selbst und folgerichtig ihren Platz, wie z. B. Kugel- und Rollenlager,

---

[1] Siehe Abschnitt 61, Bd. 1, II. Aufl.

[2] In Anlehnung an den Keil bzw. die Schraube wurde der Ausdruck „Steigungswinkel" gewählt für den Winkel, den zwei Geradführungsrichtungen einschließen.

das Pekrungetriebe, die Globoidgetriebe, die Kupplungen, das Kammlager, die Kreissägen, Rillmesser, Jacquardsteuerungen usw.

Die Beziehungen zwischen Kurventrieben mit und ohne Rolle werden offenbar. Ja selbst die bei den früheren Forschern wenig veränderlichen Verbindungselemente der Getriebeglieder sind einer Entwicklung unterworfen, so daß sich „höhere" und „niedere" Elementenpaare nicht mehr als zwei verschiedene Gruppen, sondern als verschiedene Entwicklungsstufen des Drehkörperpaares darstellen.

2. Natürliche und gestaltbedingte Zwangläufigkeit.

Die Viergelenkkette mit ihren Getrieben ist *von Natur aus* zwangläufig. Gleichgültig, wie groß die Längen ihrer Glieder sind, gleichgültig, ob Gelenke in Bogenpaare umgeformt wurden oder in Geradführungen, immer werden durch die Bewegungen eines der Glieder alle anderen Glieder gezwungen, in ganz bestimmten Bahnen zu laufen (vgl. Abschn. 4).

Ein Glied mehr und es entsteht die Fünfgelenkkette, bei der sich nicht mehr voraussagen läßt, welche Bewegungen sonst erfolgen werden, wenn man eines ihrer Glieder bewegt. Es besteht hier von Natur aus keine Zwangläufigkeit mehr, und dennoch sind die Getriebe der Abb. 386, 390 und 391[1] zweifellos zwangläufig, obwohl sie fünfgliedrig sind und sogar nur Gelenke besitzen.

Die Dreigelenkkette (mit einem Glied weniger) ist unbeweglich (Dreiecksverband), und dennoch ist die dreigliedrige Keilkette mit all ihren Getriebearten und Getrieben beweglich und zweifellos auch zwangläufig.

Die Zwangläufigkeit dieser fünfgliedrigen und dreigliedrigen Getriebe ist aber nicht von Natur aus vorhanden, sondern immer nur deswegen *neu entstanden*, weil infolge besonderer baulicher Abwandlungen ein Gelenk beim Bewegen der betreffenden erzeugenden Getriebe unbewegt und daher unbenutzt blieb und nur wegen dieser gestaltbedingten Bewegungseigentümlichkeit praktisch nicht ausgeführt zu werden *brauchte*. (Vgl. Abb. 385 und 386[1] sowie Abb. 569 und 570[1].) Die hier vorliegende *Zwangläufigkeit* ist also keine natürliche, sondern eine künstliche, eine *gestaltbedingte*, und es ist eine Besonderheit solcher gestaltbedingt zwangläufiger Getriebe, daß sie nach Wiedereinführen des unbewegten Gelenkes zwangläufig bleiben, nunmehr allerdings wieder natürlich zwangläufig, und daß beide Getriebeformen gleiche Bewegungsgesetze haben.

Erfolgt die Ausnutzung gestaltbedingter Zwangläufigkeit bei der Keilkette und ihren Getrieben meist unbewußt, so kann man sie bei Koppelkurvengetrieben oft vorteilhaft planmäßig erreichen. Ein Beispiel hierfür sind die bereits erwähnten Getriebe der Abb. 386, 390 und 391[1], bei denen eine besonders geformte Kurbelkurve (mit dem Hub „Null") die dazu notwendigen baulichen Voraussetzungen bietet. Bei den Lenkergeradführungen (Abb. 339 bis 343[1], Anwendungen in Abb. 337 und 338[1]) wird eine geradlinige Koppelkurve ausgenutzt, bei den angenäherten Lenkergeradführungen (Abb. 341 bis 343[1]) ein geradliniges Stück der Koppelkurve unter gleichzeitiger Beschränkung auf die Ausnutzung nur eines Teiles der möglichen Getriebebewegung.

Ebenso können auch Stillstandsbogen von Koppelkurven und Kurbelkurven bei nur teilweise bewegten Getrieben ausreichende Bauvoraussetzungen sein für gestaltbedingt zwangläufige Getriebe, wie bei der Leitwerksteuerung für Wasserturbinen in Abb. 13.

---

[1] RAUH, K.: Praktische Getriebelehre, Bd. 1, 2. Auflage, Berlin, Göttingen, Heidelberg; Springer 1952.

3. Formschluß und Kraftschluß.

Bei den von der Keilkette abgeleiteten Getrieben spielt der *Kraftschluß* eine große Rolle. Zwar kommen auch bei den Getrieben der Viergelenkkette kraftschlüssige Gliederverbindungen vor, sie sind aber selten und werden nur bei besonderen konstruktiven Forderungen angewendet (z. B. Gabelheuwender, Nietmaschine als Bruchsicherung, Horizontalsäge, Kuchenautomat, zum Anpassen des Vorschubes an den Arbeitswiderstand des Werkstückes, Schaltvorrichtung für die Einfallbewegung der Schaltklinke (Abb. 119, 298, 302, 304, 306[1]).

Formschlüssig ist eine Gliederverbindung, wenn im Elementenpaar die Vollform von der Hohlform so umfaßt wird, daß für die Vollform keine andere Bewegung oder keine andere Lagenänderung möglich ist, als die durch das Elementenpaar gegebene. Ein Drehkörperpaar, dessen Lager den Zapfen vollständig umfaßt so daß nur Drehbewegung möglich ist, ist formschlüssig (Abb. 9); ist dagegen das Lager geteilt und die eine Lagerhälfte weggenommen, so ruht die Welle nur noch *kraftschlüssig* im Lager (Abb. 10). Die Schlußkräfte sind bei Formschluß natürlich auch da, jedoch in Form von *inneren* Werkstoffwiderständen, bei Kraftschluß dagegen in Form von *äußeren* Kräften, meist der Schwerkraft oder irgendeiner Federkraft. Während bei Formschluß etwa auftretende störende Kräfte, auch wenn sie besonders stark sind, durch entsprechend gesteigerte Materialspannungen ausgeglichen werden, wirken bei Kraftschluß die Schlußkräfte, also Schwer- und Federkraft, nur so lange, als sie von den Störkräften nicht aufgehoben oder gar überragt werden. Kraftschlüssige Verbindungen sind also nur bedingt zuverlässig und versagen meist bei gesteigerten Drehzahlen mit den größeren Schleuder- und Massenkräften, führen aber auch sonst leicht zu Störungen (z. B. Federbruch). Trotzdem wird der Kraftschluß bei vielen Getrieben der Keilkette (im weitesten Sinne) gern angewendet, da dann meist erheblich einfacher und leichter, oft auch übersichtlicher zu bauen ist. Bei Sperrungen kommt dazu noch die Möglichkeit, auf diese Weise die Einspannpressung (Reibgesperre) einzustellen oder die Riegelendstellungen (Schloß) zu sichern.

Die Grundgetriebe für Schub, Sperrung und Führung sind in Abb. 1 bis 3 formschlüssig ausgebildet, in Abb. 4 bis 6 kraftschlüssig.

A. Die Schubgetriebe.

4. Das]Keilschubgetriebe, Selbstsperrung.

Aus jeder zwangläufig geschlossenen Kette kann man durch Festhalten eines ihrer Glieder so viele Getriebe bilden, als die Kette Glieder besitzt[2]. Aus der (scheinbar) dreigliedrigen Keilkette erhalten wir also drei Getriebe, die sich gleichen, wenn die zugehörige Keilkette drei verschiedene Geradschubrichtungen besitzt (Abb. 1 und 4). Es entstehen dann immer Keilschubgetriebe.

Treibt man eines der beiden beweglichen Glieder dieser Getriebe an, so erfolgt eine genau entsprechende Bewegung des anderen beweglichen Gliedes, und zwar in einem Übersetzungsverhältnis, das durch die gegenseitige Lage der drei Geradführungen des Getriebes unveränderlich festliegt. An die Stelle der sinoidischen Bewegungsgesetze in der Viergelenkkette treten in der Keilkette dann ganz einfache lineare Gesetzmäßigkeiten[3].

---

[1] RAUH, K.: Praktische Getriebelehre, Bd. 1, 2. Auflage, Berlin, Göttingen, Heidelberg; Springer 1952.
[2] Abschnitt 5, Bd. 1, 2. Aufl. [3] Abschnitt 61, Bd. 1, 2. Aufl.

In der praktischen Anwendung dient das Keilschubgetriebe zur *linearen Über-setzung von Bewegung* oder *Kraft* und zur *Erzeugung lösbarer Verbindungen* unter Ausnutzung der *Selbstsperrung*.

Die *Selbstsperrung* ist eine Folge der Reibung zwischen den Gleitflächen und tritt dann ein, wenn der *Steigungswinkel* des *Keiles* (der Winkel zwischen den Gleitflächen eines der Glieder) sehr klein ist.

Der *Grenzwert* des *Steigungswinkels* läßt sich leicht finden, wenn die Reibungs-zahlen der einzelnen Geradführungen bekannt sind.

Bei dem praktisch fast ausschließlich üblichen Keilschubgetriebe mit zwei senkrecht zueinander liegenden Schubrichtungen (Abb. 7) ergibt sich der Grenzwert α_0 des Steigungswinkels α für Selbstsperrung

bei waagerechtem Antrieb (P) aus:

$$\operatorname{tg} \alpha_0 = \frac{1 - c_2 c_3}{c_2 + c_3} .$$

bei senkrechtem Antrieb (Q) aus:

$$\operatorname{tg} \alpha_0 = \frac{- c_1 - c_2}{1 - c_1 c_2} .$$

wobei die Werte c_1, c_2 und c_3 die Reibungszahlen der drei Geradführungen des Keilschubgetriebes sind (s. Abb. 7).

Wäre keine Reibung zu berücksichtigen, so würde von der senkrecht auf die schräge Keil-fläche wirkenden Kraft N (Abb. 7) die waagerechte Teilkraft (Komponente) $N \sin \alpha$ als Kraft P erscheinen, die senkrechte Teilkraft $N \cos \alpha$ als Kraft Q.

Berücksichtigt man aber die Reibung in den einzelnen Geradführungen 1, 2 und 3 (Abb. 7), so wird z. B. die senkrechte Teilkraft $Q = N \cos \alpha$ vermindert durch die Reibung $N \sin \alpha\, c_3$ in der Geradführung 3 infolge des Gleitdruckes der waagerechten Teilkraft $N \sin \alpha$.

Ferner verringert den endgültigen Wert von Q noch die Reibung $N c_2$ in der Gerad-führung 2, die senkrecht zu N wirkt (c_2 = Reibungszahl der Führung 2). Die waagerechte Teilkraft $c_2 N \cos \alpha$ dieser Reibung verstärkt den Führungsdruck in der Geradführung 3 und damit die dort entstehende Reibung auf $N \sin \alpha\, c_3 + N c_2 \cos \alpha\, c_3$, während die senkrechte Teilkraft $N c_2 \sin \alpha$ der Gleitbahnreibung bei 2 der senkrechten Teilkraft von N unmittelbar entgegenwirkt.

Unter Berücksichtigung der Reibung ergibt sich also für die Kraft Q folgender Ausdruck:

$$Q = N \cos \alpha - c_3 N \sin \alpha - c_3 N c_2 \cos \alpha - N c_2 \sin \alpha$$

und entsprechend für P:

$$P = N \sin \alpha + c_1 N \cos \alpha - c_1 N c_2 \sin \alpha + N c_2 \cos \alpha .$$

Das Verhältnis $P : Q$ ist dann:

$$\frac{P}{Q} = \frac{\sin \alpha + c_1 \cos \alpha - c_1 c_2 \sin \alpha + c_2 \cos \alpha}{\cos \alpha - c_3 \sin \alpha - c_2 c_3 \cos \alpha - c_2 \sin \alpha} .$$

Dieser Ausdruck mit $\cos \alpha$ gekürzt, ergibt:

$$\frac{P}{Q} = \frac{\operatorname{tg} \alpha + c_1 - c_1 c_2 \operatorname{tg} \alpha + c_2}{1 - c_3 \operatorname{tg} \alpha - c_2 c_3 - c_2 \operatorname{tg} \alpha} = \frac{\operatorname{tg} \alpha (1 - c_1 c_2) + c_1 + c_2}{1 - c_2 c_3 - \operatorname{tg} \alpha (c_2 + c_3)} .$$

Wenn P, wie bisher, treibende Kraft ist, so tritt Selbstsperrung ein ($Q = 0$), wenn für den Steigungswinkel α gilt:

$$\operatorname{tg} \alpha_0 = \frac{1 - c_2 c_3}{c_2 + c_3}$$

ist Q die treibende Kraft, so kehren sich die widerstrebenden Reibungen bei 1, 2 und 3 der Richtung nach um. Dann ist

$$P = N \sin \alpha - N c_1 \cos \alpha - N c_2 \sin c_1 - N c_2 \cos \alpha .$$

Man erhält dann für den Grenzwert α_0 des Steigungswinkels α $(P = 0)$

$$\operatorname{tg} \alpha_0 = \frac{- c_1 - c_2}{1 - c_1 c_2}.$$

Setzt man für die Reibungszahlen c_1, c_2 und c_3 die Werte für geölte Flächen (0,1), so erhält man bei Antrieb durch P den Steigungswinkel α_0 gleich $\sim 79°$, bei Antrieb durch Q den Ergänzungswinkel zu $90°$, also $\sim 11°$. Bei selbstsperrenden Keilverbindungen geht man noch erheblich unter diese Werte (1 : 100 bis 1 : 20).

Die Reibung, die bei den Verbindungen benutzt wird, hindert aber bei der Erzeugung der Schubbewegung und kann dort leicht zu Klemmungen in den Gleitstellen führen. Für Schubbewegungen sind $45°$ Steigungswinkel das äußerste, was man noch zulassen darf, wenn die sichere Gangbarkeit des Getriebes erhalten bleiben soll. Dabei ist aber Voraussetzung, die Geradführungen so günstig wie möglich abzustützen, um jedes einseitige Freitragen zu vermeiden. Dem Steigungswinkel $45°$ entspricht etwa die Reibungszahl $c = 0,4$.

5. Die einfachen Keilschubgetriebe.

Aus dem *Keilschubgetriebe* (Abb. 14) entstehen die weiteren *Grundformen der einfachen Keilschubgetriebe*, nämlich der *Spiralkeiltrieb* (Abb. 15) und der *Zylinderkeiltrieb oder Schraubentrieb* (Abb. 16) durch Rückbildung der Geradführung zwischen dem schwarzen Schubglied und dem Gestell zum Drehkörperpaar[1].

Das Bewegungsgesetz bleibt dabei unbeeinflußt: Eingeleitete Bewegung wird, nach einem *einzigen* festliegenden Verhältnis übersetzt (oder untersetzt), weitergeleitet.

Dabei erhält man den *Spiralkeiltrieb* (Abb. 15), wenn man die Geradführung des schwarzen Schubgliedes im Gestellglied des Keilschubgetriebes (Abb. 14 auffaßt als Drehung um ein unendlich fernes Drehkörperpaar mit einer *senkrecht zur Getriebeebene stehenden Drehachse*, und wenn man sich dieses Drehkörperpaar nun in endliche Nähe gebracht denkt.

Da man diese Geradführung aber ebensogut auch als Drehung um ein unendlich fernes Drehkörperpaar auffassen kann *mit beliebig zur Getriebeachse stehender Drehachse*, erhält man den *Kegelkeiltrieb* (Abb. 8), wenn man sich ein solches Drehkörperpaar in endliche Nähe gerückt denkt.

Mit schneidfähigem Gewinde kommen Kegelkeiltriebe als Holzschrauben vor.

Ein Sonderfall, nämlich der, daß die *Drehachse* dieses unendlich fernen Drehkörperpaares *parallel zur Getriebeebene* liegend angenommen wird, führt zu dem technisch ungemein wichtigen *Zylinderkeiltrieb oder Schraubentrieb* (Abb. 16).

Zugleich mit der eben behandelten Rückbildung der Geradführung zwischen dem schwarzen Schubglied und dem Gestell muß eine entsprechende Veränderung der Geradführung zwischen dem schwarzen Schubglied und dem weißen Hubglied erfolgen.

Beim Spiralkeiltrieb (Abb. 15) wird diese Geradführung zur *Spiralführung*, wobei das schwarze Schubglied die Spirallinie als „Kurve" trägt. Die Krümmung dieser Spirale wird immer flacher, je weiter sie sich von der Spiralscheibenlagerung entfernt. Dementsprechend müßte sich auch die Krümmung des Gegenelementes am weißen Hubglied ändern je nach der jeweiligen Stellung der schwarzen Spiralkeilscheibe. Das ist aber praktisch nicht durchführbar, und deshalb wählt man für dieses Gegenelement (weiß) entweder die größte an der Spiralkeilscheibe auftretende Krümmung oder eine überhaupt nicht gekrümmte Fläche. Damit ver-

---

[1] Vgl. Abschn. 3, insbes. Abb. 20 bis 31 und 35 bis 37, Bd. 1, 2. Aufl.

schwindet aber die Flächenberührung im Elementenpaar Schwarz-Weiß, denn das weiße Verbindungselement berührt die schwarze Spirale dann nur noch in einer parallel zur schwarzen Welle verlaufenden *Linie*. Damit ist zwischen dem schwarzen Schubglied und dem weißen Hubglied ein *höheres Elementenpaar* entstanden[1].

Im Zylinderkeiltrieb (Schraubentrieb) (Abb. 16) dagegen wird das Elementenpaar zwischen dem schwarzen Schubglied und dem weißen Hubglied zum *Schraubenpaar*, und *bleibt ein niederes Elementenpaar*, denn zwischen Schraubenbolzen und Schraubenmutter besteht *Flächenberührung*.

Es entsteht dabei das in der bisherigen Getriebeentwicklung noch fehlende dritte *linienläufige niedere Elementenpaar*.

Während es bei den Keilschubgetrieben mit drei Geradführungen (Abb. 17 bis 19) für den Getriebezustand gleichgültig ist, welches der drei Glieder zum Gestell ausgebildet wird[2], entstehen beim Spiralkeiltrieb (Abb. 20 bis 22) und beim Schraubentrieb (Abb. 23 bis 25) drei verschiedene Getriebeformen, je nachdem, welches der einzelnen Getriebeglieder als Gestell ausgebildet wird. Statt der drei gleichartigen Geradführungen haben diese Getriebe ja *drei verschiedene Elementenpaare*, nämlich je ein Drehkörperpaar, eine Geradführung und eine Kurvenführung (Spiralkeil bzw. Schraube).

Bildet man entsprechend den umlaufenden Doppelkurbelgetrieben (Abb. 46, Bd. 1) der Viergelenkkette das schwarze Glied, also die Spiralscheibe bzw. den Schraubenbolzen zum Gestell aus, so erhält man auch hier *umlaufende Getriebe*, nämlich den *umlaufenden Spiralkeiltrieb* (Abb. 21) und den *umlaufenden Schraubentrieb* (Abb. 24). Wenn das weiße Glied zum Gestell wird, entstehen der *steigende Spiralkeiltrieb* (Abb. 22) und der *steigende[3] Schraubentrieb* (Abb. 25), die den ebenfalls auf dem weißen Glied stehenden schwingenden Doppelkurbelgetrieben der Viergelenkkette ähnlich sind.

6. Wiedererscheinen
des vierten Gliedes der Viergelenkkette.

Die Spiralkeiltriebe der Abb. 15 und 20 sind als Getriebe der Keilkette dreigliedrig; man kann dazu aber noch ein viertes Glied, in den Abb. 21 und 22 eine Rolle, anordnen, ohne dadurch das Bewegungsgesetz dieser Getriebe irgendwie zu verändern (vgl. Abschn. 2).

Dies schon deutet darauf hin, daß das vierte Glied keine Erweiterung ist, sondern bereits in dem dreigliedrigen Getriebe, wenn auch verborgen, vorhanden sein muß; es bestätigt sich hier also, daß die Keilkette eine Entwicklungsstufe der Viergelenkkette ist[4].

Das vierte Drehkörperpaar der Viergelenkkette wird ja praktisch bewegungslos (Abb. 11) und könnte daher weggelassen werden, wenn die drei übrigen Drehkörperpaare durch Geradführungen ersetzt würden. Die beiden benachbarten Glieder, die dieses Drehkörperpaar verband, würden damit zu einem einzigen Glied verschmelzen. Bei den Spiralkeiltrieben böte sich nun wieder Gelegenheit zur *Bewegung* und daher Einführung dieses Gelenkes, und tatsächlich erscheint es dann auch sehr häufig in Getrieben der Keilkette. Als nunmehr wieder selbstän-

---

[1] Vgl. Abschn. 2, Bd. 1, 2. Aufl.
[2] Abb. 570 bis 573, Bd. 1, 2. Aufl.
[3] Diese Benennung habe ich gewählt, da im Sprachgebrauch bereits die Ausdrücke „Schrauben- oder Gewindesteigung" und „Steigungswinkel" in entsprechender Bedeutung vorhanden sind.
[4] Siehe Abschn. 61, Bd. 1, 2. Aufl.

diges *viertes* Glied wird es dabei meist als Gleitstein ausgebildet, als Gleitschuh, Kurvenschiffchen und ganz besonders oft als Kurvenrolle.

Das *Erscheinen des vierten Gliedes* ist stets verbunden mit einer *ganz wesentlichen Verbesserung der Betriebseigenschaften des betreffenden Getriebes*, was im folgenden noch häufig beobachtet werden kann. Bei der zunächst vorliegenden *Rolle* erhält man die sog. „rollende Reibung" mit verringerter Reibungszahl (vgl. Abschn. 4) und etwas verbessertem Abnutzungswiderstand. Damit kann der Steigungswinkel, bei dem Selbstsperrung beginnt, wesentlich herabgesetzt werden. Dies ist oft die Veranlassung dazu, das vierte Glied als Rolle (oder auch als Kugel) in sonst selbstsperrenden Schraubentrieben wiedererscheinen zu lassen, etwa wie bei dem Schraubentrieb mit Rollenanordnung in Abb. 12. Außer der üblichen Bewegungsuntersetzung vom Schnellen ins Langsame durch Drehen der Spindel ist dann auch die Übersetzung vom Langsamen ins Schnelle durch Verschieben der die Rollen tragenden Mutter möglich.

Allerdings bringt hier die Rollenanordnung ungünstigere Abnutzungsverhältnisse mit sich, da sie als höheres Elementenpaar das mit Flächenberührung laufende Schraubenpaar, also ein niederes Elementenpaar, ersetzt.

7. Zwangläufige Herstellung der einfachen Keiltriebe.

Jeder Praktiker weiß, daß die Herstellung *genauer* metallischer Kurven schwierig und daher teuer ist. Selbst beim Kopierfräsen, dem vollkommensten der in der Industrie üblichen Herstellungsverfahren, bestehen Fehlerquellen, z. B. beim Aufzeichnen der Kurven und beim Herstellen der Schablone, nach der die Maschine fräst. Beim Einbau solcher Kurven ist daher meist umfangreiche Nach- und Einpaßarbeit notwendig, ja es kommt vor, besonders bei Maschinen mit geringer Stückzahl, daß auf die Kurven ganze Stücke aufgeschweißt und beigefeilt werden müssen.

Es gibt aber doch einige Kurven, von denen wirklich fehlerfrei Mutterkurven für das Kopierfräsen zu erzeugen sind, nämlich solche, die aus geradlinigen und kreisförmigen Stücken zusammenzusetzen sind und solche, die sich während der Bearbeitung zwangläufig in dem gleichen Getriebe führen lassen, das sie später bewegen sollen. Bei den letzteren wird die Kurve weder aufgezeichnet, noch wird eine Schablone hergestellt, ja der Konstrukteur braucht vorher nicht einmal die Form der Kurve zu kennen, er gibt dafür nur die Vorrichtung an, mit der die Mutterkurve direkt zu erzeugen ist.

Zu diesen bevorzugten Kurven gehören die Spiralkeile.

Die Vorrichtung der Abb. 26 dient der Herstellung von Spiralkeilen, wie sie in den Getrieben der Abb. 20 bis 22 verwendet sind. Die *Kurvenrolle* (das vierte Glied!) ist dabei ein schneidfähiges Element — ein *Fräswerkzeug* —, das seinem Gegenelement, der *Kurvenbahn*, die Gestalt gibt. Da der Fräser in den Fräsmaschinen gestellfest gelagert ist und man, ohne seine sichere Führung zu beeinträchtigen, von dieser Lagerung — auch ausnahmsweise — nicht abgehen kann, kommt für die Vorrichtung nur der *steigende Spiralkeiltrieb* (Abb. 22) in Frage, *bei dem die Kurvenrollen ebenso gestellfest gelagert sind.* Damit liegt der Aufbau der Vorrichtung fest (Abb. 26). Das weiße Glied als Grundplatte der Vorrichtung erhält eine Geradführung und ist während der Arbeit fest mit dem Fräsmaschinengestell verbunden. In dieser Geradführung ist der schraffierte Schieber geführt, der auf einem drehbaren Zapfen das schwarze Werkstück für den Spiralkeil trägt. Durch die Bewegung des schraffierten Schiebers vom Fräser weg erhält der Spiralkeil seine Steigung. Gleichzeitig erfolgt spielfrei eine entsprechende Drehung des

Werkstücks durch die Ab- bzw. Aufwicklung je eines Stahlbandes auf einem mit dem Werkstück festverbundenen Teilrad, dessen Umfang der Erhebung des gewünschten Spiralkeiles bei einer vollen Umdrehung entspricht. Liegen die Mitten des Werkzeuges (Fräsers) und des Werkstücklagers auf der gleichen zur Schubrichtung des scharffierten Schiebers parallelen Geraden, so wird beim Verschieben des schraffierten Schiebers ein genauer Spiralkeil gefräst (evtl. auch geschliffen).

Praktisch braucht man als Vorrichtung nur die Stahlbandanordnung mit Teilrad und den schraffierten Lagerzapfen für das Werkstück auszuführen, da der schraffierte Schieber ja bereits als Frästisch und die weiße Grundplatte als dessen Bett an der Maschine vorhanden sind.

Es ist sofort zu übersehen, daß die gleiche Vorrichtung zur Erzeugung einer Evolvente zu benutzen ist, wenn der Fräser, wie in Abb. 27 über dem Stahlband angeordnet wird, was an der Fräsmaschine durch eine entsprechende Querverschiebung des Frästischbettes erreicht wird.

Diese „Schränkung" des Spiralkeiltriebes ist natürlich in verschiedenem Ausmaß möglich; sie beeinflußt jedoch die Lage der Bahnnormalen im Angriffspunkt der Kurvenrolle (Abb. 28 bis 32).

Diese Lage der Bahnnormalen läßt sich mit Hilfe der Vorrichtung insofern bequem feststellen, als die Bahnnormalen aller mit ihr herstellbaren Spiralen (Abb. 28 bis 32) durch denjenigen Umfangspunkt des Teilkreises gehen, an dem sich das Stahlband abhebt, sowie durch die Achse des Fräsers bzw. der Kurvenrolle (Spitze des in Abb. 28 bis 32 gezeichneten Hubgliedes).

Wie das Bild der archimedischen Spirale Abb. 29 zeigt, nähert sich die Richtung der Bahnnormalen um so mehr der Hubrichtung des Hubgliedes, je weiter die Spirale an dieser Stelle von der Lagerung entfernt ist.

Das gleiche erreicht man aber auch mit fortschreitender Schränkung auf das Stahlband zu (Abb. 30, 31, 32); bei der Evolvente (Abb. 31) fallen bereits sämtliche Bahnnormalen mit der Hubrichtung des Hubgliedes zusammen. Bei noch weiterer Schränkung (Abb. 32) vergrößert sich wieder die Abweichung der normalen Richtung von der Hubrichtung, nun aber nach der anderen Seite.

Besonders zu beachten ist der Vergleich der Evolvente (Abb. 31) und der Spirale (Abb. 28), bei der die Hubrichtung den Teilkreis ebenfalls berührt, aber an der dem Angriffspunkt des Stahlbandes gegenüberliegenden Seite. Bei dieser Spirale zeigt sich dann eine besonders ungünstige Lage der Bahnnormalen, worauf beim Bau der rückkehrenden Spiralkeiltriebe Rücksicht zu nehmen ist (vgl. Abschn. 10 und Abb. 71).

Der Aufbau einer derartigen zwangläufigen Kurvenerzeugung erfolgt grundsätzlich so, daß man zur Erzeugung das gleiche Getriebe verwendet, für das die Kurve später bestimmt ist, daß man aber die später von der Kurve bewirkte Bewegungsgesetzmäßigkeit bei der Herstellung *durch ein parallelgeschaltetes Getriebe* (Stahlbandanordnung) *gleicher Gesetzmäßigkeit* erzwingt. Die Kurve entsteht dann dadurch, daß das Gegenelement schneidfähig (oder formfähig) ist (Fräser usw.) und daher bei der Bewegung die Kurve herausschneidet.

Beim Drehen eines Gewindes auf der Drehbank (Abb. 33) ist ein solches parallelgeschaltetes Getriebe die Leitspindel, also ebenfalls ein Schraubentrieb. Beim Arbeiten mit Gewindeschneidkopf und Gewindebohrer (Abb. 34) wird der eben geschnittene Gewindegang sogleich als Führungsgetriebe für den weiteren Arbeitsvorgang verwendet, was zwar weniger genau ist, aber praktisch außerordentlich häufig angewendet wird (Korkenzieher, Holzschraube, Schiffsschraube, Luftschraube usw.).

Es gibt auch vereinzelte Fälle, wie z. B. das Walzen von Gewinde (Abb. 35 und 36) wo man die zwangläufige Herstellung nicht auf das Bewegungsgesetz, sondern auf die geometrische Deutung aufbaut. So betrachtet ist die Schraube die Aufwicklung eines Keiles auf einen Kreiszylinder, welche in formgebender Weise das Gewindewalzwerk besorgt.

8. Praktische Anwendung der einfachen Keiltriebe.
(Keilschubgetriebe, Spiralkeiltriebe, Schraubentriebe.)

Mit Keil und Schraube sind die grundlegenden technischen Arbeiten der einfachen *Wegübersetzung*, der einfachen *Kraftübersetzung* und teilweise der *Förderung* durchzuführen, und daher haben die einfachen Keiltriebe nicht nur überragende Bedeutung und Verbreitung vor allen anderen Getrieben, sondern sie sind geradezu grundlegend für wichtige Zweige der Technik.

So stützt sich die *Feinmeßtechnik* zu einem großen Teil auf die *einfache Wegübersetzung* des Keiles oder der Schraube und benutzt die Möglichkeit, die Meßstrecke linear auseinanderziehen zu können wie etwa bei der Mikrometerschraube und dem Meßkeil.

Das Gegenstück hierzu, das *Feineinstellen* eines einstellbaren Maschinenteils, womöglich noch während der Arbeit, zeigt Abb. 37 an einer als Zapfenerweiterung (Exzenter) ausgebildeten Kurbel. Ganz ähnlich erfolgt auch die Verstellung der Expansionsschieber bei Dampfmaschinen (MEYER, RIDER usw.), nur wird hier zur Verstellung meist die Drehbewegung einer Schraube der einfachen Verschiebung eines Keiles vorgezogen (letztere wurde hierbei auch schon verwendet).

Die Streukette eines Kunstdüngerstreuers (Abb. 38) benutzt die Wegübersetzung des Keilschubgetriebes zum Auseinanderziehen und dadurch zur *feinen Verteilung* des mehligen oder feinkörnigen Streugutes, — übrigens bis heute die einzige Einrichtung, die imstande ist, schwierigen, Feuchtigkeit ansaugenden, also leicht *schmierenden* Kunstdünger befriedigend zu streuen.

Der Drallstein der Abb. 40 verwandelt die etwa geradlinige Bewegung der Heizgase (Abb. 39) in eine schraubenartig drehende. Es erfolgt also eine Wegverlängerung der Heizgase im Dampferzeuger mit besserer Ausnutzung durch stärkere Wärmeabgabe. Die durch den Drall hervorgerufene Drehbewegung selbst wird bekanntlich bei den Geschossen ausgenutzt zur Erzeugung der auf der Kreiselwirkung beruhenden Richtkraft. Die gleiche Umwandlung einer geradlinigen Bewegung in eine drehende ist in recht geschickter Weise bei dem Waschmaschinenantrieb der Abb. 41 erreicht durch Zusammenschalten eines Geradschubkurbelgetriebes mit einem Schraubentrieb. Das sinoidische Bewegungsgesetz des Kurbeltriebes überträgt sich dabei auch auf die Drehbewegung der Waschtrommel, die sich infolgedessen sehr weich in Bewegung setzt und ebenso allmählich zur Ruhe kommt, um dann in die Rückdrehung überzugehen.

In ganz großem Umfang wird die *einfache Kraftübersetzung* der Spiralkeil- und besonders der Schraubentriebe in den Kreiselrad-Kraftmaschinen als Turbinen und Motoren und in den Ventilatoren und Umlaufpumpen angewendet, wobei ein Getriebeglied gasförmig oder flüssig ist. Bei der Kaplanturbine (Abb. 42) hat man durch die Verstellbarkeit der Flügel, also der Schraubensteigung, dabei noch besondere Betriebsvorteile erreicht.

Der Schraubentrieb mit Schiffs- oder Luftschraube (auch verstellbar) gibt die Grundlage der neuzeitlichen See- und Luftfahrt.

Natürlich hat der einfache Keiltrieb mit seinen Wechselbeziehungen zwischen Kraft und Geschwindigkeit auch grundlegende Bedeutung für den Bau von Land- und Wasserstraßen, Eisenbahnstrecken usw. bis zu den Treppen und Rutschen, bei geradlinigen Steigungen (Abb. 44) oder bei Wendel-, also Schraubenanordnungen, wie sie nicht nur für Treppen und Rutschen angewendet werden (Abb. 43),

sondern auch, in mehr oder weniger verzerrter Form allerdings, z. B. bei Hochgebirgsstraßen mit Serpentinen und bei Hochgebirgsbahnstrecken. Bei deren
Planung ist von Bedeutung, welche Art Lok Verwendung finden soll. Die höchste
Steigung ohne Verwendung von Zahnrad- oder Seilbahn beträgt $20^0/_{00}$ für Dampflokomotiven mit 24 km/std. Höchstgeschwindigkeit, dagegen $30^0/_{00}$ für elektrische
Lok mit 75 km/std. Höchstgeschwindigkeit.

Im eigentlichen Maschinenbau ist es nun das große Gebiet der Preßtechnik,
soweit hierbei nicht Gas- oder Flüssigkeitspressung vorgenommen wird, das fast[1]
ausschließlich auf der Kraftübersetzung der einfachen Keiltriebe beruht, sei es
wie beim einfachen Schraubentrieb (Abb. 16) der Wölfe (für Fleisch, Knollen,
Obst, Teig und ähnliche plastische Stoffe, Silofutter usw.) mit walzenartiger
(Abb. 45) oder entsprechend (Abb. 8) mit kegeliger (Abb. 46) Schraube, wobei
das Preßgut selbst das Schubglied mit Muttergewinde bildet, sei es wie beim meist
steigenden Schraubentrieb der Spindelpressen für die verschiedensten Zwecke, besonders der Kleineisenbearbeitung warm und kalt, in großer Zahl auch bei Kelterpressen (Abb. 47) für Wein und Obst, sei es schließlich wie bei den Exzenterpressen (z. B. Abb. 297, Bd. 1, 2. Aufl.), sofern man die dabei üblichen Exzenterformen als Spiralkeile wechselnder Steigung ansehen will.

Die der Preßtechnik nahe verwandte *Einspanntechnik* wird später als Anwendung der *Befestigungen* mitbehandelt.

Von vielleicht noch größerer Bedeutung sind die einfachen Keiltriebe als gestaltende Anordnungen in der *Schneidtechnik*[2].

Dabei ist die nächstliegende Anwendung des Keiles als Spaltwerkzeug (Axt) praktisch wegen der verhältnismäßig wenigen spaltfähigen Stoffe ziemlich beschränkt.

Am bedeutungsvollsten ist vielmehr das Schaben, wie es am leichtesten wohl
beim Pflügen beobachtet werden kann, mit der starken Krümelung des abgehobenen Spanes (Abb. 48) bei nicht zu bindigem, nicht plastischem Boden
(Abb. 49)[3]. Die hierbei stattfindenden Zerstörungsvorgänge im Span sind die
gleichen wie beim Hobeln oder Drehen anderer Baustoffe, wie Metalle, Steine,
Hartgummi und Kunstharze, Hölzer usw., aber auch wie beim Schneiden von
Futterknollen wie von Rüben z. B. (Abb. 50). Dabei ist es gleichgültig, ob der
Schneidvorgang als Geradschub erfolgt, wie beim Hobeln oder Pflügen oder als
Spiralkeilschub, wie beim Abstechen, Plandrehen oder Fräsen, oder als Schraubenschub, wie beim Drehen oder Bohren.

Der Fräser mit seinen mehrfach sich wiederholenden Schnittkeilen leitet zu
einer weiteren Gruppe hierher gehöriger Schneidwerkzeuge über, nämlich zu den
Feilen, Sägen und in ganz feiner Keilbildung zu den Schleifwerkzeugen.

Als besonders spitze Keile sind schließlich noch die Messer (auch in Scherenanordnung) zu erwähnen, — je nach dem Werkstück in allen möglichen Abstufungen nach Kraft und Form vom Bodenmesser des Maulwurfdränpfluges
(Abb. 51) bis zum Schneiddraht für Käse, Butter usw.

Die Anwendungsmöglichkeiten der einfachen Keiltriebe zur *Förderung* sind
mit Ausnahme gelegentlicher kurzstreckiger Einstellungen mit Keil oder Spiralkeil ausschließlich beschränkt auf den *Schraubentrieb*, der als Support-, Leitspindel- und Tischantrieb in der oder jener Form wohl in keiner Maschine mit
Einstellmöglichkeiten fehlt.

---

[1] Eine große und sogar besonders wichtige Rolle spielt hierbei noch die Kniehebelanordnung, sofern es sich bei verhältnismäßig geringem Hub um einen besonders hohen Druck
handelt. (Vgl. Abb. 300 (1. Bd., 2. Aufl.), 235 bis 238.)

[2] Vgl. auch Abschn. 30 (Abb. 302), Bd. 1, 2. Aufl.

[3] Vgl. Abschn. 31 (Abb. 269—272) Bd. I, 2. Aufl., sowie RAUH ,,Aufbaulehre der Verarbeitungsmaschinen", Abschn. 9c. 1950.

In der reinen Fördertechnik für kleinstückiges Gut, wie Getreide, kommt er als Förderschnecke (Abb. 52) oder als Rohrschnecke (Abb. 53) vor, das erste Mal mit metallischer Spindel und dem Fördergut als Mutter, im zweiten Fall umgekehrt, wobei allerdings die Förderschnecke den Nachteil hat, daß sich unten im Fördertrog Rückstände (meist Sand) ansammeln, was oft unerwünscht ist und dann u. a. zur Anwendung von schrägliegenden Schüttelmulden (Rücklaufboden) (Abb. 54) führt.

Diese Schrägflächen werden übrigens in sehr ausgedehntem Maße in der Siebtechnik, zum Teil auch in Form schrägliegender Siebtrommeln (Abb. 545) verwendet, mit geeignet gerillter Oberfläche kommen sie sehr ausgedehnt auch in der Schlämmtechnik zur Anwendung.

Eine erfolgreiche Anwendung der Förderschnecke zum Abteilen des Getreides an einem Mähbinder zeigt Abb. 55.

9. Rückbildung der Geradführung zwischen dem Hubglied und dem Gestell sowie zwischen dem Schubglied und dem Gestell zu Drehkörperpaaren in den einfachen Keiltrieben.

Die Globoidschneckentriebe.

Bei der Rückbildung der Geradführung zwischen dem weißen *Hubglied* und dem schraffierten Gestell entstehen zwei Grenzformen, nämlich eine *ebene* Getriebeform, das *Bogenhubkeilschubgetriebe* (Abb. 56) und ein *Raum*getriebe, das *Globoidkeilschubgetriebe* (Abb. 59). Diese Umformung entspricht völlig derjenigen der Abb. 14 bis 16, ja, das neue *Globoidkeilschubgetriebe* (Abb. 59) ist sogar ebenso ein Schraubentrieb wie der *Zylinderkeiltrieb* der Abb. 16, nur treibt jetzt nicht das drehende, sondern das geradgeführte Glied an.

Führt man nunmehr auch noch die in Abb. 14 bis 16 dargestellte Rückbildung der Geradführung zwischen dem schwarzen Schubglied und dem schraffierten Gestell aus, so entstehen als Spiralkeiltriebe der *Bogenhubspiralkeiltrieb* (Abb. 57) und der *Globoidspiralkeiltrieb* (Abb. 60), als Schraubentriebe der *Rollenscheibentrieb* (Abb. 58) und das *Globoidschneckengetriebe* (Abb. 61).

Dabei bewirkt der Bogenhub mit Ausnahme des Globoidkeilschubgetriebes als Schraubentrieb (Abb. 59) eine leichte Veränderung der Bewegungsgesetzmäßigkeit des weißen Hubgliedes, die man praktisch entweder in Kauf nimmt oder umgeht, indem man von der reinen Geradführung bzw. der reinen Spirale des schwarzen Schubgliedes entsprechend abgeht.

Dies *muß* man tun, wenn auf das drehende Hubglied nur eine unveränderlich übersetzte Drehbewegung übertragen werden soll, wie z. B. beim Rollenscheibentrieb (Abb. 58) und beim Globoidschneckengetriebe (Abb. 61), wo dazu Schneckengewinde wechselnder Steigung und Form verwendet sind.

Die große praktische Bedeutung der einfachen Globoidkeiltriebe beruht in der Möglichkeit, große Untersetzungen vom Schnellen ins Langsame bei sehr geringem Raumbedarf einbauen zu können, allerdings mit schlechtem Wirkungsgrad (*Keilschub*getriebe), der die Veranlassung zur Selbstsperrung (vgl. Abschn. 10) dieser Getriebe bei umgekehrter Bewegungsrichtung werden kann. Dies ist oft, besonders bei Hebezeugen, erwünscht, bei reinen Bewegungsübersetzungen wird aber doch bisweilen ein möglichst hoher Wirkungsgrad gefordert, und — mit Hilfe des „vierten Gliedes" — auch ohne weiteres erreicht. Beim Spiralscheibentrieb der Abb. 62 ist das weiße Hubglied des Globoidspiralkeiltriebes der Abb. 60 zu einem voll umlaufenden Glied geworden. Dasselbe ist beim Spiralscheibenrollentrieb (Abb. 63) geschehen (*Wilhelmigetriebe*), wobei durch triebstockartige Rollen-anordnung (viertes Glied!) am Hubglied darüber hinaus noch ein günstigerer Wirkungsgrad erzielt ist. Ganz entsprechend entsteht aus dem Globoidschnecken-getriebe (Abb. 61) das Globoidrollengetriebe (Abb. 64), das in der Praxis als *Pekrun-Globoidrollengetriebe* gut bekannt ist (PEKRUN-Iserlohn).

Das Globoidschneckengetriebe (Abb. 61) ist übrigens die getriebliche Grund-lage der Zahnradherstellung nach dem Abwälzverfahren, wobei die schnittfähige, geschärfte Schnecke die Verzahnung des zugehörigen Schneckenrades im gestalt-gebenden Eingriff erzeugt.

10. Die rückkehrenden einfachen Keilschubgetriebe.

Bei der Ausgangsform der einfachen rückkehrenden Keilschubgetriebe gehen Hin- und Rückhub unvermittelt und daher schlagartig ineinander über (Abb. 65). Trotz dieser rein getrieblich recht ungünstigen Bewegungsverhältnisse werden prak-tisch derartige Getriebe z. B. für die Erzeugung von Garnspulen in der Spinnerei-technik doch sehr häufig angewendet, noch dazu bei ungemein hohen Drehzahlen, damit die notwendige Spulenform erreicht wird.

Wenn es auf das scharfe Umkehren nicht so genau ankommt, rundet man die Hubübergänge aus und führt das „vierte" Glied wieder ein, dem man sehr oft Schiffchenform gibt wie in Abb. 66. Dann muß man allerdings die Kurvennut an den Umkehrstellen entsprechend erweitern, was übrigens im Straßenkurvenbau aus ähnlichen Gesichtspunkten erfolgt.

In der praktischen Anwendung kommen die umkehrenden Keilschubgetriebe fast durchweg nur in *Scheibenform* als *Spiralkeiltriebe* (Abb. 67, 68 und 71) und ganz besonders häufig in *Trommelform* als *Schraubentriebe* vor (Abb. 69, 70, 72 und 73, 74 bis 77).

Der *rückkehrende Spiralkeiltrieb* (Abb. 67 und 68), aufgebaut auf der archi-medischen Spirale (vgl. Abb. 15, 20 bis 22, 19 und 29), besitzt eine *Kurve gleichbleibenden Durchmessers*. Ganz gleich also, in welcher Richtung man durch die Wellenmitte des schwarzen Schubgliedes eine Gerade legt, immer werden auf dieser Geraden von der strich-punktierten Spirale gleichlange Stücke abge-schnitten. Wenn man ein solches Getriebe formschlüssig (vgl. Abschn. 3) aus-bilden will, braucht man daher nicht die unbequem herzustellende Nutkurve wie in Abb. 67 zu wählen, bei der zudem noch die Kurvenrolle zum einwandfreien Lauf in der Kurvennut Spiel haben muß, sondern man benutzt, wie in Abb. 68 eine gewöhnliche Scheibenkurve, dazu aber nun zwei Kurvenrollen am Hubglied im Abstand des gleichbleibenden Kurvendurchmessers, die nun beide ohne Spiel auf der Kurve abrollen.

Das gilt in dieser Einfachheit allerdings nur, wenn das Schubglied aus *archi-medischen Spiralen* gleichen Anstieges entwickelt ist und Vor- und Rückhub sich über je 180° Schubglieddrehung erstrecken. Bei Anwendung entsprechender *Kreisevolventen* (vgl. Abb. 27 und 31 sowie 28), bei denen man ja die sonst vor-handenen Seitendrücke vermeiden kann, ist ein rückkehrender Spiralkeiltrieb in einer einzigen Kurvenscheibe und unter Verwendung einer einzigen Rolle oder eines einzigen Rollenpaares überhaupt nicht möglich, da die Spiegelung einer Evolvente die Spirale der Abb. 28 ergeben würde und infolgedessen für den Rückhub ganz unzulässig hohe Seitendrücke entstehen würden[1].

Will man aber bei den rückkehrenden Spiralkeiltrieben auf die Vorteile der Evolventen nicht verzichten, so ist man gezwungen, wie in Abb. 71 zwei voll-

---

[1] Vgl. auch BURMESTER: Lehrbuch der Kinematik, Abb. 425, S. 368. 1888.

ständige Kreisevolventriebe auszubilden, einen für den Hin-, einen für den Rückhub. Diese sind dann durch eine gemeinsame Antriebswelle und ein gemeinsames Hubglied mit *vier* Kurvenrollen so zu vervollständigen, daß abwechselnd das eine und das andere Rollenpaar an den Evolventenkeilen anliegt und so die Bewegung überträgt. Auf diese Weise hat auch der Evolventenkeiltrieb die Wirkungsweise und die Vorteile eines Kurventriebes gleichbleibenden Abstands der Rollenpaare (vgl. auch Abb. 22, steigender Spiralkeiltrieb).

Den Spiralkeiltrieb wendet man praktisch vorteilhaft nur dann an, wenn das Arbeitsspiel von Hin- und Rückhub während einer einzigen Umdrehung der Antriebswelle erfolgen kann. Sind dazu aber zu unbequeme Geschwindigkeitsuntersetzungen notwendig, so benutzt man besser den *rückkehrenden Schraubentrieb*.

Auch hier ist natürlich die Ausgangsform der Schraubentrieb (Abb. 69), der nach einer einzigen Schraubendrehung ein volles Arbeitsspiel vollendet hat, und bei dem Hin- und Rückhub sich ohne Übergang ablösen. In dem Fall kann man noch auf das „vierte Glied" verzichten, wenn man das weiße Hubglied entsprechend Abb. 65 mit je einer Schraubenfläche für Rechts- und für Linksgewinde ausstattet.

Aber schon wenn zwei Umdrehungen der Schraube für ein Arbeitsspiel vorgesehen sind (Abb. 70), kann man auf das „vierte Glied" nicht mehr verzichten. Es muß eine längliche, schiffchenförmige Gestalt erhalten, um das weiße Hubglied sicher über die Kreuzung der Nutkurve hinwegzuleiten. Dieses Kurvenschiffchen läßt sich aber nicht ohne wachsende Abnützung oder gar Schlagzerstörung *unvermittelt* von Rechts- und Linksgewinde umsteuern, so daß man zu allmählicher Umleitung *gezwungen* ist.

Schiffchen und Kurvennut sind aber ein besonders ungünstiges Elementenpaar. Das Schiffchen muß fast immer aus hochwertigem Baustoff hergestellt und meistens noch gehärtet werden, wenn es den z. B. bei Seilführungen möglichen Kräften standhalten soll. Dieses „harte" Schiffchen sucht sich nun durch Selbstführung seine Bahn in der Schraubennut, was nur durch Schaben an der Kurvenflanke, oft unter starker Anpressung und entsprechender Ausschabung der Kurvennut, möglich ist, besonders da bei schnellerem Umsteuern von Hin- und Rücklauf nur kurze Schiffchen möglich sind. Am meisten gefährdet sind dabei die Gewindekreuzungen. Es ist daher von dieser Bauart (Abb. 70 und 74) *dringend abzuraten*.

Praktisch zuverlässige Kreuzspindeln entstehen dagegen, wenn man für Hin- und Rücklauf zwei selbständige, voll ausgebildete Muttern verwendet (Abb. 75), die wechselweise zur Wirkung kommen, ganz ähnlich also wie die Rollenpaare bei dem Evolventengetriebe der Abb. 71.

Das ungünstige Schiffchen ist dann ersetzt durch ein Mutternschloß mit zwei vollständigen Muttern, die eine davon mit Rechtsgewinde, die andere mit Linksgewinde. Eine dieser beiden Muttern wird abwechselnd im Schloß festgehalten und fördert dann das Schloß über die umlaufende Kreuzspindel hinweg, wobei die andere sich dann leer drehende Mutter mitgenommen wird. Um hierbei Selbstsperrung durch die gerade leer laufende Mutter zu vermeiden (vgl. Abschn. 4), wählt man eine Gewindesteigung von 45°.

Das abwechselnde Festhalten der Muttern erfolgt durch ein sog. Mittelstellungsgesperre. Ein über die Mittelstellung stets hinwegkippendes „Kippmesser" klinkt in die äußere Sperrverzahnung einer der Muttern ein und hindert sie damit an der Drehung, zwingt sie also zur Förderung des Schlosses. Der Schaltstift des Mittelstellungsgesperres wird durch Anschlag an die Maschinenwangen aus der einen gerade eingenommenen Endlage in die andere gedrückt und steuert dadurch das Schaltmesser um.

Bei Spindelsteigungen, *geringer als 45°*, muß die gerade nicht benötigte Mutter *außer Eingriff* gebracht werden, was durch Anwendung von halben Muttern, wie in Abb. 76 und 77, erreicht werden kann. Allerdings ist dann bei der Gesperreausbildung besonders darauf zu achten, daß ein Wegdrücken der gerade fördernden Mutternhälfte aus dem Gewinde auf alle Fälle vermieden wird, besonders dann, wenn größere Kräfte übertragen werden müssen. Außerdem muß Spitzgewinde verwendet werden, damit sich die eingeschaltete Mutter leicht und schnell in das Bolzengewinde einfindet.

Diese Mutternschlösser und Kippmuttern (Abb. 75 bis 77) haben neben ihren guten Betriebseigenschaften noch die wichtige und wertvolle getriebliche Eigenart, daß sie an beliebigen Stellen ihrer Bewegungsbahn umgeschaltet werden können, wenn man nur einen Anschlag für den Schaltstift anbringt. Die bisher immer vorhanden gewesene *Bindung* des *Hubvorganges* an die gerade vorliegende *Schubkurvengestaltung* ist hier also *gelöst*!

Damit eignet sich dieser jetzt beliebig umsteuerbare rückkehrende Schraubentrieb vorzüglich als *Zeitlaufwerk*, — eine Getriebeanordnung innerhalb einer Maschine, deren einzige Aufgabe es ist, bestimmte gleichbleibende oder wechselnde Zeiten ablaufen zu lassen und dann einen Arbeitsvorgang oder eine Gruppe von Arbeitsvorgängen einzuschalten. Derartige Zeitlaufwerke sind immer dann unerläßlich, wenn bei Maschinen mit durchlaufendem Werkstück verschiedene Werkstücklängen durcheinander oder in Gruppen bearbeitet werden sollen und Arbeitsvorgänge vorkommen, die in Übereinstimmung mit diesen Werkstücklängen erfolgen müssen, wie etwa Einlegen und Abschneiden (z. B. das Einlegen von Briefschaften und das Abschneiden der Kopien in Kopiermaschinen).

Die Abb. 72 und 73 zeigen, wie die oben kurz gestreifte, sehr schwierige Aufgabe der Erzeugung von Garnspulen bei besonders hohen Geschwindigkeiten praktisch gelöst worden ist. Hier *muß* der Faden am Ende der Spule unvermittelt zurückgeführt werden, weil sonst die genau walzenförmige Gestalt der fertig gewickelten Spulen nicht zu erreichen ist. Das Hubglied besteht aber hier nur aus dem sehr leichten Faden, so daß an unvermeidbaren Massenkräften nur die durch das Herumwerfen des Fadens hervorgerufenen Kräfte auftreten, die also sehr gering sind und daher große Geschwindigkeiten zulassen. In Abb. 72 liegt die Garnspule auf der Trommel des schwarzen Schubgliedes und wird durch Reibung mitgenommen. In Abb. 73 sind von diesem Schubglied nur noch die arbeitenden Schraubenflanken erhalten, die in ganz leichter pilzähnlicher Bauart mit der „schwarzen" Welle verbunden sind und daher noch weitere Geschwindigkeitssteigerungen erlauben (SCHLAFHORST &. Co., M.-Gladbach). Der Antrieb der Garnspule muß gesondert erfolgen, im Beispiel der Abb. 73 dadurch, daß die Drehbewegung zweier angetriebener Wellen auf die Garnspulen durch Reibung übertragen wird (gleichbleibende Umfangsgeschwindigkeit!).

11. Die zusammengesetzten Keilschubgetriebe.
Die Kurventriebe.

Setzt man das schwarze Schubglied eines Keilschubgetriebes wie in Abb. 78 aus mehreren Keilschüben verschiedenster Steigung zusammen — wodurch das „vierte Glied" wieder notwendig wird —, so erhält man das zusammengesetzte Keilschubgetriebe, das für jede seiner Schubrichtungen zwar den Bewegungsgesetzen der entsprechenden einfachen Keiltriebe gehorcht, aber durch die beliebig wählbare Aufeinanderfolge seiner Schubrichtungen alle nur gewünschten Bewegungsfolgen verwirklichen kann. Praktisch ersetzt man fast immer die *kleine* Anzahl *endlich* langer Schubrichtungen der Abb. 78 durch eine *sehr große* Zahl *unendlich* kurzer Teilschubrichtungen und eihält dann die Kurventriebe der Abb. 79 (kraftschlüssig) und 80 (formschlüssig). Die *einfachen Keilschubgesetze der Bewegungsübersetzung, der Selbstsperrung* usw. müssen also auch den auf diese Weise entstandenen „Kurventrieben" zugrunde liegen, deren *Geschwindigkeits- und Beschleunigungsverlauf dabei noch vollkommen in der Hand des Konstrukteurs liegt* und ganz nach Belieben gewählt werden kann. Das ist denn auch der Grund für die große praktische Bedeutung und Beliebtheit des Kurventriebes als sicheres Mittel zur Ausführung aller, auch der verwickeltsten Bewegungen in *gleichartigen Getrieben,* wenn nur die Kurven entsprechend geformt sind.

Die Mühelosigkeit der Konstruktion solcher Kurventriebe verleitet aber vielfach dazu, weder die Geschwindigkeits- und Beschleunigungsverhältnisse genügend sorgfältig zu berücksichtigen, noch die Möglichkeit wirklich einwandfreier Herstellung. Dies beweisen die vielen klappernden Kurventriebe der Praxis, sowie die oft starken Abnutzungen der Kurven und die bei höheren Ansprüchen fast regelmäßig großen Schwierigkeiten, die die Werkstatt und meistens sogar der Zusammenbau (Montage) auf sich nehmen müssen.

Die Abb. 81 bis 89 zeigen, ausgehend von dem Kurventrieb der Abb. 79, die Entwicklung der möglichen Kurventriebarten, wobei in *waagerechter* Richtung das *Schubglied* von der geradgeführten Form der linken Reihe (Abb. 81, 84, 87) über die Scheibenform der mittleren Reihe (Abb. 82, 85, 88,) zur Trommelform der rechten Reihe (Abb. 83, 86, 89) verändert wird, in *senkrechter* Richtung dagegen das in der oberen Reihe geradgeführte *Hubglied* zum Lenker umgebildet wird, und zwar so, daß in der mittleren Reihe — soweit möglich — ebene Getriebe entstehen, dagegen in der unteren räumliche.

Von den auf diese Weise entwickelten neun Getrieben sind die Globoidkurventriebe (Abb. 86, 88 und 89) gleichwertig und müssen als *ein* Getriebetyp angesehen werden. Der Trommelkurventrieb der Abb. 83 und der räumliche Geradschubkurventrieb der Abb. 87 sind beide Schraubenkurventriebe, allerdings mit vertauschter Bewegungsweise von Hub- und Schubglied. Auch zwischen dem Scheibenkurventrieb der Abb. 82 und dem Geradschubkurventrieb der Abb. 84 besteht dieser Austausch der Bewegungsweise von Hub- und Schubglied, dies sind aber ebene, *nicht* gleichartige Getriebe.

Jeder dieser Getriebetypen kann noch auf das Schubglied (Kurve) oder das Hubglied aufgestellt werden, wie das für die einfachen Keiltriebe ja in den Abb. 17 bis 25 gezeigt wurde. Davon ist die gestellfeste Anordnung der Kurve (Schubglied) in der Praxis besonders bei Maschinen mit drehenden Arbeitstischen sehr beliebt, oder überhaupt, wenn zusätzliche Bewegungen an drehenden Maschinenteilen verlangt werden. Sie sind dann allerdings als Führungsleisten, Auflaufschienen usw. oft nicht auf den ersten Blick als nur gestellfeste Kurven zu erkennen.

12. Das Keilgesetz im Kurventrieb. Der Steigungswinkel.

Die Betrachtungen über die Selbstsperrung bei den *einfachen* Keilschubgetrieben (Abschn. 4) gelten natürlich uneingeschränkt auch für den *zusammengesetzten* Keiltrieb, den *Kurventrieb.* Insbesondere darf der Übertragungswinkel zwischen Kurventangente und Bewegungsrichtung des Hubgliedes (α) nicht kleiner werden als 45°, wenn man ein sicher gangbares Getriebe ohne zu große Kraftverluste bei der Bewegungsübertragung erhalten will.

Das Hubglied muß dann natürlich entweder als Lenker ausgebildet sein, wie in Abb. 84 bis 89, oder, falls es als geradgeführtes Hubglied (Abb. 81 bis 83) angeordnet wird, so günstig wie möglich abgestützt werden, indem jedes einseitige Freitragen überhaupt vermieden wird, oder, wenn das nicht möglich ist, indem

zwei Lagerungen der Geradführung verwendet werden, die so weit auseinander-
zulegen sind, als es der Aufbau des Getriebes nur zuläßt.

Diese „*Keilbedingungen*" sind *unabhängig von den jeweiligen Bewegungsfolgen
der Kurven*, also immer und ohne Eingriffe in den Ablauf dieser Bewegungsfolgen
durchzuführen.

Die Abb. 90 bis 96 zeigen dies an dem Beispiel eines Kurvenhubes nach dem
Sinusgesetz. In jedem der vier dargestellten Fälle ist die gleiche Hubhöhe und
das gleiche Bewegungsgesetz angewendet. In der Geradschubkurve der Abb. 90
und in der Scheibenkurve der Abb. 93 ist aber eine zu kurze Kurvenbewegung
für die Hubausführung vorgesehen. Daher entsteht ein zu steiler Anstieg der
Kurve mit zu kleinem Übertragungswinkel zwischen der Tangente an der steilsten
Kurvenstelle und der Bewegungsrichtung des Hubgliedes.

Allein die Vergrößerung des Kurvenweges, wie in den Abb. 91 und 94,
genügt schon, um den Übertragungswinkel in günstiger Weise zu vergrößern, ohne
daß an dem beabsichtigten Bewegungsgesetz irgend etwas geändert zu werden
braucht. Das gibt längere und dafür schneller bewegte Geradschubkurven wie in
Abb. 91 oder Scheibenkurven mit größerem Grundkreis wie in Abb. 94, also
mit größerer Umfangsgeschwindigkeit im Bereich der Kurve (bei gleicher Drehzahl). Betrachtet man die Abb. 91 als Abrollung einer Trommelkurve, so erkennt
man sofort, daß auch dort die Vergrößerung des Trommeldurchmessers zu gün-
stigeren Übertragungswinkeln und erhöhter Umfangsgeschwindigkeit führt.

Da man besonders die bewegten Kurven aus baulichen Gründen und zur Ver-
meidung zu großer Schleuderkräfte oft möglichst klein bauen will, was übrigens
bei Übertragung großer Kräfte recht unzweckmäßig ist, sucht man die Kurven-
abmessungen so zu wählen, daß an den ungünstig steilsten Stellen Übertragungswinkel von 45° gerade noch erreicht werden.

Das ist bei den Geradschub- und Trommelkurven sehr einfach. Man zeichnet
die nach dem gewählten Bewegungsgesetz in gleichen Zeitabschnitten nacheinander zu erreichenden Hubhöhen in waagerechten parallelen Linien (Abb. 90
und 91), wählt unter diesen die beiden aus, zwischen denen der steilste Anstieg
der Kurve erfolgt (in Abb. 90 und 91 z. B. die 3. und 4. Linie von unten, besonders eingezeichnet in Abb. 92), trägt nunmehr die Bewegungsrichtung des
Hubgliedes ein und zieht hierzu unter 45° (oder dem sonst gewünschten Übertragungswinkel) eine Gerade (Abb. 92). Diese schneidet die vorher gewählten
Hubhöhenlinien 3 und 4 in zwei Punkten, zwischen denen sie angenähert den
Verlauf der Tangente des steilsten Kurvenstückes darstellt. Die Lote von diesen
beiden Schnittpunkten auf die Bewegungsrichtung der Geradschub- oder Trommelkurve teilen dort die, den einzelnen Hubhöhenlinien entsprechende, gleichbleibende Teilung der Kurvenbewegung ab.

Bei der Ermittlung der kleinstmöglichen Kurvenscheibe (Abb. 95 und 96)
geht man dagegen von der Winkelteilung der Kurvenscheibe aus und zeichnet
zunächst den der Hubteilung entsprechenden Kurvendrehwinkel auf und seine
Winkelhalbierende. Auf dem bei der Kurvendrehung *später* in Wirkung kommenden Winkelschenkel (in Abb. 95 dem rechten) trägt man dann an beliebiger Stelle
den Teilhub ab, in dessen Verlauf das steilste Kurvenstück liegt, und zieht durch
dessen unteren Endpunkt eine Senkrechte zur Winkelhalbierenden.

Nun macht man die Annahme, daß die Sehne des hier vorliegenden steilsten
Kurvenstückes in der Richtung ungefähr mit der steilsten Kurventangente über-
einstimmt, und daß diese Tangente die Kurve gerade im Schnittpunkt der Kurvenbahn mit der Winkelhalbierenden berührt. Dann legt man den Winkel dieser
steilsten Kurventangente gegenüber der Winkelhalbierenden fest, der sich ergibt
aus dem zugelassenen äußersten Übertragungswinkel α (in Abb. 94 = 45°)

zwischen der Kurvenbahn und der Bewegungsrichtung des Hubgliedes und der vielleicht vorhandenen Abweichung der Bewegungsrichtung des Hubgliedes von der Winkelhalbierenden (in Abb. 95 : β). Unter diesem Winkel $\beta + 45°$ zieht man eine Gerade durch den oberen Endpunkt des in Abb. 95 auf dem rechten Winkelschenkel abgetragenen Teilhubes, welche die bereits gezeichnete Senkrechte zur Winkelhalbierenden in dem Punkte S schneidet.

Dieser Schnittpunkt S müßte aber auf dem in Abb. 95 linken Winkelschenkel liegen. Das erreicht man entweder, indem man durch den Schnittpunkt S eine Parallele zum rechten Winkelschenkel legt, durch deren Schnittpunkt S' mit dem linken Winkelschenkel die endgültige Kurve zu führen ist, oder wenn man wie in Abb. 96, durch den Schnittpunkt S eine Parallele zum linken Winkelschenkel zieht bis zum Schnitt mit dem rechten Winkelschenkel.

Im ersten Fall (Abb. 95) erfolgt also eine Verschiebung der Kurve bei liegenbleibendem Kurvendrehpunkt, im Fall der Abb. 96 bleibt die Kurve liegen, während der Kurvendrehpunkt entsprechend verschoben wird.

Den Halbmesser des Grundkreises erhält man, wenn man auf dem rechten Winkelschenkel nicht nur, wie in Abb. 95 und 96, den Teilhub, sondern den gesamten bis dahin in Frage kommenden Kurvenhub abzieht, in unseren Beispielen also die *Hälfte* des *gesamten* Kurvenhubes.

Diese eben angegebenen Ermittlungsverfahren sind natürlich auch bei kleinen Kurventeilungen *nur angenähert* und setzen voraus, daß man an einer vorher probeweise entworfenen Kurve bereits das steilste Stück ausgesucht hat. Da der Wert der äußersten Größe des zulässigen Übertragungswinkels von 45° aber auch nur ein „Faustwert" ist, der daher gar nicht genau bis auf die Minute und Sekunde erreicht werden muß, so werden die angegebenen einfachen Verfahren in den meisten Fällen vollständig ausreichen[1].

Muß man sich z. B. aus Raummangel zu kleineren Kurven mit daher steileren Anstiegen entschließen, so treten schädliche Seitendrücke auf, zusätzliche Federungsfehler oder gar Klemmen des Getriebes. Besonders sorgfältige Führung des Hubgliedes in doppelter, gut abstützender Lagerung und Verwenden von Kugellagern statt Kurvenrollen zur Verminderung der Reibung können diese ungünstigen Eigenschaften etwas mildern.

Zweckmäßiger ist es aber, auch die kleine Kurve richtig auszubilden und dafür das Bewegungsgesetz mit Hilfe eines Kniehebels im Sinne einer Minderung des Kurvenanstiegs zu verzerren (Abb. 100). Der Kniehebel ist ein Kurbeltrieb, der zwischen Hubmitte und Umkehrlage ausgenutzt wird. Im Bereich der Hubmitte bewirkt eine gleichgroße Kurbeldrehung eine größere Hubbewegung als später. Am Hubende sinkt die Hubbewegung auf Null herab zum Stillstand.

Schaltet man einen Kniehebel nun so mit einer Kurve zusammen, daß die großen Kniehebel-Übersetzungen zusammenfallen mit dem steilsten Kurvenanstieg, also die von der Kurve gelieferte größte Hubbewegung vom Kniehebel noch vergrößert wird, so kann der steilste Kurvenanstieg entsprechend weniger steil ausgebildet werden, um schließlich zusammen mit dem Kniehebel doch die verlangte Hubgesetzmäßigkeit zu erreichen.

Eine solche Kurve mit gemildertem steilsten Aufstieg fällt kleiner aus, als die ursprüngliche, wenn man für beide eine steilste Tangente von 45° gegenüber des Hubrichtung zuläßt, sie hat aber dazu auch einen geminderten Gesamthub, wodurch eine noch weitere Verkleinerung erreicht wird.

Allerdings kommt durch die Verwendung des Kniehebels ein zusätzliches

---

[1] Ein besonders genaues Ermittlungsverfahren für die kleinste Kurvenscheibe bringt FLOCKE: Zur Konstruktion von Kurvenscheiben bei Verarbeitungsmaschinen. VDI-Forsch.-Heft 345.

Gelenk und damit ein zusätzlicher Gelenkspielfehler in die Weiterleitung des Kurvenwertes, was bei der Prüfung der Genauigkeit berücksichtigt werden muß.

In den praktischen Fällen mit mehrgliedriger Weiterleitung der Kurvenwerte kann aber ohne Vermehrung der Gliederzahl und der Gelenkspiele lediglich durch entsprechende Anordnung der Glieder die Kniehebelwirkung eingebaut werden.

13. Das Bewegungsgesetz im Kurventrieb.

a) Der Bewegungsaufbau.

Nur ganz selten kommen Bewegungen vor, deren *gesamter* Verlauf in allen Einzelheiten vorbestimmt ist, wie z. B. bei Kurven zur Führung eines Fräsers in einer Zahlen- oder Buchstabenfräseinrichtung (Abb. 97 und 98); aber auch da lassen sich durch leichte Veränderungen der Vorschubgeschwindigkeit etwa auftretende ungünstige Kurvenstellen ausgleichen.

In den weitaus meisten Fällen liegen dagegen nur bestimmte *Teile* der gesamten Kurvenbewegung von Anfang an fest. Seltener sind dabei die Fälle, daß eine Zeitlang ein bestimmter Bewegungsablauf eingehalten werden muß, z. B. als Vorschubbewegung eines Werkzeuges, oder daß wie in Abb. 99 eine Getriebebewegung durch eine Korrekturkurve teilweise verändert werden soll, was sogar besonders genau gearbeitete Korrekturkurven erfordert. Das Rückkehren eines Werkzeuges, vielleicht noch das Zurückziehen vom Arbeitsplatz liegt dagegen meist nur in großen Zügen fest und kann im einzelnen nach Wahl gestaltet werden. Bei den meisten praktisch gebrauchten Kurven sollen jedoch nur Stillstände an bestimmten Stellen des Arbeitshubes eingehalten oder auch nur in bestimmten Zeiten Hubbewegungen einer festgelegten Hub*höhe* ausgeführt werden, während die Art der Durchführung der eigentlichen Hub*bewegungen* selbst frei gewählt werden muß.

Diese *nicht vorbestimmten Teile* der Kurventriebbewegungen, die eigentlich auf den ersten Blick sehr nebensächlich erscheinen, weil sie auf die beabsichtigte Wirkung des Kurventriebes keinen Einfluß haben, verdienen aber ganz besonders sorgfältige Beachtung, denn an ihnen entscheidet sich fast immer die getriebliche Güte des Kurventriebes und zeigt sich das schöpferische Können des Konstrukteurs.

In dem Zeit-Weg-Plan (Diagramm) des beabsichtigten Bewegungsverlaufs, mit dem man zweckmäßig den Entwurf eines Kurventriebes beginnt, hebt man dazu am besten gleich die Zwangs-Bewegungseinheiten hervor, etwa durch starke Linien. Die Bewegungseinheiten mit im einzelnen beliebigem Verlauf bleiben dagegen schwach ausgezogen und erinnern dadurch beim Entwurf immer wieder daran, daß hier noch die Möglichkeit für die Anwendung besonders günstiger Bewegungsgesetze offensteht.

b) Der Geschwindigkeitssprung.

Allein schon, weil die *Herstellung* der Kurven wegen ihrer besonderen Schwierigkeit schon bei der Konstruktion des Kurvenverlaufes durchdacht und berücksichtigt werden sollte (vgl. Abschn. 7), muß man es vermeiden, bei der Festlegung des Kurvenverlaufes den Lockungen des bequemen Zirkels und des bequemen Lineals zu erliegen, denn das äußerst erleichterte Aufzeichnen erkauft man fast ausnahmslos mit einer erschwerten Herstellung und mit ungünstigen Betriebseigenschaften.

Setzt man einen Kurvenzug zusammen etwa aus einer Reihe geradliniger Kurvenstücke wie in Abb. 101, so erhält man ganz besonders ungünstige Betriebseigenschaften. Das Geschwindigkeitsdiagramm des Hubgliedes in Abb. 102 zeigt während des Hin- und Rückhubes gleichbleibende Geschwindigkeit, die aber zu Beginn und am Ende in einem *Geschwindigkeitssprung* mit einem Schlage — im wahrsten Sinne des Wortes in voller Höhe erreicht werden muß. Nur während der kurzen Augenblicke dieser Geschwindigkeitssprünge treten im ganzen Bewegungsverlauf der Kurve Beschleunigungen auf (Abb. 103), aber von *unendlicher Größe*, die unendlich hohe Massenkräfte ergeben würden, wenn nicht durch Federung des Baustoffs, Spiel in den Gelenken und Dämpfung des Schmieröls, also durch in der Konstruktion an sich nicht vorgesehenen Zeitgewinn praktisch zwar noch sehr hohe, aber doch wenigstens endlichhohe Massenkräfte entstünden, die aber nicht berechenbar sind. Die Begleiterscheinungen sind hartes Schlagen, mit Geräuschbildung und allmählichem Zerhämmern von Kurvenknick und Kurvenrolle, was sich bei schnellerem Lauf sehr stark steigert, und daher zu niedrigen Drehzahlen zwingt. Diese ungünstigen Bewegungserscheinungen sind natürlich nicht an die geradlinigen Kurvenstücke des dargestellten Beispiels gebunden, sondern *treten immer auf, wenn der Kurvenverlauf einen Knick besitzt*, was bei vielen Kurven der Praxis leider der Fall ist.

c) Der Beschleunigungssprung.

Den gefährlichen Geschwindigkeitssprung kann man leicht vermeiden, wenn man die einzelnen Kurvenstücke des Kurvenzuges berührend (tangential), ineinander übergehen läßt. Allerdings erreicht man damit noch nicht die günstigsten Bewegungsverhältnisse.

Das Beispiel des im Motorenbau sehr beliebten Hubnockens aus Kreisbogen und Tangenten (Abb. 104) — auch in der Herstellung schwieriger als in der Zeichnung — zeigt, besonders in der Abrollung der Abb. 105, die Vereinigung von Kurvenzügen, die nichts als den Berührungspunkt gemeinsam haben, dann aber sehr stark auseinanderstreben. Derartig zusammengestellte Kurvenzüge ergeben an der Übergangsstelle Ecken im Geschwindigkeitsdiagramm des Hubgliedes, wie die Abb. 106 für den Hubnocken der Abb. 104 zeigt[1]. Diese Ecken im Geschwindigkeitsdiagramm werden zu Sprüngen im Beschleunigungsdiagramm (Abb. 107), allerdings zu Beschleunigungssprüngen von *endlicher* Höhe und — im Gegensatz zu den Beschleunigungen der Kurven mit Geschwindigkeitssprüngen — von im voraus bestimmbarer Größe, die bei Berechnung der Getriebeabmessungen berücksichtigt werden kann.

Selbst bei der Verwendung der Sinoide (REULEAUX) als Kurve für die Hubstrecke erhält man bei Hubbewegungen mit Stillständen in den Umkehrlagen (Abb. 110) Ecken im Geschwindigkeitsbild (Abb. 111) und daher Stufen im Beschleunigungsschaubild (Abb. 112).

d) Stoß und Ruck.

Diese unendlich großen Beschleunigungsausbrüche und endlichen Beschleunigungssprünge erwecken Massenkräfte, die im Laufe längerer oder kürzerer Zeit die Getriebe zerhämmern und daher immer wieder zu Abhilfe mahnen. Diese ist aber nicht nur damit zu erreichen, daß man Kurvenzüge angibt, die, in Metallkurven verwendet, keine solche Beschleunigungssprünge verursachen würden, wenn man nicht auch zeigt, wie man einen solchen Kurvenzug wirklich fehlerfrei in das Metall der Kurve einschneiden kann.

Das Kopierfräsen von Kurven reicht dazu nicht aus, weil die Herstellung der

---

[1] Beim zeichnerischen Ermitteln der Geschwindigkeiten und Beschleunigungen gehen allerdings diese wichtigen Ecken verloren, wenn man nicht die Geschwindigkeiten der einzelnen Teilstücke der Kurve auch über die Berührungspunkte hinaus, also für praktisch nicht mehr verwertete Teile ausführt. Die Geschwindigkeitskurven benachbarter Kurvenstücke ergeben dann klare Schnittpunkte.

Lehrkurven durch Aufzeichnen, Ankörnern und Ausfeilen keinesfalls eine auch nur einigermaßen richtige Kurve ermöglicht. Solange man nicht ganz andere Wege in der Kurvenherstellung beschreitet, muß man schon froh sein, wenn es gelingt, Kurven zu erhalten, die *nur* endliche Beschleunigungssprünge enthalten.

In dem Kampf, der um das Zerhämmern der Kurven immer wieder geführt wird, sind zwei Begriffe herausgebildet worden, nämlich der

Stoß, verursacht von unendlich großen Beschleunigungsausbrüchen, und der *Ruck*, verursacht von endlichen Beschleunigungssprüngen.

Damit sind hinsichtlich der inneren Ursachen *Normen* für diese hämmernden Kraftentfaltungen entstanden, die aber leider vielfach — vielleicht um zu beruhigen — so ausgewertet werden, als ob praktisch zwischen Stoß und Ruck ein großer Unterschied bestehe und, als ob ein Ruck eine durchaus annehmbare Angelegenheit sei und solche Kurven nichts mehr zu wünschen übrig ließen. Das ist nicht nur falsch, sondern auch gefährlich, weil es weitere Anstrengungen zur Verbesserung der Metallkurven als unnötig und sinnlos erscheinen läßt.

Ein *Stoß*, verursacht aus einem unendlich großen Beschleunigungsausbruch, erfolgt theoretisch *mit unendlich großer Kraft*, und müßte alles zertrümmern, wenn er nicht durch die elastische Verformung der betroffenen Teile, durch die dämpfende Wirkung von Ölfilmen und andere Gegenwirkungen eines gewissen Selbsterhaltungstriebes der Baustoffe in allen praktischen Fällen zu einer *Kraftäußerung endlichen Ausmaßes herabgedrückt* würde, in der er sich von einem *Ruck* nur dadurch unterscheidet, daß wir nicht in der Lage sind, sein Ausmaß ohne Versuchswerte vorherzubestimmen.

Praktisch „hämmern" also Kurven mit Stoßwirkung *ebenso* wie Kurven mit Ruckwirkung, und es ist durchaus möglich, daß „nur" Ruckkurven härter hämmern als Stoßkurven, denn es hängt noch davon ab, welche Drehzahlen verwendet werden und welche Massen beschleunigt werden müssen.

Ein unbestreitbarer Vorzug der Ruckkurven ist es aber, daß man ihre Kraftäußerungen vorherbestimmen und daher die Getriebeglieder schon im Entwurf sicher stark genug gestalten kann, und daß die *endliche Größe* der Kraftwirkung beim Ruck nicht durch erhebliche Materialbeanspruchungen zuvor erkauft werden muß, sondern schon durch den Beschleunigungsverlauf selbst bestimmt wird.

Dieser Vorzug darf aber nicht überschätzt werden, denn er ändert an sich nichts an den unangenehmen lärmenden Hämmerwirkungen und der Unruhe in den Bewegungsvorgängen. *Eine wirklich befriedigende Kurve muß stoßfrei und ruckfrei sein!*

Das ist aber, wie schon erwähnt, ganz ausschließlich eine Herstellungsfrage. Von diesem Gesichtspunkte aus betrachtet muß man anerkennen, daß die Herstellung nach dem Kopierfräsverfahren als dem zur Zeit vollkommensten Verfahren günstigstenfalls Kurven mit Ruckwirkung ergeben kann. Solange keine besseren Herstellungsverfahren angewendet werden, sind also Vorschläge für stoß- *und* ruckfreie Kurven nur Erfolge auf dem Papier.

Bei der Weiterentwicklung der Metallkurven in dieser Richtung kommt es daher weniger darauf an, alle möglichen geeigneten Kurvenzüge zu zeigen, als vielmehr nur solche, für die man auch ein genaues Herstellungsverfahren angeben kann, wie z. B. das für Spiralen in den Abb. 26 bis 32.

14. Zwangläufige Herstellung der Sinoide.

Ein wirklich genaues Herstellungsverfahren muß unabhängig sein von dem Aufzeichnen einer *Kurve am Reißbrett*, noch dazu in „punktweiser Ermittlung", es muß unabhängig sein vom Übertragen einer solchen Zeichnung auf eine Schablone und muß schließlich unabhängig sein von einem Ausarbeiten dieser Schablone in Handarbeit, denn diese dreimalige Ausführung der Kurve, völlig gestützt auf die Leistungsfähigkeit des menschlichen Denkens, des Auges und der Hand gibt nur eine einzige wirkliche Sicherheit, nämlich die, daß die endgültige Kurve bestimmt voller Fehler ist.

Ein wirklich genaues Herstellungsverfahren von Kurven muß also jedes menschliche Eingreifen bei der Kurvenherstellung ausschließen, und das ist möglich, wenn man zur Erzeugung der Kurven Getriebe verwendet, deren Bewegungsgesetzmäßigkeit die der erstrebten Kurve ist. Diese Getriebe müssen jedoch so herstellbar sein, daß sie die Bewegungsgesetzmäßigkeit fehlerfrei ausführen, was bei Kurventrieben im allgemeinen nicht zutrifft, dagegen u. a. bei den Getrieben der Viergelenkkette und den einfachen Keilschubgetrieben erreicht wird.

Für die Erzeugung einer reinen Sinusschwingung eignet sich besonders das Kreuzkurbelgetriebe[1], das auch bei den folgenden Vorrichtungen für die Führung des Werkstückträgers mitverwendet wird. Der Fräser selbst ist grundsätzlich unverschieblich zu lagern, da praktisch brauchbare Vorrichtungen dieser Art natürlich auf der Grundlage der vorhandenen Fräsmaschine aufbauen müssen, nicht nur, weil eine derartige Maschine verfügbar ist, sondern vor allem weil sonst eine einwandfreie Lagerung des Fräsers nicht oder nur mit ungewöhnlichen konstruktiven und geldlichen Aufwendungen zu erreichen sein würde.

Die *Geradschubsinoide* (REULEAUX) setzt sich zusammen aus einer in gleichbleibender Teilung verlaufenden geradlinigen Kurven*vorschub*bewegung und einer senkrecht dazu liegenden in Sinusteilung verlaufenden Kurven*hub*bewegung.

Aus diesen beiden Bewegungen baut sich auch in der *Geradschubsinoiden-Vorrichtung* der Abb. 113 die Führungsbewegung des Werkstückes auf. Ein waagerecht verschiebbarer Werktisch (Schraffur) trägt in senkrechter Führung einen Werkstückträger (weiß), ferner eine Kurbelscheibe (schwarz), deren auf verschiedene Kurbellänge einstellbarer Stein (Koppel: Punktraster) in einer waagerechten Führung des Werkstückträgers gleitet, und diesem die in Sinusteilung erfolgende Hubbewegung erteilen soll. Die Kurbelscheibe ist mit zwei sich ergänzenden Stahlbändern oder Stahldrähten (Klaviersaite) (Verzahnung ist wegen des Spiels zu vermeiden) so mit der Bettung der Waagerechtführung verbunden, daß bei seitlicher Verschiebung des Werktisches (Schraffur) infolge der Abrollung der Kurbelscheibe die entsprechende sinoidische Führung des Werkstückträgers (weiß) mit dem Werkstück erfolgt. Für die Erzeugung der dargestellten Nutkurve ist eine halbe Umdrehung der Kurbelscheibe erforderlich.

Bei der Herstellung der *Scheibenkurve*, in dem Falle der *Polarsinoide*, tritt nur an Stelle des gleichgeteilten Kurvenvorschubes die gleichgeteilte Winkeldrehung.

Die Forderung der unverschieblichen Fräserlagerung deutet schon auf das schwingende Kreuzschleifengetriebe hin als geeignete Getriebeform der Werkstückführung, die in Abb. 114 auch verwendet ist.

Denkt man sich in Abb. 114 zunächst den Gleitstein (Punktraster) des Kurbelrades (schwarz) genau auf die Mitte des Kurbelrades geschoben, so erfolgt beim Drehen des Kurbelrades nur ein gleichartiges, der Übersetzung entsprechend langsameres Drehen des Werkstückträgers mit dem Werkstück. (Die Bewegungsübertragung erfolgt auch hier am besten mit Stahldraht, in Schraubennuten geführt, oder mit Stahlband, dagegen nicht durch Verzahnung.) Dies ist die Vorschubbewegung.

Denkt man sich den Werkstückträger mit dem Werkstück abgenommen und

---

[1] Vgl. Abschn. 59, Bd. 1. — Das gleichschenklige Geradschubkurbelgetriebe, das auch reine Sinusschwingungen erzeugt, ist wegen seiner unsicheren Mittellage praktisch weniger geeignet, das Kardanräderpaar wegen der Verzahnung zu vermeiden.

den Gleitstein in der Stellung der Abb. 114, so wird bei Drehung des Kurbelrades der geradgeführte schraffierte Werktisch mit dem Kurbelrad in reinen Sinusschwingungen hin und her bewegt, weil der Gleitstein in einer *gestellfesten* Quer-Geradführung gleitet. Das ist die sinoidische Hubbewegung.

Die vollständige Vorrichtung, wie sie die Abb. 114 darstellt, vereinigt die Vorschubdrehung und die geradlinige Hubbewegung in der Führung des Werkstückes, so daß die Polarsinoide gefräst wird.

15. Die stoß- und ruckfreien Hubkurven.

Die Vorrichtung der Abb. 26 und 27 gestattet genaue Herstellung der Spiralen (vgl. Abb. 28 bis 32), die Vorrichtungen der Abb. 113 und 114 ermöglichen fehlerfreie Herstellung der Sinoiden. Beide Vorrichtungen lassen sich vereinigen zur einwandfreien Erzeugung von sog. *„geneigten"* oder *„schiefen Sinuslinien"*, die sich als Hubkurven in stoß- und ruckfreien Kurventrieben sehr gut eignen.

Die *„geneigten"* oder *„schiefen Sinuslinien"* entstehen genau wie die Sinoiden aus der Sinuslinie. Die Sinoide als Hubkurve zwischen einer unteren und einer oberen Ruhelage des „Hubgliedes" entsteht, wie Abb. 108 zeigt, wenn man an die Sinuslinie parallel zu ihrer Grundlinie Tangenten anlegt. Diese berühren die Sinuslinie in ihren Scheitelkrümmungen, in denen ihre größten Beschleunigungswerte erreicht werden, so daß dann beim Übergang von der Hubbewegung der Sinoide in die berührende Gerade Beschleunigungssprünge auftreten, wie in Abb. 112 dargestellt.

In den Schnittpunkten der Sinuslinie mit ihrer Grundlinie dagegen, in den Wendepunkten der Sinuslinie mit dem Krümmungshalbmesser $= \infty$, sinken die Beschleunigungswerte immer auf 0. Das nutzen die geneigten oder schiefen Sinuslinien aus (Abb. 109), bei denen *in diesen Wendepunkten* die Tangenten angelegt werden, die in der Kurve als geradlinige Kurvenstücke für die Ruhestellungen des Hubgliedes anschließen.

Diese Tangenten in den Wendepunkten sind aber zugleich auch die „Krümmungskreise" (mit unendlich langem Halbmesser) im Gegensatz zu den Scheiteltangenten der Sinoide, und das ist das entscheidende Merkmal: *der stoß- und ruckfreie Übergang zwischen zwei Kurvenzügen ist nur möglich, wenn beide Kurvenzüge an der Übergangsstelle gleiche und gleichgerichtete Krümmung besitzen.*

Die geneigten Sinuslinien nach Helling-Bestehorn und nach Alt und die schiefen Sinuslinien nach Wildt (DRP. 637037) sind Kurven der gleichen Art, sie entstehen alle dadurch, daß (Abb. 115) ein Dreieck gebildet wird aus dem Kurvenweg, der Hubhöhe und der „geneigten" oder „schiefen" Grundlinie. Auf dieser wird eine Viertelteilung angebracht.

Der einzige Unterschied im Aufbau der einzelnen Sinuslinien besteht darin, welche Richtungen mit Bezug auf die Grundlinie den Ausschlägen (Amplituden) der Sinusschwingung gegeben werden.

Helling-Bestehorn wählen sie so, daß sie senkrecht zum Kurvenweg stehen, Alt bestimmt sie senkecht zur schiefen Grundlinie und Wildt läßt alle möglichen Winkel zu.

Das wirkt sich bereits aus auf die Lage der „steilsten Tangente" der einzelnen geneigten Sinuslinien (Abb. 116 bis 119). Diese erhält man, wenn man durch den unteren $\frac{1}{4}$-Teilpunkt der schiefen Grundlinie nach unten, durch den oberen $\frac{3}{4}$-Teilpunkt nach oben je eine Gerade legt, und zwar in der gewählten Richtung für die Schwingungsausschläge (Amplituden) der Sinusschwingungen, also nach Helling-Bestehorn (Abb. 116) senkrecht zum Kurvenweg, nach Alt (Abb. 117) senkrecht zur schiefen Grundlinie und nach WILDT (Abb. 118 und 119) unter beliebigem Winkel.

Diese Geraden schneiden die untere Hubbegrenzungsgerade in dem Punkte U, die obere im Punkt O. Die Gerade durch diese Punkte U und O, die die schiefe Grundlinie im Teilpunkt $^1/_2$ schneidet, ist die steilste Tangente der künftigen geneigten oder schiefen Sinuslinie. Sie ist am flachsten, wenn der Winkel zwischen der schiefen Grundlinie und den Schwingungsausschlägen sehr spitz ist, wie in Abb. 118 und wird steiler, wenn dieser Winkel zunimmt (Abb. 118 [WILDT], 116 [HELLING-BESTEHORN], 117 [ALT], 119 [WILDT])[1].

Den größten Schwingungsausschlag für die einzelnen Sinuslinien findet man wieder nach der *gemeinsamen* Formel:

$$r = \frac{h}{2 \cdot \pi} \quad \text{oder} \quad \frac{h}{6{,}28}\,.$$

Die Länge h wird zwischen der unteren und oberen Hubbegrenzungsgeraden gemessen, aber in der gewählten Richtung der Schwingungsausschläge.

Die den Abb. 116 bis 119 entsprechenden geneigten oder schiefen Sinuslinien sind in den Abb 124, 127, 133 und 136 dargestellt und darunter (Abb. 125, 128, 134 und 137) die zugehörigen Geschwindigkeits- und (Abb. 126, 129, 135 und 138) Beschleunigungsdiagramme der Bewegung eines geradgeführten Hubgliedes.

Die Diagramme der geneigten Sinuslinien nach HELLING-BESTEHORN (Abb. 127 bis 129) zeigen reine Sinusschwingungen, während die Diagramme aller übrigen schiefen Sinuslinien mehr oder weniger starke Verzerrungen aufweisen, die besonders anschaulich in den Zusammenstellungen der Abb. 130 bis 132 hervortreten.

Dabei entsteht ein Geschwindigkeitsdiagramm mit einem flachen Mittelstück fast gleichförmiger Geschwindigkeit bei WILDTschen schiefen Sinuslinien (Abb. 124 bis 126), wenn diese einen sehr spitzen Winkel zwischen der schiefen Grundlinie und der Richtung der Schwingungsausschläge haben[2], wählt man diesen Winkel jedoch immer größer, wie schon bei den schiefen Sinuslinien von HELLING-BESTEHORN (Abb. 127 bis 129) und denen von ALT (Abb. 133 bis 135) und schließlich von WILDT, wie in Abb. 136 bis 138, so bildet sich im Mittelstück des Geschwindigkeitsdiagramms des Hubgliedes ein immer höherer und steilerer Geschwindigkeitsberg mit entsprechend wachsenden Geschwindigkeitshöchstwerten.

Im Beschleunigungsdiagramm (vgl. auch Abb. 132) bewirkt man damit eine entsprechende Verlagerung der Beschleunigungshöchstwerte vom Beginn und Ende des Hubes nach dessen Mitte zu, wenn man den Winkel zwischen der schiefen Grundlinie und der Richtung des Schwingungsausschlages von einem kleinen Wert zu einem immer größeren anwachsen läßt.

Gleichzeitig ändern sich die Beschleunigungshöchstwerte, indem sie, beginnend mit dem Wert Unendlich (wenn der mehrfach erwähnte Winkel Null ist[3]), schnell herabsinken auf einen Kleinstwert (Abb. 139 bis 141), wenn der Winkel etwas kleiner ist zwischen der schiefen Grundlinie und der Richtung des Schwingungsausschlages, als bei der geneigten Sinuslinie von HELLING-BESTEHORN, und wachsen zunächst erst langsam, dann aber immer schneller, um sich schließlich wieder ins Unendliche zu verlieren, wobei aber die letzten Werte solchen Formen der WILDTschen Sinuslinie angehören, die praktisch wertlos und ohne jede Bedeutung sind. Das Beschleunigungsdiagramm der Abb. 132 enthält im Beschleuni-

---

[1] Vgl. Keilgesetz. Abschn. 12.

[2] Wird im Grenzfall dieser Winkel zu Null Grad, so wird aus der geneigten WILDTschen Sinuslinie ein einfaches Keilschubgetriebe, wie es Abb. 101 zeigt. Die steilste Tangente, Grundlinie und Kurve fallen dabei zusammen und das Geschwindigkeitsdiagramm zeigt gleichförmige Hubgeschwindigkeit des Hubgliedes.

[3] Siehe Anm. 2 auf S. 28, Bd. 1.

gungs- und Verzögerungsteil je eine gestrichelte Kurve, auf der die Beschleunigungshöchstwerte aller möglichen schiefen Sinuslinien liegen würden[1].

Diese Vielgestaltigkeit der großen Familie der schiefen Sinuslinien bietet eine sehr wertvolle und reiche Auswahl von Kurven sehr unterschiedlichen Gepräges, so daß man für die meisten der verschiedenartigen praktischen Aufgaben leicht befriedigende Kurven finden wird, gleichgültig, ob man z. B. möglichst geringe Beschleunigungen wünscht, oder besonders hohe, ob man an- und abschwellende Geschwindigkeiten braucht, oder eine Hubbewegung, die größtenteils fast gleichförmig erfolgen soll. Dabei ist man immer sicher (mit Ausnahme der Grenzfälle), vollkommen stoß- und ruckfreie Hubkurven zu erhalten, wenn es nur gelingt, diese Kurven auch fehlerfrei herzustellen.

Die kleinstmögliche geneigte Sinuslinie entwirft man zweckmäßig ausgehend von der unter 45° liegenden steilsten Tangente. Vom oberen Schnittpunkt mit der Hubbegrenzungsgeraden, z. B. der oberen zieht man eine Gerade in Richtung des geplanten Schwingungsausschlages auf der die Hubbegrenzungsgeraden die Strecke h ausschneiden. Auf dieser trägt man von dem Schnittpunkt mit der steilsten Tangente die Strecke h/4 ab. Durch diesen Teilpunkt und den Halbierungspunkt der steilsten Tangente geht die Grundlinie der gesuchten geneigten Sinuslinie (Abb. 120).

Die steilste Tangente liegt in einem Wendepunkt der Sinuslinie und deswegen können hier zwei verschiedene Sinuslinien zusammengesetzt werden, wenn sie die gleiche steilste Tangente haben, wenn also im unteren Teil eine anders liegende Richtung des Schwingungsausschlages verwendet wird als im oberen (Abb. 121). Beiden gemeinsam ist die steilste Tangente, die Grundlinien dagegen sind abweichend sowohl in der Länge wie in der Richtung und daher auch die Bewegungszeiten.

Es ist jedoch nicht nötig, daß beide Kurven in der Tangentenmitte zusammentreffen, das kann auch, wie Abb. 122 zeigt, an einer beliebigen Stelle der Tangente geschehen, wodurch die Längen der Bewegungszeiten innerhalb des Kurvenhubes beeinflußt werden.

16. Zwangläufige Herstellung der geneigten und schiefen Sinuslinien.

Geometrisch erfolgt der Aufbau von geneigten oder schiefen Sinuslinien, indem zunächst die schiefe Grundlinie gezeichnet wird, wie in Abb. 115.

---

[1] Nach R. Sauer-Aachen (Hubbeschleunigung für die geneigte Sinuslinie. Masch.-Bau 1938, S. 37) ist die Beschleunigung an jeder Stelle (P) einer geneigten Sinuslinie mit Hilfe der Abb. 123 folgendermaßen zu finden:

1. Man setzt die Länge der geneigten Grundlinie AB (Abb. 123) gleich 360° und bestimmt den Winkel α, der der Strecke AQ auf ihr entspricht.
2. Um den Endpunkt B der geneigten Sinuslinie schlägt man einen Halbkreis mit dem Halbmesser BC (= h, gemessen in der Richtung der Schwingungsausschläge der vorliegenden Sinuslinie). An CB trägt man in B den Winkel α an, dessen freier Schenkel den Halbkreis in H schneidet.
3. Von H fällt man ein Lot auf die Gerade CB mit dem Fußpunkt F und von diesem Fußpunkt F ein weiteres Lot auf die Gerade AC mit dem Fußpunkt L.
4. Man mißt die Strecken $PQ = u$ und $AL = v$ und berechnet den Ausdruck u/v^3.
5. $k\,u/v^3$ (k = Maßstabfaktor) ist die Hubbeschleunigung für den Punkt P.
   Der Maßstabfaktor k ist gegeben durch
$$k = 4\,\pi^2\,V^2 d$$
d = Abstand des Punktes A von der Geraden BC (Abb. 123),
V = Verschiebungsgeschwindigkeit der genannten Sinuslinie in der Richtung AC.
Mißt man u, v, d in [m] und V in [m/s], so findet man die Beschleunigung $k\,u/v^3$ in [m/s^2].

Konstruktiv betrachtet entstünde dadurch entweder ein einfaches Keilschubgetriebe bei Geradschubkurven, oder ein einfacher Spiralkeiltrieb für Scheibenkurven, oder endlich ein Schraubentrieb für Trommelkurven.

Diese Getriebe lassen sich ohne weiteres zwangläufig herstellen (vgl. Abb. 26 bis 32). Man würde also auch die schiefen Grundlinien der geneigten Sinuslinien ebenso an einem Fräser zwangläufig vorbeiführen können.

Im geometrischen Aufbau der schiefen Sinuslinien ist der schrägen Grundlinie aber noch eine volle Sinusschwingung überlagert.

Auch diese Sinusschwingung für sich ist zwangläufig zu erzeugen (vgl. Abb. 113 und 114), aber ebenfalls auch die Überlagerung einer solchen Schwingung auf die schiefe Grundlinie. Man braucht dazu nur die gesamte einfache Keilschubvorrichtung, die die schiefe Grundlinie am Fräser vorbeiführt, durch ein Kreuzkurbelgetriebe entsprechend Abb. 113 oder 114 in der Sinus-Überlagerungsschwingung gegen den ruhenden Frästisch zu bewegen.

Diesen Aufbau einer Fräsvorrichtung für geneigte Sinuslinien erkennt man am leichtesten in der Vorrichtung für eine ALTsche Sinuslinie als Geradschubkurve wie in Abb. 144. Die Führung der schrägen Grundlinie ist dabei sehr leicht erreicht durch entsprechendes schräges Aufspannen des Werkstückes auf dem Frästisch, die Überlagerungsschwingung, die bei den ALTschen Sinuslinien ja senkrecht zur Grundlinie erfolgt, entsteht dann durch Verfahren des Frästisches mit dem aufgespannten Werkstück in zwangläufigen Sinusschwingungen senkrecht zum Vorschub in Grundlinienrichtung (diese Vorrichtung ist die gleiche wie in Abb. 113).

Ebenso leicht zu verstehen ist die Vorrichtung zum Fräsen einer geneigten Sinuslinie nach HELLING-BESTEHORN als Geradschubkurve wie in Abb. 142. Hier ist das Werkstück gerade aufgespannt. Durch seitliches Verfahren des Werktisches wie eben (Abb. 144) würde aber nur eine Sinusschwingung über einer waagerechten Grundlinie entstehen. Verfährt man jedoch dazu noch die *gesamte* Einrichtung, wie sie in Abb. 144 dargestellt ist, also auch den an der Maschine vorhandenen Frästisch mit der waagerechten Führung in der senkrecht dazu verlaufenden Führung der Frästischbettung unter Verwendung des in Fräsmaschinen vorhandenen Vorschubantriebes der Frästisch-Kreuzführungen, so entsteht die schiefe Grundlinie und als Kurve die gewünschte geneigte Sinuslinie nach HELLING-BESTEHORN, deren Überlagerungsschwingung ja senkrecht zur künftigen Kurvenschubrichtung steht.

Für alle anderen geneigten oder schiefen Sinuslinien liegen die Ausschläge der Überlagerungsschwingungen in einem anderen Winkel zur künftigen Kurvenschubrichtung, was man in der Vorrichtung wie in Abb. 145 durch eine entsprechende Drehung der Führung des Werkstückträgers erreicht, in der diese Überlagerungs-Sinusschwingung ausgeführt wird. In Abb. 145 entsteht dabei eine geneigte Sinuslinie nach ALT, es kann in der gleichen Vorrichtung jedoch jeder andere Winkel auch eingestellt werden, wodurch WILDTsche Sinuslinien entstehen.

Verfolgt man die Arbeitsweise der Vorrichtungen für die Scheibenkurven ebenfalls im Vergleich mit dem geometrischen Aufbau der betreffenden geneigten Sinuslinien, so erscheint auch hier wieder zuerst die schiefe Grundlinie der Sinusschwingung, allerdings aber in dem hier vorliegenden polaren Netz als *archimedische Spirale*. Die Vorrichtung zum Fräsen einer solchen archimedischen Spirale zeigt die Abb. 26 und die gleiche Anordnung erkennt man im Aufbau der Vorrichtungen der Abb. 143 und 146, wo sie zur Führung der „Grundspirale" der dortigen geneigten Sinuslinien dient.

Denkt man sich nämlich die weiß dargestellte senkrechte Führung in Abb. 143 unbeweglich, oder in Abb. 146 die ebenfalls weiß dargestellte schräge Führung, dagegen den schraffierten Werkstückträger mit dem Werkstück bewegt, so würde dabei, wie in Abb. 26 die Kurvenscheibe am Stahlband abrollen und der Fräser eine archimedische Spirale schneiden.

In den beiden Vorrichtungen der Abb. 143 und 146 ist aber diese ganze Spiralenführung ihrerseits noch in einer senkrecht dargestellten Führung des Vorrichtungsgestelles verschieblich. In dieser Führung erfolgt beim Fräsen der Sinuslinien eine weitere Bewegung entsprechend der Überlagerungs-Sinusschwingung, die die Bewegung der gesamten Vorrichtung derart ergänzt, daß schließlich die gewünschte geneigte Sinuslinie geschnitten wird.

Erzeugt wird diese Überlagerungs-Sinusschwingung durch eine rechts, etwa in der Mitte der Vorrichtung, angeordnete feste Quergeradführung mit Gleitstein ganz ähnlich der Anordnung in Abb. 114. In dem Gleitstein dreht sich eine Zapfenerweiterung (Exzenter), die im weißen Glied drehbar gelagert ist. Ihre Drehbewegung erhält sie über ein Stahlbandpaar, das am schraffierten Werkstückträger befestigt ist.

Bewegt sich dieser schraffierte Werkstückträger in seiner weißen Führung, so rollt die Zapfenerweiterung an dem Stahlband entlang. Diese Drehbewegung bewirkt eine seitliche Sinusbewegung des Gleitsteins in der gestellfesten Querführung, die nicht verwertet wird und senkrecht dazu und um 90° versetzt eine gleiche Sinusbewegung des weißen Gliedes (in dem die Zapfenerweiterung lagert) in der senkrecht gezeichneten Geradführung des Vorrichtungsgestelles, die die gewünschte Überlagerungs-Sinusschwingung ist.

Bei den Sinuslinien nach HELLING-BESTEHORN haben die Sinusschwingungsausschläge und die Führung des schraffierten Werkstückträgers im weißen Glied die gleiche Richtung, bei allen anderen Sinuslinien stehen diese beiden Richtungen im Winkel zueinander, der sich je nach der gewählten Sinuslinie ändert, während des Schneidens *einer* Sinuslinie aber unveränderlich bleibt[1].

17. Kurventriebe mit im Bogen geführtem Hubglied.

Die verbreitetsten Kurventriebe haben gelenkig gelagerte Hubglieder wie in Abb. 84 und 85. Dabei soll der Lagerpunkt des Hubgliedes nach FLOCKE[2] möglichst so gewählt werden, daß die *verlängerte Sehne des gesamten Hubbogens durch den Drehpunkt der Kurvenscheibe* geht, wie in Abb. 147, wobei zentrische Getriebe entstehen. Bei Geradschubkurven wie in Abb. 84 ist das oft baulich nicht genügend bequem zu erreichen. Dann muß das Hubgliedlager wenigstens, wie in Abb. 150, möglichst dicht über der Kurve liegen.

Bei diesen zentrischen Bogenhubkurventrieben entstehen nämlich im allgemeinen bessere Bewegungsverhältnisse und Getriebeeigenschaften als z. B. bei der auch in der Praxis üblichen Anordnung der Hubgliedlagerung in der Weise, daß die *verlängerte Bahn der Kurvenrolle durch den Drehpunkt der Kurvenscheibe geht*, wie in Abb. 148 und 149, wobei — wie der Vergleich der beiden Abbildungen zeigt — ein um so stärker geschränktes Getriebe entsteht, je größer die Kurvenscheibe gewählt wird bei gleichbleibender Länge des Hubgliedes.

Beim Aufzeichnen oder Erzeugen solcher Bogenhubkurven muß natürlich die Bogenführung des Hubgliedes berücksichtigt werden und das führt zu ungleichgeformten Kurvenflanken für Anhub und Rückhub, wie die Abb. 150 und 151 an geneigten Sinuslinien nach HELLING-BESTEHORN klar erkennen lassen.

Für solche Bogenhubkurven lassen sich selbstverständlich auch die passenden

---

[1] Weitere Vorschläge für Vorrichtungen zum Erzeugen WILDTscher Sinuslinien bringt DRP. 637037.

[2] VDI-Forsch.-Heft 345.

Vorrichtungen entwickeln[1]. Diese Vorrichtungen sind aber meistens verwickelter im Aufbau und müssen mit Rücksicht auf die praktisch sehr wechselnde Länge und Lagerstelle eines Hubgliedlenkers mit zusätzlichen Verstellmöglichkeiten ausgestattet werden.

Der hohe Aufwand an schöpferischer und baulicher Leistung für eine solche Vorrichtung zur zwangläufigen Erzeugung von Kurven wird aber nur gerechtfertigt durch eine sehr genaue Kurvenerzeugung. Diese Fähigkeit verliert sich aber immer mehr mit jeder weiteren Gelenkstelle und vor allem mit jeder weiteren Verstellnotwendigkeit.

Betrachtet man aber die Anwendung hochwertiger Metallkurven überhaupt von dem unerläßlichen Gesichtspunkt aus, daß schließlich Kurven geschnitten werden, die tatsächlich auch die geforderten vorzüglichen Eigenschaften besitzen, wie es ja schon bei der Behandlung von stoß- und ruckfreien Kurven geschah, so muß auch im Falle der Verwendung von Bogenhublenkern die Auswahl der Kurvenart entscheidend bestimmt werden von der Möglichkeit der genauesten Herstellung, also von *konstruktiven Erfordernissen* der dafür notwendigen Vorrichtungen. Und diese lassen sich so zusammenfassen, daß diejenige stoß- und ruckfreie Metallkurve die beste und daher praktisch zweckmäßigste ist, die sich herstellen läßt mit der *einfachsten Vorrichtung* und mit der *geringsten Zahl von Verstellnotwendigkeiten* an der Vorrichtung.

Ein zweckmäßiges Vorgehen in diesem Sinne wäre die praktisch schon gelegentlich übliche Zusammenarbeit von gelenkig gelagerten Hubgliedern mit Kurvenscheiben, die ursprünglich für ein *geradgeführtes* Hubglied bestimmt waren, die bauliche Anordnung entsprechend Abb. 147.

Der Vorteil einer solchen Kurvenverwendung liegt in der Ersparnis zusätzlicher Vorrichtungen für die vielen verschiedenen Bogenhubkurven, die oft schon eine einzige Fabrik benötigt, also in der Zusammenfassung der Mittel für wenige, aber umfassend verwendbare Vorrichtungen *und* in einer einfacheren Bauanordnung der Vorrichtung selbst, also in einer Verringerung der Fehlermöglichkeiten bei der Kurvenherstellung.

Es fragt sich nur, ob die Veränderung der Bewegungsvorgänge, die aus der Verwendung einer Gerad-Hub-Kurve für einen Kurventrieb mit Bogenhubanordnung folgen, praktisch zulässig sind.

Die wesentlichste Eigenschaft, nämlich die *Stoß- und Ruckfreiheit* der schiefen Sinuslinien *bleibt bestehen*, und damit sind solche Kurvenanordnungen in all den praktischen Fällen ohne weiteres verwendbar, in denen es auf ein bestimmtes Hubgesetz des Kurventriebs *nicht* ankommt.

Oft hat man zwar keine besonders strengen Vorschriften für den Bewegungsverlauf, dagegen für die *Größe* der zulässigen *Höchstbeschleunigungen*. Diese werden aber durch Hubglied*lenker* beim Auflaufen oder Ablaufen teils vergrößert, teils verkleinert, und zwar um so mehr, je kürzer der Hubgliedlenker ist und je höher der Kurvenhub. Immerhin bleiben diese Änderungen in verhältnismäßig bescheidenen Grenzen, zudem bietet die Änderung der Richtung des Sinusschwingungsausschlages (Abb. 116 bis 119) in vielen Fällen eine genügende Ausgleichmöglichkeit.

18. Kurvenflanke und Kurvenrolle.

Bei allen bisherigen Kurvenkonstruktionen ist nur *eine* Linie, nämlich die Bahn des Kurvenrollen-*Mittelpunktes* berücksichtigt worden. Diese Linie würde als Kurvenflanke aber nur dann verwendet werden dürfen, wenn das Hubglied

---

[1] Vgl. auch DRP. 637037.

ohne Kurvenrolle unmittelbar auf der Kurvenscheibe schleifen würde, was aber praktisch außer in ganz untergeordneten Fällen nicht zu verantworten ist. Die unvermeidbare Linienberührung an dieser Stelle führt schon bei der *rollenden Reibung der Kurvenrolle* leicht zu schnellen Abnutzungen, noch viel stärker aber die wesentlich ungünstigere *gleitende Reibung* in der Linienberührung.

Verwendet man aber *Kurvenrollen*, so müssen die Kurvenflanken — bei Nutkurven beiderseitig, sonst nur auf der einen Seite — dauernd um den Kurvenrollenhalbmesser von der Kurvenmittellinie entfernt sein (Äquidistante), was bei den angegebenen Vorrichtungen ohne weiteres dadurch erreicht wird, daß der Fräser den Durchmesser der künftigen Kurvenrolle hat. Das muß aber in jedem Falle sein, auch dann, wenn nur *eine* Kurvenflanke gefräst wird, wie es zufällig die Vorrichtungen in den Abb. 26 und 27 zeigen, weil sonst leicht Fehler in der Flankenerzeugung vorkommen können, die man aber immer sicher vermeidet, wenn Fräser- und Rollendurchmesser übereinstimmen.

Auch für die Kurvenrolle selbst besteht eine Größengrenze. Der Halbmesser der Rolle muß stets kleiner sein als der kleinste Krümmungshalbmesser der Kurvenflanken, soweit dieser nach der Kurvenmittellinie zu liegt. Dies ist aber *keine* absolute *Größenbeschränkung der Kurvenrolle*, da man durch Ändern der Vorschubteilung bzw. des Grundkreisdurchmessers der Kurve (vgl. Abschn. 12) immer die Krümmung der Kurvenbahn selbst beeinflussen, gegebenenfalls also auch vergrößern kann, wenn die Konstruktion eine besondere Rollengröße notwendig machen sollte.

Stimmen Rollenhalbmesser und Flankenkrümmungshalbmesser überein, so besitzt die für die Bewegung maßgebende Kurvenmittellinie einen Knick mit Geschwindigkeitssprung und Beschleunigungsausbruch (vgl. Abschn. 13: Der Geschwindigkeitssprung). Ist der Rollenhalbmesser zu groß, so wird die Kurve unterschnitten, wodurch eine andere als die gewünschte Bewegung zustande kommt.

Mit Rücksicht auf die Laufgüte eines Kurventriebes ist auch die Entscheidung wichtig, ob die Einflankenkurve oder die Nutkurve gewählt werden soll.

Die Kurvenrolle soll auf der Kurvenflanke abrollen. Das ist bei Nutkurven aber nur dann möglich, wenn die Rolle nicht zugleich auch an der anderen Kurvenflanke anliegt. Dazu muß die Kurvennut um ein gewisses Spiel weiter sein als der Rollendurchmesser.

Damit ist aber die Führung des Hubgliedes nicht mehr nach dem Bewegungsgesetz der Kurvenmittellinie gesichert, sondern je nachdem, ob die Kurvenrolle an der einen oder anderen Kurvenflanke der Nutkurve gerade abrollt, wird eine Linie rechts oder eine um das „Spiel" davon entfernte links der Kurvenmittellinie den Bewegungsverlauf bestimmen.

Für den Lauf des Getriebes sind nun die Bewegungsausschnitte besonders bedenklich, in denen die Kurvenrolle von der einen Kurvenflanke zur anderen überwechselt. Verfolgt man dabei die für die Hubgliedbewegung maßgebende Bahn der Rollenmitte, so wird man in den meisten Fällen beobachten, daß sie zwar ihre Führung an der bisherigen Kurvenflanke tangential verläßt aber dann unter einem Winkel auf die Führung an der anderen Kurvenflanke auftritt, wie das mit etwas übertrieben großem Spiel in Abb. 152 anschaulich gemacht ist. Diese Ecke in der Bahn der Rollenmitte ist aber völlig gleichbedeutend mit einer Ecke in der Kurvenflanke entsprechend Abb. 101, ergibt also Geschwindigkeitssprünge wie in Abb. 102 und die gefährlichen Beschleunigungsausbrüche wie in Abb. 103, auch wenn man glaubte, eine stoß- und ruckfreie Kurve ganz einwandfrei erzeugt zu haben.

Praktisch ist man dann überrascht, daß solche Kurven von einer gewissen, meist gar nicht besonders hohen Drehzahl an bereits klopfen, und daß in manchen

Fällen das Klopfen nach längerer Laufzeit ständig zunimmt. Das erklärt sich daraus, daß ein Flankenwechsel der Kurvenrolle zugleich auch ein Druckwechsel im ganzen Gestänge ist und daher an diesen Stellen auftretende Beschleunigungsausbrüche oder -sprünge ungewöhnlich große Widerstandskräfte erwecken, die die Kurvenflanke aufnehmen muß. Dabei erreicht man oft ein Ausmaß, dem die Kurve nicht mehr widerstehen kann. Sie wird an dieser gefährlichen Stelle ausgehämmert und so entstehen fortschreitend ungünstigere Bewegungsverhältnisse und heftigere Kraftstöße.

Dem kann man baulich entgegenwirken durch Verwendung von Baustoffen mit möglichst großer Dehnung wenigstens an den gefährdeten Stellen, damit sich die den Stoß mildernden Formänderungen möglichst nur im Elastizitätsbereich abspielen, der Fließbereich aber nicht angegriffen wird (vgl. Abschn. 13). Der praktisch in solchen Fällen oft beschrittene Weg, an den stoßgefährdeten Stellen hochwertige gehärtete Stahleinlagen anzuordnen, führt also nicht nur nicht zum Ziel, sondern steigert im Gegenteil noch die nachteiligen Auswirkungen des Stoßes.

Für hochwertige Kurven muß man also die Ausführungsart „Nutkurve" meiden.

Statt dessen wählt man zweckmäßig *Einflankenkurven mit gefedertem Hubglied (Kraftschluß)* oder, wenn *formschlüssige,* den Nutkurven auch in der Weise entsprechende Kurven verwendet werden sollen, entweder *Einflankenkurven gleichen Durchmessers,* die spielfrei beiderseitig berollt werden (vgl. Abb. 68, 156, 157, 158 und 160) oder wenn das nicht möglich ist, *zwei einander entsprechende Einflankenkurven, deren Berollstellen immer gleichweit entfernt sind* (vgl. Abb. 71), eine Ausführungsform, die immer möglich ist und oft verhältnismäßig einfach hergestellt werden kann. Eine, allerdings etwas schwieriger herstellbare Sonderform dieser Vereinigung zweier entsprechender Einflankenkurven (Vollkurve und Hohlkurve) ist in Abb. 153 dargestellt. Es entsteht dadurch zwar auch eine von Kurven begrenzte Nut, die aber im Gegensatz zu den bisher behandelten wechselnde Breite besitzt.

Nicht nur die Verschleißempfindlichkeit der Kurventriebe infolge der Linienberührung zwischen Kurvenrolle und Kurvenflanke, sondern auch die Tatsache, daß der Kurventrieb einer oft sehr bedeutungsvollen Steuerungsaufgabe, also gewissermaßen einer geistigen Aufgabe dient, muß den Konstrukteur veranlassen, von Anfang an größere Kraftwirkungen von den Kurvenflanken fernzuhalten. Die Leistungsfähigkeit eines Kurventriebes liegt nun einmal nicht in schwerer Kraftleistung, dafür aber in einer fast unbegrenzten Fähigkeit, alle möglichen, auch die verwickeltsten Bewegungsvorgänge zu steuern.

Blau angelaufene Kurvenrollen sind daher immer ein Zeichen eines grundsätzlichen Konstruktionsfehlers, der sich weder durch Vergrößern der Rolle und der Kurven noch durch ein noch so feinsinniges Kühlsystem beheben läßt, sondern nur durch Fernhalten der schweren Kraftleistung von der Kurve.

Abb. 154 zeigt einen solch ungünstigen Kraftfluß als Preßrückdruck einer Einspannung auf die steuernde Kurvenflanke, der zu übermäßigem Erwärmen führen muß. Würde man allerdings die Kurvenrolle hierbei an einem längeren Hebelarm, also in größerer Entfernung vom Drehpunkt des Hubgliedes arbeiten lassen, so würden die Kräfte infolge der verschieden großen Hebelarme günstiger untersetzt sein. Das würde aber eine wesentlich größere Kurve erfordern, und das wird gerade in der Praxis gern vermieden, wo man viel eher eine kleine Kurvenbewegung ins Große übersetzen möchte.

In diesen Fällen hilft die auch sonst sehr vorteilhaft verwendbare *Kniehebelanordnung,* wie sie in Abb. 155 für den Fall der Abb. 154 dargestellt ist. Die Preßkräfte werden hier zum größten Teil über den fast gestreckten Kniehebel unmittelbar ins Gestell zurückgeleitet, während nur ein sehr kleiner und mit fortschreitender Streckung des Kniehebels immer geringer werdender Kraftanteil von der Kurve aufzunehmen ist. Bei voll gestrecktem Kniehebel, also bei der größten Einspannpressung in Abb. 155 ist die Kurve sogar völlig entlastet.

In ähnlicher Weise lassen sich alle Kurventriebe entlasten, die große Kräfte zu steuern haben.

19. Praktische Anwendung der Kurventriebe.

Trotz der unabschätzbaren Menge verschiedener Metallkurven, die in der Technik bereits verwendet werden und künftig noch geschaffen werden müssen, kann man doch alle diese Kurven in einer kleinen Zahl übersichtlicher Gruppen zusammenfassen.

Verhältnismäßig selten sind die *Kurven, die nur hin- und hergehende Hubbewegungen ausführen*, da solche Bewegungen fast immer z. B. mit Geradschub- oder Bogenschubkurbelgetrieben einfacher, kraftvoller und zuverlässiger ausgeführt werden können. Gelegentlich spricht aber der geringere Platzbedarf auch hierbei für die Kurve oder die Tatsache, daß bei einer Maschine ohnehin alle Bewegungen von Kurven abgeleitet werden und man keine Ausnahme machen will.

In diesen Fällen erhält man bereits bei Anwendung von Sinoiden mit reiner (Abb. 156 und 157) oder zusammengesetzter Sinushubbewegung stoß- und ruckfreie Kurven, im übrigen selbstverständlich aber auch, wie in jedem Falle, bei Anwendung von geneigten oder schiefen Sinuslinien, bei denen ja auch bestimmte Wünsche hinsichtlich des Geschwindigkeits- und Beschleunigungsverlaufs während der Hubbewegung berücksichtigt werden können.

Kurven mit einer ungeraden Zahl von reinen Sinusschwingungen je Umdrehung sind *Kurven gleichen Durchmessers* und können, wie in Abb. 156 und 157 als *Einflankenkurve beiderseitig berollt* werden.

Hin- und hergehende Bewegungen besonderer Bewegungsgesetzmäßigkeit kann man im allgemeinen *nicht* als Schwingen- oder Gleitsteinbewegungen der Kurbeltriebe ausführen. Hierfür sind Kurventriebe sehr verbreitet und, außer der erst neuzeitlicheren Anwendung der Koppelkurven, die einzige technische Möglichkeit.

Eine besondere Aufgabe stellt dabei der *gleichförmige Hin- und Rückhub* dar, wie er ganz rein von den rückkehrenden einfachen Keilschubgetrieben (Abb. 65 bis 73) ausgeführt wird. Für die Betriebsfähigkeit ist aber die Umkehr von der einen Hubrichtung in die andere in scharfer Kurvenecke mit Geschwindigkeitssprung und Beschleunigungsausbruch (Abb. 101 bis 103) sehr ungünstig.

Auch hier kann die einfache Sinoide zur stoß- und ruckfreien Umleitung in die andere Hubrichtung verwendet werden, wie in Abb. 158 (der Übergang aus der gleichförmigen Hubbewegung [Spiralkeil] in die Sinusschwingung erfolgt in deren Wendepunkt). Bei spiegelbildlich gleichem Aufbau von Hin- und Rückhub entstehen wieder *Kurven gleichen Durchmessers*, die als Scheibenkurven in der günstigen Weise beiderseitig berollt werden können.

Man kann mit Übergang in den *Wendepunkten* auch verschiedenartige einfache oder überlagerte Sinusschwingungen zu allgemein geformten, stoß- und ruckfreien Hubkurven zusammensetzen, was aber praktisch wegen der dabei doch recht beschränkten Möglichkeiten kaum empfehlenswert ist. Dann wählt man schon besser die vielseitigeren geneigten Sinuslinien, die man außer im Wendepunkt der Hubmitte in ihren Wendepunkten bei Hubbeginn und Hubende in andere Sinuslinien stoß- und ruckfrei überleiten kann.

Die weitaus größte Zahl der praktisch verwendeten *Kurven* dient *zur Erzeugung von Hubbewegungen mit einem Stillstand*, seltener mit *zwei oder noch mehr Stillständen*.

Hierbei erhält man stoß- und ruckfreie Kurven *nur* unter Verwendung von *geneigten* oder *schiefen Sinuslinien* (Abb. 159 und 160). Sinoiden würden Kurven mit Beschleunigungssprüngen bei den Übergängen zwischen Stillstand und Bewegung des Hubgliedes ergeben, also Kurven mit Ruck.

Als Beispiel für eine Kurve mit einem Stillstand ist in Abb. 159 ein Kraftmaschinenhubnocken gezeichnet, allerdings durch unverhältnismäßig großen Hub gegenüber dem Durchmesser des Grundkreises etwas verzerrt. Der scheinbare Stillstand am oberen Hubende ist eine Folge der zögernden Umkehr der Sinuslinien, nicht etwa ein eingeschalteter Stillstandskreisbogen. Er ist je nach der gewählten Art der Sinuslinien verschieden lang, und zwar verliert er sich bei den WILDTschen Sinuslinien mit kleinem Ausschlagrichtungswinkel ähnlich Abb. 118, 124 bis 126 immer mehr.

Abb. 160 zeigt eine Kurve mit je einem Stillstand in den Umkehrlagen der Hubbewegung. Bei der dabei angewendeten Zeiteinteilung von je $\frac{1}{4}$ Drehung für jeden Stillstand und jeden Hub entsteht wieder eine Kurve gleichen Durchmessers, die beiderseitig berollt werden kann.

Außer den Kurven, deren Bewegungsspiel nach einer Umdrehung beendet ist, kommen, wenn auch sehr selten, Kurven vor, bei denen ein Arbeitsspiel erst nach zwei Umdrehungen beendet ist. Da das nicht ohne Kurvenkreuzungen möglich ist, muß entweder ein Kurvenschiffchen verwendet werden, wie in Abb. 70 und 74, oder, was besser und sicherer ist, eine Weichenanordnung, wie in Abb. 161. Es ist jedoch in den meisten Fällen durchführbar und zweckmäßiger, derartige Doppel-Umdrehungsarbeitsspiele mit einfach umdrehenden Kurven auszuführen, die mit der halben Drehzahl laufen, wie z. B. die Steuernocken der Motoren.

Besonders schwierig ist die Herstellung solcher *Kurven, bei denen die Hubbewegung nach einer* auch im einzelnen genau *vorliegenden Bewegungsaufgabe* erfolgen soll, wobei es dazu meist noch auf besonders genaue Herstellung ankommt.

Durch die Korrekturkurve der Abb. 99 z. B. soll die Drehung einer Kettennuß (vgl. Abb. 371 bis 374) so verändert werden, daß statt der ursprünglich eingeleiteten gleichmäßigen Drehung mit ungleichmäßiger Kettenbewegung eine derart ungleichmäßige Drehung erzeugt wird, daß die Kettenbewegung gleichmäßig wird.

Zu dem Zweck erhält die Kettennuß ihren Antrieb durch einen, im Bild etwa 90° nach links gedrehten Kurbelstummel und zwei anschließende gelenkige Glieder. Dadurch entsteht ein Lenkerviereck, das durch die in der Korrekturkurve laufende Rolle mehr oder weniger zusammengedrückt wird und dadurch der Kettennuß eine entsprechende zusätzliche Vor- oder Nacheilung erteilt.

Solche gestellfesten Kurven kommen in der Praxis sehr häufig vor, werden allerdings manchmal nur als Auflaufschienen stückweise ausgebildet.

Sollen nicht nur linienläufige Bewegungen vom Kurventrieb gesteuert werden, sondern die Führung auf einer Fläche erfolgen, wie z. B. bei der Werkzeugführung einer Buchstabenfräsmaschine, wie in Abb. 97 und 98, so sind zwei zusammenarbeitende Kurven notwendig, deren Form sich aus den Ausschlägen der Rollenmitten (Nebenbild) und der der Teilung entsprechenden in Frage kommenden Kurvendrehung ergibt. Die Form dieser Kurve liegt natürlich mit der Buchstaben- oder Zahlenform fest, die gefräst werden soll. Man kann aber auch hier etwa vorkommende zu steile Kurvenstellen durch Vergrößern der Teilung mit entsprechender zeitweise verlangsamter Führungsbewegung des Fräsers verbessern, oder, wenn die ganze Kurve nicht befriedigen sollte, durch Vergrößern der Kurve selbst günstigere Flanken erzeugen (vgl. Abschn. 12).

Lagert man einen ganzen Kurventrieb drehbar in einem weiteren (fünften) Glied (Abb. 170), und treibt man sowohl die schwarze Kurve an, wie auch den schraffierten Steg, so wird das Hubglied (weiß) ebenfalls auf einer Fläche geführt.

Durch gleichzeitiges und gleichartiges Drehen von Kurve *und* Steg wird z. B. die Kurvenrolle des Hubgliedes auf einem Kreisbogen um die in Abb. 170 gemeinsame Kurven- und Steglagerung bewegt, durch *alleiniges* Drehen der Kurve in der Geradführung des Steges verschoben.

20. Verstellbare Kurventriebe.

Abgesehen von den aus einzelnen Stücken nach dem jeweiligen Arbeitsgang neu zusammenzusetzenden Kurven der Werkzeugautomaten kommen auch Fälle vor, bei denen im großen und ganzen gleichbleibende Bewegungsgesetze benötigt werden, aber kleine Verschiebungen, etwa in den Stillstandszeiten und -längen oder in den Hubhöhen, unter Umständen in allmählichem Übergang und während des Betriebes durchgeführt werden müssen.

Für die Veränderung von Stillstandslängen eignet sich am besten eine Anordnung wie in Abb. 162, in der die Scheibenkurve aus zwei gegeneinander verdrehbaren Einzelkurven besteht, über deren gesamte Flankenbreite die Kurvenrolle reicht.

Für Veränderungen der Schwingungsausschläge ist dieses Verfahren allerdings weniger geeignet, da dabei leicht Ecken in dem Flankenverlauf entstehen können mit den unerwünschten Geschwindigkeitssprüngen und Beschleunigungsausbrüchen. Hierbei wie überhaupt auch für stärkere Veränderungen in den Bewegungsgesetzen verwendet man zweckmäßig zu einer Walze aneinandergereihte vollständige Einzelkurven der jeweiligen Gesetzmäßigkeit, wie in Abb. 163 und 164 vorgesehen. In Abb. 163 ist für jede Kurvenscheibe gesondert je eine Kurvenrolle vorgesehen und in einem, am Hubglied drehbaren Schaltstück so gelagert, daß nach entsprechender Schaltung jeweils die gewünschte Kurve zur Wirkung kommt, also entweder, wie gerade dargestellt, die vierteilige oder nach Drehen des Schaltstückes um 180° die dreiteilige. Hier ist allerdings nur eine Art Stufenschaltung von Bewegungsgesetzmäßigkeit zu Bewegungsgesetzmäßigkeit möglich.

Einen allmählichen Übergang in geänderte Bewegungsgesetzmäßigkeit bietet das Aneinanderreihen von sich nur langsam ändernden Kurvenscheiben in Form von Trommelkurven, deren Erhebungen auch in der Längsrichtung der Trommel allmählich ansteigen oder abfallen, wie z. B. bei der Brennstoffpumpensteuerung der Abb. 164. Der Übergang in andere Bewegungen erfolgt durch seitliches Verschieben der Kurventrommel, was in den meisten Fällen wegen der besser durchführbaren Lagerung des Hubgliedes dem auch möglichen Verschieben des Hubgliedes gegenüber der Kurventrommel vorzuziehen ist.

In beiden Fällen verliert aber die Kurvenflanke seine zylindrische, für die Linienführung mit der Rolle notwendige Flankenausbildung, so daß man zu balligen Rollen (wie in Abb. 164) oder kugelförmigen Hubgliedenden übergehen muß, also zu Punktberührung.

21. Zeitweise aussetzende Kurventriebe.

Als Beispiel für den seltenen, aber doch praktisch vorkommenden Fall, daß zeitweise aussetzende Kurvenbewegung ermöglicht werden soll, zeigen die Abb. 165 bis 167 eine von einer Scheibenkurve gesteuerte Schere.

Die Kurvenrolle leitet die Hubbewegung durch ein kurzes Verbindungsglied auf einen Doppelhebel, dessen linkes Gelenk durch einen gestellfesten Lenker geführt wird, dessen rechtes Gelenk über ein Zwischenglied mit der beweglichen Scherenhälfte verbunden ist. Das alles, etwa wie in Abb. 166, ist ein nicht mehr zwangläufiges Gestänge, weil für den Zwang zu einer eindeutigen Bewegung *ein* bewegliches Glied zuviel vorhanden ist.

Dieses eine überflüssige bewegliche Glied ermöglicht das zeitweise Unterbrechen des Scherenschnittes trotz der Hubbewegung durch die Kurven. Dieses *eine Glied* kann nämlich entweder die Scherenschneide sein oder der oben im Gestell gelagerte, mit Sperrung ausgestattete Schwinghebel. Wird nämlich die Bewegung dieses Schwinghebels durch die Klinke gesperrt, wie in Abb. 165, so wird das untere Gelenk dieses Hebels unbeweglich, also gewissermaßen gestellfest. Das Gestänge macht die in Abb. 166 durch *starke* Pfeile angedeuteten Bewegungen, die Schere schneidet also, wie in Abb. 165. Läßt man jedoch den Riegel offen, wie in Abb. 166 und 167, ja verriegelt man sogar noch das andere mögliche Glied, hier die Scherenschneide, was im vorliegenden Beispiel schon durch den schweren Gang der Schere erreicht wird, so erfolgen die in Abb. 166 durch dünne Pfeile bezeichneten Bewegungen. Die Schere bleibt geöffnet, während die Hubbewegung der Kurve in eine praktisch wirkungslose Schwingung des oben im Gestell gelagerten Lenkers abgeleitet wird.

Lediglich durch Einlegen der Sperrklinke, von Hand oder auch durch ein vorgeschaltetes Schaltgetriebe z. B. mit Zählwerk, kann also die Betätigung der Schere nach Wunsch oder einem bestimmten Plan ausgelöst werden.

Dieses *Aufbauverfahren mit einem überflüssigen Glied* ist von grundsätzlicher Bedeutung und wird noch in weiteren Anwendungsfällen gezeigt werden (vgl. Abb. 322 bis 324, 401 bis 404).

22. Gestaltgebende Kurventriebe.

Gestatten die Vorrichtungen der Abb. 113, 114, 142, 143, 144, 145 und 146 die Erzeugung nur der wenigen Kurven, deren Bewegungen sich aus einzelnen einfachen Bewegungen zusammensetzen und mit einfachen Getrieben genau erzeugen lassen, so können *alle irgendwie gestalteten Kurven* erzeugt werden durch *Parallelschaltung* eines bereits fertigen Kurventriebes der gewünschten Gesetzmäßigkeit mit einem zweiten noch fertigen Kurventrieb, dessen Hubglied statt Kurvenrolle ein Schneidwerkzeug trägt und damit in einem, mit der Kurve des ersten Getriebes verbundenen Werkstück die neue Kurve schneidet.

In dieser Weise werden zur Zeit fast alle sorgfältig gearbeiteten Kurven hergestellt (Kopierfräsverfahren). Das Verfahren ist auch einwandfrei, wenn nur die Kurven zur zwangläufigen Führung, die sog. *Lehrkurven*, einwandfrei sind. Aber die Metallkurvenherstellung ist keineswegs das einzige Anwendungsgebiet.

Abb. 168 zeigt als Beispiel das Ausschneiden von beliebigen Gestalten aus Holztafeln. Der Fräser ist in der Maschine unverschieblich gelagert ebenso wie der Frästisch, der nur einen etwas vorspringenden Bolzen trägt. Dieser Bolzen und der Fräser haben die gleiche Mittellinie. Dazu gehört eine auf dem Fräsmaschinentisch von Hand verschiebbare und drehbare Führungstafel, die unten die gewünschte Gestalt, also etwa einen Baum, als Nutkurve in Metall trägt, dagegen oben die Holztafel, aus der der Baum ausgeschnitten werden soll. Der Bolzen des Frästisches gleitet in der Nutkurve, während der Fräser den Baum aus der Holztafel ausschneidet. Getrieblich ist dabei das Hubglied zum Gestell geworden.

Ein weiteres, besonders reizvolles Anwendungsbeispiel ist die Haushalt-Kartoffelschälmaschine (Abb. 169). Hierbei ist die rohe Kartoffel Führungskurve und zugleich unmittelbar darauf Werkstück, von dem ein entsprechender Streifen Schale abgeschnitten wird. (Vgl. Gewindeerzeugen mit Gewindebohrer oder Be- oder Gewindeschneidkluppe, Abb. 34).

Das Getriebegestell, die Kurve (Kartoffel) und das Hubglied (Bogenhub) gehört zu den beiden parallel geschalteten Kurventrieben. Nur zum Führungskurventrieb gehört am Hubglied lediglich die *Tastfläche zum Abtasten der Kartoffel und Führen des Hubgliedes* und nur zum bearbeitenden Kurventrieb gehört dicht dahinter das *Messer zum Schälen der Kartoffel*.

Die Hubgliedlagerung wird beim Schälen durch ein zusätzliches, in Abb. 169 nicht dargestelltes Getriebe (Schraubentrieb) die Kartoffel entlang bewegt und etwas geschwenkt, so daß, ähnlich wie es in Abb. 164 möglich ist, die gesamte Kartoffel*oberfläche* abgetastet und geschält wird.

B. Sperrungen und Kupplungen.

23. Sperrungen, Kupplungen und Befestigungen.

Fallen zwei von den drei *Geradführungsrichtungen* der Keilkette *zusammen* oder sind sie *parallel*, so entstehen bei Aufstellung auf die einzelnen Glieder in zwei Fällen *echte Sperrungen*, nämlich wenn das *Gestellglied*, wie in Abb. 171 und 172 *zwei verschieden gerichtete Geradführungen* trägt.

Außerdem gibt es dann noch *ein Glied* mit *zwei gleichgerichteten* oder *parallelen Geradführungen*. Wird dieses zum Gestell, wie in Abb. 173, so entstehen *Kupplungen*.

Man kann sich das Entstehen von Sperrungen und Kupplungen aber auch, wie in den Abb. 174, 175 und 176 so vorstellen, daß sich in ein und demselben Keiltrieb der Winkel zwischen *Hub*richtung und *Schub*richtung ändert. Grenzwerte sind dabei der 90°-Winkel in der echten Sperrung wie in Abb. 174 und der 0°-Winkel in der Kupplung wie in Abb. 176. Die anderen Winkelgrößen machen das Getriebe zu einem Schubgetriebe, jedoch mit Ausnahme der Winkel, die im Bereich der Selbstsperrung (Abschn. 4) liegen. Es entstehen dann in einer Kraftflußrichtung sperrende oder klemmende Keiltriebe, die in Übereinstimmung mit ihrer Bezeichnung in den Maschinenelementen *Befestigungen* heißen sollen.

24. Die Sperrtriebe.

Die Sperrtriebe erhalten ihre Eigenart unabhängig von der gerade gewählten äußeren Form allein von der Art der angewendeten *Schließung*.

Bei *reinem Formschluß*, wie in Abb. 177, muß die Verzahnung des Schubgliedes, das hier zum *Schaltglied* wird, sehr genau unter die entsprechende Gegenverzahnung des Hubgliedes geführt werden, das hier *Sperrglied* heißt. Der Notwendigkeit einer sorgfältigen Steuerung von Schaltung und Sperrung steht andererseits aber der große Vorteil gegenüber, daß der Sperrvorgang selbst vollständig geräuschlos erfolgt, also mit dieser rein formschlüssigen Schließung *stumme Gesperre* entstehen.

In sehr vielen Fällen ist aber die für stumme Gesperre erforderliche sehr genaue Führung des Schaltgliedes nicht oder nur mit unverhältnismäßig hohem getrieblichen Aufwand möglich. Wenn dann trotzdem die genaue Zahnteilung eingehalten werden soll, greift man zum *Form-Kraftschluß*, wie ihn die Abb. 178 in ausgeprägter Weise doppelseitig wirkend am *Mittelstellungsgesperre* zeigt. Das Sperrglied muß dann allerdings mit einer äußeren Kraft, z. B. mit Federkraft auf das Schaltglied gedrückt werden.

Man erkennt hier sofort den *rückkehrenden einfachen Keiltrieb* der Abb. 167 wieder, nur daß beim Mittelstellungsgesperre die Kraftwirkung des Sperrgliedes die des Schaltgliedes überwiegt und der überschießende Kraftfluß daher in entgegengesetzter Richtung wirkt. Das führt zuerst zum Ausrichten des Schaltgliedes entsprechend der Teilung und dann zur Sperrung genau in dieser Teilung.

Der Umfang der hierbei gegeneinander stehenden Kraftwirkungen ist aber, abgesehen von den beiderseits in Ansatz gebrachten Kraftgrößen in entscheidendem Maße abhängig von der Größe des Keilwinkels, über den diese beiden Kräfte gegeneinander wirken.

Bei einem Keilwinkel von 45°, wie in Abb. 178, werden von beiden Kräften in gleichem Teilungsverhältnis Teilkräfte abgezweigt, die Teilkräfte verhalten sich also dann zueinander wieder wie die ursprünglichen Gesamtkräfte.

Wird der Keilwinkel (zwischen der Hubrichtung des Sperrgliedes und der Keilflanke des Schaltgliedes) *kleiner* als *45°*, nähert man sich also dem Sperrtrieb der Abb. 177, so werden die notwendigen, von außen auf das Sperrglied wirkenden Kräfte immer geringer. In Abb. 177, wo dieser Keilwinkel ja 0° beträgt, sind überhaupt keine auf das Sperrglied wirkenden Kräfte mehr erforderlich. Der reine Formschluß genügt vollständig zur Verriegelung. Die zu sperrenden Schaltgliedkräfte können also, soweit es die Festigkeitsausbildung des Gesperres zuläßt, beliebig groß werden.

Wird der Keilwinkel jedoch *größer* als 45°, so braucht man auch immer größere von außen auf das Sperrglied wirkende Kräfte. Im Grenzfall, bei einem Keilwinkel von 90° (Abb. 182) müßten sie sogar unendlich groß sein, wenn hierbei nicht die Reibung ausgenützt werden könnte. Diese kraftschlüssige *Reibsperrung* hat gegenüber dem reinen Formschluß und dem Formkraftschluß die Besonderheit, daß man für die Sperrstellung des Schaltgliedes an keine Teilung gebunden ist. Ferner kann die Sperrung beliebig weich durch allmähliches Steigern der Sperrgliedkräfte eingerückt werden, was entsprechend allmähliches Mindern des auftretenden Schlupfes zwischen Schaltglied und Sperrglied (Gestell) zur Folge hat. Es ist dann allerdings unmöglich, eine bestimmte Schaltgliedstellung genau zu sperren, dazu ist immer Formschluß in irgendeiner Form unerläßlich.

Von großer praktischer Bedeutung ist noch eine Vereinigung der reinen Formschlußsperrung der Abb. 177 mit der Formkraftschlußsperrung der Abb. 178 in der *Rückfallsperrung* der Abb. 181. Das Sperrglied wird dabei mit einer äußeren Kraft angedrückt, die nur so groß ist, daß das Sperrglied gerade sicher hinter jedem Zahn des Schaltgliedes einfällt. Die Sperrung erfolgt nur gegen die senkrechte, rein formschlüssige Sperrflanke, in Abb. 181 also, wenn das Schaltglied nach rechts zurückweichen will. Beim Vorschub des Schaltgliedes in der anderen Richtung, in Abb. 181 also nach links, wird die kleine Sperrgliedkraft leicht überwunden, es erfolgt also hierbei keine Sperrung der Bewegung. Allerdings muß dabei die Keilflanke mit der Bewegungsrichtung des Sperrgliedes einen größeren Winkel als 45° einschließen, da sonst Klemmungen eintreten können. Derartige Gesperre arbeiten infolge des Einfallschlages des Sperrgliedes immer geräuschvoll.

25. Das vierte Glied im Sperrtrieb.

Der rückkehrende einfache Keiltrieb (Abb. 167) als form-kraftschlüssiges Gesperre (Abb. 178) dient vielfach nicht nur als eine zwar auf eine Mittelstellung einspielende, aber dabei auch sehr große Sperrkräfte entfaltende Sperrung, sondern sie wird auch bevorzugt angewendet, um bei Einstellungen etwa durch Handrad gewisse bevorzugte Stellungen *fühlbar* zu machen. In allen diesen Fällen spielt aber die Einspielbewegung auf die genaue Teilung eine ebenso große, oft sogar eine noch größere Rolle, als die Sperrung selbst.

Es ist daher naheliegend, daß man die dabei vielleicht störenden Reibungskräfte infolge des gefedert aufgedrückten Sperrgliedes möglichst klein zu halten sucht, was durch die Einführung des „vierten Gliedes", wie in Abb. 179 gelingt.

Eine besonders bemerkenswerte und beliebte Lösung ist dabei die Einführung der kraftschlüssigen Kugel als viertes Glied, wie in Abb. 180, und zwar *unter Weglassen des dritten Gliedes*, des bisherigen Sperrgliedes. Lediglich die Geradführung dieses Sperrgliedes im Gestell ist übriggeblieben und dient jetzt der Kugel als Laufbahn. (Vgl. auch Abb. 178.)

Dieser Austausch des Sperrgliedes gegen die Kugel, des dritten gegen das vierte Glied, ist die Grundlage einer Anzahl sehr wichtiger und wertvoller Sperrungen und Befestigungen, wie z. B. u. a. der Freilaufnabe, die dadurch zu einem *geräuschlosen* Rückfallgesperre geworden ist (Abb. 263 und 267).

26. Die Rückbildung der Gestell-Geradführungen in Drehkörperpaare.

a) Das Schaltglied wird drehend gelagert.

Auch hier ergibt die Rückbildung der Geradführung des Schaltgliedes im Gestell in ein Drehkörperpaar, wie bei den Schubgetrieben (Abb. 17 bis 25, 81 bis 89), die beiden Grenzmöglichkeiten des ebenen Getriebes mit scheibenförmigem Schaltglied (Abb. 190, 192, 194, 196 und 198) und des räumlichen Getriebes mit tellerförmigem Schaltglied (Abb. 191, 193, 195, 197 und 199). (Die dazwischen möglichen räumlichen Getriebeformen mit kegeligem Schaltteller sind kaum gebräuchlich.) Beide Formen, besonders aber die ebenen Getriebe mit Schaltscheiben sind in der Praxis hauptsächlich verbreitet, da sie ohne Umkehrung des Bewegungssinnes dauernd arbeiten können. Natürlich sind auch hier die verschiedenen Sperrwerkformen möglich und üblich, das *formschlüssige Gesperre* in Abb. 190 und 191, das *form-kraftschlüssige Mittelstellungsgesperre* in Abb. 192 und 193 und unter Verwendung der Kugel als „viertem Glied" bei Wegfall des eigentlichen Sperrgliedes in Abb. 194 und 195, das *Rückfallgesperre* in den Abb. 196 und 197 und schließlich die rein *kraftschlüssigen Reibgesperre* in Abb. 198 und 199, die übrigens als gestaltende Getriebe der Schleif- und Poliertechnik zugrunde liegen. Die Bewegungseigenschaften all dieser Gesperre bleiben natürlich unverändert. Dabei entspricht der Sperrflanke einer echten formschlüssigen Sperrung nach Abb. 177 bei Schaltscheiben wie in Abb. 190 eine Sperrflanke in Richtung eines Strahls vom Schaltscheibenlager, bei Schalttellern wie in Abb. 191 eine Sperrflanke ebenfalls in Richtung des Strahles vom Schalttellerdrehpunkt. Die Geradführung des Schaltgliedes wird dabei meist noch senkrecht zur Tellerebene angeordnet, was aber nicht notwendig ist. Die Richtungen der übrigen, *kraftschlüssigen*, Sperrflanken lassen sich in Anlehnung an die eben gegebenen *formschlüssigen* Sperrflanken leicht finden.

b) Das Sperrglied wird drehend gelagert.

Von ganz besonderer praktischer Bedeutung ist die drehende Lagerung des Sperrgliedes, die dann gewöhnlich *Sperrklinke* genannt wird.

Auch hierbei gibt es natürlich die beiden Grenzmöglichkeiten, nämlich die Anordnung als *ebenes Getriebe* wie z. B. in Abb. 183 für das stumme Gesperre und die entsprechende Anordnung als *räumliches Getriebe* in Abb. 184.

Diese räumliche Anordnung wird für *Gesperre* verhältnismäßig selten ausgenutzt, da die Sperrklinke dabei auf Kippen in der Lagerung in wenig erwünschter Weise beansprucht wird, was dagegen bei der praktisch weit verbreiteten ebenen

Anordnung nicht der Fall ist. Die räumliche Sperrklinkenanordnung ist aber in schneidfähiger Form besonders für Messer- oder Scherenschnitte sehr verbreitet, wenn band- oder strangförmiges Gut verarbeitet werden soll, wie Butter und Käse (mit Draht geschnitten), Papier und ähnliches Bandmaterial, Grünfutter in Häckselmaschinen usw. In allen diesen Fällen ist die Sperrklinke mit scharfen, gestaltgebenden Arbeitskanten (Draht oder Messer) ausgebildet und vielfach vollständig und in gleichbleibendem Drehsinn umlaufend als Messerrad oft mit zwei- oder mehrfacher Werkzeugbesetzung.

Die Abb. 185 bis 189 zeigen kraftschlüssige Sperrklinken für Mittelstellungssperrung, Rückfallsperrung und Reibsperrung, wobei hinzuweisen ist auf die triebstockähnliche Ausbildung der Schaltschiene des Mittelstellungsgesperres der Abb. 185 mit Rollen als vierten Gliedern und auf das Reibgesperre der Abb. 189 mit dem hier *notwendigen* vierten Glied, damit die Sperrklinken trotz etwa wechselnder Höhe des *Schalt*gliedes flächig, zum mindesten zweipunktig auf dem Schaltglied aufliegen können.

Die Lagerung der Sperrklinken muß in allen Fällen möglichst in Höhe der Flanken der Schaltschiene liegen (Abb. 183), da nur dort einwandfreier senkrechter Einfall der Klinkenflanke in die Schaltschiene und daher sichere Sperrung des Schaltgliedes nach vorwärts *und* rückwärts vorhanden ist. Praktisch ist diese Forderung nicht immer leicht zu erfüllen. Es kommen allerdings auch vielfach Fälle vor, wo die doppelseitige Sperrung nicht erforderlich ist, die Klinkenlagerung daher etwas höher liegen kann. Aber auch dann ist es empfehlenswert, nicht unnötig weit von der Schaltgliedoberkante zu lagern und lange Schaltklinken zu verwenden.

| c) Schaltglied und Sperrglied sind drehend gelagert.

Für Gesperre mit Schalttellern kommen Klinken entsprechend Abb. 183 bis 188 in Frage, die unter den gleichen Gesichtspunkten angeordnet werden müssen, wie bei den eben besprochenen Gesperren mit Schaltschienen.

Wesentlich bequemer ist die bei weitem verbreitetste Klinkenanordnung bei Gesperren mit Schaltscheiben, wie in Abb. 200 bis 204. Über der Verbindungslinie von Schaltscheibenlagerung und Sperrklinkenlagerung schlägt man den Halbkreis. Dessen Schnittpunkt mit der Teillinie der Schaltscheibensperrzähne bezeichnet die *richtige Eingriffstelle der Sperrklinke*. Abb. 200 zeigte eine Klinkenform der stummen Gesperre, Abb. 201 ein Mittelstellungsgesperre mit triebstockähnlichen Schaltgliedbolzen, Abb. 202 das gleiche Gesperre mit Klinkenbolzen, oder auch mit Klinkenkugel als „viertem Glied". Schließlich bringt Abb. 203 ein in der Praxis sehr verbreitetes Klinkenrückfallgesperre und Abb. 204 ein Klinkenreibgesperre, die Grundform der Bremsen.

27. Sonderformen von Sperrtrieben.

Für *Sperrung in beiden Drehrichtungen* wird vielfach die *Umlegklinke* verwendet, so z. B. in Abb. 205, um in jedem Falle einwandfrei rechtwinkligen Klinkeneingriff zu erreichen. Besonders bei kräftigeren Klinken kann nämlich immer nur eine der Flanken hinreichend guten Eingriff haben, in Abb. 205 die äußere. Ist daher vorauszusehen, in welcher Drehrichtung die Sperrung wirken wird, so kann man durch solche Umlegklinken immer die *einwandfreie* Flanke zur Wirkung bringen; andernfalls muß man sich mit einer nach rechts und einer nach links liegenden genauen Klinke helfen oder eine schmale Klinke bauen und sich mit den geringen Ungenauigkeiten der dann nahe beieinander liegenden Sperrflanken zufrieden geben.

Ganz besonders angebracht ist die *Umlegklinke zur Durchführung der Rückfallsperrung* wahlweise *in beiden Drehrichtungen.* In diesem Fall darf das Schaltrad dann allerdings, wie in Abb. 206, nur *formschlüssige Sperr*flanken besitzen, da ja die Sperrung je nach Drehrichtung *beiderseits* der Sperrzähne ansetzt. Die *Keil*flanke ordnet man daher an der noch freien Flanke der Sperrklinke an, in Abb. 206 ist es die innere, jedoch kann man Sperr- und Keilflanke auch umgekehrt an der Klinke anordnen.

Sind große Kräfte *zu sperren,* was besonders bei Rückfallsperrungen häufig nötig ist, so müssen dementsprechend bruchsichere, kräftige Sperrzähne ausgebildet werden und ebenso genügend bemessene Auflageflächen für die sperrenden Klinken. Zahngrößen und Klinkenbemessung sind also sehr abhängig von den zu sperrenden Kräften, so daß es eine *kleinste mögliche Zahnteilung der Sperrscheibe* gibt. Soll dennoch eine noch kleinere Teilung vorgenommen werden, so ist das möglich durch eine mehrfache, in der Teilung versetzte Klinkenanordnung wie in Abb. 207 mit genauem rechtwinkligem Eingriff und in Abb. 208 mit teilweise ungenauem Eingriff, der jedoch bei kleineren Schaltradzähnen zugelassen werden kann. Auf diese Weise ist eine beliebige Teilungsverfeinerung möglich, wenn nur eine entsprechende Zahl von versetzten Sperrklinken vorgesehen wird.

Die Weiterentwicklung des Klinkenreibgesperres der Abb. 204 zu von außen oder innen wirkenden Mehrbackenbremsen usw. kann mit dem Hinweis auf das gerade hierin sehr reiche Schrifttum[1] übergangen werden, nur auf eine weniger bekannte Eigenart der Bandbremsen soll hier noch hingewiesen werden. Der Bremsversuch mit einer Bandbremse entsprechend Abb. 209 zeigt, daß die Bremsung bei Linksdrehung der Bremsscheibe schneller und kraftvoller anspricht und mit geringerem Schlupf zum Festbremsen führt als bei Rechtsdrehung. Es liegt dies daran, daß das nach oben liegende Bremsbandende durch seine S-Biegung gleich zuerst kräftig berührend auf der Bremsscheibe aufliegt und daher die Bremshaftung sich sogleich entfaltet. Das andere, unten liegende Bremsbandende wird bei Entspannung nach außen gewölbt und hebt sich dabei über einem beträchtlichen Teil des Umfangs der Bremsscheibe ab, ist also nicht sogleich bremsbereit.

Diese Ungleichartigkeit läßt sich beseitigen, wenn man das zögernd wirkende Bremsbandende auf die Bremsscheibe aufdrückt, etwa durch eine Schraube mit der wertvollen Nachstellmöglichkeit, wie in Abb. 210.

28. Ausbildungsformen stummer Klinkensperrungen.

Außer den meist gebräuchlichen formschlüssigen Sperrklinken mit Klinkenzahn, wie in Abb. 211 oder Schaltscheibenzahn, wie in Abb. 212 oder Sperrbolzen, wie in Abb. 213 die zur Sperrung in die Schaltscheibe eingreifen und zur Freigabe ihre *Bewegungsrichtung umkehren* müssen, sind auch Klinkensperrungen möglich, bei denen die Sperrklinke Sperrung und Freigabe *ohne Umkehr ihrer Bewegungsrichtung* durchführt, wie in den Abb. 214 bis 218.

Beim Entwurf eines Schaltwerkes bedeutet die Verwendung von Sperrklinken nach Abb. 211 bis 213 die Notwendigkeit, ein besonderes Getriebe anzuordnen, welches die passende hin- und hergehende Hubbewegung, meist noch mit Stillständen ausführt. Umlaufende Sperrklinken entsprechend den Abb. 214 bis 218 können dagegen mit einer dann meist vorhandenen, im Arbeitstakt umlaufenden Welle verbunden werden, benötigen also kein eigenes Getriebe und bieten auch sonst mancherlei Vorteile, so daß sie außer bei den Malteserkreuzen, wo sie üblich sind, auch sonst noch angewendet zu werden verdienen.

---

[1] Schrifttum Bremsen: HÄNCHEN: Sperrwerke und Bremsen. Berlin: Springer 1930.

Die Bauweise ist aus den Abb. 214 bis 218 ohne weiteres ersichtlich, hinzuweisen ist nur auf Abb. 219, die eine in derselben Weise entworfene Doppelgriffsteuerung darstellt, bei der Steuerbewegungen des rechten Griffs nur möglich sind, wenn der linke Griff, wie im Bild, in Mittellage steht, und umgekehrt der rechte Griff in Mittellage stehen muß, wenn mit dem linken Griff Schaltbewegungen ausgeführt werden sollen.

29. Verbindung von Sperrtrieben und Kurventrieben.

Von Metallkurven gesteuerte Schaltwerke.

(Vgl. DRP. 108939.)

Die Aufgabe eines Schaltwerkes ist das absatzweise Vorschieben eines Werkstückbandes, einer Werkstückschiene oder auch eines drehenden Werktisches. Dieser Schaltvorschub ist die Grundlage, auf der eine große Zahl selbsttätig arbeitender Maschinen oder Vorrichtungen entworfen sind.

Soll ein solches Schaltwerk gebaut werden, so zeichnet man am besten zuerst ein ganz einfaches und leicht zu übersehendes Modell ohne Rücksicht auf besondere bauliche Formen der geplanten praktischen Anwendung, also etwa wie in Abb. 220. In diesem Modell müssen aber schon alle notwendigen Getriebeglieder enthalten sein, wenn auch in ganz einfacher Gestalt, so daß daran der gesamte Schaltvorgang gedacht werden kann.

Ferner legt man sich einen Bewegungsplan dieses Modells an, wie in Abb. 221. In diesem bedeutet das Heruntergehen in der Senkrechten soviel wie das Ablaufen der Zeit, die man außerdem je Arbeitsspiel noch in „Schritte" einteilt. In Abb. 221 entstanden aus der Bewegung des Modells der Abb. 220 sechs solcher „Schaltschritte". Die einzelnen Glieder des Modells, die mit Buchstaben bezeichnet sind, haben unter der gleichen Buchstabenbezeichnung je ein Band im Bewegungsplan, das gezahnte Schaltstück S der Abb. 220, z. B. das Band ganz rechts. Diese Bänder haben senkrechte Teile. Diese sollen zeigen, daß das betreffende Glied dann stillsteht, wie z. B. das mittlere, mit G bezeichnete, des *dauernd* stillstehenden Gestells. Die Bewegung eines solchen Gliedes wird dargestellt durch schräge Lage seines Bandes, Rückbewegung durch entgegengesetzte Schräglage des Bandes.

Das Modell der Abb. 220 zeigt den Bewegungszeitpunkt der obersten Waagerechten des Bewegungsplanes. Das Schaltglied A ist dabei in Ausgangsstellung, der Schaltgliedgreifer a geöffnet, während das Schaltstück S vom Gestellgreifer g festgehalten wird.

Soll das Schaltglied A das Schaltstück S ein weiteres Stück vorschieben, so müßte es erst einmal mit seinem Schaltgliedgreifer a zupacken. Das geschieht in dem „Schaltschritt" 1. Das Band des Schaltgliedgreifers a (zweites von links) hat ein schräges Stück, das diese Bewegung darstellt. Alle anderen Glieder des Modells bleiben dabei in Ruhe, ihre Bänder haben daher senkrechte Lage.

Nach dem 1. Schaltschritt wird das Schaltstück S vom Schaltgliedgreifer a *und* vom Gestellgreifer g festgehalten. Um das Schaltstück S vorschieben zu können, muß aber der Gestellgreifer g loslassen, was während des 2. Schaltschrittes geschieht. Sein Band, das zweite von rechts, hat ein Schrägstück nach links. Alle anderen Modellglieder bleiben in Ruhe.

Nunmehr kann die Schaltbewegung ausgeführt werden. Das Schaltglied A hatte ja mit seinem Greifer a das Schaltstück S gepackt und nimmt es nun im 3. Schaltschritt mit. Die Bänder des Schaltgliedes A (ganz links) und des Schaltstückes S (ganz rechts) zeigen beide die gleiche Schräglage. Alle anderen Modellglieder bleiben in Ruhe.

Nach diesem „Vorschub" soll das Schaltglied A in die Ausgangsstellung zurückkehren. Würde das jetzt anschließen, so würde ja das Schaltstück S wieder mit zurückgenommen, denn das ist ja noch vom Schaltgliedgreifer a erfaßt. Das Schaltstück muß also erst ordnungsgemäß vom Gestellgreifer g erfaßt werden, was während des 4. Schaltschrittes erfolgt, das Gestellgreiferband zeigt Schräglage nach rechts.

Im folgenden, dem 5. Schaltschritt, läßt der Schaltgliedgreifer a los, sein Band hat Schräglage nach links, und nunmehr ist das Schaltstück S an das Modellgestell zum Festhalten abgegeben. Das Schaltglied A ist frei und kehrt im 6. Schaltschritt in seine Ausgangslage zurück. Sein Band zeigt Schräglage nach links, während alle anderen Glieder des Modells in Ruhe bleiben. Das Arbeitsspiel ist beendet.

Mit diesem Aufstellen des Bewegungsplanes ist die hauptsächlichste Entwurfsarbeit bereits geleistet. Den Bewegungsplan braucht man nur, z. B. wie in Abb. 222 auf eine Scheibe als Nutkurven zu übertragen und erhält damit, richtig aufeinander abgestimmt, sämtliche notwendigen Kurven, wobei die Schaltschritte den in gleicher Weise benummerten Drehwinkeln entsprechen. Das Schaltgetriebemodell (Abb. 220) wird der praktischen Aufgabe entsprechend baulich umgestaltet und seine beweglichen Glieder werden mit den Hublenkern der zugehörigen Kurven verbunden. Das kurvengesteuerte Schaltwerk ist damit fertig.

Von den Kurven des Schaltwerkes der Abb. 222 betätigen die beiden inneren die Greifer, die hier reibschlüssig sein können. Ohne weiteres zu übersehen ist die Wirkungsweise der innersten Kurve, die den Gestellgreifer g bewegt.

Der Schaltgliedgreifer a wird, wie schon das Modell in Abb. 220 zeigt, vom Schaltglied A getragen. Im Schaltwerk der Abb. 222 ist das Schaltglied A ein auf der Welle der Schaltstückscheibe S lagernder kräftiger doppelarmiger Hebel, an dem links der Schaltgliedgreifer a angelenkt ist; rechts besteht dagegen über einen kurzen Zwischenlenker Verbindung zum Hublenker der außenliegenden Schaltgliedkurve.

Auch die Bewegung dieses Schaltgliedes selbst ist nunmehr leicht zu übersehen.

Besonders geschickt ist der Antrieb des Schaltgliedgreifers a von seiner, auf der Scheibe zwischen den beiden anderen liegenden Kurve.

Während der Schaltgliedgreifer die Schaltstückscheibe S festhalten muß, dreht sich ja das Schaltglied A zusammen mit ihm um die Mitte der Schaltstückscheibenlagerung (S). Daß sich dabei der Schaltgliedgreifer *nicht* ungewollt öffnet, ist *nur* möglich, wenn, wie in Abb. 222 das Anschlußgelenk seines Kurvenhublenkers *genau in der Drehmitte der Schaltstückscheibe* steht und daher die Schaltglieddrehung störungsfrei aufnehmen kann.

Der kurze Zwischenlenker zwischen diesem Anschlußgelenk und dem Schaltgliedgreifer ist so lang gewählt, daß sein zweites Gelenk (am Schaltgliedgreifer) ebenfalls wieder genau in der Drehmitte der Schaltstückscheibe liegt, wenn der Greifer geöffnet ist. Dazu muß natürlich der Arm des Schaltgliedgreiferkörpers, der dieses Gelenk trägt, ebenfalls die entsprechende Länge haben. Dann wird auch bei der Rückdrehung des Schaltgliedes mit geöffnetem Greifer eine Rückwirkung dieser Drehung als etwaige zusätzliche Greiferbewegung vermieden, obwohl das in diesem Falle nicht stören würde.

Der einwandfreie Ablauf der Vorschubschaltung eines Schaltwerkes ist aber — auch bei richtig aufeinander abgestimmten Bewegungen — unsicher, wenn das Schaltstück (S) nicht in jedem Augenblick des Arbeitsspiels von den Greifern des Schaltwerkes sicher gehalten wird. In der Praxis wird dies noch vielfach nicht genügend beachtet, was zu Vorschubstörungen oder zu Vorschubungenauigkeiten führt, wenn die Massen des Schaltstückes (S) oder die Arbeitsgeschwindigkeit des Schaltwerkes so groß sind, daß die daraus folgenden Massenkräfte als Störkräfte wirken können.

Beim Entwurf eines einwandfrei arbeitenden Schaltwerkes ist daher ganz besonders auf dieses immer gesicherte Festhalten des Schaltstückes (S) zu achten, ich möchte beinahe sagen, so pedantisch, wie man einen immer ausbruchbereiten Verbrecher führen und an eine andere Behörde übergeben würde.

Dabei ist ganz selbstverständlich — aber auch noch nicht immer beachtet —, daß das Schaltstück *auch dann festgehalten* bzw. eingespannt wird, *wenn es stillsteht*. Man *muß* also einen *Gestellgreifer* und seinen Antrieb anordnen. Eine Einsparung an dieser Stelle schädigt die Güte des Schaltwerkes und des Schaltvorganges empfindlich.

Im Spiel der Bewegungen ist die Übergabe des Schaltstückes S vom Gestellgreifer g an den Schaltgliedgreifer a die Stelle, bei der besonders auf das dauernde sichere Festhalten geachtet werden muß.

Bei *kraftschlüssigen* oder *form-kraftschlüssigen Greifern*, wie beim Schaltwerk der Abb. 220 bis 222, muß dabei der Schaltgliedgreifer a erst richtig und sicher zugefaßt haben, ehe der Gestellgreifer g loslassen darf (Schaltschritt 1 und 2), und umgekehrt muß nach dem Schaltstückvorschub (Schaltschritt 3) erst der Gestellgreifer g sicher zugefaßt haben, bevor der Schaltgliedgreifer a gelöst werden darf (Schaltschritt 4 und 5).

Es ergeben sich dadurch allerdings *zwei* Kurven für die Greiferbewegung (Abb. 222). Bei der Schwierigkeit und bei den Kosten der Herstellung von Metallkurven ist es natürlich zu verstehen, wenn versucht wird, an Metallkurven zu sparen. Dazu regt besonders das einander entsprechende Bewegungsspiel des Gestellgreifers g und des Schaltgliedgreifers a an. Es ist auch tatsächlich möglich, beide Greifer von einer einzigen Kurve aus zu steuern, ohne am Bewegungsplan etwas zu ändern, wenn — wie in Abb. 221 und 222 — die Schaltschritte 3 und 6 gleichlang sind.

Der Bewegungsplan (Abb. 221) zeigt ja in den Bewegungslinien des Schaltgliedgreifers a und des Gestellgreifers g zwei völlig gleiche Linienzüge, die nur um ein halbes Arbeitsspiel gegeneinander versetzt sind. Entsprechend sind auch die beiden inneren Kurven des Schaltwerkes der Abb. 222 völlig gleichartig, nur um 180° gegeneinander versetzt, wobei die Kurvenrollen alle senkrecht unter der Kurvenmitte nebeneinanderliegen. Dasselbe würde man aber auch erreichen, wenn man die Kurvenrolle etwa des Gestellgreifers g um 180° versetzt, also senkrecht über der Kurvenmitte angreifen ließe und wenn dementsprechend die zugehörige Kurve um 180° gedreht würde. Dann aber würden die beiden inneren gleichartigen Kurven auch noch parallel liegen. In dem Fall kann man, wie in Abb. 223 eine der beiden Kurven weglassen. Die beiden um 180° versetzten Greiferrollen werden in einer einzigen Kurve geführt. Es entsteht ein nach dem Bewegungsplan der Abb. 221 arbeitendes Schaltwerk mit nur zwei Kurven.

Eine zweite Kurve für die Greiferbewegung könnte man aber auch sparen bei Verwendung *formschlüssiger Greifer* wie in den Abb. 224 bis 226. Das Modell in Abb. 224 zeigt den Schaltgliedgreifer a halbwegs beim Eintreten in die Sperrverzahnung des Schaltstückes, den Gestellgreifer g dagegen halbwegs beim Austauchen. Wenn die Sperrverzahnung so tief eingeschnitten ist, daß in diesem Augenblick beide Greifer noch sperren ,wie in Abb. 224, können die *beiden Greifer gleichzeitig sperren bzw. freigeben*. Die Schaltschritte 1 und 2 sowie 4 und 5 können zu je einem einzigen zusammengezogen werden. Die Bewegungslinien der beiden Greifer sind dadurch nicht nur gleich, auch wenn die Schaltschritte 3 und 6 verschieden groß sind, sondern sie sind auch nicht mehr gegeneinander versetzt. Beide Greifer können daher, wie im Schaltwerk der Abb. 226, von *einer einzigen Kurve* und mit *einer einzigen gemeinsamen Rolle* gesteuert werden, wobei die entgegengesetzte Bewegungsrichtung der beiden Greifer durch die Anordnung eines doppelarmigen Hebels erreicht wird.

Macht man außerdem noch die tatsächlich nur noch vorhandenen vier Schaltschritte des Bewegungsplans der Abb. 225 (1 u. 2; 3; 4 u. 5; 6) gleichgroß, so gleichen sich die Bewegungslinien des Schaltgliedes A und die der Greifer a und g, also *aller* gesteuerten Glieder des Schaltwerkes, wobei die Bewegungslinie des Schaltgliedes A um *ein Viertel* des Bewegungsspieles versetzt ist gegen die Bewegungslinien der beiden Greifer a und g.

Wie beim Schaltwerk der Abb. 223 die Versetzung um ein *halbes* Bewegungsspiel erreicht wurde durch um 180° versetzten Rollenangriff an der gleichen Kurve, so erreicht man im Schaltwerk der Abb. 227 in entsprechender Weise eine Versetzung der Bewegung des Schaltgliedes A gegen die Bewegung der beiden Greifer a und g um ein *Viertel* des Arbeitsspieles durch um 90° gegeneinander versetzten Rollenangriff bei Benutzung *einer einzigen Kurve* nunmehr für *sämtliche* Bewegungen des Schaltwerkes.

Wenn die Rollen geradgeführt werden, kann diese *Kurve gleichen Durchmessers* (vgl. Abschn. 19) beiderseitig berollt werden (Abb. 160), wobei ja besonders günstige Betriebsverhältnisse vorliegen.

Im Schaltgetriebe des Schaltwerkes der Abb. 227 steht das Anschlußgelenk des Kurvenhublenkers nur genau in der Drehmitte der Schaltstückscheibe S, wenn der Schaltgliedgreifer a im Eingriff ist. Beim Schaltvorschub (3. Schaltschritt) bleibt daher der Greifer a ruhig im Eingriff. Ist der Schaltgliedgreifer a ausgehoben, wie in Abb. 227 dargestellt, so liegt kein Gelenk seines Antriebes in der Drehmitte der Schaltstückscheibe S. Während des Schaltschrittes 6 macht der Schaltgliedgreifer a daher noch eine zusätzliche Bewegung, die aber keinerlei Auswirkung hat.

Die Abb. 228 und 229 zeigen noch zwei Ausführungsbeispiele von Schaltgetrieben für Schaltwerke, wie in Abb. 227, die im Aufbau dem Schaltgetriebe in Abb. 224 und 225 entsprechen.

Es ist naheliegend, diesen bei *formschlüssig* sperrenden Schaltwerken bis zu einer einzigen Metallkurve vereinfachten Antrieb in irgendeiner Form auch auf *kraftschlüssig* oder *form-kraftschlüssig* sperrende Schaltwerke zu übernehmen, wie das in den Abb. 230 bis 232 dargestellt ist.

Das hierfür zugrunde liegende Modell in Abb. 230 ist das gleiche, wie in Abb. 220, Daher können auch die Schaltgetriebe der Schaltwerke in den Abb. 222, 232 und 233 grundsätzlich in gleicher Weise ausgebildet werden.

Der Bewegungsplan der Abb. 231 unterscheidet sich dagegen von dem der Abb. 221.

Zunächst müssen, wie im Bewegungsplan der Abb. 225, die Schaltschritte 1 und 2 sowie 4 und 5 zu je einem einzigen zusammengefaßt werden. Das würde aber bedeuten, daß in der gleichen Zeit, in der sich der Schaltgliedgreifer a zum Zufassen bewegt, der Gestellgreifer g losläßt, und umgekehrt. Bei Beginn dieser Bewegung würde das Schaltstück S dabei schon vom Gestellgreifer g freigegeben und ganz am Ende der Bewegung erst wieder vom Schaltgliedgreifer a erfaßt. In der Zwischenzeit würde das Schaltstück S überhaupt nicht festgehalten, könnte dann also etwaigen Störkräften folgen. Das ist unzulässig.

Um dennoch, *wenigstens von der Kurvenscheibe aus* die Bewegung für die beiden Greifer einheitlich und in einem einzigen Schaltschritt ableiten zu können, muß diese Bewegung *nachträglich* — in Abb. 232 und 233 durch Hilfs-Geradschubkurven — ordnungsgemäß aufgelöst werden, um erst dann die beiden Greifer zu steuern.

Wie für das Schaltwerk der Abb. 227 müssen nach der Zusammenfassung der Greiferbewegungen nunmehr im Bewegungsplan (Abb. 231) und in der Kurvenscheibe (Abb. 232 und 233) die praktisch jetzt nur noch bestehenden vier Schaltschritte gleichlang gemacht werden. Dann gleicht der Kurvenantrieb der Schaltwerke der Abb. 232 und 233 dem des Schaltwerkes der Abb. 227.

Die Auflösung der von der Kurvenscheibe gelieferten Bewegung für die Greifersteuerung erfolgt in Abb. 232 durch zwei Geradschubkurven (in einem Schieber), je eine für den Schaltgliedgreifer a und den Gestellgreifer g.

In entsprechender Weise, wie in Abb. 223, kann man, wie Abb. 233 zeigt, mit *einer einzigen Hilfsgeradschubkurve* auskommen, wenn man den Rollenangriff der beiden Greifer entsprechend versetzt anordnet.

Die Aufgabe dieser Hilfskurven, nämlich den *einen Teil der* von der Kurvenscheibe gelieferten *Hubbewegung wirkungslos zu machen* und nur den *restlichen Teil* der Hubbewegung zur Betätigung der Greifer *weiterzuleiten*, kann mit einer, in vielen praktischen Fällen ausreichenden Genauigkeit auch durch *Kniehebelanordnung* erreicht werden. Wie Abb. 234 zeigt, fallen dadurch die Hilfs-Geradschubkurven (Abb. 232 und 233) weg. Auch das *kraftschlüssig sperrende Schaltwerk* kommt dann mit *einer einzigen Kurve* für sämtliche Schaltwerksbewegungen aus.

Für einen schwingenden Lenker, von dessen Gesamtschwingungsausschlag, wie z. B. in Abb. 235, der Teil A wirkungslos werden soll, findet man leicht die richtige Kniehebelanordnung, wenn man an dem schwingenden Lenker einen weiteren Lenker lagert, dessen zweites Gelenk auf der Halbierenden des Winkels A geführt wird.

Dabei kann die Kniehebelwirkung entweder in der Strecklage der beiden Lenker erfolgen, wie in Abb. 235, oder in Decklage, wie in Abb. 236. (Diese beiden Lagen entsprechen den Umkehrlagen oder Totlagen der Hubbewegung bei den Schubkurbelgetrieben.)

Auf der Winkelhalbierenden des Winkels A entspricht die Hubunterteilung a und b den Schwingwinkeln A und B. Von dem Teilwinkelausschlag A bleibt also noch eine kleine Bewegung a übrig, die bei Kniehebelwirkung in Decklage (Abb. 236) kleiner ist, als bei Kniehebelwirkung in Strecklage (Abb. 235). Diese kleine Bewegung a ist aber praktisch unschädlich, wenn die Greifer, wie das meist der Fall ist, ohnehin gefederte Greifflächen haben, um unregelmäßig dickes Gut zuverlässig fassen zu können oder um zu hohe Pressung beim Zufassen zu vermeiden.

Geht man statt von einer Schwingbewegung von einer Geradschubbewegung aus, wie in Abb. 237, so tritt nur die Mittelsenkrechte der Teilhubstrecke A an die Stelle der Halbierenden des Winkels A (der Abb. 235 und 236).

Abb. 238 zeigt nun die der Greiferbetätigung im Schaltwerk der Abb. 234 entsprechende Anordnung *zweier* Kniehebel an *einem* geradgeführten Schieber in der Weise, daß für die eine Kniehebelanordnung (links) die Teilstrecke A wirkungslos werden soll, für die andere (rechts) die Teilstrecke B.

Die Stellungen I, II und III gehören zu *einem* Hub des geradgeführten Schiebers. Diesem Hub würden in dem Schaltwerk der Abb. 234 entweder die Schaltschritte 1, 2 oder 4, 5 entsprechen. Bei der Bewegung von I nach II in Abb. 238 führt der rechte Kniehebel nur den ganz kleinen Hub b_2 aus, der linke dagegen den großen Hub b_1, während umgekehrt bei der Bewegung von II nach III der rechte Kniehebel den großen Hub a_2 ausführt, der linke dagegen den ganz kleinen Hub a_1. Wenn, wie notwendig, die Hübe a_1 und b_2 geschlossenen Greifern entsprechen, so sind in der Mittelstellung II, wie es auch verlangt werden muß, beide Greifer geschlossen.

30. Verbindung von Sperrtrieben mit Koppelkurventrieben.

a) Von Koppel-(Kurbel-)Kurven gesteuerte Schaltwerke[1].

Wendet man für irgendeine Bewegungsaufgabe *Koppelkurven* an, statt *Metallkurven*, so muß man sich von Anfang an darüber klar sein, daß Koppelkurven und Metallkurven nicht nur in ihrem Wesen, sondern auch in ihrer Anwendbarkeit so verschieden sind, daß davon Schritt für Schritt das Vorgehen beim Entwurf in beinahe entgegengesetzter Weise beeinflußt wird.

Den größten Einfluß hat dabei die Tatsache, daß zwar für jedes beliebige Bewegungsgesetz ohne weiteres geeignete Metallkurven entworfen werden können, daß dagegen aber nicht immer geeignete Koppelkurven vorhanden sind, weil diese nur in ganz bestimmten, wenn auch sehr wandlungsreichen Formen vorkommen.

So richtet sich beim Entwurf eines Metallkurvenschaltwerkes die Form der notwendigen Metallkurven nach den Bewegungslinien des Bewegungsplanes. Beim Entwurf eines Koppelkurvenschaltwerkes dagegen bestimmen umgekehrt die verfügbaren Koppelkurvenformen die endgültige Festlegung der Bewegungslinien des Bewegungsplanes.

Ferner sind Koppelkurven ja unkörperliche *Bewegungsspuren* von Punkten der bewegten Koppelebene, Metallkurven dagegen *Führungsschienen*, an denen die Kurvenrolle entlang läuft.

Man kann daher wohl mehrere Kurvenrollen hintereinander in einer Metallkurve laufen lassen, und damit, wie in Abb. 223, 227, 232, 233 und 234, gleichartige, nur zeitlich versetzte Bewegungen ausführen, man kann aber nichts Ähnliches oder Entsprechendes mit Koppelkurven erreichen.

Weiter wird für *jedes* Bewegungsgesetz *eine* Metallkurve gebraucht. Will man an Metallkurven sparen, so verwendet man *möglichst häufig das gleiche Bewegungsgesetz* und damit also auch eine gemeinsame Metallkurve. Das führt praktisch dazu, daß man eine Metallkurve nur für das schwierigste auftretende Bewegungsgesetz baut, und die anderen, an sich einfacheren Bewegungen auch nach diesem schwierigsten Gesetz ablaufen läßt.

Von *einer* Koppelebene dagegen werden außer der gerade ermittelten Koppelkurve noch *sehr viele* anders gestaltete Koppelkurven beschrieben, unter denen die praktische Auswahl um *so leichter* ist, *je einfacher* die notwendigen Bewegungen sein können. Sucht man also für die vorliegende Aufgabe die *einfachsten* Bewegungen, dann kann man von *einer einzigen* Koppel sehr viele verschiedene solcher Bewegungen ableiten. Tatsächlich kommt man bei den meisten Maschinen mit zwei Koppeln, manchmal sogar mit einer Koppel aus[2].

b) Die Bearbeitung des Bewegungsplanes[3].

Beim Entwurf eines Koppelkurvenschaltwerkes beginnt man, wie bei den Metallkurvenschaltwerken, mit dem Modell (z. B. Abb. 220, 224 und 230) und leitet davon, zunächst ohne weitere Rücksichten den Bewegungsplan ab (z. B. Abb. 221, 225 und 231).

Nunmehr folgt aber als neue, besonders wichtige Maßnahme eine *Bearbeitung des Bewegungsplanes*, wie es im folgenden für den Plan der Abb. 221 (kraftschlüssig sperrendes Schaltwerk) gezeigt wird.

---

[1] Vgl. Abschn. 12: Schaltwerksteuerungen. RAUH K.: Aufbaulehre der Verarbeitungsmaschinen. Essen: Verlag W. Girardet.

[2] Wege zum Auffinden: Abschn. 10, 14, 15, 16 bis 25, 32 bis 52. Prakt. Getriebetechnik Heft 2.

[3] Vgl. Abschn. 4. RAUH, K.: Aufbaulehre der Verarbeitungsmaschinen. Essen: Verlag W. Girardet.

Sehr wesentlich ist, daß im Bewegungsplan sogleich *die Teile der Bewegungslinien hervorgehoben* werden, die so bleiben müssen, wie sie gezeichnet sind, wenn das Schaltwerk einwandfrei laufen soll. Dies geschieht zweckmäßig durch besonders kräftiges (endgültiges) Ausziehen, wie es auch in den Abb. 221, 225 und 231 geschehen ist.

Nun fällt z. B. im Bewegungsplan der Abb. 221 auf, daß in den Bewegungslinien des Schaltgliedgreifers a und des Gestellgreifers g je nur *ein* Stillstand (der längere der beiden) stark ausgezogen, also auch dieser eine Stillstand nur nötig ist. Der andere Stillstand (bei geöffnetem Greifer) könnte wegfallen. Der Bewegungsplan der Abb. 221 ist in Abb. 239 entsprechend umgezeichnet. Die Bewegungslinien der Greifer a und g zeigen nun nur noch die einfachen Hubbewegungen mit *einem* Stillstand. Allein das Schaltglied A benötigt noch eine Hubbewegung mit zwei Stillständen.

Diese Hubbewegung mit *zwei* Stillständen ist das *schwierigere* Bewegungsgesetz. Das Auffinden einer geeigneten Koppelkurve ist nur möglich mit einigen konstruktiven Freiheiten, deren wesentlichste die ist, die *Dauer* und die *gegenseitige zeitliche Entfernung der beiden Stillstände* in der Bewegungslinie des Schaltgliedes A im Bewegungsplan in gewissen Grenzen ändern zu dürfen zur *Angleichung an das Bewegungsgesetz der* in Frage kommenden *Koppelkurve*.

Solche *Hubbewegungen mit zwei Stillständen* kann man ableiten entweder von einer *Koppelkurve*[1] *mit zwei gleichen und gleichgerichteten Krümmungen*

oder von einer *Kurbelkurve* (Schwingenkurve) *des Doppelkurbelgetriebes* (Abb. 243)[2] *mit zwei ungleichen aber gleichmittigen* (konzentrischen) *Krümmungen*.

In beiden Fällen entstehen Stillstände in der abgeleiteten Hubbewegung von ungleicher Dauer, und zwar ist der eine Stillstand immer etwa halb so lang wie der andere, und in beiden Fällen entstehen diese Stillstände alle halben Arbeitsspiele.

Die Längen dieser Stillstände, gemessen in Winkelgraden der Kurbeldrehung, sind kürzer bei langem Hub der abgeleiteten Hubbewegung und umgekehrt länger bei kurzem Hub.

Bei praktisch brauchbaren Hublängen der abgeleiteten Bewegung betragen die Dauern der Stillstände bei Verwendung von Koppelkurven etwa 60° bis 70° und 30° Kurbeldrehung, bei Verwendung von Kurbelkurven der Doppelkurbelgetriebe etwa 90° bis 100° und 45° Kurbeldrehung.

Zur weiteren Bearbeitung des Bewegungsplanes muß man sich nun für ein Getriebe zur Erzeugung der Hubbewegung mit zwei Stillständen entscheiden, und dessen Bewegungslinie als die des Schaltgliedes A in den Bewegungsplan eintragen. An Stelle der noch *regelmäßigen* Bewegungslinie des Schaltgliedes A im Bewegungsplan der Abb. 239 tritt nun die *unregelmäßige* Bewegungslinie des Schaltgliedes A eines *Koppelkurvenschaltwerkes* (Abb. 241 und 244) im Bewegungsplan der Abb. 240 oder eines *Kurbelkurvenschaltwerkes* (Abb. 243) im Bewegungsplan der Abb. 242.

Die nächst schwierige Aufgabe ist die *Bewegung des Schaltgliedgreifers a*. Bevor aber dessen Bewegungslinie in den Bewegungsplan eingezeichnet werden kann, muß wieder die getriebliche Lösung dieser Aufgabe gefunden werden. Dieser dauernde Wechsel zwischen Bearbeiten des Bewegungsplanes und Entwurfsarbeit an den Getrieben ist überhaupt das kennzeichnende Vorgehen beim Verwenden von Koppelkurven und ähnlichen Bahnen von Punkten des allgemein bewegten Getriebegliedes.

Eine Eigentümlichkeit bei der Ableitung von Hubbewegungen mit Stillständen

---

[1] Vgl. Abschn. 19, 20 21 und 41.
[2] Vgl. Abschn. 38.

von Koppelkurven (Abb. 241) oder Kurbelkurven (Abb. 243) ist es, daß *während des Stillstandes des* (in den Abb. 241 und 243 geradgeführten) *Schaltgliedes A* gegen dieses — bei Ableitung von einer Koppelkurve (Abb. 241) — *der angelenkte Zweischlaglenker ausschwingt* und — bei Ableitung von einer Kurbelkurve (Abb. 243) — ganz entsprechend *die angelenkte Schwinge* des Doppelkurbelgetriebes.

Bei Hubbewegungen mit zwei Stillständen erfolgt das Ausschwingen des Zweischlaglenkers bzw. der Schwinge während der beiden Stillstände jeweils in entgegengesetzter Richtung.

Diese Bewegungen eignen sich zur Ausnutzung für die Steuerung des Schaltgliedgreifers a unter Verwendung einer Kniehebelanordnung (vgl. Abb. 235 bis 237, insbesondere 236).

Bei *Koppelkurvenschaltwerken* ergibt sich der *Ausschwingwinkel* des Zweischlaglenkers mit genügender Genauigkeit zwischen den beiden Berührungsgeraden (Tangenten) vom Krümmungsmittelpunkt des unteren Stillstandsbogens aus an die Koppelkurve, der in Abb. 241 etwa 70° beträgt.

Weniger leicht zu erkennen ist der *Ausschwingwinkel* zwischen dem Schaltglied A und der Schwinge des Doppelkurbelgetriebes bei den *Kurbelkurvenschaltwerken*. Denkt man sich jedoch, z. B. in Abb. 243 die Kurbelkurve körperlich ausgebildet und mit der Schwinge fest verbunden, bedenkt man weiterhin, daß diese Kurbelkurve bei der Bewegung des Schaltwerkes über den zugehörigen, jetzt festgelagerten Kurbelpunkt (Kurbellagerung) gewissermaßen hinwegsägen muß, so erkennt man dadurch auch ohne Mühe die Grenzen des Ausschwingwinkels der Schwinge gegenüber dem Schaltglied A ebenfalls in den beiden Berührungsgeraden (Tangenten) vom gemeinsamen Krümmungsmittelpunkt der Stillstandsbogen aus an die Kurbelkurve.

Da im Schaltwerk der Abb. 243 die Kniehebelanordnung des Schaltgliedgreifers a am Gelenk zwischen Koppel (Punktraster) und Schwinge angreifen soll, und da das Schaltwerk in der Mittelstellung entworfen ist, wurde dieser Ausschwingwinkel, hier von fast 45°, je zur Hälfte rechts und links an die Verbindungslinie des Anlenkpunktes der Schwinge an das Schaltglied A mit dem Gelenk zwischen Schwinge und Koppel angetragen.

Die Unterteilung des Ausschwingwinkels in einen Winkel (vgl. Winkel A in Abb. 235 und 236), während dessen Überstreichen der Schaltgliedgreifer a geschlossen bleiben soll, und in den restlichen Winkel, während dessen Überstreichen der Schaltgliedgreifer a öffnet, muß natürlich so erfolgen, daß die Greiferöffnung in der knappen Zeit des kurzen der beiden Stillstände des Schaltgliedes A zuverlässig erfolgt. Das ist jedoch der *längere* Stillstandsbogen der Koppelkurve in Abb. 241.

Zweckmäßig legt man daher die Teilungslinie des Ausschwingwinkels durch die *zeitliche* Mitte dieses *kurzen* Stillstands, die man bei den *Koppelkurvenschaltwerken* an der Kurbelkreisteilung ermittelt, weil die Mitte des Stillstandsbogens einer Koppelkurve meist nicht zugleich auch die zeitliche Mitte des Stillstands selbst ist, im Gegensatz zu den *Kurbelkurven* der Kurbelkurvenschaltwerke, die in jeder Beziehung *spiegelbildlich gleiche* Hälften haben (Abb. 243).

Die Teilungslinie des Ausschwingwinkels trennt daher den langen Stillstand der *Kurbel*kurvenschaltbewegung ebenfalls immer genau in der *zeitlichen* Mitte (und auch in der Mitte des Stillstandsbogens), während der lange Stillstand der *Koppel*kurvenschaltbewegung meist nicht in der zeitlichen Mitte geteilt wird, ja fast immer wird dadurch auch das gesamte Arbeitsspiel des Koppelkurvenschaltwerkes in zwei ungleich lange Teile geschieden.

Für das Öffnen des Schaltgliedgreifers a (Teilwinkel B der Abb. 235 und 236), also für den leeren Rückhub des Schaltgliedes A wählt man dann zweckmäßig den kürzeren Teil des Arbeitsspieles (wie in Abb. 241 und 244, Koppelkurvenstück 5, 6 und 1).

Zum Entwurf der Kniehebelanordnung für den Schaltgliedgreifer a zeichnet man den Ausschwingbogen des Kniehebel-Anlenk-Punktes (zu wählen!) am Zweischlaglenker (Abb. 241) oder an der Schwinge (Abb. 243), und zwar unterteilt in die Teilbogen bzw. Teilwinkel für geschlossenen Greifer und für Greiferöffnen. Auf der Winkelhalbierenden des Teilwinkels für geschlossenen Greifer (in Abb. 241 der Koppelkurvenstücke 2, 3 und 4) wählt man, wie in Abb. 235 und 236, den Anlenkungspunkt des Kniehebellenkers an den Schaltgliedgreifer a.

Die *Steuerung der Schaltgliedgreiferbewegung* kann jedoch auch *durch eine besondere Koppelkurve* erfolgen (Abb. 244).

Abb. 198 des 1. Bandes der Prakt. Getriebelehre zeigt, daß man bei ein und demselben Getriebe, z. B. bei dem mit den Abmessungen Kurbel : Schwinge : Koppel : Steg gleich 0,5 : 1 : 1 : 0,8 (das auch den Schaltwerken der Abb. 241 und 244 zugrunde liegt) abweichende *geometrische Örter für Koppelkurven mit zwei Stillstandsbogen* erhält, wenn man für die Ermittlung andere Augenblickspole wählt (in Abb. 198 des 1. Bandes der Prakt. Getriebelehre, z. B. bei dem genannten Getriebe die Pole 8 *und* 11, 26 und 29 statt 9 *und* 12, 26 und 29). Auf beiden geometrischen Örtern kann man ohne weiteres Koppelpunkte mit Bahnkurven *gleichen Hubes zwischen den Stillständen* finden. Dennoch sind beide Koppelkurven nicht völlig gleich. Sie unterscheiden sich in der Krümmung der Stillstandsbogen, in der Hubrichtung (Verbindungslinie zwischen den Krümmungsmittelpunkten der Stillstandsbogen) und in der Lage der Stillstandsbogen mit Bezug auf den übrigen Verlauf der Koppelkurve.

Für die Steuerung der Schaltgliedgreiferbewegung gilt es nun, eine solche Koppelkurve zu suchen, die einen genau so langen Hub zwischen den Stillständen und die gleiche Richtung der abgeleiteten Hubbewegung aufweist, wie die Koppelkurve zur Bewegung des Schaltgliedes.

Praktisch kann man dabei für die Bewegung des Schaltgliedes A und des Schaltgliedgreifers a Koppelkurven finden, die zur Hälfte parallel sind (in Abb. 244 die nach der Kurbel zu liegenden Kurvenstücke), so daß in diesem Bereich von beiden ganz gleichartige Bewegungen abgeleitet werden.

Der Rest der Koppelkurven ist aber nicht mehr parallel, so daß hier von beiden Kurven ungleichartige Bewegungen abgeleitet werden, zwischen denen eine Relativbewegung entsteht, die sich als eine Bewegung des Schaltgliedgreifers a gegenüber dem Schaltglied A bemerkbar macht und zum Öffnen des Schaltgliedgreifers a ausgenutzt wird.

Die Zeitpunkte des Öffnens und Schließens des Schaltgliedgreifers a ergeben sich dann, wenn die ihn steuernde Koppelkurve sich von dem Stillstandsbogen ablöst. In Abb. 244 stimmen diese Zeiten zufällig mit denen der Abb. 241 überein.

Es erfolgt nunmehr die Eintragung der Bewegungslinie des Schaltgliedgreifers a in den Bewegungsplan (Abb. 240 und 242) und damit ergibt sich für den Gestellgreifer g die Mindestlänge des Stillstandes und dessen Lage im Arbeitsspiel.

In Winkelgraden der Kurbeldrehung gemessen beträgt die Dauer dieses Stillstandes 180° beim Kurbelkurvenschaltwerk, 160° beim Koppelkurvenschaltwerk, sie ist also in jedem Falle sehr lang.

Verhältnismäßig leicht kann man beliebig lange und beliebig im Arbeitsspiel angeordnete Stillstände erreichen, wenn man die Kurbel des Bogenschubkurbelgetriebes, von dessen Koppel man die Bewegung ableitet, nur hin- und zurückschwingen läßt. Der gewählte Koppelpunkt beschreibt dann nur einen Teil seiner Koppelkurve, etwa einen Stillstandsbogen und anschließend noch ein davon abweichendes Stück Koppelkurve, und gleitet darüber in jedem Arbeitsspiel hin und zurück.

Praktisch wird man aber nur dann zu dieser Lösung greifen, wenn in der betreffenden Maschine ohnehin ein nur schwingendes Schubkurbelgetriebe vorhanden ist, dessen Koppel zur Ableitung der Gestellgreifersteuerung angezapft werden kann.

So vielfältig es bei den *umlaufenden Schubkurbelgetrieben* möglich ist, *Hubbewegungen mit einem Stillstand* abzuleiten[1], so gelingt dies jedoch nur für Stillstandsdauern von meist 60° bis 100° Kurbeldrehung. Nur selten findet man Koppelkurven, die einen Stillstand von 120° oder 130° Dauer ermöglichen, auch wenn man dabei geringere Anforderungen an die Güte des Stillstandes stellt.

Es ist jedoch möglich, *Zweistillstandskurven* so verzerrt zu finden, daß die beiden Stillstände zu einem einzigen zusammenfallen, dessen Dauer dann etwa 180° beträgt.

Wählt man nämlich bei der Entwicklung von Zweistillstandskurven[2] für den oberen Stillstandsbogen der Koppelkurve Augenblickspole von Kurbelstellungen, die mehr nach der inneren Totlage (Kurbelstellung 0) zu liegen (Abb. 205, Bd. 1), oder gar noch darunter (Abb. 206, Bd. 1) so führt die dort angegebene Konstruktion zu Koppelkurven, die eine *abgeleitete Hubbewegung mit drei Stillständen* ermöglichen würden. Der bisherige obere Stillstandsbogen unterteilt dabei den einen Hub in einem Verhältnis, das bei den einzelnen Koppelkurven verschieden ist.

Eine Sonderform dieser Dreistillstandskurven ist die mittlere in Abb. 245, bei der zwischen dem unteren Stillstandsbogen und dem bisherigen oberen überhaupt kein Hub mehr vorhanden ist, weil beide Stillstandsbogen und deren (angenäherte) Krümmungsmittelpunkte zusammenfallen. Die beiden ableitbaren Stillstände verschmelzen daher zu einem einzigen, dafür aber ungewöhnlich langen (in Abb. 245 von 190° Kurbeldrehung[3].

Da diese Kurve in eine Spitze ausläuft, derartige Kurven aber nur von Punkten der Gangpolbahn beschrieben werden[4], so geht man bei der Ermittlung auch zweckmäßig von der Gangpolbahn aus und findet die geeignete Kurve dort als Übergangsform zwischen den schmalen tropfenförmigen Kurven (in Abb. 245 die untere) und den verschlungenen (in Abb. 245 die obere).

In Abb. 246 ist ein vollständiges Koppelkurvenschaltwerk dargestellt, in dem die mittlere Koppelkurve der Abb. 245 zur Steuerung des Gestellgreifers verwendet ist.

Dazu würde allerdings der Stillstand von 190° zu lang sein, weil er den kurzen Stillstand der Zweistillstandskurve für das Schaltglied überragt. Eine entsprechende Verkürzung dieses Stillstandes erreicht man durch Verlegen des Mittelpunktes des Stillstandsbogens der Koppelkurven von M nach M' (in Abb. 245). Der neue Stillstand hat eine Dauer von nur noch 155° Kurbeldrehung und liegt richtig in bezug auf die beiden Stillstände der Schaltgliedbewegung.

Damit liegt aber der Verlauf der Schaltgliedgreiferbewegung fest, dem sich eine Greifersteuerung mit Kniehebelanordnung, wie in Abb. 241, am besten anpassen läßt, allerdings gegenüber dieser mit vertauschter Lage von Schluß (Koppelkurvenstücke 2, 3 und 4) und Öffnung (Koppelkurvenstücke 5, 6 und 1) des Greifers.

Da in diesem Falle, nämlich bei Verwendung einer Koppelkurve, wie in Abb. 245 für die Gestellgreifersteuerung, das Auffinden der Gestellgreifersteuerung schwie-

---

[1] Vgl. Abschn. 16, 34ff., Bd. 1, ferner Prakt. Getriebetechnik, Heft 2 (VDI-Verlag).
[2] Abschn. 20 und 22, Bd. 1.
[3] Vgl. auch Abschn. 41, Bd. 1.
[4] Vgl. Abschn. 18, Bd. 1.

riger ist und weniger konstruktive Bewegungsfreiheit bietet, als die des Schaltgliedgreifers, zeichnet man auch im Bewegungsplan (Abb. 247) des Schaltwerkes (Abb. 246) nach der Bewegungslinie des Schaltgliedes A erst die des Gestellgreifers g und dann erst entsprechend angepaßt die des Schaltgliedgreifers a.

Koppelkurven, von denen Hubbewegungen mit einem nur *ungenügend langen Stillstand* abzuleiten sind, lassen sich jedoch *auch* zur *Gestellgreifersteuerung* verwenden, wenn der Greifer selbst als *Kniehebel* ausgebildet wird (vgl. Abb. 155), was in vielen Fällen zur Entlastung des Triebwerkes ohnehin notwendig oder ratsam ist. Da der Kniehebel auch bei geschlossenem Greifer leicht „überstreckt" werden darf, kann damit der von der Koppelkurve gelieferte zu kurze Stillstand auf die notwendige Dauer verlängert werden.

Schließlich ist es aber auch möglich, die *Ausschwingungen des Zweischlaglenkers* beim Koppelkurvenschaltwerk *oder der Schwinge* beim Kurbelkurvenschaltwerk *gegenüber dem Schaltwerksgestell G* in der gleichen Weise für die *Steuerung des Gestellgreifers g* auszunutzen, wie es mit diesen *Ausschwingungen gegenüber dem Schaltglied A für die Bewegung des Schaltgliedgreifers a* in den Abb. 241 und 243 geschehen ist.

Wenn dies für den Schaltgliedgreifer a ohne weiteres möglich war, weil von der gesamten Koppel- bzw. Kurbelpunktbewegung gegenüber dem Schaltglied A, das ja die Hubbewegung selbst mitmacht, nur noch die Ausschwingbewegung übrig ist, so muß zur Ausnutzung für den Gestellgreifer erst noch die Hubbewegung von der Ausschwingbewegung der Koppel- bzw. Kurbelkurve getrennt und unwirksam gemacht werden. Zu dem Zweck errichtet man, wie Abb. 248 zeigt über der Hubstrecke des Anlenkpunktes des Schaltgliedes A die Mittelsenkrechte, auf der man ein *Gestellager* wählt, in dem ein Lenker schwingen soll. Die Länge L dieses Lenkers ist wählbar. In dem gleichen Abstand L vom Anlenkpunkt des Schaltgliedes A aus ordnet man auf dem Zweischlaglenker (Koppelkurve) oder der Schwinge (Kurbelkurve) ebenfalls ein Gelenk an, das mit dem ersten Lenker, ähnlich wie bei einem Parallelkurbelgetriebe, durch ein Zwischenglied verbunden wird, dessen Länge dem Abstand l des neuen Gestellagers vom Schaltgliedhub entspricht.

Dieser neue im Gestell gelagerte Lenker (L) führt nur noch die Ausschwingung der Koppelkurve oder der Kurbelkurve aus, weil der Kurven*hub* durch das „Zwischenglied" unwirksam gemacht wird, und kann daher, wie in dem Kurbelkurvenschaltwerk Abb. 249 (Getriebe der Abb. 243), zur Steuerung des Gestellgreifers g benutzt werden. Das Zwischenglied ist dort gleich am Steggelenk der Schwinge mit angelenkt, die Länge L des im Gestell gelagerten Lenkers entspricht der Entfernung des Steggelenkes von der Schaltgliedanlenkung der Schwinge.

In diesem Falle wird der Gestellgreifer mit eigenem Kniehebel geschlossen. Die Verbindungslinie zwischen dessen Kniegelenk und der neuen Gestellagerung ist dann die Winkelhalbierende desjenigen Teiles des Ausschwingwinkels, den der neue Lenker L bestreicht, während der Gestellgreifer geschlossen bleiben soll.

Der Bewegungsplan (Abb. 242) dieses Schaltwerkes zeigt einen sehr gleichmäßigen Aufbau, wie überhaupt diese Kurbelkurvenschaltwerke auch sonst besonders vorteilhafte Eigenschaften besitzen, z. B. lange Stillstandsdauer in der Schaltgliedbewegung, geringe Massenkräfte und einen übersichtlichen Aufbau bei einfacher Herstellungsmöglichkeit.

31. Schaltwerke mit Hubverstellung.

Von einem Schaltwerk wird nun nicht nur verlangt, daß — gesteuert von Metallkurven, Koppelkurven oder Kurbelkurven — das Zusammenspiel der Schaltgliedbewegung mit dem Öffnen und Schließen der Schaltgliedgreifer und der Gestellgreifer erreicht wird, sondern der jeweilige Anwendungsfall fordert dazu regelmäßig eine ganz bestimmte *Hublänge* oder gar *mehrere Hublängen des Schaltgliedes*.

Eine einzige Hublänge erreicht man bei Metallkurven leicht durch eine geeignete Übersetzung im Gestänge zwischen Kurve und Schaltglied (vgl. Abb. 232), oder wenn man Metallkurven, Koppel- oder Kurbelkurven von Anfang an mit günstigen Hubabmessungen wählt oder endlich eine sonst günstige Schaltwerkanordnung so weit maßstäblich vergrößert oder verkleinert, bis deren Schaltglied die gewünschte Hublänge durchläuft.

Sind dabei geeignete Kurven nicht zu finden, oder in dem betreffenden Anwendungsfall nicht zu verwenden, oder führt eine maßstäbliche Vergrößerung des Schaltwerkes zu unmöglichem Platzbedarf, so muß der Hub des Schaltgliedes über- oder untersetzt werden, genau so, wie wenn die weit schwierigere Aufgabe vorliegt, das Schaltwerk auf mehrere Hublängen des Schaltgliedes einzurichten.

Es ist aber eine nur unvollkommene Lösung der Hubverstellung, wenn, wie in Abb. 232, das Schaltwerk erst stillgesetzt und dann im Gestänge umgebaut werden muß, um eine andere Hublänge des Schaltgliedes einzustellen. Abgesehen von der Arbeitsunterbrechung durch diese Hubumstellung ist dabei auch die neue Hubeinstellung selbst sehr erschwert, wenn besondere Ansprüche gestellt werden müssen und daher erst nach mehrmaligem Ausprobieren, also nach mehrmaligem Stillsetzen der Maschine und mehrmaligem Gestängeumbau die richtige Einstellung gefunden wird.

Eine wirklich einwandfreie Hubverstellung muß, wie in den Abb. 250, 251 und 252, über ein besonderes Verstellgetriebe (im allgemeinen ein Keilschubgetriebe meist wohl als Schraubentrieb) erfolgen mit einer einfachen Handradverdrehung an Stelle des umständlichen und betriebstörenden Gestängeumbaus. Damit ist auch eine Hubumstellung „während des Betriebs" des Schaltwerks möglich, und zwar besonders leicht und genau, wenn das Verstellgetriebe an den Bewegungen des Schaltwerkes *nicht* mit teilnimmt, sondern im Maschinengestell ruht.

Die richtige Hubeinstellung findet man dann schnell und sicher durch Drehen des Verstellhandrades bei gleichzeitiger Beobachtung der Wirkung dieser Verstellung auf den Arbeitsvorgang.

In den Abb. 250 bis 252 erfolgt die Hubveränderung in der Weise, daß zwischen das Schaltglied eines Schaltwerkes mit unveränderlichem Hub nach Abb. 249 (erzeugendes Getriebe) und das Schaltglied mit veränderlichem Hub ein Übersetzungshebel eingeschaltet ist, in Abb. 250 als doppelarmiger Hebel, in den Abb. 251 und 252 als einarmiger Hebel, wobei die im Gestell gelagerten Drehpunkte dieser Übersetzungshebel einstellbar sind und damit das Übersetzungsverhältnis zu ändern ist.

Bei Anwendung eines *doppelarmigen* Übersetzungshebels, wie in Abb. 250, ist in einem kleinen Verstellbereich sehr große Verstellmöglichkeit in Übersetzung und in Untersetzung vorhanden (in Abb. 250 ausgenutzt zwischen $1:4$ [Hubvergrößerung] bis $1:0{,}6$ [Hubverkleinerung]).

Bei Anwendung eines *einarmigen* Übersetzungshebels erreicht man entweder nur *Übersetzung* (Abb. 251), wenn das erzeugende Getriebe näher am Drehpunkt des Übersetzungshebels liegt als das Schaltglied mit verstellbarem Hub, oder nur *Untersetzung* (Abb. 252) bei umgekehrter Anordnung. Dabei ergeben sich für verhältnismäßig kleine Übersetzungsänderungen sehr große Verstellbereiche, die sich besonders für *Feineinstellungen* eignen.

Durch die Lage der Gleitbahn für den verstellbaren Drehpunkt des Übersetzungshebels kann man eine Stellung des Schaltgliedes mit verstellbarem Hub als 0-Stellung herausheben (in den Abb. 250 bis 252 ist es die Stellung am rechten Hubende, also vor dem Gestellgreifer), die von jeder Hubverstellung unbeeinflußt bleibt. Das ist nämlich dann der Fall, wenn für diese Schaltwerkstellung der (schwarze) Übersetzungshebel genau parallel zur Gleitbahn des Schraubentriebes für die Hubverstellung liegt.

Beim Entwurf bestimmt man natürlich erst die Lage des Übersetzungshebels für die beabsichtigte 0-Stellung und ordnet dazu parallel die Gleitbahn des Verstellgetriebes an. Bei Anwendung eines doppelarmigen Übersetzungshebels ist dabei allerdings zu beachten, daß dieser die Hubrichtung umkehrt. Der *rechten* Endstellung des Hubgliedes mit verstellbarem Hub entspricht dann also die *linke* Endstellung des Schaltgliedes im erzeugenden Getriebe.

Die *Gestellgreifer*bewegung ist, wie die Abb. 250 bis 252 (Kreuzschraffur) erkennen lassen, in der gleichen Weise und mit der gleichen Gliederzahl an den Gestellgreifer zu leiten, wie in Abb. 249.

Die *Schaltgliedgreifer*bewegung (Punktraster) dagegen muß vom Schaltglied des erzeugenden Getriebes auf das mit diesem über zwei angelenkte Zwischenglieder verbundene Schaltglied mit verstellbarem Hub übertragen werden, wo ja auch der Schaltgliedgreifer angeordnet ist. Dabei ist wichtig, daß der Schaltgliedgreifer *in geschlossenem Zustand* von der übrigen Schaltgliedbewegung ungestört bleibt, was erreicht wird, wenn sich dann die Gelenke des punktgerasterten Gestänges für die Gestellgreiferbewegung mit den entsprechenden Gelenken des schwarzen Gestänges für die Schaltgliedbewegung decken[1].

32. Die Befestigungen.

Unter Ausnutzung der *Selbstsperrung* (vgl. Abschn. 4) können auch einfache Keil*schub*getriebe mit genügend kleinem Keilwinkel zum Festhalten oder zum Sperren von Bewegungen verwendet werden, wenn das zu sperrende Glied dazu neigt, sich in der gleichen Richtung zu bewegen, in der auch die Selbstsperrung zur Wirkung kommt. Anderenfalls löst sich die Sperrung wieder oder kann gar nicht entstehen. (Bei Formschluß kann Verklemmen die Selbstsperrung ersetzen.)

Diese wertvolle Eigenschaft, nur in einem Bewegungssinn zu sperren, dagegen im Entgegengesetzten nicht, gibt diesen, meist als lösbare *Befestigungen* auftretenden einfachen Keilschubgetrieben eine große praktische Bedeutung, teils als *reine Befestigungsmittel*, wie *Keil* und *Schraube* (Abb. 16), um zwei getrennte Teile aneinanderzupressen, teils als *Rücklaufsicherung*, wie z. B. bei einem Windenantrieb mit selbstsperrendem *Schneckengetriebe* (Abb. 61).

Bei den Befestigungen sind natürlich (Abb. 253 bis 271) wieder die gleichen Getriebeformen möglich, wie bei den übrigen einfachen Keilschubgetrieben, wobei gewöhnlich das Sperrglied (das Hubglied der einfachen Keilschubgetriebe) zum Träger des Sperrkeils wird, während das Schaltglied (das Schubglied der einfachen Keilschubgetriebe) nur als Stange, Scheibe, Teller usw. aufzutreten pflegt.

In den Abb. 253 bis 258 sind Schaltglied (schwarz) wie Sperrglied (weiß) geradgeführt. Die formschlüssige Anordnung, wie in Abb. 253, ist dabei praktisch selten, dagegen kommen form-kraftschlüssige Anordnungen, wie in Abb. 254 und 257 neben rein kraftschlüssigen Keilen, wie in Abb. 258, einfach und in doppelter oder mehrfacher Anordnung zum Fassen von Drahtseilen usw. oft vor und erweisen sich als zuverlässig.

Die Abb. 255 und 256 zeigen in bekannter Weise das Auftreten des „vierten Gliedes", in Abb. 255 als Rolle mit stark pressender Linienberührung an einer Bandklemme. Dabei liegt die das Haften verbessernde Kleinverzahnung oder Auf-

---

[1] Vgl. auch Antrieb des Schaltgreifers bei metallkurven-gesteuerten Schaltwerken, Abb. 222, 223, 226, 227, 229, 232 bis 234.

rauhung zwischen dem Schaltglied (Band) und dem Gestell (Abb. 255), und zwar zweckmäßig mit Zahnformen wie in Abb. 257, dort allerdings zwischen dem schwarzen und dem weißen Glied. Es kommt jedoch auch vor, daß die Rolle eine verzahnungsähnliche Riffelung erhält.

In Abb. 256 ist die Rolle ersetzt durch die sich leicht selbsteinstellende *Kugel*, so daß das Sperrglied selbst weggelassen werden konnte. Lediglich dessen Gestellführung ist noch vorhanden und ergibt den notwendigen Klemmwinkel für die Kugel (vgl. Abb. 180).

Die Abb. 259 bis 261 zeigen die Anwendung gelenkig gelagerter Sperrglieder bei geradgeführtem Schaltglied. Dabei wäre die formschlüssige Anordnung in Abb. 259 schon praktisch zweckmäßiger, als die der Abb. 253. Aber diese Befestigungen werden kaum angewendet, da die echten Sperrungen (vgl. Abb. 177, 190, 191, 183, 184 und 200) ebenso sicher halten, aber ohne Zurückschieben bzw. Zurückdrehen des Schaltgliedes zu lösen sind.

Praktisch wesentlich zweckmäßiger und daher auch recht verbreitet sind dagegen form-kraftschlüssige Anordnungen, wie in Abb. 260, mit den verschiedensten „scharfen" Zahnformen und Aufrauhungen bis zum rein kraftschlüssigen gelegentlich durch Haftmittel unterstützten Festklemmen, wie in Abb. 261. Dabei erscheint oft das „vierte Glied" als *Schuh* wieder, wenn Flächenpressung erwünscht oder erforderlich ist. Zu solchen Befestigungen gehören die als „Fangvorrichtungen" bekannten Sicherheitsvorrichtungen an Aufzügen, Fahrstühlen und Seilbahnen und viele Klemmvorrichtungen zum (zeitweisen) Anhängen von Fahrzeugen an das Zugseil.

Ja, selbst große Schutzbauten gegen Naturschäden, wie z. B. Schutzwaldungen gegen Lawinen, sind als solche Befestigungen aufzufassen, bei denen die einzelnen Bäume als Sperrglieder zu gelten haben, die ähnlich den Blattfedergelenken leichte elastische Drehfähigkeit haben. In konstruktiv klarer Form erscheinen die gleichen Befestigungen z. B. als Fluttüren für Kanäle, die durch die Flut geöffnet werden, dagegen bei Strömungsumkehrung von selbst zuschlagen, sowie all die ebenso arbeitenden verschiedenen selbststeuernde Rückschlagventilen der Technik.

Mit festem Schaltglied (schwarz) und mit Sperrgliedern, die sich zusammen mit dem Gestell schrittweise vorbewegen, sind diese Befestigungen die Grundformen mancher Verkehrswerkzeuge für schwieriges Gelände, z. B. der Schneeschuhe mit untergeschnallten oder untergeklebten Fellen zum Überwinden steiler Anstiege, wobei die sich beim Zurückgleiten aufrichtenden Fellhaare als Sperrglieder wirken ähnlich den Bäumen der Lawinenschutzwälder, ferner sportliche Laufschuhe, Bergschuhe mit Eissporen usw. Das Führen des Getriebegestells, hier des menschlichen Körpers z. B. an einem Geländer (Schaltglied), ist dabei oft entbehrlich wegen der doppelt vorhandenen und wechselseitig arbeitenden Sperrglieder, nämlich der beiden Beine des betreffenden Menschen und infolge der Schwerkraftwirkung des menschlichen Körpers, die allerdings manchmal nicht ausnutzbar ist, z. B. beim Klettern in Spalten (Kamin).

Eine baulich sehr lehrreiche Rückschlagventilform ganz aus Glas (auch mit Betätigung von Hand) zeigt Abb. 272. An Stelle eines Gelenkes ist dabei ein durch besondere Formgebung biegsames Glasrohr so eingeschmolzen, daß das Ganze außerdem gegen die Außenluft gasdicht abgeschlossen ist.

Von technisch größter Bedeutung sind die Befestigungen mit drehendem Schaltglied (Abb. 262 bis 271) meist in Scheiben- oder Tellerform (seltener als Kegel), mit geradgeführtem Sperrglied (Abb. 262 bis 265) oder mit ebenfalls drehendem Sperrglied (Abb. 266 bis 271).

Die Abb. 263 und 267 zeigen das „vierte Glied" als Kugeln. Wie in Abb. 266 ist auch hier das Sperrglied weggefallen, und nur noch dessen Führung im Gestell übrig zur Bildung des Klemmwinkels für die Kugeln. Diese Getriebe sind die Grundformen der Freilaufnabe, des wichtigsten Bauteils der Fahrräder.

Die gleiche Wirkung haben die einfacher ausgebildeten, aber nicht so raumsparenden Sperrglieder in den Abb. 264, 265, 269 und 270, nämlich die Sperrung nur in einem Drehsinn. Diese Befestigungen sind als Rückfallsperrungen verwendbar, haben aber den Vorzug, daß sie im Gegensatz zu den Rückfallsperrungen der echten Sperrteile (vgl. Abb. 181, 196, 197, 187, 188, 203, 206, 207 und 208) völlig geräuschlos arbeiten.

Solche geräuschlos arbeitenden Befestigungen lassen sich als Schaltgliedgreiferanordnungen ohne besonderen Antrieb in Schaltwerken verwenden, allerdings sind damit keine genauen Schaltschrittlängen zu erreichen. Der Reibschluß dieser Befestigungen kommt nämlich erst *nach* Beginn der Vorschubbewegung des Schaltgliedes zustande, wobei je nach Zustand des zu erfassenden Schaltstückes (Dicke, Glätte usw.) immer verschieden lange Teile der Vorschubbewegung verbraucht werden.

Da das Erfassen dann während der bereits im Gang befindlichen Bewegung des Schaltgliedes erfolgt, wird das Schaltstück (Werkstück) mit Stoß vom Schaltglied mitgenommen.

Daher ist eine Verwendung solcher Befestigungen für die Schaltgliedgreiferbewegung nur in wenig anspruchsvollen praktischen Anwendungsfällen möglich bzw. zu empfehlen.

Die Abb. 268 und 265 zeigen die *Einführvorrichtungen* von Zerkleinerungsmaschinen mit walzenförmigen bzw. scheibenförmigen Zerkleinerungs-Werkzeugträgern ebenfalls als *Ausbildungsformen von „Befestigungen"*. Und gerade dies wird in der Praxis fast niemals beachtet oder erkannt und daher unzweckmäßig oder gar falsch gebaut.

Das Entscheidende in der Wirkung solcher Füllkörbe muß ja sein, daß das Zerkleinerungsgut immer richtig und fest am Werkzeugträger anliegt und daher dauernd dem Angriff der Zerkleinerungswerkzeuge ausgesetzt ist.

Im „Befestigungsgetriebe" gilt das gleiche für das Sperrglied und dessen Anlage an das Schaltglied. Zerkleinerungsgut im Füllkorb und Sperrglied bei den Befestigungen entsprechen sich also. Für beide ist daher entscheidend, daß sie in einen Keilwinkel hineingepreßt werden, der im Bereich der Selbstsperrung oder wenigstens der Selbstverklemmung liegt.

Bei saftigem Zerkleinerungsgut liegt dieser Winkel bei 20°—40°, der größere Winkel, wenn der Saft etwas klebt, oder die Werkzeuge, z. B. klauenähnliche Messer, das Zerkleinerungsgut sehr kräftig in den Keilwinkel schlagen. Bei trockenem oder gar glattem Zerkleinerungsgut muß der Keilwinkel entsprechend unter 20° liegen.

Die Abb. 273 und 274 zeigen richtige Korbausbildungen für Werkzeugscheiben, wobei noch darauf zu achten ist, daß die Körbe den wirkungsvollen ringförmigen Werkzeugweg *nicht* übergreifen, da sonst in den toten Korbecken Pfeilerbildungen entstehen und zu stauenden Brückenbildungen in den Körben führen können.

Abb. 275 zeigt einen spiralkeiligen Korbquerschnitt für Werkzeugtrommeln oder Werkzeugkegel.

Diese richtig ausgebildeten Einfüllkörbe erscheinen gegenüber den vielfach gebräuchlichen meist sackähnlich ausgebauchten zwar sehr klein. Das ist aber im Gebrauch ohne Belang, da diese Körbe ihren Inhalt ja so sicher und schnell in die Zerkleinerungswerkzeuge liefern, daß sie gar nicht überfüllt werden können.

Ein Füllkorb ist richtig gebaut, wenn sich beim Arbeitsversuch ergibt, daß bei immer weiter gesteigerter Drehzahl auch die Zerkleinerungsleistung der Maschine *verhältnisgleich* steigt, wie das Abb. 276 am Beispiel eines Rübenschneiders zeigt.

Allerdings muß dann auch das Abführen des zerkleinerten Gutes ebenso sicher und schnell erfolgen, was bei Anordnung der Zerkleinerungswerkzeuge auf Scheiben ohne weiteres der Fall ist, dagegen, wenigstens bei höheren Drehzahlen, *nicht* bei Trommeln oder steilen Kegeln als Werkzeugträgern. Diese verstopfen sich nämlich durch das bei genügend großer Fliehkraft fest anhaftende bereits zerkleinerte Gut, das erst bei Kegeln mit Winkeln an der Spitze von 90° und mehr ab einwandfrei abgeschleudert wird[1].

33. Die Kupplungen.

Auch bei den Kupplungen erfolgt durch Form- oder Kraftschluß ein Sperren von zwei an sich selbständigen Körpern, aber diese haben dann *noch eine* gemeinsame *Bewegungsmöglichkeit.*

Die Abb. 277 bis 283 zeigen die verschiedenen Kupplungsformen für zwei im Gestell geradgeführte Kupplungsglieder (Kupplungshälften). Bei formschlüssiger Kupplung (Abb. 277) und bei form-kraftschlüssigen Kupplungen (Abb. 278 bis 282) muß eine Gestellgeradführung kraftschlüssig ausgeführt werden, wenn die Kupplung lösbar sein soll. Man kann dies vermeiden, wenn man die Kupplungsverzahnung, wie in Abb. 279, zu einer Verschraubung zusammenschließt (wobei natürlich außer der dargestellten auch andere Zahnformen gewählt werden können), oder wenn man, wie in Abb. 280, das „vierte Glied" als *Feder* (Bezeichnung in Anlehnung an den gleichen Fall der Kupplung eines Rades auf einer Welle mit *Feder*) zur Erleichterung des Zusammenbaues einführt.

In Abb. 281 wird dieses „vierte Glied" als wirkliche Feder ausgenutzt und es entsteht so die Grundform der *elastischen Kupplungen.*

Bei der Rückbildung der Geradführungen zu Gelenken mit Scheiben- oder Tellerbildung bei den beteiligten Gliedern tritt der Fall der *reinen Kupplung* nur dann ein, wenn die beim Kuppeln zusammenwirkenden Flächen gleichgestaltet und gleichgroß sind, wenn sich also die beiden Kupplungshälften allseitig berühren, wie in den Abb. 284 bis 289. Das ist aber nur möglich, wenn die beiden Kupplungshälften *eine gemeinsame Drehachse* haben.

Es entstehen auf diese Weise Scheibenkupplungen (Abb. 284 und 285) und Trommelkupplungen (Abb. 287 bis 289), und in Sonderfällen, wie besonders bei reibschlüssigen Kupplungen, die Zwischenform der Kegelkupplung (Abb. 286).

Der reine Formschluß (Abb. 284 und 287) ergibt außer den Tangentialkräften der Drehbewegungsübertragung zwischen den gekuppelten Wellen keine weiteren Kraftäußerungen. Derartige Kupplungen wirken daher auch schon locker zusammengesteckt.

Bei den kraftformschlüssigen Kupplungen (Abb. 285 und 288) treten Kräfte auf, die die beiden Kupplungshälften zu trennen suchen, und entweder vom Baustoff (Abb. 285) oder durch entsprechende Lagerung (Abb. 288) aufgenommen werden müssen.

Bei den rein kraftschlüssigen Kupplungen (Abb. 286 und 289) treten nur noch diese Kräfte allein auf. Man muß ihnen durch so starke Pressungen entgegentreten, daß die Kupplungshälften nicht nur in gegenseitiger Berührung gehalten werden, sondern daß zwischen ihnen darüber hinaus ausreichender Reibschluß entfaltet wird für die Bewegungsübertragung zwischen den gekuppelten Wellen.

Das Lösen der Kupplungen ist entweder möglich durch Ausbau, oder, was im

---

[1] Vgl. VORMFELDE und RAUH: Vergleichsprüfung von Rübenschneidern 1927 bis 1928. Jb. des Landw. Vereins für Rheinpreuß. 1929; Landmasch., Jg. 1928, Heft 35, 36 und 37. – Flachkegel-Rübenschneider mit Stiftenmessern. Das Ergebnis der Rübenschneider-Vergleichsprüfung 1927 bis 1928. Landmasch., Jg. 1929, Heft 23.

Grunde dem gleichwertig ist, durch Auseinanderschieben der Kupplungshälften mit einem zusätzlichen Getriebe.

Beim Kuppeln mit einem solchen Getriebe ist beim Formschluß (Abb. 284 und 287) und bei kraftformschlüssigen Scheibenkupplungen (Abb. 285) notwendig, daß sich die beiden Kupplungshälften vorher sehr genau in der richtigen Stellung gegenüberstehen, was in den meisten Fällen kaum zu ermöglichen ist.

Kraftformschlüssige Trommelkupplungen (Abb. 288) haben den Vorteil, daß die beiden Kupplungshälften sich selbst zusammenfinden, auch wenn sie vor dem Kuppeln nicht richtig gestanden haben.

Die rein kraftschlüssigen Kupplungen sind unabhängig von irgendeiner Teilung. Man kann sie schleifen lassen und damit eine zunächst stillstehende Welle an eine schon laufende „weich" ankuppeln, was diesen im Kraftbedarf eigentlich recht ungünstigen Kupplungen eine beherrschende Bedeutung z. B. im Kraftwagenbau eingebracht hat.

Neben der Kegelkupplung (Abb. 286) ist dabei die „Lamellenkupplung" (z. B. Abb. 290) sehr verbreitet, die als eine Hintereinanderschaltung mehrerer Trommelkupplungen nach Abb. 289 aufzufassen ist, jedoch zum Lösen der Kupplung mit achsial verschieblichen Reibflächen (Lamellen). Um dabei ein stetiges Trennen der Lamellen zu erreichen, sind im Beispiel der Abb. 290 flachwellige Federringe zwischengeschaltet (4. Glied).

34. Die elastische Kupplung.

Mit wachsender Anwendung von Verbrennungskraftmaschinen spielt die *Federung* von Kupplungen eine immer größere Rolle, um die zu Baustoffermüdung und schließlich zum Bruch führenden Drehschwingungen aufzufangen.

Die Federung einer Kupplung erfolgt, wie Abb. 281 zeigte, durch Einführung des „vierten Gliedes", jedoch in *biegsamer, federnder* Gestalt. Dabei darf nicht vergessen werden, daß das „vierte Glied" mit dem einen Nachbarglied *gelenkig* verbunden ist und nur mit dem anderen Nachbarglied eine Geradführung bildet. In der gleichen Weise müßte also auch das federnde Glied angeordnet werden, wie z. B. in mehrfacher Wiederholung in Abb. 291 für eine Scheibenkupplung, in Abb. 292 für eine Trommelkupplung. Bei Belastung erfolgt dabei, wie in Abb. 291a angedeutet ist, einfache Durchbiegung der Feder, wobei eine leichte Drehung im Gelenk und eine kleine Verschiebung in der Geradführung stattfindet.

An Stelle des Gelenks ist aber auch eine *starre Befestigung* der Feder in einer der Kupplungshälften möglich, was in Abb. 295 in einer Scheibenkupplung, in Abb. 293 in einer Trommelkupplung angewendet worden ist. In diesem Falle ist das normale Gelenk (Abb. 294) durch ein getrieblich gleichwertiges Blattfedergelenk (Abb. 294) ersetzt worden. Wie Abb. 295a zeigt, wird dadurch die Feder doppelt durchgebogen, bekommt also S-förmige Gestalt. Die ganze Kupplung wird dadurch bei sonst gleichen Abmessungen härter federnd, als die entsprechenden mit angelenkten Federn, und hat ein höheres Arbeitsaufnahmevermögen.

Der großen technischen Bedeutung der federnden Kupplungen entsprechend gibt es eine ganze Anzahl von Bauarten, von denen die „STEEL-SHAW-Kupplung (Abb. 299) vollständig der in Abb. 296 dargestellten gleicht.

Die „FORST-Kupplung" (Abb. 300), ebenfalls eine Trommelkupplung mit Blattfedern, verwendet sehr viele, aber schlanke Federbolzen, die leichte Anpassung an die praktische Aufgabe, enge Bauweise und bequemen Zusammenbau gestatten.

Bei der „BIBBY-Kupplung" (Abb. 301) sind die einzelnen Blattfedern zusammengefaßt zu einigen schlangenartig hin- und hergewundenen Federbändern, von denen jedes einen größeren Abschnitt des Kupplungsumfanges einnimmt. Die Federungsverhältnisse sind dadurch allerdings weniger klar und übersichtlich, was aber für die praktische Eignung natürlich ohne Belang ist.

Die Scheibenkupplung der Abb. 291 und die Trommelkupplung der Abb. 292 läßt sich aber auch noch in der Weise umgestalten, daß man die Geradführungen für die Federn wieder in Gelenke zurückbildet, etwa wie bei der Scheibenkupplung der Abb. 297 oder der Trommelkupplung der Abb. 298.

Zu dieser Bauart gehört die „VOITH-MAURER-Kupplung" (Abb. 302), die in Anordnung und Wirkung der Scheibenkupplung in Abb. 297 entspricht[1].

35. Die Kupplung zwischen parallelen Wellen.

Besonders schwierig ist es vielfach in der Praxis, zwei Wellen, die gekuppelt werden sollen, in die gleiche Richtung zu bringen oder darin zu halten. Das letztere kommt z. B. dann vor, wenn eine Maschine von hoher Betriebstemperatur, etwa eine Turbine, mit einer Maschine niederer oder normaler Betriebstemperatur gekuppelt werden soll. Entweder sind dann die Wellen in kaltem Zustand genau in Richtung, im Betrieb aber parallel, oder umgekehrt, was praktisch richtiger ist.

In solchen Fällen, bei denen es übrigens meist um nur sehr geringe Abweichungen geht, müssen Kupplungen verwendet werden, die auch zwischen parallelen Wellen einwandfrei arbeiten. Die Abb. 220 bis 229 des 1. Bandes der Prakt. Getriebelehre zeigen bereits eine Anzahl solcher Kupplungen, abgeleitet vom Parallel-Doppelkurbelgetriebe, eine weitere Ausführungsform bringt Abb. 303, die sich besonders dann eignen, wenn auch weiter auseinanderliegende Wellen zu kuppeln sind.

Abb. 304 zeigt eine besonders für nahe beieinanderliegende Wellen, auch bei wechselndem Abstand verwendbare einfache Kupplung, die sog. OLDHAM-Kupplung, ein umlaufendes Kreuzschleifengetriebe, wie es z. B. Abb. 547 des 1. Bandes der Prakt. Getriebelehre zeigt.

Da es nicht notwendig ist, daß die beiden Führungen des mittleren (weißen) Gliedes genau senkrecht zueinander stehen, kann man diese Kupplung auch federnd ausbilden in der Weise, daß man das mittlere Glied senkrecht zu seiner Achse teilt, die Kupplung also gewissermaßen in zwei Einzelkupplungen auflöst. Das eben geteilte Glied verbindet man dann wieder mit Federn in der Art der Abb. 291 bis 296.

36. Die Kupplung zwischen sich schneidenden Wellen.

Auch sich schneidende Wellen müssen vielfach gekuppelt werden. Liegt der Winkel zwischen beiden Wellen unveränderlich fest, so verwendet man Kegelräder, anderenfalls muß man ein Kreuzgelenk in irgendeiner baulichen Ausbildung verwenden.

Abb. 307 zeigt als Ausgangsform des Kreuzgelenkes das *sphärische Kurbelgetriebe*, ein Kurbelgetriebe, dessen Bewegungsfläche keine Ebene, sondern eine Kugelfläche ist. Alle Getriebe der Viergelenkkette lassen sich auch als Getriebe auf der Kugelfläche, als sphärische Getriebe ausbilden, natürlich mit ganz entsprechenden Bewegungsgesetzen. Da aber an Stelle der parallelen Drehkörperpaarachsen der ebenen Getriebe bei den sphärischen Getrieben Achsen treten, die sich in der Kugelmitte schneiden müssen, ist die Herstellung solcher Getriebe

---

[1] Weitere Untersuchungen über gefederte Kupplungen siehe ALTMANN: Drehfedernde Wellenkupplungen. Kraftfahrtechn. Forschungsarbeiten, Heft 6 (VDI-Verlag).

sowohl in der Zeichnung wie besonders in der Ausführung so umständlich und teuer, daß man sie in der Praxis vermeidet, wo man nur kann, und das ist fast immer möglich. Allein das Kreuzgelenk hat sich bisher in immer steigendem Maße in der Praxis ausgebreitet.

Wie Abb. 307 ohne weiteres erkennen läßt, wird die Drehbewegung der schwarzen Welle und ihrer Kurbel über eine Koppel übertragen auf eine weiße umlaufende Schwinge. Bei den hierbei verwendeten Getriebegliedern mit Gelenken, deren Mittellinien sich unter 90° schneiden, können (Abb. 308) Kurbel und Schwinge Gabelform erhalten und die Koppel zu einem Ring vervollständigt werden.

Das ist eine mögliche Form des *Kreuzgelenks*, eine andere, in der statt des Koppelringes nur das in ihm enthaltene Achsenkreuz körperlich ausgebildet ist, zeigt Abb. 309.

Dreht man in den Abb. 308 oder 309 das Lager der weißen Welle (Schwingenlager) um einen Winkel α aus der Richtung der schwarzen Welle heraus, wobei sich die Wellenmittellinien genau in der Mitte des Kreuzgelenkes schneiden, so findet während der weiteren Übertragung von Drehbewegung ein dauerndes Schwingen des Koppelringes um die beiden Gelenke der Kurbelgabel und die beiden Gelenke der Schwingengabel statt. Diese vier schwingenden Gelenke lassen sich durch Blattfedergelenke (vgl. Abb. 294) ersetzen, was bei den im Kraftwagenbau angewendeten, ohne Schmierung laufenden „HARDY-Scheiben" (Abb. 310) in der Weise geschieht, daß alle vier Blattfedern zu *einem federnden Koppelring* zusammengefaßt sind.

Häufig sind in der Praxis allerdings Ausführungen solcher *Hardy*scheiben, bei denen die beteiligten Wellen nicht, wie in Abb. 310, *richtig* dargestellt ist, mit *Gabeln* an der federnden Koppelscheibe angreifen, sondern mit drei- oder gar vierteiligen *Kronen*. Dadurch wird das notwendige Spiel des Kreuzgelenkes (was dann in Wirklichkeit gar nicht mehr vorliegt) unmöglich gemacht. Das führt dazu, daß solche „HARDY-Scheiben" auch bei verhältnismäßig geringen Winkelausschlägen der beteiligten Wellen schon bald und in einer bei Kreuzgelenken sonst unmöglichen Weise zermürbt und schließlich zerstört werden.

Das Schwingen des Koppelringes im Kreuzgelenk hat zur Folge, daß die Drehbewegung der angetriebenen Welle eine um so größere Drehschwingung überlagert bekommt, je größer die Winkelabweichung α zwischen der antreibenden Welle und der angetriebenen Welle ist. Dabei kommt auf eine Umdrehung des Kreuzgelenkes eine Doppelschwingung zwischen den Höchstwerten

$$\omega_2 = \omega_1 \cos \alpha \quad \text{und} \quad \omega_2 = \frac{\omega_1}{\cos \alpha}\,.$$

Durch Verwendung von *zwei* Kreuzgelenken für sich schneidende Wellen, wie in Abb. 305 oder für parallele Wellen, wie in Abb. 306, kann man die vom ersten Kreuzgelenk in die Zwischenwelle eingeführte Zusatzschwingung durch ein entgegengesetzt wirkendes zweites Kreuzgelenk wieder beseitigen. Diese Wirkung des zweiten Kreuzgelenkes wird aber nur dann erreicht, wenn die Lagerungen in den beiden Gabeln der Zwischenwelle *genau parallel* liegen. Anderenfalls wird auch aus dem zweiten Kreuzgelenk ungleichförmige Drehbewegung weitergeleitet, deren Ungleichförmigkeit dann am größten ist, und zwar doppelt so groß, wie die eines einzigen Kreuzgelenkes, wenn die Lagerungen in den beiden Gabeln der Zwischenwelle sich unter 90° kreuzen.

Eines der zahlreichen Anwendungsgebiete solcher Kreuzgelenkwellen ist die Weiterleitung der Drehbewegung der „Zapfwelle" eines Schleppers auf das geschleppte Anhängegerät, meist landwirtschaftliche Erntemaschinen. Zum Schutz

dieser Anhängegeräte müssen Rutschkupplungen (Abb. 322) in der Zapfwellen-
leitung angeordnet werden. Es ist nun falsch, eine solche Überlastungs-Rutsch-
kupplung in die Zwischenwelle zwischen den Kreuzgelenken einzubauen, da sich
dann mit dem Rutschen der Kupplung die Stellung der Lagerungen in den Gabeln
der Zwischenwelle zueinander dauernd ändert, und dadurch schließlich das
Anhängegerät einen mit dauernd wechselnden Schwingungen überlagerten Antrieb erhält, der unerwünscht ist. Derartige Rutschkupplungen müssen entweder
vor oder hinter den *beiden* Kreuzgelenken angebracht werden.

Es ist noch ausdrücklich darauf hinzuweisen, daß sich die Mittellinien der
Lagerungen im Koppelring (Abb. 308) oder im Koppelstein oder Koppelkreuz
(Abb. 309) tatsächlich *schneiden* müssen. Um diesen Koppelstein bequemer bohren
und ungeteilte Lagerbolzen einsetzen zu können, verschiebt man nämlich vielfach
eine der beiden Bohrungen, so daß die Lagermitten sich nicht mehr schneiden,
sondern nur kreuzen. Dies ist aber ein schwerer getrieblicher Fehler, als dessen
Folge die Zwischenwelle sich nicht mehr um ihre Mittellinie dreht, sondern um
eine andere Achse herumschleudert.

Gerade beim Kreuzgelenk ist genaues Einhalten der getrieblich richtigen Anordnung auch bei etwas umständlicher Bauausführung unbedingt erforderlich,
sonst entstehen sehr unangenehme Bewegungsstörungen und Abnutzungen.

Die in der Technik sehr verbreiteten „biegsamen Wellen" bestehen aus einer
großen Zahl von Kreuzgelenken, die durch kurze Zwischenwellen miteinander
verbunden sind.

Ersetzt man die Drehgelenke zwischen Kurbel und Koppel z. B. in Abb. 307
308 und 309 durch Bogenführungen, wie in den Abb. 311, 312 und 313, so entsteht
eine weitere Form des Kreuzgelenks, die baulich recht einfach ist, aber keine
Sicherung der Kreuzgelenkmitte mehr besitzt, wie sie in den Abb. 308 und 309
ja durch den Koppelring oder den Koppelwürfel erreicht wird. Die Lagerung der
Wellen muß dann die Mittensicherung dieser Kreuzgelenkart übernehmen, was
oft umständlich ist.

Ganz einfach wird ein solches Gelenk, wenn man, wie in Abb. 314, die zu
Gleitsteinen gewordene Koppel wegläßt. Dadurch entstehen allerdings an dieser
Stelle höhere Elementenpaare, die eine solche Bauweise nur bei geringen Beanspruchungen zulassen. Solche Fälle kommen aber besonders häufig in der Spiel-
warenherstellung vor, wo gerade auch besonders einfache Bauformen angestrebt
werden müssen und die Lebensdauer eine untergeordnete Rolle spielt.

Oft ist in der Praxis die aus *einem* Kreuzgelenk austretende *ungleichförmige*
Drehbewegung recht unerwünscht. Das kann bei Verwendung von *Gleichganggelenken* vermieden werden, die allerdings baulich umständlicher sind. In Abb. 315
sind in einem solchen Gelenk die beiden Wellen durch Paare gleichlanger (ge-
punkteter) Lenker verbunden. Außerdem müssen die beiden Wellen zur Mittensicherung durch ein Kugelgelenk miteinander verbunden sein. In jeder Winkel-
stellung der Wellen liegen dann die Kugelgelenke zwischen den gepunkteten
Lenkern auf der Winkelhalbierenden und bilden somit Drehbewegungs-Über-
tragungspunkte, die der Winkellage der Wellen folgen und *un*veränderte Weiterleitung der Drehbewegung sichern.

Abb. 316 zeigt die gleiche Anordnung jedoch mit nach innen eingeschlagenen
gepunkteten Lenkern. Die von diesen erzwungenen Bewegungsbahnen des Über-
tragungskugelgelenks mit Bezug auf die schwarze wie die weiße Welle sind als
entsprechend schwarze und weiße Bogen eingetragen.

Diese Bogen sind in Abb. 317 als Kugelrinnen der beiden Wellen ausgebildet,
zwischen denen die Kugel des Kugelgelenks als Übertragungsglied angeordnet
ist. Damit ist allerdings bereits je ein gepunktetes Glied weggelassen worden, wes-

wegen wieder höhere Elementenpaare entstanden sind. Eigentlich müßten nämlich statt der Kugel zwei durch Kugelgelenk verbundene Gleitsteine in der schwarzen und weißen Bogenführung gleiten oder eine dementsprechende Anordnung verwendet werden.

Abb. 318 zeigt die gleiche Anordnung, wie Abb. 317, nur sind statt der gebogenen Kugelrinnen geradlinige verwendet, was ja nur bedeutet, daß die gepunkteten Lenker der Abb. 316 in dem Falle unendlich lang sind und daß sich also nichts an der Wirkung des Gelenkes ändert.

In Abb. 319 sind noch die Kugeln weggelassen, dafür an den Wellen den Kugelrillen entsprechende Kanten angeordnet. Dadurch ist das Gelenk allerdings ungewöhnlich einfach geworden, leider ist das aber erkauft mit einer ganz besonders empfindlichen Punktberührung an den Übertragungsstellen, die nur ganz geringe Belastung zuläßt, und daher praktisch nur höchst selten zulässig ist.

Bei all diesen Gleichganggelenken können auch mehr als zwei Übertragungsstellen „krönchenartig“ angeordnet werden. In Abb. 319 könnte dann das Kugelgelenk zwischen den Wellen wegfallen, weil die dann quirlartig ausgebildeten Übertragungskanten auch die Gelenkmitte sichern würden[1].

Die Fast-Kupplung der Abb. 320 soll sowohl parallel verschobene Achsen wie sich schneidende Achsen verbinden. Ganz ähnlich, wie bei einer von jeder Welle z. B. dreifach gefaßten Hardy-Scheibe erfolgt diese Beweglichkeit nicht aus der getrieblichen Eigenart der Kupplung heraus. Bei ganz genauer Passung wäre die Fast-Kupplung eine Vereinigung von zwei Scheibenkupplungen, entsprechend Abb. 284, die nur eine Wellenverschiebung in der Wellenmittellinie zulassen würden (vgl. auch Abb. 290).

Dadurch, daß die verzahnungsähnlichen Kupplungsklauen gegenseitig Spiel bekommen, daß die Klauenkränze verhältnismäßig schmal ausgeführt werden und daß man den Grundriß der einzelnen zahnähnlichen Klauen der Schiffchenform annähert, ist das Spiel der ganzen Anordnung so vergrößert, daß die beabsichtigten Verlagerungen, allerdings auch dann nur in ganz geringem Ausmaß beherrscht werden können. Durch eine Schleuderölung soll die dadurch entstandene Linienberührung der zu höheren Elementenpaarungen gewordenen Klauen gemildert werden.

Schaltet man in die Kupplungsbrücke, also zwischen die beiden Teilkupplungen einer solchen Fast-Kupplung noch eine gefederte Kupplung ein, etwa entsprechend Abb. 296, 297 oder 300, so entsteht eine Form wie etwa die Elcard-Kupplung der Abb. 321, die neben dem Vorteil der sicheren Federung auch noch infolge der Teilung der Kupplungsbrücke ein zwangloseres Einstellen auf kleinere Wellenverlagerungen zuläßt bei verhältnismäßig geringem Spiel in den Klauen. Die Elcard-Kupplung ist also aufzufassen als eine Vereinigung von zwei Klauenkupplungen entsprechend Abb. 278 und einer gefederten Kupplung nach Abb. 299, allerdings ohne eindeutige Befestigung der Federn in einer der Kupplungsscheiben.

37. Kupplung mit Schutz gegen Überlast oder gegen Umkehr der Drehrichtung.

Das Zusammenhalten zweier Kupplungshälften zum Kuppeln und das Ab lösen zweier Kupplungshälften voneinander zum Wirkungslosmachen einer Kupplung etwa bei Überlast oder bei Umkehr des Drehsinnes sind zwei so entgegen-

---

[1] Weitere Untersuchungen: Kutzbach: Quer- und winkelbewegliche Wellenkupplungen. Kraftfahrtechnische Forschungsarbeiten, Heft 6 (VDI-Verlag).

gesetzte Aufgaben, daß sie verschiedenartige Getriebe erfordern, nämlich eine Kupplung und ein Schubgetriebe.

Sollen beide Getriebe in einer einzigen „Überlast"kupplung vereinigt sein, so kommt dann für die Kupplungsverzahnung nur die formkraftschlüssige der Abb. 278, 282, 285 und 288 in Frage, denn sie allein könnte auch als Schubkurve verwendet werden, wie es der rückkehrende einfache Keilschub der Abb. 65 zeigt.

Praktisch sind jedoch die Kupplungen mit form-kraftschlüssiger Verzahnung z. B. der Abb. 285 und 288, den rein formschlüssigen Kupplungen z. B. der Abb. 284 und 287 insofern gleichwertig, weil sie *ohne* den z. B. bei den entsprechenden Gesperren (Abb. 192 und 193, sowie 196 und 197) notwendigen, durch äußere Kräfte verursachten *Kraftschluß* einwandfrei kuppeln, denn die Hubkräfte der kraft-formschlüssigen Kupplungsverzahnung werden durch die allseitig formschlüssigen Gestellagerungen aufgenommen.

Nur wenn, wie in den Abb. 278 und 282, eine der Gestellagerungen kraftschlüssig ausgebildet wird, muß auf die dann auch kraftschlüssig *wirkende* Kupplungsverzahnung eine äußere Kraft einwirken und die auftretenden Hubkräfte überwinden.

Diese Kraftschluß*wirkung* wird aber bei den Kupplungen gegen Überlast oder Rückdrehung gebraucht, und daher muß, wie die Abb. 322 und 323 zeigen, das eine (rechte) Lager im Gestell so weit von der Kupplung abgerückt werden, daß sich die betroffene (rechte) Kupplungshälfte nicht mehr dagegen abstützen kann, sondern auf eine äußere Anpreßkraft, etwa eine Feder, angewiesen ist.

Bei der Überlastkupplung der Abb. 322 wird die weiße Kupplungshälfte durch eine besonders starke Schlußkraft (Feder) gegen die schwarze angedrückt. Im normalen Betrieb werden daher die beiden Kupplungshälften genau so zusammengehalten, wie etwa durch eine formschlüssige Gestellagerung entsprechend Abb. 288. Die weiße Kupplungshälfte und die zugehörige Welle sind dabei wie ein Stück, diese Welle gehört in diesem Betriebsfall also getrieblich zu der weißen Kupplungshälfte.

Bei Überlast dagegen steht diese Welle fest und ist daher getrieblich als ein Teil des Gestells anzusehen (Schraffur). In diesem Fall darf die Überlastkupplung aber auch nicht mehr als Kupplung wirken, sondern muß Keilschubgetriebe werden. Dabei wird die weiße Kupplungshälfte zum kraftschlüssigen Hubglied, für welches eine entsprechende Geradführung vorgesehen sein muß, in Abb. 322 mit Nut und Feder in Achsrichtung der zugehörigen Welle.

Die Trennung der weißen Kupplungshälfte von der zugehörigen Welle und die dabei vorgesehene Geradführung (gefederte Welle) ist also keineswegs die Einführung des „vierten Gliedes", sondern eine zusätzliche Gliedeinführung, durch die das Ganze an sich nicht mehr zwangläufig ist. Nur durch das Kräftespiel zwischen der Kupplungsfeder und dem Maschinenwiderstand, durch das die nunmehr selbständige Welle (weiß und schraffiert) einmal unverschieblich mit der weißen Kupplungshälfte verbunden ist, das andere Mal stillsteht und daher getrieblich zum Gestell gehört, bestehen im Betrieb auch diese Kupplungskeilschubgetriebe jeweils aus den für die Zwangläufigkeit erforderlichen drei Gliedern.

Es ist dies grundsätzlich der gleiche Vorgang, wie er bei den „zeitweise aussetzenden Kurventrieben" (Abschn. 21, Abb. 165 bis 167) vorlag.

Eine noch klarere Trennung zwischen der Kupplungsaufgabe und der Keilschubaufgabe zeigt der Aufbau der Kupplung mit Rückdrehsicherung in Abb. 323. Dort dienen die achsparallelen Flanken der Kupplungsklauen allein der Kupplungsaufgabe, und zwar rein formschlüssig. Die, meist unter geringem Steigungswinkel, schrägen Flanken der Kupplungsklauen dagegen sind zusammen mit der Geradführung der Welle und der hier nur geringen Federkraft Bestandteile des

Keilschubgetriebes, und es liegt allein am Drehsinn der schwarzen Welle, ob die Kupplungsflanken wirken und kuppeln oder die Keilflanken arbeiten, indem sie die weiße Kupplungshälfte außer Eingriff bringen und dadurch die Kupplung lösen.

Würde man bei den beiden Kupplungsarten statt der in Abb. 322 und 323 dargestellten Trommelform die *Scheibenform* wählen, so müßten zur Ermöglichung der Keilschubaufgabe die Kupplungsklauen der einen Kupplungshälfte einzeln als Hubglieder gelenkig gelagert (wie in Abb. 324) oder geradgeführt werden und unter Federkraft gegen die Kupplungsverzahnung der andern Kupplungshälfte anliegen.

38. Zahntriebe.

Die bisher ausgeführte Rückbildung der Geradführungen in den Kupplungen der Abb. 277, 278 und 283 zu Gelenken in den Abb. 284 bis 289 ist insofern ein *ausgesprochener Sonderfall*, als beide Kupplungshälften immer *gleichzeitig gelenkig* angeordnet werden und dazu noch die beiden Gelenke *die gleiche Mittellinie* erhalten.

Wählt man nun den *Allgemeinfall*, bei dem es gleichgültig ist, ob beide Kupplungsstangen oder nur eine durch eine drehend gelagerte Scheibe oder Trommel ersetzt werden, wobei es ferner gleichgültig ist, ob diese Scheiben oder Trommeln gleichgroß oder verschieden groß sind, und wobei es endlich auch gleichgültig ist, wie die Mittellinien dieser neuen Drehkörperpaare liegen, *wenn sie nur nicht zusammenfallen*, so entstehen in allen diesen Fällen aus den Kupplungen der Abb. 277, 278 und 279 *Zahnstangentriebe* und *Zahnradtriebe*, aus der Kupplung der Abb. 283 *Reibstangentriebe* und *Reibradtriebe*.

Dabei zeigt sich als besonders wichtige *neue* Eigenschaft, daß die beiden Kupplungsteile, also die beiden Zahnräder oder Reibräder, oder Zahnstange und Zahnrad bzw. Reibstange und Reibrad nicht mehr mit ihrer ganzen Kupplungsfläche dauernd aneinander geheftet sind, sondern *sich aufeinander abwälzen*, wobei allerdings der eigentliche Kupplungsvorgang nicht mehr von allen Zähnen (oder Klauen) gleichzeitig und unter Flächenberührung erfolgt, sondern *in einem kleinen Eingriffsbereich nacheinander* und *in höherer Elementenpaarung*.

Das *Bewegungsgrundgesetz*, nämlich die *Kupplung der Bewegung zweier Wellen* bleibt dabei natürlich bestehen, es erscheinen aber eine ganze Reihe neuer wertvoller Sondereigenschaften. Die Bewegung der beiden Wellen braucht nicht mehr gleichschnell zu sein, sondern kann unter- oder übersetzt werden. Die gekuppelten Wellen können parallel sein oder sich schneiden. (Bewegung zwischen gekreuzten Wellen wird durch Schrauben- oder Schneckenräder übertragen, die zu den einfachen Keiltrieben gehören. (Vgl. Abschn. 9.)

a) Der Zahnstangentrieb.

Auch wenn zwei Zahnräder verschiedener Größe zusammengehören, haben sie doch verschiedene Zahnformen, die aber von ein und derselben Zahnstange abgeleitet sein müssen. Diese theoretisch notwendige Ableitung ist bei den Zahnstangentrieben auch körperlich zu beobachten.

Für die Zahnstange wählt man irgendeine Zahnform, für die „Evolventenverzahnung" z. B. einfache geradflankige Zähne, die sich nach oben verjüngen (Abb. 326), für die „Triebstockverzahnung" bolzenartige Triebstöcke, die als „viertes Glied" noch Rollen erhalten können (Abb. 327 und 328).

Die Zähne des zugehörigen Zahnrads haben nun nicht nur die Aufgabe, zum Kuppeln in die entsprechende Zahnlücke der Zahnstange zu passen, sondern sie müssen sich auch bei der weiteren Bewegung ohne weiteres aus der Zahnlücke herausheben lassen, obwohl sich der Zahn des Zahnrads dabei sogar noch etwas gegen die Zahnlücke der Zahnstange verdreht, und das um so mehr, je kleiner das Zahnrad ist.

Die Zahngestalt des Zahnrads entsteht also dadurch, daß zur Erzeugung seiner Zahnlücken all das Metall beseitigt wird, das bei der Bewegung des Zahnstangentriebes den entsprechenden Zahn der Zahnstange behindern würde. In der Tat besteht ein Zahnraderzeugungsverfahren darin, daß zu dem Zweck eine Zahnstange, schneidfähig als Hobelstahl ausgebildet, die Radverzahnung hobelt, wobei Rad und Zahnstange die im Getriebe erstrebte Bewegung ausführen, also sich aufeinander abwälzen (FELLOW). Das gleiche Abwälzverfahren ist natürlich auch mit einem von der entsprechenden Zahnstange abgeleiteten Hobelrad oder einem Fräser möglich und üblich[1].

b) Der Zahnradtrieb.

Wird auch noch die zweite Zahnstange zum Rad oder zur Scheibe zurückgebildet, so entstehen *Stirnräder*, wenn die Mittellinien der beiden Zahnradlagerungen parallel sind, und zwar bei beiden Rädern *Außenverzahnung*, wie in den Abb. 331 (normale Verzahnung), 332 (Triebstockverzahnung) und 333 (Reibräder), wenn die neuen Radlagerungen beiderseits der Kupplungsstelle liegen, in der der Zahneingriff stattfindet. Liegen die beiden Radlagerungen aber, von der Zahneingriffsstelle aus gesehen auf der gleichen Seite, so entsteht bei dem größeren Rad *Innenverzahnung* wie in den Abb. 340 (normale Verzahnung), 341 (Triebstockverzahnung) und 342 (Reibräder).

Schneiden sich die Mittellinien der Zahnradlagerungen, so kann ein einwandfreies Abrollen der Räder aufeinander nur dann erfolgen, wenn die Räder Kegelstümpfe sind, deren Kegelspitzen zusammenfallen würden.

Derartige Kegelräder können natürlich alle Formen haben von den Stirnrädern der Abb. 331 und 332 mit Kegelspitzen im Unendlichen über Kegelräder mit Außenverzahnung (Abb. 334 und 336) und Kegelräder mit einem innenverzahnten Rad (Abb. 335 und 337) bis zur Stirnradinnenverzahnung (Abb. 340 und 341), bei der die Kegelspitzen wieder im Unendlichen liegen.

Wichtig bei allen Kegelrädern ist, daß die Kegelspitzen der miteinander arbeitenden Räder genau zusammenfallen. Geschieht dies nicht, so erfolgt außer dem Abrollen noch ein Verschieben, so daß als Gesamtbewegung das Schroten zustande kommt. Dieses Schroten bewirkt eine vorzeitige Zerstörung, die bei den sog. Kollergängen gewünscht und zum Zermalmen und Zerreiben des aufgegebenen Gutes zu schlammigem oder mehligem Zustand ausgenutzt wird. Abb. 339 zeigt einen solchen Kollergang mit starker Schrotung. Für genaues Abrollen müßte er wie in Abb. 338 ausgebildet sein, wobei der Mahlteller als völlig flacher Kegel anzusehen ist. Zwischen dieser Form mit reiner Abrollung und der Form der Abb. 339 sind Formen denkbar mit immer steileren Kegeln und dementsprechend immer ausgeprägterer Schrotwirkung, die sich leicht an die Empfindlichkeit und die sonstigen Eigenschaften des jeweiligen Verfeinerungsgutes anpassen lassen.

Für besonders kräftige Schrotwirkungen könnte man sogar über die Form der Abb. 339 hinaus Kegel mit nach außen liegenden Spitzen verwenden.

Es ist dabei übrigens keineswegs notwendig und auch üblich, den Mahlteller eben auszubilden. In der Kohlenmühle der Abb. 343 ist dafür z. B. ein trichterähnlicher Hohlkegel verwendet.

---

[1] Wegen eingehenderer Angaben über Zahnflankenkonstruktion und Herstellung von Verzahnungen wird auf das sehr reiche diesbezügliche Schrifttum verwiesen, in der Hauptsache auf Veröffentlichungen über Maschinenelemente.

39. Praktische Anwendung der Zahnstangentriebe.

Obwohl der Zahnstangentrieb in seinen Grundformen (Abb. 326 bis 330) sehr einfach erscheint, hat er doch eine sehr große praktische Bedeutung.

In der Aufstellung wie in den Abb. 326 bis 329 mit im Gestell gelagertem Rad oder Rolle und im Gestell verschieblicher Zahnstange ist der Zahnstangentrieb in vielfacher Wiederholung der Rollen ein wichtiger Förderer als *Blockstraße* in der schweren Walzwerksausführung, als *Rollenförderer* (Abb. 43) für Pakete, Kisten, Flaschenkästen, auch einzelne Flaschen usw. (als Zahnstangen), und schließlich in ganz leichter Ausführung in vielfacher praktischer Anwendung für den Papiertransport bei der Papierverarbeitung (Abb. 841), oft mit leichter Schrägstellung der Rollen, um das Papier an einem Lineal auszurichten.

Eine Sonderform sind *Rollenroste* (Abb. 344) für Asche, Kartoffeln, Rüben (Abb. 133 des 1. Bandes der Prakt. Getriebelehre) usw.

Im wahrsten Sinne des Wortes weltumspannende Bedeutung erhält der Zahnstangentrieb aber, wenn die Zahnstange oder Reibstange gestellfest wird, und auf ihr das Rad entlangrollt und der Steg entlanggleitet, und wenn man die Erdoberfläche als Zahn- oder Reibstange ansieht.

Alle *Landfahrzeuge* (Abb. 148, 149 des 1. Bandes und 55), die *Eisenbahn* (Abb. 136, Bd. 1), mit den Schienen als Reibstangen, die *Zahnradbahn* mit fertiger Zahnstange in der Zahnschiene und dann, sich selbst die Zahnstange formend, z. B. das *Kraftwagenrad* (Abb. 325), das *Greiferrad* der Schlepper (Abb. 153, Bd. 1), das *Schaufelrad* der Raddampfer noch dazu mit besonders gesteuerten Schaufeln (Zähnen) (Abb. 34, Bd. 1), ferner das *Plattenrad* (Abb. 330) mit Flächenberührung für empfindliche Böden oder zum Abstützen hoher Kräfte (Geschütze) usw. sind derartige Zahnstangentriebe. (Vgl. auch Abb. 434 bis 439.)

Im *Wasserrad*, in neuzeitlicher Ausführung als *Peltonrad* (Abb. 354) erscheint der Zahnstangentrieb als *Kraftmaschine*, wobei der Wasserstrahl in einzelne Zähne aufgelöst wird. In der geschichtlichen „*Flugkolbenmaschine*" war er sogar mit wirklicher metallischer vom Kolben getriebener Zahnstange vorhanden.

War bisher die Zahnstange oder deren Erzeugung nur Mittel, um die Zugkräfte der betreffenden Verkehrsmittel abzustützen, also um Kraft zu übertragen, so ist in der Technik die Erzeugung solcher Zahnstangen als Selbstzweck sicher von ganz entsprechender Bedeutung.

Die *Rotations-Zeitungsdruckmaschine*, deren Druckzylinder als Zahnräder mit eingefärbten Zähnen in Schriftform auf den Tausenden von kilometerlangen Zeitungspapierbahnen die „Schriftverzahnung" einprägen, umspannt damit auch, allerdings geistig, die ganze Welt.

Die *Schnellpresse* in Umkehrung der Anordnung mit dem Drucksatz als Zahnstange und dem um den Druckzylinder geschlungenen Papierbogen überträgt die „Schriftverzahnung" von der Zahnstange auf das Rad und ist als Erzeugerin des Buchdrucks wesentlich beteiligt an der Erhaltung und Überlieferung wissenschaftlichen und künstlerischen Schaffens, kurz des geistigen Kulturgutes. (Vgl. auch Abb. 305, Bd. 1.)

Außer bei diesen gigantischen Aufgaben finden wir den Zahnstangentrieb aber auch bei den kleinen Aufgaben des täglichen Lebens als vom Strang abteilende *Teigteilmaschine* (Abb. 418) zum Formen der Frühstücksbrötchen, oder in ähnlicher Anordnung zum Unterteilen von Zuckerbändern usw. in Einzelstücke, oder auch mit *glatter* Walze zum *Auswalzen* von *Kuchenteig* (Abb. 304, Bd. 1) oder zum *Glätten des Ackers* und zum *Festpressen des Schotters*, als *verzahnte Walze* zum *Aufrauhen* zu glatter *Fahrbahn*, auch zur Ackerbearbeitung (Ringelwalze), zum *Graben von Pflanzlöchern* (Abb. 345), mit besonderem Walzenüberzug als *Färb-*

walze, Leimwalze und mit Voreilung des Zahnrades die verschiedenen Arten und Abarten der Dreschmaschinen (Abb. 420, 421, 422, 423, 424, 426, 427) usw. Fast unerschöpflich und sich dauernd weiter fortsetzend ist die bunte Reihe der praktischen Anwendungen der Zahnstangentriebe, die zum Teil auch schon in das Gebiet der Zahnradtriebe einragen, wie bei den *Wringmaschinen, Bügelmaschinen, Kalandern* usw.

40. Die Gleichgewichts-(Differential-)Wirkung.
a) Verbindung mehrerer Zahntriebe.

Ein Rad (Abb. 346) bleibt im Gleichgewichtszustand, wenn an seinem Umfang zwei gleichgroße Kräfte in der Weise angreifen, daß Drehmomente von entgegengesetztem Drehsinn entstehen. Das gleiche erreicht man mit einem doppelarmigen Hebel, etwa wie in Abb. 347, allerdings mit dem Unterschied, daß sich dann die Hebelarme der Drehmomente mit wechselnder Hebelstellung ändern. Da sie sich bei einem *gestreckten* Doppelhebel aber auf beiden Seiten in der gleichen Weise ändern, bleibt dies ohne Einfluß auf die Gleichgewichtswirkung im Gegensatz zu Winkelhebeln.

Vollständig gleichwertig dem Rad der Abb. 346 sind Räderanordnungen, wie in Abb. 348 mit drei oder einer höheren *ungeraden Zahl von Rädern,* wovon das erste und das letzte gleichgroß sein müssen.

Die Räderanordnung der Abb. 348 stellt ein *Stirnrad-Differential* dar, aus dem ohne weiteres ein *Kegelrad-Differential,* z. B. entsprechend Abb. 349 entsteht, wenn man den Steg in Abb. 348 an den Eingriffstellen der einmal ganz dünn gedachten Räder im (rechten) Winkel biegt, oder anders ausgedrückt, wenn man die Radachsen sich nicht mehr im Unendlichen schneiden läßt, wie in Abb. 348, sondern im Endlichen, beispielsweise wie in Abb. 349.

Die Abb. 350 bis 353 zeigen eine entsprechende Entwicklungsreihe, die in Abb. 350 davon ausgeht, daß sich zwei *gleichsinnig wirkende Drehmomente* im Gleichgewicht halten sollen, wobei allerdings die Hebelanordnung der Abb. 350 nicht ganz einwandfrei arbeitet. In dieser ganzen Reihe werden zu dem Zweck immer Räder in einer *geraden* Anzahl benötigt, von denen bei vier- und mehrrädrigen Anordnungen, wie in Abb. 352 und 353 wieder nur das erste und das letzte Rad gleichgroß sein müssen. Das gilt natürlich hier wie bei allen anderen Differentialen, wenn die sich die Waage haltenden Drehmomente durch gleichgroße Kräfte gebildet werden sollen. Andernfalls müssen die Räder (Hebelarme) natürlich im umgekehrten Größenverhältnis der Kräfte gewählt werden.

Abb. 355 zeigt die Vereinigung einer ganzen Anzahl derartiger Hebel- und Radanordnungen etwa als Verschluß einer Kühlraumtür, deren sechs Riegel durch Drehen des in Türmitte angeordneten Doppelhebels gleichmäßig stark anzuziehen sind, ohne daß sie besonders sorgfältig eingepaßt werden müssen. Die zuerst anschließenden beiden Räder entsprechen der Abb. 350, alle übrigen Hebelanordnungen sind Ableitungen von Abb. 347.

Sehr große Verbreitungen haben solche Differentialhebelanordnungen außer im Waagenbau auch bei vielachsigen Fahrgestellen sehr schwerer Fahrzeuge, im Gestänge mehrerer zusammenwirkender Bremsen (z. B. Vierradbremsen) usw.

b) Das Stirnrad-Differential.

Da die Differentiale, auch die mit verwickelten Bewegungen, von dem einfachen *Stirnrad-Differential* abzuleiten sind, sollen auch ihre Bewegungseigenschaften ausgehend von denen des einfachen und übersichtlichen Stirnrad-Differentials dargestellt werden.

Das in Abb. 348 als kinematische Kette[1] dargestellte Stirnrad-Differential besitzt vier Glieder, es können daraus also vier Getriebe durch Festhalten jedes der vier Glieder gebildet werden. Da aber das linke (schwarze) und das rechte (weiße) Rad gleichgroß und gleichwertig sind, so würde beim Festhalten jedes dieser Räder das gleiche Getriebe entstehen, so daß deshalb tatsächlich nur drei *verschiedene* Getriebeformen dieses Stirnrad-Differentials (wie überhaupt aller davon abgeleiteten Differentiale) vorkommen.

Diese drei Getriebe des Stirnrad-Differentials zeigen die Abb. 356, 357 und 358.

Wird eines der beiden äußeren Räder zum Gestell, also z. B. das schwarze, wie in Abb. 356, so entsteht das *einarmig umlaufende Stirnrad-Differential*. Der Steg wird zum umlaufenden Arm, und die beiden in ihm gelagerten Räder rollen so aufeinander und auf dem (schwarzen) Gestellrad ab, daß das rechte, weiße Rad gegen das Gestell eine Parallelverschiebung ausführt.

Dieses einarmig umlaufende Stirnrad-Differential ist bezüglich der Bewegung seines weißen Rades also gleichwertig dem Paralleldoppelkurbelgetriebe (Abb. 356 a) hinsichtlich der Bewegung von dessen weißem Glied (Schwinge)[2].

Die Parallelverschiebung des weißen Rades im einarmig umlaufenden Stirnrad-Differential kommt dadurch zustande, daß hierbei die Drehbewegung des Armes (Steges) und die Drehbewegung aus dem Abrollen der Räder gegeneinander wirken.

Stellt man sich zunächst einmal das Zwischenrad in Abb. 356 entfernt und das rechte, weiße Rad mit dem Steg fest verbunden vor, so wird dieses weiße Rad bei einer Vierteldrehung des Steges, etwa *gegen* den Uhrzeigersinn nach oben, ebenfalls um *eine Vierteldrehung gegen den Uhrzeigersinn* gedreht. Die erst waagerechte Mittellinie des weißen Rades würde dann senkrecht stehen.

Setzt man nunmehr das Zwischenrad wieder ein, denkt aber jetzt den Steg festgehalten, wie in Abb. 358, und dreht dann das schwarze Rad um eine Vierteldrehung im Uhrzeigersinn, so führt das weiße Rad genau die gleiche Drehung aus. Diese gleiche Drehung *im Uhrzeigersinn* erfolgt aber zwischen den Rädern, auch wenn, wie in Abb. 356, bei einer Vierteldrehung des Steges *gegen den Uhrzeigersinn* das Zwischenrad auf dem gestellfesten schwarzen Rad und das weiße Rad wiederum auf dem Zwischenrad abrollt.

Das weiße Rad macht also zusammen mit dem Steg eine Vierteldrehung *gegen den Uhrzeigersinn*, durch das Abrollen der Räder aufeinander dagegen eine Vierteldrehung *im Uhrzeigersinn*, also zwei Vierteldrehungen, die sich gegenseitig aufheben. Es bleibt also während der ganzen Bewegung in zueinander parallelen Lagen.

Die anderen Stirnrad-Differentialgetriebe haben einfachere Bewegungen.

Aufgestellt auf das Zwischenrad (Abb. 357) entsteht das *doppelarmig umlaufende Stirnrad-Differential* mit gleichsinniger Drehung des Steges und der Räder. Bezogen auf das ruhende Gestell müssen bei dem schwarzen wie bei dem weißen Rad die Drehung mit dem Steg und die Drehung durch Abrollen auf dem Zwischenrad zusammengezählt werden.

Schließlich, bei Aufstellung auf den Steg (Abb. 358) entsteht das *ruhende Stirnrad-Differential*, das bei der Bewegung gleichartige und gleichsinnige Drehung des ersten (schwarzen) und letzten (weißen) gleichgroßen Rades ergibt und in dieser Hinsicht durch die Kurbel- und Schwingendrehung des Parallelkurbelgetriebes (Abb. 358 a) zu ersetzen ist[3].

---

[1] Vgl. Abschn. 4 und 5, Bd. 1.
[2] Vgl. Abschn. 26, Bd. 1.
[3] Vgl. Abschn. 12.

c) Das Vollkegelrad-Differential.

Die praktisch wichtigste Form des Vollkegelrad-Differentials ist die bereits in Abb. 349 (als Kette) dargestellte mit Kegelradachsen, die sich im rechten Winkel schneiden.

Die dabei möglichen verschiedenen Getriebeformen sind das einarmig umlaufende Vollkegelrad-Differential (Abb. 359), das doppelarmig umlaufende (Abb. 360) und das ruhende (Abb. 361).

Aber trotz der offenbar nahen Verwandtschaft zum Stirnrad-Differential treten hier augenscheinlich ganz neuartige Bewegungseigenschaften auf.

Besonders auffällig ist das beim *einarmig umlaufenden Vollkegelrad-Differential* der Abb. 359 der Fall, bei dem an Stelle der Parallelverschiebung des weißen Rades beim Stirnrad-Differential eine *Drehung* des weißen Kegelrades, und sogar eine doppelt so schnelle erfolgt, wie sie der Steg ausführt. Da beide Differentiale voneinander ableitbar sind, müssen es natürlich auch ihre Bewegungsgesetze sein.

Löst man in Abb. 359 zunächst wieder das Zwischenkegelrad und verbindet man das weiße Kegelrad fest mit dem Steg, so dreht sich dieses weiße Kegelrad nur zusammen mit dem Steg, etwa in der in Abb. 359 dargestellten Weise nach vorn. Dies entspricht genau dem, was bei dem gleichen Vorgehen beim Stirnrad-Differential (Abb. 356) festgestellt wurde.

Setzt man auch hier wieder das Zwischenrad ein, hält man aber jetzt den Steg fest, wie in Abb. 361, so überträgt sich zwar auch hier die Drehung des schwarzen Kegelrades unverändert auf das weiße Kegelrad, aber infolge der jetzt nicht mehr parallelen, sondern einander zugekehrten Achsen dieser beiden Räder erfolgt die Drehung des weißen Kegelrades *im entgegengesetzten Drehsinn* des schwarzen Kegelrades.

Daher können sich diese beiden einzeln betrachteten Drehungen des weißen Kegelrades nicht mehr, wie die des weißen Stirnrades des Stirnrad-Differentials (Abb. 356) gegenseitig aufheben, *sondern sie müssen sich zusammenzählen.* Das weiße Kegelrad muß also die doppelte Drehzahl des Steges haben.

Dieses Merkmal der Gegenläufigkeit zeigen als besondere Eigenschaft auch die anderen Getriebe des Vollkegelrad-Differentials, nämlich das bereits betrachtete *ruhende Vollkegelrad-Differential* (Abb. 361) und das *doppelarmig umlaufende Vollkegelrad-Differential* (Abb. 360), bei dem im Gegensatz zum doppelarmig umlaufenden Stirnrad-Differential die Radabrollung und die Stegdrehung sich nicht zusammenzählen, weil beide Drehungen nicht mehr in der gleichen Ebene erfolgen.

d) Das Hohlkegelrad-Differential.

Das *einarmig umlaufende Hohlkegelrad-Differential* (Abb. 362) ist als Ausgangsform des *Kegelrollenlagers* (Abb. 363) und des *Schulterkugellagers* (Abb. 364) von ganz besonderer praktischer Bedeutung.

In den Sonderfällen, in denen wie in Abb. 359 bis 361 und jetzt auch in Abb. 362 bis 364 die Wellenmitten des schwarzen und des weißen Rades zusammenfallen, kann, wenn das schwarze Rad zum Gestell ausgebildet wird, wie in Abb. 359 und 362, auch das weiße Rad, statt im umlaufenden Steg, ebenfalls im ruhenden Gestell gelagert werden, ohne daß dadurch andere Bewegungsbilder entstehen.

Mit dieser baulichen Abwandlung entsteht der Übergang zu den Kegelrollenlagern und den Schulterkugellagern der Abb. 363 und 364 mit selbständigem weißen Rollen- bzw. Kugellaufkegel. Der Steg wird dabei als Verbindung der vielfach angeordneten Kegelrollen und Kugeln zum Käfig, ein Vorgang, der in ganz ähnlicher Weise bereits in Abb. 218, Bd. 1 dargestellt ist und dort als Bohrungserweiterung mit Rollenführung gedeutet wurde.

Wie beim einarmig umlaufenden Vollkegelrad-Differential (Abb. 359) wirken auch beim einarmig umlaufenden Hohlkegelrad-Differential mit Achsengleichheit des Hohl- und Vollkegelrades (Abb. 362) die Drehung des Steges und die Abrollung der Räder aufeinander bei der Bewegung des weißen Vollkegelrades *zusammen*. Da bei diesem Differential aber das schwarze Hohlkegelrad größer sein muß als das weiße Vollkegelrad, so vergrößert sich für das Vollkegelrad die aus der Abrollung der Kegelräder aufeinander herzuleitende Drehung im Verhältnis der Größen des Hohlkegelrades und des Vollkegelrades.

Die Drehzahl des Vollkegelrades beim einarmig umlaufenden Hohlkegelrad-Differential errechnet sich also aus der Drehzahl des Steges (Armes, Käfigs) + dieser Drehzahl des Steges mal dem Übersetzungsverhältnis zwischen dem Hohlkegelrad und dem Vollkegelrad.

Diese Beziehung gilt für alle Differentiale, bei denen das schwarze und das weiße Rad die gleiche Mittellinie besitzen.

e) Das Hohlstirnrad-Differential.

Die Abb. 364, 365 und 367 zeigen in einer den Abb. 362 bis 364 ganz entsprechenden Weise die Ableitung des normalen Rollenlagers und Kugellagers von dem *einarmig umlaufenden Hohlstirnrad-Differential*. Übrigens ist in entsprechender Weise das *Spurlager* als Kegelrollenlager oder als Kugellager von dem einarmig umlaufenden Vollkegelrad-Differential (Abb. 359) herzuleiten.

Das Hohlstirnrad-Differential hat aber wegen seiner gedrungenen Bauart und weil es zudem nur die bequemer herstellbaren Stirnräder enthält, große Bedeutung als Ersatz der Kegelrad-Differentiale, und zwar besonders als *einarmig umlaufendes Hohlstirnrad-Differential*, in Abb. 368 in einer gebräuchlicheren Form als in Abb. 365, und als *ruhendes Hohlstirnrad-Differential* (Abb. 370), während das stark schleudernde *doppelarmig umlaufende Hohlstirnrad-Differential* (Abb. 369) kaum praktisch verwendet wird.

f) Das gegenlastige Vollstirnrad-Differential.

Vollstirnräder lassen sich leichter genau herstellen, als Kegelräder, zudem sind genau arbeitende Kegelrad-Verzahnungsmaschinen vor allem für kleine Zahnteilungen wesentlich seltener als Stirnrad-Verzahnungsmaschinen.

Das ist der Grund, warum in der Praxis Vollkegelrad-Differentiale (Abb. 349, 359 bis 361) gelegentlich durch das *gegenlastige Vollstirnrad-Differential* (Abb. 370) verdrängt werden.

Dieses entsteht aus dem gegenlastigen Stirnrad-Differential der Abb. 352, wenn der (schraffierte) Steg *in der Zeichenebene* so gebogen wird, daß die Welle des ersten (schwarzen) Rades und die des letzten (weißen) Rades eine gemeinsame Mittellinie erhalten. Dabei muß allerdings eine Staffelung der einzelnen Räder gegeneinander erfolgen (in Abb. 352 aus der Zeichenebene heraus), damit klare Eingriffsverhältnisse erhalten bleiben, wie das auch Abb. 370 deutlich erkennen läßt.

Die Bewegungsverhältnisse eines solchen gegenlastigen Vollstirnrad-Differentials (Abb. 370) entsprechen vollständig denen des Vollkegelrad-Differentials (Abb. 349, 359 bis 361).

g) Praktische Anwendung der Differentialgetriebe.

Die einzigartige Stellung der Differentiale gegenüber allen anderen Getrieben beruht darin, daß hier außer der Einleitung und der Ableitung von Drehbewegung noch ein dritter Bewegungseinfluß möglich ist, nämlich die Drehung des Steges, wodurch in leichter Weise einer eingeleiteten Bewegung eine zweite überlagert werden kann, deren Gesetzmäßigkeit nach Belieben festzulegen ist.

Allerdings muß dann ein weiteres Gestellglied angeordnet werden, das die notwendigen Bewegungen der Räder *und* des Steges zuläßt (vgl. zeitweise aussetzende Kurventriebe, Abb. 165 bis 167, ferner Rutschkupplungen, Abb. 119 bis 125, so daß das Differential dann nicht mehr als Getriebe, sondern als „Kette" verwendet wird.

In der bekanntesten praktischen Anwendung, im Kraftwagen, wird in das Differential bei der normalen Geradeausfahrt die Drehbewegung nur über den Steg eingeleitet. Die beiden Hinterräder des Kraftwagens und die damit fest verbundenen beiden großen Differentialkegelräder (schwarz und weiß) laufen dann, wie wenn sie auf *einer* Welle befestigt wären. Das Zwischenrad arbeitet, ohne sich abzuwälzen, als reine Klauenkupplung. Sobald aber in der Kurve die beiden Hinterräder verschieden schnell laufen, wird diese „Differenz" durch entsprechendes Abrollen des Zwischenrades und damit eine der Bewegung angepaßte Überlagerung der vom Motor eingeleiteten Drehbewegung vollständig ausgeglichen.

Einen umgekehrten Bewegungsfall zeigt Abb. 371. Es ist eine bekannte Tatsache, daß bei Kettentrieben, besonders wenn langgliedrige Ketten verwendet werden, dadurch Geschwindigkeitsschwingungen in die Kette kommen, weil der wirkungsvolle Kettennuß-Halbmesser zwischen der Gliedmitte, wie in Abb. 371, und dem Gelenk dauernd etwas wächst und schwindet. In Abb. 371 soll das durch entsprechend schwankende Winkelgeschwindigkeit der Kettennuß (weiß) ausgeglichen werden.

Von der schwarzen Welle aus wird gleichförmige Drehung eingeleitet, die bei stillstehendem Steg, also ruhender Lagerung des Zwischenrades, eine gleichartige, aber gegensinnige Drehung der Kettennuß bewirken würde.

Der Steg und damit die Lagerung des Zwischenrades bleiben aber nicht in Ruhe, sondern erhalten durch das links angeschlossene Kurbelgetriebe eine zusätzliche Schwingbewegung der Art, daß die in der Kettennuß entstehende Kettenschwingung ausgeglichen wird. Allerdings darf die von dem Kurbeltrieb erzeugte Überlagerungsschwingung nur halben Ausschlag erhalten, da sich dieser Ausschlag im Differential ja auf die notwendige Größe verdoppelt und so auf die eingeleitete gleichförmige Drehbewegung aufgelagert wird.

Diesen Überlagerungsvorgang zeigt der Geschwindigkeitsplan der Abb. 372.

Außer durch den in Abb. 371 verwendeten Kurbeltrieb kann die Überlagerungsschwingung auch durch irgendwelche andere Getriebe mit den verschiedensten Bewegungsgesetzen erzeugt werden, so daß in dem weißen Kegelrad alle erdenklichen Bewegungen mit Leichtigkeit hervorgerufen werden können.

In Abb. 373 ist für die gleiche Aufgabe ein *Hohlstirnrad-Differential* verwendet. Es zeigt sich dabei im Vergleich zur Verwendung von *Kegelrad-Differentialen* eine außerordentlich vereinfachte und geschlossene Bauart, zumal wenn, wie in Abb. 370, dazu noch der Steg zu einer Deckscheibe vervollständigt ist.

Statt der Bewegung kann man auch die *Kraft* ausnutzen, wie das in Abb. 375 bei einem *ruhenden Hohlstirnrad-Differential* in Verbindung mit einer Spannrollenanordnung gezeigt ist.

Das innere Vollstirnrad ist z. B. mit einem Motor verbunden und leitet dessen Drehung in das Differential ein. Wären die Zwischenräder im Gestell gelagert, so würden diese die eingeleitete Drehbewegung unverändert, allerdings untersetzt, auf das Hohlrad und damit die Riemenscheibe übertragen. Rechtsdrehung des kleinen Stirnrads ergäbe dann Linksdrehung des Hohlstirnrads und der Riemenscheibe.

Die Zwischenräder sind aber im Steg gelagert und auch dieser ist um die Differentialmitte drehbar. Stellt man sich zunächst einmal die Riemenscheibe und damit das Hohlstirnrad unbeweglich vor, etwa wegen zu großem Arbeitswiderstand der angeschlossenen Maschinen, den Steg aber von dem weiteren Spannrollengestänge gelöst, so würden bei Rechtsdrehung des kleinen Antriebsstirnrades die Zwischenräder auf dem Hohlstirnrad ebenfalls nach rechts entlangrollend dem Steg eine Rechtsdrehung erteilen.

Nur wenn man diesen Steg mit einer genügend großen Kraft an seiner Rechtsdrehung hindert, könnte der Arbeitswiderstand an der Riemenscheibe überwunden und die Riemenscheibe in Gang gesetzt werden.

In Abb. 375 ist der Steg über ein Gestänge so mit der Spannrolle verbunden, daß diese durch entsprechend starkes Aufsitzen auf dem Treibriemen die genügend große Kraft aufbringen kann, um den Steg an der Rechtsdrehung zu hindern.

Damit ermöglicht dieses Differential ein Kräftespiel zwischen dem Arbeitswiderstand an der Riemenscheibe und der Riemenspannung in der Weise, daß sich letztere in jedem Augenblick der benötigten Leistung von selbst angleicht, bei stillstehendem Antrieb also auch den Riemen völlig entspannt.

Das Differential bewirkt hier also zweierlei, die Untersetzung der eingeleiteten Drehbewegung ins Langsamere und eine sehr bemerkenswerte, dem Betriebszustand von Augenblick zu Augenblick angepaßte Steuerung der Spannrolle.

h) Wendegetriebe[1].

Zur Gruppe der Differentialgetriebe gehören getriebetechnisch auch die „Wendegetriebe". Dreht man das eine Abtriebsrad eines Autodifferentials (Abb. 376), so bewegt sich das andere Abtriebsrad, d. h. das andere Treibrad des Kraftfahrzeuges in der gleichen Weise, jedoch mit entgegengesetzter Drehrichtung (vgl. auch Abb. 361 und 376). Man hat es also mit einer Getriebeübersetzung $i = -1$ zu tun. Eine solche Drehrichtungsänderung wird häufig verlangt, besonders für fluchtende Wellen, und es gibt eine Unzahl Vorschläge, diese zu bewerkstelligen, angefangen von Zahnradgetrieben bis zu komplizierten Kopplungen verschiedenartiger Koppelkurven- und Keilschubgetriebe.

Bei der Konstruktion von Wendegetrieben sind oft Kurbeltriebe vorteilhaft, die eine gleichbleibende Übersetzung gewährleisten, und an Stelle von Zahnradgetrieben verwendet werden können.

Naturgemäß ist das Geradschubkurbelgetriebe eine naheliegende Lösung. Allerdings erfordert es einen Mehraufwand bei der Überwindung der Totpunkte, ähnlich wie bei Kreuzkurbelgetrieben mit zwei gegenläufigen Kurbeln, wie Abb. 377 zeigt.

Der Wunsch, möglichst wenig Glieder zu verwenden, führt zu räumlichen Wendegetrieben (vgl. Abb. 377 und 379).

Im schraffierten Gestell des in Abb. 377 gezeigten Wendegetriebes sind die An- und Abtriebswellen (schwarz und weiß) gleichachsig gelagert. Die kugeligen Kurbelzapfen der schwarzen Antriebskurbel und der weißen Abtriebskurbel stehen im Eingriff mit zylindrischen Bohrungen des kreuzschraffierten Wendestückes. Eine Drehung einer der beiden Kurbeln bewirkt, entsprechend dem Kurbelhub eine Drehung und eine Schubbewegung des Wendestückes um und auf dem fest im Gehäuse angebrachten Zapfen. Abb. 379 zeigt die zugehörige kinematische Umkehrung von Kurbel und Wendestück. Der Mittelzapfen ist nun im Gestell dreh- und verschiebbar gelagert und das Wendstück fest mit dem Zapfen ver-

---

[1] Unter Benutzung von F. ALTMANN: Koppelgetriebe für gleichförmige Übersetzung. ZVDI Bd. 92 (1950) Nr. 33, S. 909 bis 916.

bunden. Die zylindrischen Bohrungen befinden sich nun in den Kurbelkröpfungen, in die die Kugelköpfe des Wendestückes eingreifen.

Diese Ausführungen haben aber den Nachteil, daß die Kugelköpfe in den Bohrungen *höhere Elementenpaare* darstellen, und leicht zu hohe Beanspruchungen erleiden können. Vorteilhafter ist es also, zu versuchen, ob nicht *niedere Elementenpaare* verwendet werden können.

Dies ist möglich, wenn an Stelle des kugeligen Kurbelzapfens der Abb. 378 ein zylindrischer tritt, und als Verbindungsglieder zwischen dem Wendestück und dem Kurbelzapfen zwei Koppeln (4. Glied!) mit zwei senkrecht zueinander angeordneten zylindrischen Bohrungen eingeführt werden. Ein solches Getriebe zeigt Abb. 380. Im schraffierten Gestell sind wieder An- und Abtriebswelle gleichachsig gelagert. Ihre Kurbelzapfen greifen in die zylindrischen Bohrungen der punktierten Koppeln ein. Diese Koppeln wiederum sind durch je ein Drehgelenk mit dem Wendestück verbunden und verwandeln die Drehbewegungen der Kurbel in je eine Dreh- und eine Schubbewegung des Wendestückes und umgekehrt diese wieder in die Drehbewegungen der Abtriebskurbel. Die Achsen der Drehkörperpaare verlaufen parallel zur Dreh- und Schubachse des Wendestückes und kreuzen die Achsen der Kurbelzapfen rechtwinklig.

Schneiden sich die beiden rechtwinkligen Drehachsen der Koppeln, d. h. wird der Abstand zwischen beiden Achsen gleich Null, so ergibt das ein Getriebe, wie es Abb. 381 zeigt. Dabei werden die Koppeln von dem Wendestück zylindrisch umfaßt. Die Kurbelzapfen können sich in den zylindrischen Bohrungen der Koppeln drehen und verschieben. Die Koppeln dagegen sind weiterhin im Wendestück nur drehbar, aber nicht verschieblich gelagert. Wie bisher führt das Wendestück Schub- und Drehbewegungen aus. Bei einer Zapfenerweiterung des Mittelzapfens (Abb. 382) des Wendestückes ergibt sich infolge erhöhter Lagerreibung ein selbstsperrendes Differential.

Alle diese „Wendegetriebe" mit einem Übersetzungsverhältnis $i = -1$ können genauso wie alle anderen Differentialgetriebe zur Verdoppelung oder Halbierung der Drehzahl herangezogen werden. Dies ergibt sich, wenn eine Kurbelwelle festgehalten wird, und das Gestell oder die andere, freie Kurbelwelle angetrieben werden.

41. Maltesergetriebe.

a) Vereinigung von Kurventrieb, Zahntrieb und Sperrtrieb.

Im Gegensatz zu einer *Verbindung* mehrerer Getriebe miteinander, wobei diese im einzelnen ihre eigentümliche Gestalt und ihr einheitliches Wesen behalten, ist unter der *Vereinigung* mehrerer Getriebe zu verstehen, daß diese unter Aufgabe ihrer Selbständigkeit zu einer neuen Einheit verschmolzen sind.

Ein sehr kennzeichnendes Beispiel hierfür sind die Maltesergetriebe, deren Aufgabe es ist, eine dem Schaltstück der Schaltwerke gleichende schrittweise Vorschubbewegung mit Ruhepausen zu erzeugen, und zwar unmittelbar, also ohne das bei den Schaltwerken erforderliche Zusammenspiel von Schaltgliedbewegung und dem wechselweisen Zufassen von Schaltgliedgreifern und Gestellgreifern.

Wie Abb. 383 für gradlinigen Vorschub des Schaltstückes zeigt, erhält dieses Schaltstück seine Bewegungen durch unmittelbaren Eingriff mit der Antriebsscheibe. Die Verschiedenartigkeit der Bewegungen des Schaltstückes während eines Arbeitsspiels ergibt sich dabei daraus, daß Antriebsscheibe und Schaltstück nacheinander verschiedene Getriebe mit den entsprechenden Bewegungseigenschaften bilden.

Während der Ruhepause des Schaltstückes bilden beide z. B. eine *Sperrung*, wobei sich eine Viertelkreisbogenleiste der umlaufenden Antriebsscheibe nach Art der Klinkensperrungen der Abb. 214, 215 in eine dazu passende halbkreisförmige Mulde des Schaltstückes einlegt und in ihr weitergleitet.

Dann tritt ein Triebstock der Antriebsscheibe, der sich in Abb. 383 in Eingriff befindet, mit einer Kurvenflanke als *Kurventrieb* in Wirkung und beschleunigt das Schaltstück vom Stillstand der Ruhepause auf die Höchstgeschwindigkeit, was in Abb. 383 gerade geschehen ist.

Nunmehr bilden die drei Triebstöcke der Antriebsscheibe zusammen mit den zwei Zähnen des Schaltstückes eine regelrechte *Triebstockverzahnung eines Zahnstangentriebes* (Abb. 328). Das Schaltstück wird gleichförmig in der vorher erreichten Höchstgeschwindigkeit weitergefördert, bis der dritte Triebstock genauso unten in der Zahnlücke liegt wie der erste Triebstock in Abb. 383.

Bei der weiteren Bewegung wird dieser letzte Triebstock zusammen mit einer Kurvenflanke des Schaltstückes zum *Kurventrieb* mit der Aufgabe, das Schaltstück von der Höchstgeschwindigkeit auf Stillstand zu verzögern.

Mit der daran anschließenden Sperrung wiederholt sich das Arbeitsspiel, in dem also Antriebsscheibe und Schaltstück nacheinander Sperrung, Kurventrieb, Zahnstangentrieb, Kurventrieb und schließlich wieder Sperrung sind.

Schon ein Blick auf die ungewöhnlich verwickelte Form des geradgeführten Schaltstückes in Abb. 383 erklärt, warum Maltesergetriebe dieser Art nur theoretische Bedeutung haben im Gegensatz zu Maltesergetrieben mit drehend gelagertem Schaltstück, wie in den Abb. 384 und 385.

Die Vereinigung von Sperrung, Kurventrieb und Zahntrieb ist dort die gleiche, wie in Abb. 383, und die einzelnen Getriebearten in Abb. 385 recht gut zu unterscheiden, besonders der Kurventrieb mit dem Triebstock und der Zahntrieb mit der normalen Verzahnung.

Man hat es dabei, wenigstens auf dem Papier, in der Hand, eine Kurvenform zu verwenden, die stoß- und ruckfrei arbeitet (vgl. Abschn. 15. Die stoß- und ruckfreien Hubkurven). Praktisch ist das aber so schwierig, noch dazu in der Vereinigung der Sperrmulden, Kurvennuten und Verzahnungen *in einem Stück*, daß solche sog. *Sternradgetriebe* ebenfalls nur geringe praktische Bedeutung haben, obwohl entsprechende Bewegungsvorgänge gebraucht werden.

Es sind hierzu zwei Fälle der Vereinfachung üblich.

1. Kommt es darauf an, während eines *Teils der Drehung* der schwarzen Antriebsscheibe das weiße Glied *gleichförmig* zu drehen, wozu der Zahntrieb unentbehrlich ist, so wird oft der Kurventrieb weggelassen, damit aber auch auf eine geordnete Beschleunigung und Verzögerung des weißen Gliedes verzichtet zugunsten eines endlichen Geschwindigkeitssprungs und eines Beschleunigungsausbruchs unendlicher Größe (vgl. Abb. 101 bis 103). Da ein solches Getriebe stößt, beschränkt sich seine Anwendung auf kleine Drehzahlen und geringe Massen im weißen Glied und der vielleicht daran angeschlossenen Triebwerksteile.

2. Eine andere und praktisch besonders häufige Art der Vereinfachung ist dann möglich, wenn für den Ablauf der Bewegung des weißen Gliedes nichts Besonderes verlangt wird, also insbesondere die *gleichförmige* Drehung *nicht* erforderlich ist.

Dann kann man den Zahntrieb weglassen, so daß nur noch Sperrungen und Kurventriebe vorhanden sind. Da die Herstellung stoß- *und* ruckfreier Kurven aber mit den bisherigen technischen Mitteln nicht mit sicherem Erfolg möglich ist, hat man, ganz ähnlich, wie beim Kreistangentennocken im Kraftmaschinenbau, den rechnerisch beherrschbaren *Ruck* in Kauf genommen, dafür aber eine Kurvenform gewählt, nämlich eine genau geradlinige, die sich mit großer Genauigkeit herstellen läßt, so daß man sicher ist, tatsächlich auch den gewollten Bewegungsablauf zu erreichen.

So entstehen die *Malteserkreuzgetriebe*, in Abb. 386 mit geradgeführtem weißen

Glied, schon ganz wesentlich vereinfacht gegenüber dem entsprechenden Getriebe in Abb. 383, aber ebenfalls noch in der Form zu verwickelt für die praktische Anwendung, und die mehrteiligen Malteserkreuze der folgenden Abbildungen.

Das dreiteilige Malteserkreuz (Abb. 387) ist mit seinen drei Schaltschritten je Umdrehung die kleinste mögliche Form der Maltesergetriebe *ohne* Zahntrieb.

Beim Entwurf muß sorgfältig darauf geachtet werden, daß der Triebstock immer genau tangential in die Kurvennut eintritt und aus ihr austritt. Das ist nur dann der Fall, wenn in diesen Stellungen (gezeichnet in Abb. 387 und 388) die Kurvennutmittellinie senkrecht steht zu der Verbindungslinie zwischen Triebstockmitte und Wellenmitte der schwarzen Antriebsscheibe.

Damit liegen aber der Drehwinkel der schwarzen Antriebsscheibe und damit die Zeit fest und der Drehwinkel des weißen Malteserkreuzes, denn beide ergänzen sich zu 180°. Für die Bewegung des weißen Malteserkreuzes werden also an Antriebsscheibendrehung verbraucht

beim	3 teiligen Malteserkreuz	60°	als geringster erreichbarer Winkel	
„	4 „		90°	
„	5 „	„	108°	
„	6 „	„	120°	
„	8 „	„	135°	
„	9 „	„	140°	
„	10 „	„	144°	
„	12 „	„	150°	usw.

und schließlich als größtmöglicher Ausschlag 180°, wenn das weiße Glied, wie in Abb. 306 geradgeführt wird. (Drehung um unendlich fernes Lager.)

Wählt man, wie in Abb. 389 und 390, das weiße Glied gewissermaßen als Hohlrad (Malteserhohlradgetriebe), so bleiben zwar bei den 3-, 4- und mehrteiligen Getrieben die angegebenen Winkelverhältnisse, nur vertauscht sich ihre Bedeutung. Die 60°-Winkeldrehung der schwarzen Antriebsscheibe, die beim dreiteiligen Malteserkreuz der Abb. 387 *Schaltbewegung* des weißen Gliedes bedeuteten, sind beim dreiteiligen Malteserhohlradgetriebe der Abb. 389 die *Ruhezeit* des weißen Gliedes.

Diese Gegenüberstellung gibt aber auch einen Vergleich der Bewegungen beim Malteserkreuz und beim Malteserhohlrad. Bei Getrieben gleicher Teilzahl, also z. B. beim dreiteiligen Malteserkreuz und beim dreiteiligen Malteserhohlrad wird bei einer Umdrehung des schwarzen Antriebsgliedes das weiße Glied um den gleichen Winkel gedreht, beim Malteserkreuz erfolgt dies aber innerhalb 60° der Antriebsdrehung, beim Malteserhohlrad fünfmal langsamer, nämlich während 300° der Antriebsdrehung. Dementsprechend treten beim Malteserkreuz auch weit höhere Beschleunigungen auf als beim Malteserhohlrad. Der Unterschied zwischen beiden Getrieben ist am größten bei den wenigteiligen, verringert sich bei immer höherer Teilung und verschwindet ganz bei der unendlich großen Teilung des Getriebes mit geradgeführtem weißen Glied (Abb. 386), das als Ausgangsform sowohl der Malteserkreuze wie der Malteserhohlräder angesehen werden kann.

Die feste Verkettung zwischen der Teilung des Malteserkreuzes oder des Malteserhohlrades und der Zeit für Weiterschaltung und Ruhe stimmt vielfach in der Praxis nicht gut zu dem, was im einzelnen Anwendungsfall aus technologischen Gründen notwendig ist, wobei es besonders häufig vorkommt, daß bei großer Teilzahl dennoch eine kurze Schaltzeit und lange Ruhe verlangt werden.

Fast immer verzichtet man dann auf den tangentialen Eintritt des Triebstockes in die gerade Kurvennut des weißen Gliedes. Die Mittellinie dieser Nut und die Verbindungslinie Triebstockmitte — Antriebsscheibenmitte schließen beim Eintritt des Triebstockes in die Kurvennut und beim Austritt also einen anderen Winkel ein als einen rechten (90°). Obwohl manche Getriebesammlungen auch Modelle solcher Art enthalten, ist dennoch von dieser Veränderung dringend abzuraten, denn bei solchen Getrieben beginnen und enden die Schaltbewegungen nicht mehr mit einem Ruck, sondern mit einem wirklichen Stoß (vgl. Abb. 101 bis 103), und zwar bei den meist zu bewegenden schweren Drehtischen mit Auswirkungen von solchem Ausmaß, daß daran die ganze Maschine krankt, auch bei verhältnismäßig geringer Drehzahl.

Wendet man für die Vereinigung von Kurventrieb und Sperrtrieb *Trommelkurven* und *Sperrtrommeln* (Abb. 191) an statt der bisherigen Kurvenscheiben und Scheibensperrungen, so erhält man *Maltesertrommelgetriebe* (Abb. 391 und 392), bei denen eine feste Bindung zwischen Schaltteilung und Schaltzeit nicht mehr besteht.

Die Maltesertrommel der Abb. 391 ist entsprechend den Malteserkreuzen ausgebildet. Die zehnteilige weiße Maltesertrommel enthält zehn Kurven und zehn Sperrnuten, das schwarze Antriebsglied einen Triebstock zum Eingriff in die Trommelkurven und einen Sperrbügel zum Eingriff in die Sperrnuten. Es ist sofort zu übersehen, daß die Größe des Drehwinkels der weißen Maltesertrommel, oder mit anderen Worten ausgedrückt, deren Teilung mit dem Durchmesser und der Höhe der Maltesertrommel völlig beherrscht werden können, unabhängig von der Gestaltung des schwarzen Antriebsgliedes.

Andererseits ergibt sich das Verhältnis zwischen Schaltzeit und Ruhe ganz allein aus der Größe des schwarzen Antriebsgliedes, also der Entfernung der schwarzen Antriebswelle von der Maltesertrommel.

Praktisch wird die Maltesertrommel der Abb. 391 jedoch wegen der vielen notwendigen Kurvennuten zu umständlich sein. Zweckmäßig vertauscht man nämlich Triebstock und Kurvennuten zwischen den beiden beteiligten Gliedern, wie in Abb. 392. Die Maltesertrommel erhält der Teilung entsprechend viele Triebstöcke, das schwarze Antriebsglied trägt dagegen die Kurve, aber nur einmal, wobei, wie bei allen Maltesertrommeln, stoß- und ruckfreie Kurven anwendbar sind.

Die Sperrung erfolgt in Abb. 392 dadurch, daß das Antriebsglied außerhalb des Bereichs der Kurve eine Breite hat, die genau dem lichten Zwischenraum zwischen zwei Triebstöcken entspricht, und daß es diesen Zwischenraum während der Sperrzeit ausfüllt.

Maltesertrommeln nach Abb. 392 sind praktisch im Gebrauch, besonders wenn große Massen geschaltet werden sollen.

b) Koppelkurven-Maltesertriebe.
(Vereinigung von Koppelkurventrieb, Kurventrieb und Sperrtrieb.)

Auch bei Maltesergetrieben bietet die Einführung der Koppelkurven neue und wertvolle Baumöglichkeiten.

So wertvolle Freiheiten in der Gestaltung auch durch den Übergang von den Malteserkreuzen und von den Malteserhohlrädern zu den Maltesertrommeln gewonnen werden, die ungemein einfache geradlinige Kurvennut geht dabei verloren und wieder steht man vor der Herstellungsschwierigkeit einer wirklich einwandfreien stoß- und ruckfreien Kurve.

Denn die Einführung einer geradlinigen Kurvenflanke auch bei den Maltesertrommeln würde bei Schaltbeginn und bei Schaltende nicht nur, wie bei Malteserkreuzen und den Malteserhohlrädern zu Ruck, sondern zu ausgesprochenem Stoß führen und solche Getriebe für die praktische Anwendung zu minderwertig machen.

Will man die Herstellungsvorteile der geradlinigen Kurvennut behalten, aber dennoch stoßfrei oder wenn möglich gar ruckfrei arbeiten und außerdem in dem Zeitverhältnis von Schaltbewegung und Ruhe ohne konstruktive Bindung bleiben, so muß man darauf verzichten, den Maltesertriebstock wie bisher auf einer Kreisbahn zu führen. Man muß von einer Koppelkurve antreiben!

Soll die Bewegung des Malteserschaltstückes stoß- *und* ruckfrei erfolgen, so muß der Triebstock des antreibenden Gliedes auf einer Bahn bewegt werden, die beim Bewegungsbeginn und beim Bewegungsende Bahnkrümmungen besitzt, die mit der der Kurvennut des Malteserschaltstückes übereinstimmen. Wenn das Malteserschaltstück die leicht und genau herstellbare *geradlinige* Kurvennut erhalten soll, so muß die Bahn des antreibenden Maltesertriebstocks dann auch geradlinig verlaufen.

Man braucht dazu also Koppelkurven mit geradlinigen Bahnstücken.

Geeignete Koppelpunkte hierfür sind auf dem Umfang des Wendekreises (= kleinen Kardankreises) leicht zu finden[1].

Eine getrieblich besonders vorteilhafte Ausnutzung solcher Koppelkurven zeigen die Abb. 393 und 394 an einem nur zweiteiligen Malteserhohlrad.

Ein Koppelpunkt eines Geradschubkurbelgetriebes (Abb. 393) und eines entsprechenden Bogenschubkurbelgetriebes (Abb. 394) durchläuft ein geradliniges Stück Koppelkurve. In der Mitte dieses geradlinigen Koppelkurvenstückes ist die Gestellagerung eines *zwei*teiligen Malteserhohlrades angeordnet, dessen beide geradlinigen Kurvennuten sich genau gegenüberliegen (mit gemeinsamer Mittellinie), so daß das Hohlrad wie eine umlaufende Leiste mit einer geradlinigen Kurvennut erscheint, die nur durch die Gestellagerung unterbrochen ist.

Der arbeitende Koppelpunkt, mit einem schwarzen Gleitstein ausgestattet, der in den Kurvennuten des Hohlrades gleitet, bewegt das Malteserhohlrad erst, wenn seine Koppelkurve von dem geraden Koppelkurvenstück abbiegt, und nimmt im weiteren Verlauf das Malteserhohlrad zu einer Drehung um 180° mit. Danach biegt die Koppelkurve wieder in ihr gerades Stück ein. Während dieses durchlaufen wird, wechselt der schwarze Gleitstein von der bisherigen Kurvennut über die Malteserhohlradlagerung in die zweite geradlinige Kurvennut über zum nächsten Arbeitsspiel.

Da die Bewegung des arbeitenden Koppelpunkts mit Bezug auf das zweiteilige Malteserhohlrad nur genau geradlinig erfolgt, kann die Bewegungsübertragung mit Geradführung und Gleitstein, also sehr vorteilhaft mit flächig berührenden niederen Elementenpaaren durchgeführt werden.

Die gleiche Betrachtung könnte es zweckmäßig erscheinen lassen, die beiden Kurvennuten auch über die Hohlradmitte hinweg miteinander zu einer einzigen zu vereinigen. Dies ist tatsächlich auch möglich. Es ergibt sich dabei aber eine unsichere Lage, wenn der arbeitende Koppelpunkt zufällig einmal genau über der Malteserhohlradmitte zur Ruhe kommt. Dann läßt sich nämlich das Malteserhohlrad z. B. von Hand in jede beliebige Lage drehen, was natürlich durch eine Sperrung verhindert werden muß, da sonst Betriebsstörungen auftreten könnten.

Bei den Koppelkurven-Malteserhohlrädern der Abb. 393 und 394 trägt dazu der Lagerbolzen des Malteserhohlrades ein Stück Nut als *Sperrnut* für die Ruhelage des Hohlrades. Der mit dem arbeitenden Koppelpunkt verbundene Gleitstein ist so lang, daß er in der unsicheren Getriebestellung beiderseits des Lagerbolzens in die beiden Kurvennuten ein Stück einragt und dadurch das Malteserhohlrad sperrt. Dieser Gleitstein ist dann also *Sperrklinke* (um unendlich fernen Drehpunkt) und im weiteren Bewegungsverlauf *Kurventriebstock*.

---

[1] Vgl. Abb. 338, ferner Abschn. 32, 33, 35, 42, Bd. 1, sowie Prakt. Getriebetechnik, Heft 2 (VDI-Verlag).

Je nach Wahl der Getriebe und der Koppelpunkte erhält man Koppelkurven verschiedener Gestalt, mit denen man dann besonderen Wünschen für den Ablauf der Schaltbewegung des Malteserhohlrades entsprechen kann.

So erfolgt dieser Bewegungsablauf bei dem Getriebe der Abb. 393 symmetrisch, bei dem Getriebe der Abb. 394 dagegen ziemlich stark unsymmetrisch.

Von wesentlicher Bedeutung für die praktische Anwendung ist aber die Länge der Ruhe des Malteserhohlrades (Schaltstückes). Bei den Getrieben der Abb. 393 und 394 beträgt diese 50° Kurbeldrehung, man kann sie aber durch geeignete Wahl der Getriebeabmessungen auf etwa 90° steigern, wobei allerdings recht kurze Koppeln nötig wären bei teilweise sehr weit abliegenden arbeitenden Koppelpunkten, so daß also Getriebe gewählt werden müßten mit weniger günstigen Bewegungseigenschaften.

Bei der praktischen Verwendung solcher zweiteiliger Koppelkurven-Malteserhohlradgetriebe wird man daher zweckmäßig Ruhezeiten von höchstens 60° Kurbeldrehung vorsehen. Wenn dies nicht ausreicht, muß man zu mehr als zweiteiligen Koppelkurven-Maltesergetrieben übergehen.

Man kann dafür die gleichen Koppelkurven verwenden, wie bei den eben behandelten zweiteiligen Malteserhohlrädern, wenn man z. B. nur einen *stoß- und ruckfreien Beginn* der Schaltbewegung des Malteserhohlrades fordert, dagegen am *Ende* der Schaltbewegung einen *Ruck* zuläßt.

So besitzt z. B. das achtteilige Koppelkurven-Malteserhohlradgetriebe der Abb. 395 das gleiche Bogenschubkurbelgetriebe mit dem gleichen arbeitenden Koppelpunkt für den Antrieb, wie das zweiteilige Koppelkurven-Malteserhohlradgetriebe der Abb. 394.

Dabei kann man den Schaltwinkel (in Abb. 395: 45°) und damit die Teilung des Malteserhohlrades (in Abb. 395: achtteilig) in gewissen Grenzen wählen.

Damit die schwarze Kurvenrolle des arbeitenden Koppelpunktes am Ende der Schaltbewegung (in Abb. 395 bei Punkt E) *tangential* aus der Kurvennut *austreten* kann (Ruck), muß dort natürlich die Mittellinie der geradlinigen Kurvennut des Malteserrades mit der Berührenden (Tangente) an die Koppelkurve zusammenfallen. An der gleichen Stelle muß die geradlinige Kurvennut aufhören, damit sich die schwarze Kurvenrolle des arbeitenden Koppelpunktes frei und ohne Einfluß auf das Malteserhohlrad weiterbewegen kann.

Durch die damit bestimmte Länge der geradlinigen Kurvennut des Malteserhohlrades ist aber auch festgelegt, wann die schwarze Kurvenrolle des arbeitenden Koppelpunktes erneut in die nächste geradlinige Kurvennut eintritt. Dieser Zeitpunkt ist aber bei den verwendeten Koppelkurven mit einem geradlinigen Bahnstück *nicht* zugleich auch der Augenblick des Beginns der Schaltbewegung, vielmehr läuft die schwarze Kurvenrolle erst noch ohne weitere Auswirkungen auf ihrer geradlinigen Bahn weiter in die geradlinige Kurvennut hinein bis zu dem Punkt A, wo die Koppelkurve abbiegt und daher die Schaltbewegung beginnt.

Hier fallen also Beginn der Kurvennut und Beginn der Schaltbewegung nicht zusammen, wie beim „tangentialen Eintritt oder Austritt" des Maltesertriebstocks. Die Kurvennut kann vielmehr bereits vorher im Bereich des geradlinigen Stückes der Koppelkurve an jeder beliebigen Stelle beginnen, und in diesem Bereich ist auch der Punkt E für den tangentialen Austritt wählbar und damit Teilung und Schaltwinkel des Malteserhohlrades zu ändern.

Den Punkten A und E der Koppelkurven entsprechen die Punkte A und E des Kurbelkreises des Bogenschubkurbelgetriebes, die im Beispiel der Abb. 395 einen Stillstandsbogen von etwa 150° Kurbeldrehung einschließen.

Die Sperrung erfolgt hierbei zweckmäßig wie bei den Malteserkreuzen durch Eintauchen eines Sperrbügels auf die Kurbelwelle in Sperrmulden des Malteserhohlrades. Die Länge des Sperrbügels ergibt sich, wie bei den Malteserkreuzen (Abb. 387 und 388), aus der Überlegung, daß bei Beginn der Schaltbewegung, also wenn die Kurbel in der Stellung A ist, die Sperrung gerade aufhören muß. Die *rückwärtige Kante* des Sperrbügels muß dann über der (strichpunktierten) Verbindungslinie Kurbelwellenmitte — Malteserhohlradmitte liegen. Entsprechend muß am Ende der Schaltbewegung, also wenn die Kurbel in die Stellung E gelangt ist, die Sperrung wieder beginnen, also die *Vorderkante* des Sperrbügels über der Verbindungslinie Kurbelwellenmitte — Malteserhohlradmitte angekommen sein.

Es lassen sich aber auch Koppelkurven mit *zwei geradlinigen Stücken* finden, die sich für Malteserschaltungen verwenden lassen, wenn die beiden Geradführungen miteinander einen Winkel einschließen, der in 360°, allenfalls einem Mehrfachen von 360°, aufgeht[1]. Es entstehen dann Koppelkurven-Maltesertriebe, bei denen nicht nur der Beginn, sondern auch das Ende der Schaltbewegung stoß- und ruckfrei erfolgt, allerdings liegt dann die Länge der Stillstandszeit durch die Bewegung des arbeitenden Koppelpunktes auf seiner Koppelkurve fest.

Abb. 397 zeigt ein solches Getriebe mit einem Schaltwinkel von genau 90° Malteserhohlraddrehung und einer Stillstandszeit von etwa 185° Kurbeldrehung. Der Getriebeaufbau ist sonst der gleiche wie in Abb. 395.

Praktisch kann man solchen Getrieben natürlich wesentlich höhere Drehzahlen zumuten, als nicht ruckfreien Maltesertrieben.

Werden von einem Koppelkurven-Maltesertrieb ganz besonders weitgehende Eigenschaften gefordert, so muß man unter Umständen auf stoß- und ruckfreien Beginn bzw. stoß- und ruckfreien Beginn *und* Schluß der Schaltbewegung verzichten und sich mit tangentialem Ein- und Austritt des Maltesertriebstockes und den dabei eintretenden Ruck zufrieden geben.

Allerdings ist es auch dann (wie auch in Abb. 397) meist möglich, den Ruck zahlenmäßig recht gering zu halten, wenn man für den Ein- und Austritt des Maltesertriebstockes flach gekrümmte Koppelkurvenstücke auswählt.

Bei dem neunteiligen Koppelkurven-Malteserkreuz der Abb. 397 war die ungewöhnlich kurze Schaltzeit von etwa 60° verlangt (erreicht 55°). Das ist mit jedem beliebigen Bogenschubkurbelgetriebe bei Malteser*kreuzen* verhältnismäßig leicht möglich, es ergeben sich dabei nur sehr weit ausladende Koppelkurven und damit recht große Getriebe. Man kann das, wie in Abb. 397 vermeiden, wenn man Koppelpunkte auf oder in der Nähe der Gangpolbahn wählt[2], die Spitzen oder Schlingen enthalten, welche sehr langsam durchlaufen werden, und daher ohne großen Platzbedarf erhebliche Teile der Stillstandszeit „vernichten".

Da bei dem Koppelkurven-Malteserkreuz der Abb. 397 Kurbeldrehung und Malteserkreuzdrehung gleichsinnig sind, muß eine besondere Sperrscheibe angeordnet werden und von der Kurbelwelle aus 1 : 1 aber gegensinnig angetrieben werden.

Wählt man in dem Fall jedoch nicht die verwendeten Dreieckskurven, wie eben, sondern gleichsinnig mit der Kurbeldrehung beschriebene Kurven, z. B. von Tropfenform, so kann auch bei diesen Malteserkreuzen die unmittelbare Sperrscheibenanordnung verwendet werden, wie bei den Malteserhohlrädern der Abb. 395 und 396.

Interessant ist die gegenseitige Wertung der Koppelkurven-Maltesergetriebe und der gewöhnlichen Maltesergetriebe bezüglich ihrer Schaltzeiten. Ein vierteiliges Koppelkurven-Malteserkreuz hat 60° Kurbeldrehung (ein Sechstel Arbeitsspiel) als Schaltzeit gegenüber 90° Drehung der Antriebsscheibe (ein Viertel Arbeitsspiel) beim normalen vierteiligen Malteserkreuz ohne Koppelkurven-

---

[1] Vgl. Abschn. 42, Bd. 1.
[2] Vgl. Abschn. 17, 18 und 19, Bd. 1, dazu Abb. 189.

antrieb. Beim sechsteiligen Malteserkreuz ist das Verhältnis beider Schaltzeiten 40° zu 120°, also ein Neuntel zu ein Drittel Arbeitsspiel. Diese Schaltzeiten, die noch dazu oder Ruck oder Stoß erreicht werden, zeigen schon die großen Anwendungsmöglichkeiten der Koppelkurven-Maltesergetriebe.

Bei der Untersuchung des mit Koppelkurven angetriebenen Malteserkreuzes (Abb. 398) und des Malteserhohlrades (Abb. 396) ergibt sich, daß, wie die Weg-, Geschwindigkeits- und Beschleunigungspläne der Abb. 399 a und 399 b zeigen, daß die Geschwindigkeiten des Malteserhohlrades (Abb. 396) nur ein Viertel so groß sind, wie die des Malteserkreuzes (Abb. 398). Natürlich ist der Unterschied bei den Beschleunigungen noch größer. Man könnte also, wie aus Abb. 400 der auf ein Viertel der Bewegungszeit zusammengedrängten Bewegungsverhältnisse der Abb. 399 b zu ersehen ist, das *Malteserhohlrad* viermal so schnell laufen lassen, mit Bewegungsverhältnissen während der Schaltzeit, die fast genau denen des *Malteserkreuzes* nach Abb. 398 entsprechen[1].

42. Ausrückbare Zahntriebe.
(Verbindung von Zahntrieb und Kupplung.)

Die bedeutendsten Anwendungsfälle der Kupplungen sind das Ein- und Ausrücken von Zahntrieben, und zwar meist im Zusammenhang mit Aufgaben der Drehrichtungsumkehrung und der stufenweisen Geschwindigkeitsschaltung, seltener, um damit eine Maschine überhaupt in Bewegung zu setzen (Riementrieb mit Fest- und Losscheibe).

Die Aufgabe ist ohne weiteres lösbar, wenn man ein Zahnrad mit der einen Hälfte einer Kupplung fest zu einem Glied verbindet, die andere Kupplungshälfte aber antreibt, so daß die Weiterleitung der Antriebsbewegung nur nach Schließen der Kupplung möglich ist, etwa durch eine Anordnung wie in Abb. 322.

Von dem jeweiligen Anwendungsfall hängt es dabei ab, ob formschlüssige Kupplungen verwendet werden, wie in Abb. 284 und 287, form-kraftschlüssige, wie in Abb. 285 und 288 bzw. 322 oder reibschlüssige, wie in Abb. 286 und 289 bzw. 290.

Rein formschlüssige Kupplungen und auch die form-kraftschlüssigen Kupplungen sichern bestimmte Stellungen des gekuppelten Zahnrades zur antreibenden Welle (Kupplungsteilung), die rein formschlüssigen Kupplungen sind aber nur bei stillgesetzter Maschine einzurücken, die formkraftschlüssigen Kupplungen zwar auch bei laufender Maschine, aber bei bereits möglichst angeglichenen Drehzahlen der Kupplungshälften (im Kraftwagen z. B. durch Verändern der Drehzahl der antreibenden Welle) und bei ausgeschaltetem Kraftfluß.

Allein die rein kraftschlüssige Reibungskupplung kann infolge des Schlupfes genügend „weich" bei *beliebigem Bewegungszustand* der beiden Kupplungshälften eingerückt werden, sichert aber keinerlei bestimmte Stellung des Zahnrades gegenüber der Antriebswelle, kann also nicht zum Kuppeln von Getriebegruppen in einer Maschine verwendet werden, deren Arbeitsspiele in einem bestimmten Zeitverhältnis zueinander ablaufen müssen.

In allen diesen Fällen bleibt der angeschlossene Zahntrieb auch bei ausgerückter Kupplung voll in Eingriff.

Da der Zahntrieb selbst jedoch der Allgemeinfall der Kupplung ist (vgl. Abschn. 38) mit den Zähnen als Kupplungselementen, so kann auch der Zahntrieb unmittelbar, wie eine Kupplung, ausgerückt werden.

---

[1] Vgl. BRUNS und FÜLLENBACH: Koppelkurvengesteuerte Maltesergetriebe, Industrie Rundschau 1948/4 sowie K. RAUH: Aufbaulehre der Verarbeitungsmaschinen, 1951, Verlag Girardet, Essen, Abschn. 13: Malteserschaltwerke.

Müssen dabei die beteiligten Zahnradwellen fest gelagert bleiben, wie in Abb. 401, so muß eins der Zahnräder zum Lösen des Zahneingriffes auf seiner Welle verschieblich sein.

Normale Zahnräder (formschlüssig) würden aber nur stillgesetzt wieder zu kuppeln sein. Um dabei ein genügend leichtes und sicheres Finden der beiderseitigen Verzahnungen zu erreichen oder gar Kuppeln in der Bewegung zu ermöglichen, spitzt man die Zähne beider Zahnräder an der Seite zu, wo sie sich zum Kuppeln treffen. Man bildet hier also eine formkraftschlüssige Hilfsverzahnung aus, ähnlich der in Abb. 322.

Können die beteiligten Zahnradwellen gegeneinander bewegt werden, so kann man den Zahneingriff lösen oder wiederherstellen durch Ausschwenken, wie in Abb. 402 oder Kippen einer Welle, wie in Abb. 403 und 404. In allen diesen Fällen müssen aber zur Aufrechterhaltung des Zahneingriffs äußere Kupplungsschlußkräfte vorgesehen werden im Gegensatz zu Anordnungen entsprechend Abb. 401.

Bei radialer Schaltbewegung, wie in Abb. 402 erleichtern ja die von Natur aus nach oben verjüngten Zähne das „Finden" der Verzahnungen, dennoch ist es zweckmäßig, die Zahnflanken bis zum Schnitt am Scheitel weiterzuführen, um auch ein gelegentliches „Hängenbleiben" zu vermeiden. Im übrigen sind derartige Kupplungen mit schwingender Welle meist nur bei Zwischenwellen üblich im Gegensatz zu den praktisch viel häufigeren und beliebteren Kupplungen mit axialer Radverschiebung.

Für Kupplungen mit Kippwelle, meist bei Umkehr der Drehrichtung anwendbar und oft sehr gefällig im Aufbau, zeigt Abb. 403 ein Beispiel für gekreuzte Wellen mit Schneckentrieben (Abschn. 9), die sich besonders leicht „finden", und Abb. 404 ein Beispiel für sich schneidende Wellen und dabei zweckmäßiger Reibradübertragung (Gummi, für *geringe* Kräfte, aber *geräuschlos*). Der Antrieb auf die kippende Welle von Gestell aus muß wieder über den Drehpunkt der Kippeinrichtung erfolgen (vgl. Antrieb des Schaltgliedgreifers bei Metallkurvenschaltwerken, Abschn. 29, ferner Anordnung des Schaltgreifergestänges bei Schaltwerken mit Hubverstellung, Abschn. 31). Beim Schneckenantrieb der Abb. 403 fallen dabei die Achsen der Antriebsschnecke und des Gestellagers der Kippeinrichtung zusammen, bei dem Reibradantrieb der Abb. 404 geht die Drehachse der Kippvorrichtung genau durch den Berührungspunkt des gestellgelagerten Antriebsrades und des mittleren Rades auf der Kippwelle.

Getriebe entsprechend Abb. 403 finden Anwendung zur Umsteuerung der Schlitten von Werkzeugmaschinen, Anordnungen nach Abb. 404 zum Auswechseln von Buntglasscheiben bei Bühnenscheinwerfern.

Die Anordnungen zur Einleitung der Ein- und Ausrückbewegungen von axial verschieblichen Zahnrädern in Abb. 405 bis 407 lassen ohne weiteres die Überlegenheit der Drehhebelschaltung (meist als Doppelhebelschaltung wie in Abb. 405) erkennen, die sich ja auch im anspruchsvollen Kraftwagen durchgesetzt hat, gegenüber den leicht kippenden und daher klemmenden Schubhebelschaltungen der Abb. 406 und 407.

43. Ketten- und Riementriebe (Seiltriebe).

Wählt man für die Hohlräder der Rädertriebe der Abb. 340 bis 342 nicht mehr kreisrunde, sondern beliebige Formen, die natürlich anschmiegsam sein müssen, so entsteht aus dem Zahntrieb der Abb. 340 der *Zahnkettentrieb* der Abb. 408 aus dem Triebstockzahntrieb der Abb. 341 der *Triebstockkettentrieb* (GALLsche Kette) der Abb. 409 und aus dem Reibradtrieb der Abb. 342 entstehen die *Riementriebe* (Seiltriebe) der Abb. 410 und 411.

Dabei muß allerdings das kleine Zahnrad (Kettenrad, Kettennuß, Riemenscheibe, Seilscheibe) mindestens doppelt angeordnet werden (Gegendopplung), teils, um als Führungsmittel die *Bahn* der Ketten, Riemen oder Seile überhaupt zu erzwingen, teils, um durch Ausschalten von Druckbeanspruchungen mit der einseitigen Beanspruchungsfähigkeit auf *Zug* bei Ketten, Riemen und Seilen auszukommen, in den meisten Fällen aber, um damit zugleich auch *Drehbewegung weiterzuleiten.*

Bei genügend langen Ketten, Riemen oder Seilen kann die eben beschriebene „formschlüssige" Gegendopplung ersetzt werden durch die „kraftschlüssige" der Schwerkraft, wie z. B. bei der Handkette eines Flaschenzuges. Diese „kraftschlüssige" Gegendopplung beschränkt sich natürlich auf die Senkrechte und läßt zudem noch gewisse Abweichungen in der Führung zu, die allerdings gelegentlich gerade erwünscht sind, wie z. B. bei der eben erwähnten Handkette und ähnlichen Zugorgansteuerungen mit einer gewissen Bewegungsfreiheit des Bedienungsmannes. Dabei braucht die Kette oder das Seil nicht in sich geschlossen zu sein.

Die „Kette" kann natürlich auch aus nur druckfesten Stoffen (Flüssigkeiten, Gase) bestehen, wie etwa beim Zahnradpumpentrieb (Abb. 412). Die Gegendopplung beschränkt sich hier auf eine allseitig formschlüssige Führung der Flüssigkeit in der Saugleitung und der Steigleitung.

Die Anwendung der Ketten- und besonders der Riemen- und Seiltriebe zur *Weiterleitung der Antriebsdrehbewegung* ist zwar die bei weitem häufigste, aber nicht die einzige Ausnutzungsmöglichkeit.

So finden in der *Fördertechnik* sicher in gleich bedeutender Weise vor allem Riementriebe und Kettentriebe Anwendung, im Sonderfall der Seilbahn auch Seiltriebe, teils zum Tragen des Fördergutes, und dann entsprechend ausgebildet als *Förderbänder*, als Plattenförderer und Förderketten, besonders innerhalb selbsttätig arbeitender Maschinen (vgl. Teigteilmaschine Abb. 418), ferner für Förderung nach oben als Becherwerke mit Schöpfbechern (Abb. 413), für faseriges Gut mit Zinken als Höhenförderer und Heulader in der Landwirtschaft, als Kastenspeiser mit Steiglattentüchern in der Textiltechnik (Abb. 414) usw. und schließlich unter Ausnutzung der Oberflächenhaftung (Adhäsion) ähnlich wie beim Ölring der Ringschmierlager, z. B. bei den Kettenpumpen (Abb. 415).

In allen diesen Fällen sind die Riemen und Ketten als ständige unveränderliche Getriebeglieder in sich geschlossen, laufen also sozusagen endlos, im Gegensatz zu den Fällen, in denen das Fördergut selbst das Band darstellt, wie z. B. bei den Zellrädern von Drillmaschinen oder bei den Speisewalzen von Getreidereinigungsmaschinen, Müllereimaschinen usw. (Abb. 416); bei denen die Körnerkette oder der Körnerschleier als eine, allerdings aus *nicht* zusammenhängenden Gliedern bestehende Kette aufzufassen ist, ebenso wie das durch eine Schleuse geförderte Gut (Abb. 417). In der Teigteilmaschine (Abb. 418) wird der Teig erst ausgewalzt in ein Band, dann in Einzelstücke aufgeteilt, ähnlich wie bei der Speisewalze, und schließlich erfolgt Weiterförderung auf einer Förderkette. All diese Werkstoff„bänder" kehren nicht in sich zurück, sondern durchlaufen nur einen Teil ihrer Verarbeitung in Bandform.

Selbstverständlich gibt es hierbei auch Ausnahmen, wie z. B. die Stoffbahnen in Färbmaschinen, die als Werkstückband vorübergehend in sich zusammengenäht werden und so die Farbflüssigkeit viele Male durchlaufen, und andererseits der Maschinengewehrgurt, der als Band das Fördergut, nämlich die Patronen, trägt, aber nicht in sich geschlossen ist, weil er nur in gewissen Größtlängen mitgenommen werden kann und andererseits beim Schießen nicht Zeit für den Patronenersatz (das Gurten) vorhanden ist.

Kettentriebe und Riementriebe sind auch als *gestaltgebende Getriebe* von großer

Bedeutung, wobei sowohl die Kette oder der Riemen wie auch die Kettenräder oder die Riemenrollen die Werkzeuge sein können.

Die Ausnutzung ist auf verschiedene Weise möglich. So kann man entweder Ketten und Riemen oder Kettenräder und Riemenrollen schneidfähig oder sonst als Werkzeug ausbilden, und lediglich die Bewegung als *Arbeitsbewegung der Werkzeuge* ausnutzen.

Bei Werkzeugketten oder Werkzeugbändern liegt dann das Werkstück ruhig, ist also getrieblich als ein Teil des Gestellgliedes aufzufassen, wie z. B. bei der mit scharfen Kettengliedern ausgestatteten Kettensäge (Abb. 419), der Bandsäge oder bei den Schleifbändern besonders der Holzindustrie und den Kratzerbändern der Textilindustrie, bei denen die „Späne“ der Abfall sind, oder bei dem „zupfenden“ Steiglattentuch der Abb. 414, bei dem es auf das Auflösen des Baumwollballens in möglichst viele gleichmäßige Flocken ankommt, oder dem Bagger, bei dem auch der abgefräste Nutzboden das erwünschte Erzeugnis ist, wenn nicht gerade eine Fahrrinne, eine Grube usw. ausgehoben werden soll, wobei dann natürlich das ausgehobene Gut abfällt.

Sind dagegen die Kettenräder oder die Riemenrollen als Werkzeuge ausgebildet, so bildet das *Werkstück* als *vorbeifließendes Werkstoffband* vielfach die Kette oder den Riemen des Kettentriebes oder Riementriebes und dabei wird meist der „Schlupf“ zur Formgebung ausgenutzt, wenn nicht abgeschnitten wird, wie bei dem Teilrad der Teigteilmaschine (Abb. 418) oder gedruckt wie von der Druckwalze der Rotationsdruckmaschine.

In der Dreschmaschine der Abb. 420 bildet Getreide das Band, die Dreschtrommel mit ihren „Stiften“ das arbeitsfähige Werkzeug und der Korb (Punktraster) einen besonders einstellbaren Widerstand zum Erhöhen des Schlupfes, um die Getreidekörner restlos auszudreschen. Die gleiche Anordnung dient als „Schlagmaschine“ (Abb. 421), nur mit weit umfassendem Korb zum Reinigen der Baumwolle von körnigen Beimengungen. Während man bei der Dreschmaschine die Getreidekörner gewinnen will, wünscht man von der Schlagmaschine die saubere Faser. Solche Werkstoffbänder sind meist nicht in sich geschlossen, allerdings auch mit Ausnahmen. Die Holländer (Abb. 423 und 424) z. B. verfeinern in der gleichen Weise mit Holländertrommel und Grundwerk (= Korb) Zellstoffbrei, Papierbrei usw. Dieser Brei wird dabei als „geschlossenes Band“ umgeleitet, da er viele Male die Trommel durchlaufen muß, bis die genügende Aufschließung oder Farbverteilung usw. erreicht ist.

Die Holländertrommeln der Abb. 423 und 424 sind mit Leisten ausgerüstet, ebenso wie die zugehörigen Grundwerke (Körbe). Auch diese Bauweise mit „Schlagleisten“ ist bei Dreschmaschinen und Schlagmaschinen üblich, wenn schonende Behandlung des Strohes (Glattstroh) oder der Baumwollfaser (bei langem Stapel) erreicht werden soll, im Gegensatz zu den allerdings stärker wirkenden Stiftentrommeln, die das Stroh zerknicken (Krummstroh) und die Fasern kürzen (nur bei billiger Baumwolle mit kürzerem Stapel zulässig). Maschinen mit besonders starker Reißwirkung (Wölfe) haben noch besonders klauenartig angeschärfte Stifte.

Die Schlagleisten tragen schräg zur Drehrichtung liegende Kerben, die von Leiste zu Leiste abwechselnd nach rechts oder links zeigen und daher ein Ausreiben der Körner bewirken (Abb. 422).

Eine andere Möglichkeit der *Ausnutzung eines Kettentriebes als Werkzeug beruht auf den Vorgängen in einer Kette beim Übergang von der geradlinigen Kettenbewegung in die Umleitung durch die Kettennuß.* Bis zur Berührung zwischen Kette und Kettennuß liegen, wie Abb. 425 deutlich zeigt, die einzelnen, dort sehr hohen Kettenglieder geschlossen nebeneinander, während der Umleitung durch die Kettennuß sind sie gespreizt.

Dies läßt sich ausnutzen, wenn aus einem Werkstückband nach Zerteilung in einzelne Werkstücke diese erfaßt werden sollen, was in der Spreizlage sehr einfach ist.

Abb. 415 zeigte eine Kettenpumpe mit einem Riemen, auf dem ein schlangenartig gewundenes Metallband befestigt ist mit seitlich offenen Zellen. Im Brunnen füllen sich diese Zellen mit Wasser, das infolge der Oberflächenhaftung (Adhäsion) und des inneren Haltes (Kohäsion) auch beim Austauchen des Bandes in den Zellen bleibt. Beim Umführen des Bandes um das obenliegende Rad spreizt sich das gewundene Metallband, wobei sich jede zweite Zelle plötzlich so stark erweitert, daß das darin enthaltene Wasser den Halt verliert und ausfließt. Das in den anderen Zellen hängende Wasser wird durch außen in dem Metallband angebrachte Öffnungen infolge der Fliehkraft abgeschleudert.

Die Spreizung ist natürlich verbunden mit einer *plötzlichen Geschwindigkeitserhöhung* der weiter außen liegenden Teile der Kettenglieder, was das Abschleudern des Fördergutes durch die Fliehkraft noch unterstützt.

Die gleiche Kettenspreizung wird bei der Umleitung des Steiglattentuches (Abb. 426) ausgenutzt zum Ausziehen der Flocken, die danach durch eine Abzupfwalze (Abb. 427) vom Steiglattentuch abgenommen werden zum Zusammenwalzen zu einem Vlies, einem schon vergleichmäßigten Band, das dann der Schlagmaschine (Abb. 421) zugeführt werden kann.

Diese umständliche Vorbereitung eines Werkstoffbandes für das „Dreschen" der Schlagmaschine ist eine sehr wesentliche Sicherstellung der Eigenart der Schlagmaschine als „Kettentrieb" bzw. „Riementrieb" mit besonders guter Leistung der Schlagmaschine.

In gleicher Richtung liegen die Verbesserungen des Getreidedreschers. Das Garbendreschen gibt ungleichmäßige Belastung, daher geringe Leistung in Menge und Güte. Daher werden die Garben nach Möglichkeit, Zeit und Geschick beim Einlegen etwas auseinandergezogen.

Bei bandförmigem Einlegen, wie im Mähdrescher, steigt die Dreschleistung ganz erheblich, so daß vergleichsweise viel kleinere Dreschtrommeln erforderlich sind.

Wird dabei, wie die Gegenüberstellung der Abb. 428 und 429 zeigt, ein schnelles, aber dünnes Getreideband gedroschen, so ist das außerdem noch vorteilhafter als ein langsames, aber dickes Band.

Endlich kann man beim Kettentrieb die *Bahn* eines Kettengliedes ausnutzen, z. B. als *„verzerrten Kurbelkreis"* eines Schubkurbelgetriebes (Abb. 430) oder als vom Kreis abweichende Bahn eines Maltesertriebstockes (Abb. 431).

Ebenso wie ein Hohlzahnradtrieb mit gleichgroßen Rädern zur allseitig umfassenden Kupplung wird, muß dies unter den gleichen Bedingungen auch für den Kettentrieb als abgeleiteten Hohlzahnradtrieb zutreffen, was die Kupplungen der Abb. 432 und 433 auch bestätigen. Die Verwendung der Kette als Kupplungsglied vereinfacht den Zusammenbau.

44. Rad und Kette im Fahrzeug.

Beim Rollen eines Rades mit hartem Reifen auf ganz fester Fahrbahn besteht reine Linienberührung zwischen beiden. Über die Berührungslinie muß also unter sehr hohem „spezifischen Flächendruck" die gesamte, vom Rad getragene Last auf dem Boden abgestützt werden.

Diese Last bildet im Boden einen Druckkegel (Abb. 434), der so tief in den Boden hinein „strahlt", bis mit wachsender Kegelgrundfläche der Druck auf die Flächeneinheit (spezifischer Flächendruck) stark genug gesunken ist, um von der inneren Bodenreibung aufgenommen zu werden.

Es ist ohne weiteres ersichtlich, daß an der Druckkegelspitze mit ihrer sehr hohen Flächenpressung auch die höchste Bodenbeanspruchung liegt, daß also die Fahrbahndecke in diesem Fall besonders druckfest und hart sein muß.

Trifft das nicht zu, so beginnt sie dem Raddruck zu weichen, das Rad sinkt ein, jedoch nur so weit, bis (Abb. 435) mit der dann wachsenden Flächenberührung so viel von der Druckkegelspitze verlorengegangen ist, daß die Fahrbahndecke die Flächenbelastung gerade noch aushält. Da ein einsinkendes Rad die Straßendecke immer auf das Höchste beansprucht, fördert jedes Befahren die fortschreitende Zerstörung der Straße. Diese Zerstörungsarbeit eines einsinkenden Rades muß natürlich von der Zugkraft aufgebracht werden. Bei ebener Fahrbahn und gleicher Zugkraft können daher, je nach Art der Fahrbahnoberfläche, sehr verschieden große Lasten gefördert werden.

Einfluß der Fahrbahn auf die Zugleistung.

Fahrbahn	Mit 100 kg Zug bewegte Last kg
Steinpflaster, vorzüglich	6500
gut	5000
gering	3000
Chaussierte Straße, gut	4300
mit Staub bedeckt	3500
mit Schlamm bedeckt ...	2800
sehr schlecht	2000
Erdwege, sehr gut	2200
gut	1200
schlecht	600
Loser Sand, von	600
bis	300

Wirklich günstige Zugverhältnisse für das rollende *Rad* mit hartem Reifen ergeben sich also nur bei harter Bahn, was in der vollkommensten Weise bei der Eisenbahn verwirklicht ist. Das mehr oder weniger starke Versagen eines Rades auf anderen Fahrbahnen liegt aber keineswegs daran, daß Fahrbahnen geringerer Oberflächenfestigkeit sich grundsätzlich nicht für verlustfreieres Befahren eignen würden, sondern daran, daß ein für die betreffende Fahrbahn geeigneter *abgestumpfter Druckkegel* erst beim Fahren durch Einsinken des Rades je nach Raddurchmesser und Radbelastung entstehen muß, also die Zerfurchung der Fahrbahn erst die Voraussetzung ist für die Entstehung einer gerade noch möglichen Bodenbeanspruchung.

Stattet man also folgerichtig das Rad so aus, daß es von sich aus, also z. B. auch auf ganz harter Fahrbahn, einen *abgestumpften Druckkegel* erzeugt, so kann man auch lockere Böden ohne das verlustreiche Zerfurchen befahren, sofern für diese die Abstumpfung des Druckkegels ausreicht.

Dies kann man erreichen durch *Radschuhe* (Abb. 330) (mehrfaches Anordnen des „vierten Gliedes"), von deren Sohlfläche (Abb. 436) der notwendige *Druckkegelstumpf* in den Boden strahlt. In der Bewegung stellt sich ein solches Rad nacheinander auf die Sohlflächen seiner einzelnen Schuhe, „stelzt" also mit ziemlich geräuschvollem Klackern, als wenn es nicht rund wäre, sondern eckig mit so vielen Ecken, als es Schuhe trägt. Um dennoch der ruhigen Bewegung eines kreisrunden Rades möglichst nahe zu kommen, verwendet man zweckmäßig große Räder mit vielen Schuhen.

In jeder Beziehung günstigere Verhältnisse bringt der Übergang vom Rädertrieb zum *Kettentrieb* mit der seit dem ersten Weltkrieg für Tanks, Raupenschlepper, Landbagger usw. üblichen *Gleiskette* (Abb. 437). Diese liegt mit sehr großer Fläche auf der Fahrbahn, erzeugt also auch bei bedeutenden Lasten so geringe Bodenpressungen, daß meist auch wenig widerstandsfähige Böden nicht überbeansprucht werden. In der Bewegung rollen die im Fahrzeug gelagerten Räder dieser Kettentriebe über die auf dem Boden liegende Kette wie auf einem „Gleis". Das betreffende Fahrzeug bewegt sich also ruhig, ja es können sogar kleine Gruben, Gräben usw. überbrückt werden. Besondere Schwierigkeiten bereiten hier allerdings die dauernd im Boden arbeitenden Kettengelenke, die sich schnell abnutzen, übrigens geölt schneller als trocken. Sand und Öl bilden dann nämlich einen recht kräftig wirkenden Schmirgel.

Eine Entwicklungsrichtung vermeidet daher überhaupt diese gefährdeten Druckkörperpaare und ersetzt sie durch entsprechend elastisch verwindbare Gummieinlagen (Abb. 439). Es ist dies ein bemerkenswertes Gegenstück zu dem Ersatz eines Drehkörperpaares durch ein Blattfedergelenk (Abb. 293 und 294). Der nächste Schritt ist die vollständige Gummikette der Abb. 411 mit klotzähnlichen Kettengliedern und diese statt der Gelenke verbunden durch bandähnliche Gummibrücken. Das Ende dieser Entwicklungsreihe ist die vollständige Gummiraupe der Kraftwagen für Wüsten- und Schneefahrt, ein besonderes, aber gleichmäßig profiliertes Gummiband!

Gegenüber dem Rad hat also die Kette sehr bedeutende Vorteile hinsichtlich der „Geländegängigkeit" gebracht, es ist aber nicht zu verkennen, daß diese mit recht umfangreichen baulichen Mitteln erkauft werden, die besondere Wartung erfordern und auch die Lenkung der Fahrzeuge erschweren.

Oft sind nun letzte Leistungssteigerungen möglich, wenn es gelingt, zwei solche auseinanderstrebende Entwicklungsrichtungen zusammenzuführen, sei es auch unter Aufgabe einiger ausgeprägter Besonderheiten.

Das ist auch hier bei Rad und Gleiskette möglich, und zwar in dem *Rad mit Niederdruck-Ballonbereifung* (Abb. 438). Baulich ist dies ein Rad, getrieblich wirkt jedoch die Laufbahn des Ballonreifens mit seiner großen Auflagefläche wie ein Bandtrieb, allerdings mit einer gegenüber den Gleisketten recht kurzen Auflagelänge des Bandes, was sich praktisch jedoch durch Mehrachsenanordnung, z. B. bei geländegängigen Fahrzeugen und Schwerlastwagen ausgleichen läßt. Die Ballongummibereifung überwindet aber mit Hilfe der Gummielastizität die Schwierigkeiten der „Bandführung" viel leichter und ansprechender und ist ganz wesentlich unempfindlicher als die Gleiskette, wenn man auch nicht verkennen darf, daß das Gefüge solcher Ballonreifen recht bedeutenden Beanspruchungen ausgesetzt ist. Hier bietet aber die Industrie den gleichen Vorteil wie z. B. bei den Kugellagern, nämlich ausgezeichnete Güte in Konstruktion und Herstellung durch eine leistungsfähige Sonderindustrie.

In der Anwendung zeigen sich die Vorteile solcher Bereifungen am stärksten bei Fahrten über wenig tragfähigen Böden, also z. B. bei allen landwirtschaftlichen Feldbearbeitungsgeräten, bei geländegängigen Wagen usw., aber auch bei Fahrten auf gebahnten Straßen und Plätzen bei sehr großen Radbelastungen, z. B. bei den meist sehr schweren Wagen der Fernlastzüge, bei den großen Flugzeugen usw., wo überall der Ballongummireifen auch angewendet wird oder sich lebhaft einbürgert.

In dem Sondergebiet der landwirtschaftlichen Schlepper löst er dazu noch die sonst sehr schwere Aufgabe der gleichguten Brauchbarkeit für Feldarbeit *und* für Straßenfahrt.

45. Seil- und Riementriebe wechselnden Achsabstandes

(nach HUNDHAUSEN).

Die Wechselbeziehungen zwischen der Seil- und Riemenspannung und dem Achsenabstand der beteiligten Seilrollen und Riemenscheiben zusammen mit den bekannten Längungserscheinungen dieser Zugorgane haben der *gefederten Spannrolle* eine solche Beliebtheit gegeben, daß sie, technisch ganz ungerechtfertigt, auch als Längenausgleich verwendet wird, wenn wechselnde Seilrollen -oder Riemenscheibenabstände vorkommen.

Der baulich einwandfreie Weg ist auch hier an Stelle des *Kraftschlusses* der Spannrolle der *Formschluß*, und zwar als *Gegendopplung*.

Um in Abb. 449 die obere und die untere Scheibe miteinander durch ein weiteres Glied formschlüssig zu verbinden, genügte z. B. die Anordnung einer Koppel. Das Ganze ist dann ein Parallelkurbelgetriebe, dessen Kurbel und Schwinge als Scheiben ausgebildet sind (Abschn. 12, Bd. 1).

Würde man statt der Koppel ein Stück Riemen verwenden, wie in Abb. 450, so würde nur bei gezogenem Riemen eine Bewegungsweiterleitung möglich sein, nicht aber bei gestauchtem Riemen.

Gegenüber der Koppel in Abb. 449 fehlt dem Stück Riemen in Abb. 450 die Widerstandsfähigkeit gegen Druckkräfte.

Diese fehlende Festigkeitseigenschaft läßt sich ersetzen, indem man, wie in Abb. 451, ein zweites Stück Riemen so anordnet, daß dessen Zugfestigkeit in Anspruch genommen wird, wenn das erste Riemenstück gestaucht werden müßte. Diese Verdopplung des Riemens mit entgegengesetzter Auswirkung nennt man *Gegendopplung*.

Außer als Ersatz für eine fehlende Festigkeitseigenschaft, bei Gasen und Flüssigkeiten, z. B. der Zugfestigkeit, ist die Gegendopplung überhaupt ein Konstruktionsmittel, um unerwünschte Bewegungsäußerungen auszuschließen, z. B. das Durchschlagen des Parallelkurbelgetriebes[1]. Stoßweise Kraftübertragung wird gemildert durch Gegendopplung der Fahrradkurbel Abb. 27, Bd. 1, durch doppelte oder mehrfache Anwendung von Arbeitszylindern bei Dampf- und Verbrennungskraftmaschinen, Kolbenpumpen usw. Das Entgleisen von Schienenfahrzeugen verhindert die doppelseitige Führung eines Spurkranzes oder ein Rad mit doppeltem Spurkranz auf einer Schiene oder einem Seil oder doppelseitige Anordnung von Rädern mit einfachen, aber einander entgegenwirkenden Spurkränzen in Verbindung mit entsprechend gegenwirkender kegeliger Ausbildung der Radlaufflächen.

Selbst der *Formschluß* der formschlüssigen Elementenpaarungen ist als *Folge* der hier durchgeführten *Gegendopplung* der beiden Elemente des Elementenpaares aufzufassen (vgl. Abb. 9 und 10), wobei im konstruktiv einwandfreien Fall stets *beide Paarelemente ohne Bewegungseinschränkung gegengedoppelt sein müssen.*

Das ist z. B. der Fall bei einer durch zwei Rollen berollten Scheibenkurve, wie in den Abb. 22, 156, 157, 158 und 160. Dagegen ist die Paarungsmöglichkeit *einer* Kurvenrolle mit den beiden Kurvenflanken einer Nutkurve nicht als einwandfreie Gegendopplung anzusehen, da die Kurvenrolle nur an der einen Kurvenflanke einwandfrei abrollen kann und dazu noch Spiel gegen die andere Kurvenflanke haben muß (Abb. 152). Eine einwandfreie Gegendopplung ist in dem Falle nur möglich, wenn auch hier ein Kurvenrollen*paar* angeordnet wird (Abb. 153), eine Rolle für die innere, eine für die äußere Nutkurvenflanke.

---

[1] Abschn. 12 des 1. Bandes, Abb. 131 bis 137: mehrfache Anordnung von Koppeln und Kurbeln bzw. Schwingen, in Abb. 152 bis 156, Bd. 1 Gegendopplung unter Verwendung der Polbahnen.

Wendet man die Gegendopplung bei Riementrieben nicht nur für festgelagerte Wellen an, wie in Abb. 451, wobei man praktisch anstatt zweier Riemenstücke einen in sich geschlossenen Riemen benutzt (Abb. 440), sondern auch für Riementriebe mit beweglich gelagerten Wellen, so beherrscht man ohne weiteres auch die dabei wechselnden Seil- oder Riemenlängen ohne die sonst üblichen gefederten Spannrollen.

Ist in den Abb. 441 bis 444 die schwarze Rolle *1* die festgelagerte Antriebsrolle und die weiße Rolle *3* angetrieben und *verschiebbar* gelagert, so ist zunächst zum Spannen des Riemenvorrats für die Wellenverschiebung der Rolle *3* die gepunktete Spannrolle *2* notwendig.

Diese drei Rollen, *1, 2* und *3* würden an sich ausreichen, für die Bewegungsübertragung zwischen den Rollen *1* und *3*, die Spannrolle *2* müßte dann aber mit Hilfe einer Feder oder der Schwere außer der Sicherung der eigentlichen Riemenspannung auch noch der Verlängerung oder der Verkürzung der Vorratsriemenschlaufe *kraftschlüssig* folgen.

Diese kraftschlüssige Spannrollenführung ersetzt man jedoch zweckmäßig durch die bessere *formschlüssige Spannrollenführung*, die durch Gegendopplung der bisherigen Drei-Rollen-Anordnung möglich ist (in den Abb. 441 bis 444 durch die Rollen *4, 5* und *6*).

Bei der „sicheren" (stabilen) Aufhängung des Spannrollenpaares, wie in Abb. 441, ist dessen Gestellführung entbehrlich, dagegen nicht bei der „ungewissen"(indifferenten)in Abb.442, oder gar der „unsicheren"(labilen)in Abb.443.

Die Gestellführung (Abb. 442 kann dabei ersetzt werden durch die Führung in dem weißen Glied (Abb. 443 und 444), das die Verschiebung der weißen angetriebenen Welle (Rolle *3*) durchführt.

Die Anordnung der Abb. 442 hat den Vorteil nur einer einzigen Spannrolle, wertvoller ist jedoch die Anordnung der Abb. 444 mit nur einer Antriebsrolle *1* (+ 4) und nur einer angetriebenen Rolle *3* (+ 6), allerdings nur bei Seiltrieb zu verwenden.

Es ist jedoch, wie die Abb. 445 bis 447 zeigen, keineswegs notwendig, die „Gegendopplung" (Rollen *4, 5* und *6*) in den Riemenumlauf mit einzubeziehen. Verwendet man nämlich ein *selbständiges* Seil- oder Riemenstück für die Gegendopplung, so kann man dieses bei *4* mit dem Maschinengestell fest verbinden, bei *6* mit dem weißen geradgeführten Glied und dann auf die entsprechenden Gegendopplungsrollen *4* und *6* verzichten. In diesem Falle benötigt man ähnlich wie in Abb. 444 nur *eine* (schwarze) Antriebsrolle und *eine* (weiße) angetriebene Rolle, jedoch ohne die etwas unbequeme, bei Riementrieben unbrauchbare vollständige Rollenumschlingung der Abb. 444.

Die Abb. 445 bis 447 stellen Antriebsbeispiele für Maschinen mit querliegender, aber senkrecht verschieblicher Arbeitswelle dar mit Antrieb von einem Deckenvorgelege.

In Abb. 445 und in derselben Anordnung in Abb. 446 kann die Gegendopplung unter dem Arbeitstisch oder im Maschinensockel verschwinden. Muß aber gerade dieser Raum freibleiben, so kann man wie in Abb. 447 die Gegendopplung nach oben zu anordnen. Praktisch wird man dann aber nicht die weiße Rolle *3*, sondern die gepunktete, mit Doppelnut ausgestattete Rolle *2* zum Antrieb der Arbeitswelle benutzen. Bei der Gestaltung der Rolle *3* (vgl. Abb. 448), die wegen ihrer „sicheren" (stabilen) Aufhängung keine Gestellführung benötigt, ist darauf zu achten, daß Tragseil und Triebseil fluchten und im übrigen die Gewichte der Lagerung und der Glockenrolle beiderseits der Fluchtlinie gleich sind.

Ein besonderer Vorteil der Gegendopplung mit gesondertem Riemen- oder Seilstück, wie in den Abb. 445 bis 447 ist es, daß die Verschiebung der weißen, angetriebenen Welle *ohne* Einfluß bleibt auf die Drehung der weißen Rolle *3*, im Gegensatz zu den baulich etwas einfacheren Anordnungen der Abb. 453 bis 458, bei denen die Verschiebung der weißen Welle eine zusätzliche Rechts- oder Linksdrehung der weißen Rollen zur Folge hat. Es gibt allerdings praktische Anwendungsfälle, bei denen das nicht stört.

Dann kann man sogar auf eine Vorratsschlaufe und die dazu gehörenden Spannrollen verzichten, wie das in Abb. 454 im Vergleich zu Abb. 453 gezeigt ist. Das weiße Glied mit den beiden weißen angetriebenen Rollen und mit der S-förmigen Riemenführung kann in seiner Geradführung verschoben werden, ohne daß dadurch die Gesamtriemenlänge beeinflußt wird.

In Abb. 455 sind zwei derartige Anordnungen benutzt, die eine in dem gepunkteten Glied mit senkrechter Verschieblichkeit, die andere in dem weißen Glied ist waagerecht zu verschieben. Beide zusammen gestatten das Bestreichen einer Fläche.

Das gleiche erreicht man praktisch meist einfacher und baulich angenehmer durch einen Lenkerarm, wie in Abb. 456. Zweckmäßig verwendet man dann aber für jedes der beiden Glieder dieses Lenkerarms einen besonderen Riemen. Um den durch die Riemenspannung verursachten einseitigen Lagerdruck auszugleichen, kann man, wie in Abb. 457 gezeigt ist, eine Druckrolle (weiß) zwischen die beiden Riemenrollen (schwarz) setzen.

Ein Lenkerviereck, wie in Abb. 458, ist weniger zweckmäßig als der Lenkerarm (Abb. 456), da die Riemenlänge nicht gleichbleibt. In Abb. 458 ist deswegen eine kraftschlüssige Spannrolle vorgesehen. Zudem muß noch eine Riemenschlaufe angeordnet werden, um der gestellgelagerten Antriebsrolle immer einen genügenden Umschlingungswinkel zu sichern.

46. Seiltriebe zur Parallelführung.

Seiltriebe in Gegendopplung verwendet man auch sehr vorteilhaft zum *sicheren Führen* von verschieblichen Teilen, die wegen ihrer Größe und Form oder wegen einseitigem Kraftangriff zum Verkanten neigen und sich daher leicht in einer Führung verklemmen.

Abb. 459 zeigt die Führung eines eisernen Theatervorhangs. Hebt sich dieser, so werden die beiderseits oben angesetzten Seilstücke verkürzt und, infolge der Überkreuzseilführung die jeweils an der gegenüberliegenden Seite unten angreifenden Seile um das gleiche Stück verlängert. Dadurch wird der eiserne Vorhang immer genau parallel verschoben, kann also nicht kanten, selbst, wenn die Verstellkraft einseitig angreift. Hebt diese z. B. links an, so wird von ihr ja auch das links unten ansetzende Seil gezogen und hebt daher seinerseits rechts oben am Vorhang.

Der Nachteil, daß die überkreuz liegenden Seile in Abb. 459 die geöffnete Bühne überspannen, läßt sich, wie in Abb. 460 durch umgekehrte Anordnung der Seilführung beheben, bei der die Seilrollen am Vorhang befestigt sind. Abb. 461 zeigt, daß dabei sogar noch eine Rolle gespart werden kann.

Abb. 462 zeigt eine kraftschlüssige, aber ebenfalls gegengedoppelte Seilführung, wie sie bei Zeichenbrettern, senkrecht verschieblichen Verschlüssen usw. verwendet wird. Auch eine solche Seilführung ist selbstverständlich formschlüssig gegenzudoppeln, wie Abb. 463 an der Führung eines zweiteiligen, von der Mitte aus nach unten und oben zu öffnenden eisernen Vorhangs zeigt, und wie sie auch z. B. zum Parallelführen der Reißschiene an großen Zeichenbrettern sehr verbreitet ist.

Abb. 464 zeigt noch eine sehr einfache Seilführung unter Ausnutzung einer einmaligen schraubenförmigen Umschlingung jedes der beiden Seile um die gleiche

Walze, und die Abb. 465 bis 467 lassen erkennen, daß in verschiedener Höhe einstellbare Konsole z. B. für Schaufensterauslagen zweckmäßig, statt wie in Abb. 465, ähnlich wie in Abb. 461, jedoch kraftschlüssig wie in Abb. 466 und 467, an einem für die Knickung am Konsol genügend langen, oben und unten befestigten Seil angeordnet werden (Steigeisen).

47. Gegendopplung und Wertigkeit der beteiligten Getriebe.

Die Gegendopplung besteht nicht nur dann, wenn *ein und dasselbe* Getriebe für die gleiche Bewegungsaufgabe *zweimal* angewendet wird, wie z. B. die zwei- und mehrfach versetzte Anordnung des Parallelkurbelgetriebes in den Abb. 131 bis 137 und 148 des 1. Bandes, oder des Bogenschubkurbelgetriebes in Abb. 386, 389 und 390 des 1. Bandes, die mehrfache Ausbildung des Paralleldoppelkurbelgetriebes in den Abb. 217 bis 227, Bd. 1, die doppelte Berollung einer Kurve gleichen Durchmessers, wie in Abb. 68, 156 bis 158 und 160 oder die Zusammenschaltung zweier vollständiger Kurventriebe wie in den Abb. 22, 71 und 153 oder schließlich die zahlreichen Beispiele gegengedoppelter Seil- und Riementriebe (Abschn. 49 bis 52).

Man kann auch *zwei verschiedene* Getriebe zu einer gegengedoppelten Anordnung zusammenschalten, wenn sie gleiche Bewegungen ausführen, wie z. B. das Antiparallelkurbelgetriebe mit seinen aus den Polbahnen abgeleiteten Hilfsverzahnungen in Abb. 152 und 156 des 1. Bandes, oder das Parallelkurbelgetriebe der Abb. 127, Bd. 1 mit seinen Ersatzgetrieben, dem Zahnradtrieb der Abb. 128, Bd. 1, dem Riementrieb der Abb. 129, Bd. 1 und schließlich dem Kettentrieb der Abb. 130, Bd. 1, die hierbei immer die Überwindung der Totlagen des Parallelkurbelgetriebes zu übernehmen hätten.

Dazu ist allerdings noch notwendig, daß die beiden, sich gegenseitig ergänzenden Getriebe auch in ihren inneren Getriebeeigenschaften *gleichwertig* sind.

Trifft dies nicht zu, wie z. B. in Abb. 468, 469 und 470 zwischen einem Parallelkurbelgetriebe und einem bewegungsgleichen Zahnradtrieb mit Zahnspiel, so wird der Zahnradtrieb bis nahe zur Deck- und Strecklage vom Parallelkurbelgetriebe nachgeschleppt (Abb. 468). Dann muß der Zahnradtrieb dem Parallelkurbelgetriebe zur Überwindung der Deck- und Strecklagen die Arbeit abnehmen und hierzu vom geschleppten zum treibenden Getriebe werden. Der dazu notwendige Druckwechsel erfolgt erst nach Durchlaufen des gesamten Zahnspiels (Abb. 469). Während dieser Zeit erfolgt keine Bewegungsübertragung vom (schwarzen) Antriebszahnrad auf das (weiße) mit der angetriebenen (weißen) Parallelkurbel gekuppelte Zahnrad. Das Parallelkurbelgetriebe bekommt zuerst sogar einen Anreiz, in die nicht gewollte Gegenbewegung umzuschlagen (Abb. 469), wird aber nach dem Druckwechsel im Zahnradtrieb (Abb. 470) in die richtige Bewegung mitgerissen. Diese unerwünschte, ungleichförmige, stoßende Bewegungsübertragung erfolgt um so ausgeprägter, je größer das Spiel im Zahnradtrieb ist, oder wenn man gar statt des Zahnradtriebes den sich bei Druckwechsel noch zögernder umspannenden Kettentrieb benutzen würde oder den sogar mit Schlupf arbeitenden Riementrieb.

Zur Gegendopplung mit dem Parallelkurbelgetriebe kommen als gleichwertig entweder wieder Parallelkurbelgetriebe in Frage oder besonders hochwertige Zahnräder mit besonders geringem Spiel.

Verwendet man zwei wirklich gleichwertige Getriebe zur Gegendopplung, ordnet man z. B. (Abb. 471) zwei Schraubspindeln gleicher Art und Güte parallel an, um damit ein gemeinsames Mutterstück zu verschieben, und treibt man die eine Spindel unmittelbar an, die andere von dieser aus über einen Rädertrieb oder Kettentrieb, so wird die zweite Spindel stets um das Spiel der Zahnräder oder der Kette nachhängen. Statt zu besseren Bewegungseigenschaften führt die Verwendung der zweiten Spindel dann zu Klemmungen und zu schwererem Gang des Mutterstückes, als beim Arbeiten mit nur einer Spindel.

Man kann nun der zweiten Spindel gegenüber dem zugehörigen Muttergewinde so viel Spiel geben, daß das Klemmen behoben ist, ein Weg, zu dem sich der zur Abhilfe gerufene Monteur in dem meisten dieser Fälle entschließen muß. Dann aber ist die zweite Spindel getrieblich überhaupt wirkungslos und kann ebensogut ganz weggelassen werden.

Richtiger ist es, wenn man die Übertragung der Drehbewegung von der ersten Spindel zur zweiten mit besonders „*hochwertigen*" Getrieben durchführt, also etwa wieder mit zwei gegeneinander versetzten Parallelkurbelgetrieben, wie in Abb. 472 oder gem. Abschn. 12. Erst dann können beide Spindeln gemeinsam auf ein, die Muttern tragendes Glied arbeiten, erst dann hat es Sinn, das Spiel in den Spindeln z. B. durch geteilte und gegeneinander verspannte Muttern noch weiter zu beschränken.

Muß man, z. B. wegen der hohen Anforderungen an die Fertigung auf sehr genaue „hochwertige" Getriebe verzichten, so müssen die zusammengeschalteten Getriebe hinsichtlich ihrer *geringeren Wertigkeit* aufeinander abgestimmt werden. Die beiden Spindeln, die dann nicht mehr genau *zusammen*arbeiten können, müssen als zwei verschiedene Getriebe angesehen werden mit zwei Muttern statt mit einem gemeinsamen Mutterglied. Beide Muttern sind durch ein weiteres Glied zu kuppeln, das den Bewegungsverschiedenheiten aus dem Spielunterschied folgen kann.

In Gegendopplung lassen sich jedoch auch Getriebe geringerer Wertigkeit für hochwertige Bewegungsaufgaben benutzen. Abb. 473 zeigt dies wieder am Beispiel der beiden parallelgeschalteten hochwertigen Spindeln.

Die Bewegungsübertragung von der antreibenden Spindel zur angetriebenen erfolgt mit zwei Zahnradtrieben minderer Wertigkeit, die aber so gegeneinander verspannt sind, daß z. B. in Abb. 473 der rechte Zahntrieb spielfreie Zahnanlage für Rechtsbewegung des Schraubtriebes besitzt, der andere die entsprechende spielfreie Zahnanlage bei Linksdrehung des Schraubentriebes.

In entsprechender gegengedoppelter Anordnung ließe sich auch der Kettentrieb der Abb. 471 als Übertragungsmittel ausreichend hoher Wertigkeit verwenden, wenn die Längung der Kettentriebe, Teilungsfehler in den Gliedlängen usw. nicht ohnehin die Anwendung verbieten sollten.

Neben diesen Fällen, in denen die zusammengeschalteten Getriebe bezüglich ihrer inneren Eigenschaften zu einer möglichst einheitlichen Wertigkeit zusammengestimmt werden mußten, kommen auch Fälle vor, wo die technische Lösung der Aufgabe gerade verschiedenartige Wertigkeit der beteiligten Getriebe verlangt.

So könnte z. B. wie in Abb. 474 eine Nutkurve mit reichlichem Spiel (*minderwertiger* Formschluß) verwendet werden, jedoch mit gefedertem Hubglied (*hochwertiger* Kraftschluß). Im normalen Betrieb arbeitet ein solches Getriebe als kraftschlüssiger Einflanken-Kurventrieb. Nur, wenn die Feder hängen bleiben sollte oder zu träge ist, um mit einer gesteigerten Drehzahl mitzukommen, „hilft die formschlüssige Nutkurve nach", wobei man das Nutkurven-Übermaß danach bemessen kann, wieviel Zeit man der Feder zum Ansprechen lassen *will* oder mit Rücksicht auf das Arbeiten des Ganzen lassen *kann*.

Gelegentlich wird es genügen, die Kurvennut nur an den gefährdeten Stellen als „Anschlag" oder „Auflaufschiene" auszubilden.

Wenn das Übermaß der Kurvennut hinreichend klein vorgesehen werden kann,

so daß die Nutkurve notfalls auch allein die Arbeit der kraftschlüssigen Einflankenkurve übernehmen könnte, dann würde diese Anordnung selbst bei Federbruch
weiterarbeiten können. Es gibt praktische Anwendungsfälle, bei denen solche weitgehende Sicherheiten angestrebt werden müssen.

48. Stufenlose Schaltung.

Die stufenlose Schaltung spielt in der Technik eine so große Rolle, daß viele
Ingenieure in ihr überhaupt das praktische Bild der Getriebelehre schlechthin zu
erblicken glauben.

Konstruktiv ergeben sich bei der stufenlosen Schaltung zwei große, selbständige
Richtungen, nämlich die *stufenlose Drehzahländerung*, was meist unter stufenloser
Schaltung verstanden wird, und die *stufenlose Hubänderung*, die fast immer eine
Hub*längen*änderung ist oder sein soll, in vereinzelten, aber dafür besonders reiz-
vollen Fällen eine Hub*gesetz*änderung.

a) Stufenlose Drehzahländerung

kann zunächst erreicht werden durch *unmittelbare Steuerung der Antriebsmaschine*,
und das ist das beste bei großen Leistungen. In der Praxis mit fast nur elektrischen
Antrieben bedeutet das entweder die Verwendung von *Gleichstrom-Nebenschluß-
motoren mit Feldregelung* für Regelbereiche von Normaldrehzahl bis etwa doppelte
Normaldrehzahl oder LEONHARD-Schaltung für Drehzahlen von Null bis beliebig
und Drehrichtungsumkehr, oder die Verwendung von *Wechsel-* oder *Drehstrom-
Kommutatormotoren mit Bürstenverstellung* für einen Drehbereich von Null bis
Normaldrehzahl.

Nur für *kleinere Leistungen* eignen sich die eigentlichen *stufenlosen Übersetzungsgetriebe* in Gestalt von *Riementrieben* oder *Reibradtrieben*.

Kann man jedoch nicht auf die *leistungsfähigeren Zahnradübertragungen* verzichten, so muß man sich mit *Stufenschaltung* abfinden, weil sich mit verzahnten
Übersetzungen keine stufenlosen Schaltungen ausführen lassen. Mit Hilfe vieler
und kleiner Schaltstufen kann man sich dabei wenigstens hinsichtlich der erreich-
baren Übersetzungen der stufenlosen Schaltung nähern. Das Schaltgetriebe wird
dadurch aber umfangreich und das Schalten selbst erfordert immer größere Aufmerksamkeit. Bei den verbreitetsten Schaltwerken dieser Art wird mit ausrück-
baren Zahnrädern geschaltet (vgl. Abb. 401 und 402). Da bei jeder Schaltung
dann immer die benötigten Zahnräder in Eingriff gebracht werden müssen, ist das
Übergehen zu anderen Übersetzungen *ohne Ausschaltung der Antriebsmaschine*
nicht möglich.

Das ist aber gerade *die* Eigenschaft, wegen der man in vielen praktischen Anwendungsfällen hauptsächlich die stufenlose Schaltung anwenden würde.

Allerdings läßt sich das auch bei Stufenschaltungen erreichen, wenn die Zahnräder nur für die Drehzahlübersetzung verwendet werden und dauernd in Eingriff bleiben, und wenn die Schaltung der gerade benötigten Übersetzung in den
einzelnen Übersetzungsstufen mit zusätzlichen Kupplungen erfolgt. Dadurch vergrößert sich jedoch der Umfang der ganzen Anordnung so stark, daß man praktisch nur wenige Schaltstufen ausführt.

Immer noch reizt es daher viele, ein Getriebe zu finden, nur mit verzahnten
Übersetzungen, das aber *dennoch* stufenlos zu schalten ist, und es werden trotz
aller Mißerfolge auch später noch viele ein solches Getriebe zu finden hoffen.

Bei all diesen Getrieben spielt das *Differentialgetriebe* (Abschn. 46) eine aus-
schlaggebende Rolle, vielfach allerdings in so versteckter Form, daß es den Er-
findern selbst nicht klar ist.

Abb. 475 zeigt ein solches Differentialgetriebe in einer für die Erklärung übersichtlichen Form. Die links liegende antreibende Welle (schwarz) überträgt ihre Drehbewegung über die Zwischenkegelräder (gepunktet) auf die rechts angeordnete angetriebene Welle (weiß). Dazu müssen allerdings die Wellen der gepunkteten Zwischenkegelräder stillstehen. Da diese Wellen jedoch (sternförmig) von einem Lager ausgehen, das um die (schwarze) Antriebswelle drehbar ist, bestünde selbstverständlich auch die Möglichkeit, daß sie unter dem Einfluß der Antriebsbewegung der schwarzen Welle ebenfalls mit umlaufen würden, wobei dann die von dem schwarzen Kegelrad angetriebenen gepunkteten Zwischenkegelräder auf dem weißen Kegelrad nur abrollen würden, ohne dieses und damit die weiße Welle in Drehbewegung zu versetzen.

Je nachdem, ob die Wellen der gepunkteten Zwischenkegelräder stillstehen oder mit umlaufen, und zwar mit der halben Drehzahl der schwarzen Antriebswelle (vgl. Abschn. 46), wird die weiße Welle mit der vollen Drehzahl angetrieben oder sie bleibt unbewegt. Bei dem Getriebe der Abb. 475 ist das zu erreichen, indem man die mit den Wellen der gepunkteten Zwischenräder verbundenen Bremsscheiben abbremst oder freigibt, ohne daß dabei die Antriebsbewegung der schwarzen Welle ausgeschaltet zu werden braucht.

Bremst man jedoch nicht völlig ab, sondern läßt man den Wellen der gepunkteten Zwischenkegelräder noch eine, wenn auch verminderte Drehbewegung, so dreht sich nun auch die weiße Welle, aber langsamer als die schwarze Antriebswelle. Ihre Drehzahl ist gleich der Drehzahl der schwarzen Antriebswelle, vermindert um den doppelten Wert der Drehzahl der Zwischenkegelradwellen.

Da die Drehung der Zwischenkegelradwellen beliebig stark und auch stufenlos abgebremst werden kann, ist damit natürlich auch die Drehzahl der weißen Welle stufenlos zwischen den Werten 0 und Drehzahl der schwarzen Antriebswelle zu regeln.

Dieses „Stufenlosschalten" ist aber kein „*Übersetzungsschalten*", sondern ein „*Leistungsdrosseln*" und daher für die meisten Anwendungsfälle unbrauchbar.

Das dabei vorliegende Zusammenspiel der verschiedenen Leistungen ist nicht leicht zu überblicken. Daß aber zum Bremsen der Drehung der Zwischenkegelradwellen eine Brems*kraft* erforderlich ist, und daß dazu bei nicht voller Abbremsung in der *Zeit* ein bestimmter *Weg* zurückgelegt, also eine Brems*arbeit* geleistet wird, weil sich dann die Bremsscheibe noch dreht, das ist wohl ohne weiteres einzusehen.

Diese Bremsarbeit, die sich in der Hauptsache in Wärme umsetzt, muß der Antriebsarbeit entzogen werden, ist also Verlust. Nur bei völliger Abbremsung entsteht keine Bremsarbeit, also kein Verlust, weil dann die zur Entstehung von Verlustarbeit erforderliche Drehung der Bremsscheibe fehlt, also der „*Weg*" in einer bestimmten Zeit gleich Null ist.

Das *Differentialgetriebe* (Abb. 475) eignet sich daher zur *Geschwindigkeitsschaltung* für den Fall, daß eine Maschine, die an sich mit gleichbleibender Betriebsdrehzahl läuft, *nach Belieben weich*, also mit langsam steigender Drehzahl an einen bereits laufenden Antrieb angeschaltet werden soll.

Der Anlauf der Maschine erfolgt durch immer stärkeres Abbremsen des Differentials bis schließlich bei völliger Festbremsung die Betriebsdrehzahl erreicht ist. Die in diesem Falle noch auftretenden Bremsverluste sind im ganzen gesehen gering und können in den meisten praktischen Fällen wohl in Kauf genommen werden (vgl. alte FORD-Schaltung).

Ein praktisch recht wertvolles Beispiel ist der Riementrieb mit je nach Belastung gespanntem Riemen (Abb. 375), wobei ja die Drehung des Zwischenradringes schließlich durch die Auflage der Spannrolle auf dem gespannten Riemen völlig gebremst wird. Gleichzeitig ist an diesem Beispiel recht gut zu verstehen, daß der Riemenzug durch den Spannrollendruck gewissermaßen abgestützt wird. Mit steigender Zugkraft im Riemen braucht hier der Zwischenräderring entsprechend steigende Stützkräfte (Reaktionskräfte), die er aus einer stärkeren Anpressung der Spannrolle auf den Riemen gewinnt.

In den meisten praktischen Anwendungsfällen wünscht man die stufenlose Drehzahlregelung jedoch nicht, um eine Maschine weich anlaufen zu lassen, sondern um die *Arbeits*drehzahl der angetriebenen Maschine nach Belieben verschieden stark von der Drehzahl des Antriebes abweichen zu lassen.

Dafür ist das Differentialgetriebe jedoch wegen zu hoher Bremsleistungsverluste ganz ungeeignet. Wenn nämlich durch ein Differentialgetriebe, wie in Abb. 475 die Drehzahl der angetriebenen Maschine um einen bestimmten Betrag herabgesetzt wird, so verhält sich die im Differential abzubremsende Verlustleistung zur Nutzleistung der angetriebenen Maschine wie der Drehzahlverlust der Welle in der angetriebenen Maschine zu ihrer eigenen (verminderten) Drehzahl.

Wird also auf die halbe Drehzahl heruntergeschaltet, so sind Drehzahlverluste und neue Drehzahl der angetriebenen Welle gleichgroß, damit also auch Verlustleistung und Nutzleistung. Wird auf ein Drittel der Antriebsdrehzahl untersetzt, so ist die Verlustdrehzahl zwei Drittel der Antriebsdrehzahl, die Verlustleistung also doppelt so groß wie die Nutzleistung.

Dies ergibt sich aus folgendem:

1. Für den Fall, daß die Wellen der gepunkteten Zwischenkegelräder (Abb. 475) stillstehen (völlige Bremsung, vgl. auch Abb. 361, wird die Drehbewegung der schwarzen antreibenden Welle auf die weiße angetriebene Welle übertragen, wobei beide Wellen mit der gleichen Drehzahl laufen. Die Leistung [Drehmoment (M) mal Winkelgeschwindigkeit (ω)] der antreibenden schwarzen Welle (1) gleicht dabei natürlich der Leistung der angetriebenen weißen Welle (3), wenn man von den geringfügigen Reibungsverlusten absieht.

Es gilt also die Gleichung:

$$\underset{\text{schwarze Welle}}{M_1\,\omega_1} \quad = \quad \underset{\text{weiße Welle.}}{M_3\,\omega_3}$$

Da infolge der Bauweise des Getriebes beide Wellen gleiche Drehzahl haben, gilt auch:
$\omega_1 = \omega_3$, also gleiche Winkelgeschwindigkeit, und daher auch:
$M_1 = M_3$, also gleiche Drehmomente.

2. Für den Fall, daß die weiße Welle (3) unbeweglich gehalten wird, drehen sich die Wellen der gepunkteten Zwischenräder (2) um die schwarze Antriebswelle, und zwar nur halb so schnell, wie die schwarze Antriebswelle.

Wieder gilt die Leistungsgleichung

$$\underset{\text{schwarze Welle}}{M_1\,\omega_1} \quad = \quad \underset{\text{Wellen d. Zwischenräder.}}{M_2\,\omega_2}$$

Dabei ist jedoch, wie eben gesagt:
$\omega_1 = 2 \cdot \omega_2$ (Winkelgeschwindigkeiten), und daher auch
$M_2 = 2 \cdot M_1$ (Drehmomente).

3. Für den Fall, daß die Drehung der Wellen für die Zwischenkegelräder (2) nur leicht abgebremst ist, also, wenn auch verlangsamt, noch erfolgt, dreht sich auch die weiße Welle (3), wenn auch ebenfalls verlangsamt. Wenn dabei die weiße Welle nur den xten Teil der Umdrehungen der schwarzen Antriebswelle ausführt, so kann man sich das alles recht anschaulich so vorstellen, daß zuerst einmal während des xten Teils einer Umdrehung der schwarzen Antriebswelle (1) die Wellen der gepunkteten Zwischenräder ganz stillstehen, so daß dann der Bewegungsfall 1 vorliegt. Während des restlichen Teiles der Umdrehung der schwarzen Antriebswelle, also während des $\dfrac{x-1}{x}$ ten Teils, wird die weiße Welle (3) festgehalten und dann arbeitet das Differential wie bei Bewegungsfall 2.

Die Leistung der Antriebswelle würde also aufgeteilt

$$M_1\omega_1 = \underset{\text{(Fall 1)}}{M_1\,\frac{\omega_1}{x}} + \underset{\text{(Fall 2)}}{M_1\,\frac{x-1}{x}\,\omega_1}\,.$$

Im einzelnen sind dann:

Fall 1: $M_1 \dfrac{\omega_1}{x} = M_3 \dfrac{\omega_3}{x}$ oder auch $M_3 \dfrac{\omega_1}{x}$, da ja ω_3 gleich ω_1 ist.

Fall 2: $M_1 \dfrac{x-1}{x} \omega_1 = M_2 \dfrac{x-1}{x} \omega_2$ oder $2 M_1 \dfrac{x-1}{x} \dfrac{\omega_1}{2}$

$$\text{oder auch } 2 M_3 \dfrac{x-1}{x} \dfrac{\omega_1}{2}$$

Beide Teilleistungen zusammen geben nun den Fall 3 mit leicht abgebremster Drehbewegung der Wellen der gepunkteten Zwischenräder, also Geschwindigkeitsuntersetzung in der weißen Welle auf $\dfrac{1}{x}$ der bei ihr höchstmöglichen Drehzahl.

Fall 3: $\qquad M_1 \omega_1 = M_3 \dfrac{\omega_1}{x} \qquad + \qquad 2 \cdot M_3 \dfrac{x-1}{x} \cdot \dfrac{\omega_1}{2}$

Antriebsleistung = Nutzleistung + Verlustleistung.

Für die Beurteilung des Getriebes maßgebend ist das Verhältnis zwischen Nutzleistung und Verlustleistung bei einer Winkelgeschwindigkeit ω_3 der weißen Welle von $\dfrac{1}{x}$ der Winkelgeschwindigkeit ω_1 der schwarzen Antriebswelle:

$$\frac{\text{Nutzleistung}}{\text{Bremsleistung}} = \frac{M_3 \dfrac{\omega_1}{x}}{M_3 \dfrac{x-1}{x} \omega_1} = \frac{1}{x-1}$$

Die Leistungsgleichung bei Drehzahlherabsetzung durch das Differentialgetriebe

$$M_1 \omega_1 \qquad = \qquad M_3 \dfrac{\omega_1}{x} \qquad + \qquad 2 \cdot M_3 \dfrac{x-1}{x} \cdot \dfrac{\omega_1}{2}$$

Antriebsleistung = Nutzleistung + Verlustleistung

gibt Hinweise für die Eigentümlichkeiten bei der Umsteuerung des Getriebes auf eine andere Drehzahluntersetzung.

Sogleich ist ersichtlich, daß die Bremse in Abb. 475 ein Drehmoment von der doppelten Größe desjenigen der schwarzen antreibenden oder der weißen angetriebenen Welle aufnehmen muß.

Weiterhin entnimmt man der Leistungsgleichung, daß bei Schaltung auf eine andere Nutzdrehzahl (weiße Welle) die *Drehmomente* in ihrer Größe unberührt bleiben, also besonders auch das Drehmoment an den Bremsscheiben in Abb. 475, daß sich dagegen die *Drehzahl* der Bremsscheiben in einem bestimmten Verhältnis zur erstrebten Nutzdrehzahl ändert.

Technisch das Naheliegende und tatsächlich auch das Zweckmäßigste wäre daher, durch direkte Beeinflussung der *Drehzahl* der Bremsscheiben die stufenlose Drehzahländerung der Nutzwelle zu steuern. Das würde aber bedeuten, daß hierzu ein weiteres stufenlos schaltendes Getriebe angeordnet werden müßte, das genau so stark und leistungsfähig sein müßte, wie wenn es statt des Differentialgetriebes allein zwischen die schwarze Antriebswelle und die weiße angetriebene Welle eingeschaltet würde. Dann aber wäre das Differentialgetriebe selbst völlig überflüssig.

Ganz besonders zweckmäßig ist das Differentialgetriebe dagegen dann, wenn nicht nur die Nutzleistung, sondern auch die bisherige Verlustleistung praktisch ausgenutzt wird und sich die entsprechenden Drehzahlen zwar ändern können, sich dabei aber immer zu einer gleichbleibenden Gesamtdrehzahl ergänzen und schließlich eine der Drehzahlen gesteuert wird, wie das alles in geradezu idealer Weise bei den Hinterrädern des Kraftwagens zutrifft.

Das Ausgleichgetriebe ist dabei als stufenlos drehzahlregelndes Differentialgetriebe aufzufassen. Nur treibt man hier zweckmäßig den Wellenstern der gepunkteten Zwischenkegelräder an und benutzt die schwarze und die weiße Welle als Hinterradwellen mit immer gleichem Drehmoment. Bei Kurvenfahrt kann man sich die Drehzahl z. B. des innen in der Kurve laufenden Rades durch die Lenkung des ganzen Wagens stufenlos zurückgeschaltet vorstellen. Das Ausgleichgetriebe als nun auch stufenlos schaltendes Differentialgetriebe erhöht nun seinerseits entsprechend allmählich und im richtigen Verhältnis die Drehzahl des außen in der Kurve laufenden Rades.

Solche Anwendungsfälle bleiben aber seltene Ausnahmen.

Wie bereits an dem Beispiel der sich an die Belastung anpassenden Riemenspannung (Abb. 375) gezeigt wurde, *muß* man das Differentialgetriebe abbremsen, um dadurch das *Drehmoment der Nutzleistung abzustützen* (Waagebalken). Erst in zweiter Linie *kann* man durch nicht völliges Abbremsen auch noch die Drehzahl beeinflussen, wobei aber die Drehmoment*abstützung* im vollen Umfange erhalten bleiben muß. Sonst kann sich auch an der Nutzwelle kein Drehmoment und damit keine Leistung ausbilden.

Das läßt sich sehr leicht am Kraftwagen beobachten, wenn eines der Hinterräder auf so glatter Bahn steht, daß es nicht mehr haftet. Es rast dann, während das andere, auf festem Grund stehende Rad völlig kraftlos stehenbleibt. Erst wenn man die glatte Bahnstelle irgendwie so verändert, daß daran das Rad haften und damit ein Drehmoment ausbilden kann, kann im gleichen Augenblick auch das andere, bis dahin kraftlose Rad Leistung entfalten, und zwar solche von dem gleichen Drehmoment, das jetzt von dem anderen Rad *abgestützt* wird.

Die beiden aus einem Differentialgetriebe austretenden Leistungen sind also Aktions- und Reaktionsleistungen, sie müssen daher (wie die Gewichte in den Waagschalen) *gegeneinander* wirken, können also nie zusammengefaßt werden. Und das letztere wird immer wieder versucht, um die großen Verlustleistungen bei stufenloser Differentialschaltung für die normalen Anwendungsfälle nutzbar zu machen.

Schließlich läßt die Leistungsgleichung eines stufenlos regelnden Differentialgetriebes noch erkennen, daß die *Drehmomente durch Drehzahländerungen nicht beeinflußt* werden. Da das stärkere Abbremsen eines Differentials aber nur eine Vergrößerung des Verlustdrehmoments zur Folge hat, kann damit nur auf *dem* Umweg eine Drehzahlveränderung erreicht werden, daß zugleich auch das Gleichgewicht zwischen Verlust- und Nutzdrehmoment gestört ist. Das wieder hat ein stetiges Ansteigen der Nutzdrehzahl zur Folge ohne aber, daß dadurch das Mißverhältnis zwischen Brems-(Verlust-)drehmoment und Nutzdrehmoment zum Ausgleich käme. Dieses mehr oder weniger schnelle Wachsen der Nutzdrehzahl kommt erst zum Stillstand, wenn die größtmögliche Nutzdrehzahl erreicht worden ist (= Drehzahl der Antriebswelle), oder wenn vorher die zusätzliche Bremsung des Differentialgetriebes wieder aufgegeben wird.

Die praktische Folge ist, daß durch verschieden starkes Abbremsen nicht etwa eine bestimmte Drehzahl eingestellt werden kann, sondern nur, daß ein mehr oder weniger schnelles Ansteigen der Nutzdrehzahl erreicht wird, oder umgekehrt, bei verschieden starkem Lockern der Bremsung ein entsprechend mehr oder weniger schnelles Absinken der Nutzdrehzahl. Ist die gewünschte Drehzahl erreicht, so muß durch erneutes Angleichen des Bremsdrehmomentes an das Nutzdrehmoment der Schaltvorgang abgebrochen werden.

Ein solches Schalten ist in seinem Ansprechen schwer im voraus abschätzbar, die Handhabung daher unsicher und der Ablauf oft überraschend sprunghaft, zumal, wenn die Bremse nicht sehr gleichmäßig arbeitet, so daß fast immer übersteuert wird.

Schwankt das Nutzdrehmoment, was praktisch meist der Fall ist, so bewirkt das ein dauerndes Gegensteuern, dem vom Bedienungsmann durch entsprechendes verschieden starkes Gegenbremsen begegnet werden müßte, also Verhältnisse, die in den meisten praktischen Fällen die Anwendung der Geschwindigkeitsschaltung mit abgebremstem Differentialgetriebe verbieten würden.

Eine Ausnahme bilden auch hier wieder die Fahrzeuge, bei denen ja an den Hinterachsen die „Nutzleistung" und außerdem auch die bisherige „Verlustleistung" ausgenutzt werden. Die Differentialbremsung wird dabei häufig zur Lenkung von Gleiskettenfahrzeugen angewendet, wobei jeweils die innen in der Kurve laufende Gleiskette (Raupe), allerdings nur ein wenig, gebremst wird, bis der gewünschte Unterschied in der *Treib*kraft zwischen der inneren und der äußeren Gleiskette erreicht ist.

Trotzdem ist besonders bei scharfen Kurven und Wendungen der dadurch auftretende Leistungsverlust an nutzbarer Motorenleistung deutlich wahrnehmbar, besonders z. B. bei landwirtschaftlichen Kettenschleppern mit Anhängegeräten. Beim Abernten eines Feldes mit Bindemäher z. B. bleiben die Kettenschlepper an den Feldecken oft mitten in der Wendung buchstäblich stecken und überwinden ihre „Kurvenschwäche" erst durch mehrmaliges Anrucken mit volllaufender Maschine.

Auch die Lenksicherheit ist gering. Muß z. B. von einem Felde aus unmittelbar nach einer scharfen Wendung auf einem schmalen Weg ein Seitengraben überfahren werden, so übersteuert auch der Geübte leicht die Lenkung und fährt durch den Graben statt auf dem Wege.

Mit einem Schlage völlige Abhilfe schafft man auch hier durch die Drehzahlbeeinflussung statt der Bremsung, was geschehen kann durch Ausrüstung von Gleiskettenfahrzeugen auch mit Vorder*rad*lenkung (Abb. 452) oder durch Einbau einer besonderen stufenlos arbeitenden Drehzahlregelung zwischen den beiden Gleisketten bei reinen Kettenfahrzeugen.

b) Stufenlose Übersetzungsänderung.

Stellt man sich die Aufgabe, ein Zahnradstufengetriebe mit einer Stufenscheibe herzustellen, die möglichst viele und kleine Schaltstufen enthält, so muß man eine um so kleinere Zahnteilung verwenden, je geringer der Unterschied zwischen den einzelnen Schaltstufen ist. Sehr bald wird dann die Zahnteilung so klein, daß man um die Festigkeit der Zähne besorgt sein muß. Noch kleinere Schaltstufen sind dann erst möglich, wenn statt der formschlüssigen Zahnräder die kraftschlüssigen Reibräder verwendet werden. Dann allerdings kann man sogar unendlich kleine Schaltstufen verwirklichen. Aus dem Zahnradstufengetriebe mit Drehzahlstufenschaltung wird das Kegelreibradgetriebe (Abb. 476) mit stufenloser Drehzahlregelung.

Damit ergibt sich als erster *bedeutender* Vorteil, daß *ohne Auskuppeln des Kraftflusses* auf andere Drehzahlen übergegangen werden kann.

Da als weiterer Vorteil der *Schaltvorgang* nicht mehr, wie bei den Zahnrädern, ausschließlich an Stirnräder gebunden ist, sondern *an beliebigen Flächen* erfolgen kann, so ergibt sich ein großer Formenreichtum an stufenlos schaltenden Reibradgetrieben. Dabei beschränkt man sich aber auf den Kegel (Abb. 476) oder auf die Planscheibe (Abb. 477) als Schaltflächen wegen der Führung des Schaltrades durch Verschieben auf einer Welle, oder auf die entsprechenden Globoidschaltflächen (Abb. 478 und 479), wenn das Schaltrad durch Drehen oder Schwenken um einen im Gestell liegenden Drehpunkt geführt werden soll, was aber praktisch meist unbequem ist.

In Abb. 484 und 485 wird deswegen der Globoidkörper geschwenkt, während sowohl die (schwarze) Antriebswelle wie die (weiße) angetriebene Welle im (schraffierten) Gestell fest gelagert sind.

Der einfachere Antrieb des Globoidkörpers durch *Kegelräder*, wie in Abb. 484 ergibt jedoch eine zusätzliche — fehlerhafte Drehung allein infolge der Verschwenkung des Globoidkörpers. Dieser Fehler wird aber bei hoher Antriebsdrehzahl vergleichsweise verschwindend klein, er läßt sich aber praktisch auch fast völlig vermeiden, wenn der Globoidkörper — baulich etwas umständlicher — über ein *Schneckenradgetriebe* angetrieben wird, wie in Abb. 485.

Vielfach führt man derartige stufenlos schaltende Reibradgetriebe *gegengedoppelt* als *Zwillingsgetriebe* aus (Abb. 480 bis 483), wobei dann die Welle des Schaltrades zur nebensächlicheren Zwischenwelle wird.

So sind dann auch die um einen Punkt des Gestells drehbaren oder schwenkbaren Schalträder praktisch gut anwendbar und führen vielfach sogar zu recht geschickten und raumsparenden Anordnungen (Abb. 482 und 483).

Neben diesen beiden, eine stufenlose Geschwindigkeitsregelung überhaupt erst ermöglichenden Vorteilen steht als *gewichtiger Nachteil*, daß all das nur möglich ist mit Reibrädern, und dabei noch mit der besonders ungünstigen Punktberührung an den Übertragungsstellen.

In den Grundgetrieben der Abb. 476 bis 483 sind die Schalträder mit scharfem Radkranz dargestellt, und es ist leicht zu erkennen, daß dadurch erst eindeutige Übertragungsverhältnisse hinsichtlich der Drehzahlen gesichert sind. Um aber auch die notwendigen Kräfte übertragen zu können, müssen diese Schalträder mit mindestens der zehnfachen Kraft (Reibungszahl!) auf die Schaltflächen der Kegelräder, Planscheiben usw. aufgepreßt werden. Trotzdem entsteht noch ein mehr oder weniger starker Schlupf je nach den zu übertragenden Leistungen.

Anpressung und Schlupf führen dazu, daß sich die Schalträder in verhältnismäßig kurzer Zeit Rillen schleifend auswalzen, besonders für solche Drehzahlen, die in dem betreffenden praktischen Anwendungsfall besonders häufig und womöglich auch noch längere Zeit vorkommen.

Diese Schwierigkeiten sind praktisch so schwerwiegend, daß sie in sehr vielen Fällen die Verwendung der im übrigen sehr brauchbaren Reibradschaltgetriebe unmöglich machten.

Andererseits muß man sich bei diesen Getrieben einfach mit der Tatsache der Anpressung und des Schlupfes abfinden. Dabei ist es jedoch möglich, deren Auswirkungen herabzusetzen auf Ausmaße, die viel eher tragbar erscheinen.

Sehr wesentliche Bedeutung hat dabei die Formgebung des Schaltrades. Dieses muß ja, um überhaupt wirken zu können, tatsächlich formändernd in die Schaltfläche eindringen, und der Vergleich der Abb. 486 und 487 zeigt, daß dies mit einem scharfen Schaltrad (Abb. 486) viel tiefer geschehen muß als mit einem balligen (Abb. 487), wenn die gleiche spezifische Flächenbelastung der Schaltfläche erreicht werden soll. Ein balliges Schaltrad wird daher immer ganz wesentlich weniger zur Rillenbildung oder allgemeiner gesagt zur Unbrauchbarmachung der Schaltfläche neigen. Praktisch ist man hierbei folgerichtig bis zur Verwendung von *Kugeln* als Schalträder gegangen, was vielfach zu besonders ansprechenden Anordnungen führt. Dabei entspricht ein *balliges* Schaltrad auch noch den Ansprüchen einer eindeutigen Drehzahlausbildung, ein Schaltrad als Stirnrad würde sich im übrigen infolge des bei ihm auftretenden Schrotens (vgl. Kollergang Abb. 339 und 343) im Betrieb selbst ballig schleifen.

Weiter ist die Baustofffrage wesentlich, und zwar sowohl hinsichtlich der Festigkeit, insbesondere der Verschleißfestigkeit, wie auch hinsichtlich der Erreichung möglichst hoher Reibungszahlen zwischen dem Schaltrad und den Schaltflächen, um dadurch die Anpressung herabsetzen zu können. In vielen Fällen wird sich dabei die Verwendung von Gummi oder ähnlichen Baustoffen empfehlen.

Eine letzte Steigerungsmöglichkeit in der baulichen Ausbildung ergibt sich aus der Tatsache, daß praktisch in fast allen Fällen die Belastungen im Betrieb oft sogar sehr erheblich schwanken, und daß demgegenüber die Anpressung so hoch bemessen werden muß, daß sie mit Sicherheit für die Leistungsspitzen ausreicht. Abgesehen von diesen seltenen Betriebsaugenblicken ist die Anpressung sonst zu hoch, meist sogar viel zu hoch und daher die daraus folgende Getriebeabnutzung völlig überflüssig. Bei stillstehendem Getriebe hat dazu noch das Schaltrad Zeit, sich in aller Ruhe eine tiefe Mulde in die Schaltfläche zu pressen.

Ein Vergleich der infolge des Betriebs unerläßlichen Anpressung mit der eigentlich überflüssigen zeigt in den meisten praktischen Anwendungsfällen ein sehr starkes Mißverhältnis zuungunsten der unerläßlichen Anpressung.

Steuert man also die Anpressung des Schaltrades in Abhängigkeit von der augenblicklich zu bewältigenden Übertragungsleistung oder genauer von dem dieser Übertragungsleistung entsprechenden Übertragungsdrehmoment, so wird dem stufenlos schaltenden Reibradgetriebe ein beträchtlicher Teil seiner Zerstörkräfte ferngehalten, die Lebensdauer also ganz beträchtlich erhöht.

Eine solche Steuerung der Schaltradanpressung ist möglich mit Hilfe des Differentialgetriebes (vgl. an die Belastung sich anpassende Riemenspannung, Abb. 483), und in dem stufenlos regelnden Reibradgetriebe von Prym-Stolberg (Abb. 488) angewendet, wobei noch eine besonders zweckmäßige Austauschbarkeit der auch dann noch der Abnutzung unterworfenen Teile vorgesehen ist.

Die *stufenlose Drehzahlveränderung* erfolgt dabei, indem ein antreibender (schwarzer) Kegel als Schaltfläche mehr oder weniger tief in ein Hohlkegelschaltrad (weiß) hineingeschoben wird, und dadurch verschieden große Kegelumfänge des antreibenden Schaltkegels zum Eingriff kommen.

Die *Anpressung der Reibräder* entsprechend der gerade durchfließenden Leistung wird erreicht, weil das weiße Hohlkegelrad verbunden ist mit einem *gegenlastigen Stirnrad-Differential* (vgl. Abb. 350), bestehend aus zwei Stirnrädern und einem um die Nutzwelle drehbaren Steg.

Dreht sich nämlich der schwarze Schaltkegel, wie gezeichnet, gegen den Uhrzeigersinn, so wird das im Ruhezustand zunächst nur leicht anliegende weiße Hohlkegelschaltrad ebenfalls gegen den Uhrzeigersinn gedreht und mit ihm das auf gleicher Welle sitzende weiße Stirnrad des Differentials. Dieses treibt seinerseits das zweite, auf der Nutzwelle befestigte Differentialzahnrad an, das aber zunächst noch stillsteht und der Drehung immer einen beachtlichen Widerstand (Arbeitswiderstand) entgegensetzt. Das obere, mit dem Hohlkegelschaltrad verbundene Zahnrad versucht daher zunächst, geführt durch den Steg des Differentials, auf dem zweiten Differentialzahnrad entlangzurollen. Das gelingt ihm zwar nicht, dafür preßt es aber das Hohlkegelschaltrad immer fester gegen das antreibende Kegelrad, das deswegen eine immer höhere Leistung übertragen kann, wodurch sich das Kräftespiel, selbstverständlich in ganz kurzer Zeit, immer weiter steigert, bis schließlich der Arbeitswiderstand der Nutzwelle überwunden ist und diese sich in Bewegung setzt.

Steigt im Betrieb einmal der Arbeitswiderstand der Nutzwelle, so verstärkt sich in der gleichen Weise und entsprechend die Anpressung zwischen den Reibrädern, fällt der Arbeitswiderstand, so verringert sich auch die Anpressung. Im Ruhezustand liegen die Reibräder wieder nur leicht aneinander, so daß sie durch Schwenken des Differentialsteges von Hand ohne weiteres getrennt werden können.

Bemerkenswert ist noch, daß bei diesem PK-Getriebe die stufenlose Reibradschaltung an den am schnellsten umlaufenden Wellen erfolgt, wo bei gleicher Leistung ja das kleinste Drehmoment auftritt und daher auch nur die vergleichsweise geringste Pressung erforderlich ist.

Für stufenlose Übersetzungsänderung mit *Riementrieben* kommen nur Kegel als Schaltflächen, natürlich in Gegendopplung (vgl. Abb. 480) in Frage.

Der Riemen hat ja die bekannte Eigenschaft, bei einer balligen Rolle immer dem größten Durchmesser dieser Rolle zuzustreben. Diese Eigenschaft wird in dem Wülfel-Drehzahlenregler (Abb. 489) ausgenutzt, bei dem aus diesem Grunde eine ballige Spannrolle verwendet wird, der der Riemen bei seitlichem Verschieben zwanglos folgt.

Für größere Verstellbereiche muß man zu *Steilkegeln* und *Keilriemen* übergehen, wobei jedesmal zwei einander zugekehrte und sich der Übersetzungseinstellung entsprechend durchdringende Steilkegel verwendet werden (Abb. 490).

In der gleichen Weise sind auch keilriemenähnliche Ketten verwendbar (Abb. 491), ja selbst Ketten mit beweglichen Verzahnungen (Abb. 492 und 493).

Die stufenlose Hubänderung erfolgt entweder durch geeignetes Verlängern der Kurbel von Schubgetrieben (Abb. 319, Bd. 1; 37, 687 bis 689), oder durch unmittelbare Hubverstellung (vgl. Abb. 232, 250, 251, 252), ohne daß dabei das Hubgesetz selbst beeinflußt wird.

Weitere Beispiele folgen in dem Abschnitt über rechnende Getriebe, wo auch die stufenlose Hub*gesetz*änderung behandelt ist.

Die stufenlose Hubschaltung, und zwar als stufenlose Veränderung der Kurbellänge (Exzentrizität) bei Gerad- und Bogenschubkurbelgetrieben ist die Grundlage einer großen Zahl von stufenlos *drehzahl*regelnden Flüssigkeitsgetrieben (unter Verwendung von Geradschubkurbelgetrieben) und einiger entsprechend arbeitender meist mit Bogenschubkurbelgetrieben ausgestatteter sog. „mechanischer Übersetzungsgetriebe".

Bei den Flüssigkeitsgetrieben wird eine größere Zahl z. B. von Geradschubkurbelgetrieben als Ölpumpen bzw. Ölmotoren ähnlich wie die Zylinder eines Sternmotors so angeordnet, daß sie nacheinander im geschlossenen Kreislauf arbeiten. Abgesehen von der Hubverstellung sind hier hauptsächlich Fragen der Hydraulik maßgebend.

Bei den mit Bogenschubkurbelgetrieben ausgestatteten entsprechend arbeitenden Übersetzungsgetrieben tragen die Bogenschubschwingen Sperrklinken in irgendeiner Ausführung (vgl. Abb. 200 bis 203, 205 bis 208 sowie 262 bis 271 und arbeiten nacheinander auf ein Sperrad, das der Hubänderung der Bogenschubkurbelgetriebe gemäß langsamer oder schneller umläuft.

In allen diesen Fällen erfolgt der Antrieb der Nutzwelle durch eine Vielzahl einzelner Bewegungsstöße der Schubkurbelgetriebe. Es entsteht also eine veränderte Drehbewegung, die nicht gleichmäßig ist, sondern gleichgerichtetem elektrischen Strom ähnelt.

49. Das Magazinieren[1].

Die Art, wie ein Werkstoff einer Maschine zugeführt werden muß, hängt in erster Linie davon ab, ob das Werkstück in der Maschine zur Verarbeitung beliebig liegen kann, wie z. B. bei Zerkleinerungsmaschinen (Abb. 45, 46, 273 bis 275), Holländern (Abb. 423 und 424), Dreschmaschinen (Abb. 420 bis 422) usw., oder ob das Werkstück in einer ganz bestimmten Lage eingespannt oder geführt sein muß, um richtig weiterbearbeitet werden zu können, wie z. B. ein Stück Papier beim Mehrfarbendruck, eine Patrone zum Abschuß usw.

Während bei den zuerst genannten Maschinen mit *beliebiger* Werkstücklage es im wesentlichen auf einen richtig ausgebildeten *gut einziehenden Korb* ankommt

---

[1] Unter Verwendung der Ergebnisse der Dipl.-Arbeit Brähmig, Aachen 1936.

(vgl. Abb. 273 bis 275) müssen bei Maschinen mit *bestimmter* Werkstücklage *vorordnende Magaziniervorrichtungen* angeordnet werden, wenn der Werkstoff nicht von Natur aus bandförmig zur Verfügung steht, wie z. B. das Papierband der Rotationsdruckmaschine, das Stahlband bzw. Metallband in vielen Anwendungsfällen von selbsttätigen Stanzen, oder vorher künstlich in Bandform zusammengefaßt wird, wie z. B. der Patronengurt der Maschinengewehre. Auch da ist die eigentliche Magaziniereinrichtung nicht weggefallen, sondern nur als „Gurter“ zu einem selbständigen Gerät geworden, baulich und in der Anwendung vom Maschinengewehr und dessen Anwendung gelöst.

Diese *vorordnenden Magaziniervorrichtungen* haben die technisch meist recht schwierige Aufgabe, aus einem zunächst ungeordneten Vorrat die einzelnen Werkstücke in richtiger Lage und in regelmäßiger Reihenfolge auszulesen und der Maschine so zur weiteren Bearbeitung anzubieten.

a) Kupplung als Magazinier-Grundgetriebe.

Dabei läßt sich das „Magazinieren“ in recht vielen Fällen als *Kupplungsvorgang* in der Weise ausführen, daß die Werkstücke als das eine (weiße) Kupplungsglied sich in ihnen angepaßte Gegenformen eines zweiten (schwarzen), der Magaziniervorrichtung angehörenden Kupplungsgliedes einlegen und so in der richtigen Lage und Reihenfolge dem eigentlichen Bearbeitungsvorgang zugeführt werden. Als eine solche Magaziniervorrichtung wäre z. B. aufzufassen die Zellradschleuse in Abb. 417, die mit dem Zellrad als schwarzem Kupplungsglied bestimmte Mengen des Fördergutes als weißes Kupplungsglied abteilt und der Windförderung anbietet. Ebenso arbeitet in Abb. 416 die Speisewalze als schwarzes Kupplungsglied, die hier das Getreide als weißes Kupplungsglied entweder zur Drillsaat oder als gleichmäßigen Getreideschleier für die Bearbeitung in Reinigungsmaschinen, Walzenmühlen, Schrotquetschen usw. abgibt.

Auch das Becherwerk (Abb. 413) kann als gleichartige Magaziniereinrichtung angesehen werden, diesmal mit dem Becherband als dem einen Kupplungsglied und dem (gepunkteten) Fördergut als dem anderen Kupplungsglied.

Von hier aus ist es nur ein kleiner Schritt, in dem Steiglattentuch der Abb. 414 ebenfalls das Kupplungsglied einer Magaziniervorrichtung zu sehen, das hier allerdings als Kupplungselemente keine Schöpfzellen oder Schöpfbecher wie bisher trägt, sondern Zupfnadeln oder Zupfnägel, die der Eigenart des faserigen Werkstoffes, der Baumwolle, entsprechen, indem sie die Baumwollflocken erfassen und aus dem Vorratsballen herauszupfen.

Das Wesentliche all dieser „kuppelnden“ Magaziniervorrichtungen liegt darin, daß ihre *Kupplungselemente dem Werkstück* in seiner *Form* und in seinem *Verhalten* sorgfältig *angepaßt* sein müssen, und daß, was bisher noch nicht erwähnt wurde, eine *störungsfreie Trennung des erfaßten Werkstückes von den zurückbleibenden Werkstücken* erreicht wird. Das ist besonders leicht bei kugeligen oder walzenförmigen Werkstücken.

In Abb. 494 ist die Grundform einer solchen Magaziniereinrichtung dargestellt, deren schwarzes Kupplungsglied, ein mit halbzylindrischen Rillen versehener Schieber ist. Dieser Schieber soll sich nach rechts (gestrichelter Pfeil) bewegen und dadurch die in seine Rillen eingefallenen Werkstücke mitnehmen.

Um die übrigen Werkstücke zurückzuhalten, ist rechts ein Abstreicher (schraffiert) so hoch über dem schwarzen Schieber angeordnet, daß die in den Rillen des schwarzen Schiebers liegenden Werkstückwalzen gerade noch darunter durchgehen.

Vor der ersten dieser Werkstückwalzen liegt noch eine (gepunktete) Werkstückwalze, die von dem Abstreicher zurückgehalten werden müßte. Zu dem

Zwecke müßte sie über die von dem schwarzen Schieber bereits erfaßte Werkstückwalze hinwegrollen, wie die Kurvenrolle (deswegen gepunktet) über die Kurve. Da die Tangente im Berührungspunkt aber zu steil ist (30° gegen die Senkrechte) tritt Klemmung ein, so daß sich der schwarze Schieber der Magaziniereinrichtung tatsächlich nicht bewegen kann (gestrichelter Pfeil) oder mit Gewalt bewegt, Bruch erzeugen würde.

Abb. 495 zeigt die notwendige Vertiefung der Rillen in dem schwarzen Schieber (mit gerundeter Einlaufkante), damit die zurückbleibenden Werkstückwalzen gerade noch einwandfrei über die bereits erfaßten Werkstückwalzen wegrollen (45°), Abb. 496 eine noch empfehlenswertere Anordnung mit einem Überrollwinkel von höchstens 60° gegen die Senkrechte.

Praktisch wird das schwarze Kupplungsglied einer solchen Magaziniereinrichtung jedoch meist zweckmäßiger als drehende Rillenwalze (Abb. 497) ausgeführt.

Kantige, insbesondere vierkantige Werkstücke lassen sich durch eine solche Magaziniereinrichtung jedoch nicht vorordnen, da, wie Abb. 498 zeigt, nicht voll in den Rillen des schwarzen Kupplungsgliedes untertauchende Werkstücke mit noch zurückbleibenden und dem Abstreifer (schraffiert) eine formschlüssige Sperrung bilden können, was bei genügend tiefen Rillen im schwarzen Glied zwar vermieden wird (Abb. 499), aber auch dann kann durch falsches Einkippen des Werkstückes, wie in Abb. 500, Sperrung oder Bruch eintreten, womit auch dann zu rechnen ist, wenn diese Einrichtung, wie in Abb. 501, zum Dosieren körnigen Gutes verwendet wird.

Das Versagen dieser Anordnungen nach Abb. 498 bis 501 ist darauf zurückzuführen, daß die übrigbleibenden Werkstücke im ungünstigen Fall zusammen mit dem Abstreifer *Sperrungen* bilden, also *unbewegliche Getriebe*, bei denen das Erzwingen von Bewegung entweder zum Verklemmen oder Bruch führt, während bei Anordnungen nach Abb. 495 bis 497 in solchen Fällen immer *Kurventriebe*, also voll *bewegungsfähige Getriebe* entstehen.

Wie Abb. 502 zeigt, ist das Trennen der übrigbleibenden Werkstücke von den, von der Magaziniereinrichtung erfaßten Werkstücken dadurch möglich, daß man das schwarze Kupplungsglied der Magaziniervorrichtung so steil nach oben führt, daß zwar die von diesem erfaßten Werkstücke noch unter dem Einfluß ihres Gewichts kraftschlüssig in den Rillen des schwarzen Kupplungsgliedes gehalten werden, die übrigbleibenden Werkstücke jedoch gegen die Wirkung der Schwerkraft keine Stütze mehr finden, und daher durch ihr eigenes Gewicht zurückgehalten werden. Aus irgendwelchem Grunde dennoch zuviel mitgenommene Werkstücke haben „Übergewicht" und fallen daher von selbst zu dem übrigen Vorrat zurück.

Bei etwas tieferen „Taschen" des schwarzen Kupplungsgliedes kann dieses, wie in Abb. 503, etwas weniger steil geführt werden. Abb. 504 zeigt die Ausbildung der Form der Einlaufkante entsprechend der sich beschleunigenden Bewegung der Werkstücksrolle bei gleichförmigem Emporgleiten des schwarzen Kupplungsgliedes[1].

Auch hier verwendet man praktisch zweckmäßig ein drehendes schwarzes Kupplungsglied, und zwar wie in Abb. 505 als Hohlrad, wobei sich die Übergewichtswirkung auf die zuviel mitgenommenen Werkstücke erst allmählich beim Anheben ausbildet und verstärkt.

Dieses Magazinierverfahren ist, wie Abb. 506 zeigt, auch auf vierkantige Werkstücke anwendbar, hat aber seine ganz besondere Bedeutung als Mittel zum Auslesen runder Körper aus einem Gemisch von runden und länglichen. Abb. 507

---

[1] Rollweg auf der schiefen Ebene $s = \dfrac{g\,t^2}{2}\,2\sin\alpha$.

zeigt, daß dann die länglichen Körper immer weit aus den „Taschen“ herausragen und bereits nach verhältnismäßig kurzem Anhub Übergewicht bekommen und auskippen, während die Rundkörper höher angehoben werden und erst ziemlich weit oben ausfallen.

Praktisch wird dies in den sog. Trieuren zum Auslesen der runden Unkräuter und des Querbruches aus Getreide ausgenutzt.

Trieure sind walzenförmige Trommeln, deren Innenwand mit möglichst vielen halbkugelähnlichen Taschen besetzt ist.

Wie Abb. 508 an einem Querschnitt einer solchen Trieurtrommel zeigt, setzen sich die kugeligen Rundkörner (Unkräuter und quergebrochenes Getreide) in die Taschen oder Zellen und werden in diesen durch die Drehung des Trieurs angehoben. Bei den neuzeitlichen, schnell umlaufenden Trieuren fallen die Rundkörner etwa in der in Abb. 508 gezeichneten Gegend aus den Zellen aus. Von diesem Augenblick ab unterliegen sie nur noch der Schwerkraftwirkung, so daß sie in einer Wurflinie auf die Getreidefüllung unten in der Trieurtrommel zurückregnen würden, wenn sie nicht vorher in einer Sammelmulde aufgefangen würden.

Die Langkörner (Getreidekörner) beschreiben einen ähnlichen Kreislauf. Auch von diesen setzen sich einige in die Zellen der Trieurwand, ragen aber aus ihnen heraus, da sie zu lang sind. An diesen Langkörnern verankern sich weitere Getreidekörner. Durch die Drehung der Trieurtrommel werden daher nicht nur die in den Zellen sitzenden Langkörner, natürlich mit Trommelgeschwindigkeit, angehoben, sondern von diesen Langkörnern wird auch noch eine ganze Schicht von Getreidekörnern mitgeschleppt, jedoch mit um so geringerer Geschwindigkeit, je weiter die einzelnen Körner von der emporfördernden Trieurtrommelwand entfernt sind.

Die Schicht dieses aussteigenden Körnerstromes wird vom Getreideeinlauf des Trieurs nach dem Getreideauslauf zu ganz allmählich dünner bis auf ein letztes Stück steileren Abfalls, kann aber im Durchschnitt in einer Stärke von etwa 20 mm angenommen werden, wobei allerdings Abweichungen auftreten je nach Drehzahl des Trieurs, Stundenleistung an Getreide (Dicke der Füllung) und Getreideart, sowie je nach Schräglage der Trieurtrommel.

Da die in den Zellen des Trieurmantels sitzenden Langkörner schon bald „Übergewicht bekommen“ und daher viel eher als die Rundkörner auskippen, verlieren auch die mitgeschleppten Körner der aufsteigenden Schicht den Anschluß an die emporfördernde Trieurtrommelwand und lösen sich zugleich ab. Nunmehr nur noch der Erdschwere folgend fallen alle diese Langkörner in einer allerdings nur verhältnismäßig kurzen Ausfallstrecke in einer Wurflinie zurück und stürzen auf die obersten, ganz langsam ansteigenden Körner der aufsteigenden Getreideschicht, über die sie als nunmehr herabfließende Körnerschicht hinabgleiten. Dabei verringert sich fortwährend die aus der Erdanziehung herrührende Geschwindigkeit der Körner infolge der Reibung und vor allem infolge der fortschreitenden Ablenkung von der (senkrechten) Kraftrichtung der Erdschwere. Schließlich trifft der herabkommende Getreidestrom auf noch freie Trieurwand, schließt sich an diese an und beginnt als aufsteigender Strom einen neuen, aber gleichartigen Kreislauf.

Rundkörner und Langkörner beschreiben also gleichartige, aus Anheben durch den Trieurmantel und freiem Herabfallen bestehende Kreisläufe, deren Bahnen im Bereich des Getreidekörpers zusammenfallen, sich aber dann recht erheblich voneinander trennen, da die Trieurtrommel die Rundkörner viel höher anheben kann als die Langkörner.

Die praktische Auslesearbeit eines solchen Trieurs beruht nun darin, daß man zwar den Umlauf der Langkörner zuläßt, den der Rundkörner jedoch unterbricht, indem in deren Ausfallstrecke eine Auffangmulde eingeschaltet wird. Dadurch verringert sich, wie beabsichtigt, fortschreitend der Anteil an Rundkörnern in der Getreidefüllung.

Diese doppelten Kreisläufe sind bei allen Magaziniereinrichtungen mit Auslesetrommeln vorhanden, und immer wird der Kreislauf der sehr hoch angehobenen Teile unterbrochen, entweder durch Abfangen nach kurzer Fallstrecke oder durch Ableiten mit Leitschiene, ähnlich wie in Abb. 505 mit meist axialem Abnehmen.

Dabei ist es im Grunde genommen gleichgültig, ob die Auslese aus Teilen erfolgt, die ganz andere Form haben wie bei der Auslese der Unkräuter aus dem Getreide, oder aus Teilen zwar gleicher Form und Art, die aber gerade ungeeignet liegen, wie das bei den meisten Magazinierungen der Fall ist.

Immer ist dabei aber wesentlich, daß die Schöpfgeräte — bisher die Taschen oder Zellen — so gestaltet sind, daß sie die gewollte Trennung der richtig geformten oder richtig liegenden Teile von den übrigen zuverlässig und sauber ausführen. Das ist oft besonders schwierig und erfordert von Fall zu Fall andere Mittel.

Sollen z. B. die bekannten Schutz- und Schließkappen von Sicherheitsnadeln zum Ansetzen an die eigentlichen Nadeln ausgelesen werden, so müssen sie nicht nur mit ihrer offenen Seite z. B. nach unten zeigen, sondern auch der Schlitz zum Durchtreten der Nadel beim Schließen muß richtig liegen.

Der zunächst naheliegende Haken ist, wie Abb. 509 zeigt, zwar in der Lage, die Kappen „richtig" mitzunehmen, er könnte aber auch, wie im Bilde der unterste in das dem Kappenschlitz gegenüberliegende Loch eingreifen und daher eine Kappe von der falschen Seite anfassen und in falscher Lage mitnehmen.

Durch Verwendung von kleinen Pilzen statt Haken, wie in Abb. 510, ist eine solche Fehlmitnahme unmöglich, denn diese können sich nur in den Kappenschlitz einschieben.

In beiden Fällen können sich aber noch Kappen quer (Abb. 510) oder verkehrt (Abb. 509) auf bereits erfaßte Kappen auflegen und als störende Fehlentnahmen mitgenommen werden. Engere Teilung der Hebeorgane würde das zwar verhindern können, weil dann nicht genügend Platz für eine Fehlentnahme bereitstünde, andererseits aber auch das richtige Aufnehmen erschweren.

Der Fehler liegt hier auch weniger in der Anordnung der Hebeorgane, sondern im Fehlen der Abstreifung, die bei den eigenartig geformten Sicherheitsnadelkappen natürlich wieder durch Übergewichtswirkung erreicht wird. Wie Abb. 511 zeigt, können die Hebepilze auch außen an der Trommel angeordnet werden, weil sie auch so die richtig erfaßten Kappen sicher halten. Die Abscheidung etwaiger Fehlmitnahmen erfolgt dabei bereits sehr bald und recht nachdrücklich.

Im übrigen hängt die Wahl einer *Innen*trommel oder einer *Außen*trommel noch von der Empfindlichkeit der Werkstücke ab. Die Innentrommel arbeitet zart und schonend, während die Außentrommel zerrt, reißt und sich durch den Werkstückvorrat reibend und schleifend hindurchdrängt.

Bei diesem Ausleseverfahren muß nun damit gerechnet werden, daß nicht jedes Huborgan auch wirklich immer einen Teil erfaßt und anhebt. Daher läßt man diese Magaziniereinrichtungen schneller arbeiten, als es der Arbeitsgang der Maschine eigentlich erfordern würde, und im „Überfluß" anheben, muß dann aber auch den zuviel angehobenen Teilen die Möglichkeit zum Zurückfallen in den Vorratsraum bieten.

Eine Sonderform der in Abb. 509 und 510 dargestellten Anordnungen sind *Schöpfleisten,* wie in Abb. 512, die taktmäßig in einen Vorratsbehälter untertauchen und dabei geeignet liegende Werkstücke anheben und oben in die Vorratsschiene einfließen lassen.

b) Sperrtrieb als Magazinier-Grundgetriebe.

Auch der *Sperrtrieb* kann, wie Abb. 513 zeigt, als getriebliche Grundlage von Magaziniereinrichtungen verwendet werden.

Dann ist die Gesamtheit der Werkstücke (schwarz) als Schaltglied aufzufassen, der weiße Schieber als Sperrglied, oder wenn er, wie in Abb. 514, um einen endlich nahen Drehpunkt schwingt, als Sperrklinke.

Steht das Sperrglied, wie in Abb. 513, mit seinem Durchlaß unter dem Ausfluß des Werkstücktrichters, so können die Werkstücke (schwarz) durchfließen sonst ist der Durchfluß gesperrt, wie z. B. durch die Sperrklinke in Abb. 514.

Die Schwierigkeit beim Sperren eines solchen Durchflusses liegt darin, daß das Sperrglied sich dazu erst einen Weg zwischen zwei Werkstücken bahnen, zwischen diesen also erst eine Schaltglied-Zahnlücke erzeugen muß. Das ist leicht, wenn die Sperrbewegung gerade auf die Lücke zwischen zwei Werkstücken trifft. Um dabei nicht durch das gerade durchfallende Werkstück behindert zu werden, wie in Abb. 513, macht man das Sperrglied vielfach sehr dünn (Blech-Absperrschieber), wie z. B. in Abb. 515, wodurch zugleich auch eine „schneidfähige Kante" als „Sperrklinkenzahn" gewonnen wird, die das Abschneiden des Werkstückdurchflusses erleichtert.

Trifft das Sperrglied beim Sperren aber nicht auf eine Lücke, sondern auf ein Werkstück, so wird entweder die Sperrbewegung des Sperrgliedes durch das dann eingeklemmte Werkstück behindert oder dieses sperrende Werkstück zerstört.

Praktisch verwendet man derartige Magazinierungen daher zum Abteilen von Werkstoffen ohne stückigen Aufbau, wie z. B. von Flüssigkeiten (Abfüllmaschinen) Dämpfen und Gasen (Schieber- und Ventilsteuerungen von Kraftmaschinen) und Energieströmen, z. B. des Lichtes (Belichtungsverschlüsse von Fotoapparaten, Lichtblende von Filmvorführgeräten, Abb. 516) oder zum Abteilen von feinkörnigen Werkstoffen wie Mehle, feinkörniges Gut, Getreide, Zucker, Drogen (Abfüllmaschinen).

Dabei kann die Steuerung erfolgen entweder durch wechselweise volles Eröffnen und vollständiges Abschließen des Werkstoffdurchlasses, oder durch Verringern oder Vergrößern der Durchlaßöffnung (Düsenquerschnitt) zur Veränderung der Durchflußmenge in der Zeiteinheit (z. B. Dampfleitungsventile, Wasserleitungshähne, Hähne von Gasheizungen, Drosselklappen an Vergasermotoren, Absperrschieber an Müllereimaschinen usw.).

Sollen jedoch *Werkstücke bestimmter Größenabmessungen* und dazu vielleicht noch *einzeln* aus dem Vorrat entnommen und zur Weiterverarbeitung angeboten werden, so müssen, getrieblich gesehen, die *Werkstücke in ihrer Gesamtheit das Sperrglied (weiß)* bilden (Abb. 517). Das gerade vor dem Eingriff in die angepaßte Zahnlücke des (schwarzen) Schaltgliedes stehende *einzelne* Werkstück ist dabei der Sperrzahn, der aber im Verlauf des Magazinierens das Schaltglied nicht sperrt, sondern von dem Schaltglied — bildlich gesprochen — abgebrochen und in die zu bedienende Maschinen ausgestoßen wird.

Bei dem Bürohefter ist dies auch praktisch so durchgeführt. Die im Vorrat U-förmigen Heftklammern sind zu U-Schienen zusammengeklebt oder zusammengelötet und versuchen, durch eine Feder vorgedrückt, die Bewegung des Heftstößels zu sperren. Da dieser aber kräftig niedergestoßen wird, bricht er die sperrende Heftklammer von der Vorratsschiene ab und benutzt sie zum Heften des angelegten Papiers.

In Abb. 518 ist das Schaltglied als *Drehtisch* ausgebildet, eine Anordnung, die z. B. in manchen Verpackmaschinen zugleich als schrittweise schaltender Arbeitstisch das Werkstück nacheinander an die einzelnen Bearbeitungsstellen heranführt.

Damit solche Magaziniervorrichtungen störungsfrei arbeiten, ist folgendes zu berücksichtigen:

1. Das Werkstück muß in seiner Form und Größe der Schaltzahnlücke im Schaltglied so entsprechen, daß beim „Wegstanzen" eines solchen Werkstückes die Ablösung von dem Vorrat in der natürlichen Trennungslinie, also ohne Beschädigung erfolgt. Das ist bei runden oder walzenförmigen Werkstücken (Abb. 517 und 518) oder bei regelmäßig vierkantigen (Abb. 526 und 522) leicht durch genügende Eintauchtiefe im Schaltglied zu erreichen, aber schon bei den doch immerhin noch einfachen Halbrundriegeln (Schokolade) schwieriger, wie der Vergleich der Abb. 519 und 520 mit Abb. 521 zeigt.

2. Der Werkstückvorrat muß als geschlossenes Band unter dem Einfluß einer kräftigen Sperrkraft (Schwerkraft, gegebenenfalls unterstützt durch Zusatzgewichte oder zusätzliche Federkraft — Abb. 526 — oder bei Waagerechtanförderung reibschlüssig auf voreilendem Förderband liegend — Abb. 522 — oder angedrückt durch Federkraft) jeweils um eine vollständige Werkstückteilung in die Schaltgliedzahnlücke eingeschoben werden, da sonst (Abb. 523) das unvollständig eingeführte Werkstück beim „Wegstanzen" zerstört wird. Dabei muß bei nicht flächig aneinanderliegenden Werkstücken, wie z. B. in Abb. 524, gegebenenfalls verhindert werden, daß Verschiebungen einzelner Werkstücke gegeneinander bereits im Werkstückband auftreten (vgl. Abb. 519 bis 521).

3. Nach dem „Wegstanzen" eines Werkstückes muß die erneute Vorschubbewegung der übrigen Werkstücke so lange *völlig* verhindert werden, bis die Schaltgliedzahnlücke (schwarz) wieder zum Eingriff ereitsteht. Der Vergleich der Abb. 525 und 526 läßt erkennen, daß dies nur möglich ist, wenn die dem Werkstückvorrat zugekehrte Seite des Schaltgliedes (schwarz) keinerlei vorspringende Kanten besitzt und eine der Hubbewegung des Schaltgliedes entsprechende Länge hat.

4. Die Länge der Schaltbewegung des (schwarzen) Schaltgliedes hängt bei Werkstücken mit fester räumlicher Begrenzung nur von der baulichen Anordnung der zu bedienenden Maschine ab, wird aber faseriges Gut, wie z. B. Stroh (Abb. 527 und 528) etwa einer Presse zugereicht, so muß der Schaltweg lang genug sein, damit auch die nachschleppenden Strohschwänze (Fasern) sicher von dem Vorrat getrennt werden. Anderenfalls wird, wie Abb. 530 zeigt, beim eigentlichen Arbeitsgang der Maschine noch Stroh nachgezogen, was den Kraftbedarf erhöht und die Arbeitsgüte verschlechtert.

In diesem Anwendungsfall fällt übrigens Stroh in gleichmäßigem Fluß an, sammelt sich auf dem Auffangblech zu „Portionen" (Abb. 528) und wird dann durch die Schaltbewegung gesammelt (Abb. 527) in Zeitabständen zur weiteren Bearbeitung angeboten.

Die Magaziniereinrichtung verwandelt hier also den Arbeitsrhythmus. Gleichmäßiges Fließen des Werkstoffes wird verwandelt in schrittweises Schalten von bestimmten Werkstoffmengen.

Das gleiche geschieht noch augenfälliger bei der Filmbandschaltung (Abb. 531). Das Filmband wird gleichmäßig angeliefert und wieder aufgespult. Dazwischen wird es aber schrittweise vor die Linse gebracht, wo es während des Lichtdurchfalls (vgl. Lichtblende Abb. 516) ruhigstehen muß. Die Vorratansammlung erfolgt hier in Form von Schlaufenbildungen von im Schalttakt wechselnder Länge.

5. Besondere Schwierigkeiten sind zu überwinden, wenn z. B. Papier, also sehr dünne Werkstücke, als „Sperrzähne" weggestanzt werden sollen. Eine den bisherigen Anordnungen vollentsprechende Magaziniervorrichtung, wie in Abb. 532 würde für Papp- oder Holztäfelchen noch möglich sein, nicht aber mehr für dünnes Papier. Die Reibwalze in Abb. 533 ist schon dem nur zug-

festen Papier besser angepaßt, die Schräglage des Papierstapels gestattet eine Verringerung der Belastung des untersten Blattes. Dennoch kommt es bei solchen Magaziniervorrichtungen vor, daß zwei etwas aneinanderhaftende Papierstücke gleichzeitig abgezogen werden. Man kann das zwar durch am unteren Ende wirkende spitze Haltemesser verhindern, bekommt dann aber kurze Schnitte dieser Messer in jeden Papierbogen.

Sehr verbreitet sind Saugluftgreifer (Abb. 534), die zunächst die Vorderkante des Papierblattes scharf abkippen und dadurch mit Sicherheit von dem übrigen Stapel trennen und dann einem Greifer zum Abziehen überlassen.

Das gleiche kann (Abb. 535 und 536) auch bei Abnahme oben vom Stapel geschehen. Diese Form ist bei den „Anlegern" der Druckmaschinen (Schnellpressen und selbstanlegender Tiegelpressen) sehr verbreitet. Dabei ist es zweckmäßig, unter die abgehobene Papierkante Luft zu blasen, die den noch auf dem Stapel liegenden Teil des erfaßten Blattes abflattern läßt, und daher das Abziehen des Blattes durch die Saugfinger sehr erleichtert und sichert.

Ein der Reibwalze in Abb. 533 entsprechendes Verfahren, jedoch für Abnahme *oben* vom Stapel, ist in Abb. 537 dargestellt. Statt der Reibplatte wird dabei oft ein Gummirad verwendet, das bei Bewegung vom Greifer weg leicht rollt, dagegen in umgekehrter Richtung gesperrt ist (vgl. Abb. 263 und 267) und dadurch, wie die Gummiplatte in Abb. 537, ein Blatt abzieht. Auch hierbei müssen Haltemesser angeordnet werden, um das Abziehen von zwei Blättern gleichzeitig zu verhindern.

Die Abb. 538 und 539 zeigen, wie mit der gleichen Gummiplatte das für die Ablösung vom Stapel so zweckmäßige Abkippen des Papierrandes und damit sichere und saubere Ablösung *ohne Saug-* und *Druckluft* möglich ist. Fest aufliegend (Abb. 538) schiebt die Gummiplatte das Papier vom Greifer weg zur Anwölbung und zieht es dabei zugleich unter dem links angeordneten Rückhalter weg. Damit ist die vollständige Trennung des obersten Blattes bereits erfolgt. Die Gummiplatte gibt nun den Bogen frei, der von sich aus in die Lage der Abb. 539 zurückfedert und so leicht ergriffen werden kann.

Bei den Anordnungen der Abb. 535 bis 539 wird das Stapel langsam gehoben, es liegen also ähnliche Bewegungsverhältnisse vor, wie bei den Vorrichtungen der Abb. 509 bis 531.

Als Ausgangsgetriebe einer als Sperrung arbeitenden Magaziniervorrichtung kann auch ein Sperrtrieb gelten, dessen Sperrglied, wie in Abb. 540 *mehrere Sperrzähne* trägt[1]. Die Abb. 541, 542 und 543 zeigen einige Formen solcher Magazinierungen, die äußerlich einigen bereits behandelten, als Kupplungen arbeitenden Magazinierungen entsprechen (vgl. Abb. 496, 503 und 505), was bei der nahen Verwandtschaft der Sperrungen und Kupplungen schon als Grundgetriebe nicht verwunderlich ist.

Dennoch ist dabei ein grundlegender Unterschied zu beobachten. Bei den als Kupplung arbeitenden Magaziniereinrichtungen findet das Werkstück eine seiner *Gestalt* und Eigenart entsprechende Gegen*form* vor, und nur wenn beide zueinander passen, erfolgt das Auslesen; bei den entsprechenden, jedoch als Sperrung arbeitenden Magaziniereinrichtungen findet das Werkstück eine *Durchtrittsöffnung* vor, eine „*Düse*", die allen Werkstücken Durchlaß ermöglicht, die in einem ihrer *Querschnitte* genügend klein sind, um durchschlüpfen zu können.

Das führt folgerichtig ausgenutzt zu den Sieben als den Sonderformen solcher Magazinierungen, wie z. B. in Abb. 544 und 545, wobei man für rundstückiges

---

[1] Der Schlüsselbart trägt oft ebenfalls verschieden lange, immer aber verschieden geformte Sperrzähne, allein zu dem Zweck, eine der Magazinierung ähnliche Auswahlwirkung zu erreichen. (Vgl. auch Matrizensortierung in Schriftsetzmaschinen.)

oder diesem ähnliches Siebgut Rundlochung oder Quadratlochung (Draht-
bespannung) wählt, dagegen Langlochung für längliches Siebgut, wie z. B.
Getreide.

Der Vergleich z. B. eines Trommelsiebes, wie in Abb. 545, für Getreide mit
einem Getreidetrieur (Abb. 508) zeigt besonders deutlich die Unterschiede in der
Ausleseform. Beim Sieb ist entscheidend für das Durchfallen des Gutes durch die
Sieblochung, ob der *kleinste Kornquerschnitt* ein gewisses, durch die Sieblochung
bestimmtes Maß nicht überschreitet, beim Trieur dagegen erfolgt das Ausheben,
wenn der *größte Kornquerschnitt* ein bestimmtes, durch die Tiefe der Auslese-
taschen oder Auslesezellen festgelegtes Maß nicht überschreitet.

Die Siebe können zwei verschiedenen Aufgaben dienen. Haben sie eine einzige
Lochgröße, so dienen sie abgesehen vom Zurückhalten von Fremdkörpern, zur
Vergleichmäßigung des Werkstückflusses, was besonders augenfällig ist bei Anwendung solcher Siebe zum „Auskämmen“ von Wasserstrahlen (Sieb vor der Aus-
trittsdüse) oder von strömender Luft in Meß- und Sichtkanälen.

Haben die Siebe dagegen verschiedene Lochgrößen, natürlich in der Weise,
daß das Siebgut erst über die kleinste Lochung geht und dann fortschreitend über
die nächstgrößere, so dienen sie einer Unterteilung des Siebguts nach Korngröße
(gemessen am kleinsten Querschnitt).

Bei Sichtung von Kugeln nach ihrem Durchmesser verwendet man Ablauf-
schienen mit langsam wachsender Spurweite (Abb. 546), die als stufenlos größer
werdende Sieblochung aufzufassen sind.

c) Keiltrieb als Magazinier-Grundgetriebe.

Verwendet man das *Keilschubgetriebe* als getriebliche Grundlage von Magaziniervorrichtungen, so lassen sich zwei verschiedene Arten solcher Vorrichtungen
entwickeln, je nachdem, ob die Bewegung des Schubgliedes (schwarz) oder die des
Hubgliedes (weiß) ausgenutzt wird.

Die Abb. 547 und 548 zeigen die hierbei maßgebenden Verhältnisse. Wird
eine Keilleiste mit einem ausreichend großen Keilwinkel α vorwärtsgeschoben,
wie in Abb. 548, so wirkt auf das Hubglied (weiß), das in der Magaziniervorrichtung dem Werkstück entsprechen wird, eine Teilkraft S der Vorschubkraft P in
Richtung der Keilleiste, die sich aus dem Kräftedreieck unter Berücksichtigung
der Reibung (R) ergibt.

Diese Teilkraft S (Keilhubkraft) und ihre Hubwirkung wird ausgenutzt von
der Streukette für Kunstdüngerstreuer, die in Abb. 550 in Draufsicht dargestellt
ist. Das schraffierte Brett ist der Boden des Kunstdüngervorratsbehälters, der von
diesem aber so weit entfernt ist, daß durch die Schlitze die schrägen Keilleisten
der Streukette gerade noch durchtreten können. Je nach der (einstellbaren) Geschwindigkeit der Streukette wird verschieden reichlich gestreut. Diese Streukette
gestattet sehr feine „Dosierung“ und das sonst kaum einwandfrei mögliche Ver-
arbeiten von feuchtigkeitsaugendem Kunstdünger.

Eine ähnliche Anordnung, jedoch mit gestellfester Keilleiste als Abstreifer an
einem Drehteller zeigt Abb. 549. Die Mengeneinstellung kann hierbei sowohl mit
einer (allerdings wegen der Fliehkräfte beschränkten) Drehzahlsteigerung des
Drehtellers erreicht werden, wie auch durch Vergrößerung des Schüttkegels, indem
der Vorratsbehälter entsprechend angehoben wird.

Wenn der Keilwinkel α jedoch so klein oder kleiner ist als der Reibungswinkel
zwischen dem Werkstück und seiner Unterlage, wie in Abb. 547, so erfolgt keine
seitliche Bewegung des Werkstückes mehr. Das läßt sich auch sonst durch bauliche Anordnung erreichen, wie z. B. bei Förderschnecken (Abb. 52 und 53),
die sehr gern als Magaziniereinrichtungen verwendet werden.

Abb. 550 zeigt die Anwendung zweier Schraubenspindel zum Magazinieren von Nadeln. In dem Fall wird die Seitenkraft S nicht ausgeschlossen, sie wird jedoch zusammen mit der gestrichelten Anschlagschiene zum Ausrichten der Nadeln ausgenutzt, eine Maßnahme, die auch in der Papierverwertung oft wichtig ist und dort z. B. durch leicht schräg gestellte, von Papier mitgenommene Anlegerollen (Abb. 551) erreicht wird. Wünscht man die Seitenkraft nicht, so kann man sie durch entgegengesetzt umlaufende Rechts- und Linksspindeln ausschalten. Die dabei auf das Werkstück ausgeübte leichte Zug- oder Druckkraft wird manchmal zum Dehnen oder Stauchen des Werkstückes selbst ausgenutzt (Glasrohrbearbeitung).

Außer diesen, auf getrieblichen Wirkungen beruhenden Magaziniereinrichtungen gibt es noch viele, auf mechanischen, physikalischen, chemischen usw. Eigenschaften aufbauende, wie z. B. die Patronenmagazinierung in Abb. 552 und 553 mit Gleichgewichtsausnutzung oder die bei automatischen Waagen übliche Übergewichtsausnutzung (Abb. 561 bis 564), worauf hier jedoch nur verwiesen wird.

d) Nachordnende Magaziniervorrichtungen.

Die bisher behandelten Magaziniervorrichtungen entnahmen durchweg die Werkstücke aus einem ungeordneten Vorrat sogleich in der richtigen, arbeitsgerechten Lage. Das läßt sich jedoch nicht immer durchführen. Oft ist nur eine ungefähr richtige Lage erreichbar, und es ist dann notwendig, die falsch liegenden Werkstücke entweder richtig zu legen (wie z. B. bei der Patronenmagazinierung im Falle der Abb. 553) oder sie auszustoßen.

In Abb. 554 kommen z. B. Konservendosen zwar nebeneinanderliegend an, jedoch nur teilweise mit dem Boden nach vorn, wie das die weitere Verarbeitung vorschreibt. Zum Ausscheiden bilden die Konservenbüchsen das Schaltglied eines Sperrtriebes. Nach jeder Schaltung um eine Dosendicke stößt das Sperrglied vor, und zwar um eine Dosentiefe. Liegt die Konservendose richtig, so taucht das Sperrglied nur wirkungslos in diese ein, liegt die Dose jedoch, wie in Abb. 554, mit dem Boden nach hinten, also falsch, so wird sie vom Sperrglied ausgestoßen.

Dabei kommt es vor, daß man derart ausgeschiedene Werkstücke in den Vorratsbehälter zurückfallen läßt, oder für sich in einem zweiten Strang sammelt und einer anderen entsprechend umgestellten Maschine zuführt, oder sie umwendet und dem früheren Strang wieder zuleitet, aus dem sie ausgeschieden wurden.

Nicht immer ist es möglich, das „Abtasten" der Werkstücke zugleich auch zum Ausstoßen der falsch liegenden auszunutzen. Dann lassen sich durch das „Abtasten" Hilfseinrichtungen steuern, die jeweils die falsch liegenden Werkstücke ausscheiden oder richtig legen. Eine solche Abtastvorrichtung ist dann aber kein Sperrtrieb, sondern eine Stoßkupplung.

50. Stoßkupplungen.

Stoßkupplungen sind *formschlüssige* Kupplungen (vgl. Abb. 277), bei denen jedoch nur *einseitig wirkende Kupplungsflanken* vorhanden sind, in Abb. 555 z. B. so, daß das weiße Kupplungsglied mit dem schwarzen nur gekuppelt ist, wenn beide gegeneinandergedrückt werden, beide sich dagegen ohne weiteres lösen, wenn sie auseinandergezogen werden. In Abb. 556 sind entgegengesetzt wirkende Kupplungsflanken angewendet, die kuppeln, wenn die Kupplungsglieder auseinandergezogen werden, und entkuppeln, wenn die Kupplungsglieder gegeneinandergedrückt werden.

Diese überaus einfachen Stoßkupplungen haben eine ganz unerhörte praktische Bedeutung, denn von ihnen lassen sich die bewunderungswürdigsten *Vielfach-*

Steuerungsgetriebe ableiten. Allerdings muß dazu wieder das „vierte Glied" eingeführt werden, was in Abb. 557 in Gestalt eines sog. Revolvers geschehen ist.

Das schwarze „Schaltglied", das diesen Revolver trägt, bewegt sich taktmäßig hin und her (was durch Doppelpfeil angedeutet ist). Das weiße Glied wird durch eine äußere Kraft (weißer Pfeil), etwa eine Feder, nach rechts gedrückt, und folgt der Bewegung des schwarzen Schaltgliedes, allerdings nur während eines Teiles der Rückbewegung, da es vorher mit seinem Bund am Lager anschlägt. Von dem Augenblick an trennt sich das weiter zurückgleitende schwarze Schaltglied von dem weißen Glied. Wird nunmehr der Revolver um eine Vierteldrehung geschaltet, so wird im folgenden Arbeitsspiel das weiße Glied entsprechend verschieden weit hinausgedrückt. Die Bewegungslänge des weißen Gliedes wird also durch den Revolver *gesteuert*.

In Abb. 558 ist ein zweiteiliger, auf Zug kuppelnder Revolver verwendet, der entsprechend nur zwei Hublängen des weißen Gliedes steuert. Der Ersatz des Drehgelenkes am Revolver durch ein Blattfedergelenk (Nebenbild der Abb. 558) führt zu einer in der „Jacquard-Steuerung" sehr ausgiebig verwendeten Bauform, wobei entweder das weiße Glied angehoben wird, oder bei zurückgedrückter Feder (punktierte Lage) bewegungslos bleibt (Steuerung der Kettfäden zur „Fachbildung").

Befestigt man die verschieden langen Steueranschläge nicht am Revolver selbst, wie in Abb. 557 und 558, sondern an einer „Kette", wie in Abb. 559 und 560, so kann man je nach Wahl der „Steuerkette" mit ein und derselben Stoßkupplung jedes beliebige Gesetz steuern.

Dabei braucht man sich jedoch nicht, wie in Abb. 555 bis 560 auf ein einziges weißes Hubglied zu beschränken, sondern kann, wie die entsprechenden Abb. 569 bis 574 zeigen, von dem schwarzen Schaltglied einer Stoßkupplung mehrere weiße Hubglieder gleichzeitig steuern.

Sehr viele solcher weißer Hubglieder lassen sich besonders leicht anordnen bei den unter Druck kuppelnden Stoßkupplungen mit Revolver (Abb. 571 und mit Kette (Karte) (Abb. 573), die praktisch daher auch den entsprechenden unter Zug kuppelnden Stoßkupplungen (Abb. 572 und 574) überlegen sind. Nur Stoßkupplungen entsprechend Abb. 570 sind praktisch bei Vielfachsteuerungen noch sehr verbreitet, wobei meist weiße Hubglieder mit federnden Haken (Nebenbild der Abb. 558) verwendet werden.

Die Abb. 573 und 574 zeigen „Ketten" aus gelochten Hartpappekarten, die in Verbindung mit den Bohrungen im Revolver steuern, indem sie diese abdecken oder freigeben und dementsprechend die Hübe der weißen Hubglieder verursachen oder verhindern.

51. Jacquard-Steuerungen[1].

a) Schaftmaschinensteuerungen.

Von jeher ist die besondere Eigentümlichkeit der Kleider- und Wäschestoffe nicht allein die Art der Überkreuzverbindung der einzelnen Fäden und die daraus folgende Webtechnik mit „Kette" und „Schuß", sondern vor allem auch die unerschöpfliche Vielgestaltigkeit und der dauernde Wechsel der Webmuster vom einfachen Streifenmuster bis zu den reichsten Verzierungen, Schriften, ja den kunstvollsten gewebten Bildern und die daraus folgende Notwendigkeit einer ganz

---

[1] Unter Verwendung von Ergebnissen der Dipl.-Arbeit Hagedorn, Aachen 1937, siehe auch K. Rauh, Aufbaulehre der Verarbeitungsmaschinen, Abschn. 22; Arbeiten im Maschinentakt, Abschn. 17, Zeitlaufwerke. Verlag Girardet, Essen.

umfassenden, vielseitigen, anpassungsfähigen und leicht auf andere Webmuster umstellbaren Vielfachsteuerung der Fäden.

Aus diesen technisch unerhört schwierigen Bedingungen entstand die JACQUARD-*Steuerung* und für einfache Streifenmuster die dieser getrieblich ähnliche *Schaftsteuerung* als hochentwickelte Stoßkupplungen.

Diese Steuerungen sind aber zugleich auch die *grundsätzliche technische Lösung der Vielfachsteuerung überhaupt* für besonders schwierige, vielgestaltige und wechselvolle Steuerungsaufgaben auch außerhalb der Textiltechnik, wo bisher davon allerdings trotz reicher Möglichkeiten nur in verhältnismäßig kleinem Umfang Gebrauch gemacht wird, wie z. B. beim maschinellen Spielen von Musikinstrumenten (elektrische Klaviere), als Lichtsteuerung von wechselnden Leuchttexten und Leuchtbildern, ferner in einer Abwandlung z. B. zum Führen von Konten in Registerkassen und Buchungsmaschinen usw.

Die Fadensteuerung beim Weben ergibt sich aus der Webtechnik und dem bildmäßigen Eindruck verschiedener Fadenanordnungen (Bindungen) im fertigen Gewebe.

Die Webtechnik beruht darin, daß in der gewünschten Stoffbahnbreite alle Längsfäden als „Kette" parallel dicht nebeneinander ausgespannt werden. Ein Teil dieser „Kettfäden" wird gehoben, die übrigen bleiben liegen oder werden gesenkt. Dadurch wird ein „Fach" gebildet. Durch dieses „Fach" wird der Querfaden durchgeschossen (Schiffchen), der deswegen „Schuß" heißt, und an das bereits fertige Gewebe hinangestoßen („angeschlagen"), während das Fach sich schließt. Für jeden weiteren „Schuß" bildet sich jedesmal ein neues Fach mit anderen gehobenen und anderen liegenbleibenden oder gesenkten Fäden.

Betrachtet man einen einzelnen Faden, so beruht dessen Steuerung darin, daß er entweder gehoben wird und dann oben das „Fach" mitbildet, oder daß er liegenbleibt oder gesenkt wird, und dann unten das „Fach" mitbildet.

Die *Bewegungsaufgabe* der Kettfadensteuerung ist also sehr einfach und erschöpft sich in den beiden Möglichkeiten: „Anheben des Kettfadens" und „Nichtanheben des Kettfadens". Sie entspricht vollständig z. B. der Bewegungsaufgabe bei elektrischen Klavieren, die sich ja auch bezüglich *einer* Taste auf die beiden Möglichkeiten „Anschlagen" oder „Nichtanschlagen" beschränkt.

Die Schwierigkeit oder die Kunst beim Klavierspiel beruht allerdings auch nicht im Anschlagen *einer* Taste, sondern in dem klangschönen Zusammenspiel vieler Tasten in der dauernd wechselnden Ordnung und Aufeinanderfolge eines Musikstückes.

Genau so beruht die Schwierigkeit beim Weben im *gleichzeitigen* Steuern *sämtlicher* Kettfäden einer Stoffbahn, die in einem sinnvollen Durcheinander gehoben und gesenkt werden müssen, so daß das gewünschte Stoffmuster oder Webbild entsteht.

Hebt man bei jedem „Schuß" (Arbeitsspiel) abwechselnd alle geradzahligen und alle ungeradzahligen Kettfäden, so entsteht das einfachste mögliche Webmuster (Abb. 565), die sog. *Leinenbindung*, die einem Schachbrettmuster gleicht, nur mit ganz kleinen viereckigen, *punkt*ähnlichen Feldern. Jeder Faden liegt dabei immer abwechselnd über oder unter seinen Querfäden.

Striche im Webmuster kann man, wie Abb. 566 zeigt, sowohl mit Kettfäden, wie mit Schußfäden auf zweierlei Art erzeugen, nämlich, indem man diese Fäden über zwei oder mehrere benachbarte Querfäden hinweglegt (vgl. der mittlere schwarze Faden und der vierte weiße Faden, von oben gezählt) oder indem man zwei oder mehrere benachbarte Kett- oder Schußfäden über einen Querfaden legt (vgl. die drei mittleren schwarzen Fäden über den dritten weißen Faden von oben und den vierten und fünften weißen Faden von oben über den mittleren schwarzen

Faden in Abb. 566). Beide Stricharten zusammen ergeben in Abb. 566 ein weißes T und ein darüberliegendes schwarzes ⊥.

Alle Webmuster werden aus Punkten (Abb. 567) und mehr oder weniger langen Längs- oder Querstreifen gebildet, wobei nicht nur durch verschiedene Farbe der Kettfäden und der Schußfäden, sondern bei Gleichfarbigkeit auch durch die verschiedene Faserlage in diesen Fäden besondere Musterwirkungen erzielt werden.

Wählt man dabei Streifenmuster, wie in Abb. 567 (Köperbindung), so lassen sich stets Stoffvierecke erkennen, die immer wieder nebeneinander gelegt, das ganze Webmuster ergeben, in sich also die Mustergesetzmäßigkeit enthalten. In Abb. 567 besteht dieses Stoffviereck aus vier schwarzen (1—4) und vier weißen Fäden ($a-d$).

In der Praxis werden nun sämtliche Kettfäden 1 in einem sog. „Schaft“ zusammengefaßt und gesteuert, und ebenso alle Kettfäden 2, alle Kettfäden 3 und alle Kettfäden 4.

Bei Schuß a wird der Schaft 1 (und damit alle Kettfäden 1) gehoben, bei Schuß b gehoben, bei Schuß c gesenkt und bei Schuß d gesenkt. Die Steuerung der Schäfte 2 bis 4 ist aus der Abb. 567 leicht zu entnehmen. Die in dieser Weise arbeitenden Webstühle nennt man „Schaftmaschinen“. Sie haben eine vereinfachte Fadensteuerung, sind also einfacher im Steuerungsgetriebe, das aber schwerer gebaut sein muß als die Einzelfadensteuerungen, da die Schäfte natürlich schwerer zu heben sind als einzelne Fäden.

Einzelfadensteuerung, sog. Jacquard-Steuerung, ist aber unerläßlich, wenn unregelmäßige (oder sehr großflächige) Stoffmusterungen gewebt werden sollen, oder Beschriftungen oder gar Bilddarstellungen (z. B. Tischdecken, Bettwäsche in Damast). Abb. 568 bringt hierfür als Beispiel das eingewebte A auf der Grundlage der Leinenbindung, und es ist leicht zu erkennen, daß bei jedem Schuß (weißer Querfaden) die schwarzen Kettfäden immer in anderen Gruppen gehoben werden müssen. Es gibt keine wiederkehrende Gesetzmäßigkeit als Musterungsgrundlage. Jeder Kettfaden muß also einzeln gesteuert werden.

Die übliche Anordnung einer hierfür in Frage kommenden Jacquard-Steuerung zeigt Abb. 577, der Übersichtlichkeit wegen jedoch nur für zwei Kettfäden.

Die Kettfäden gehen durch Ösen (Litzen) gewichtsbelasteter Harnischfäden, die ihrerseits an „Platinen“ aus federndem Draht hängen, den Hubgliedern einer senkrecht wirkenden Stoßkupplung nach Art der in Abb. 558 dargestellten.

Die Platinen haben einen (linken) Schenkel, der in einem Widerhaken endet, und einen (rechten) Schenkel, der sich gegen einen Anschlag anlegen kann. In der normalen Stellung der Platine liegt der Platinenhaken so über dem zugehörigen Messer (schwarz) des darüber angeordneten Messerkastens (Schaltglied der Stoßkupplung), daß die Platine beim Hochgleiten des Messerkastens mit angehoben wird, wie die rechte Platine in Abb. 577. Der von dieser Platine gesteuerte Faden wird dann ein *oberer* Kettfaden des „Faches“.

Der den Widerhaken tragende Schenkel der Platine kann aber auch nach dem anderen Schenkel zu gebogen werden, wie bei der linken Platine in Abb. 577, wodurch der Haken aus dem Bereich des zugehörenden Messers gebracht wird, mit diesem daher nicht in Eingriff kommt.

Beim Hochgleiten des Messerkastens (Schaltglied) wird eine solche Platine *nicht* mit angehoben, sondern bleibt auf dem Platinenboden stehen. Der zugehörige Kettfaden ist dann ein *unterer Kettfaden* des „Faches“.

In einer vollständigen Jacquard-Steuerung ist für jeden Kettfaden eine solche Platine vorhanden. Die Hakenschenkel aller Platinen, deren Kettfäden das Fach unten begrenzen sollen, werden zurückgebogen, alle übrigen Platinen bleiben mit ihrem Hakenschenkel über dem Messer des Messerkastens und machen dessen Schaltbewegung mit, bilden also die *oberen Kettfäden* des Faches.

Zum Zurückbiegen der Hakenschenkel der Platinen, also zur Steuerung dieser Platinen wird eine weitere, jedoch waagerecht wirkende Stoßkupplung verwendet nach Art der in Abb. 573 dargestellten. Die Hubglieder dieser Stoßkupplung heißen „Nadeln" und sind Drähte, die als Anschläge gegen die Hakenschenkel der eben beschriebenen Platinen Schlaufen besitzen.

Das Schaltglied bewegt sich im Webtakt waagerecht hin und her und trägt als „viertes Glied" (vgl. Abschn. 6) einen sog., meist vierflächigen „Zylinder" (eigentlich: Prisma), der vor jeder Schaltbewegung auf die nächste Fläche weiterdreht (in Abb. 577 um 90°).

In jeder der Seitenflächen des Zylinders befindet sich für jede „Nadel" eine Bohrung, die so tief ist, daß die Nadeln bei der Schaltbewegung des „Zylinders" auf die Nadeln zu in die Bohrungen eintauchen können ohne anzustoßen.

Um den „Zylinder" legen sich gelochte Hartpapierkarten einer Kartenkette, die in ihrer Lochung das Gesetz der Kettfadensteuerung enthalten.

Für jede Nadel, deren Kettfaden gehoben werden soll, besitzt die Karte ein Loch, durch das die Nadel in die Bohrung des Zylinders eintauchen kann, wie die untere Nadel in Abb. 577. Die zugehörige „Platine" der 2. Stoßkupplung bleibt also unbeeinflußt und wird gehoben.

Für alle Kettfäden, die das Fach unten begrenzen sollen, besitzt die Karte *kein* Loch. Die Nadeln dieser Kettfäden finden also ihre Bohrung im Zylinder durch das Hartpapier der Karte versperrt und können daher auch nicht in dieses eintauchen, sondern werden mit der Schaltbewegung des Zylinders (in Abb. 577 nach rechts) auf die Platinen der 2. Stoßkupplung zu geschoben. Sie biegen den Hakenschenkel der ihn dort entsprechenden Platine zurück, wie die obere Nadel in Abb. 577 und verhindern dadurch, daß diese Platinen und deren Kettfäden angehoben werden.

Die Steuerung der Kettfäden könnte natürlich auch durch eine einzige Stoßkupplung erfolgen, etwa indem die „Nadeln" der 1. Stoßkupplung senkrecht verschieblich angeordnet würden und selbst Harnischfäden trügen. Dadurch würden aber die teuren Kartenketten zu schnell verschleißen, weil das Hartpapier der Karten dann die gesamten Bewegungskräfte beim Anheben der Kettfäden aufnehmen müßte. Durch Hintereinanderschalten zweier Stoßkupplungen gelingt es, die von der Karte aufzunehmenden Steuerkräfte wesentlich herabzusetzen (Relaiswirkung), ja für besonders feingeteilte und kleinlochige Karten (VERDOL-Stich) werden sogar drei Stoßkupplungen hintereinander angeordnet (VERDOL-Maschine.

b) Die 1. Stoßkupplung.

Abb. 575 zeigt das Grundgetriebe der 1. Stoßkupplung der JACQUARD-Steuerung der Abb. 574.

Die Papierkarte (Punktraster) mit dem Bewegungsgesetz in ihrer Lochung wird in jedem Arbeitsspiel vom Schaltglied (schwarz) auf das Hubglied (Nadel) zu bewegt und zurück, und dann in der in Abb. 575 gezeichneten Endstellung des Schaltgliedes auf diesem verschoben, bis die Kartenlochung für das nächste Arbeitsspiel richtig liegt.

Die Papierkarte muß also außer der eigenen Verschiebebewegung auch noch die Schaltbewegung des Schaltgliedes mitmachen. Das ist jedoch nicht *notwendig*, denn diese Stoßkupplung ist, wie Abb. 576 zeigt, auch so auszubilden, daß das Schaltglied gleich am Hubglied angreift und die Karte während der Schaltgliedbewegung ruhig liegenbleibt.

Dabei erfolgt allerdings eine Umkehrung der Behandlung des Hubgliedes (Nadel), die sich jedoch auf die Steuerwirkung der Stoßkupplung nach außen nicht auswirkt.

Die Ausgangsstellung des Hubgliedes (Nadel) ist in Abb. 575 (entsprechend Abb. 577) die untere Endstellung mit ausgedehnter Feder, dagegen in Abb. 576 die obere Endstellung mit zusammengedrückter Feder.

Aus diesen Endstellungen erfolgt in Abb. 575 *beim Fehlen* eines Loches in der Papierkarte die Bewegung des Hubgliedes (Nadel) in die andere Endstellung, hier mit *zusammengedrückter* Feder (vgl. Abb. 577 obere Nadel), in Abb. 576 dagegen nur *bei Vorhandensein* eines Loches, und zwar in die Endstellung mit *entspannter* Feder.

Es handelt sich hierbei jedoch nur um *innere Unterschiede* aus der Tatsache, daß entgegengesetzte Endstellungen der Hubglieder als Ausgangsstellungen verwendet sind.

In den Abb. 578 und 579 ist je eine Stoßkupplung, wie in Abb. 576, als 1. Stoßkupplung in Jacquard-Steuerungen eingebaut, ähnlich der in Abb. 577.

Der „Zylinder" ist hier *unverschieblich* im Gestell gelagert und macht nur seine Winkelschaltungen zum Heranführen der neuen Karte. Um dabei an unnötigem Hubweg der „Nadeln" zu sparen, empfiehlt sich die Verwendung eines kreisnäheren Zylinders, z. B. eines sechsflächigen, wie in den Abb. 578 und 579.

Das Schaltglied der 1. Stoßkupplung greift in Abb. 578 am rechten Ende der „Nadeln" an und ist in derjenigen Endstellung gezeichnet, in der die Federn der Nadeln *entspannt* sind, die Karte also abgetastet wird. Als Federn werden hier die Platinen (Hubglieder der 2. Stoßkupplung) benutzt.

In der gleichen Jacquard-Steuerung der Abb. 579 greift das Schaltglied der 1. Stoßkupplung gleich an den Platinen der 2. Stoßkupplung an, jedoch in deren Eigenschaft als Federn der Nadeln der 1. Stoßkupplung. Dadurch werden diese Nadeln von den Federspannkräften entlastet. Die Nadelschlaufen müssen in dem Fall die Hakenschenkel der Platinen beiderseitig umfassen.

Die Vorteile der Jacquard-Steuerungen nach Abb. 578 und 579 vor der nach Abb. 577 liegen baulich in dem einfacheren Antrieb der jetzt getrennten Zylinder und Schaltglieder der 1. Stoßkupplung, im Betrieb in der sehr wesentlichen größeren Schonung der Karten, die jetzt ruhig hängen und nur die unbedingt nötigen Bewegungen ausführen und in der Befreiung der Karte von der Aufgabe der Nadelbewegung. Die Karte braucht ja nur noch die Federspannung zu halten, nicht aber mehr den Druck zum Vorschieben der Nadel und zum Spannen der Feder auszuhalten. Durch geschickte Wahl des Geschwindigkeitsverlaufes des Schaltgliedes kann dabei noch ein besonders schonendes und geräuscharmes Aufsetzen der Nadeln auf die nicht gelochte Karte erreicht werden.

c) Die Abwandlung der 2. Stoßkupplung

der Jacquard-Steuerung in den Abb. 577, 578 und 579, deren Grundgetriebe in Abb. 580 dargestellt ist (vgl. Abb. 558), führt zu anderen Bauarten der Mehrfachsteuerung.

Sind schwerer bewegliche Teile zu steuern, als es z. B. die einzelnen Kettfäden in der Jacquard-Steuerung sind, so muß die leichte, federnde Platine dieser Jacquard-Steuerung ersetzt werden durch eine widerstandsfähigere Bauform (Abb. 581), dem Grundgetriebe der *Hochfach-Schaftmaschine*. Das 4. Glied (Punktraster) ist als kräftige Sperrklinke vollständig ausgebildet und wird jetzt allein „Platine" genannt, die bisherigen Messer des Schaltgliedes heißen jetzt „Schaufeln". An Stelle des Blattfedergelenkes der Jacquard-Platine (Abb. 580) ist ein normales Drehgelenk angeordnet. Für die dadurch verlorene Federkraft des Blattfedergelenkes mußte allerdings eine in Abb. 581 durch einen weißen Pfeil angedeutete *zusätzliche* äußere Kraft als Federkraft oder Schwerkraft vorgesehen werden.

Die Steuerbewegung der Klinke (Platine) wird durch die 1. Stoßkupplung bewirkt, von der in Abb. 581 jedoch nur das Hubglied (Nadel) gezeichnet ist, und die entweder nach Abb. 575, wie in Abb. 577, ausgebildet sein kann oder nach Abb. 576, wie in den Abb. 578 und 579.

Wie der Vergleich der Abb. 575 und 576 mit den Abb. 581 und 582 zeigt, kann auch in der 2. Stoßkupplung das 4. Glied statt im Hubglied (Platine) im Gestell gelagert werden, wodurch die Zusammenarbeit mit der 1. Stoßkupplung erleichtert und der Bau unter Umständen übersichtlicher wird.

Bei den sämtlichen, bisher betrachteten Vielfachsteuerungen wurden nur die oben das Fach bildenden Kettfäden angehoben, die unten das Fach bildenden Kettfäden blieben dagegen in der Ausgangsstellung liegen. Es wurde ein *Hochfach* gebildet (vgl. Nebenabbildung von Abb. 581). Dadurch werden die oberen Kettfäden natürlich sehr stark gedehnt.

Deswegen ist es auch üblich, nicht nur die oberen Kettfäden anzuheben, sondern zugleich auch die unteren Kettfäden entsprechend nach unten zu drücken, so daß beide Fadengruppen etwa gleichstark beansprucht werden. Es entsteht dadurch das *Klappfach* (vgl. Nebenbild der Abb. 583), wobei die oberen Kettfäden ein Hochfach bilden, die unteren ein Tieffach und nach jedem Arbeitsspiel alle Fäden in die Mittelstellung, nämlich zu einer normal gespannten Kette zurückkehren.

Abb. 583 zeigt das Grundgetriebe für eine solche Klappfachsteuerung. Es unterscheidet sich von dem Grundgetriebe der Hochfachsteuerung (Abb. 581) nur dadurch, daß der Platinenboden nicht mehr einen Teil des Gestelles bildet, sondern zu einem 2. Schaltglied geworden ist, das zwar im gleichen Takt mit dem bisherigen Schaltglied arbeitet, aber in entgegengesetzter Richtung.

Diese Stoßkupplungen (Abb. 583) kommen auch bei JACQUARD-Steuerungen vor, also ausgerüstet mit federnden Drahtplatinen. Der Aufbau eines solchen JACQUARD-Getriebes ist der gleiche, wie in den Abb. 577, 578 und 579 nur ist der Platinenboden in derselben Weise nach unten verschieblich ausgebildet, wie der Messerkasten nach oben.

Die unteren Kettfäden werden hierbei durch die Gewichts- oder Federbelastung der Harnischfäden nach *unten* gezogen, was bei Einzelfadensteuerung ohne weiteres möglich ist. Sollen aber viele, in einem Schaft zusammengefaßte Kettfäden gleichzeitig zur Fachbildung nach unten bewegt werden, dann sind doch so starke Gegenkräfte zu überwinden, daß eine direkte Stoßkupplungswirkung zweckmäßig ist.

Dies erreicht man am einfachsten mit *Schemelschaftmaschinen*, deren Schaftsteuerung als Grundgetriebe in Abb. 584 dargestellt ist.

Auch hier sind zwei gegenläufige Schaltglieder (Schaufeln) angeordnet, von denen aber nur die linke den bisher behandelten Ausführungen entspricht und die Platine *zieht*, also den Kettfaden hebt. Das rechte Schaltglied arbeitet dagegen auf Druck, wie in der Stoßkupplung der Abb. 555, und senkt den Kettfaden. Dementsprechend trägt auch die Platine links eine Zugklaue (vgl. Abb. 558), rechts dagegen eine Druckklaue (vgl. Abb. 555).

Das Ganze ist also ein Zwillingsgetriebe aus einer auf Druck arbeitenden Stoßkupplung mit einer auf Zug arbeitenden, und je nachdem, ob die Platine als Hubglied der einen oder der anderen eingekippt wird, wird der Kettfaden gesenkt (was in Abb. 584 geschehen wird) oder gehoben. Die Umsteuerung erfolgt in der in Abb. 584 gezeichneten Stellung, in der die Gewebekette noch keine Fachbildung zeigt.

Eine an Seidenstühlen übliche Fachsteuerung entsteht, wenn die Hochfach-schaufelschaft-Steuerung der Abb. 581 noch einmal vollständig, aber mit entgegengesetzter Arbeitsrichtung angeordnet wird, wie das in dem Zwillingsgetriebe der Abb. 585 geschehen ist. Hierfür sind auch zwei 1. Stoßkupplungen mit je einer Papierkarte notwendig, und bei jeder Bewegung müssen beide Karten zusammenwirken. Soll z. B. der Kettfaden gehoben werden (wie in Abb. 585), so muß die Karte der oberen 1. Stoßkupplung ein Loch haben, die der unteren 1. Stoßkupplung muß dagegen ungelocht sein. Umgekehrt muß für das Senken des Kettfadens die obere Karte ungelocht sein, die untere Karte dagegen ein Loch tragen.

Außerdem ist noch der Fall möglich, daß beide Karten ungelocht sind. Dann sind beide Platinen der 2. Stoßkupplung ausgeklinkt, der Kettfaden wird also weder gehoben noch gesenkt, bleibt ruhig liegen.

Mit dieser Schaftsteuerung kann man also einige Fäden heben, einige liegen lassen und einige senken. Es kann also gleichzeitig ein Hochfach *und* ein Tieffach gebildet werden, was bei der Herstellung von Doppelgeweben notwendig ist.

Keinesfalls dürfen beide Karten für die Steuerung *eines* Fadens zugleich ein Loch haben, da dann beide Platinen einklinken würden und die entgegengesetzte Bewegung der Hubglieder (Schaufeln) Festfahren oder Zerstörung der Steuerung zur Folge hätte.

Die Eigenart der Umsteuerung dieser Zwillings-Schaftsteuerung (Abb. 585) läßt es naheliegend erscheinen, die beiden Platinen zu einer einzigen zusammenzufassen, wie in Abb. 586, und diese nunmehr nur noch mit einer einzigen 1. Stoßkupplung, also mit einer einzigen Karte zu steuern. Damit entsteht jedoch die in Abb. 584 bereits dargestellte Schemelschaftmaschinen-Steuerung, nur in einer baulich etwas veränderten Form.

Da bei den Schaftmaschinen das gleiche Bewegungsgesetz sehr bald wiederkehrt (je nach Bindung, in Abb. 567 z. B. bereits nach dem 4. Schuß), verwendet man in der 1. Stoßkupplung meist keine Papierkarte, sondern der Schußzahl des Bindungsmusters entsprechend vielflächige Prismen (Zylinder), in Abb. 587 und 588 z. B. sechsflächige. In diejenigen Löcher dieser Zylinder, die eigentlich von der ungelochten Karte verdeckt sein müßten, steckt man entweder Eisenstifte (Abb. 587) oder Holzpflöcke (Abb. 588), womit dann in einer einzigen Umdrehung eines solchen Zylinders das ganze Webmuster festliegt (vgl. Stoßkupplung in Abb. 557).

Bei dem sehr einfachen Aufbau und der bequemen Handhabung solcher Steuerzylinder (Holzkarte) ist es praktisch ohne Nachteil, wenn in einer Schaftmaschine *zwei* 1. Stoßkupplungen mit *zwei* von diesen Steuerzylindern verwendet werden.

Wichtig ist es dagegen, besonders bei empfindlichen Ketten, daß bei der Fachbildung unnötige Kettfadenbewegungen vermieden werden. Das ist möglich, wenn vor einer neuen Fachbildung nicht erst das ganze letzte Fach „zusammenklappt", um dann mit neu geordneten Kettfäden als Ganzes auseinandergezogen zu werden, sondern wenn die Bildung des neuen Faches aus dem vorherigen dadurch geschieht, daß nur die Kettfäden bewegt werden, die von unten nach oben oder umgekehrt *wechseln* müssen, die übrigen aber, die im neuen Fach obere oder untere Kettfäden bleiben, auch ruhig in der dem geöffneten Fach entsprechenden Lage verbleiben, also *nicht* bewegt werden.

Die Bedingung, daß der *Wechsel von Kettfäden* von oben nach unten und umgekehrt *gleichzeitig* erfolgen muß, zwingt zur Anwendung von *zwei* Schaltgliedern mit gegenläufiger Bewegung, ähnlich wie in Abb. 584.

Die Bedingung, daß auch Kettfäden für das neue Fach oben oder unten liegen bleiben sollen, ist nur zu erfüllen, wenn die Trennung der Platine (Hubglied) von der Schaufel (Schaltglied) nicht nur, wie in den bisher betrachteten Fällen, in der *einen* Endlage der Schaltbewegung erfolgen kann, sondern in *beiden* Endlagen, und wenn dementsprechend auch die Platinensteuerung durch die 1. Stoßkupplung in beiden Endlagen der Schaltbewegung erfolgt.

Es entstehen so Doppelhub-Schaftmaschinen. Die Abb. 589 bis 593 zeigen eine der grundsätzlich möglichen Ausführungen.

Die Platine trägt beiderseits eine *Zug*klaue (im Gegensatz zu Abb. 584), so daß sie entweder mit der rechten Schaufel in Eingriff kommen kann, wie in Abb. 589 (Loch in der Karte der 1. Stoßkupplung), oder mit der linken Schaufel, wie in Abb. 591 (kein Loch in der Karte der 1. Stoßkupplung). Bleibt die Platine während mehrerer Schüsse mit einer dieser Schaufeln gekuppelt, so wird der zugehörige Kettfaden wechselweise unterer und oberer Kettfaden im Fach (Abb. Folge 589, 590, 589, 590 usw.).

Für die Leinenbindung der Abb. 565 braucht man zwei gegenläufige Schäfte. Würde man diese mit der vorliegenden Doppelhub-Schaftsteuerung bewegen, so bliebe die Platine des einen Schaftes immer mit der rechten Schaufel gekuppelt, die Platine des anderen Schaftes immer mit der linken Schaufel.

Die Karte würde für die Bewegung der Platine mit der rechten Schaufel *bei jeder Umsteuerung ein Loch tragen* (Abb. 589 und 590), für die Bewegung der anderen Platine mit der linken Schaufel dagegen in der *unteren Schaltstellung ungelocht sein* (wie in Abb. 591), in der *oberen Schaltstellung* dagegen auch *ein Loch* tragen.

Loch in der Karte bedeutet nämlich nicht mehr, wie bei den bisher betrachteten Stoßkupplungen „Heben des Kettfadens", sondern hat bei den Doppelhub-Schaftmaschinen verschiedene Bedeutung, je nachdem, welche getriebliche Stellung vorliegt.

In der unteren Schaltstellung (Abb. 589, 591, 592) bedeutet „Loch" das Kuppeln der Platine mit der rechten Schaufel (Abb. 589 und 592), „ungelocht", Kupplung mit der linken Schaufel (Abb. 591). War die Platine vorher bereits mit der rechten Schaufel gekuppelt (Abb. 590) und wird sie in der unteren Schaltstellung wieder mit der rechten Schaufel gekuppelt (Abb. 589), so bedeutet das „Loch" in der Karte dann, daß der Faden wieder gehoben wird. War die Schaufel vorher jedoch mit der linken Schaufel gekuppelt (Abb. 591), so bedeutet ein Loch in der Karte, daß die Platine nach der rechten Schaufel wechselt (Abb. 592), die aber dann noch in der oberen Schaltstellung steht. Für die folgende Fachbildung bleibt die Platine also außer Eingriff, ihr Faden bleibt unterer Kettfaden. Beim nächsten Hub kommt die rechte Schaufel herab und die Platine klinkt ohne weiteres ein (Abb. 589). Soll sie jedoch auch beim nächsten Hub unten bleiben, so müßte sie jetzt nach links gesteuert werden durch eine *ungelochte* Karte.

Stillstand der Platine in der unteren Schaltstellung erfordert also dauerndes Umschalten auf die Seite der gerade oben befindlichen Schaufel.

Soll die Platine in der oberen Schaltstellung (Abb. 590) gehalten werden, der Faden also oberer Kettfaden bleiben, so wird durch *ungelochte Karte* (Abb. 593) eine bei dieser Steuerung *zusätzliche Sperrung* der Platine eingerückt. So lange die Platine oben bleiben soll, muß die Karte bei *jeder* Schaltung *ungelocht* sein. In der oberen Stellung der Platine bedeutet also „Loch" in der Karte unverändertes *Gekuppeltbleiben* der Platine *mit der Schaufel*, die sie gehoben hat, also Senken des Fadens, kein „Loch" dagegen Sperrung in der oberen Lage (oberer Kettfaden).

Das Lochen der Karte oder das Stöpseln der Zylinder (Abb. 587 und 588) erfordert bei dieser Doppelhub-Schaftmaschinensteuerung also eine genaue Kenntnis der ziemlich verwickelten Steuerungsvorgänge und stellt daher Anforderungen an den Weber, denen nicht immer entsprochen werden kann.

Leichter aber ist das Zurichten der Karte oder des Zylinders in der Doppelhub-Schaftmaschine nach Abb. 594 bis 598. Hier sind wieder zwei vollständige Stoßkupplungen wie in Abb. 581 angeordnet, jede mit ihrer 1. Stoßkupplung. Die Platinen beider Stoßkupplungen sind aber durch ein Querstück miteinander verbunden und bewegen auf diese Weise gemeinsam das weiße Stoßkupplungsglied und damit den anschließenden Schaft.

Die Platinenauswahl erfolgt immer in der unteren Endstellung der Schaufeln, also einmal rechts, das nächste Mal links usw. Soll der Kettfaden z. B. im Takte der linken Schaufel gehoben werden, so muß die linke Karte ein Loch tragen (Abb. 594), und dann in der nächsten Schaltstellung der rechten Schaufel (Abb. 595) die rechte Karte ungelocht sein usw. Dann folgen sich abwechselnd die Stellungen der Abb. 594 und 595.

Bei der gegenläufigen Bewegung der rechten Schaufel ist es genau entsprechend. Es gibt hier also die einfache Zurichtungsregel: Soll der Kettfaden dauernd von oben nach unten wechseln, so trägt *die Karte* derjenigen Stoßkupplungen *ein Loch*, in deren Bewegungstakt der Kettfaden wechselt, die andere Karte trägt *kein* Loch.

Sind beide Platinen mit den Schaufeln in Eingriff, wie in den Abb. 596 und 597, so bleibt der Kettfaden immer ein oberer Kettfaden im Fach. Die Zurichtungsregel verlangt dann, daß *beide* Karten *ein Loch* haben.

Soll endlich der Kettfaden dauernd als unterer Kettfaden liegenbleiben, wie in Abb. 598, so müssen die Platinen dauernd von den Schaufeln getrennt bleiben. Die Zurichtungsregel hierfür besagt, daß dann *beide* Karten *ungelocht* bleiben müssen.

(Die bauliche Vereinigung der beiden 2. Stoßkupplungen ähnelt der bei der Heusingersteuerung Abb. 35 bis 37 des 1. Bandes gewählten Art, wobei auf diese Weise Vor- und Rückfahrt sowie die dazwischen liegenden Stufungen geschaltet werden.)

d) Steuerung von Bewegungen verschiedener Länge durch Jacquard-Steuerungen.

Bisher dienten alle Beispiele von Jacquard-Steuerungen (Schaftsteuerungen) dazu, *gleichzeitig* eine *beliebig große Zahl* aber *einfacher* Bewegungsvorgänge nach bestimmten *Auswahlgesetzen* (Webbindung) in Gang zu setzen, oder zu verhindern.

Die Steuerungsaufgabe lag also in der *gleichzeitigen Ausgabe sehr vieler Bewegungsaufträge* für im einzelnen in ihrer Art unveränderlich festliegende Einzelbewegungen (Heben oder Senken der Kettfäden).

Man kann Jacquard-Steuerungen jedoch auch verwenden zur Steuerung einer *einzigen*, aber z. B. in ihrer *Länge* veränderlichen Bewegung, wie das in Stickmaschinen zur Bewegung des Stickrahmens sowohl in senkrechter wie in waagerechter Richtung zu hoher Vollkommenheit ausgebildet ist, aber auch in der übrigen Technik in ähnlichen Fällen angewendet werden könnte, z. B. um Werkstücke zum mehrfachen Bohren oder Stanzen richtig anzulegen und dabei Bohr- oder Stanzlehren zu vermeiden.

Dazu ordnet man für jede praktisch vorkommende Länge einer solchen Bewegung eine eigene Nadel in einer Stoßkupplung an und betätigt die jeweils gewünschte Nadel durch entsprechende Lochung in der Papierkarte.

In Abb. 599 sind neun Nadeln zum Ingangsetzen einer Bewegung in neun verschiedenen Bewegungslängen in einer Stoßkupplung nach Abb. 576 zusammengefaßt. Für die Nadel, welche die gewünschte Bewegungslänge steuern soll, muß

die Papierkarte *ungelocht* sein. Alle anderen, gerade nicht steuernden Nadeln
finden in der Karte ein Loch. Das würde natürlich auch der Fall sein, wenn in
Abb. 599 eine Stoßkupplung nach Abb. 575 verwendet worden wäre.

Um diese starke Schwächung der Papierkarte durch die große Zahl von Löchern
zu vermeiden, schaltet man eine weitere Stoßkupplung vor, wie in Abb. 600.
Die bisherige Stoßkupplung wird damit zur 2. Stoßkupplung, die vorgeschaltete
zur 1. Stoßkupplung. Diese sperrt die Bewegung der Nadeln der 2. Stoßkupplung,
außer wenn die Papierkarte ein Loch aufweist, wie in Abb. 600 für die Nadel 6,
die ja auch die gewünschte Bewegungslänge einschalten soll.

Damit trägt die Papierkarte nur Löcher für die jeweils einzige der neun Nadeln
der 1. Stoßkupplung, die immer nur zur Steuerung herangezogen werden kann.

Diese Anordnung von zwei hintereinander geschalteten Stoßkupplungen gestattet aber noch eine starke Vereinfachung, wie sie in Abb. 601 dargestellt ist.
Bildet man nämlich die Hubglieder (Nadeln) der 1. Stoßkupplung mit schlüssel-
bartähnlichen Sperransätzen aus, so kann man, wie in Abb. 601, mit nur drei
Hubgliedern (Nadeln) der 1. Stoßkupplung acht Nadeln der 2. Stoßkupplung
steuern. Jeder der acht Hublängen entspricht hierbei also eine bestimmte gegenseitige Lage *aller drei* Hubglieder der 1. Stoßkupplung.

Dabei wird die Tatsache ausgenützt, daß bei drei Hubgliedern die Karte entweder ungelocht sein kann (in Abb. 601 für Hublänge 8) oder 7 verschiedene
Lochanordnungen haben kann (s. Lochplan in Abb. 601).

Die *Umwertung der Schaltstellung einer Nadel der 2. Stoßkupplung in eine wirkliche Hublänge* entsprechend dem Längenwert der betreffenden Nadel (in den
Abb. 599, 600 und 601 ist die Nadel 6 für die Hublänge 6 in Schaltstellung) ist
in Abb. 602 dargestellt.

Zwei Stoßkupplungen entsprechend Abb. 600, in denen jedoch der Übersichtlichkeit wegen nur die Nadeln für die Längenwerte 3 und 7 gezeichnet sind,
die Nadel 7 in Schaltstellung, steuern einen Satz echter Kupplungen, von denen
jede die ihr zukommende tatsächliche Hubbewegung ausführen kann, die echte
Kupplung für die Nadel 3 also den Hub von der Länge 3, die für die Nadel 7 den
Hub von der Länge 7. Diese echten Kupplungen werden jeweils von den zu ihnen
gehörenden Nadeln der 2. Stoßkupplung *eingekuppelt* und besitzen zu dem Zweck
das punktierte „vierte Glied" (vgl. Abb. 280), das ja Kuppeln und Entkuppeln
leicht ermöglicht. Da der Kupplungsvorgang während des gesamten Hubes auf-
rechterhalten bleiben muß, tragen die Nadeln der 2. Stoßkupplung entsprechend
lange Gleitflächen.

Die Schaltglieder (schwarz) bewegen sich sämtlich in gleicher Weise hin und
her, natürlich mit gestaffelter Hublänge. Das jeweils gekuppelte (weiße) Hubglied
(in Abb. 602 das Hubglied mit dem Hub 7) macht dann die Hubbewegung seines
(schwarzen) Schaltgliedes mit, während die übrigen, nichtgekuppelten Hubglieder
(in Abb. 602 das Hubglied mit dem Hub 3) unbewegt bleiben.

In der praktischen Anwendung werden sämtliche schwarzen Schaltglieder der
echten Kupplungen zu einem in Abb. 603 doppelarmigen Hebel zusammengefaßt,
der hier auch die punktierten „vierten Glieder" trägt. Die gestaffelt langen Gleitflächen der Nadeln der 2. Stoßkupplung liegen dahinter und bewegen sich zum
Schalten senkrecht zur Bildebene nach vorn. (In Abb. 603 von der Mitte gezählt
die dritte Nadel im oberen Schaltgebiet, die sechste im unteren Schaltgebiet.)

Auch die in Abb. 602 noch einzelnen weißen Hubglieder der echten Kupplungen sind in Abb. 603 zusammengefaßt zu einem einzigen Hubglied für jedes
Schaltgebiet, das jetzt nacheinander verschieden lange Hubbewegungen ausführt,
je nachdem, welches von den punktierten „vierten Gliedern" gerade zum Kuppeln
verwendet wird (oben „3", unten „6").

Diese Hubbewegungen verschiedener Länge werden in Abb. 603 zum Drehen von Zahnrädern (je nach Schaltung zu Rechtsdrehung oder Linksdrehung) benutzt. Durch die Wahl verschieden großer Zahnräder in Abb. 603 kann das obere Schaltgebiet für Zehnerlängen, das untere für Einerlängen verwendet werden. Beide Längen lassen sich zu einem zweistelligen Gesamtwert zusammenfassen, etwa mit Hilfe eines Differentialgetriebes entsprechend Abb. 349, wenn das schwarze Kegelrad dieses Differentialgetriebes von dem großen Zahnrad der Abb. 603 (Einerlängen) aus angetrieben wird, die Welle des punktierten Zwischenkegelrades des Differentialgetriebes von dem kleinen Zahnrad der Abb. 603 (Zehnerlängen) dagegen ausgeschwenkt wird, wobei sich das Drehwinkelverhältnis der beiden Zahnräder in Abb. 603 von 1 : 5 durch die Verdoppelung im Differential auf das richtige Verhältnis von 1 : 10 zwischen Einer und Zehner einstellt. Das weiße Kegelrad in Abb. 349 würde sich dann also entsprechend dem Gesamtwert drehen, und zwar bis zu dem Wert 99 nach rechts oder, bei Umschalten der Zahnstangen in Abb. 603, bis zu dem gleichen Wert nach links, also insgesamt eine Verstellänge von 198 Längeneinheiten beherrschen.

Wie Abb. 607 zeigt, erzeugt man Zehner- und Einerlängen auch sehr einfach unter Verwendung eines doppelarmigen Hebels im Schenkelverhältnis 1 : 10 (Senkrechtschraffur). Die von der Stoßkupplung abgegebene Zehnerlänge wird in Abb. 607 in waagerechter Richtung (Waagerechtschraffur) von links nach rechts unverändert weitergeleitet. Die senkrecht von oben her übernommene (Einer-) Bewegung (Senkrechtschraffur) dagegen wird durch den senkrecht schraffierten Winkelhebel auf ein Zehntel, also die tatsächliche Einerlänge, verkleinert. Beide Werte (Senkrechtschraffur und Waagerechtschraffur) vereinigen sich zu der aus Zehnern und Einern bestehenden Summe (Kreuzschraffur), weil der senkrecht schraffierte Winkelhebel in einem waagerecht schraffierten Glied lagert, mit diesem daher um den jeweiligen Zehnerlängenwert mit verschoben wird.

Dieses Getriebe nimmt also zwei verschiedene Werte auf, teilt den einen dieser Werte durch Zehn und zählt dieses Zehntel zu dem anderen Wert, es ist also ein *rechnendes Getriebe*.

Ein ähnliches rechnendes Getriebe läßt sich aber an Stelle von Getrieben nach Abb. 602 und 603 unmittelbar an die Nadeln der Stoßkupplungen nach Abb. 604 bis 606 anschließen zur sofortigen Umwertung der Nadelbewegung selbst in die wirkliche Hublänge. Abb. 604 zeigt den grundsätzlichen Aufbau eines solchen rechnenden Getriebes. Die Nadeln der Stoßkupplungen (rechts und links am Gestell geführt) wirken auf schwarze Tasten, die zwischen sich einen Zug weißer, gelenkig miteinander verbundener Glieder tragen. Jedes zweite dieser weißen Glieder ist so in einer schwarzen Taste gelagert, daß es einen doppelarmigen Hebel mit dem Schenkelverhältnis 1 : 2 bildet.

Wird die weiße Nadel z. B. rechts außen voll nach unten bewegt, wie in Abb. 605, so wird deren Bewegungswert (waagerechte Schraffur) durch den 2. Doppelhebel von unten auf die Hälfte, durch den 3. Doppelhebel auf ein Viertel und schließlich durch den 4. Doppelhebel auf ein Achtel verkleinert.

Der Bewegungswert der linken inneren auf die 2. Taste von unten wirkenden Nadel wird auf diese Weise insgesamt auf ein Viertel verkleinert, der der rechten inneren Nadel auf die Hälfte, während der der linken äußeren Nadel unverändert weitergegeben wird.

Man kann gleichzeitig mehrere Nadeln stoßen, z. B. (Abb. 606) wie eben die rechts außen mit einem Achtel wirklicher Hublänge (Waagerechtschraffur) und die links außen (senkrechte Schraffur) mit unveränderter (acht Achtel) Hublänge. Dann addieren sich beide wirklichen Hublängen (Kreuzschraffur) zu neun Achteln.

Auf diese Weise ist es möglich, in Achtelteilung alle Hublängen von einem

Achtel bis 15 Achteln zusammenzusetzen. Schon die Erweiterung des Getriebes um eine einzige Nadel und die zugehörige Hebelanordnung gibt eine Teilungsverfeinerung auf ein Sechzehntel, und so in geometrischer Reihe weiter.

Abb. 608 zeigt ein rechnendes Getriebe für die gleiche Aufgabe, bei dem ein rechts im Gestell gelagerter weißer Hebel an seinem linken Ende einen nur ein Drittel so langen waagerecht schraffierten Hebel trägt und dieser wiederum einen nur ein Neuntel so langen senkrecht schraffierten. Der weiße Hebel wird (links) unmittelbar von einer (nicht gezeichneten) Stoßkupplungsnadel um einen bestimmten Winkel gedreht.

Der waagerecht schraffierte Hebel besitzt hierfür ein dem weißen Hebel aufgelagertes Parallelkurbelgetriebe (waagerechte Schraffur) (Abb. 138 bis 147, Bd. 1, 2 Aufl.), der letzte, senkrecht sogar zwei Parallelkurbelgetriebe je über dem waagerecht schraffierten und dem weißen Hebel (senkrechte Schraffur). Die drei rechts herausragenden Hebelenden werden von den Nadeln dreier Stoßkupplungen (entsprechend Abb. 583, 584, 585 und 586) um gleiche Winkel nach oben (waagerechte Schraffur in Abb. 609) oder nach unten (weiß und senkrechte Schraffur in Abb. 609) bewegt und dadurch vom weißen Hebel neun Neuntel wirkliche Bewegung, vom waagerecht schraffierten Hebel drei Neuntel wirkliche Bewegung und vom senkrecht schraffierten Hebel ein Neuntel wirkliche Bewegung auf den kreuzschraffierten Schieber übertragen.

Im Gegensatz zu dem rechnenden Getriebe der Abb. 604 bis 606 können sich diese Teilwerte nur zusammenzählen, wenn die zugehörigen Hebel in der gleichen Richtung gedreht werden, in Abb. 609 z. B. der des weißen Hebels (neun Neuntel) und der des senkrecht schraffierten (ein Neuntel), während der des nach oben gedrehten waagerecht schraffierten Hebels (drei Neuntel) abgezogen werden muß. Die Gesamtverschiebung des kreuzschraffierten Schiebers beträgt in Abb. 609 also $^9/_9 + {}^1/_9 - {}^3/_9 = {}^7/_9$ (nach oben).

Die Reichweite dieses im Aufbau doch ziemlich einfachen nur mit drei Stoßkupplungsnadeln arbeitenden Getriebes beträgt dreizehn Neuntel Verschiebung nach oben und weitere dreizehn Neuntel nach unten, also insgesamt sechsundzwanzig Neuntel Schublänge des kreuzschraffierten Schiebers.

All diese Umwertegetriebe ergeben jedoch infolge des Spiels ihrer zahlreichen Gelenke und Führungen nur ungenaue Längenwerte, die nachträglich verbessert werden müssen.

Hierzu verwendet man zweckmäßig form-kraftschlüssige Sperrungen nach Abb. 178, 192 oder 193.

Das schwarze Sperrglied wird mit Hilfe der JACQUARD-Steuerung auf den gewünschten Längenwert (mit Spielfehler) eingestellt (Abb. 621). Seine Sperrzahnteilung muß der Längeneinheit des Längenwertes entsprechen. Das weiße Sperrglied ordnet man so an, daß es mit seiner Verzahnung in genauem Längenabstand liegt. Beim Sperren richtet es dann das schwarze Schaltglied ebenfalls auf genauen Längenabstand aus, beseitigt also damit den Spielfehler des Umwertegetriebes. Bedingung ist allerdings, daß der Gesamtspielfehler immer kleiner bleibt, als eine halbe Sperrzahnteilung, was bei der Bemessung der Zahnteilung zu berücksichtigen ist.

52. Rechnende Getriebe.
a) Der Zahlenwert.

Die sog. *arabischen Ziffern* (Abb. 622), die fast ausschließlich im täglichen Leben verwendet werden, geben nicht den Zahlenwert selbst etwa bildmäßig wieder, sondern sind nur ein eigenartig geformter Linienzug (Arabeske), den man als Schriftzeichen für die betreffende Zahl angenommen hat.

Beim Lesen einer solchen Zahl muß im Gehirn erst der Linienzug als Zeichen einer Ziffer erkannt werden, dann diese Ziffer in den Zahlenwert umgedacht und nun erst kann damit weiter gerechnet werden. Solche Undenkbarkeit kann eine Rechenmaschine nicht ausführen, und daher sind die beim schriftlichen Rechnen sonst selbstverständlichen arabischen Ziffern beim Maschinenrechnen unbrauchbar.

Im Gegensatz dazu sind die römischen Ziffern (Abb. 623) aus dem Rechnen mit den Fingern entstanden (Abb. 624). Dabei wird z. B. der Zahlenwert 3 durch drei Finger wirklich wertmäßig dargestellt und diese drei Finger erscheinen in der römischen III als drei senkrechte Striche, also auch in wertmäßiger Darstellung. Die lateinische V ist, wie Abb. 624 zeigt, eine schematische Darstellung der ganzen Hand.

Daß sich die römischen Ziffern trotz ihrer Anschaulichkeit nicht zum Rechnen eignen, liegt an ihrer umständlichen und unübersichtlichen Schreibweise, wenn Zahlen dargestellt werden müssen, die außerhalb des Bereiches des Finger-rechnens liegen.

Außer der ziffernmäßigen Darstellung der Zahlen gibt es noch die schaubild-liche Darstellung, entweder (Abb. 625) in Säulen wertgemäßer Höhe (Diagramme) oder (Abb. 626) in wertgemäßer Höhenlage von Punkten, wie z. B. bei der Ton-darstellung in der Notenschrift. Beide Darstellungen sind Bilder des *Zahlenwertes* und daher ohne weiteres bildmäßig verständlich. Diese beiden Darstellungsformen lassen sich daher auch für rechnende Getriebe verwerten, entweder in wert-entsprechender Höhenlage, z. B. von Kugeln (Abb. 627), oder, was fast aus-schließlich angewendet wird, in wertgemäßer Höhenlage von Zahnstangen (Stäben usw.) über einer Nullstellung (Abb. 628). Diese Kugeln oder Zahnstangen kann die Maschine abtasten oder abfühlen (Stoßkupplung) und damit zur Rechen-arbeit in sich aufnehmen.

Abb. 629 zeigt eine Getriebeanordnung zum Aufnahmen einer fünfstelligen Zahl, wobei für jede Stelle eine Zahnstange mit 10 Zahnlücken (0 bis 9) vorgesehen ist. Alle Zahnstangen werden durch Federkraft (Pfeile) nach links in die 0-Stellung gedrückt. Soll eine Zahl aufgenommen werden, so werden die betreffenden Zahn-stangen um den jeweiligen Ziffernwert nach rechts gedrückt und dann durch die schwarze Sperrleiste gesperrt. In Abb. 629 enthalten die Zahnstangen von der vordersten angefangen die Werte 3, 5, 6, 0, 0.

b) Rechenmaschinen und Kommandogeräte.

Im maschinellen Rechnen gibt es zwei grundlegend verschiedene Aufgaben-stellungen, und daraus folgend, auch zwei grundlegend verschiedene Maschinen-arten.

Das kaufmännische Rechnen verlangt im wesentlichen Additionsarbeit (Sub-traktion), wobei weniger das Ausrechnen selbst als vor allem das Buchen der neuen Werte innerhalb eines oder mehrerer Konten als wertvoll angesehen wird. Ent-sprechend den vielfältigen Buchungsaufgaben, wie sie einer Bank, einem Geschäfts-haus oder in einer Gaststätte vorkommen, soll eine Buchungsmaschine oder Registerkasse den Bedingungen des jeweiligen Betriebes und innerhalb des Be-triebes den verschiedenen Buchungsfällen leicht anpaßbar sein.

Außerdem werden Rechenmaschinen z. B. in Lohnbüros, statistischen und wissenschaftlichen Instituten benutzt, um *alle möglichen Rechenaufgaben* aus-zurechnen. In diesen Fällen werden von der Maschine die vier Grundrechnungs-arten Addition, Subtraktion, Multiplikation und Division verlangt.

All diesen Anwendungsfällen ist gemeinsam, daß eine weitreichende An-passungsfähigkeit des Rechengerätes an alle nur denkbaren Aufgaben verlangt wird. Das ist technisch aber nur dann möglich, wenn für die Durchführung der einzelnen

Rechenaufgaben eine längere Zeit, ein Kassengang oder ein Rechenmaschinengang zugelassen wird. In der Praxis steht diese Zeit auch in den meisten Fällen zur Verfügung.

Allerdings gibt es besonders bemerkenswerte Ausnahmen, in denen das Rechnungsergebnis unmittelbar ohne den geringsten Zeitverlust vorliegen muß. Besonders sinnfällig ist hierfür das Beispiel der Flakartillerie. Die schnellen Flugzeuggeschwindigkeiten und die daraus folgenden schnellen Zieländerungen lassen keine auch nur kurze Zeit zum Berechnen der Geschützrohrstellung, weil dann die Rechenergebnisse bereits entscheidend überholt sein würden. In dem Fall muß das Ausrechnungsergebnis ohne Zeitverlust sofort vorliegen und nach diesem besonders wichtigen Anwendungsbeispiel und den dafür verwendeten Rechengeräten wird hier diese Art rechnender Maschinen allgemein als *Kommandogeräte*[1] bezeichnet.

Zu diesen Kommandogeräten gehören aber auch die Steuerungen. Wenn ein Kraftfahrer in eine Kurve einfahren will hat er nicht Zeit, erst das Einschlagen des rechten und des linken Vorderrades zu errechnen, das tut die Achsschenkelsteuerung als rechnendes Getriebe nach Art der Kommandogeräte von selbst, wenn es vom Lenkrad die gewünschte Fahrtrichtung angegeben bekommt.

All diesen Kommandogeräten und Steuerungsgetrieben ist gemeinsam, daß sie die Rechenergebnisse ohne jeden Zeitverlust ermitteln und gegebenenfalls in Steuerungsausschlägen zur Anwendung bringen, sie berechnen dabei aber immer wieder dieselbe mathematische Gleichung, nur immer mit anderen Veränderlichen, die Flakartillerie z. B. die raumgeometrischen Beziehungen zwischen dem gemessenen und dem künftigen Standort des Ziels und die entsprechenden ballistischen Gleichungen, die Kraftwagenlenkung die für den richtigen Kurvenlauf in Frage kommende geometrische Beziehung der Radstellungen. Diese Beschränkung auf eine einzige mathematische Gleichung oder Formel für jedes einzelne rechnende Getriebe ist aber auch *notwendige Bauvoraussetzung* für Rechengeräte und Steuerungen nach Art der Kommandogeräte. Die dafür in Frage kommenden rechnenden Getriebe müssen außer den vier Grundrechnungsarten auch Winkelfunktionsrechnungen usw. ausführen können, in besonders schwierigen Fällen sogar Funktionen berechnen, deren mathematischer Aufbau noch unbekannt ist.

c) Der maschinelle Buchungsvorgang.

Die Abb. 610 bis 620 zeigen den grundsätzlichen Ablauf eines Buchungsvorganges für einen Stellenwert (Dezimale)[2], durch den der Wert, den die Zahnstangen eines Kontenkästchens entsprechend Abb. 629 ausdrücken, um einen neuen Betrag erhöht wird. Dabei ist das Kontenkästchen in eine Buchungskasse eingesetzt.

Diese enthält etwa in der Mitte ein schwenkbares Addierwerk (Punktraster) mit Zehnerschaltung, darüber (waagerecht gestrichelt) eine Zahnstange und ein Zahnrad, in die vom Bedienungsmann ein Betrag eingeführt werden kann (in Abb. 610 bis 612) enthalten sie noch den Betrag der letzten Buchung), darunter eine Übertragungseinrichtung in Form einer Stoßkupplung zum Abtasten des Inhaltes des Kontenkästchens (senkrechte Strichelung). In Abb. 611 ist zu dem Zweck die Übertragungseinrichtung durch einen federnd auf sie wirkenden (schwarzen) Schieber nach rechts gedrückt, bis die Tastschiene an die Zahnstange des Kontenkästchens anstößt. Damit entspricht jetzt auch die Stellung der Über-

---

[1] KUHLENKAMP: Flakkommandogeräte, VDI-Verlag 1944; KUHLENKAMP: Flugabwehr VDI-Verlag, 4. Aufl., 1942.

[2] Die Anordnung muß so oft nebeneinander ausgeführt werden, als die zu buchenden Beträge Stellen (Dezimale) enthalten können.

tragungseinrichtung in Zahnstellung und Drucktypenstellung (unten) dem Wert 3 der Zahnstange des Kontenkästchens (senkrechte Schraffur auch am Übertragungswerk).

In Abb. 612 ist das auf Null stehende Addierwerk mit dem auf dem Zahlenwert 3 stehenden Übertragungswerk in Eingriff gebracht, die darüberliegende Zahnstange mit dem Betrag der letzten Buchung dagegen freigegeben worden.

In Abb. 613 wird das Übertragungswerk in die Nullstellung zurückgeführt. Dadurch gibt es den abgetasteten Zahlenwert 3 an das Addierwerk ab, was jetzt durch senkrechte Schraffur ausgedrückt ist. Auch die oben liegende Zahnstange mit Zahnrad kehrt in die Nullstellung zurück.

In Abb. 614 wird die Zahnstangensperrung im Kontenkästchen gelöst und dessen Zahnstangen werden durch Federn in die Nullstellung zurückgedrückt.

Das Addierwerk, das jetzt nur noch allein den Kontenwert enthält, ist mit der oberen Zahnstange in Eingriff gekommen. In diese wird nunmehr (Abb. 615) der neue Betrag eingeführt (waagerechte Schraffur), der im Addierwerk zu dem Kontenwert zugezählt wird und das Addierwerk damit auf den Wert des neuen Saldos (Kreuzschraffur) einstellt.

Zur Übertragung dieses neuen Saldos in das Kontenkästchen schwenkt das Addierwerk in Abb. 616 wieder zum Eingriff mit dem noch auf Null stehenden Übertragungswerk, wird in Abb. 617 auf Null zurückgedreht und übergibt damit den neuen Saldo durch das Übertragungswerk in das Kontenkästchen. Dieses wird in Abb. 618 gesperrt, in Abb. 619 schwenkt das auf Null stehende Addierwerk wieder nach oben und in Abb. 620 kehrt das nun wieder freie Übertragungswerk ebenfalls in die Nullstellung zurück. Die Buchungskasse ist zum nächsten Buchungsvorgang bereit. Dieses ganze Arbeitsspiel erfolgt kurvengesteuert in einem sog. Kassengang.

Bei der Einführung des neuen Betrages muß die dem Bedienungsmann geläufige ziffernmäßige Darstellung des Zahlenwertes in eine von der Maschine abtastbare wertentsprechende Länge umgeformt werden. Das geschieht ganz allgemein dadurch, daß für jeden Stellenwert, wie in Abb. 630, zehn[1] Tasten mit den Ziffern 0 bis 9 *in wertentsprechenden Abständen* angeordnet werden, oder je ein Hebel auf entsprechend angeordnete Ziffern eingestellt wird (letzteres jetzt seltener). Wird, wie in Abb. 630, die Taste 4 gedrückt, so bildet diese einen Anschlag für eine dem Zahlenwert 4 entsprechende Drehung eines Zahnbügels usw.

Nun darf aber nicht schon durch das Eintasten des neuen Betrages dieser in den Buchungsvorgang selbst eingeführt werden, das darf vielmehr erst entsprechend dem Ablauf des Arbeitsspieles während des Kassenganges erfolgen. Dann aber tastet die Buchungskasse im rechten Zeitpunkt selbst den eingetasteten Betrag durch eine sich sperrende Stoßkupplung ab, wie es in Abb. 631 und 632 wieder für einen Stellenwert (4) dargestellt ist. Das vornliegende schwarze Glied macht eine Schwenkbewegung und nimmt zunächst den Zahnbogen mit, bis der schwarze Taster an den Stift der Taste 4 anschlägt (Abb. 631) und von da an entsprechend waagerecht schraffiert ist. Bei weiterer Drehung hebt der Tastfinger den Sperrschieber an, klinkt dadurch den Zahnbogen in der Stellung 4 (waagerechte Schraffur) an der Tastenbank fest (Abb. 632), während gleichzeitig die Verriegelung mit dem schwarzen Glied gelöst wird. Dieses schwarze Glied schwenkt aber weiter und sichert dadurch den Sperrschieber in der neuen Sperrstellung. Dieser eben dargestellte Abtastvorgang erfolgt im Arbeitsspiel des Kassengangs ohne weiteres Zutun des Bedienungsmannes.

Die von der Buchungskasse abnehmbaren Kontenkästchen, gewissermaßen

---

[1] Häufig auch neun Tasten mit den Ziffern 1 bis 9.

als Ersatz für Sparbücher, sind baulich, wie in der Anwendung ein Sonderfall, bedeutungsvoll als Ausgangsbauweise dieser Maschinenart, aber auch besonders anschaulich, weil die wichtigen Bestandteile einer solchen Maschine auch baulich getrennt sind, nämlich die eigentliche Buchungskasse, die allein die *Veränderung der Salden* zu besorgen hat, also kurzfristig tätig ist, und eine größere Zahl Kontenkästchen, die lediglich die *Salden* der jeweiligen Konten *unverändert aufzuzubewahren* haben, also sehr langfristige Aufgaben erfüllen.

Man kann eine solche Buchungskasse zu einer maschinellen Bankbuchführung entwickeln, wenn man eine sehr große Zahl (Hunderte oder Tausende) von Einzelkonten der Bankkunden anschließt. Das zwingt zu einer sehr raumsparenden Ausbildung der Zahnstangenkonten (vgl. Abb. 633, 634 und 635) und zu einer raumsparenden Unterbringung an der Buchungskasse (vgl. Abb. 636).

Praktisch bedeutungsvoller ist jedoch der Ausbau einer Buchungskasse in der Weise, daß ein neueingeführter Betrag gleichzeitig in *mehreren* verschiedenen Konten gebucht wird. Auf diese Weise entsteht die *Registrier*kasse, bei der z. B. in einer Gaststätte ein Betrag aufgenommen werden muß

1. im Hauptkonto, das den Gesamtumsatz zeigt,

2. im Kellnerkonto, das den Tagesumsatz des betreffenden Kellners angibt, und

3. in dem betreffenden Warenkonto, das den Verbrauch der Vorräte, den Umsatz und die Arbeitsleistung der Küche usw. erkennen läßt.

Eine solche Anwendbarkeit erfordert einen Ausbau der eigentlichen Buchungskasse in der Weise, daß für jede dieser Kontenarten eigene Addiermaschinen vorzusehen sind, wie das in Abb. 637 dargestellt ist.

In drei Stockwerken übereinander sind das Addierwerk 1 (Hauptkonto), das Addierwerk 2 (Kellnerkonto und das Addierwerk 3 (Warenkonto) angeordnet und bei Bedarf könnten noch weitere Addierwerke vorgesehen werden.

Etwa waagerecht über den Addierwerken liegen die Zahnstangen der einzelnen Konten in der dem augenblicklichen Kontenwert entsprechenden Lage. Die obere Verzahnung ist Sperrverzahnung, in Abb. 637 mit angehobenen Kontenstangen in Eingriff mit dem Sperrzahn (vgl. auch Abb. 621). Die untere Verzahnung dient der Übertragung des Konteninhaltes in das jeweilige Addierwerk. Zu dem Zweck werden die Kontenzahnstangen gesenkt, lösen sich dadurch aus der Sperrung und kuppeln sich mit dem jeweiligen Addierwerk.

Dann werden die Zahnstangen von den rechts dargestellten (schwarzen) Druckdaumen (Stoßkupplung) in die Nullstellung gedrückt, wozu sie je nach ihrem Wertinhalt verschieden lange Wege ausführen müssen (ausgezogener Pfeilbogen) und dadurch in der bekannten Weise den Konteninhalt in das zuständige Addierwerk übergeben.

In der Nullstellung angelangt schwenken die Kontenzahnstangen wieder nach oben zur Sperrung, während die links senkrecht angeordnete Zahnstange für neue Einzelbeträge nach rechts rückt, mit allen drei Addierwerken gleichzeitig in Eingriff kommt, und durch Senken um ein dem neuen Einzelbetrag entsprechendes Stück diesen Betrag in alle drei Addierwerke gleichzeitig einführt

Nunmehr rückt die Zahnstange für neue Einzelbeträge in ihre in Abb. 637 gezeigte Stellung zurück, die Kontenzahnstangen kuppeln sich wieder mit den zuständigen Addierwerken, die sich in die Nullstellung zurückdrehen und dadurch den neuerrechneten Kontenwert in die Kontenzahnstangen übergeben. Diese heben sich dann an und werden dadurch wieder gesperrt. Der Gesamtzustand der Abb. 637 ist damit, allerdings mit dem neuen Kontenwert, wieder erreicht.

Das Addierwerk 1 wird immer nur mit einem einzigen Zahnstangen-Hauptkonto zusammenarbeiten, außer in großen Geschäftsbetrieben, in denen die einzelnen Abteilungen selbständig mit eigenen Hauptkonten arbeiten und abrechnen.

Die Addierwerke 2 (Kellner- und Verkäuferkonten) und Addierwerke 3 (Warenkonten) müssen aber immer mit so vielen Zahnstangenkonten zusammenarbeiten, als Kellner oder Verkäufer und als Warenarten vorhanden sind. Hierbei muß man also wieder eine raumsparende Unterbringung von vielen Konten vorgesehen werden, wenn auch nicht in der ungemein großen Zahl, wie bei Bankbuchführungsmaschinen.

Zu dem Zweck werden, wie z. B. Abb. 638 zeigt, die Addierwerke (Punktraster) mit breiten Zahnrädern für die Aufnahme der Werte aus den Zahnstangenkonten ausgestattet und die Zahnstangen gleicher Stellenwerte (Einer, Zehner usw.) sämtlicher Konten zu einem Paket zusammengefaßt, so daß Kontenzahnstange an Kontenzahnstange liegt. In Abb. 638 sind der Übersichtlichkeit wegen größere Zwischenräume gelassen.

Die Druckdaumen der Abb. 637 sind in Abb. 638 (rechts) als E-förmiger Schieber (schwarz) ausgebildet. Dieser wird entsprechend dem gerade gewünschten Kellner- oder Warenkonto *I*, *II* oder *III* in Richtung der Addierwerkachse durch einen Handhebel der Registerkasse verschoben und bringt dann im Verlaufe des geschilderten Kassenganges das eingestellte Konto zur Buchung.

Es ist selbstverständlich auch möglich, die einzelnen Konten wie in Abb. 636 auch in Registerkassen anzuordnen, wozu man bei ungewöhnlich zahlreichen Einzelkonten unter Umständen sogar schreiten muß, um an Maschinenbreite zu sparen.

d) Mathematik in Getrieben[1].

Bei den Rechengeräten nach Art der Kommandogeräte und der Steuerungen müssen die mathematischen Gesetze ausgenutzt werden, die in den Getrieben selbst verkörpert sind.

Die

Addition

ist vorstellbar als das Aneinanderlegen zweier Strecken. Das ist getrieblich mit Keilschubgetrieben möglich und in etwas anderer Art mit Differentialgetrieben.

Das Keilschubgetriebe (Abb. 639) wird hierzu in der Bewegungsrichtung des Hubgliedes (Kreuzschraffur) selbst im ganzen verschieblich angeordnet. Der eine Summand *a* (waagerechte Schraffur) wird eingeführt durch entsprechende *Getriebe*verschiebung, der zweite Summand *b* (senkrechte Schraffur) durch *Keil*verschiebung, wobei man Maßstabsgleichheit erhält bei einem Keilwinkel von 45°. Das Hubglied macht gegenüber der ruhenden Bodenplatte die Getriebebewegung *a* mit und die Keilschubbewegung *b*. Die Gesamtbewegung ist also der Summenwert $a + b$, was durch Kreuzschraffur angedeutet ist.

Man kann dazu natürlich sämtliche Formen des Keiltriebes benutzen, also den Spiralkeiltrieb, wie in Abb. 640 und den Schraubentrieb, wie in den Abb. 641 und 642.

In diesen Fällen wird der Summand *b* durch Drehen des Spiralkeiles in Abb. 640 oder des Gewindebolzens in den Abb. 641 und 642 eingeführt. Diese zunächst etwas umständlich erscheinenden Anordnungen können praktisch zweckmäßig sein. So eignet sich die Spiralkeilanordnung der Abb. 640 für solche Fälle, in denen der Summand *b* durch ein selbsttätiges Instrument mit drehendem Zeiger eingeführt wird, also z. B. durch ein Barometer als Höhenmesser. Der Pilot entnimmt aus der Karte die Höhe des überflogenen Geländes und führt diese als Wert

---

[1] Unter Verwendung einer Wahlarbeit von FRANZ MAX SCHOLZ, Aachen.

— a ein (umgekehrte Richtung bei der Getriebeverschiebung). Das Getriebe arbeitet dann als Subtraktionsgetriebe und zeigt die tatsächliche Flughöhe über der Erdoberfläche an. Die Anordnung mit Schraubentrieb (Abb. 641 und 642) eignet sich für Fälle, in denen der Summand b entweder sehr genau eingestellt werden muß oder vielleicht Selbstsperrung erwünscht ist. Die Getriebeverschiebung (a) kann man durch eine entsprechende Verschiebung der Skala für den Wert b ersetzen (kinematische Umkehrung).

Die geometrischen Beziehungen, die einer Addition mit Differentialgetrieben zugrunde liegen, sind aus Abb. 643 ersichtlich. Sind drei parallele Linien gleichweit (Abstand c) voneinander entfernt und wählt man auf einer der außenliegenden Parallelen eine Strecke (z. B. a oder b) als Grundlinie eines Dreiecks, dessen Spitze auf der jeweils anderen Außenparallelen liegt, so werden auf der mittleren Parallelen halb so lange Strecken abgeteilt, also $a/2$ und $b/2$. Bildet man ein Trapez, indem man auf den Außenparallelen die Strecken a und b abträgt und deren Endpunkte miteinander verbindet, so wird auf der mittleren Parallelen die Strecke $\frac{a+b}{2}$ abgeteilt, oder anders ausgedrückt die Summe $a + b$, jedoch im halben Maßstab.

Das entsprechende Getriebe zeigt Abb. 644, bei dem zusätzlich noch ein Multiplikationsgetriebe entsprechend Abb. 657 (gestrichelt) angebracht ist, daß die Summe $\frac{a+b}{2}$ mit 2 multipliziert. Es handelt sich hier um das gleiche Verfahren, wie es in den Leitertafeln des graphischen Rechnens (Abb. 645) üblich ist. Das als eine solche Leitertafel ausgebildete Getriebe der Abb. 646 gleicht grundsätzlich dem der Abb. 644.

Wie diese einfachen Formen des Differentialgetriebes können alle Formen des Differentialgetriebes als Additionsgetriebe verwendet werden. So läßt sich vorteilhaft der weißkreuzschraffierte gleicharmige Hebel durch ein Zahnrad ersetzen, wie in Abb. 647. Damit erhält man ein besonders einfaches, nur aus Zahnstangen und Zahnrädern bestehendes Getriebe, das mehrfach angeordnet werden kann, wie z. B. in Abb. 648 zu einem Getriebe für acht Summanden. Dabei zeigt sich aber als Nachteil die fortschreitende Verkleinerung des Zwischen- und Endsummenmaßstabes. (In Abb. 648 beträgt der Endsummenmaßstab ein Achtel des Summandenmaßstabes.) Dies läßt sich aber vermeiden, wenn man, wie in Abb. 649, die Summanden in die Schieberstangen einführt, so daß sich die Summe im doppelten Summandenmaßstab ergibt.

In einem Getriebe für Summanden, wie z. B. in Abb. 648, verwendet man dann zweckmäßig für die Zwischenadditionsstufen abwechselnd Getriebe entsprechend (Abb. 647 und 649).

Ein ernsthafter Nachteil der mit Verzahnung arbeitenden Getriebe liegt in dem Zahnspiel, das im rechnenden Getriebe die Genauigkeit des Endergebnisses leicht in unzuverlässiger Art herabsetzen kann. Die möglichst weitgehende Beseitigung von Spiel und Federung sind überhaupt die Haupt-Bauschwierigkeiten beim Entwurf von rechnenden Getrieben.

Abb. 650 und 651 zeigen die Verwendung von Stahlband, um spielfrei nach dem Differentialsystem arbeiten zu können. Abb. 650 zeigt zunächst die Einführung des Summanden a, Abb. 651 die des Summanden b und die Summenbildung $a + b$, diesmal wie in Abb. 649 im doppelten Summandenmaßstab.

Schließlich kann natürlich auch, wie die Abb. 652 bis 655 zeigen, das normale Kegelrad-Differential als Additionsgetriebe verwendet werden oder das leichter herstellbare getrieblich gleichwertige gegenlastige Vollstirnraddifferential (Abb. 370), wenn Winkeldrehungen oder Geschwindigkeiten (statt Strecken, wie bisher) zusammengezählt werden sollen, oder bei negativem Vorzeichen und entsprechend gegenseitiger Drehung abgezogen werden. Die Abb. 371 bis 374 zeigten bereits ein Anwendungsbeispiel hierfür.

Die

Subtraktion

kann, wie oben, aufgefaßt werden als Addition zweier Summanden mit verschiedenem Vorzeichen. Im Additionsgetriebe muß dann für den Summanden mit negativem Vorzeichen die entgegengesetzte Schub- oder Drehrichtung angewendet werden.

Man kann die Subtraktion aber auch auffassen als die Differenz, die man erhält, wenn man von einer Größe (Minuend) eine zweite (Subtrahend) abzieht.

Das ist aber die Umkehrung des Additionsvorganges. Getrieblich würde man dann den Minuend $(a + b)$ am Summenschieber einführen, den Subtrahend an einem der beiden Summandenschieber (oder -räder), z. B. a. Am anderen Summandenschieber erscheint dann die Differenz (z. B. b). Für die Addition und Subtraktion verwendet man also die gleichen Getriebe.

Würde man bei der

Multiplikation

den Grundsatz der abtastbaren Wertlängen *genau* wie bei der Addition (Längenmaß als Einheit) durchführen, so würde das beim Multiplizieren zweier Werte zum Ausmessen von Flächen (z. B. Planimeter) führen, beim Multiplizieren von drei Werten zum Ausmessen von Körpern und bei mehr als drei Faktoren überhaupt unmöglich werden. Dennoch ist es möglich, alle Werte und Ergebnisse in wertentsprechenden *Strecken* zu gewinnen, die dann aber — mathematisch betrachtet — „dimensionslos" sind.

Nach einem Grundgesetz der Geometrie sind in Abb. 656 die dort dargestellten Dreiecke mit gemeinsamer Spitze ähnlich (d. h. sie enthalten die gleichen Winkel, sind aber verschieden groß), und dann gilt folgende *Verhältnis*gleichung:

$$a : c \text{ (kleines Dreieck)} = b : d \text{ (großes Dreieck)}.$$

Die Werte a, b, c und d werden natürlich erst in einem Längenmaß (z. B. mm) gemessen, in den Verhältnissen a/c und b/d kürzen sich diese Längenmaße aber heraus, und dann sind a, b, c und d nur einfache *unbenannte* (dimensionslose) Zahlen.

Nun macht der Mathematiker einen sog. Kunstgriff und gibt der Länge a den Zahlenwert 1.

Dann lautet die Verhältnisgleichung

$$1 : c = b : d$$

oder umgeformt (beide Seiten der Gleichung mit $c \cdot d$ multipliziert)

$$1 \cdot d = b \cdot c.$$

Das aber ist eine Multiplikationsaufgabe, die getrieblich in Anlehnung an die Abb. 656 zu lösen ist, wie Abb. 657 zeigt.

Der Wert a ist gleich 1 gesetzt, das Verhältnis $a : b$ ist ebenfalls unveränderlich angeordnet, und zwar im Wert $1 : 2$. Nur der Wert c ist nach Belieben einstellbar (veränderlich), damit dreht sich der schwarze, weiß schraffierte Hebel, der das Verhältnis $1 : 2$ wahrt und dadurch stellt sich der Wert d als Ergebnis der Multiplikationsaufgabe ein.

$$d = b \cdot c = 2 \cdot c .$$

Das Getriebe der Abb. 657 ist also ein Verdoppelungsgetriebe, das in Abb. 644 bereits einmal angewendet wurde (gestrichelt gezeichnet).

In dem Multiplikationsgetriebe der Abb. 658 ist außer dem Winkel des Multiplikationshebels (Wert c) auch der Parallelabstand b veränderlich, es ist damit also das Produkt zweier veränderlicher Faktoren zu ermitteln. Allerdings ist der Wert c, wie Abb. 656 deutlich zeigt, nicht proportional der Winkeldrehung des Multiplikationshebels, sondern proportional dem Tangens dieses Winkels. Daher ist es auch zweckmäßiger, diesen Wert c gleich als Tangenswert einführbar zu machen wie z. B. durch den senkrecht schraffierten Schieber in Abb. 657, oder die senkrecht schraffierte Mutter in dem der gleichen Multiplikationsaufgabe dienenden Getriebe der Abb. 659.

Bildet man den schwarzen, weiß querschraffierten Multiplikationshebel z. B. der Abb. 657 als Zahnrad (Reibrad) aus, die senkrecht schraffierte und die kreuzschraffierte Stange als damit im Eingriff stehende Zahnstange (Reibstange), so entsteht das mit festem Übersetzungsverhältnis r_1/r_2 arbeitende Multiplikationsgetriebe der Abb. 660, das in unzähligen Zahnrad- und Riemenvorgelegen praktische Anwendung findet.

Soll auch noch entsprechend den Getrieben der Abb. 658 und 659 das Übersetzungsverhältnis (b) geändert werden, so entstehen Multiplikationsgetriebe wie in Abb. 661. Dieses Getriebe ist aber bereits aus Abb. 476 bekannt, als Getriebe für stufenlose Geschwindigkeitsschaltung. Ebenso sind natürlich auch die weiteren Formen stufenlos übersetzender Getriebe wie in den Abb. 477 bis 485 und 480 bis 483 sowie in Abb. 488 ebenfalls auch als Multiplikationsaufgabe für zwei unveränderliche Faktoren aufzufassen, wenn auch bei den stufenlosen Geschwindigkeitsschaltungen der eine dieser Faktoren, nämlich die Antriebsdrehzahl, meist unveränderlich gehalten wird.

Ein den stufenlos übersetzenden Getrieben der Abb. 480 bis 483 ähnlich ausgebildetes Multiplikationsgetriebe mit entlasteter Welle für das verstellbare Reibrad (b) zeigt Abb. 662 für die Multiplikation zweier veränderlicher Faktoren und Abb. 663 in Zwillingsanordnung zur Multiplikation von drei Faktoren $(c \cdot 1/b \cdot d)$.

Bei den Dreiecksmultiplikatoren (Abb. 657 bis 659) werden die einzelnen Werte meist durch kleine Strecken dargestellt, und daher können die Spielfehler einen verhältnismäßig großen Anteil dieser Werte ausmachen, besonders bei Aufgaben in denen dazu noch mit kleinen Werten gerechnet wird.

Bei den Reibradmultiplikatoren (Abb. 661 bis 663 sowie auch Abb. 477 bis 483) können die einzelnen Werte zwar auch als kleine oder größere Drehwinkel erscheinen, zweckmäßiger ist es aber, sie als Geschwindigkeiten einzuführen. Praktisch bedeutet das eine maßstäbliche Vergrößerung der Rechenwerte gegenüber den Getriebeungenauigkeiten und damit das Herunterdrücken der Fehlergrenze, weswegen die Reibgetriebe in dieser Weise viel angewendet werden. Bei den Reibgetrieben tritt jedoch Schlupf auf, dessen Ausmaß abhängt vom Widerstand der die Bewegung ableitenden Welle (und der Anpressung). Dieser Schlupf muß in Rechengetrieben soweit als möglich ausgeschaltet werden und deswegen werden die Reibgetriebe zweckmäßig *ohne* Kraftdurchfluß lediglich als *wertanzeigende* Getriebe verwendet und die für den weiteren Rechengang notwendige Kraft durch Nachsteuern des Ergebnisses neu eingeführt.

Benutzt man Reibgetriebe als kraftdurchflossene Getriebe und steuert man gar mit ihren Ergebnissen nachfolgende Reibgetriebe, so entstehen meist ganz untragbare Schlupffehler.

So kann man aber ganz unbedenklich arbeiten, wenn man mit *Differentialgetrieben* (Abb. 652 bis 655, 370) multipliziert. Dazu müssen jedoch die Rechenwerte als Logarithmen eingeführt werden. Das Differentialgetriebe zählt sie zu dem ebenfalls als Logarithmus anfallenden Ergebnis zusammen, das dann, wenn notwendig, in den wirklichen Zahlenwert umzuformen ist. Auch diese Logarithmen können in der vorteilhaften Weise als Geschwindigkeiten oder wenigstens als eine größere Zahl von Wellenumdrehungen dargestellt werden, letzteres z. B. durch Logarithmenbildung unter Verwendung eines Schraubentriebes mit Feingewinde.

Die

Division

ist ihrem Wesen nach die Umkehrung der Multiplikation, und daher an Multiplikationsgetrieben ohne weiteres auszuführen. So ist ja eigentlich die Multiplikation mit $1/b$ in dem Getriebe der Abb. 663 eine Division, die sich getrieblich als Untersetzung auswirkt.

Bei den nach dem Grundsatz der ähnlichen Dreiecke arbeitenden Hebelmultiplikatoren (Dreiecksmultiplikatoren) treten dann aber manchmal ungünstige Kraftwirkungen und daher schlechte Bewegungsverhältnisse auf, was sich aber vermeiden läßt, wenn man, wie in Abb. 664 die Einheit und den Quotienten ($c = \operatorname{tg} \alpha$) in das eine der beiden ähnlichen Dreiecke legt, den Dividenden (a) und den Divisor (b) dagegen in das andere Dreieck.

Abb. 665 zeigt das entsprechende Divisionsgetriebe, mit dem die Gleichung $a : b = c$ zu lösen ist, ferner die Gleichung $c = \operatorname{tg} \alpha$ und schließlich wegen der Beziehungen zwischen den Seiten eines rechtwinkligen Dreiecks: $c = \sqrt{a^2 + b^2}$.

Quadrieren und Wurzelziehen

kann man selbstverständlich mit jedem Multiplikationsgetriebe für zwei veränderliche Faktoren, indem man beide Faktoren gleichgroß einführt und daher als Produkt das Quadrat eines Faktors erhält, oder beim Wurzelziehen, wenn man den Divisor so lange verändert, bis Divisor und Quotient gleich groß sind. Dann ist Divisor oder Quotient die Wurzel des Dividenden.

Wesentlich erleichtert wird dies aber, wenn man nach dem geometrischen Gesetz (Abb. 666) arbeitet, daß das Lot vom rechten Winkel auf die größte Seite (Hypotenuse) eines rechtwinkligen Dreiecks diese so teilt, daß sie deren größeres abgeteiltes Stück zu der Lotlänge so verhält, wie die Lotlänge zum kleineren abgeteilten Stück. (Lot ist sog. „mittlere Proportionale"). Wird nun einer dieser Abschnitte auf der größten Dreiecksseite (Hypotenuse) als Längeneinheit gewählt, so ist der andere gleich dem Quadrat des Lotes.

Das entsprechende Quadrier- bzw. Wurzelziehgetriebe zeigt Abb. 667 eingestellt auf den Quadratwert 3 (waagerechte Skala) und dessen Wurzelwert 1,73 (senkrechte Skala).

Die Schwierigkeit all dieser Getriebe liegt in dem sehr schnellen Anwachsen der Quadratstrecken und den dadurch bedingten ungünstigen Bewegungsverhältnissen.

Man kann dem begegnen, wenn man versucht, bei den Aufgaben innerhalb der Einheit zu bleiben, wenn man also statt 2^2 rechnet $0,2^2$, und das Ergebnis dann mit 100 ($= 10^2$) multipliziert. Allerdings kann man dann leicht zu so geringen Getriebeverschiebungen kommen, daß das unvermeidbare Spiel in den Gelenken und Führungen als recht erheblicher Fehler in Erscheinung tritt.

Die Eigenart dieser rechnenden Getriebe ist es, daß sie nach einem bestimmten formelmäßig festliegenden mathematischen Gesetz beweglich sind, daß sie also fortlaufend eine bestimmte Rechnung bei dauernder Veränderung der Ausgangswerte und mit entsprechender Veränderung des Ergebnisses durchführen. Damit stellt aber jedes rechnende Getriebe eine *mathematische Funktion*, noch dazu in einer besonders anschaulichen Art dar.

Für die einfachste

ganze, rationale Funktion

$$y = x$$

braucht man im allgemeinen kein besonderes Getriebe, nur wenn die beiden Werte in Schiebern eingeführt werden, die in einem Winkel zueinander stehen. Dann verwendet man entweder einen Winkelhebel, wie in Abb. 668, oder wie in Abb. 669 ein Zahnrad mit zwei im Winkel zueinander verschieblichen, damit im Eingriff befindlichen Zahnstangen, oder man schlingt ein Stahlband entsprechend um eine Rolle oder schließlich, man verwendet ein Keilschubgetriebe mit einem Keilwinkel, der halb so groß ist wie der Winkel zwischen der x-Richtung und der y-Richtung.

Ist in der Funktion

$$y = x + b$$

b ein *immer* unveränderlicher Wert, so wird diese Funktion wie die eben beschriebene $y = x$ behandelt, nur das der y-Schieber dann um den Wert von b länger ausgeführt wird.

Soll dagegen b zwar ein unveränderlicher Wert sein, aber doch von bestimmten Einflüssen abhängen, wie z. B. eine Werkstoffkonstante in einer Festigkeitsrechnung, so wird die Funktion im Grunde eine mit zwei Veränderlichen wie

$$y = x + z \, .$$

Hierfür eignen sich alle Additionsgetriebe der Abb. 639 bis 642, 644, 646, 647, 649 bis 655, 370.

Die Funktion

$$y = a \cdot x$$

ist lösbar mit einem der Keilschubgetriebe, dessen Keilneigung den unveränderlichen Wert a berücksichtigt oder mit einem Dreiecksmultiplikator entsprechend Abb. 657 $(a = 2)$, oder mit einem Vorgelege wie in Abb. 660.

Für die Funktion

$$y = x \cdot z$$

kommen alle Multiplikatoren für zwei veränderliche Faktoren in Frage wie in den Abb. 658, 659, 661 und 662, ferner 476 bis 483.

Mit Hilfe des Quadriergetriebes der Abb. 667 läßt sich die Funktion

$$y = x^2$$

und die (irrationale) Funktion

$$y = \sqrt{x}$$

darstellen.

Funktion der Form

$$y = a\,x^2 + bx + c$$

schreibt man zweckmäßig um in die Form

$$y = x\,(ax + b) + c$$

und verwendet dazu ein Multiplikationsgetriebe für zwei veränderliche Faktoren zur Berechnung des Ausdrucks $a\,x$. Diesen addiert man mit dem Wert b in einem Addiergetriebe, das den Ausdruck $(ax + b)$ in ein weiteres Multiplikationsgetriebe liefert, in das der Faktor x eingeführt wird. Schließlich wird das Produkt dieses Getriebes $x\,(ax + b)$ noch in ein zweites Addiergetriebe eingeleitet, in das noch der Wert c eingeführt wird, und das endlich das Ergebnis $x\,(ax + b) + c$ bringt.

Durch ein derartiges Zusammenschalten mehrerer Getriebe läßt sich jede ganze, rationale Funktion ausrechnen.

Die einfachste

gebrochene rationale Funktion

$$y = 1/x$$

ist enthalten in dem *Kehrwertgetriebe* (Reziprokwert) der Abb. 671 (670), das lediglich aus einem drehbaren Rechtwinkelhebel besteht, der aus zwei parallel geführten Schiebern für den Wert y und dessen Kehrwert $1/x$ arbeitet.

Für Funktionen der Form

$$y = \frac{ax + b}{cx^2 + dx + e}$$

verwendet man ein Divisionsgetriebe, etwa wie in Abb. 665, wobei der senkrecht schraffierte Schieber für den Dividenden a um den Wert $ax + b$ verschoben wird, welchen ein Multiplikationsgetriebe (ax) und ein Additionsgetriebe $(ax + b)$ als vorgeschaltete Getriebe liefern. Der andere, waagerecht schraffierte Schieber für den Divisor b erfährt eine Verschiebung um $cx^2 + dx + e$, deren getriebliche Erzeugung oben an Hand der gleichen Funktion $y = ax^2 + bx + c$ bereits beschrieben wurde.

Bei den

irrationalen Funktionen

von der Form

$$y = \sqrt[n]{x} \quad \text{oder} \quad y = \frac{1}{\sqrt[n]{x}}$$

beschränken wir uns auf die Lösung von Quadratwurzeln. Die Funktion

$$y = \sqrt{x}$$

ist enthalten in dem (Quadrier-)Getriebe der Abb. 667, ebenso die Funktion

$$y = \sqrt{f(x)},$$

wobei nur noch Getriebe zur Ermittlung des Ausdrucks $f(x)$ vorgeschaltet werden müssen.

Funktionen wie

$$y = \sqrt{x^2 + b^2}$$

können mit dem Divisionsgetriebe der Abb. 665 berechnet werden. Liegt eine Funktion vor, wie

$$y = \frac{1}{\sqrt{f(x)}},$$

so muß das betreffende rechnende Getriebe aufgebaut sein aus Getrieben zur Berechnung des Ausdrucks $f(x)$, aus einem Quadriergetriebe nach Abb. 667 zum Ermitteln der Wurzel $\sqrt{f(x)}$ und einem Kehrwertgetriebe nach Abb. 671 für den gesamten Ausdruck $\dfrac{1}{\sqrt{f(x)}}$.

Besonders einfach lassen sich die

Winkelfunktionen

(trigonometrischen Funktionen) durch Getriebe verwirklichen.

Die Abb. 672 und 673 zeigen die Ausnutzung des Kreuzkurbelgetriebes zur Ableitung der Funktionen

$$y = \sin x \quad \text{und} \quad y = \cos x.$$

Die Funktionen

$$y = \operatorname{tg} x \qquad \text{oder} \qquad y = \operatorname{ctg} z$$

werden mit dem Tangensgetriebe der Abb. 676 und 677 berechnet.

Abb. 680 und 681 zeigen einen Winkelfunktionsmesser *(Manormus)* mit einer drehbaren Zelluloidtafel, die einen Kreis und dessen Durchmessergrade trägt. Mit diesem Gerät, das die Abrollung eines kleinen Kreises in einem von doppeltem Durchmesser[1] und die dabei auftretenden geometrischen Beziehungen (Abb. 680) ausnutzt, sind für jeden eingestellten Winkel sämtliche Winkelfunktionen abzulesen.

Abb. 682 zeigt das entsprechende rechnende Getriebe (vgl. Abb. 338, Bd. 1). Ein Nachteil eines solchen Getriebes ist jedoch die Kopplung der sin- und cos-Berechnung mit der tg- und ctg-Ermittlung, weil dadurch Winkel nahe 0° und 90° nicht mehr eingestellt werden können. In diesen Bereichen ist übrigens auch die Ablesung der sin- und cos-Werte in dem Winkelfunktionsmesser der Abb. 681 wegen der schleifenden Schnitte sehr unsicher, während die in Abb. 682 hierfür verwendeten gleichschenkligen Geradschubkurbelgetriebe *ohne* die Tangensanordnung leichte und genaue Berechnung ergeben würden. Ersichtlich ist das aus der Anwendung des gleichen Getriebes in Abb. 679 zur Berechnung der Funktion (Abb. 678)

$$y = 2 \cos x \qquad \text{oder} \qquad y = 2 \sin z \, ,$$

wobei allerdings die *Kurbel*länge die Einheit bildet, während in dem Getriebe der Abb. 682, wie auch in dem Winkelfunktionsmesser der Abb. 681 der (doppelt so lange) *Durchmesser des kleinen Kardankreises* als Einheit festgelegt war.

Sollen andere Vielfache der Winkelfunktionen ermittelt werden, also Funktionen, wie

$$y = n \cdot \sin x, \quad y = n \cos x, \quad y = n \operatorname{tg} x \quad \text{und} \quad y = n \operatorname{ctg} x,$$

so macht man zweckmäßig in den betreffenden Getrieben für die *einfache* Winkelfunktion die *Kurbellänge veränderlich* und einstellbar auf den Wert n, wofür sich Keilschubgetriebe eignen, etwa in Anordnungen wie in Abb. 687 oder Abb. 37 als reiner Keilschub, als Spiralkeiltrieb wie in Abb. 688 und schließlich als Schraubentrieb wie in Abb. 689, der wegen der Selbstsperrung oft recht zweckmäßig ist (vgl. Abb. 319, Bd. 1). Dazu kommen noch die bei den Kraftmaschinensteuerungen bekannten Exzenter-(Zapfenerweiterungs-)Verstellungen.

Aber auch bestimmte Funktionen wie

$$y = f(x) \cdot \sin x \qquad \text{oder} \qquad y = f(x) \cdot \cos x$$

sind getrieblich verhältnismäßig leicht zu berechnen, wenn der Ausdruck $f(x)$ in Kurbelgetrieben enthalten ist.

So liegt z. B. den Getrieben der Abb. 556 und 557 des 1. Bandes der Gedanke zugrunde, ein Kreuzkurbelgetriebe in solcher Weise mit einer *Kurbel von veränderlicher Länge abhängig vom Kurbeldrehwinkel* auszustatten, daß der Schlitten (Kreuzschraffur) möglichst lange mit gleichbleibender Geschwindigkeit bewegt wird[2].

Zweckmäßig teilt man dann die veränderliche Kurbellänge A auf in eine unveränderliche (a) und eine veränderliche $(\varDelta a)$, also

$$A = a + \varDelta a \, .$$

---

[1] Kardanproblem, vgl. Abschn. 31 bis 37, 47, Bd. 1.

[2] Vgl. auch Aufbaulehre der Verarbeitungsmaschinen, Abschn. 15 C, b: Mitlaufende Werkzeuge. Verlag Girardet, Essen.

In dem Getriebe der Abb. 556 (Bd. 1) soll die Veränderung von $\varDelta a$ nach dem sin-Gesetz erfolgen, was man sich so vorstellen kann, daß auf einer Kurbel ein den Kurbelzapfen tragender Gleitstein von der Länge a während einer Kurbeldrehung durch ein Kreuzkurbelgetriebe in sinoidischer Bewegung hinausgeschoben und zurückgezogen wird.

Praktisch erreicht man dies, wie in Abb. 556 (Bd. 1), durch ein umlaufendes Kreuzschleifengetriebe. Die dem Gesamtgetriebe zugrunde liegende Funktion lautet hinsichtlich der Weglänge des kreuzschraffierten Schiebers beiderseits der Mittelstellung (Kurbel senkrecht, Drehwinkel gleich Null):

$$y = a \, (1 + 0{,}33575) \, (1 - \cos x) \sin x \,.$$

Da damit aber noch nicht ausreichende Gleichförmigkeit in der Bewegung des kreuzschraffierten Schiebers zu erreichen war, wurde für die Veränderung der Kurbellänge $\varDelta a$ ein Geradschubkurbelgetriebe mit dem Schubstangenverhältnis 1 : 2 verwendet, das gegenüber dem bisher angewendeten Kreuzkurbelgetriebe noch eine Schwingungsüberlagerung als Folge der endlichen Schubstange aufweist. Das entsprechende baulich einfache, in der Wirkung ausgezeichnete Getriebe zeigt Abb. 557 (Bd. 1). Die in diesem enthaltene Funktion ist aber mathematisch schon recht verwickelt und lautet:

$$y = a \left\{ 1 + 0{,}66699 \left[1 - \cos x - 2 \left(1 - \sqrt{1 \cdot \frac{\sin^2 x}{4}} \, \right) \right] \right\} \sin x \,.$$

Ausgehend von den Möglichkeiten der verfügbaren Getriebe kann man also in baulich einfacher Weise mathematisch doch recht anspruchsvolle Funktionen berechnen.

Noch größere Möglichkeiten bietet jedoch die Anwendung von Koppelkurven. Das Getriebe der Abb. 178 (Bd. 1) z. B. kann als rechnendes Getriebe aufgefaßt werden, das nach der Funktion

$$y = f(x) \sin a$$

arbeitet, wobei $f(x)$ in der Weise durch die Koppelkurve bestimmt wird, daß y längere Zeit Null ist (Stillstand). Die Abschnitte 45 bis 55 (Bd. 1) vermitteln für den für den Entwurf solcher Getriebe notwendigen Einblick in den Aufbau der *vollständigen* Bewegungsgesetzmäßigkeiten der Schubbewegungen, der Koppelpunktbewegungen und der Bewegungsableitungen von Koppelpunkten in den verschiedenen Ableitungsrichtungen.

Nach Abschn. 50 (Bd. 1) und Abb. 460 (Bd. 1) sind z. B. von den Koppelkurven des Geradschubkurbelgetriebes in Abb. 451 (Bd. 1) reine Sinusbewegungen senkrecht zur Geradschubrichtung abzuleiten, was in Abb. 690 ausgenutzt ist zur Berechnung der Funktion

$$y = n \sin x \,,$$

in der Weise, daß die auf der Koppelmittellinie liegenden Koppelpunkte einen senkrecht zur Geradschubrichtung verschieblichen Kreuzschieber nach dem Sinusgesetz bewegen, jedoch mit um so größerer Hubstrecke, je weiter vom Gleitstein entfernt der arbeitende Koppelpunkt gewählt oder eingestellt wird, oder wenn die Kurbellänge entsprechend geändert wird (Abb. 687 bis 689).

Statt des zentrischen Geradschubkurbelgetriebes, wie in Abb. 451 und 460 des 1. Bandes, ist hierfür auch das geschränkte Geradschubkurbelgetriebe verwendbar, wie aus Abschn. 51 und Abb. 464 des 1. Bandes hervorgeht.

Im allgemeinen stellen jedoch die Bewegungsableitungen von Koppelpunkten der Geradschubkurbelgetriebe und der Bogenschubkurbelgetriebe viel verwickeltere Funktionen dar, die sich der jeweiligen Ableitungsrichtung gemäß zusammensetzen aus Anteilen vom Schubgesetz des Gleitsteins oder der Schwinge und von der durch die Kurbelbewegung bedingten Drehschwingung der Koppelebene um den Gleitsteinzapfen oder den Schwingenzapfen (vgl. Abschn. 53 bis 55, Bd. 1).

Funktionen des doppelten Winkels, also

$$y = \sin 2x \quad \text{oder} \quad y = \cos 2x \,,$$

sind mit einfachen sin- oder cos-Getrieben (Abb. 673 und 675) zu errechnen, nur muß immer der *doppelte* Winkel x eingeführt werden.

Unter Ausnutzung des geometrischen Gesetzes, daß der Mittelpunktswinkel (Zentriwinkel) immer doppelt so groß ist wie der Umfangswinkel (Peripheriewinkel) kann, wie die Abb. 683, 684 und 685, 686 zeigen, das einfache sin- oder cos-Getriebe so erweitert werden, daß auch bei Einführung des einfachen Winkels x die Funktion des doppelten Winkels gewonnen wird.

Das Getriebe der Abb. 686 gestattet aber außerdem noch, wie aus der Nebenabb. 685 zu entnehmen ist, das Berechnen des Quadrats der sin- oder cos-Funktion

$$y = 2 \cos^2 x \quad \text{oder} \quad y = 2 \sin^2 z$$

unter Ausnutzung der Beziehung

$$2 \cos^2 \alpha = 1 + \cos 2\,\alpha.$$

Sollen zwei Winkelfunktionen dividiert werden, etwa wie

$$y = \frac{\sin x}{\sin z} = \operatorname{tg} w,$$

so ersetzt man zweckmäßig, wie Abb. 691, 692 zeigen, den Divisor- und den Dividendenschieber des Divisionsgetriebes der Abb. 665 durch die Koppeln von Parallelkurbelgetrieben. Den Quotienten kann man entweder als Zahlenwert ablesen oder abtasten, oder als Tangens eines Winkels w deuten.

Besonders leicht sind die

Bogenfunktionen

(Arcusfunktionen) durch Getriebe zu ermitteln, wie aus Abb. 693, 694 hervorgeht. Die Funktion

$$y = \operatorname{arc} \sin x$$

besagt ja, daß y ein Bogenstück eines Kreises vom Halbmesser 1 ist, dessen Länge von einem Winkel abgeteilt wird, von dem die Sinusfunktion die Länge x besitzt. Da dieses Bogenstück auch durch andere Funktionen des gleichen Winkels bestimmt werden kann, also z. B. durch einen Cosinuswert von der Länge z oder einen Tangenswert von der Länge u oder endlich einen Cotangenswert von der Länge w, so gilt:

$$y = \operatorname{arc} \sin x = \operatorname{arc} \cos z = \operatorname{arc} \operatorname{tg} u \; (= \operatorname{arc} \operatorname{ctg} w) \,.$$

Dies berechnet das Bogenfunktionsgetriebe der Abb. 694 in der Weise, daß der Einheitskreis zweimal als Zahnrad ausgebildet ist und durch einen Schneckentrieb bewegt wird, der eine Zeigeranordnung zur Angabe des abgerollten Umfangbogens (y) des Einheitsrades besitzt. Das linke dieser Einheitsräder betreibt ein Tangensgetriebe, das den Wert u einstellt, das rechte Einheitsrad dagegen bewegt ein sin-Getriebe (x) und ein cos-Getriebe (z).

Der Formel entsprechend müßte allerdings erst ein Winkelfunktionswert, z. B. x der Sinusfunktion eingestellt und damit die Strecke $y = \arcsin x$ gewonnen werden. Da das aber oft schlechte Bewegungsverhältnisse ergeben würde, ist es hier zweckmäßiger, den Wert y so lange durch den Getriebeantrieb zu verändern, bis der richtige Winkelfunktionswert x, z oder u abzulesen oder durch Anschlag abzutasten ist.

Das hier notwendige Vorgehen in der Anordnung des Getriebeantriebes am Ergebnisanzeiger hat allgemeinere Bedeutung und ist bei rechnenden Getrieben mit sonst ungünstigen Bewegungsmöglichkeiten meist zweckmäßig.

e) Getriebefremde Funktionen.

Alle diese Funktionen sind der mathematische Ausdruck für die in den betreffenden Getrieben selbst von Natur aus vorliegenden Bewegungsverhältnisse. Bewegung des Getriebes und zugehörige mathematische Funktion decken sich also in jedem Bewegungsaugenblick.

Die einzelnen Werte streuen dabei in einem Bereich, dessen Ausmaß lediglich durch die Größe des Spieles in den Gelenken, Führungen und Verzahnungen bedingt ist.

Es lassen sich jedoch auch *alle übrigen Funktionen* durch Getriebe darstellen, gleichgültig, ob sie in ihrem mathematischen Aufbau bekannt oder nur versuchsmäßig zu ermitteln sind.

Am leichtesten ist dies möglich, wenn die Kurven der betreffenden Funktion wie in Abb. 695 auf eine Trommel gezeichnet und mit Hilfe des handgesteuerten Zeigers abgedeckt werden.

Der Streufehler setzt sich hierbei zusammen aus dem Zeichenfehler der Kurven, dem zum Teil recht beträchtlichen Abdeckfehler des Bedienungsmannes und dem Spielfehler des Getriebes.

Dieser Bedienungsmann und sein Abdeckfehler wird vermieden bei Verwendung von Metallkurven als Scheiben- oder Geradschubkurven (Abb. 98, 99 und 707) oder als Kurvenkörper (Abb. 164 und 696).

Die genaue Herstellung der Kurvenscheiben und besonders der Kurvenkörper ist jedoch recht schwierig, zumal meist der verfügbare Raum dazu zwingt, die Funktionen in sehr verkleinertem Maßstab in Metall zu fräsen. Geringe Herstellungsfehler können dann schon beträchtliche Funktionsfehler werden. Trotzdem werden solche Kurventriebe vielfach angewendet.

Die Abb. 706 und 707 bringen als Beispiel hierfür die genaue Berechnung des Brennstoffverbrauches eines Verbrennungsmotors mit Vergaser. Maßgebend ist dabei der sog. spezifische Brennstoffverbrauch des Motors in Gramm je PS und Stunde, der sich je nach Drehzahl ändert. Der spezifische Brennstoffverbrauch ist also eine Funktion der Drehzahl und nur versuchsmäßig zu ermitteln. Durch Auftragen der einzelnen gemessenen Versuchswerte über der Drehzahl erhält man, wie Abb. 706 zeigt, eine Kurve, die das *gezeichnete* Bild des spez. Brennstoffverbrauches als Funktion der Drehzahl ist.

In Abb. 707 ist diese durch Versuche gewonnene Brennstoff-Verbrauchs-Kurve als *metallische Kurve* ausgebildet, die je nach der gerade vorliegenden Drehzahl verschoben wird und damit in der Höhenlage des Hubgliedes den jeweiligen spez. Brennstoffverbrauch anzeigt. In einem angeschlossenen Dreiecksmultiplikator entsprechend Abb. 659 wird der spez. Brennstoffverbrauch mit der augenblicklichen Leistung des Motors multipliziert, was den tatsächlichen Brennstoffverbrauch je Stunde ergibt.

Auf diese Weise sind alle beliebigen Funktionen zu verwerten, nur müssen manchmal die Kurvenmaßstäbe geändert werden, wenn sonst zu steile An- oder

Abstiege der Metallkurve entstünden (vgl. Abschn. 4). Aus diesem Grunde wurde
in Abb. 707 z. B. der Vorschub der metallischen Kurve verdoppelt. Das bedeutet
aber auch Verdoppelung des Maßstabes für die Motorendrehzahl gegenüber dem
der Kurve des Schaubildes.

Verwendet man *Getriebe der Viergelenkkette*, insbesondere deren Koppelkurven
oder Kurbelkurven zur Berechnung *getriebefremder Funktionen,* so setzt das voraus,
daß sich die Werte der zu berechnenden Funktion ganz oder in dem wesentlichen
Bereich hinreichend gut mit den Bewegungswerten des betreffenden Getriebes
decken, auch wenn die beiden beteiligten Funktionen weder in ihrem mathematischen Aufbau noch in ihrer naturwissenschaftlichen Bedeutung vergleichbar
sein sollten.

So läßt z. B. der *Formenreichtum der Koppelkurven* sehr leicht Koppelkurvenstücke finden, die sich mit der spez. Brennstoff-Verbrauchskurve der Abb. 706
decken. Ein solches Koppelkurvenstück ist in dem rechnenden Getriebe der
Abb. 708 verwendet, das dem mit Metallkurve arbeitenden Getriebe der Abb. 707
entspricht.

Dabei kann der gleiche Maßstab beibehalten werden, wie im Schaubild der
Abb. 706. Außerdem läßt sich für gleiche Drehzahländerung mit recht guter
Annäherung gleiche Kurbeldrehung des Koppelkurvengetriebes erreichen, besonders wenn man Kardanlagen[1] ausnutzt. Das in Abb. 708 eingearbeitete Schaubild hat dann allerdings für die Motorendrehzahl keine lineare Teilung mehr, was
besonders zwischen Drehzahl 500 und 1000 auffällt. Trotzdem müssen die
richtigen Werte des spez. Brennstoffverbrauches berechnet werden, was durch
eine Koppelkurve geschieht, die in ihrer Form entsprechend von der Kurve des
Schaubildes der Abb. 706 abweicht.

Zum Suchen solcher Koppelkurven bedient man sich zweckmäßig des in
Abb. 116 (Bd. 1) dargestellten Zelluloidgetriebes, wobei man die Tatsache ausnutzt,
daß sich die Koppelkurvenformen von Punkt zu Punkt der Koppelebene immer in
stetiger Gesetzmäßigkeit ändern und ebenso das Gesamtgepräge der Koppelkurven
bei fortschreitender Veränderung der Gliederabmessungen (Abschn. 10, Bd. 1).

Dieses Verfahren erfaßt allerdings nur einen ganz kleinen Teil der an sich
verwendbaren Koppelkurven, nämlich den, bei welchem gleichen Kurbeldrehungen
auch annähernd gleiche Koppelkurvenabschnitte entsprechen. Selbst dann noch
kommen Teilungsabweichungen vor, denen man entsprechen muß, wie das ja auch
bei dem Getriebe der Abb. 708 geschehen ist.

Dadurch weicht aber schließlich die Form der als Funktionskurve verwendeten
Koppelkurve des rechnenden Getriebes (vgl. Abb. 708) doch von dem gezeichneten Bild der zu berechnenden Funktion (vgl. Abb. 706) ab, das also nur als
ein bedingt zweckmäßiger Anhalt für den Getriebeentwurf gelten kann.

Ein anderer Weg, einander fremde Funktion aufeinander abzustimmen, führt
über deren Auflösung in eine Reihe Sinus- und Cosinusschwingungen immer
höheren Grades (Harmonische Analyse).

Eine entsprechende Zerlegung gibt es auch bezüglich der Getriebebewegungen.
Nach Abschn. 49 bis 52, Bd. 1 sind z. B. die Schubbewegungen von Geradschubkurbelgetrieben und von Bogenschubkurbelgetrieben aufzulösen in eine reine
Sinus-Hauptschwingung und die Restschwingungen im wesentlichen zweiter
Ordnung (Getriebe-Harmonische). Abschn. 52, Bd. 1 zeigt die linearen Gesetze,
nach denen sich das Anteil-Verhältnis dieser beiden Schwingungen bei den Hubbewegungen ändert, die von den Koppelpunkten der Koppelmittellinie abzuleiten sind.

---

[1] Vgl. Abschn. 32 bis 37 des 1. Bandes der Prakt. Getriebelehre.

Praktisch nutzt man dies zweckmäßig in der Weise aus, daß man aus der zu berechnenden Funktion die Sinus-Hauptschwingung (1. Harmonische) herauslöst, und dieser die Kurbellänge des gesuchten rechnenden Getriebes maßstäblich so anpaßt, daß eine *gleiche Getriebe-Hauptschwingung* entsteht.

Nunmehr versucht man, durch geeignete Wahl des Verhältnisses „Kurbel zu Koppel" (Schubstangenverhältnis λ) und notfalls durch Schränkung sowie durch Übergang zur Bogenführung die verbleibende Getrieberestschwingung so zu verzerren, daß sie schließlich der Restschwingung der zu berechnenden Funktion wenigstens in ihrem grundsätzlichen Verlauf entspricht. Etwaige Maßstabsunterschiede lassen sich, wie in Abschn. 52, Bd. 1 gezeigt wurde, ausgleichen durch Ausnutzen eines entsprechenden Koppelpunktes der Koppelmittellinie.

Kommt man mit der *Gleitsteinbewegung* oder der *Schwingenbewegung* selbst nicht aus, oder muß man dabei zu unbequeme Getriebeabmessungen oder ungünstige Bewegungsverhältnisse des Getriebes in Kauf nehmen, so findet man sicher *Koppelpunkte*, deren Bewegungsableitungen geeignet sind.

Man verwendet dabei zweckmäßig die Untersuchungen der Abschn. 53 bis 55, Bd. 1. Danach setzt sich die Bewegung der Koppel zusammen aus einer Parallelschiebung nach dem Gleitsteingesetz oder dem Schwingenzapfengesetz, deren Auswertung eben behandelt wurde, und aus einer Drehschwingung der Koppelebene um den Gleitsteinzapfen bzw. Schwingenzapfen, die noch ausgenutzt werden könnte.

Diese Drehschwingung ergibt in den Bewegungsableitungen der Koppelpunkte eine Doppelschwingung (mathematisch im wesentlichen Harmonische zweiten Grades), die beim zentrischen Geradschubkurbelgetriebe als reine Sinusschwingung erscheint, jedoch durch Schränkung, durch Einführen des Bogenschubes und gar bei Bogenschub und gleichzeitiger Schränkung immer mehr verzerrt werden kann.

Je nach der Lage des Koppelpunktes kann man bei Verwendung der bevorzugten Ableitungsrichtung (vgl. Abschn. 53 bis 55, Bd. 1) die Auswirkung dieser Drehschwingung größenordnungsmäßig in ein gewünschtes Verhältnis setzen zur Schubgesetzmäßigkeit, die bei Bogenschub jedoch dabei auch noch etwas verzerrt werden kann (Polwinkel φ!).

Durch Abweichen von der bevorzugten Schubrichtung (Abb. 519 bis 522 des 1. Bandes) werden die Drehschwingungen der Koppel anders zerlegt und daher die von diesen herrührenden Bewegungsteile noch weiter verzerrt.

Es bietet sich also eine ganze Anzahl zwar unterschiedlicher, aber gut übersehbarer und daher leicht zu beherrschender Möglichkeiten der Anpassung an die zu berechnende Funktion.

Steht der veränderliche Eingangswert einer Funktion als Drehwinkel bereit und darf auch das Ergebnis als Drehwinkel geliefert werden, so ist im Entwurf ein *unrundes Räderpaar* (Abb. 697) als rechnendes Getriebe am einfachsten. Leider ist aber die Herstellung einer genauen Unrundverzahnung ganz ungewöhnlich schwierig, vielen Werkstätten überhaupt unmöglich.

Ein Ausweg ist möglich, wenn man die unrunden Zahnräder ersetzt durch entsprechende Polbahnen (vgl. Abschn. 17), praktisch aber auch diese Polbahnen nicht verwendet, sondern die zugehörigen Getriebe, wie das in Abb. 152 (Bd. 1) für ein Ellipsenrädervorgelege angewendet wurde.

Bei Bogenschubkurbelgetrieben benutzt man dazu die Polbahnen der Bewegung der Kurbel gegenüber der Schwinge (Abb. 698). Die Pole (P_w in Abb. 699) dieser Bewegung sind zugleich Schnittpunkte von Steg und Koppel und teilen den Steg im Verhältnis der jeweils zusammenarbeitenden Halbmesser r_a der mit der Kurbel umlaufenden, in Abb. 698 schwarzen Polbahn und r_c der die Schwingenbewegung ausführenden weißen Polbahn.

Diese Polbahnen lassen sich unmittelbar mit den Unrundrädern vergleichen die sie ersetzen sollen, bzw. mit der zu berechnenden Funktion selbst, und gegebenenfalls durch Ändern der Getriebeabmessungen diesen so weit als möglich anpassen.

In zahlreichen Fällen wird man dabei nur einen Ausschnitt aus den Polbahnen benötigen, wie z. B. auch bei dem Getriebe der Abb. 700, wo zur Abgrenzung dieses Bereiches noch zusätzliche Anschläge angebracht sind.

Nachdem man mit Hilfe der Polbahnen die zweckmäßigsten Getriebeabmessungen gefunden hat, und gegebenenfalls den geeignetsten Bewegungsausschnitt des Getriebes, werden die Polbahnen nicht mehr benötigt. Praktisch ausgeführt wird nur das eigentliche Bogenschubkurbelgetriebe.

f) Funktionen mit mehreren Veränderlichen.

Man kann Funktionen mit mehreren Veränderlichen lösen durch Zusammen-schalten einer entsprechenden Zahl von einfachen rechnenden Getrieben, wie das bereits für die Berechnung der Funktionen $y = ax^2 + bx + c$ und $y = \dfrac{ax + b}{cx^2 + dx + e}$ vorgeschlagen wurde.

Praktisch bedenklich ist dabei jedoch die unvermeidliche Vergrößerung der Ergebnisstreuung infolge des Spieles von wesentlich mehr beteiligten Gelenken und Führungen.

Wie die Berechnung der Funktionen

$$y = a \, (1 + 0{,}33575) \, (1 - \cos x) \sin x$$

in dem Getriebe der Abb. 556 (Bd. 1) zeigt, und der Funktion

$$y = a \left\{ 1 + 0{,}66699 \left[1 - \cos x - 2 \left(1 - \sqrt{1 - \frac{\sin^2 x}{4}} \, \right) \right] \right\} \sin x$$

in dem Getriebe der Abb. 557 (Bd. 1), lassen sich sonst nur sehr umständliche Zusammenschaltungen von Rechengetrieben unter Umständen durch einzelne Getriebe ersetzen, wenn eine solche zu berechnende Funktion zufällig auch eine getriebeeigene Funktion ist oder durch eine solche ersetzt werden kann.

Sind dabei zwei Veränderliche zu berücksichtigen, so gibt es baulich zwei Möglichkeiten. Entweder verwendet man ein verstellbares Getriebe, wie z. B. die Kurventriebe der Abb. 164 und 706, oder man zerlegt die Funktion in zwei Funktionen mit je einer Veränderlichen, entwickelt für jede dieser Funktionen ein Getriebe und schaltet beide zur Ergebnisbildung zusammen, wie z. B. in Abb. 371 bis 374 die Drehung der Antriebswelle und die Überlagerungsbewegung des Bogenschubkurbelgetriebes unter Verwendung eines Differentialgetriebes.

Das Kugelgetriebe (Abb. 701) eignet sich ebenfalls zum Zusammenfassen zweier Teilfunktionen, wie die besonders anschaulichen Bewegungsfälle der Abb. 702 bis 705 zeigen. Als Reibgetriebe verwendet man es jedoch zweckmäßig nur als wertanzeigendes Getriebe, da sonst Schlupffehler auftreten.

Dagegen erhält man getrieblich gleich weiter benutzbare Ergebniswerte durch Zusammenfassen der Teilfunktionen über einen Zwillingszweischlag, wie z. B. bei den beiden Kurventrieben der Abb. 98. In Abb. 713 vereinigt der Zwillingszweischlag in gleicher Weise zwei Schwingenbewegungen, in Abb. 714 zwei Koppelpunktbewegungen.

Die verstellbaren Getriebe (Abb. 164 und 706) haben all diesen Getrieben gegenüber den Vorzug einer noch geringeren Zahl von Elementenpaaren und daher einer weiter verringerten Ergebnisstreuung infolge des Spieles in den Gelenken und Führungen. Bei den verstellbaren Kurventrieben (Abb. 164 und 706) muß man allerdings dagegen die schwierige Fertigung genauer Kurvenkörper in Kauf nehmen, zumal man dabei meist möglichst kleine Kurvenkörper anstrebt.

Die Herstellung verstellbarer Koppelkurvengetriebe ist dagegen einfach, ihr Entwurf erfordert dafür aber mehr Zeit und größeres Können.

Zur Ermittlung sucht man zunächst ein Getriebe nur für eine Veränderliche indem man statt der zweiten Veränderlichen nur einen ihrer markanten Werte verwendet. Dies wiederholt man für noch weitere Werte der zweiten Veränderlichen, was zu entsprechenden Änderungen des zuerst entworfenen Getriebes führt.

Es entsteht auf diese Weise eine Reihe von Koppelkurvengetrieben, deren jedes einzelne für sich der ersten Veränderlichen entsprechen kann, während man beim Übergehen von einem Getriebe zum anderen der zweiten Veränderlichen folgt. Die baulichen Abweichungen von Getriebe zu Getriebe dieser Reihe zeigen die Art, in der das endgültige verstellbare Getriebe entworfen werden muß, damit es in stetiger Veränderung jedes der Getriebe der Reihe nach ersetzen kann.

g) Koppelpunktverstellung.

Dabei ist es zunächst naheliegend, zum Befriedigen eines weiteren Wertes der zweiten Veränderlichen lediglich eine andere Koppelkurve des bereits gewählten Getriebes in Anspruch zu nehmen (vgl. z. B. Abb. 690). Infolge der *stetigen* Veränderungen der Koppelkurven von Punkt zu Punkt der Koppelebene wird man eine Linie durch diese Reihe von Koppelpunkten legen können, die auch die Zwischenwerte der zweiten Veränderlichen genügend genau erfaßt. Nach dieser Linie würde dann im verstellbaren Koppelkurvengetriebe der arbeitende Koppelpunkt einzustellen sein.

Wenn das verstellbare Getriebe zur Einstellung eines neuen Wertes der zweiten Veränderlichen jedesmal stillgesetzt werden kann, ist die Verstelleinrichtung baulich einfach (vgl. Abb. 690, auch Abb. 163 und 232). Ist diese Verstellung jedoch bei laufendem Getriebe durchzuführen, so ist ein umfangreicheres Verstellgetriebe notwendig, welches die am *ruhenden* Gestell vorgenommene Verstellung ungestört durch die Bewegungen des Getriebes auf die *bewegte* Koppel zu übertragen hat. Hierzu leitet man die Verstellbewegung durch die Drehachsen der Gelenke[1] zwischen Schwinge und Gestell und zwischen Schwinge und Koppel in die Koppel ein (Abb. 711). Dabei verwendet man zweckmäßig einen selbstsperrenden Schraubentrieb (vgl. Abschn. 4) und ordnet ihn so nahe an dem zu verstellenden Koppelpunkt an, als es getrieblich möglich ist.

h) Getriebeverstellung.

Die Bahn ein und desselben Punktes der Koppelebene läßt sich jedoch auch verändern, wenn die sonstigen Abmessungen des zugehörigen Getriebes geändert werden, was die Abb. 108, 110 bis 115 des 1. Bandes zeigen, wenn man in ihnen immer nur die Bahn eines bestimmten Koppelpunktes dieser Getriebe betrachtet, z. B. die rechts oben in der Ecke. Auch diese Änderungen können ganz allmählich erfolgen, wenn man die Getriebeabmessungen entsprechend allmählich ändert.

i) Kurbelverstellung.

Der Vergleich der Abb.-Reihen des 1. Bandes 108, 115, ferner 194, 195, 196 (197) und schließlich 203, 204, 205, 206 (207) zeigt an einigen Beispielen den Einfluß verschiedener Kurbellängen auf die Form der Koppelkurven, in Abb. 108 und 115 (Bd. 1) ein und desselben Koppelpunktes, in den beiden übrigen Reihen bei ähnlich geformten Koppelkurven. Bei entsprechend verstellbaren Getrieben

---

[1] Vgl. auch Antrieb des Schaltgliedgreifers, Abschn. 84.

muß die Kurbellänge einstellbar sein mit Hilfe von Verstellvorrichtungen wie z. B. in den Abb. 43, 687, 688 und 689.

Die Änderung der Schwingenlänge, jedoch im umgekehrten Sinne, würde zu ähnlichen Koppelkurvenveränderungen führen, bei im Verhältnis zur Kurbel langen Schwingen allerdings sehr viel zögernder. Baulich kommen hierfür die gleichen Vorrichtungen in Frage, wie für die Änderung der Kurbellänge.

k) Stegverstellung (Schränkung).

Besonders einfach und bequem sind Verstellvorrichtungen zum Ändern der Steglänge (Abb. 712). Das verstellbare Getriebe wird dadurch laufend anders geschränkt, wodurch nicht nur erhebliche Gestaltänderungen der Koppelkurven ein und desselben Koppelpunktes entstehen, sondern auch beträchtliche Verzerrungen des Bewegungsgesetzes. Schränkungsänderung ist also auch ein sehr wirksames Mittel, das ja z. B. schon allein ausreichte, bei den Koppelkurven mit zwei geraden Stücken (Abschn. 42, Bd. 1) den Winkel zwischen diesen beiden geraden Stücken zu verändern. Es muß andererseits aber mit Vorsicht angewendet werden, weil bei zu starker Schränkung schlechte oder unbrauchbare Bewegungseigenschaften auftreten (vgl. Abschn. 7).

Die Zuordnung der einzelnen durch die Getriebeverstellung möglichen Koppelkurven zueinander ist in gewissen Grenzen zu beeinflussen durch die Führung des Verstellweges für das Schwingenlager. In Abb. 712 wird das Schwingenlager z. B. in einem Bogen um die Schwingenzapfenstellung 6 geführt, weswegen alle Koppelkurven ($A-F$) des arbeitenden Koppelpunktes den Punkt 6 gemeinsam haben. Hätte man statt dessen die Schwingenzapfenstellung 5 oder 4 oder eine andere als Mittelpunkt des Verstellbogens $A-F$ gewählt, so würden die Koppelkurven ($A-F$) in Bündeln zusammengefaßt sein, die sich wesentlich voneinander unterscheiden.

Da die Berechnungswerte jedoch von den einzelnen Koppelkurven z. B. durch Zweischlag abgeleitet werden, ist für deren Wert und Gesetzmäßigkeit nicht nur die Form der Kurve selbst maßgebend, sondern auch deren Lage zu den Nachbarkurven des gleichen Bündels.

Insofern zeigt sich die Wahl von Lage und Form der Verstellführung des Schwingenlagers als ein weiteres Mittel der Rechnungsbeeinflussung. Bildet man diesen Verstellweg des Schwingenlagers selbst noch verstellbar aus, so könnte damit in dem gleichen verstellbaren Getriebe eine dritte mathematische Veränderliche befriedigt werden.

l) Verstellung der Ableitrichtung.

Von ein und derselben Koppelkurve kann man sehr unterschiedliche Zweischlagbewegungen ableiten, je nach der Lage der Schubrichtung des Zweischlages zur Koppelkurve (vgl. Abschn. 55, Bd. 1). Dabei entstehen bei stetigen Veränderungen dieser Ableitungsrichtung entsprechend stetige Änderungen in den Bewegungsgesetzen der abgeleiteten Bewegungen.

Baulich lassen sich diese Verstellungen entweder durch Drehen der Ableitungsrichtung durchführen, also z. B. durch entsprechendes Verlegen des Zweischlaglagers, oder indem man das ganze Getriebe gegenüber der unverändert bleibenden Ableitungsrichtung schwenkt. Im letzten Fall muß die Antriebsbewegung vom ruhenden Gestell über die Schwenkachse zur Getriebekurbel geleitet werden, wenn nicht die Kurbel selbst zugleich auch als Schwenkachse des Getriebes verwendet wird. Dabei ist aber zu beachten, daß ein Fehler dadurch auftreten kann, daß die Schwenkung sich auch als zusätzliche Kurbeldrehung auswirkt. Entweder hält man diesen Fehler durch Schneckenradantrieb vernachlässigbar klein, ähnlich wie bei dem Reibgetriebe der Abb. 485, oder man schaltet ein Differentialgetriebe vor, das den Schwenkfehler von der Antriebsbewegung abzieht, ähnlich wie in Abb. 371 bis 374.

So weit es die zu berechnende Funktion zuläßt, wird man beim Entwurf die baulich einfachere Verstellmöglichkeit bevorzugen, bzw. die baulich einfacheren, wenn man mehrere Verstellmöglichkeiten gleichzeitig vorsehen und damit eine entsprechende Zahl von Veränderlichen erfassen will.

Zur vollen Ausnutzung der Eigenart der Koppelkurven für eine umfassendere Bewegungsaufgabe soll man ja nicht lediglich die bisherigen Einzelgetriebe durch entsprechend einfachere Koppelkurvengetriebe ersetzen und wieder ein Gerät aus einer größeren Zahl von solchen Teil-Rechengetrieben aufbauen, sondern man sollte die Berechnungsausgabe in ihrer Gesamtheit möglichst durch ein einziges Koppelkurvengetriebe zu erfassen suchen, das mit den notwendigen Verstellmöglichkeiten ausgestattet auch die verschiedenen Abwandlungen der Berechnungsaufgabe beherrscht.

Die Behandlung von

Gleichungen

in rechnenden Getrieben erfordert die getriebliche Deutung des Gleichheitszeichens.

Mathematisch bedeutet das Gleichheitszeichen ja, daß die links und rechts davon stehenden Ausdrücke gleichen Wert haben. Die allgemeine Auflösung einer solchen Gleichung stellt nun ein Umschreiben der Gleichung dar in der Weise, daß auf der einen Seite nur der Buchstabe für den gesuchten Wert steht, also z. B. y, wie in den bisherigen Gleichungen, auf der anderen Seite aber ein Ausdruck gleichen Wertes, in dem jedoch der gesuchte Wert (y) nicht mehr vorkommt (explizite Form).

In einer solchen nach y aufgelösten Gleichung besagt das Gleichheitszeichen im Grunde genommen aber nur noch, daß der *ausgerechnete* Ausdruck eben der gesuchte, zunächst mit dem Buchstaben y bezeichnete Wert ist, und *für sich allein genommen* bereits die Lösung der Aufgabe bedeutet.

Deswegen wird in rechnenden Getrieben für solche *aufgelösten Gleichungen* sowohl das Gleichheitszeichen als auch der Ausdruck y selbst unberücksichtigt gelassen und nur der *ausgerechnete Ausdruck* für den gesuchten Wert (y) in entsprechend zusammengeschalteten Getrieben dargestellt. In dieser Weise sind alle bis jetzt angegebenen Getriebe ausgeführt worden.

Gelingt eine solche Auflösung der Gleichung jedoch nicht, oder führt sie zu Ausdrücken, die sich in rechnenden Getrieben schlecht oder gar nicht darstellen lassen, so muß die Gleichung in unaufgelöster Form (implizite Gleichung) in ein rechnendes Getriebe eingebaut werden.

In dem Falle stehen beiderseits des Gleichheitszeichens Ausdrücke, die den gesuchten Wert (y) enthalten, und das bedeutet, daß die beiden Ausdrücke nicht schlechthin (identisch) gleich sind, sondern daß sie gleich *sein sollen*. Das aber ist nur für denjenigen Wert (oder die Werte) von y der Fall, der das Ergebnis darstellt.

Damit bedeutet das Gleichheitszeichen in einer nicht aufgelösten Gleichung eine bestimmte Kennzeichnung für den gesuchten Wert (y), ausgedrückt in der Bedingung, daß sich die beiden Ausdrücke beiderseits des Gleichheitszeichens die Waage halten müssen, daß also die Gleichung *erfüllt* sein muß.

Das Gleichheitszeichen wird dadurch zu einem wesentlichen und daher unentbehrlichen Bestandteil der Gleichung und erscheint deswegen auch im rechnenden

Getriebe als „Gleichsetzungsgetriebe" in Form des Waagebalkens oder seiner Sonderformen[1].

Ein rechnendes Getriebe für eine unaufgelöste (implizite) Gleichung kann dann aus zwei Untergruppen rechnender Getriebe bestehen, die je einen der beiden Ausdrücke beiderseits des Gleichheitszeichens in sich verkörpern, und aus einem „Gleichsetzungsgetriebe", dem die Ergebnisse der beiden Getriebeuntergruppen zugeleitet werden.

In diesen beiden Getriebeuntergruppen wird der als Ergebnis (y) der Gleichung gesuchte Wert so lange geändert, bis das Gleichsetzungsgetriebe die Gleichheit der beiden Ausdrücke anzeigt. Damit ist die Gleichung *erfüllt* und der dabei eingestellte Wert y das Ergebnis der Gleichung.

Ein solches rein getriebliches „Auswiegen" einer Gleichung benötigt allerdings etwas Zeit, entspricht also in dieser Beziehung nicht der Forderung, die für rechnende Getriebe nach Art der Kommandogeräte erfüllt werden soll.

Die einfache „Nullstellung" eines Waagebalkens ist allerdings oft nicht genügend genau festzustellen. In Abb. 709 ist ein Gleichsetzungsgetriebe dargestellt, das besonders genaue Ablesung gestattet. Es besteht aus einem Kegelrad-Differential, in das die Ergebnisse der beiden Getriebeuntergruppen als Drehbewegung eingeführt werden. Zu dem Zweck werden diese Ergebnisse (a und b) in einem vorgeschalteten Multiplikationsgetriebe je mit der gleichen Winkeldrehung n_1 multipliziert (vgl. Abb. 662).

Je mehr sich nun die Drehzahlen $a \cdot n_1$ und $b \cdot n_1$ ähneln, die dem Kegelrad-Differential in Abb. 709 zugeleitet werden, um so langsamer dreht sich der kreuzschraffierte Ring, bei Gleichheit bleibt der Ring stehen, was man einige Zeit lang beobachten kann. Etwaige sehr kleine Unterschiede würden sich dann nämlich in einer doch schließlich merkbaren Drehung des kreuzschraffierten Ringes verraten.

Mathematisch unaufgelöste (implizite) Gleichungen lassen sich jedoch auch ohne Gleichsetzungsgetriebe berechnen, wenn sie so geschrieben sind, daß auf der einen Seite vom Gleichheitszeichen der Buchstabe für den gesuchten Wert steht, also z. B. wie bisher y, auf der anderen Seite ein Ausdruck gleichen Wertes, in dem aber der gesuchte Wert y noch einmal oder mehrfach vorkommt.

Wie bei den Rechengetrieben für mathematisch aufgelöste (explizite) Gleichungen berechnet man auch hier nur den auf der einen Seite des Gleichheitszeichens stehenden unaufgelösten (impliziten) Ausdruck für den gesuchten Wert y, während dieser selbst und das Gleichheitszeichen unberücksichtigt bleiben.

Abb. 715 zeigt den grundsätzlichen Aufbau eines solchen Getriebes an dem Beispiel der an und für sich einfachen Gleichung

$$y = a \sin \alpha + b \cdot y$$

Baulich untergebracht wird nur der Ausdruck $a \cdot \sin \alpha + b \cdot y$. Das Produkt $\frac{1}{2} \cdot a \sin \alpha$ (oder: $a \sin \alpha : 2$) wird berechnet mit dem Reibgetriebe der Abb. 484 (in Abb. 715 links). Das Ergebnis gelangt in ein Kegelraddifferential als Drehung des Wellensternes der Umlaufräder und überträgt sich unter gleichzeitiger Verdoppelung (vgl. Abschn. 40) auf das in Abb. 715 rechte Kegelrad des Differentials. Dem Differential wird über das linke Kegelrad noch der Wert $b \cdot y$ zugeführt, für den aber erst nach dem Differential, in Abb. 715 ganz rechts, der Wert y $(= a \sin \alpha + b \cdot y)$ abgezweigt werden kann. Die Multiplikation mit b erfolgt sogleich in einem Stirnradpaar. Dann erfolgt die Rückleitung des Pro-

---

[1] Differentialgetriebe. Vgl. Abschn. 40.

duktes $b \cdot y$ in das in Abb. 715 linke Kegelrad des Differentials, in dem nunmehr eigentlich erst die Zusammenzählung der Produkte $a \cdot \sin \alpha$ und $b \cdot y$ zu dem gesuchten Wert y erfolgen kann.

Infolge der getrieblichen Verkettung geschieht das alles jedoch sogleich und ohne den geringsten Zeitverlust, wobei der Wert a und damit das Ergebnis y Geschwindigkeiten sein können, was im Beispiel der Abb. 715 vorgesehen ist, oder Winkelwerte.

Das Abzweigen des Wertes y zum Berechnen des Ausdruckes mit y und Rückführen des Ergebnisses in einem gesonderten Kreislauf zum erneuten Einmünden in einen früheren Berechnungszustand der Gesamtaufgabe ist kennzeichnend für das getriebliche Lösen solcher unaufgelöster (impliziter) Gleichungen überhaupt und für jedes etwa vorkommende Glied mit dem Ergebniswert y durchzuführen.

Die Lösung der

zwei Gleichungen mit zwei Unbekannten,

$$x + y = a \qquad x - y = b,$$

erfolgt mathematisch durch Subtraktion der einen Gleichung von der anderen. Das Ergebnis halbiert ergibt die eine Unbekannte.

Das gleiche geschieht bei dem entsprechenden Getriebe in Abb. 710. Der Zwischenraum zwischen dem senkrecht schraffierten Schieber für $x - y$ und dem waagerecht schraffierten für $x + y$ wird durch die beiden gleichlangen schwarzen, entsprechend weiß schraffierten Lenker halbiert, so daß in der Mitte der Wert von x ablesbar wird. y ist dann aus der unteren Teilung (Skala) zu ergänzen.

m) Rechnende Getriebe für völlig unbekannte Funktionen.

Die letzte Steigerung der Leistungsfähigkeit von rechnenden Getrieben bringt die *volle* Ausnutzung der Koppelkurven und ihrer Eigentümlichkeiten. Damit ist es nämlich möglich, bisher nicht nur in der mathematischen Formulierung (vgl. Abb. 707 und 708), sondern überhaupt unbekannte Beziehungen zu berechnen, wodurch das rechnende Getriebe zum *Forschungsinstrument* wird.

Auch bei noch unbekannten Gesetzmäßigkeiten kennt man fast immer einzelne besonders einfache Sonderfälle, die meist als sog. Grenzfälle das zu untersuchende Gebiet umschließen. Zwischen beiden liegen dann Fälle, die sich, von dem einen Sonderfall ausgehend, ganz allmählich so lange ändern, bis schließlich der andere begrenzende Sonderfall erreicht ist. Einer von all diesen Fällen oder eine Gruppe davon ist dann die Lösung der vorliegenden praktischen Aufgabe, die gefunden werden soll.

Hierzu entwirft man zweckmäßig ein entsprechendes verstellbares Koppelkurvengetriebe, das die bekannten Grenzfälle erfaßt, infolge der natürlichen Übergänge zwischen den einzelnen Koppelkurven aber auch die dazwischenliegenden Einzelfälle.

Baut man ein solches verstellbares Getriebe in eine Versuchsanordnung ein oder in das Gerät selbst, z. B. als einstellbare Flugzeugsteuerung, so kann es auf Grund der Versuchsergebnisse „geeicht" werden und liefert damit die gesuchten Werte.

53. Genauigkeit der Getriebe[1].

Bei allen Getriebeentwürfen ist die Festlegung der notwendigen Genauigkeit wesentlich als Grundlage für die Toleranzen der Fertigung, und man wird zur Erleichterung der Fertigung die Genauigkeitsforderung nicht höher setzen, als es in jedem einzelnen Fall noch verantwortet werden kann.

---

[1] Vgl. Abschnitt 57

Bei den rechnenden Getrieben dagegen hängt die Brauchbarkeit und der Wert des einzelnen Getriebes geradezu davon ab, daß ein *Höchstmaß an Genauigkeit* erreicht wird.

Sieht man in dem Getriebe dabei ein bewegtes mathematisches Gebilde, gewissermaßen „bewegte Geometrie", so wird man spielfreie Getriebe verlangen. Das aber ist eine den getrieblichen Gegebenheiten widersprechende Forderung. Darauf deuten schon die dadurch bedingte schwerere Gangbarkeit hin und die Temperaturempfindlichkeit, noch mehr aber die Tatsache, daß das mit großen Mühen und Kosten erreichte, für die Beweglichkeit unerläßliche Geringstspiel sich nach einer gewissen Betriebsdauer auf ein Einlaufspiel erweitert, so daß also der erzeugte Genauigkeitszustand nur von beschränkter Dauer ist.

Dagegen beruht die natürliche getriebliche Lösung auf der scheinbar unmöglichen Forderung: „*Trotz ungenauer Getriebe genaue Ergebnisse!*" Obwohl hierbei Entwurfsleistungen ganz ungewöhnlich schwieriger Art notwendig sind, für deren Erfolg das persönliche schöpferische Können des Konstrukteurs den Ausschlag gibt, lassen sich doch auch einige grundsätzliche Anregungen und Richtlinien angeben.

a) Der Getriebemaßstab.

Liegt z. B. das Gesamtspiel eines Rechengerätes bei 1 mm und werden Werte zwischen 2 und 5 mm ermittelt, so ist der Spielfehler 50% bis 20%, also untragbar hoch. Werden aber in dem gleichen Gerät Werte zwischen 0,2 und 0,5 m ermittelt, so beträgt der Spielfehler nur noch 0,5% bis 0,2% und kann in den meisten Fällen als belanglos vernachlässigt werden.

Folgerichtig wird man daher Getriebe mit großem Wertmaßstab verwenden, bei denen der Spielfehler selbst verglichen mit den kleinsten noch vorkommenden Werten bedeutungslos ist.

Das gibt aber praktisch fast ausnahmslos so große Getriebe, daß selbst angemessene Größenforderungen für das Gesamtgerät zum Teil weit überschritten werden müßten. Dazu kommen noch größere Gelenke mit größerem Spiel, Federungsfehler infolge der geringeren Versteifung der großen Getriebeglieder und Bedienungsfehler wegen erschwerter, oft unhandlicher Bewegbarkeit, die die Vorteile des großen Maßstabes sehr beeinträchtigen können.

Man kann aber auch sogar sehr große Wertmaßstäbe in *kleinen* Getrieben unterbringen, wenn man nicht mit Wert*längen* rechnet, sondern mit Wert*geschwindigkeiten*, und hat dann den Vorteil des großen Maßstabes ohne die Nachteile großer Getriebe.

Man verwendet also z. B. zweckmäßig statt der Dreiecksmultiplikatoren mit Wertlängen (Abb. 657 bis 685) eines der verschiedenen Reibradgetriebe mit Wertgeschwindigkeiten (Abb. 661 bis 663, vgl. auch Abb. 476 bis 488) oder, wenn man den Schlupffehler dieser Getriebe vermeiden muß, Differentiale (Abb. 652 bis 655, vgl. auch Abb. 349 bis 375), in denen man Logarithmen in Gestalt von Wertgeschwindigkeiten zusammenzählt. Für die Sinus- und Cosinus-Getriebe mit Wertlängen der Abb. 673 und 675 eignen sich die Reib-Kugel-kappen-Getriebe mit Wertgeschwindigkeiten der Abb. 484 und 485 entsprechend dem Anwendungsbeispiel der Abb. 715.

Stellt man übrigens bei sonst unbewegtem Getriebe die Kugelkappe des Getriebes der Abb. 485 auf einen anderen Winkel ein, so bleibt die Kugelkappe selbst dabei so gut wie unbewegt, tut man das gleiche bei dem Getriebe der Abb. 484, so macht die Kugelkappe infolge der Kegelradabrollung eine Fehldrehung um einen ansehnlichen Winkel. Dieser Getriebefehler würde untragbar groß sein, wenn die Kugelkappe im übrigen nach Wertlängen gedreht würde, also

z. B. insgesamt um eine oder zwei Umdrehungen. In einem solchen Falle müßte man das Getriebe der Abb. 485 mit feingeteiltem Schneckentrieb verwenden. Wird aber mit Wertgeschwindigkeiten gerechnet, läuft die Kugelkappe also etwa mit 500 bis 2000 Umdrehungen je Minute, so ist selbst der an sich große Schwenkfehler der Kugelkappe in Abb. 484 dagegen belanglos und das im Aufbau einfachere Getriebe ohne weiteres verwendbar.

b) Selbsttätige Verbesserung.

Kommen Werte als Vielfaches einer Werteinheit an, also z. B. in Einern, Zehnern, Hundertern usw., und zwar nicht laufend, sondern in Abständen, gewissermaßen punktweise, so lassen sich Spielfehler von nahezu der Hälfte der jeweiligen Einheit nach rechts und nach links in der in Abb. 621 dargestellten Weise ausgleichen (Beschreibung im letzten Absatz von Abschn. 51).

Dieses Verfahren, das bei sehr geringen Genauigkeitsansprüchen bei der Fertigung dennoch völlig genaue Rechenergebnisse ergibt, wird in den Rechenmaschinen und in den verwandten Buchungsmaschinen und Registerkassen angewendet (vgl. Abb. 629, 610 bis 620, 630 bis 632, 633 bis 635, 637). Es wird aber auch für schwierigere Aufgaben benutzt, wie z. B. zum Führen des Stickrahmens in Stickmaschinen (nach Lochkarte), nachdem man für die vielfältigen Möglichkeiten der Stichführung nach Länge und Lage ein Flächennetz von bestimmter Maßteilung (z. B. $1/_{10}$ mm kleinste Länge) zugrunde gelegt hat.

Dabei wird im allgemeinen für sämtliche Werteinheiten die gleiche Sperrzahnteilung von einer getrieblich bequemen Größe gewählt (vgl. Abb. 629). Zu den kleineren Werteinheiten erfolgt dann eine weiterhin fehlervermindernde Untersetzung.

Werden getriebefremde Funktionen berechnet oder ist z. B. zur Ermittlung eines Differentialquotienten getrieblich zunächst nur der Differenzenquotient zu erlangen, so kann der daraus folgende *mathematische* Fehler getrieblich vermieden werden, wenn er beim Getriebeentwurf zu bestimmen ist und danach das bisherige fehlerhafte Berechnungsergebnis verbessert wird, z. B. nach Art der Anordnung Abb. 715 oder wenn gar das arbeitende Getriebe selbst den Fehler laufend mißt und seine Berechnung zum richtigen Ergebnis ergänzt.

So wird z. B. die Differenzierung einer Funktion ja erklärt als Übergang vom Differenzenquotienten zum Differentialquotienten, was bei einer als Kurve dargestellten Funktion dem Übergang von der Sehne zur Tangente entspricht (vgl. Abb. 3).

Durch eine Schlepprolle (vgl. Abb. 716), unter der die Kurve entlanggeführt wird, läßt sich jedoch nur die Sehne getrieblich nachbilden, wobei die Schlepplänge der Rolle immer gleich der halben Sehnenlänge ist und die Rollenwelle in Richtung des Mittellotes liegt. Der Winkel zwischen der durch die Schlepprolle bestimmten Sehne und der gesuchten Tangente ist der Schleppfehler, der naturgemäß um so kleiner ausfällt, je kürzer die Schlepplänge ist (oder je geringer die Kurvenkrümmung).

Um dem Differentialquotienten möglichst nahe zu kommen, kann man daher Rollen mit ganz winzigen Schlepplängen bauen, die aber sehr geringe Richtkraft entwickeln und daher unruhig laufen und schwankende, unsichere Werte geben.

Verwendet man jedoch eine Schlepprolle mit getrieblich richtiger, ausreichender Schlepplänge und daher ruhigem und sicherem Lauf, so kann man den dabei auftretenden Schleppfehler mit Hilfe einer zweiten Schlepprolle anderer Schlepplänge messen. Wie Abb. 717 zeigt, bildet sich zwischen den beiden Schlepprollen ein Meßwinkel, der so viel größer ist, als der eigentliche Schleppfehler, als die Schlepplänge der 2. Rolle länger ist als die der 1. Rolle. Bei einem Schlepplängenverhältnis $1:2$, wie in Abb. 717, ist der Meßwinkel also ebenso groß wie der Schleppfehler und kann daher getrieblich unmittelbar zur genauen Ermittlung der gesuchten Tangente verwendet werden.

Für den Fall, daß die Differenzierung einer Kurve erfolgen soll, die auf einer Kugeloberfläche dargestellt wird statt auf einer Ebene (Wertgeschwindigkeiten statt Wertlängen), gelten für den Ausschlag der Schlepprollen die in Abb. 718 angegebenen Beziehungen.

c) Toleranzband der Aufgabe.

Ein anderer Weg greift die Frage der Genauigkeit nicht von der Getriebeseite an, sondern von der Aufgabenseite.

Stellt man die von einem Getriebe durchzuführende Aufgabe nicht „idealisiert" als mathematische Funktion dar, sondern geht man vom praktischen *Verwendungszweck* aus und stellt man in einer „Aufgabenbearbeitung" fest, wie groß der Fehler einer Ermittlung sein darf, ohne daß er im Anwendungsfall merkbar wird, oder wie groß er mit Rücksicht auf die unvermeidlichen Meßfehler bei den Eingangswerten werden kann, so erscheint die Aufgabe dann nicht mehr als Linie eines mathematischen Gesetzes, sondern als praxisgemäßer *Toleranzstreifen, innerhalb dessen die Getriebelösungen liegen müssen.*

Dadurch werden für den Getriebeentwurf Grundlagen geschaffen, die zahlreiche Entwurfsmöglichkeiten bieten. Statt vielleicht eines sehr umständlichen oder womöglich gar praktisch unausführbaren Getriebes für die „mathematische" Lösung findet man sicher eine Anzahl von Getrieben für die „Toleranzbandlösung", die einfacher sind und von denen man wieder das baulich einfachste oder sonst zweckmäßigste für den endgültigen Entwurf auswählen kann (Koppelkurvenanwendung!).

d) Ablesbarkeit.

Zum Ablesen von Teilungen bei den Steuerungsvorgängen an den rechnenden Getrieben, zum Abdecken von Kurven usw. muß der Bedienungsmann, und damit eine weitere Fehlerquelle eingeschaltet werden. Deswegen entwirft man zweckmäßig so, daß die menschliche Bedienung auf das unerläßliche Maß eingeschränkt wird, und die dann noch verbleibenden Bedingungsstellen so ausgebildet werden, daß Bedienungsfehler möglichst gering bleiben.

Der menschliche Ablesefehler kann entweder auf fehlerhafter Bedienung beruhen, also ein Denkfehler sein, oder er kann auf Irren beim Ablesen beruhen, also ein Versagen der Sinnesorgane, meist des Auges, zur Ursache haben.

Das gedankliche Versagen kann, abgesehen von entsprechender Schulung, erheblich bekämpft werden durch möglichst einfache Gestaltung der Vorgänge, deren Durchführung man dem Bedienungsmann überlassen muß und durch Anordnen von Kontrollanzeigen, die augenfällig erkennen lassen, wenn ein Bedienungsfehler gemacht wird.

Durch gut beleuchtete, einfache, übersichtliche und weite Teilungen sind Ablesefehler sehr zu beschränken. Schon die Anordnung der Teilungen am Gerät muß Tageslicht ungehindert einfallen lassen ohne Beschattung durch den ablesenden Bedienungsmann, der in ungezwungener Körperhaltung, möglichst sitzend, arbeiten soll (vgl. Abschn. 9 des 1. Bandes, insbesondere Anordnung, Drehzahl und Griffausbildung von Handkurbeln).

Mehr als gewöhnlich ist die künstliche Beleuchtung der Teilungen mit Sorgfalt zu entwerfen, und zwar rechtzeitig, nämlich bevor die Abmessungen des Gerätes bereits festliegen. An Stelle der veralteten Beleuchtung von punktförmigen Leuchtkörpern aus verwendet man schattenfreie und gleichmäßige Streulichtbeleuchtung[1] (AUGUST BAJANZ, Berlin-Charlottenburg). Als Lichtstreuer eignen sich entsprechend geformte teils polierte und verspiegelte an den Lichtaustrittsstellen leicht mattierte glasähnliche Körper (Glas, Plexiglas usw.), die zur vollen Lichtausbeute die Lichtquelle zweckmäßig allseitig umschließen.

e) Fehler durch Instandsetzungen.

Obwohl es für den Konstrukteur etwas ferner liegt, sollte er sich doch auch die Frage vorlegen, wie sein Getriebe nach längerer Betriebsdauer aussehen wird. Für etwa notwendige Instandsetzungen stehen nämlich unter Umständen nicht nur weniger genau hergestellte Teile zur Verfügung, viel folgenschwerer ist, daß oft weitgehendes Auseinandernehmen und Wiederzusammensetzen des Gerätes notwendig ist von Leuten, denen das Gerät und seine Feinheiten fremd sind. Schon ein solches Auseinandernehmen und Wiederzusammenbauen *ohne* Instandsetzung wird den Genauigkeitsgrad, der im geschulten Fabrikzusammenbau erreicht worden ist, um so mehr verschlechtern, je empfindlicher das Gerät ist.

Um hier vorzubeugen, entwirft man das Gerät zweckmäßig unterteilt in eine große Zahl von Teilgruppen, die einzeln ausgebaut werden können, ohne daß sonst ein Auseinandernehmen des übrigen Gerätes notwendig wäre, was übrigens auch sehr wesentliche Vorteile bei der Herstellung mit sich bringt.

Das beste wäre natürlich, wenn gar kein Anlaß zum Zerlegen des Gerätes geboten würde. Man müßte also die „Pannen" ausschalten. Bezeichnenderweise liegen diese meist nicht in den schwierigen Bereichen, weil diese ohnehin die gesteigerte Aufmerksamkeit des Konstrukteurs auf sich ziehen, sondern bei den Dingen, die so einfach sind, daß man sie kaum oder nur ungenügend beachtet.

In erster Linie gehört hierzu die Befestigung von Zahnrädern usw. auf den in der feinmechanischen Technik üblichen dünnen Wellen. Der Wellendurchmesser zwingt zu dünnen Stiften, die Festigkeit zu stärkeren. Das Ergebnis sind zu stark geschwächte Wellen. Vorsorglich nimmt man daher ungehärtete Stifte, die aber bald abgeschert sind. Um dies zu vermeiden, verwendet man dann doch vorsichtig gehärtete Stifte, da man dickere Stifte nicht unterbringen kann. Die Folge ist, daß in absehbarer Zeit die Bohrung in der Welle ausgeweitet ist, was zu ganz starken Meßfehlern und schließlich zu Wellenzerstörung führt. Es lohnt wirklich, dieser Frage große Aufmerksamkeit zu widmen, notfalls neue Wege zu suchen, wobei vielleicht das Beispiel des Kerbstiftes eine entsprechende feinmechanische Kerbwelle ratsam erscheinen läßt.

Zum Einstellen genauer Werte eignet sich besonders der Schraubentrieb mit Feingewinde. Da dieser den Einstellbereich bereits baulich begrenzt, scheinen besondere Endanschläge unnötig. Die Folge ist leichtes Festfahren und Festklemmen in den Endlagen.

Zusätzliche Endanschläge können das Festklemmen jedoch nur verhindern, wenn sie im Kraftfluß vor dem Schraubentrieb liegen, also z. B. bereits die davorliegenden Zahnräder sperren. Da man besondere Anschlaggetriebe (nur formschlüssige Sperrungen!) meist für entbehrlich hält, ordnet man die Endanschläge gleich an den Zahnrädern selbst an, vielfach, indem man eine Zahnlücke durch einen Pfropfen schließt (Abb. 719). Das Kräftedreieck zeigt jedoch, daß der Zahn auch bei geringen Umfangskräften des Zahnrades sehr starke Kräfte auf den Pfropfen ausüben muß, und es ist dann nur die Frage, wann die Zerstörung auftritt und was zerstört werden wird, der Pfropfen oder der Zahn. Nach einer gewissen Zeit wird der Anschlag jedenfalls bestimmt überfahren.

---

[1] Vgl. Aufbaulehre der Verarbeitungsmaschinen, Abschn. VII: Störungen. Verlag Girardet, Essen.

Längere dünne Wellen können zur Verstimmung (Dejustierung) des Gerätes führen infolge von elastischer oder bleibender Verdrillung, besonders, wenn an einem Strang mehrere Getriebe hängen, die schwergängig geworden sind (z. B. durch Frost) oder hart an den Endanschlag anlaufen.

Das Neuabstimmen (Justieren) ist dann ohne bauliche Eingriffe nur möglich, wenn an mehreren Stellen nachstellbare Kupplungen, nachstellbare Zeiger oder Teilungen angeordnet sind.

Die sonst recht bequemen Stahlbänder (vgl. Abb. 650 und 651) reißen leicht, wenn sie hängen bleiben und dann plötzlich in die richtige Lage springen. Gegendopplung (Abschn. 106 und 107, Bd. 1) oder formschlüssige „Nachhilfegetriebe" (vgl. Abb. 474) oder ähnliches sind dann zweckmäßig.

Schon ein Blick in den Ersatzteilkasten zeigt, daß der Konstrukteur selbst mit Ausfällen der meist zahlreich angeordneten Federn rechnet. Also leichte Auswechselbarkeit vorsehen, sauber ausgebildete Abstützpunkte für die Federn und nicht zu kleine Federquerschnitte wählen. Sehr erschwert ist die Instandsetzung, wenn zwei oder mehrere Federn genau aufeinander abgestimmt sein müssen, da das praktisch kaum befriedigend zu erreichen und Ersatz nur sehr schwer zu beschaffen ist. In solchen Fällen muß eine Abstimmungsmöglichkeit vorgesehen werden durch Verstellen der Federangriffspunkte oder durch Verändern der Hebelarme, an denen die Federn angreifen.

54. Federn in Getrieben.

Die Benutzung von Federn (Schwerkraft, Magnetwirkung u. ä.) in Getrieben erfolgt in zwei völlig verschiedenen Richtungen.

In der einen, beim Kraftschluß (vgl. Abschn. 3), liefert die Feder in der überwiegenden Mehrzahl der Fälle die notwendige, von außen auf das betreffende Elementenpaar wirkende Schlußkraft, wobei

entweder in einer niederen Form lediglich der Formschluß austauschbar ersetzt wird nach den Beispielen der Abb. 1 bis 6, besonders häufig angewendet bei Kurventrieben,

oder in einer höheren Form nur die kraftschlüssige Anordnung, meist als irgendwie beweglicher Kraftschluß möglich ist. Beispiele hierfür sind verstellbare Kurventriebe (Abb. 164, 703) und Stoßkupplungen (Abb. 555 bis 620).

In der anderen Richtung der Federanwendung wird dem Bewegungsgesetz des vollständig formschlüssig oder kraftschlüssig ausgebildeten Getriebes durch eine Feder (oder eine andere äußere Kraft) noch ein Kraftgesetz in bestimmter Weise überlagert, wodurch das betreffende Getriebe ein ganz besonders Gepräge erhält. Dabei entstehen als neue Getriebearten die *Spannwerke* und die *Sprungwerke*.

Diese finden besondere Verwendung in den vielfachen Möglichkeiten der Feinmechanik. Das Kennzeichen der Feinmechanik ist es, daß dabei mit den geringsten Kräften gearbeitet wird. Daher werden auch die Trägheitswiderstände der in Frage kommenden Getriebe möglichst gering gehalten, um nicht störend aufzutreten. Man muß also sehr leicht bauen. Kurz, während man im üblichen Maschinenbau beim Getriebeentwurf zunächst nur die Bewegungsbahnen berücksichtigt, und die Kraftwirkungen erst viel später beachtet, wenn es an das Festlegen der Abmessungen bezüglich der Festigkeit geht, so muß man in der Feinmechanik sofort auch die auftretenden Kräfte berücksichtigen. Allerdings haben sie hier kaum eine Bedeutung hinsichtlich der Festigkeit. Die überwiegend meisten feinmechanischen Bauteile müssen schon aus Fertigungsgründen viel stärker gebaut werden, als sie es den Festigkeitsanforderungen nach sein müßten. Die auftretenden Kräfte können hier aber als erhebliche Störkräfte wirken, und dadurch würden sie ja die Bewegungsvorgänge beeinflussen.

Dieses Übergewicht der kraftmäßigen Störmöglichkeiten bei oft ungewöhnlich geringen, wirklich gewollten, Bewegungskräften führt zu den eigentümlichen Besonderheiten der Feinmechanik, die es notwendig machen, selbst in der sonst alle Getriebe umfassenden Getriebelehre über die Getriebe der Feinmechanik noch etwas Besonders darzustellen.

Wenn man nun in mancherlei Fällen den Bedürfnissen der Feinmechanik dadurch gerecht wird, daß man die üblichen Getriebe recht leicht ausführt, vielfach in einfachen, oft äußerst geschickten Blechkonstruktionen (Spielzeugtechnik), indem man kaum Kraft verzehrende Lagerungen anwendet, wie Spitzen- und Schneidenlagerungen, so kann man doch in den *gefederten* und *federnden Getrieben* eine besondere Art von Getrieben zusammenfassen, die so wesentlich den Anforderungen der Feinmechanik entsprechen, daß ihre gelegentlichen Anwendungsfälle im üblichen Maschinenbau entweder ungewöhnlich sind, oder auch da einer feinmechanischen Aufgabe dienen.

Diese federnden und gefederten Getriebe werden angewendet, wenn eine Arbeit geringer Leistung in eine von großer Leistung umgewandelt werden soll. Dabei werden Federn in langsamer Bewegung gespannt. Nach einer Auslösung wird die so gespeicherte Arbeit (Energie) in sehr kurzer Zeit abgegeben, also mit großer Leistung. Man ist in der Feinmechanik hierzu gezwungen, weil man mit meist nur geringen Kräften arbeitet. Deswegen kann auch das Auslösen meist mit nur geringen Kräften erfolgen. Damit kommt in diesen Getrieben eine Art „Relaiswirkung" zur Anwendung.

Häufig kommt es nur auf eine schnelle und plötzliche Abtriebsbewegung an, die von der Geschwindigkeit der Antriebsbewegung unabhängig sein soll. Bei einem elektrischen Schalter soll z. B. der Kontakt plötzlich ein- und ausgeschaltet werden, um das Entstehen von Lichtbögen zu vermeiden und die damit verbundenen Verbrennungserscheinungen, gleichgültig, ob der Schalter schnell oder langsam bewegt wird. Beim Fotoverschluß ist für die Verschlußblende der zeitliche Verlauf der Bewegung vorgeschrieben und für die Länge der Belichtungszeit maßgebend und darf nicht von der Geschwindigkeit abhängen, mit der der Verschluß betätigt wird.

Diese Wirkungen werden bei den Spann- und Sprungwerken mit federnden und gefederten Getrieben erreicht, die entweder in Verbindung mit Gesperren arbeiten, oder in denen Kniehebellagen ausgenutzt werden. Die Federn können dabei entweder als Drehfedern neben den Gelenken, als Zug- oder Druckfedern in den Geradführungen angebracht werden (Abb. 308 des ersten Bandes der Prakt. Getriebelehre), oder einzelne Getriebeglieder können selbst federnd ausgebildet werden und die Aufgabe eines Gelenkes, z. B. als Blattfedergelenk, oder einer Geradführung übernehmen (Abb. 303 des 1. Bandes, sowie Abb. 291 bis 302).

a) Getriebe mit zusätzlichen Federn, Elementenpaare.

Wird zwischen zwei Gliedern eines Elementenpaares eine Feder angeordnet, so werden dadurch Kraftäußerungen streng gesetzmäßig bereits mit den Bewegungen in einem solchen Elementenpaar verbunden. Dem Federgesetz entsprechend wächst der Federwiderstand in einer Bewegungsrichtung, in der anderen fällt er.

Dabei verwendet man zweckmäßig *Zugfedern*, wie in Abb. 720, *Druckfedern* wie in Abb. 721 mit Durchknickstütze als Dorn oder Buchse, oder *Blattfedern*, wie in Abb. 722.

In ähnlicher Weise wie diese Geradführungen lassen sich Drehkörperpaare federn. Abb. 723 zeigt eine solche Gelenkfeder. Dabei ist es zweckmäßig, die völlige

Entspannung der Gelenkfeder durch einen Anschlag zu verhindern, um das Abfallen der Feder zu vermeiden. In Abb. 724 sind zwei solcher Gelenkfedern angebracht, aber mit entgegengesetzter Wirkung und mit getrenntem Arbeitsfeld.
Bewegt man den Hebel nach links, so wird nur die linke Feder gespannt. Die rechte
Feder bleibt dabei ruhig in ihrer fast entspannten Endlage stehen. Bei Rechtslegen
des Hebels erfolgt der gleiche Vorgang, jedoch mit vertauschten Federn. Wie
Abb 725 zeigt, kann das gleiche mit einer einzigen, nun aber nach beiden Seiten
wirkenden Feder erfolgen.

b) Federkupplungen[1].

Führt man in Geradführungen je zwei Gleitsteine, die man miteinander durch
eine Feder verbindet, wie in Abb. 726 und 727, so entstehen gefederte Kupplungen.
Ebenso, wenn zwei Lenker in einem Gelenk gelagert und mit einer Gelenkfeder
verbunden sind, wie in Abb. 728 und 729.

c) Gefederte Getriebe.

Am anschaulichsten läßt sich die Anordnung von Federn an Getrieben mit
einer Geradführung zeigen.

In Abb. 730 ist ein Geradschubkurbelgetriebe dargestellt, zwischen dessen
Gleitstein und Gleitbahn eine Zugfeder eingebaut ist. Diese wird den Gleitstein
nach links in die Lage zu ziehen versuchen, in der die Feder am stärksten entspannt ist. Diese Lage ist in der linken Umkehrlage des Gleitsteines erreicht, in
der sich Kurbel und Koppel überdecken. Wird das Getriebe über diese Lage
hinausgedreht, so nimmt die Spannung der Feder wieder zu. Wirken keine äußeren
Kräfte mehr auf das Getriebe ein, so wird es selbsttätig in diese Lage zurückfallen,
in der die Feder die kleinste Spannung besitzt. Diese Lage wird daher *Rückfalllage* genannt.

Eine ausgezeichnete Lage ergibt sich in der anderen Umkehrlage des Gleitsteins, in der die Feder die größte Spannung besitzt. Diese soll *Kipplage* heißen,
weil von hier aus die Getriebebewegung sowohl in dem einen Drehsinn erfolgen
kann, wie in dem anderen. Auch hier trachtet die Feder das Getriebe in die Rückfallage zu ziehen. In sauberer Kipplage sind die Möglichkeiten beider Bewegungssinne jedoch so gegeneinander ausgewogen, daß eine Rückfallbewegung erst eintritt, wenn dieses Gleichgewicht gestört wird. Dazu genügen allerdings meist
bereits sehr geringe Störkräfte. Das Getriebe befindet sich also in der *Rückfallage*
sozusagen in einer *sicheren (stabilen) Gleichgewichtslage*, in der *Kipplage* dagegen
in einer *unsicheren (labilen) Gleichgewichtslage*.

Es zeigt sich, daß der getriebliche Einbau einer Kraft, hier also in Form
einer Federkraft, dem betreffenden Getriebe eine bestimmte Bewegungseigenschaft gibt mit besonderen Eigentümlichkeiten, die es sonst nicht hat. Dabei spielt
allerdings die Art und Anordnung des Einbaues dieser Federkraft eine recht
beachtliche Rolle und gibt es dem Konstrukteur in die Hand, bestimmte Eigenschaften der betreffenden Getriebe zu erreichen.

So werden Rückfall- und Kipplage vertauscht, wenn statt einer Zugfeder, wie
in Abb. 730, eine Druckfeder eingebaut wird, wie es in Abb. 731 dargestellt ist.
Die Totlage bei Strecklage von Kurbel und Koppel ist hier zugleich die Rückfalllage als die sichere Gleichgewichtslage des Getriebes.

Das gleiche ist allerdings auch zu erreichen, wenn in Abb. 730 die Zugfeder
rechts des Gleitsteines angeordnet würde, wozu rechts außen am Getriebegestell
eine Federaufhängung angebracht werden müßte.

---

[1] Vgl. Abschn. 40 und ALTMANN: Drehfedernde Wellenkupplungen, Kraftfahrtechnische
Forschungsarbeiten, Heft 6, 1937.

Ebenso kann man im Getriebe der Abb. 731 die Rückfallage links außen erhalten, wie in Abb. 730, wenn man auch hier die Druckfeder vom Gleitstein aus nach rechts außen anbringt, wie in Abb. 732.

Abb. 733 zeigt in dem bekannten Bierflaschenverschluß ein lehrreiches Anwendungsbeispiel des Getriebes nach Abb. 731, wo die Feder durch den Dichtungsring ersetzt ist und im übrigen der getriebliche Ablauf nur im Bereich des Verschließens gewahrt ist, sonst aber durch Wegfall der Geradführung das Getriebe, bzw. die ihm zugrunde liegende Kette geöffnet ist.

In den Abb. 734 und 735 sind zwei Geradschubkurbelschwingen gezeigt, wobei die beiden Möglichkeiten der Federung dargestellt sind. In Abb. 736 ist die Kurbel Gestellglied. Auch hier, bei der umlaufenden Geradschubkurbelschleife kann eine Feder den Bewegungsablauf des Getriebes beeinflussen. In den weiteren Abwandlungen der gefederten Geradschubkurbelkette gehören noch das in Abb. 737 gezeigte pendelnde Geradschubkurbelgetriebe, sowie die schwingende Geradschubschleifkurbel der Abb. 738.

Wie Getriebe mittels Gelenkfedern abgefedert werden können, zeigen die Abb. 739 und 740. In Abb. 739 ist ein gefedertes geschränktes Bogenschubkurbelgetriebe gezeigt, für das die gleichen Gesetze für Rückfall- und Kipplage gelten, wie bei den Getrieben der Geradschubkette. Abb. 740 zeigt ein mit einer Gelenkfeder ausgestattetes umlaufendes Doppelkurbelgetriebe.

d) Federnde Getriebe.

Ersetzt man ein Gelenk und die beiden benachbarten Glieder durch eine Feder, so erhält man Federelemente, wie sie in den Abb. 741 bis 746 dargestellt sind. Dabei ist es völlig gleich, welche Art Feder man dabei verwendet.

Wie Abb. 747 zeigt, ersetzt eine Zugfeder zwischen dem Kurbelzapfen und der bisherigen Gleitsteinlagerung im Gestell als *federndes Getriebeglied* die bisherige Koppel sowie den Gleitstein und das zwischen den beiden Gliedern befindliche Gelenk eines pendelnden Geradschubkurbelgetriebes. In derselben Weise ist auch eines der Gelenke aller anderen Getriebe der Viergelenkkette und der Keilkette, mit den benachbarten Gliedern durch eine Feder zu ersetzen, wobei allerdings der Bewegungsumfang der voll umlauffähigen Glieder je nach der verwendeten Feder eingeschränkt bzw. begrenzt wird, wenn auch, wie das Beispiel der Uhrwerkfeder (gefederter Sperrtrieb entsprechend Abb. 203) zeigt, dabei noch ansehnliche Bewegungsbereiche möglich sind.

Federnde Getriebe mit sehr stark eingeengtem Bewegungsbereich zeigen die Abb. 751 bis 754. Diese Gelenke werden mittels einer Feder in die Ausgangslage (Rückfallage) gezwungen. Man erreicht dies zum Beispiel durch eine Zugfeder (Abb. 751), eine beiderseitig wirkende Gelenkfeder (Abb. 752), oder, wie es die Abb. 753 und 754 zeigen, am billigsten und elegantesten durch eine Blattfeder.

e) Spannwerke.

Verbindet man ein federndes oder gefedertes Getriebe mit einem Sperrtrieb, wie z. B. in den Abb. 756 bis 759, so entstehen die

Sperrspannwerke.

Die Schlagbolzen werden in Richtung der Federentspannung durch Gestellanschlag begrenzt, bei gespannter Feder durch die Klinkensperrung. Abb. 756 zeigt ein Spannwerk mit Sperrschieber, Abb. 757 eines mit umlaufender Sperrklinke (vgl. Abb. 218) und Abb. 759 eines mit gefederter Sperrklinke. Für die Schlagbolzenbewegung der verschiedensten Schußwaffen werden solche Sperrspannwerke, zum Teil in mehrfacher Anordnung verwendet.

Weitere Ausführungsformen von Sperr-Spannwerken zeigen die Abb. 760 bis 765. Es ist die Abwandlung von gefederten Getrieben der Viergelenkkette in Sperr-Spannwerken. In Abb. 760 sind Spannstück und Sperrklinke jeweils drehbar im schraffierten Gestell gelagert. Abb. 761 zeigt das gleiche Getriebe, nur ist diesmal das in Abb. 760 schwarze Spannstück Gestellglied, und das vorher schraffierte Gestellglied zum Spannstück geworden. Im Gegensatz zu Abb. 760 ist nun die Sperrklinke drehbar im Spannstück gelagert. Abb. 762 zeigt die Verwendung des pendelnden federnden Geradschubkurbelgetriebes der Abb. 747 mit einer Sperrklinke als Sperr-Spannwerk. Abb. 763 schließlich zeigt einen weiteren Wechsel des Gestellgliedes. Die Drehachse des Spannstückes (schwarz) ist nun schwenkbar angeordnet.

In den Abbildungen 764 und 765 sind zwei Spannwerke dargestellt, die aufgebaut sind aus einem gefederten Geradschubkurbelgetriebe und einer Sperrklinke. In Abb. 764 ist die Sperrklinke zwischen Kurbel und Gestell, in Abb. 765 zwischen Kurbel und Koppel angeordnet.

Eine Anwendung des Spannwerkes in Abb. 758 zeigt die Drucktastenleiste in Abb. 766. Mit ihr werden elektrische Kontakte betätigt. Wird eine Taste gedrückt, wie es z. B. im linken Teil der Abbildung gezeigt ist, so verschiebt sie über ein Keilschubgetriebe zunächst die weiße Sperrschiene und spannt damit deren Sperrfeder. Gleichzeitig wird auch die Spannfeder des Spannstückes, in diesem Fall der Drucktaste gespannt. Bei Erreichung der Tastenendlage wird der elektrische Kontakt betätigt. Durch die gespannte Sperrfeder springt die Sperrschiene in die Anfangslage zurück und sperrt die Taste in der gesperrten Stellung. Bei Betätigung der nächsten Taste verschiebt sich die Sperrschiene wieder und gibt kurz vor Erreichen der Spannlage der zweiten Taste die vorher gedrückte Taste frei. So wirkt jedes *Spannwerk* als *Auslöser* des vorher gedrückten Spannwerkes. Angewendet wird diese Anordnung bei Tastenbänken von Registrierkassen und Rechenmaschinen, sowie bei Kontakteinrichtungen für selbsttätige Senderwahl an Rundfunkgeräten.

Kippspannwerke

Kippspannwerke entstehen unter Ausnutzung der Kipplage als Sperrstellung, wie in Abb. 767 und mit Hilfe von zwei Gestellanschlägen für das Sperrstück (= Kurbel des hier wieder verwendeten federnden pendelnden Geradschubkurbelgetriebes der Abb. 747).

Mit spiegelbildlicher Anschlaganordnung dient das Spannwerk meist als Umschaltgetriebe aus der in Abb. 767 dargestellten Stellung in die Spiegelbildliche, und wird so z. B. bei elektrischen Schaltern verwendet, bei Farbbandumsteuerungen an Schreibmaschinen usw.

Durch Verlegen des einen Anschlages, in Abb. 767 z. B. des unteren, in die gestrichelt dargestellte Lage nahe der Kipplage kann das Sperrstück kurz nach Überschreiten der Kipplage in gespanntem Zustand sicher gehalten werden. Das Kippspannwerk ähnelt dann in seiner Wirkung dem Sperrspannwerk (Abb. 762) und eignet sich wegen seiner bequemen Handhabung zur Verwendung als Einspanngetriebe im Vorrichtungsbau.

Auch hier läßt sich wieder die Verwendung und Umwandlung von Getrieben der Viergelenkkette zeigen. (Abb. 768 bis 773). In den Abb. 768 und 769 liegt die Kipplage beider Getriebe in der Strecklage von Kurbel und Koppel, in den Abb. 770 und 771 liegt sie in Decklage von Kurbel und Koppel. Abb. 772 zeigt die Anwendung der umlaufenden Geradschubkurbelschleife, und Abb. 773 die der schwingenden Geradschubkurbelschleife als Kippspannwerk.

In Abb. 774 ist ein aus der umlaufenden Kurbelschleife entstandenes federndes Getriebe als Kippspannwerk dargestellt.

Die Abb. 775 bis 777 zeigen schließlich

Kurvenspannwerke

Bei diesen ist das gefederte Hubglied eines Kurventriebes zum Spannstück geworden. Spannen und Auslösemöglichkeit sind durch die Kurvenform bedingt, die durch Aufheben des Kettenschlusses das Auslösen bewirkt. In Abb. 775 wird das Auslösen noch durch eine zusätzliche Sperrung entsprechend den Sperrspannwerken nach Abb. 756 bis 766 erreicht.

Auch diese Kurvenspannwerke erscheinen zum Teil in schwer erkennbaren Abwandlungen, z. B. in elektrischen Schaltern.

f) Sprungwerke.

Läßt man bei dem Getriebe der Abb. 775 die Sperrklinke weg, wie in Abb. 776 und 777, so wird Spannung und Auslösen allein durch die Bewegung der Kurvenscheibe bewirkt. Der Zeitpunkt der Auslösung ist dabei durch die Lage der Sprungstelle in der Kurve im Bewegungsspiel festgelegt. Damit sind die Eigenarten des *Sprungwerkes* gegeben.

Sperrsprungwerke

Ein Sperrsprungwerk entsteht aus einem Sperrspannwerk, indem man den bisherigen Gestellagerpunkt der Feder zum Spannen gelenkig anordnet und bei ausreichend gespannter Feder mit dem Spanner selbst die Sperrung auslöst. Hernach wird das Sprungstück von Hand oder auch durch den Spanner wieder in die Ausgangsstellung zurückgeführt. (Vgl. Abb. 778 bis 798.) Fotoverschlüsse sind besonders bekannte Beispiele für solche Sprungwerke.

Aus dem Prinzip der Sperrspannwerke der Abb. 756 bis 759 wurden die Sperrsprungwerke der Abb. 778 bis 780 entwickelt. Bei den in Abb. 778 und 779 dargestellten Sprungwerken handelt es sich um einseitig wirkende Sperrsprungwerke, wobei Spanner und Sprungstück in gleicher Richtung geradgeführt sind. Die Entspannung in Abb. 778 wird erreicht durch ein Keilschubgetriebe. In Abb. 779 geschieht durch eine Stoßkupplung die Auslösung.

Die Sperrsprungwerke in den Abb. 780 bis 784 wirken ebenfalls einseitig. Spanner und Sprungstücke sind gleichachsig gelagert. Die Abb. 781 bis 784 zeigen wieder die Abwandlung der Sprungwerke, wobei jeweils ein Glied zum Gestell wird.

In den Abb. 785 bis 787 sind Ausführungen von Sperrsprungwerken gezeigt, bei denen Spanner und Sprungstück um verschiedene Achsen gelagert sind. Die Abb. 785 und 786 zeigen die Sperrung mittels Sperrklinken, während in Abb. 787 Spanner und Sprungstück gleiche Form haben und dadurch die Sperrklinke ersparen.

Durch Doppelanordnung von Sperrklinken oder allgemein „Sperrern" im Gestell und von Auslösern am Spanner entstehen doppelseitig wirkende Sperrsprungwerke, wie sie in den Abb. 788 bis 791 für solche Sprungwerke gezeigt sind, bei denen Spanner und Sprungstück gleichachsig gelagert sind, und in der Abb. 792 für solche, wo Spanner und Sprungstück auf getrennten Achsen gelagert sind.

Ein weiterer Schritt sind dann die *umlaufenden Sperrsprungwerke*, die man aus dem hin- und hergehenden Sperrsprungwerk dadurch erhält, daß man das Sprungstück als Scheibe mit einer Sperrnut versieht und auf dem ganzen Umfang Sperrer anordnet. Solche umlaufenden Sperrsprungwerke sind in den Abb. 793 bis 795 abgebildet.

Abb. 793 zeigt ein in beiden Drehrichtungen umlauffähiges Sperrsprungwerk, bei dem die Sperrklinken im Gestell geführt sind. Das Getriebe in Abb. 794 ist nur in einer Drehrichtung umlauffähig, infolge der einseitigen Nocken der schwarzen Scheibe. Eine Weiterentwicklung der Abb. 794 zeigt Abb. 795. Hier ist das Getriebe beidseitig umlauffähig geworden, was durch Verdoppelung des in Abb. 794 gezeigten Spanners und Sprungstückes erreicht wurde.

Ein Getriebe mit umlaufenden Spanner zeigt Abb. 796. Der Zapfen in der weißen Scheibe spannt jeweils die gabelförmige Spannfeder, während das segmentförmige Kurvenstück das schwarze Sprungstück sperrt und bei bestimmter Federspreizung freigibt.

Anwendungen für Sperrsprungwerke werden in den Abb. 797 und 798 gezeigt. Abb. 797 stellt einen elektrischen Rastschalter dar. Mit einem Handgriff am Spanner spannt man die Feder, bis die beiden als Kontaktfedern ausgebildeten Sperrklinken das Sprungstück, in diesem Fall die Kontakttrommel, freigeben.

Ein umlaufendes Sperrsprungwerk für Drehschalter mit Momentschaltung ist in Abb. 798 dargestellt. Die riegelförmige Sperrklinke wird hier nach dem Spannen der Feder statt mit einem Kurventrieb mit einem zusätzlichen Kurbeltrieb ausgelöst.

Kippsprungwerke.

Genau wie die Sperrsprungwerke aus den Sperrspannwerken abgeleitet werden können, können aus den Kippspannwerken die Kippsprungwerke entwickelt werden.

In den Abb. 799 bis 803 sind Kippsprungwerke der Geradschubkurbelkette dargestellt, wobei der Spanner (gepunktet) und das Sprungstück (schwarz) in den Abb. 799 bis 801 gleichachsig, und in den Abb. 802 und 803 verschiedenachsig gelagert sind. In Abb. 799 ist die Spannfeder am Sprungstück (schwarz) befestigt, während sie in Abb. 800 zwischen den beiden Zwischengliedern (weiß und schraffiert) angebracht ist. In Abb. 801 befindet sie sich am Spanner (gepunktet). Die Abb. 802 und 803 sind Weiterentwicklungen der Abb. 801.

Der *Spanner* läßt sich auch geradführen, wie Abb. 804 zeigt. In Abb. 805 ist das *Sprungstück* geradgeführt.

Ebenso wie die gefederten Getriebe, lassen sich auch federnde Getriebe in Kippsprungwerken verwenden. Dies zeigen die folgenden Abb. 806 bis 809. Dabei werden Spanner und Sprungstück teils gleichachsig (Abb. 808 und 809) teils verschiedenachsig (Abb. 806 und 807) gelagert.

Ein Kippsprungwerk aus einem zusammengesetzten Getriebe zeigt Abb. 810. Es findet Anwendung für elektrische Momentschaltung an Ölschaltern. Beim Verschieben des Schiebers wird die Feder, hier ein federndes Getriebeglied, gespannt. Das schwingende Doppelkurbelgetriebe, an dessen weißer Kurbel die Feder angreift, bleibt solange in Ruhe, bis eine der Keilflächen des Schiebers nach einem gewissen Spannweg mit einem Stift des schwarzen Steges bzw. der Koppel in Berührung kommt und das schwarze Getriebeglied (Steg oder Koppel) über die Kipplage nach außen drückt. Dieses Sprungwerk wirkt infolge seiner Symmetrie beidseitig.

Kippschalter, Doppeldruckknopfschalter usw. sind Anwendungsbeispiele dieser Sprungwerke.

Ausführliche getriebliche Ableitung sowie Berechnungsunterlagen für die verschiedenen Spannwerk- und Sprungwerkformen bietet: SIEKER: Gefederte und federnde Getriebe, Diss. Aachen 1941[1].

---

[1] Vgl. auch: SIEKER, Getriebe mit Energiespeichern, 2. Aufl. 1953.

C. Führungen.

55. Führungsgetriebe.

Fallen sämtliche drei Geradführungsrichtungen der Keilkette *zusammen* oder sind sie *parallel*, so entstehen bei Aufstellung auf die einzelnen Glieder in allen Fällen *Führungsgetriebe* (vgl. Abb. 3 und 6).

Auch hier kann natürlich das vierte Glied wieder ergänzt werden (vgl. Abschn. 6), so daß zu den drei gleichgerichteten Geradführungen noch ein Gelenk kommt (Abb. 811). Außer dieser viergliedrigen Form des Führungsgetriebes und der dreigliedrigen (Abb. 3 und 6) ist aber auch noch eine sogar ziemlich verbreitete zweigliedrige Form (Abb. 812 und 813) möglich, die entsteht, wenn man außer dem Gelenk noch eine Geradführung verwachsen läßt, die wegen der gleichen Richtung aller Geradführungen entbehrlich sein kann.

Schließlich ist in der viergliedrigen Form (Abb. 811) noch die Rückbildung einer Geradführung in ein Gelenk möglich, so daß bei Radausbildung der gelenkgelagerten Glieder die Grundform des Wagens entsteht (Abb. 814).

Eine ganz besonders wichtige Gruppe von Führungsgetrieben entsteht aus der viergliedrigen Form, wenn die Gelenkachse im vierten (punktierten) Glied *nicht* parallel zu dessen Gleitfläche liegt, wie in Abb. 811, sondern *senkrecht darauf steht*, wie in Abb. 815.

Die Abb. 816 und 817 zeigen als praktische Anwendungsbeispiele das in der Schlepprinne geschleppte Schiffsmodell und das im Fluß fahrende Schiff, bei dem das vierte Glied die wichtige Aufgabe des Steuerns erhalten hat.

Gleichzeitig lassen diese Beispiele erkennen, daß die dritte Geradführung dann nicht entbehrlich ist, wenn eins der Glieder des Führungsgetriebes flüssig ist und dadurch das Gleiten die Sonderform des Fließens und Schwimmens erlangt, oder schließlich des Fliegens und Schwebens, wenn die Luft selbst als ein Glied des Führungsgetriebes anzusehen ist, wie in Abb. 823.

Das scheinbar dreigliedrige Führungsgetriebe der Abb. 818 mit einem Gelenk und zwei Geradführungen (eine Geradführung verwachsen) ist das Grundgetriebe des lenkfähigen Schlittens (Abb. 819).

Abb. 820 zeigt wieder eine viergliedrige Form, ähnlich wie Abb. 815, nur mit dem schwarzen Glied als Gestellglied. In Abb. 821 ist dann noch die Geradführung zwischen dem bereits gelenktragenden weißen Glied und dem schraffierten Glied in ein Gelenk zurückgebildet worden. Damit entstand das Grundgetriebe für den „geländegängigen" Schlitten (Abb. 822), der die Ausgestaltung zum geländegängigen Wagen zuläßt, und das Grundgetriebe für das Flugzeug mit Quer- und Höhenruder und Trimmsteuerung (Abb. 823).

Abb. 824 zeigt das gleiche Getriebe, wie Abb. 821, nur ist das schraffierte Glied als Rad ausgebildet, und Abb. 825 den Pflug als praktisches Beispiel eines solchen Führungsgetriebes. So zeigen sich alle Fahrzeuge, ja auch Flußläufe, Gletscher, Wind- und Gasführungen getrieblich als Formen von Führungsgetrieben.

Dem Konstrukteur wird dadurch eindringlich klar, daß das Schiff erst durch den Fluß und sein Bett, der Wagen erst durch die Straße, das Flugzeug erst durch die Luft zum vollständigen Getriebe wird, und daß daher die Fragen der Gestaltung der Wasserwege, Straßen und Bahnkörper, die Kenntnis der Vorgänge in der Luft usw. ebenso *zur Konstruktion der Fahrzeuge* gehören, wie der Entwurf dieser Fahrzeuge selbst. Die Praxis bestätigt dies, denn die Kunst des Segelfluges, die Anlage der Autobahnen, die Strömungslinienforschung u. a. haben die Entwicklung der Fahrzeuge ganz gewaltig beeinflußt.

Die Möglichkeit der Rückbildung der Geradführungen in Bogenführungen führt bei den Führungsgetrieben zu den *Umleitungen und gestaltenden Führungen*, die in der Technik besonders der Verarbeitung bandförmiger Werkstoffe[1] eine besonders bedeutende Rolle spielen.

Die einfachste Form der Umleitung ist die *Rückleitung*. Abb. 826 zeigt ein Band, wie es bei einer einfachen Rückleitung um 180° aussehen muß. Das ist erreichbar entweder in einer Stoßführung (Abb. 827), in die das Band zur Umleitung hineingeschoben wird, oder in einer Zugführung (Abb. 828), durch die das Band gezogen wird. Bei dieser kann die äußere Umleitungs-(Hohl-)fläche wegfallen und die innere durch eine Rolle (drittes Glied) ersetzt werden.

Die Abb. 829 und 830 zeigen praktische Anwendungsbeispiele solcher Führungen, wobei die Stoßführung der Abb. 829 dazu dient, das Heftband in einen Schnellhefterfalz einzufädeln, während die Zugführung (Abb. 830) als Richtvorrichtung für Blechband ausgebildet ist (drittes und viertes Glied).

Die Abb. 831 bis 833 zeigen nochmals die gleichen Führungen, jedoch um eine Längsachse umlaufend. Die Stoßführung der Abb. 831 ist eine Gewindeschneidvorrichtung, bei der von rechts die Muttern zum Gewindebohren aufgesteckt werden und links fertig gebohrt ausfallen. Die Führung der Muttern durch diese Vorrichtung dient der Drehungsübertragung auf den Gewindebohrer.

Die Zugführung der Abb. 832 und 833 ist eine Drahtrichtmaschine mit der gleichen Wirkungsweise wie bei der Bandrichtmaschine in Abb. 830. Die Drehung der Vorrichtung bewirkt nur zusätzlich ein Ausrichten nach allen Seiten.

Abb. 876 zeigt noch eine Umleitung als Stoßführung, die das aus der Strohpresse gestoßene Stroh unmittelbar in den über der Strohpresse liegenden Scheunenraum fördert.

Sehr häufig werden Umleitungen für Papier verwendet, das sich oft recht schwer von der Umleitfläche oder Walze abhebt, besonders, wenn es sehr dünn und vielleicht gar feucht ist.

Zu dem Zweck wendet man sog. „Rillenmesser“ (Abb. 834) an, die wie Abb. 835 erkennen läßt, das Papier ableiten, sofern es in sich noch genügende Festigkeit besitzt, und nicht aufreißt.

Schonender wirken Leitbänder (Abb. 836 und 837), da auf ihnen das Papier ruhen kann. In der Drucktechnik ist dieses Verfahren für das Führen der Druckbogen sehr verbreitet, wobei allerdings meist Fäden statt Bänder verwendet werden (in der Textiltechnik zum Führen und Schneiden von Krempelfloren).

Ganz besonders empfindliches Papier, wie z. B. feuchtes Seidenpapier, läßt sich erfolgreich ablösen und dazu noch am Zusammenrollen in Zigarettenform hindern, wenn man ihm vorübergehend durch Rillenwalzen (Abb. 838) ein Wellenprofil gibt.

Praktisch genügt vielfach eine Rillenwalzenanordnung wie in Abb. 839, die bei einer Paketadressen-Leimmaschine angewendet wird, bei der die untere Rillenwalze (gepunktet) die Leimwalze ist und daher Leimstreifen aufträgt.

Hierbei dient das Führungsgetriebe bereits nicht nur der Förderung und Leitung des Werkstückes, sondern führt zugleich einen *Gestaltungsvorgang*, nämlich die Beleimung aus.

Geradezu als gestaltende Umleitung ist die Falzvorrichtung der Abb. 840 aufzufassen. Ein kurvengesteuertes Falzmesser stößt das genügend weit eingeführte Papierstück in eine „griffige“ Umleitung, wobei das Papier gefaltet wird.

Abb. 841 zeigt für die gleiche Aufgabe eine Anordnung, die statt des Falzmessers eine vorgeschaltete Umleitführung enthält, in die jedoch das Papier nur

---

[1] Prakt. Getriebetechnik, Heft 1 (VDI-Verlag), behandelt die bei allen Bandführungen zu beachtenden geometrischen Zusammenhänge.

bis zum einstellbaren Anschlag eingeschoben werden kann (Stauchführung). Dann biegt es nach unten aus und wird von den Faltwalzen gefaßt.

Der Vergleich dieser beiden Falzvorrichtungen zeigt deutlich die Vereinfachung und die Ersparnis bewegter Teile, wenn Führungsgetriebe statt anderer Getriebe verwendet werden können. Dazu kommt noch eine sehr beträchtliche Leistungssteigerung.

Derartige Falzvorrichtungen werden in der Buchbindetechnik zum Falten der Druckbogen verwendet.

Die Abb. 842 und 843 zeigen noch teilweise ausgebildete Führungsgetriebe, in Abb. 842 zum schrittweisen Vorschub, in Abb. 843 als Oblatenschneider einer Tütenmaschine mit Kurvensteuerung und Einstellmöglichkeit, wobei das Werkstück antreibt und das zeitweise aufsetzende Oblatenmesser vom Papierstreifen mitgenommen wird.

Besondere technische Bedeutung haben *Bandführungen mit Profiländerungen des Bandes*[1]. Die einfachste Profiländerung ist das Verdrehen eines Bandes, wobei allerdings keine Bandfaser gedehnt oder gestaucht werden darf, wie das bei einer schraubenartigen Verdrillung des Bandes, wie in Abb. 844, der Fall wäre. Das ist zu erreichen mit Umlenkkanten, wie in Abb. 845, wobei das Band allerdings dazu noch um einen bestimmten Winkel aus der bisherigen Bewegungsrichtung abgelenkt wird, der bei Umleitung um 90° (Abb. 845) gleich dem Umlenkwinkel α (zwischen Umlenkkante und ursprünglicher Bandrichtung) ist, bei Umleitung um 180° (Abb. 846 bis 849) den doppelten Wert dieses Winkels α erreicht.

In Abb. 846 bis 849 zeigt das Band nach der Umleitung seine *Rückseite* (linke Seite). Soll das Band in eine neue Richtung weitergeleitet werden, aber, wie vorher die *Vorderseite* zeigen, so müssen zwei Umleitungen je um 180° durchgeführt werden, wie in Abb. 850 bis 853. Der Winkel γ, unter dem sich die beiden Umlenkkanten (getrieblich als Wendestangen) schneiden, ist halb so groß, wie die Abweichung λ der neuen Bandrichtung von der alten.

Man kann daher die Wendestangen statt wie in Abb. 850 ohne weiteres so legen, daß eine senkrecht zur Bandlaufrichtung liegt, wie in Abb. 851, und diese durch eine Rolle ersetzen. Sonst müssen Rollen vermieden werden, weil sie das Band seitlich austragen würden.

Parallele Wendestangen, wie in Abb. 853 finden an Rotationsdruckmaschinen Verwendung.

Soll ein Band in der gleichen Richtung weiterlaufen, aber die Rückseite zeigen, so müssen, wie in Abb. 854, drei Umlenkkanten (drei Wendestangen) angeordnet werden.

Die Umleitungen selbst sind technisch in verschiedener Weise durchzuführen. Das Ziehen des Bandes über eine scharfe Umlenkkante ist fast immer unzweckmäßig, da das Band dann leidet. Man wählt daher weichere Umleitungen, etwa in Form von Sattelführungen, wie in Abb. 855 und 857, oder in teilweiser Ausbildung als Wendelöffel, wie in Abb. 858, oder Wendestangen (Abb. 850 bis 854).

Bei besonders empfindlichen Bändern (z. B. Filmstreifen) kann das auch noch unzweckmäßig sein. Dann kann man, wie in Abb. 856, vor und nach der Umleitung je ein Förderwalzenpaar in der richtigen Lage und Drehgeschwindigkeit anordnen. Dazwischen legt sich dann das Band von selbst richtig.

Der geschränkte Riementrieb (Abb. 859) stellt ein Beispiel einer solchen Umleitung ohne Sattel oder Wendestange dar. Mit Rücksicht auf die Ablenkung des gewendeten Bandes um den Winkel α (vgl. Abb. 845) müssen die beiden Riemenscheiben so angeordnet werden, daß im Grundriß (Abb. 860) ihre Innenkanten genau einen rechten Winkel bilden, und zwischen beiden das gezogene

---

[1] Vgl. besonders: Prakt. Getriebetechnik, Heft 1.

Trumm des Riemens liegt. Das ablaufende Trumm wird dann allerdings schon an der antreibenden Riemenscheibe seitlich abgezogen und auch im weiteren Verlauf bis zum Auftreffen auf die angetriebene Riemenscheibe um so stärker über die Kante gebogen, je kürzer der Riementrieb ist. Es kommt dadurch eine gewisse Unruhe in den Riementrieb, der man gewöhnlich durch besonders breite und stark-ballige Riemenscheiben begegnet. Durch Anordnung von einer oder zwei Umlenk-rollen am ablaufenden Trumm kann man diese Unruhe aber vollkommen ver-hindern und dann mit schmalen Riemenscheiben arbeiten, sogar bei waagerechtem Riementrieb. Dabei erhält die Riemenscheibe mit senkrechter Welle zweckmäßig ein über den Riemen übergreifendes Abspritzblech zum Schutz vor störenden Fremdkörpern.

Die *Zusammensetzung einiger einfacher Bandumleitungen* führt zur Längsfaltung von Bändern und gestattet die Erzeugung von vielfältigen Profilen.

So lassen sich, wie in Abb. 861, zwei zunächst parallel nebeneinanderlaufende Bänder durch spiegelbildlich gleiche Umleitungen hochkant und zusammengelegt weiterführen. Nimmt man, wie in Abb. 862, statt der zwei Bänder ein einziges, so bewirkt die gleiche Umleitungsvorrichtung ein Zusammenfalten in der Längs-richtung. Abb. 863 zeigt als praktisches Anwendungsbeispiel den Längsfalt-apparat einer Zeitungsdruckmaschine.

Das zusammengefaltete Band erhebt sich immer um einen Winkel (in Abb. 862 mit ε^* bezeichnet) aus der Anlaufebene. Dieser Winkel ist je nach Spreizung der weißen Wendestangen und je nach Vor- oder Zurückneigung der schraffierten Wendestangen veränderlich, wovon in der Textiltechnik beim Zusammenfalten der Tuchbahnen Gebrauch gemacht wird, um raumsparende Anordnung zu bekommen.

In Abb. 864 sind die beiden Bänder der Abb. 861 etwas auseinandergerückt. Dazwischen ist ein drittes Band angeordnet, das um den Winkel β nach oben geleitet wird. Der Winkel β muß dem Winkel ε^* (in Abb. 862) gleichen.

Schließt man die drei Bänder wieder zu einem einzigen Band zusammen, wie in Abb. 865, so wird dieses in ein U-Profil gefaltet. Die entsprechende Faltführung mit Rillenmessern zum Vorbereiten der Faltknicke zeigt Abb. 868.

Sehr wichtig für das saubere Arbeiten einer solchen Faltführung ist die genaue Einhaltung des Biegewinkels β des Mittelbandes. Die einfache geometrische Er-mittlung dieses Winkels β aus Grund- und Aufriß des Bandes ist in Abb. 866 und 867 veranschaulicht.

In Abb. 869 werden ebenfalls zwei Bänder übereinandergelegt, jedoch nicht, wie in Abb. 861, durch spiegelbildliche Umleitung, sondern dadurch, daß ein Band, wie das mittlere in Abb. 864 nur um den Winkel β hochgebogen wird, während das andere nach zwei Umleitungen darauf flach zu liegen kommt. Abb. 870 zeigt dasselbe, jedoch in einem einzigen Band zusammengefaßt und Abb. 873 eine praktische Anwendungsmöglichkeit als Faltführung zum Säumen einer Stoffbahn.

Auch hier ist wieder die praktisch oft vernachlässigte Berücksichtigung des Biegewinkel β maßgebend für befriedigende Arbeit. Die wichtige Ermittlung dieses Winkels β zeigt Abb. 871 und 872. Der Punkt C liegt nach der Einfaltung des Saumes auf der Geraden c. Dahin kann er gelangen als Endpunkt der schrägen Faltkante von A (Doppelkreis) nach C (Grundriß!). Der Punkt C liegt aber auch auf der Bandkante BC und als solcher dreht er sich um den Punkt B. Die beiden Kreisbogen treffen im Grundriß (Abb. 872) an verschiedenen Stellen auf die Gerade c. Lotet man diese Punkte in den Aufriß (Abb. 871) und schlägt man dort durch sie Kreise mit den Mittelpunkten in B und A, so schneiden sich diese Kreise in dem Aufrißpunkt C, womit der Winkel β gefunden ist.

In den Abb. 877 bis 879 und 880 bis 883 sind die Beziehungen zwischen Baulänge der Faltführung, Biegewinkel β, Bandbreite und Lage des Punktes B (Abb. 871 und 872) als Beginn der Faltführung dargestellt. Daraus ergibt sich, daß alle Faltführungsanordnungen um so kürzer bauen, je größer der Biegewinkel β ist (β von 30° bis 180°).

Abb. 877 bis 879 zeigt, daß bei sonst gleichen Verhältnissen ein breiter Saum (2) (Abb. 879) eine längere Faltführung benötigt, als ein schmalerer Saum (2a) (Abb. 878).

Das Vorverlegen des Faltbeginns B bewirkt, wie Abb. 880 bis 883 zeigt, daß der Punkt C (mit Winkelzahlen von β bezeichnet) heranrückt, jedoch ergeben sich daraus nicht unbedingt die kürzesten Baulängen.

Die spiegelbildliche Verdopplung einer Faltführung nach Abb. 870 führt, wie die Abb. 874 und 875 zeigen, zur Schlauchfaltung, die bei der Herstellung von Tüten entscheidend Verwendung findet[1].

In dieser Weise lassen sich zahlreiche Bandprofile erzeugen, was besonders in der mit bandförmigem Werkstoff arbeitenden Papiertechnik, Verpacktechnik und Textiltechnik ausgenutzt wird und nicht nur zu einfachen Anordnungen führt, sondern fast immer auch wesentlich gesteigerte Arbeitsgeschwindigkeiten zuläßt.

IV. Konstruktionstafeln.
56. Konstruktionstafeln zur Ermittlung von Getrieben[2].

Im Abschn. 33 des ersten Bandes der Praktischen Getriebelehre wurde die Verwendung der Konstruktionstafeln aufbauend auf die Bewegungs- und Krümmungsverhältnisse des Kardankreispaares beschrieben. In dem angeführten Heft 2 der Reihe „Praktische Getriebetechnik" sind zwei weitere Konstruktionstafeln angegeben, die sich in der Praxis so gut bewährt haben, daß es sich lohnt, sie in diesem Band in für den Konstrukteur brauchbarer Größe wiederzugeben.

Die Anwendung der *Konstruktionstafel I* ist bereits in den Abschn. 33 und 34 des 1. Bandes ausführlich beschrieben worden. Am Beispiel der Konstruktion eines Bogenschubkurbelgetriebes sowie des Wippkranes wurde ihre Benutzung erklärt.

Die gesetzlichen Zusammenhänge in der Tafel I sind besonders klar und übersichtlich. Sollte es aber einmal vorkommen, daß wegen des getrieblichen Aufbaues in einer Maschine oder aus Gründen der Einordnung in den Arbeitsplan der Maschine die beiden im Gestell gelagerten Getriebeglieder einen ganz bestimmten Winkel miteinander einschließen sollen, während die Gliedlängen in einem gewissen Spielraum frei wählbar sein sollen, so ist es zweckmäßig, sich der *Konstruktionstafel II* zu bedienen. Das Koppelpunktnetz dieser Tafel II besteht ebenfalls aus numerierten Kreisen und Strahlen mit Winkelbezeichnung. Diesmal ist aber der Pol als Mittelpunkt des gesamten Netzes gewählt worden. In dem ebenfalls dreiteiligen Krümmungsmittelpunktnetz ergeben sich dann nur für die Kreise neue entsprechende Kurven, während die Strahlen zu beiden Netzen gehören.

Der Polstrahl durch einen Koppelpunkt auf einem Kreise trifft die entsprechende Krümmungsmittelpunktkurve gleicher Bezifferung im zugehörigen Mittelpunkt der Bahnkrümmung. Die Getriebeermittlung erfolgt dann genau wie in Tafel I. Die Bezifferung des Koppelpunktnetzes ist von rechts zu lesen, die des Krümmungsmittelpunktnetzes von links.

---

[1] Weitere Profilformen siehe Prakt. Getriebetechnik, Heft 1.
[2] Siehe auch MEYER ZUR CAPELLEN: Die Abbildung durch die Euler-Savarische Formel. Z. angew. Math. Mech. Bd. 17 (1937).

Als Anwendungsbeispiel der Tafel II soll ein Doppelkurbelgetriebe mit Stillstandsableitung gezeigt werden, bei dem
1. der Stillstandsbogen der Kurbelkurve eine bestimmte Krümmung haben und
   einen möglichst langen Stillstand gewährleisten soll;
2. soll der Stillstand innerhalb eines bestimmten Bewegungsbereiches des Getriebes liegen.

Da zu dem Koppelpunktnetz und dem Krümmungsmittelpunktnetz das Pol-
strahlnetz gehört, liegen auch die Getriebeglieder auf Polstrahlen.

Zur Erfüllung der Bedingung 1 wählt man für den Punkt, der die Stillstands-
kurve beschreiben soll, einen Punkt des Koppelpunktnetzes nahe der Polbahnnormalen. Beim schwingenden Doppelkurbelgetriebe wird er hier zu einem Kurbelpunkt. Je nach der Entfernung dieses Punktes im kleinen Kardankreis vom Pol
erhält man einen kürzeren oder längeren Krümmungshalbmesser für den Stillstandsbogen der Kurbelkurve.

In Abb. 884 wurde er auf der Polbahnnormalen und auf dem Koppelpunkt-
kreis *10* gewählt. Der zugehörige Krümmungsmittelpunkt liegt auf dem gleichen
Polstrahl, in diesem Fall der Polbahnnormalen, und zwar in seinem Schnittpunkt
mit der Krümmungsmittelpunktkurve *10*.

Die Bedingung 2 verlangt, daß der Stillstand des Getriebes um eine bestimmte
Getriebestellung herum liegen soll, die sich durch den Winkel festlegen läßt, den
die beiden Lenker des Doppelkurbelgetriebes miteinander und mit dem Bahn-
krümmungs-Halbmesser des bereits gewählten Kurbelpunktes einschließen.

Im Beispiel der Abb. 884 wurden diese Winkel zu 20° angenommen zwischen
Koppelmittellinie und dem Polstrahl des gewählten Kurbelpunktes (Polbahnnormale), sowie 12,5° zwischen diesem Polstrahl und der Stegmittellinie, so daß
nun für die Koppelmittellinie der Polstrahl 70° und für die Stegmittellinie der
Polstrahl 102,5° gewählt wurde. Der Polstrahl 102,5° ist in der Tafel nicht vorhanden, läßt sich aber leicht einzeichnen.

Besonders annehmlich ist die konstruktive Wahl der Getriebeabmessungen
dieser Tafel, wobei dann mehr oder weniger große Getriebe entstehen.

Die häufigste Entwurfsbedingung wird in der Praxis die sein, daß z. B. die
Kurbel und vielleicht auch die Schwinge in bestimmter Länge verwendet werden
sollen. Dies ergibt sich aus den vorhandenen Normteilen oder aus anderen
Konstruktionsbedingungen.

Für solche Aufgaben ist die *Konstruktionstafel III* gedacht, bei der auch wieder
ein gemeinsames Strahlennetz, vom Pol ausgehend, vorhanden ist. Diesmal besteht das Koppelpunktnetz aber aus Linien, auf denen nur solche Koppelpunkte
liegen, die *gleiche* Bahnkrümmung haben. Die entsprechenden Krümmungsmittelpunkte sind im Krümmungsmittelpunktnetz zusammengefaßt, das hier so aus-
sieht, wie das Koppelpunktnetz, jedoch um die Polbahntangente gespiegelt ist.
Bei dieser etwas unübersichtlich wirkenden Tafel achte man besonders auf die
in Abb. 351 des 1. Bandes der Prakt. Getriebelehre angegebenen Krümmungs-
mittelpunktgebiete, da hier die Dreiheit dieses Netzes nicht so hervortritt, wie in
den Tafeln I und II.

Abweichend von der Arbeitsweise mit den Tafeln I und II zeichnet man sich
hier z. B. für eine Kurbel gegebener Länge die Koppelpunkt- und Krümmungs-
mittelpunkt-Linien heraus, die zu dem Bahnkrümmungshalbmesser gleicher Länge
gehören. In Abb. 885 sind so für eine Kurbel der Länge *5* die entsprechenden
Gebiete herausgezeichnet. Ist auch noch eine Schwinge bestimmter Länge, z. B. *15*,
vorgeschrieben (Abb. 885), so zeichnet man ebenfalls die entsprechenden Koppel-
punkt- und Krümmungsmittelpunktkurven heraus.

Die *Kurbel* liegt am günstigsten in den Bereichen um die Polbahnnormale, die

in Abb. 885 besonders hervorgehoben sind. Die übrigen Teile der Koppelpunkt-
und Krümmungsmittelpunktkurven der Längeneinheit 5 kommen für die Getriebeermittlung nicht mehr in Frage.

Die Bereiche der *Schwinge* entscheiden über die Lauffähigkeit des künftigen
Getriebes. Will man keine Doppelkurbelgetriebe haben, so fallen die Bereiche um
die Polbahnnormale aus, und man bedient sich zweckmäßig der Kurven um die
Polbahntangente für die Schwinge. In Abb. 885 ist dieser Bereich für Schwingenlager und Schwingenzapfen besonders hervorgehoben. Genau so gut kann man auch
die (nicht gezeichneten) Spiegelbilder zur Polbahnnormalen verwenden.

Das Hauptanwendungsgebiet der Tafel III sind die Aufgabenbereiche, wo
bereits vorhandene oder genormte Getriebeglieder verwendet werden sollen, ohne
daß das Getriebe die nötigen Entwurfsbedingungen, wie lange Stillstände, zweck-
mäßigen Geschwindigkeits- und Beschleunigungsverlauf oder die Bevorzugung bestimmter Getriebestellungen verhindern soll.

In Abb. 886 soll eine vorhandene Kurbel der Länge 6 verwendet werden für
ein zentrisches Bogenschubkurbelgetriebe mit Stillstandsableitung von zwei
Koppelkurven mit Stillstandsbögen gleich großer Bahnkrümmungshalbmesser.
Für die Stillstandsableitung sollen Zweischlaglenker der Länge 25 verwendet
werden. Dies bedingt aber Stillstandsbögen mit dem Krümmungshalbmesser 25.

Zunächst wählt man die Lage der Kurbel. In Abb. 886 ist durch die Wahl der
Kurbel links von der Polbahntangente erreicht worden, daß die Punkte des kleinen
Kardankreises Dreieckskurven durchlaufen. Durch die Wahl der Kurbel auf
irgendeinem Polstrahl zwischen den Kurven 6 läßt sich Einfluß gewinnen auf die
zeitliche Länge eines etwa erstrebten ableitbaren Stillstandes. Lange Stillstände
erhält man nahe der Polbahnnormalen, kürzere nahe der Polbahntangenten.

Wie Abb. 885 zeigte, findet man geeignete Schwingenanordnungen für Schubkurbelgetriebe im Bereich der Polbahntangente. Die Tafel III zeigt, daß die Polbahntangente von sämtlichen Koppelpunkt- und Krümmungsmittelpunktkurven
geschnitten wird. Das bedeutet, daß man jeden Punkt der Polbahntangenten als
Koppelpunkt auffassen kann, der dann seinen Bahnkrümmungsmittelpunkt im
Pol hat — oder umgekehrt —, wie wir es hier ausnutzen wollen, daß man den Pol
als Koppelpunkt auffassen kann, für den jeder Punkt der Polbahntangente als
Bahnkrümmungsmittelpunkt gelten kann. Um das zu veranschaulichen, wurde in
Abb. 868 die Schwinge auf der Polbahntangente gewählt mit dem Schwingen-
zapfen im Pol.

Um nun einen, dem nach oben geschränkten Bogenschubkurbelgetriebe eigentümlichen, harten Bewegungsablauf zu vermeiden, indem man zentrische oder
gar nach unten geschränkte Getriebe verwendet, wurde ein zentrisches Getriebe
vorgesehen. Beim zentrischen Getriebe ergibt die doppelte Kurbellänge den
Schwingenanschlag. Die Sehne des Schwingenbogens ist zugleich Polstrahl und ergibt als solche die nötigen Lagerpunkte der Kurbel auf den Kurven 6. In unserem
Beispiel beträgt der Polstrahlwinkel 294°. Die Kurbel wird als Scheibe ausgebildet. Sollen die Koppelkurven geradlinige Bahnen durchlaufen, so wählt man
die Koppelpunkte auf dem Kardankreis, am besten ein Wendepol.

Um nun zu zeigen, daß sich die Tafel III auch dafür eignet, bestimmte Bahnkrümmungen ausnutzen zu können, sollen die vorgegebenen Zweischlaglenker der
Länge 25 verwendet werden. Man zeichnet also aus der Tafel 3 die Kurvenzüge 25
heraus, wobei die Kurven rechts der Polbahntangente (bei vertauschter Bedeutung), wieder symmetrisch den Kurven links der Polbahntangente sind.

In Abb. 886 sind nur die Kurvenzüge rechts der Polbahntangente berücksichtigt worden. Auf jedem beliebigen rechts der Polbahntangente liegenden Polstrahl könnte nun ein Koppelpunkt als Schnittpunkt eines solchen Polstrahles

mit der Koppelpunktkurve *25* angezapft werden. Da möglichst lange Stillstandsableitungen erwünscht sind, beschränkt man sich auf ein Polstrahlenbüschel um die Polbahnnormale, von dem in Abb. 886 die Polstrahlen 75° und 100° ausgewählt wurden. Die Schnittpunkte dieser Polstrahlen mit der Koppelpunktkurve *25* und mit der Krümmungsmittelpunktkurve *25* ergeben die Koppelpunkte und die zugehörigen Krümmungsmittelpunkte, an denen der zweite Lenker des Zweischlags bzw. der Gleitstein angelenkt wird.

57. Genauigkeit der Übereinstimmung von Koppelkurve und Krümmungskreis, Genauigkeitstafel[1].

Streng mathematisch gesehen ist die Übereinstimmung zwischen einer Koppelkurve und einem ihrer Krümmungskreise eine drei- bzw. vierpunktige, wobei diese Punkte jedoch unendlich nahe beieinander liegen. Praktisch ist dies nur eine augenblickliche Übereinstimmung. Betrachtet man das Getriebe aber nicht nur als mathematisches Gebilde, sondern als ausgeführtes körperliches Getriebe mit Lagerspiel und nötigen Laufsitztoleranzen zwischen Führung und Gleitstein, so muß auch für die Bewegung eines Getriebepunktes eine bestimmte Abweichung von seiner Bahn zugelassen werden. An die Stelle des Kurbelkreises treten dann praktisch einige wenige Zehntel Millimeter breite Kurvenbänder, in denen die Getriebepunkte entsprechend den auf sie einwirkenden Kräften ausweichen können. An Stelle der mehrpunktigen Berührung z. B. zwischen Koppelkurve und Krümmungskreis tritt nunmehr ein Eintauchen des Krümmungskreises in ein Koppelkurvenband. Aus der augenblicklichen Übereinstimmung wird eine von endlicher Länge, meßbar in Winkelgraden.

Betrachtet man die Bahn eines Koppelpunktes eines Schubkurbelgetriebes, so kann man, da der Koppelpunkt auf der Ebene des kleinen Kardankreises liegt, die Koppelkurve kurzzeitig ersetzen durch die Ellipsenbahn der kardanischen Bewegung. Man kann nun ohne weiteres errechnen, für wieviel Grad Kurbeldrehung und Schwingenausschlag Kurbelkreis und Schwingenbogen mit den zugehörigen Ellipsen der kardanischen Bewegung im Rahmen einer gewählten Abweichung übereinstimmen und damit feststellen, wie lange die Getriebebewegung ersetzt werden kann durch das Abrollen des kleinen Kardankreises im großen.

Das führt dazu, daß man unter Berücksichtigung der Laufsitztoleranz die Bewegung des Koppelpunktes innerhalb des betrachteten Bewegungsbereiches auffassen kann als Bewegung sowohl einer Koppelkurve als auch der entsprechenden Ellipse der Kardankreisebene. Daraus ergibt sich die Berechtigung, an Stelle der Übereinstimmung zwischen Koppelkurve und Krümmungskreis diejenige zwischen Ellipse und Krümmungskreis zu setzen, und *diese* läßt sich berechnen. Das Berechnungsergebnis läßt sich dann umgekehrt wieder auf die Koppelkurve übertragen.

Bei der Einführung des Gelenkspieles ist zu berücksichtigen, daß man bei Getrieben der Viergelenkkette für Punkte der Koppelebene eine Abweichung des vierfachen Gelenkspieles zulassen muß, da die Koppelebene von zwei gestellgelagerten Gliedern geführt wird und in jedem der beiden Gelenke Spiel zugelassen werden muß.

Für die rechnerische Nachprüfung des Kurbelkreises oder Schwingenbogens ist also doppeltes Gelenkspiel zugrunde zu legen, für jede von einem Koppelpunkt abgeleitete Hubbewegung jedoch wegen des weiteren Gliedes (Zweischlaglenker) das vierfache Gelenkspiel.

---

[1] Vgl. Abschnitt 53.

Für den praktischen Gebrauch kommen die nachfolgend angegebenen Werte in Frage:

Toleranz		Wellendurchmesser	
2-fach	4-fach	Laufsitz	Leichter Laufsitz
0,1 mm	0,2 mm	3—18 mm	3—6 mm
0,12 „	0,24 „	18—30 „	6—10 „
0,15 „	0,3 „	30—50 „	10—18 „
0,18 „	0,36 „	50—80 „	18—30 „

Um die Übereinstimmung der Bahnkurven mit den Krümmungshalbmessern in der Praxis schnell feststellen zu können, ist eine *Genauigkeitstafel* beigefügt, die in Übereinstimmung mit den Konstruktionstafeln I, II und III mit dem gleich großen Kardansystem ausgestattet worden ist.

In dieser Tafel sind die Punkte gleicher *Bahnkrümmung* β, gemessen in Winkelgraden, zu „Schichtlinien" zusammengefaßt. Die in der Tafel enthaltenen Schichtlinien beziehen sich auf das gleiche Gesamtgelenkspiel von 0,15 mm.

Wie bei den Konstruktionstafeln ist der Umfang des kleinen Kardankreises die wichtige Grenzlinie, denn er teilt das ganze Schichtliniennetz in zwei Gebiete. Wie aus der Nebenzeichnung auf der Genauigkeitstafel zu ersehen ist (Schnittbild), befindet sich über dem Mittelpunkt des kleinen Kardankreises eine Spitze im Diagramm. Hier liegt mit 360° die längste Krümmungsübereinstimmung vor.

Faßt man die Linien der Genauigkeitstafel tatsächlich als Schichtlinien eines Gebirges auf, so ist der Gebirgsabfall, der bis zum Umfang des kleinen Kardankreises als bis zur tiefsten Schichtlinie des ganzen Gebirges ($\beta = 0$) hinabreicht, (denn die Punkte auf dem Umfang des kleinen Kardankreises beschreiben geradlinige Bahnstücke mit der Krümmung $k = 0$), in der Nähe des Poles fast senkrecht, wird aber immer flacher, je mehr er sich dem Wendepol nähert, in dessen Nähe der geringste Abfall vorhanden ist. Innerhalb des kleinen Kardankreises schließt das Gebirge nach oben hin mit einer Hochfläche ab, deren Höhe der Winkeldrehung $\beta = 90°$ entspricht.

Für einen bestimmten Koppelpunkt der Konstruktionstafeln findet man sofort die Genauigkeit der Übereinstimmung seiner Bahn mit deren Krümmungskreis, indem man die Genauigkeitstafel so auf die betreffende Konstruktionstafel (oder Konstruktionszeichnung) legt, daß sich die Kardankreise beider Tafeln decken. Der gewählte Koppelpunkt liegt dann entweder auf einer Schichtlinie, deren Bezifferung genau den Winkel β der Krümmungsübereinstimmung angibt, oder zwischen zwei Schichtlinien. Im letzten Fall kann der Wert für β mit genügender Genauigkeit geschätzt werden.

Hat man in einer der Konstruktionstafeln ein Getriebe entworfen, für daß z. B. nur ein zehntel Millimeter Gelenkspiel gelten soll, statt der 0,15 mm Gelenkspiel der Genauigkeitstafel, so muß man in der Konstruktionstafel III auf dem gleichen Polstrahl den Punkt des Koppelpunktnetzes suchen, dessen Bahnkrümmungshalbmesser die 1,5fache Länge hat, denn das zugrunde gelegte Gelenkspiel von 0,1 mm ist $\frac{1}{5}$ so groß, wie das der Genauigkeitstafel.

Soll von einer Koppelkurve eine weitere Bewegung abgeleitet werden, z. B. die eines Zweischlags der Abb. 886, so kommt außer dem doppelten Gelenkspiel von Kurbel und Schwinge noch das des Zweischlags hinzu, also zusammen das vierfache Gelenkspiel.

Es soll angenommen werden, daß jedes einzelne Gelenk ein Spiel von 0,1 mm hätte. Es ergibt sich dann für Kurbelzapfen und Schwingenzapfen 0,2 mm, für den Koppelpunkt 0,4 mm. Ferner soll die Einheit der Bezifferung in Abb. 886 in Zentimeter sein.

Da 0,2 mm $^4/_3$ des Gelenkspieles der Genauigkeitstafel sind, müssen Kurbel-
und Schwingenlänge um $^3/_4$ verkleinert werden. Es ergibt sich also eine umgerechnete Kurbellänge von 4,5 cm statt 6 cm, und eine Schwingenlänge von 11,25 cm
statt 15 cm. Da das für den Koppelpunkt vorgeschriebene Gelenkspiel von
0,4 mm $^8/_3$ des Gelenkspieles der Genauigkeitstafel ist, muß die Länge des Zweischlaglenkers auf $^3/_8$ verringert werden. Die umgerechnete Länge ist dann 9,38 cm
statt 25 cm.

Sucht man nun auf den Polstrahlen der Abb. 886 in der Tafel III die Koppelpunkte zu den eben umgerechneten Krümmungshalbmessern, so findet man aus
der Genauigkeitstafel die zugehörigen Winkel β der Krümmungsübereinstimmung.

Lenker auf der Polbahntangente, deren *Krümmungsmittelpunkt* im *Pol* liegt,
haben für jede Lenkerlänge einen Winkel $\beta = 14°$, bei anderem Spiel entsprechend
mehr oder weniger, bei 0,1 mm z. B. ist $\beta = 14 : 1,5 = 10°$. Liegt dagegen, wie im
Beispiel der Abb. 886 der *Koppelpunkt* des Lenkers im *Pol*, so ändern sich die
Winkel β mit der Größe des Lenkers entsprechend dem auf der Polbahntangente
angegebenen Maßstab.

Mit Hilfe dieser Konstruktions- und Genauigkeitstafeln soll dem Konstrukteur
ein Mittel in die Hand gegeben werden, mit dem er schnell und genau Getriebe
entwerfen und auf ihre Genauigkeit prüfen kann.

Schrifttum.

Älteres Schrifttum (vergriffen).

ALLIEVI, L.: Cinematica della biella piana. Napoli 1895.
BURMESTER, L.: Lehrbuch der Kinematik. Leipzig 1888.
HARTMANN, W.: Die Maschinengetriebe. Stuttgart-Berlin: 1913
REULEAUX, F.: Lehrbuch der Kinematik
    1. Teil: Theoretische Kinematik, Braunschweig 1875.
    2. Teil: Die praktischen Beziehungen der Kinematik zur Geometrie und Mechanik. Braunschweig 1900.
REULEAUX, F.: Der Konstrukteur. Braunschweig 1899.

Neueres Schrifttum.

ALTMANN, F. G.: Schraubgetriebe. Ihre mögliche und ihre zweckmäßige Ausbildung. VDI-Verlag 1932.
AWF-Getriebeblätter. Berlin: Beuth-Verlag.
AWF-Getriebe und Getriebemodelle. I. u. II. Teil. Berlin: Beuth-Verlag 1928 und 1929.
BEYER, R.: Einführung in die Kinematik. Leipzig: Barth 1928.
BEYER, R.: Technische Kinematik. Leipzig: Barth 1931.
BRAREN, L.: Die kinematischen Grundlagen und der Aufbau des Kompurgetriebes, Siemensstadt: Siemens-Schuckert 1930.
BREUER, CHR.: Führungsgetriebe, Reihe „Praktische Getriebetechnik" 1935 Heft 1.
CHRISTMANN-BAER: Grundzüge der Kinematik. Berlin: Springer 1910.
DUNKERLEY: Mechanism. London: Verlag Longmans, Green & Co. 1928.
FEDERHOFER, K.: Graphische Kinematik und Kinetostatik. Berlin 1932.
FRANKE, R.: Eine vergleichende Schalt- und Getriebelehre. Neue Wege der Kinematik. Vortrag: München und Berlin: Oldenburg 1930.
GRODZINSKY-POLSTER: Getriebelehre. Berlin-Leipzig 1933. Sammlung Göschen Nr. 1061.
    1. Band: Geometrische Grundlagen.
    2. Band: Angewandte Getriebelehre.
GRÜBLER, M.: Getriebelehre, eine Theorie des Zwanglaufes und der ebenen Mechanismen. Berlin 1917.
HAENCHEN, R.: Sperrwerke und Bremsen. Berlin: Springer 1930.
HEYDE, H.: Die Kräftebeziehungen beim Riementrieb. Berlin: VDI-Verlag 1936.
HOYER, H.: Die Zahnräder, Grundlagen der Berechnung und Gestaltung, Leipzig: Janecke 1941.
JAHR-KNECHTEL: Getriebelehre Bd. 1 und 2. Leipzig: Janecke 1930 und 1938.
JONES: Ingenious Mechanisms for Designers and Inventors. New-York: The Industrial Press 1930.
KNAB, H. J.: Übersicht über Kinematik, Getriebelehre mit besonderer Berücksichtigung der Getriebedynamik sowie der Schwingungsgetriebe und Getriebeschwingungen. Nürnberg: Selbstverlag 1929.
Kraftfahrtechnische Forschungsarbeiten Heft 6. VDI-Verlag 1937.
    KUTZBACH: Quer- und winkelbewegliche Wellenkupplungen.
    ALTMANN: Drehfedernde Wellenkupplungen.
MACK, K.: Geometrie der Getriebe. Berlin: Springer 1931.
MÜLLER, R.: Einführung in die theoretische Kinematik. Berlin 1932.
Maschinengetriebe, 5 Vorträge. Berlin: VDI-Verlag 1931.
NIEMANN, G.: Schneckengetriebe mit flüssiger Reibung.
PÖSCHL, TH.: Einführung in die ebene Getriebelehre, Berlin: Springer 1932.
RAUH, MARKS, BÜNDGENS, OTTO: Kardanbewegung und Koppelbewegung. Ein einfaches Verfahren zur Klärung der Bewegungsverhältnisse und zum schnellen und sicheren Entwurf von Koppelkurven-Getrieben. Reihe „Praktische Getriebetechnik" 1938. Neudruck 1948. W. Girardet-Essen.

RAUH, K.: Praktische Getriebelehre, Bd. 1 u. 2, 1. Aufl. Berlin: Springer 1931 und 1939.
VDI-Forschungshefte (VDI-Verlag).
   345. FLOCKE, K.: Zur Konstruktion von Kurvenscheiben bei Verarbeitungsmaschinen. 1931.
   388. BUDNICK, A.: Zeichnerische Behandlung von Kräften und Momenten in Koppel- und Rädertrieben. 1938.
   394. BEYER, R.: Zur Synthese ebener und räumlicher Kurbeltriebe. 1939.
VORWERK, W.: Berechnung von Getrieben, insbesondere des Werkzeugmaschinenbaues. Berlin: Krayn 1930.
WALLICHS, SCHÖPKE: Die Getriebeberechnung unter besonderer Berücksichtigung der Drehzahlnormung. VDI-Verlag 1936.
WITTENBAUER, F.: Graphische Dynamik. Berlin: Springer 1923.

Neuestes Schrifttum (nach 1945).

BEYER, R.: Kinematische Getriebesynthese. Berlin-Göttingen-Heidelberg: Springer 1953.
DAHM, B.: Zeichnungsgesteuerte Maschine. Diss. Aachen 1951.
FRANKE, R.: Vom Aufbau der Getriebe.
   1. Band: Die Entwicklung der Getriebe. Beuth-Vertrieb GmbH. Berlin 1948 (2. Auflage).
   2. Band: Baulehre der Getriebe. VDI-Verlag 1951.
GRODZINSKY-POLSTER: Getriebelehre 1. Sammlung Göschen Nr. 1061, 1953.
HAIN, K.: Angewandte Getriebelehre. Hannover-Darmstadt: Herm. Schwedel K. G., 1952.
JONES, F. D.: Ingenious Mechanisms for Designers and Inventors, 3 Bände. New York: The Industrial Press.
KRAEMER, O.: Getriebelehre, Karlsruhe: G. Braun 1950.
KRAUS, R.: Grundlagen der Getriebelehre. Hannover: Wolfenbüttler Verlagsanstalt 1949.
KRAUS, R.: Getriebeaufbau. Berlin: Verlag Technik, 1952.
KRUMME, W.: Praktische Verzahnungstechnik. München 1946.
LICHTWITZ, O.: Getriebe für aussetzende Bewegung. Berlin, Göttingen, Heidelberg: Springer 1953.
MEYER ZUR CAPELLEN, W.: Leitfaden der Nomographie. Berlin, Göttingen, Heidelberg: Springer 1953.
MEYER ZUR CAPELLEN, W.: Instrumentelle Mathematik für den Ingenieur. Essen: Verlag W. Girardet 1952.
MEYER ZUR CAPELLEN, W.: Mathematische Instrumente. Leipzig: Akad. Verlagsgesellsch. 1949.
POPPINGA, R.: Stirnrad-Planetenradgetriebe. Stuttgart: Francksche Verlagshandlung 1949.
RAUH, K.: Aufbaulehre der Verarbeitungsmaschinen. Essen: W. Girardet 1950.
RAUH, K.: Entwicklungslinien im Landmaschinenbau. Essen: W. Girardet 1949.
SAHAG, L. M.: Kinematics of Machines. New York: The Rowald Press Co. 1948.
SIEKER, K.-H.: Einfache Getriebe. Leipzig: Akad. Verlagsanstalt 1950.
SIEKER, K.-H.: Getriebe mit Energiespeichern. Füssen: C. F. Wintersche Verlagshandlung 1954.
SIMONIS, F. W.: Stufenlos verstellbare Getriebe. Berlin: Springer 1949. Werkstattbücher Heft 96.
STRAUCH, H.: Umlaufrädergetriebe. München 1950.
TRIER, H.: Die Kraftübertragung durch Zahnräder. Berlin: Springer 1949. Werkstattbücher Heft 87.
   VDI-Tagungsheft 1, Getriebetechnik. Düsseldorf: VDI-Verlag 1951.
   VDI-Fachhefte 1949, 1950, 1951, 1953, 1954. Düsseldorf: VDI-Verlag.
VIEREGGE: Energieübertragung. Berechnung und Anwendbarkeit von Reibradgetrieben. Diss. T. H. Aachen 1950.

Sachverzeichnis.

Bildanhang

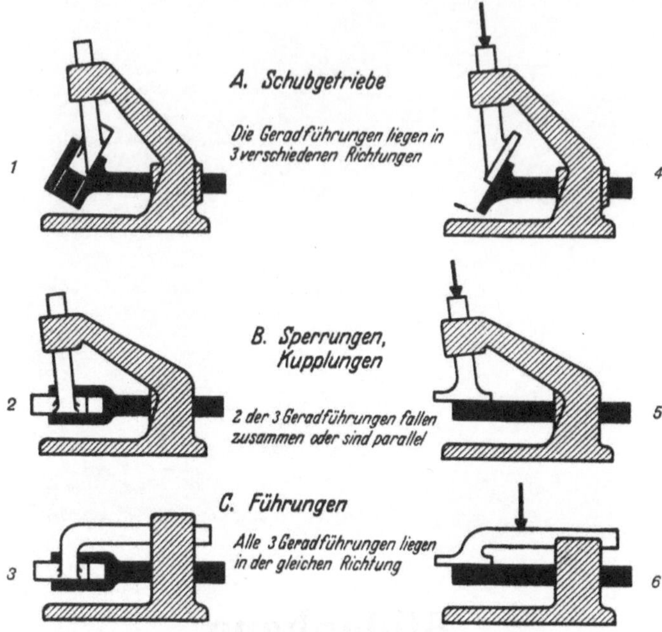

Abb. 1 bis 6. Die Hauptgetriebegruppen der Keilkette.

links: Formschluß   rechts: Kraftschluß

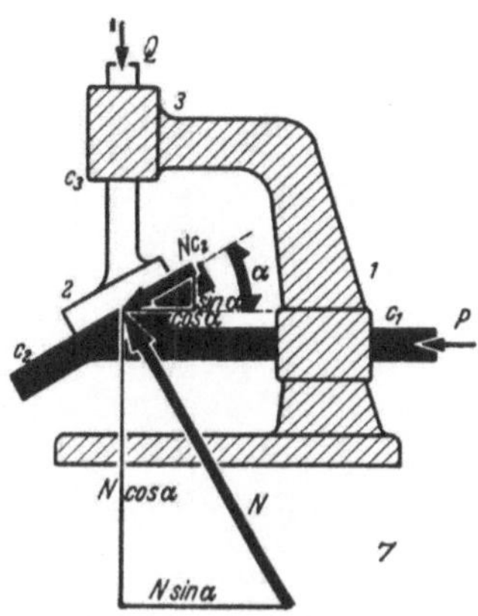

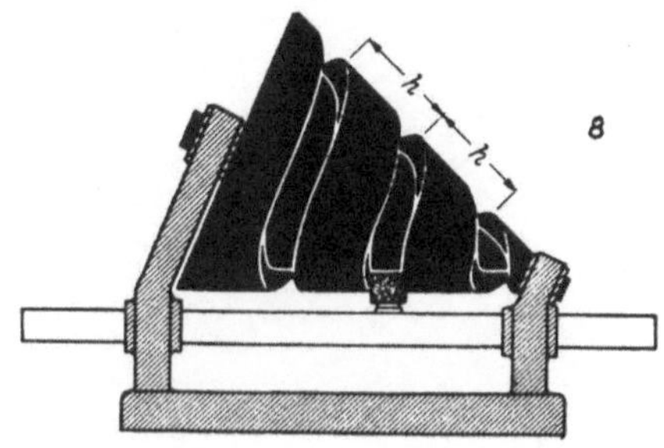

Abb. 7. Kräfte und Reibungskräfte im
Keilschubgetriebe mit senkrecht zueinander liegenden Geradführungen.

c_1, c_2 und c_3 sind die Reibungszahlen in
den drei Geradführungen *1, 2* und *3*.

Abb. 8. Kegelkeiltrieb. Rückbildung der Geradführung des Schubgliedes (schwarz) zum Drehkörperpaar im einfachen Keilschubgetriebe.

Text: Abschnitt 1, 3, 4, 5

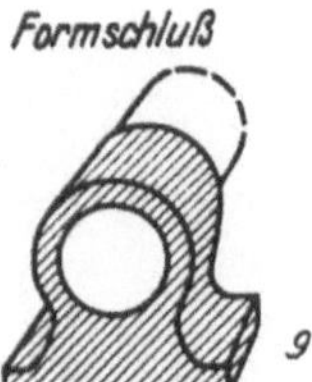

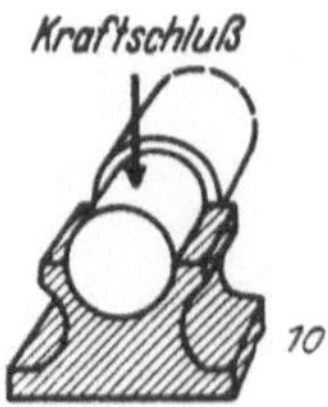

Abb. 9 u. 10. Drehkörperpaar in formschlüssiger und kraftschlüssiger Ausbildung.

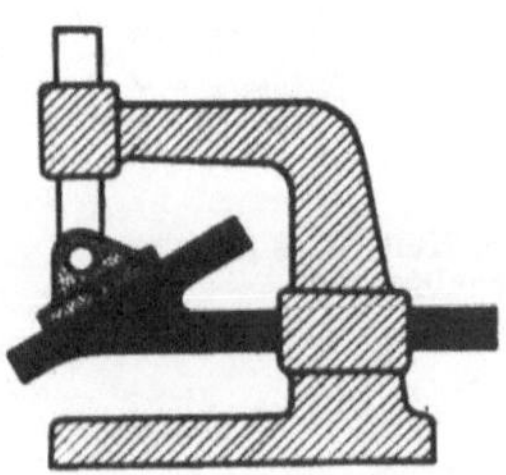

Abb. 11. Keilschubgetriebe (viergliedrig) mit 4. Elementenpaar.

Abb. 12. Schraubentrieb mit Rollenanordnung. Wiedereinführen des 4. Gliedes.

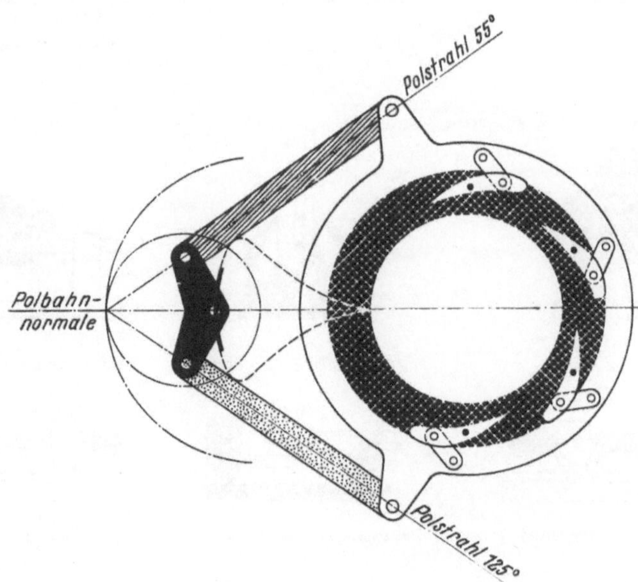

Abb. 13. Leitwerksteuerung von Wasserturbinen. Gestaltbedingt zwangläufiger Kurbelkurventrieb.

Text: Abschnitt 2, 3, 6

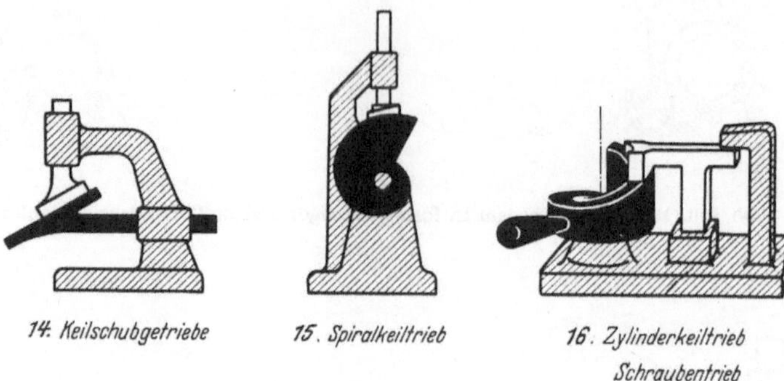

Abb. 14 bis 16. Rückbildung der Geradführung des Hubgliedes (schwarz) zum Drehkörperpaar im einfachen Keilschubgetriebe.

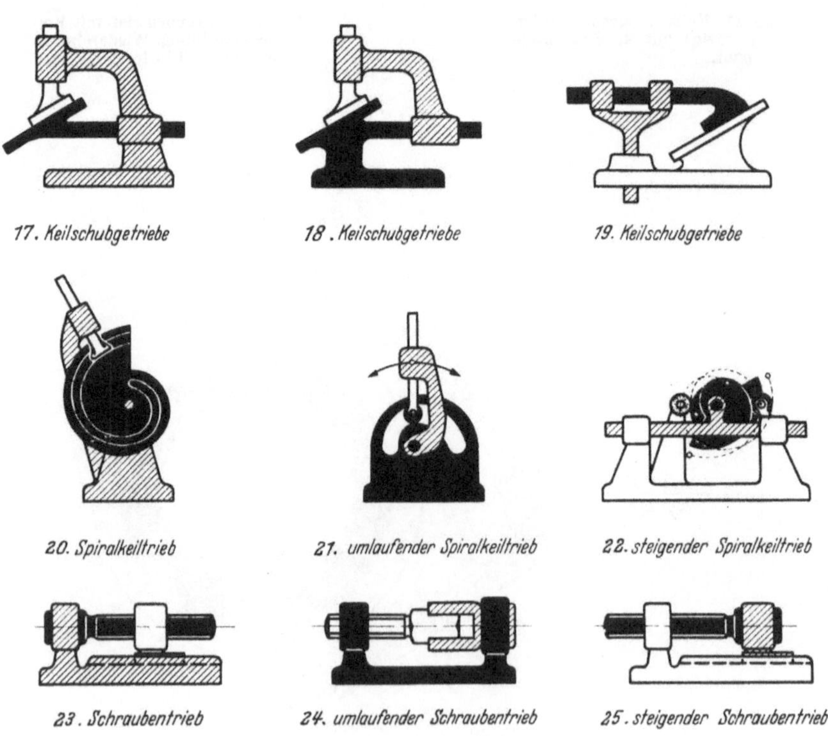

Abb. 17 bis 25. Die möglichen einfachen Keilschubgetriebe mit geradgeführtem Hubglied.

Text: Abschnitt 5, 6, 7

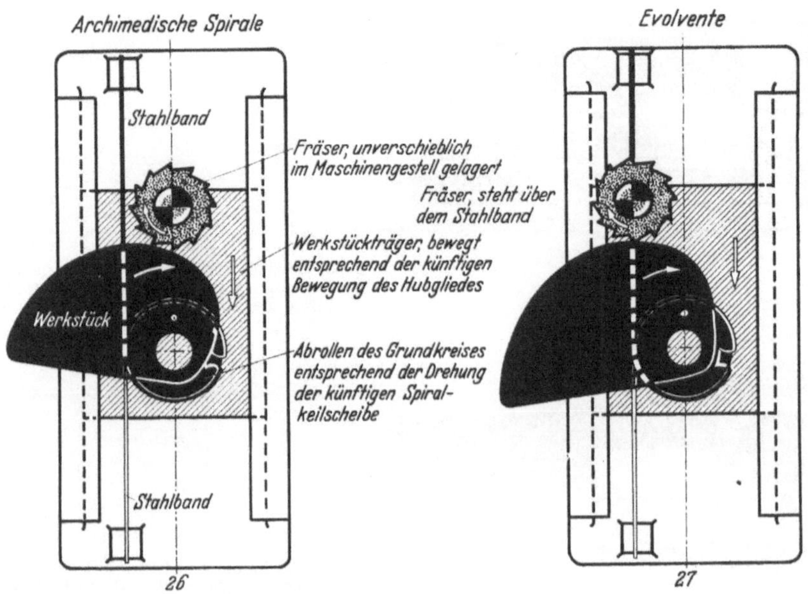

Abb. 26 u. 27. Vorrichtung zur Herstellung von Spiralkeilscheiben.
Abb. 26. Fräserstellung zur Erzeugung der Archimedischen Spirale.
Abb. 27. Fräserstellung zur Erzeugung von Evolventen.

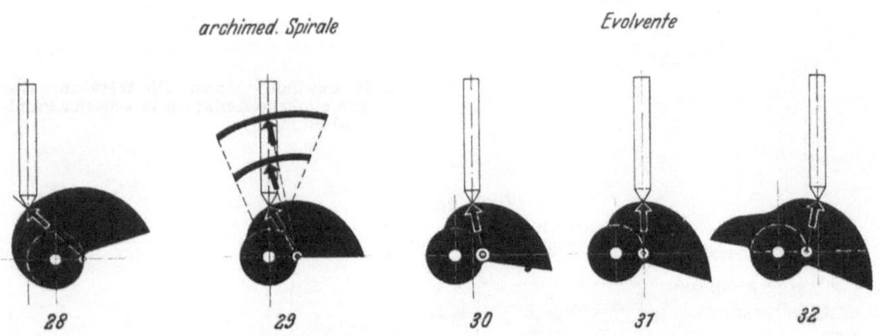

Abb. 28 bis 32. Spiralkeiltriebe verschieden starker Schränkung.
Schwarzer Pfeil vom Anlagepunkt des Stahlbandes (Abb. 26 u. 27) an den Grundkreis zur Fräser-
mitte, Schubgliedspitze (Abb. 28 bis 32) oder Schubglied-Rollenmitte zeigt Kraftrichtung der Hub-
kraft der Spiralkeilscheiben (Hubglieder).
(Die Abb. 28 bis 32 sind gegenüber Abb. 26 u. 27 seitenvertauscht.)

Text: Abschnitt 7, 10

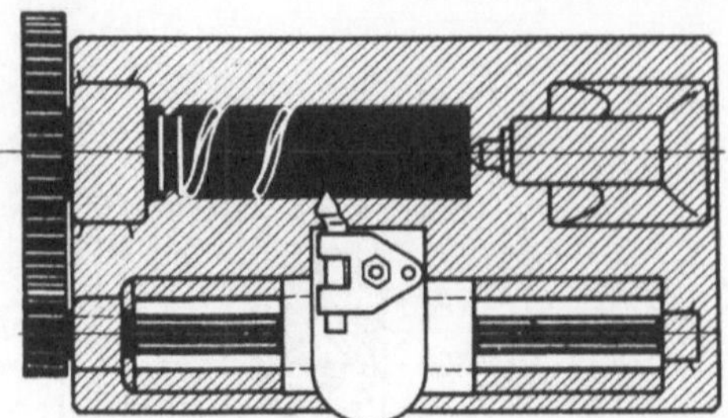

Abb. 33. Gewinde**drehen** auf der Leitspindeldrehbank. Führung des Schneidstahles durch die Leitspindel (Schraubentrieb).

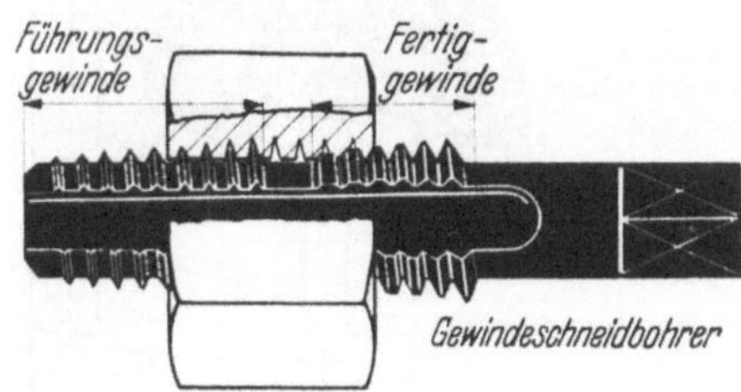

Abb. 34. Gewinde**schneiden** mit Gewindebohrer. Führung des Gewindebohrers durch das vorgeschnittene scharfe Führungsgewinde.

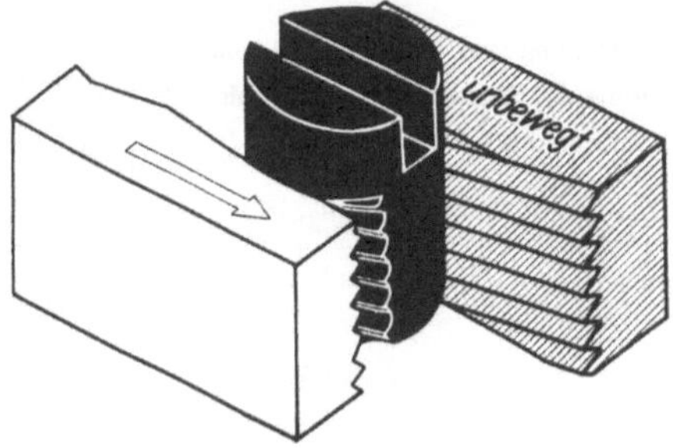

Abb. 35. Gewinde**walzen**. Die Werkzeuge tragen einfache Keillinien in scharfer Profilausbildung.

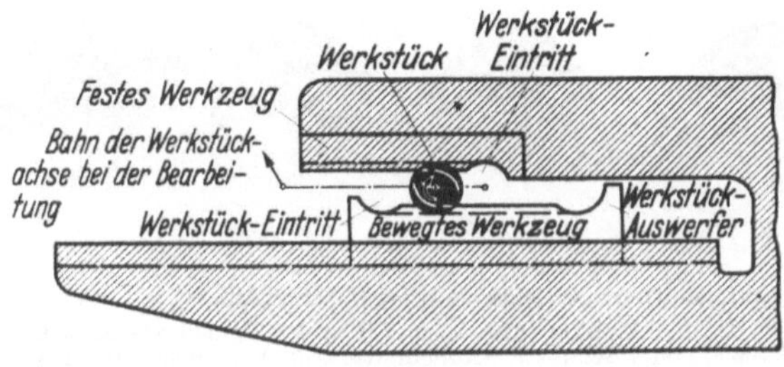

Abb. 36. Vorrichtung zum Gewindewalzen. Draufsicht.

Text: Abschnitt 7

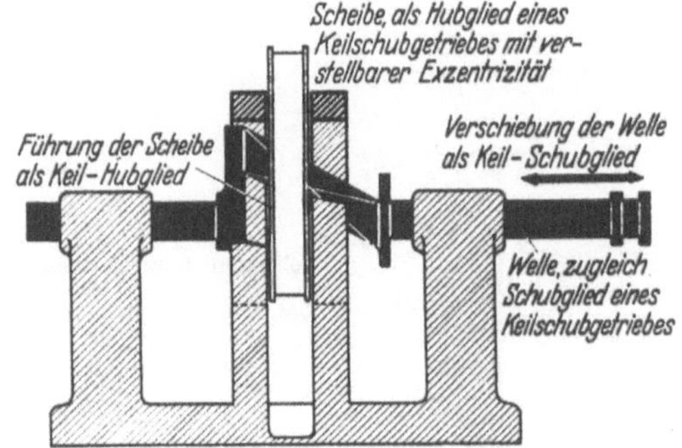

Abb. 37. Verstellbarer Exzenter (Zapfenerweiterung).

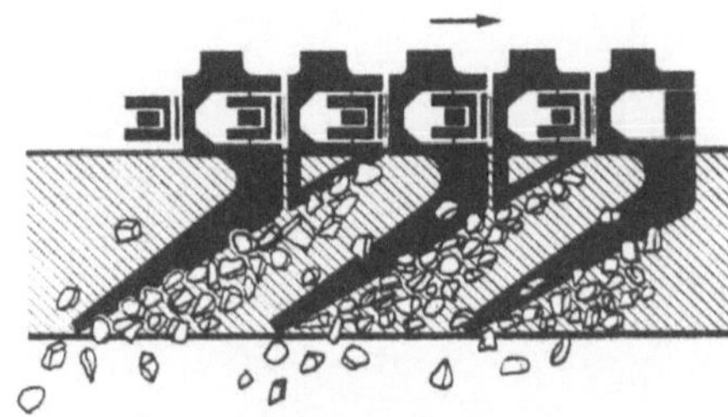

Abb. 38. Kettendüngerstreuer (Ansicht von oben!). Arbeitsweise einer Streukette. (Bearbeitet empfindliche, wassersaugende, schmierende Düngerarten).

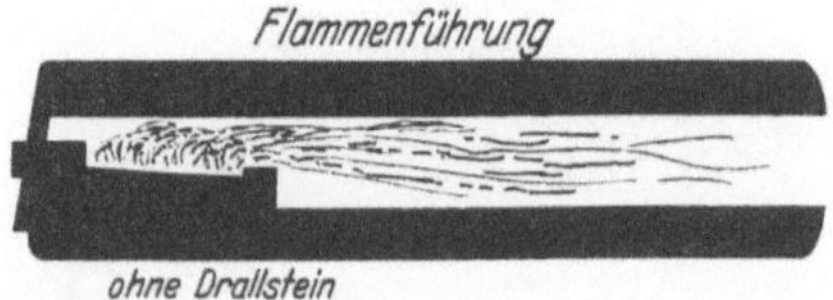

Abb. 39. Flammführung üblicher Bauweise.

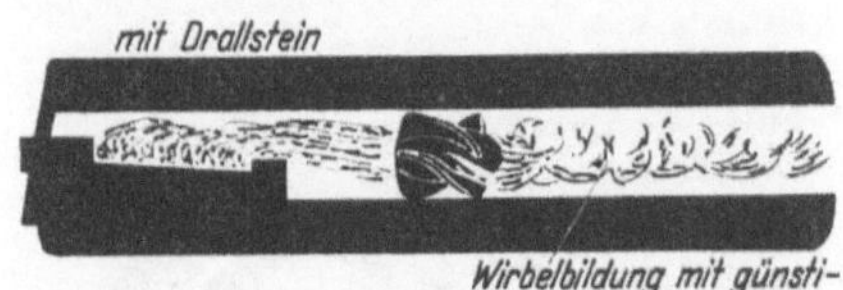

Abb. 40. Flammführung mit Drallstein zur besseren Wärmeübertragung der Heizgase auf den Kessel.

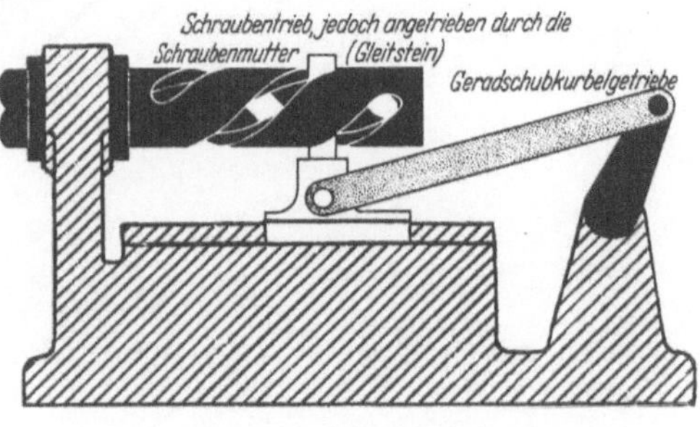

Abb. 41. Waschmaschinenantrieb durch Zusammenschalten eines Geradschubkurbelgetriebes und eines Schraubentriebes.

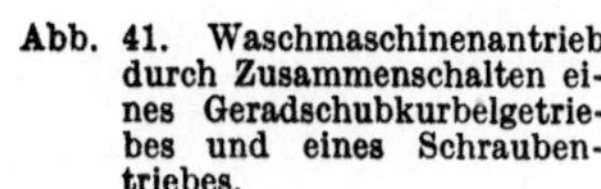

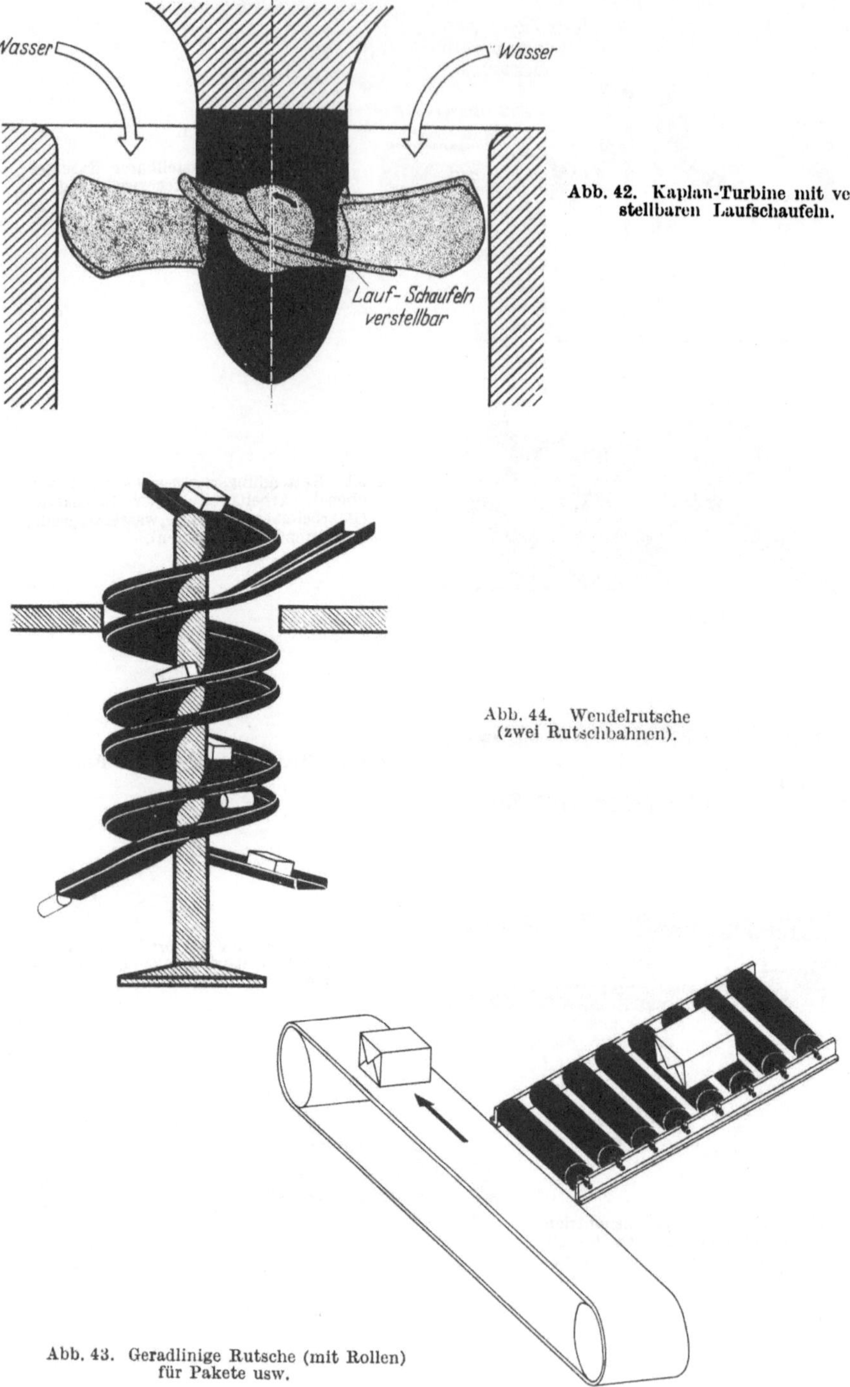

Abb. 42. Kaplan-Turbine mit verstellbaren Laufschaufeln.

Abb. 44. Wendelrutsche (zwei Rutschbahnen).

Abb. 43. Geradlinige Rutsche (mit Rollen) für Pakete usw.

Text: Abschnitt 8

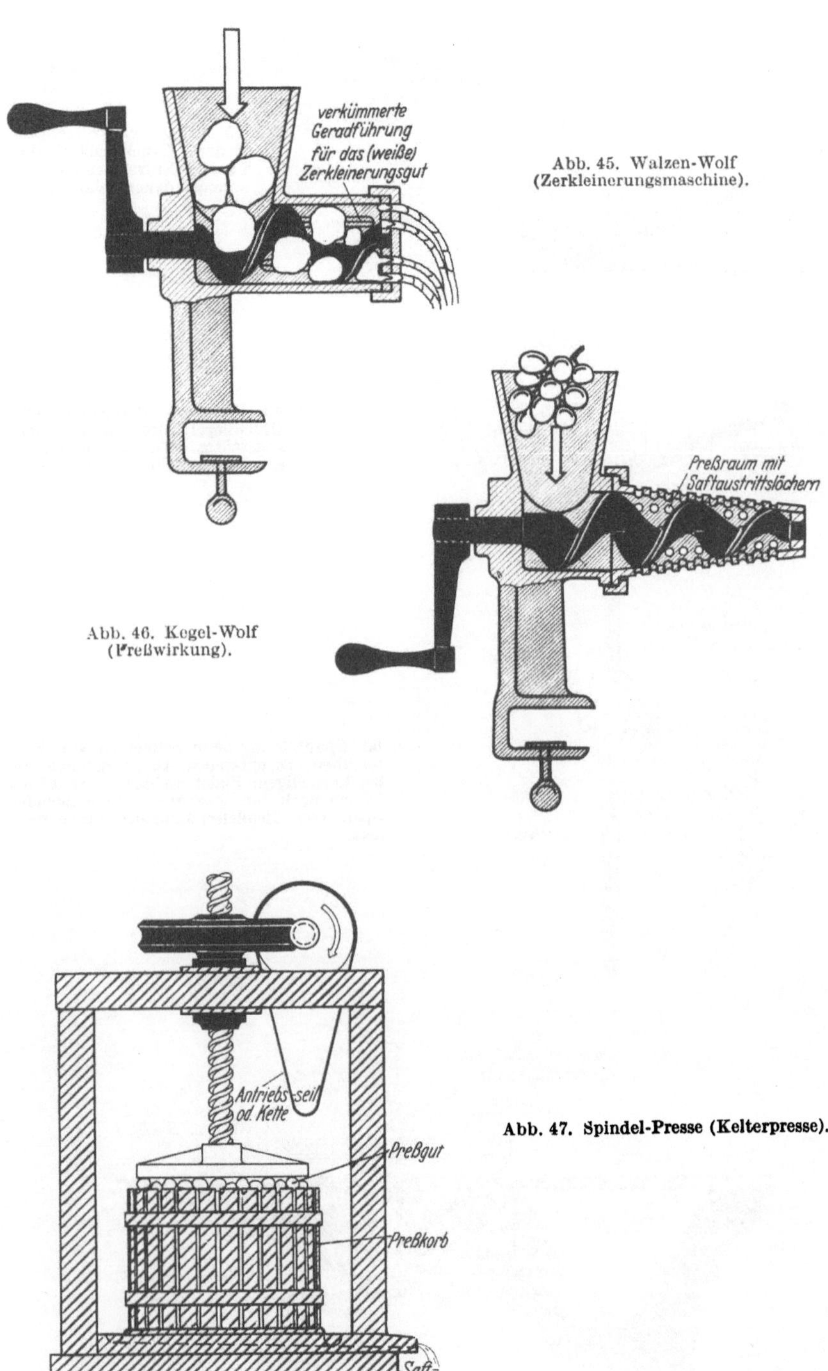

Abb. 45. Walzen-Wolf
(Zerkleinerungsmaschine).

Abb. 46. Kegel-Wolf
(Preßwirkung).

Abb. 47. Spindel-Presse (Kelterpresse).

Text: Abschnitt 8

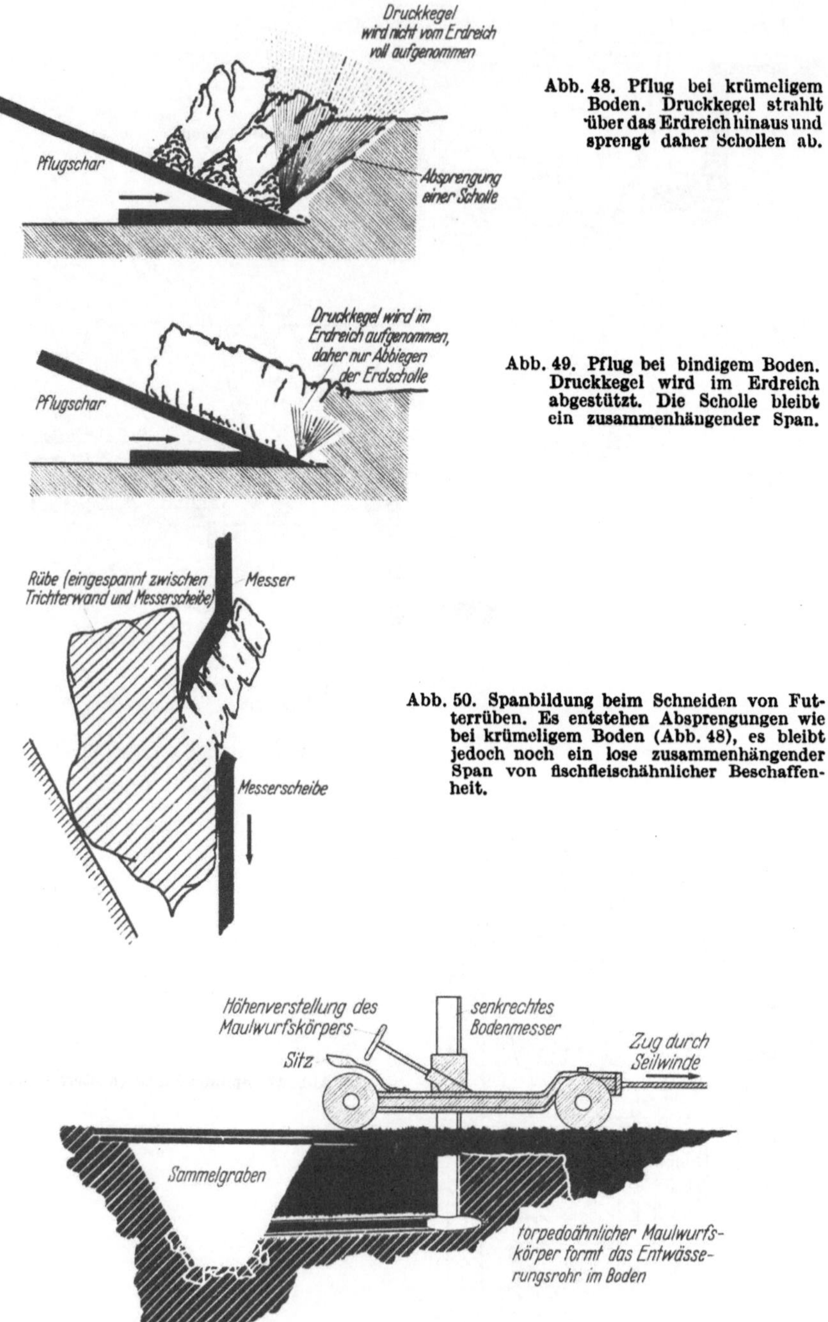

Abb. 48. Pflug bei krümeligem Boden. Druckkegel strahlt über das Erdreich hinaus und sprengt daher Schollen ab.

Abb. 49. Pflug bei bindigem Boden. Druckkegel wird im Erdreich abgestützt. Die Scholle bleibt ein zusammenhängender Span.

Abb. 50. Spanbildung beim Schneiden von Futterrüben. Es entstehen Absprengungen wie bei krümeligem Boden (Abb. 48), es bleibt jedoch noch ein lose zusammenhängender Span von fischfleischähnlicher Beschaffenheit.

Abb. 51. Maulwurfdränpflug zum Formen von Entwässerungsröhren in stein- und sandfreien Böden.

Text: Abschnitt 8

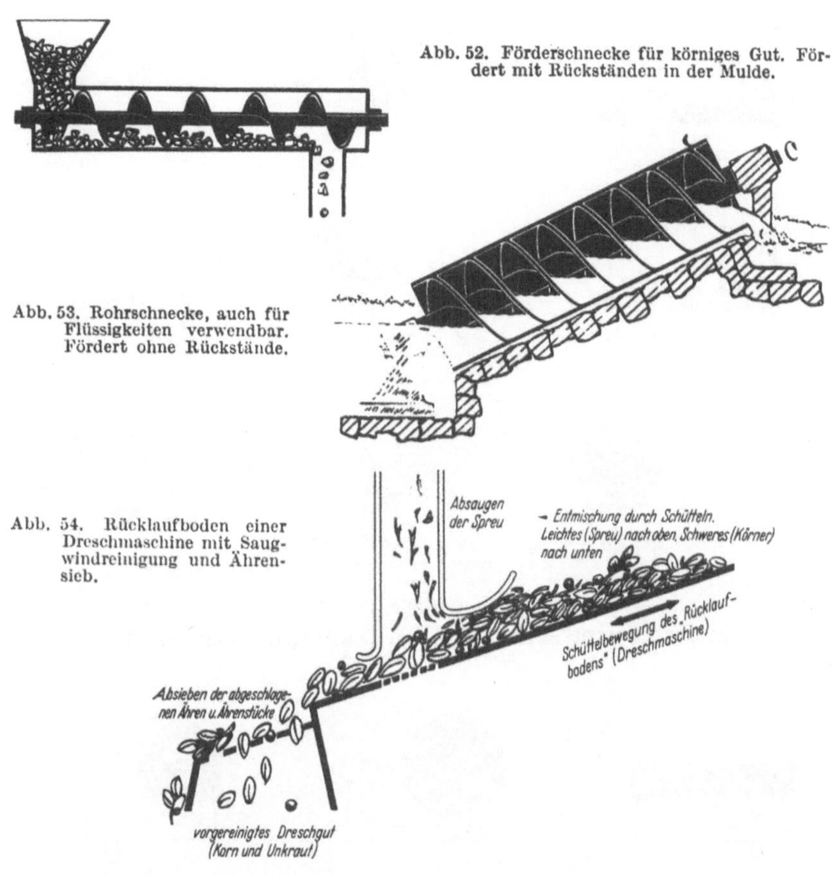

Abb. 52. Förderschnecke für körniges Gut. Fördert mit Rückständen in der Mulde.

Abb. 53. Rohrschnecke, auch für Flüssigkeiten verwendbar. Fördert ohne Rückstände.

Abb. 54. Rücklaufboden einer Dreschmaschine mit Saugwindreinigung und Ährensieb.

Abb. 55. Harms-Heag-Halmteiler.
a Antrieb, b Halmteiler zum Trennen der zu schneidenden Halme von den noch stehenbleibenden.

Text: Abschnitt 8

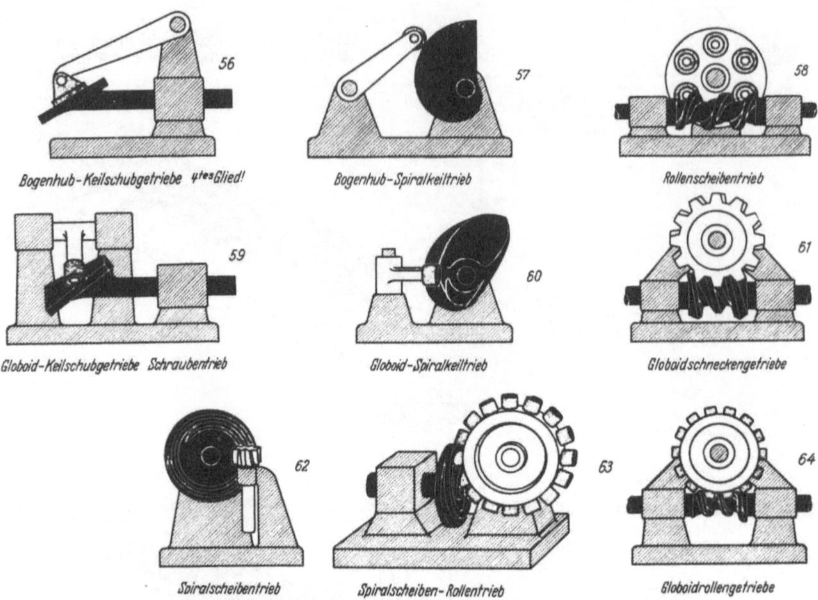

Abb. 56 bis 64. Die möglichen einfachen Keilschubgetriebe mit drehend gelagertem Hubglied.

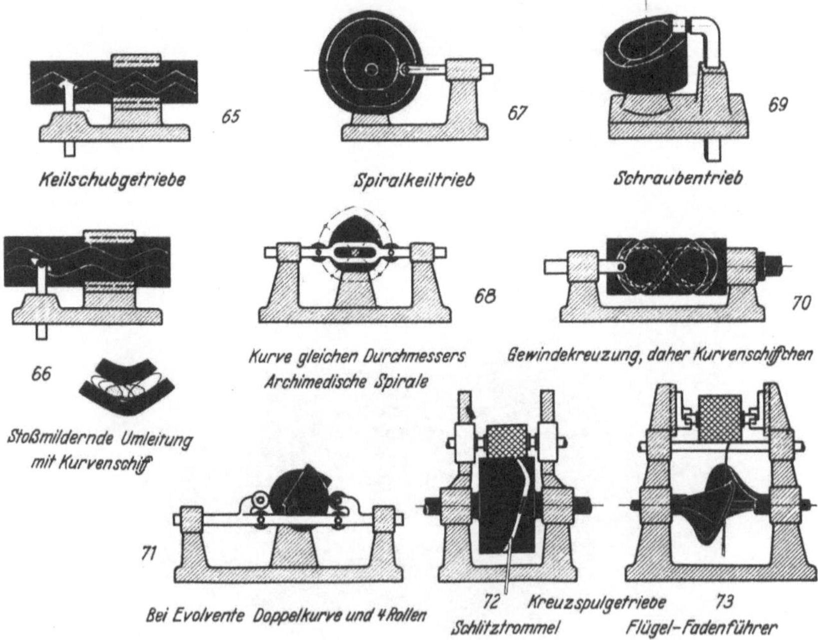

Abb. 65 bis 73. Rückkehrende einfache Keilschubgetriebe.

Text: Abschnitt 9

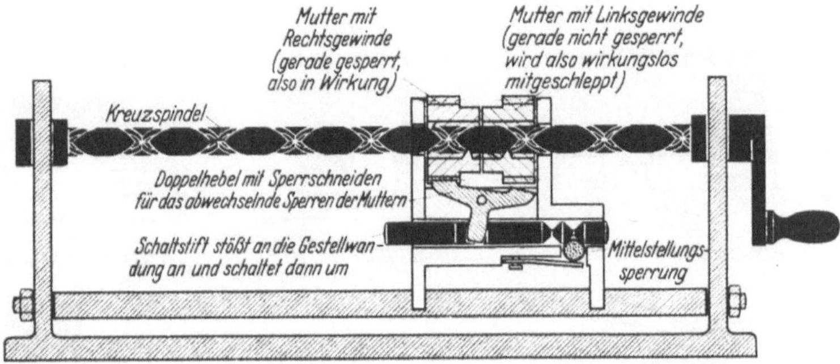

Abb. 75. Kreuzspindel mit Rechts- und Linksmutter, gesteuert in einem Mutternschloß mit Mittelstellungssperrung (unempfindlich und leistungsfähig).

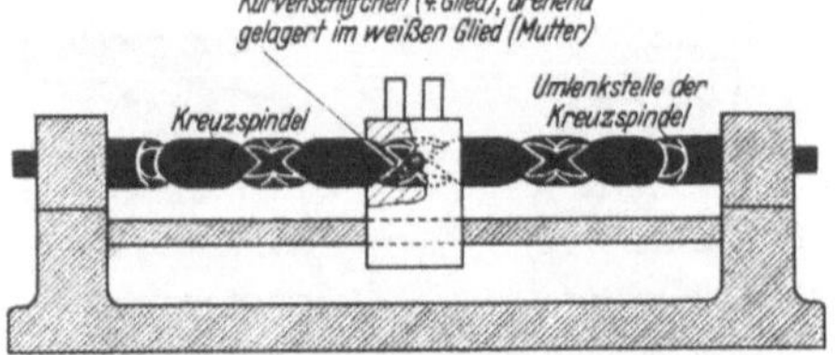

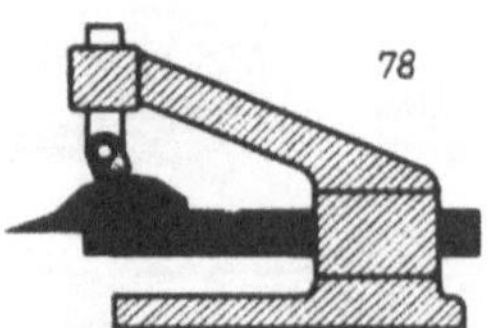

Abb. 74. Kreuzspindel mit Kurvenschiffchen
(empfindlich!)

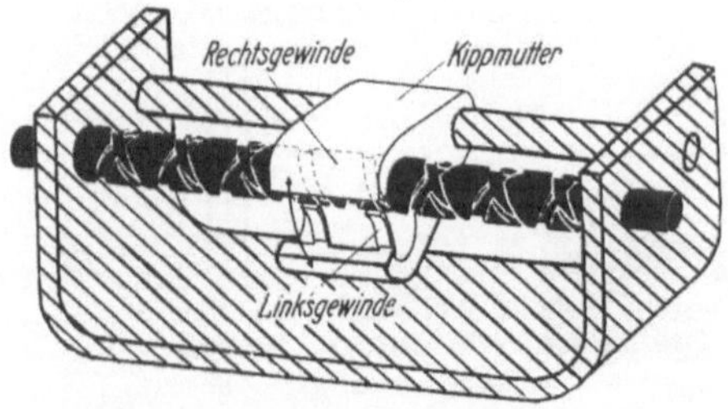

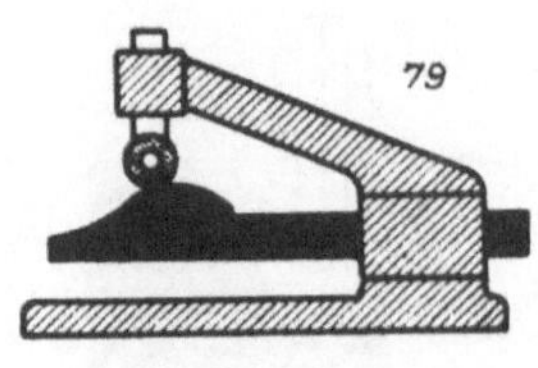

Abb. 76. Kippmutter mit halbem Rechts- und halbem
Linksgewinde für eine Kreuzspindel.

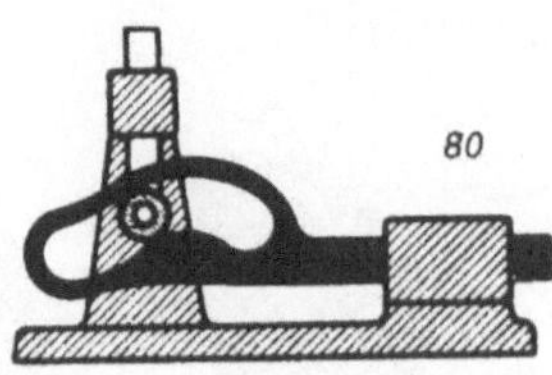

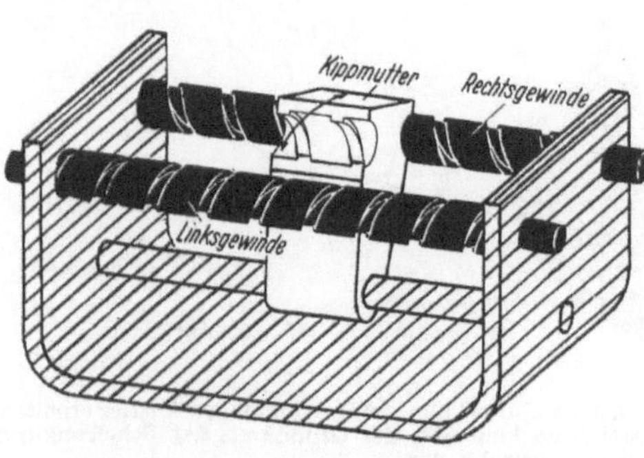

Abb. 77. Kippmutter mit halbem Rechts- und halbem
Linksgewinde für eine Rechtsspindel und eine
Linksspindel.

Text: Abschnitt 10, 11

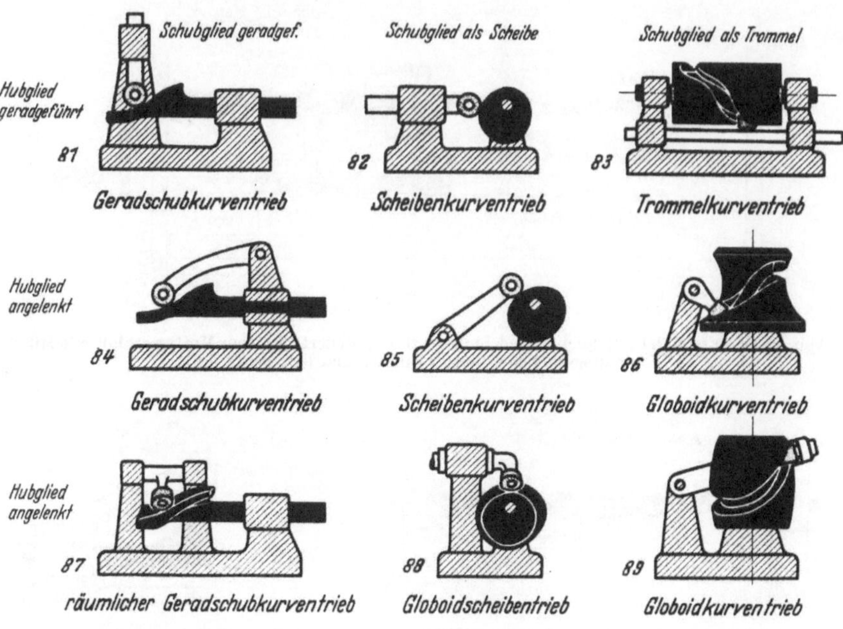

Abb. 81 bis 89. Kurventriebe.

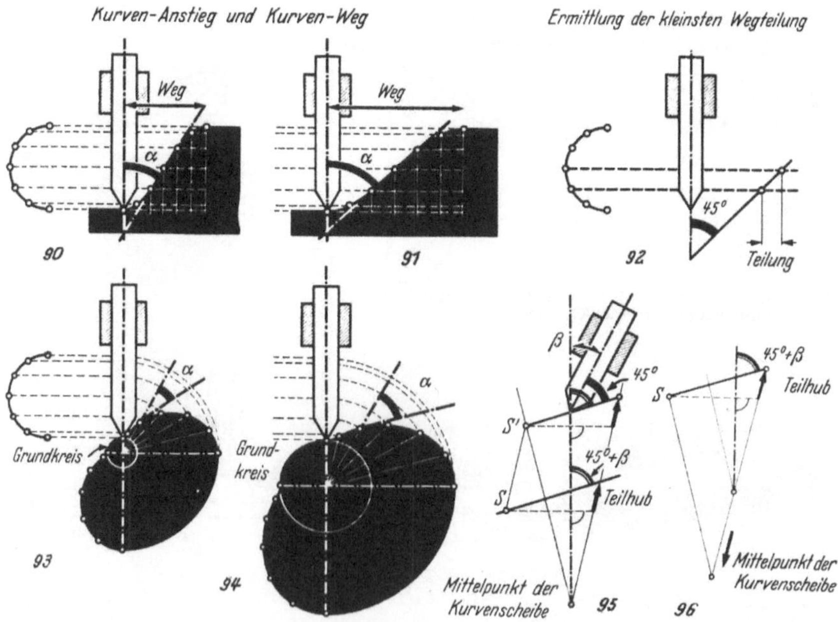

Abb. 90 bis 96. Das Keilgesetz im Kurventrieb. Jede Kurve kann genügend mäßigen Anstieg erhalten, wenn der „Weg" der Geradschubkurve ausreichend lang oder der Grundkreis der Scheibenkurve ausreichend groß gewählt wird.

Text: Abschnitt 11, 12

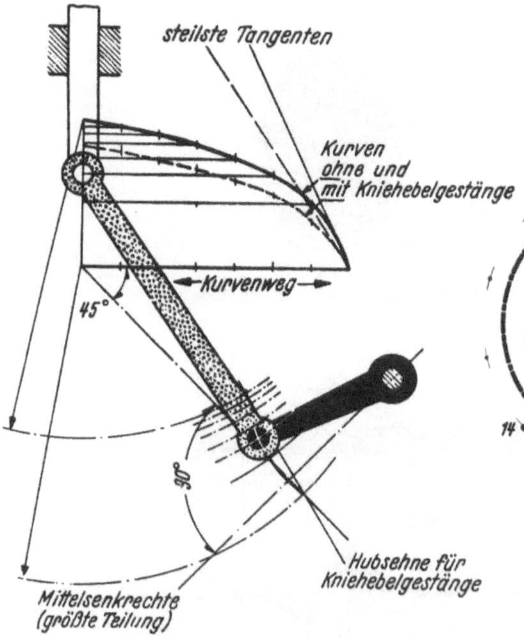

Abb. 100. Kurventrieb mit vorgeschaltetem Kniehebel zum Mindern des steilsten Kurvenanstieges.

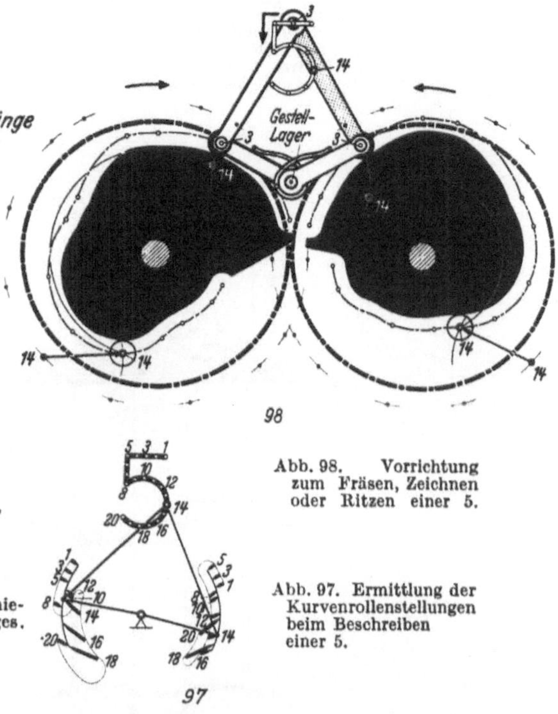

Abb. 98. Vorrichtung zum Fräsen, Zeichnen oder Ritzen einer 5.

Abb. 97. Ermittlung der Kurvenrollenstellungen beim Beschreiben einer 5.

Abb. 97 u. 98. Gekoppeltes Kurvenpaar zum Führen eines Punktes (Nummernfräser) auf einer Fläche.

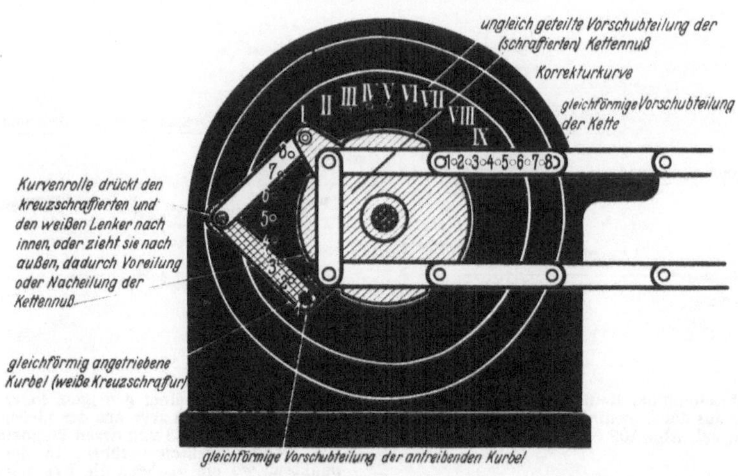

Abb. 99. Korrekturkurve zur Umwandlung einer gleichförmigen Drehung (weiße Kreuzschraffur) in eine der Gesetzmäßigkeit der Korrekturkurve entsprechende ungleichförmige (schraffierte Kettennuß).

Text: Abschnitt 12, 13, 19

Abb. 101 bis 107. Geschwindigkeiten und Beschleunigungen im Kurventrieb. Kurven mit Ecken im
Kurvenverlauf geben unendlich große Beschleunigungsausbrüche. Kurven mit Ecken im Geschwindigkeitsbild geben endlich große Beschleunigungssprünge. (Die einzelnen Kurvenstücke sind als
breite schwarze und weiße Striche neben der
eigentlichen Kurve hervorgehoben.)

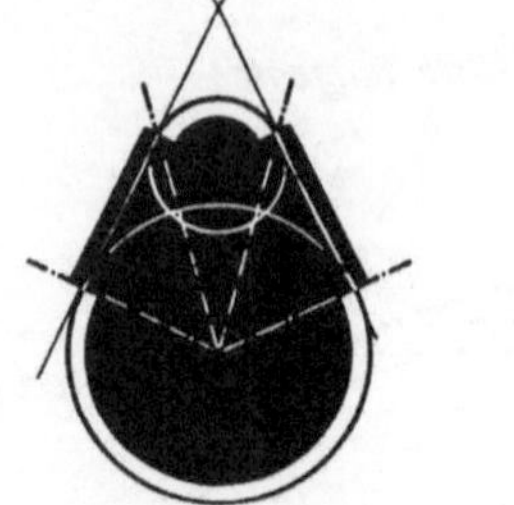

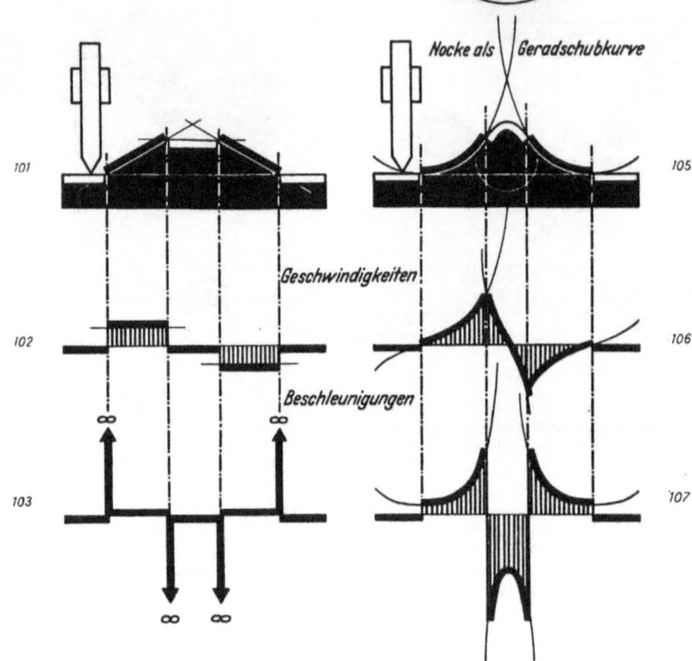

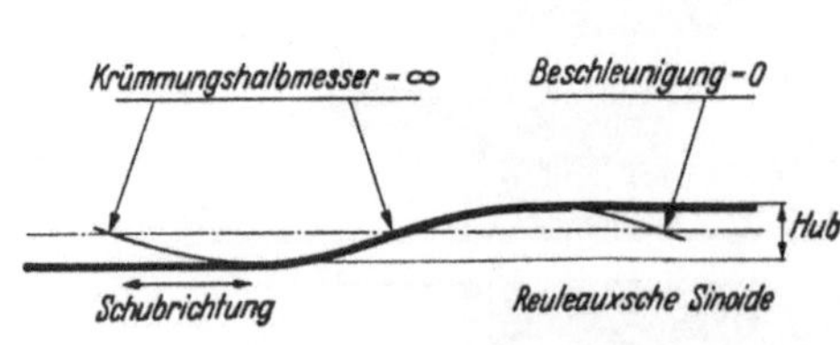

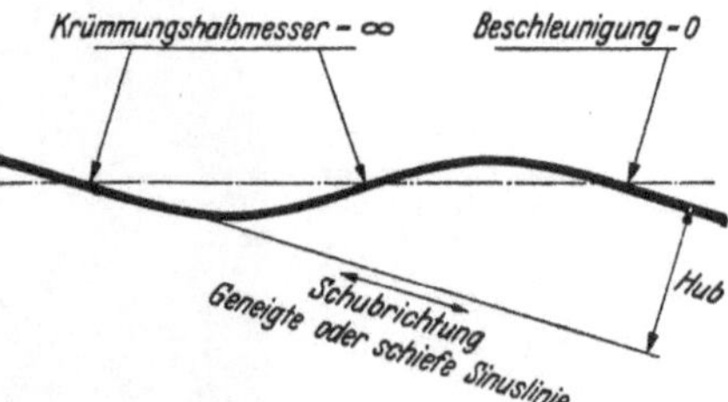

Abb. 108. Entstehung der Reuleauxschen Sinoide als
Hubkurve aus der Sinuslinie und deren Scheiteltangenten, vgl. Abb. 109.

Abb. 109. Entstehung einer geneigten (oder schiefen)
Sinuslinie als Hubkurve aus der gleichen Sinuslinie, wie in Abb. 108 und deren Wendetangenten.
Die Wendetangenten berühren in den Wendepunkten, wo sie zugleich die Krümmungskreise
(Durchmesser: oo) der Sinuslinie sind
(vgl. Abb. 104).

Text: Abschnitt 13, 16

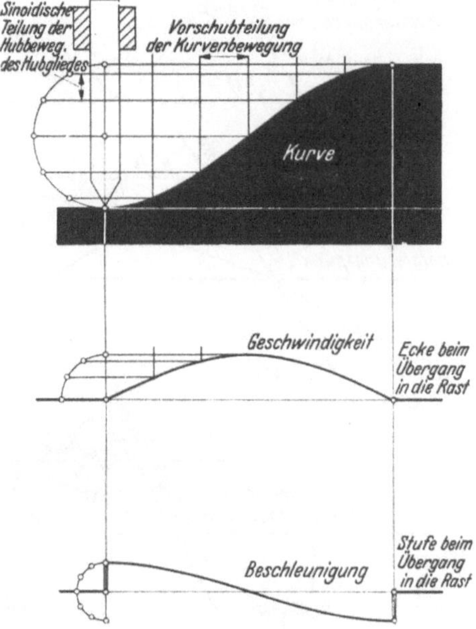

Abb. 110. Reuleauxsche Sinoide (Sinuslinie) als Hubkurve zwischen zwei Stillständen vor Beginn und nach dem Ende der Bewegung des Hubgliedes.

Abb. 111. Geschwindigkeitsverlauf (Cosinuslinie) zeigt Ecken beim Übergang in das Stillstandsgebiet (vgl. Abb. 106).

Abb. 112. Beschleunigungsverlauf (Sinuslinie) zeigt Stufen beim Übergang in das Stillstandsgebiet (vgl. Abb. 107).

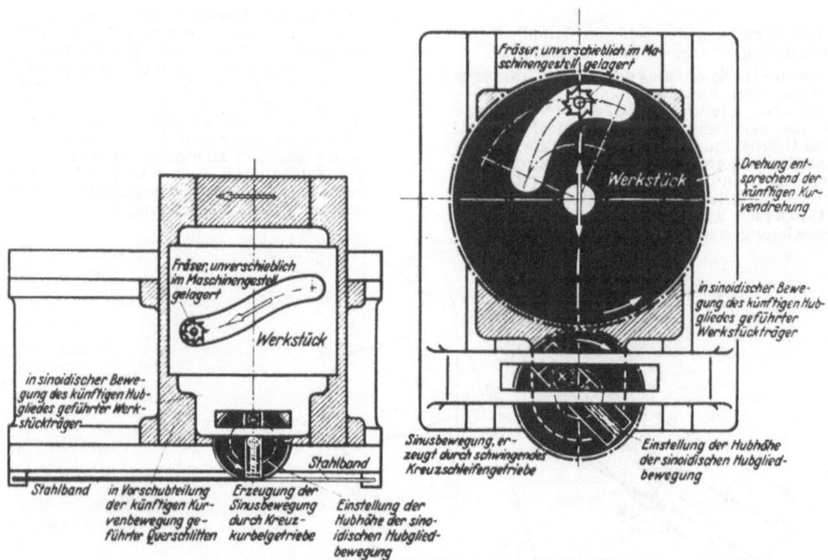

Vorrichtungen zur zwangläufigen Erzeugung der Reuleauxschen Sinoiden mit geradgeführtem Hubglied.

Abb. 113. Erzeugung der Geradschubkurve.   Abb. 114. Erzeugung der Kurvenscheibe.

Text: Abschnitt 13, 14, 15

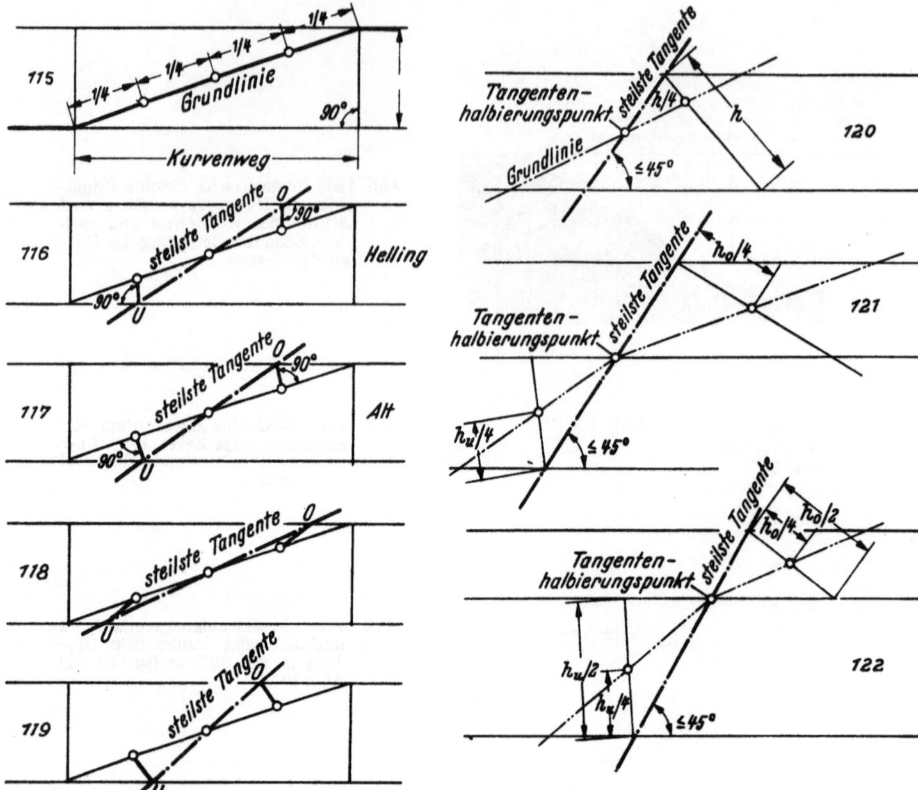

Abb. 115. Einteilung der schiefen Grundlinie bei allen geneigten oder schiefen Sinuslinien.

Abb. 116 bis 119. Ermittlung der steilsten Tangente der geneigten Sinuslinien nach Helling-Bestehorn, Alt und Wildt als Verbindungs-Gerade der Punkte U und O. Die Punkte U und O erhält man als Schnittpunkte auf der unteren und oberen Hubhöhen-Begrenzungs-geraden, wenn man durch den ersten und letzten ¼ Teilungspunkt der Grundlinie (Abb. 115) Gerade legt in Richtung der jeweiligen Schwingungsausschläge (Amplituden).

Abb. 120 bis 122. Konstruktion der geneigten einfachen und zusammengesetzten Sinuslinien. Die größte Amplitude beträgt h/2π, wobei h die Strecke zwischen den Hubhöhen-Begrenzungs-geraden in Amplitudenrichtung bedeutet. In den Abb. 121 u. 122 ist zwischen der oberen Hubhöhen-Begrenzungsgerade und der Parallele dazu durch den Tangentenhalbierungs-punkt nur $h_o/2$ zu messen, da im oberen Teil der Zeichnungen nur eine halbe Sinuslinie vorhanden ist. Das gleiche gilt für den jeweils unteren Teil der Zeichnungen.

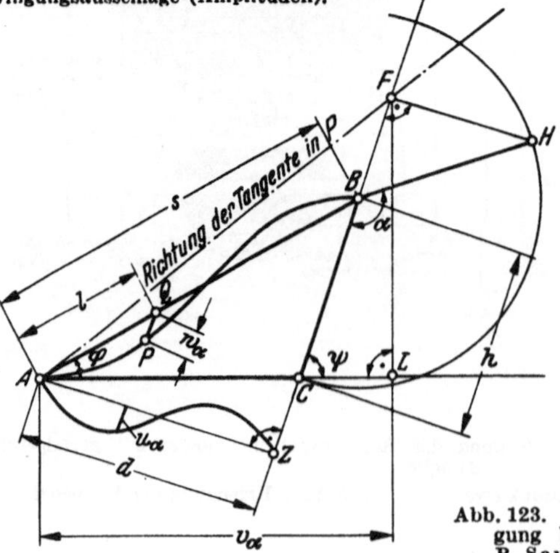

Abb. 123. Konstruktion der Hubbeschleuni-gung bei geneigten Sinuslinien. (Nach R. Sauer, Aachen.)

Text: Abschnitt 15

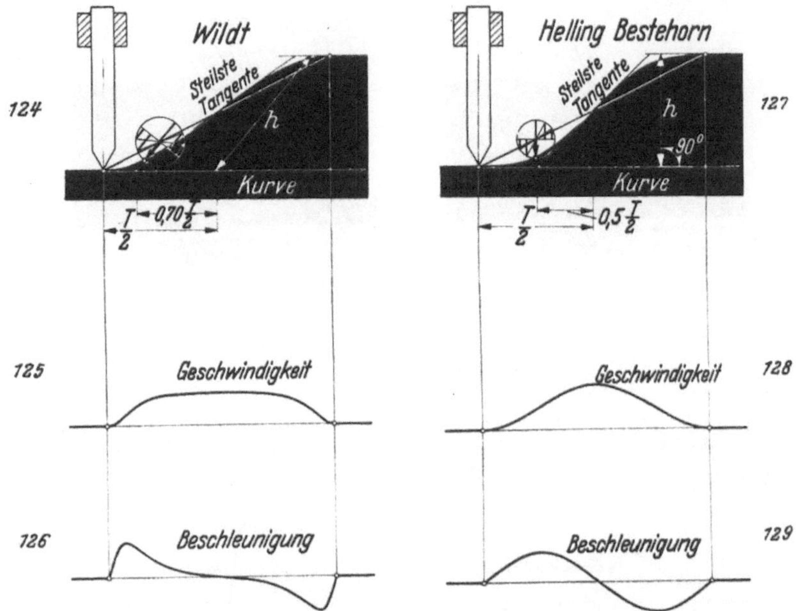

Abb. 124 bis 129. Geneigte Sinuslinien als Hubkurven mit Geschwindigkeits- u Beschleunigungsbild.

Abb. 124 bis 126. Gen. Sinuslinie nach Wildt entspr. Abb. 118

Abb. 127 bis 129. Gen. Sinuslinie nach Helling-Bestehorn entspr. Abb. 116.

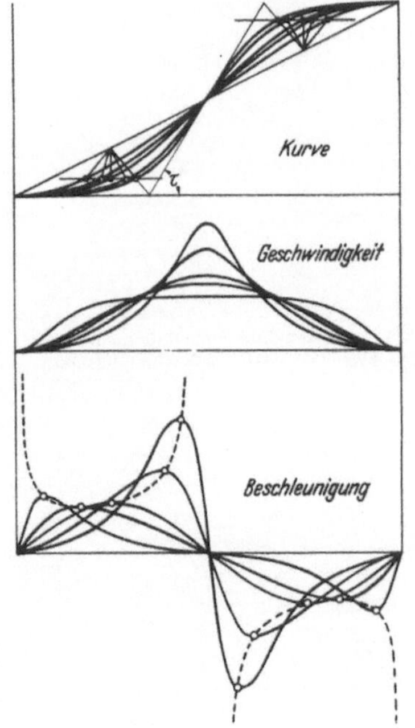

Abb. 130. Zusammenfassung der geneigten Sinuslinien der Abb. 124, 139, 127, 133 und 136.

Abb. 131. Zusammenfassung der Geschwindigkeitsbilder der Abb. 120, 136, 123, 127 und 130.

Abb. 132. Zusammenfassung der Beschleunigungsbilder der Abb. 126, 141, 129, 135 und 138.

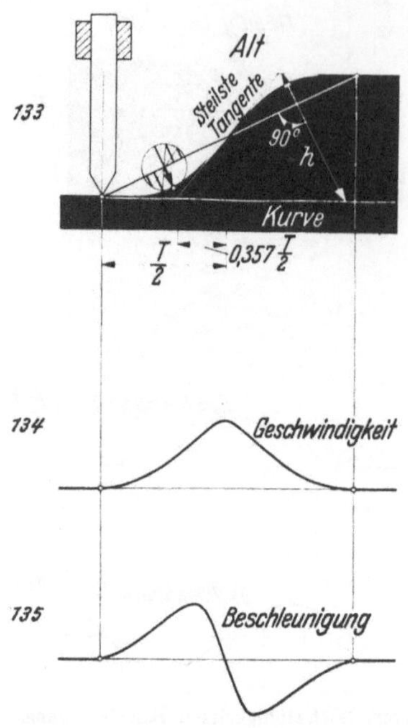

Abb. 133 bis 135. Gen. Sinuslinie nach Alt entsprechend Abb. 117.

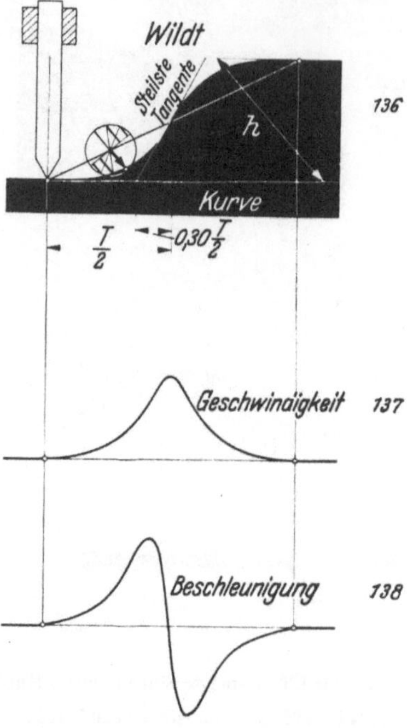

Abb. 136 bis 138. Gen. Sinuslinie nach Wildt entspr. Abb. 119.

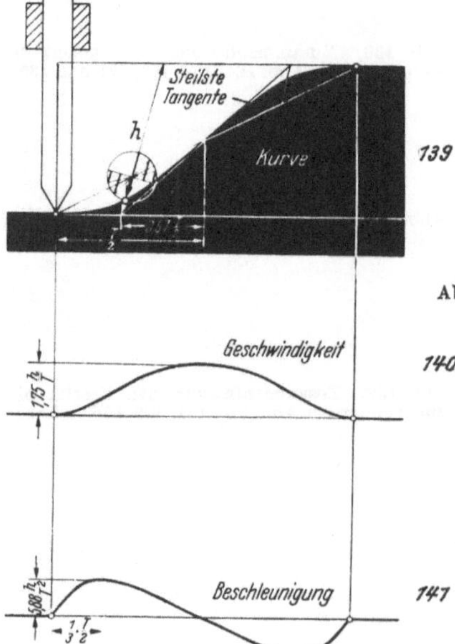

Abb. 139 bis 141. Geneigte Sinuslinie nach Wildt mit der geringsten Höchstbeschleunigung.

Text: Abschnitt 15

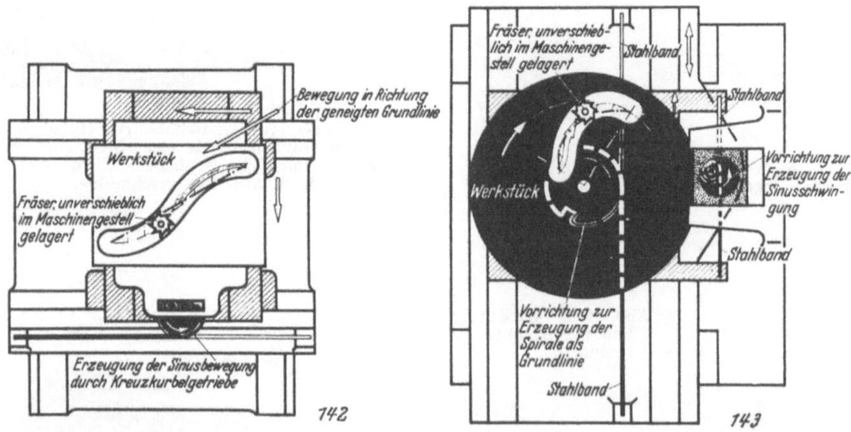

Abb. 142 u. 143. Vorrichtungen zum zwangläufigen Erzeugen von geneigten Sinuslinien nach
Helling-Bestehorn mit geradgeführtem Hubglied.

Abb. 142. Geradschubkurve. Abb. 143. Kurvenscheibe.

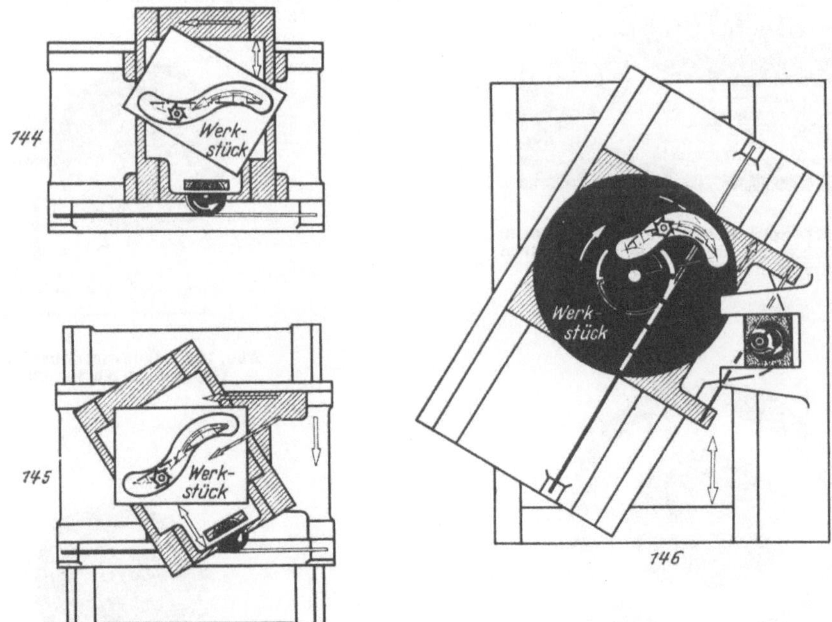

Abb. 144 bis 146. Vorrichtungen zum zwangläufigen Erzeugen von geneigten Sinuslinien nach
Alt und (Abb. 175 u. 176) nach Wildt mit geradgeführtem Hubglied.

Abb. 144 u. 145. Geradschubkurve. Abb. 146. Kurvenscheibe.

Text: Abschnitt 16

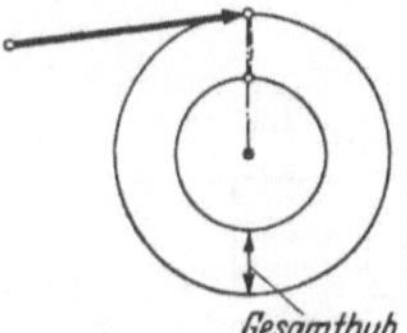

Abb. 147. Kurvenhub.
Zentrischer Bogenhub.

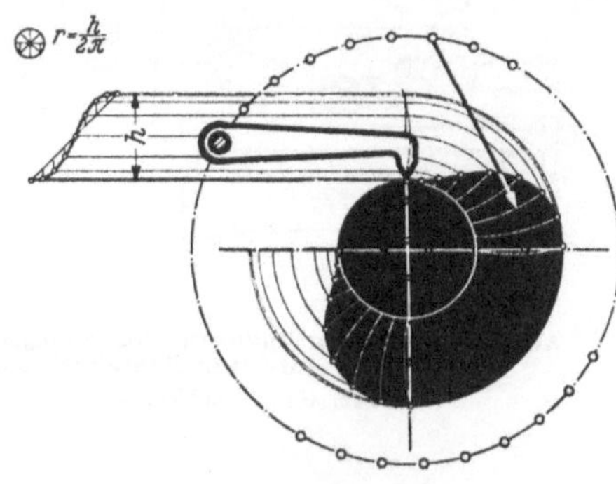

Abb. 150. Bogenhub-Geradschubkurve. Hubgliedlagerung in Hubhöhenmitte (zentrisch), oder, wenn
das nicht möglich, wenigstens dicht über der
Kurve, wie in Abb. 150 (geschränkt).

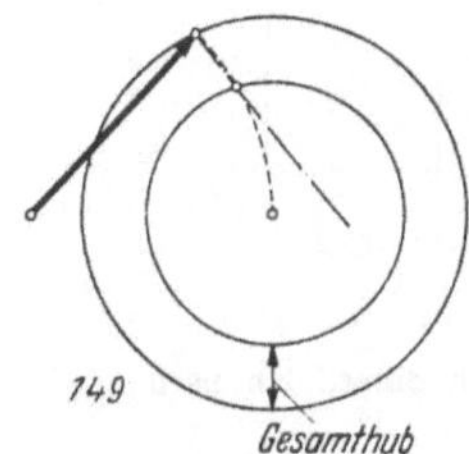

Abb. 148 u. 149. Kurven-
hub. Geschränkter Bo-
genhub.

Abb. 151. Zentr. Bogenhub-Scheibenkurve. Hubglied-
Lagerung in Hubhöhenmitte.

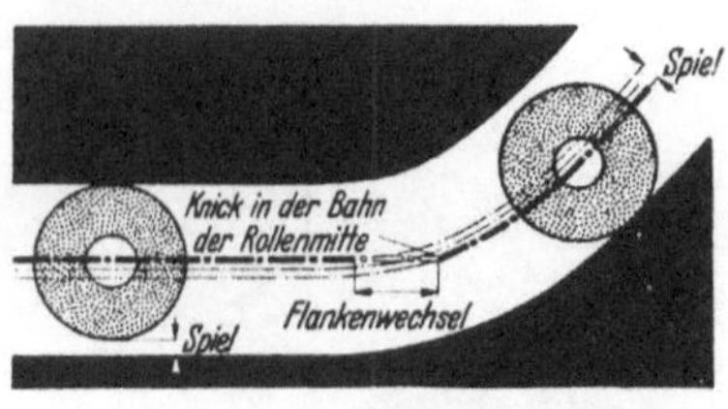

Abb. 152. Spiel-Stoß in der Nutkurve beim
Wechsel der Kurvenrolle von der einen
Kurvenflanke zur anderen.

Abb. 154. Ungünstiger direkter Kraftfluß auf die Kurvenrolle.

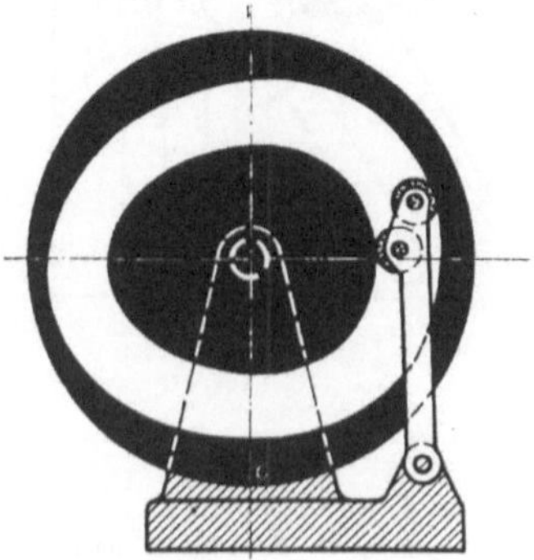

Abb. 153. Nutkurve mit doppelter Berollung,
bestehend aus zwei vollständige Einflan-
ken-Kurventrieben, nämlich aus einer
Vollkurve und einer Hohlkurve. (Die Nut
ist nicht gleichbreit.)

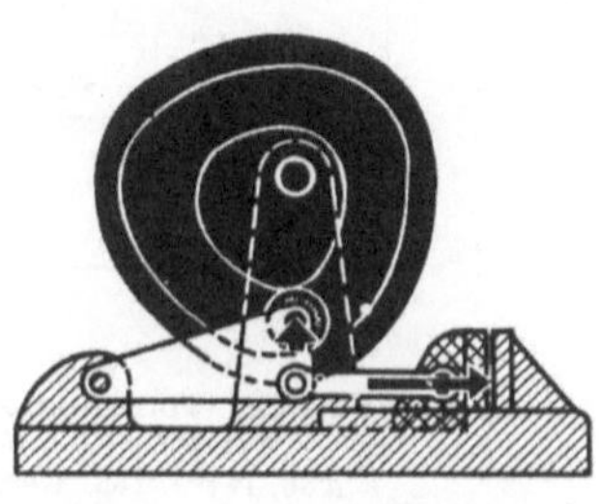

Abb. 155. Kraftableitung über Kniehebel. Trotz größter Kraftwirkung
Schonung der Kurve.

Text: Abschnitt 17, 18

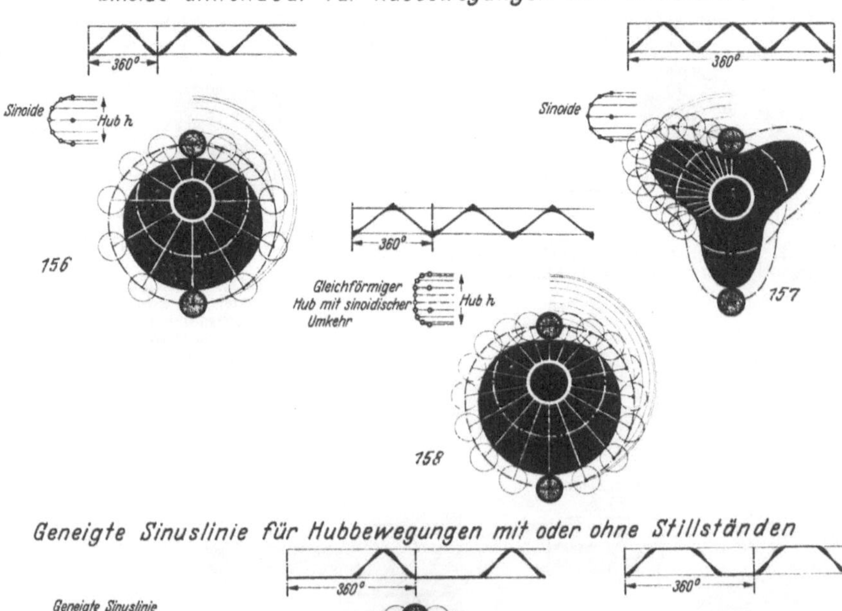

Abb. 156 bis 160. Praktische Anwendung von stoß- und ruckfreien Kurven.
Für hin- und hergehende Bewegungen ohne Stillstände (Abb. 156 bis 158) genügen Sinoiden.
Für Hubbewegungen mit Stillständen (Abb. 159 u. 160) müssen geneigte Sinuslinien
verwendet werden.

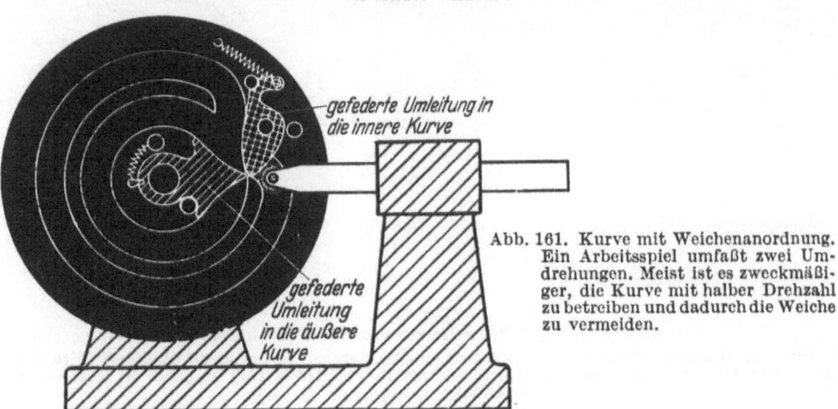

Abb. 161. Kurve mit Weichenanordnung.
Ein Arbeitsspiel umfaßt zwei Umdrehungen. Meist ist es zweckmäßiger, die Kurve mit halber Drehzahl
zu betreiben und dadurch die Weiche
zu vermeiden.

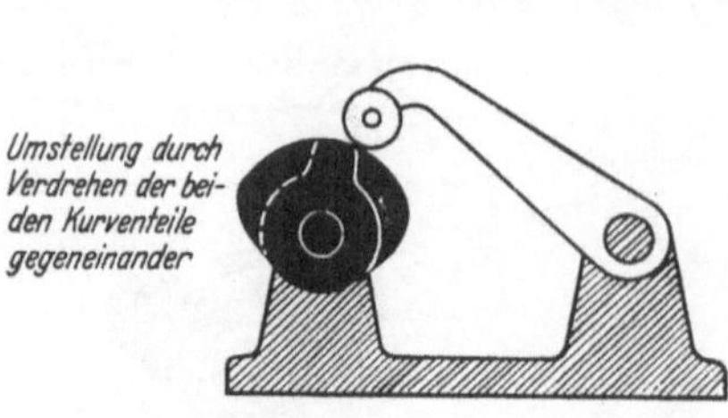

Abb. 162. Verstellbarer Kurventrieb aus zwei
gegeneinander verdrehbaren Einzelkurven.

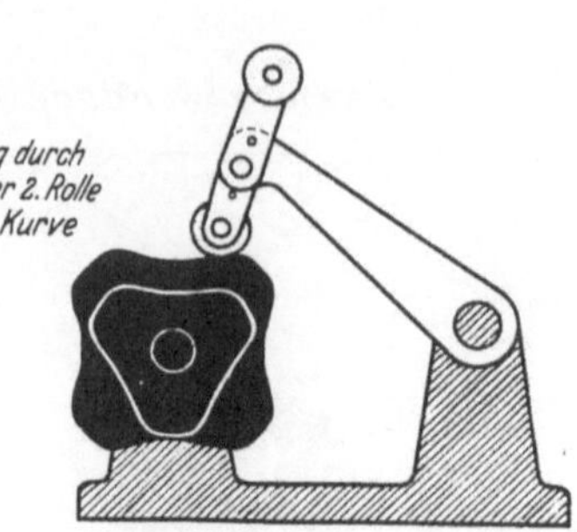

Abb. 163. Verstellbarer Kurventrieb aus zwei nebeneinan-
derliegenden, wechselweise
einschaltbaren Kurventrieben.

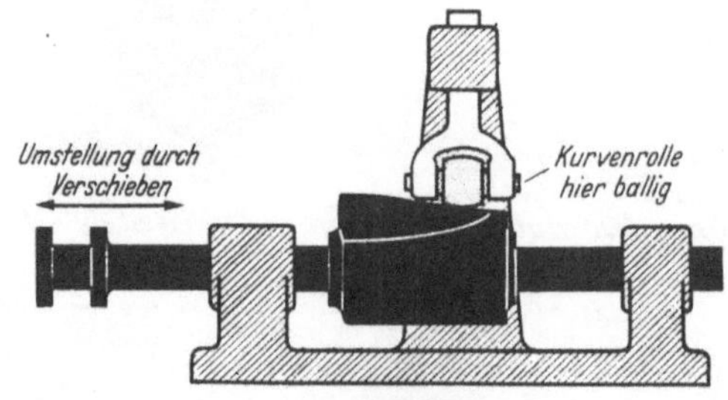

Abb. 164. Kurventrieb, ähnlich wie in Abb. 163, nur mit sehr vielen
stetig ineinander übergehenden Einzelkurven, zusammengefaßt in
einer axial verschieblichen trommelähnlichen Kurve.

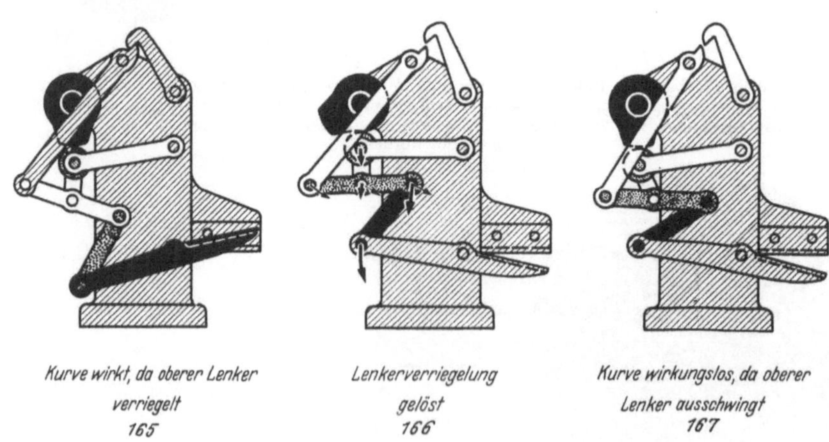

Abb. 165 bis 167. Zeitweise aussetzender Kurventrieb.
Ein Glied im Gestänge ist zu viel und muß stillgesetzt werden. Je nachdem, ob dieses Glied das
erste (wie in Abb. 165) oder das letzte (Scherenklinge in Abb. 166 u. 167) ist, wirkt die Kurve oder
sie bleibt wirkungslos.

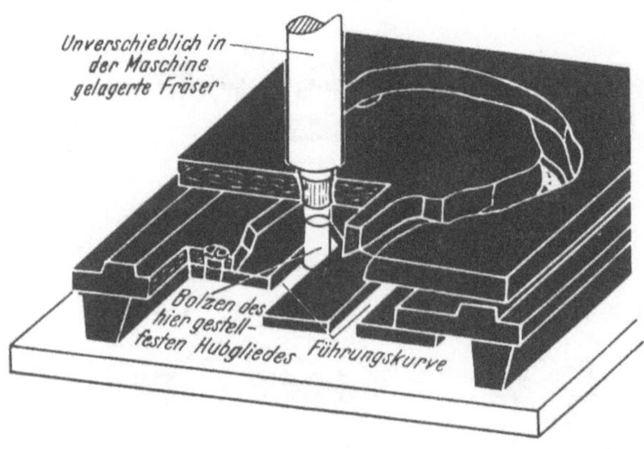

Abb. 168. Gestaltgebender Kurventrieb für Holzbearbeitung. (Werkstück aufgespannt auf einem Führungs-
brett mit Führungskurve, Führungsbolzen im Gestell genau unter dem Holzfräser.)

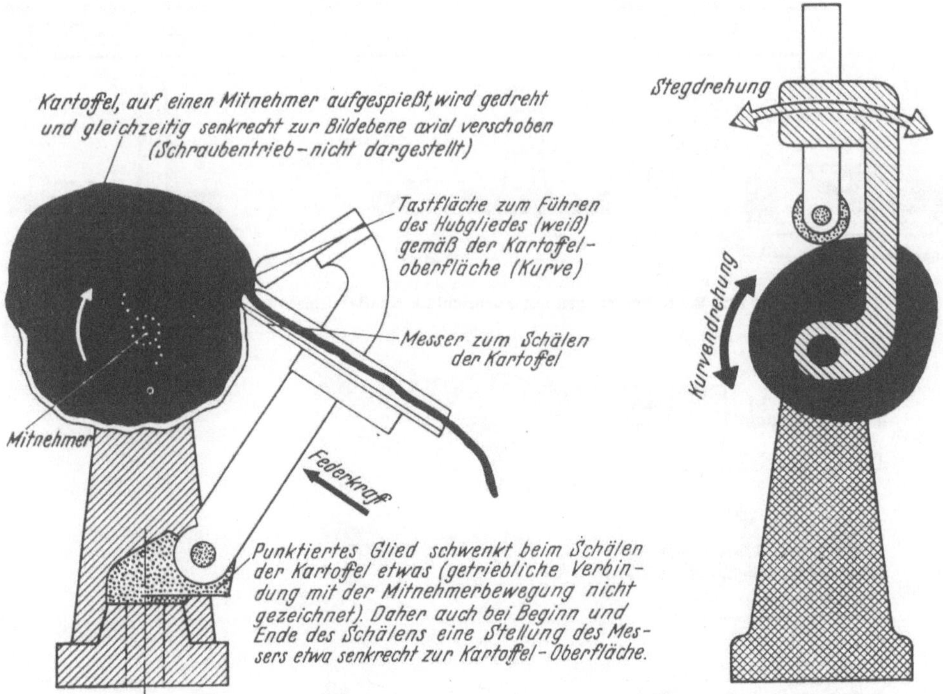

Abb. 169. Kartoffelschälmaschine. Kartoffel ist zugleich Führungskurve und
Werkstück.

Abb. 170. Drehbar gelagerter
Kurventrieb mit Antrieb
der Kurvenscheibe *und*
des Steges.

Text: Abschnitt 20, 22

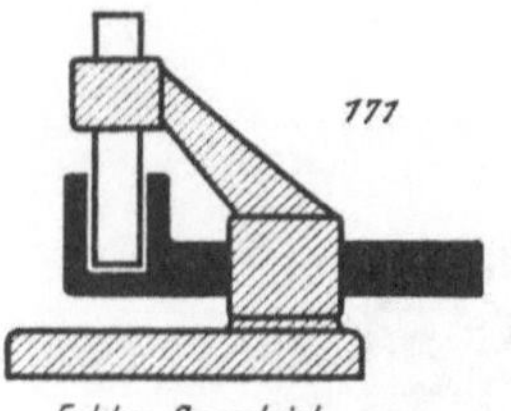

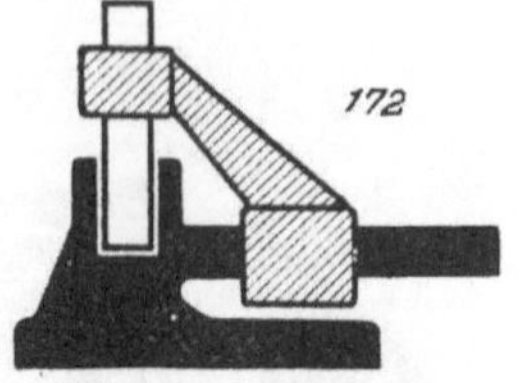

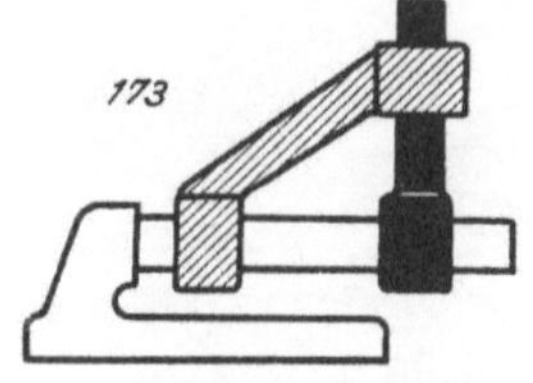

Abb. 171 bis 173. Getriebe der Sperrkette.

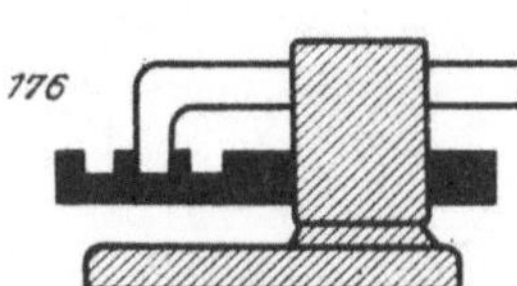

Abb. 174 bis 176. Sperrung, Befestigung, Kupplung.

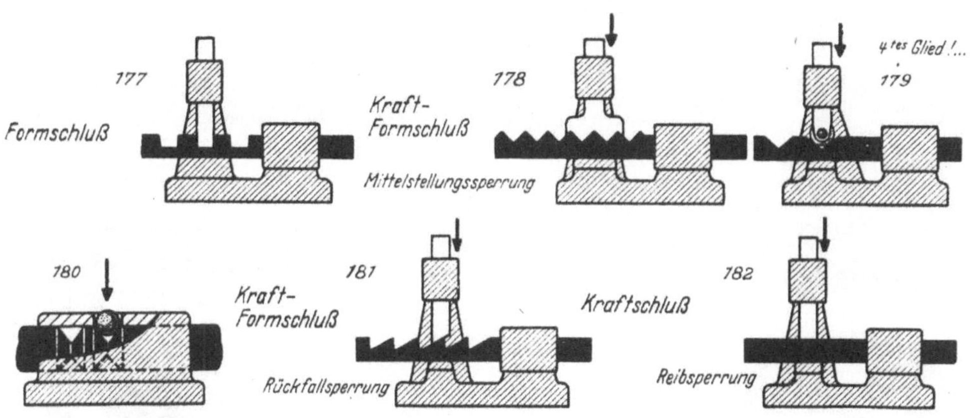

Abb. 177 bis 182. Echte Sperrungen mit Formschluß, Kraft-Formschluß und Kraftschluß.

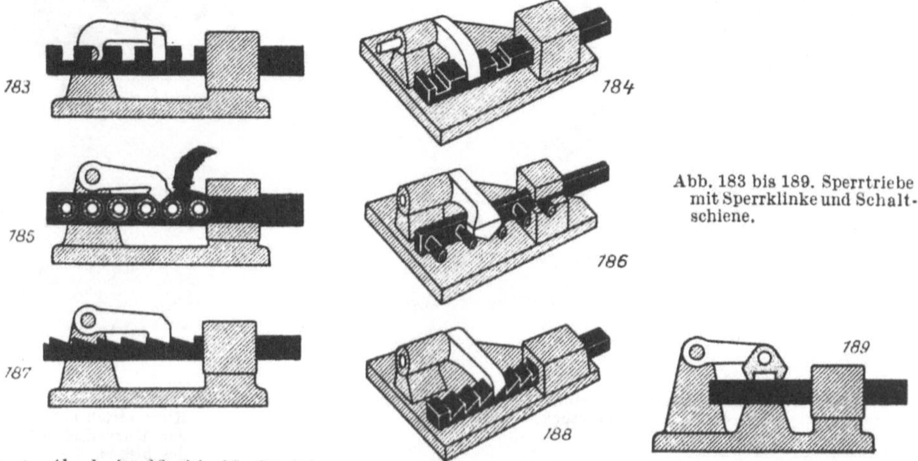

Abb. 183 bis 189. Sperrtriebe mit Sperrklinke und Schaltschiene.

Text: Abschnitt 23, 24, 25, 26, 32

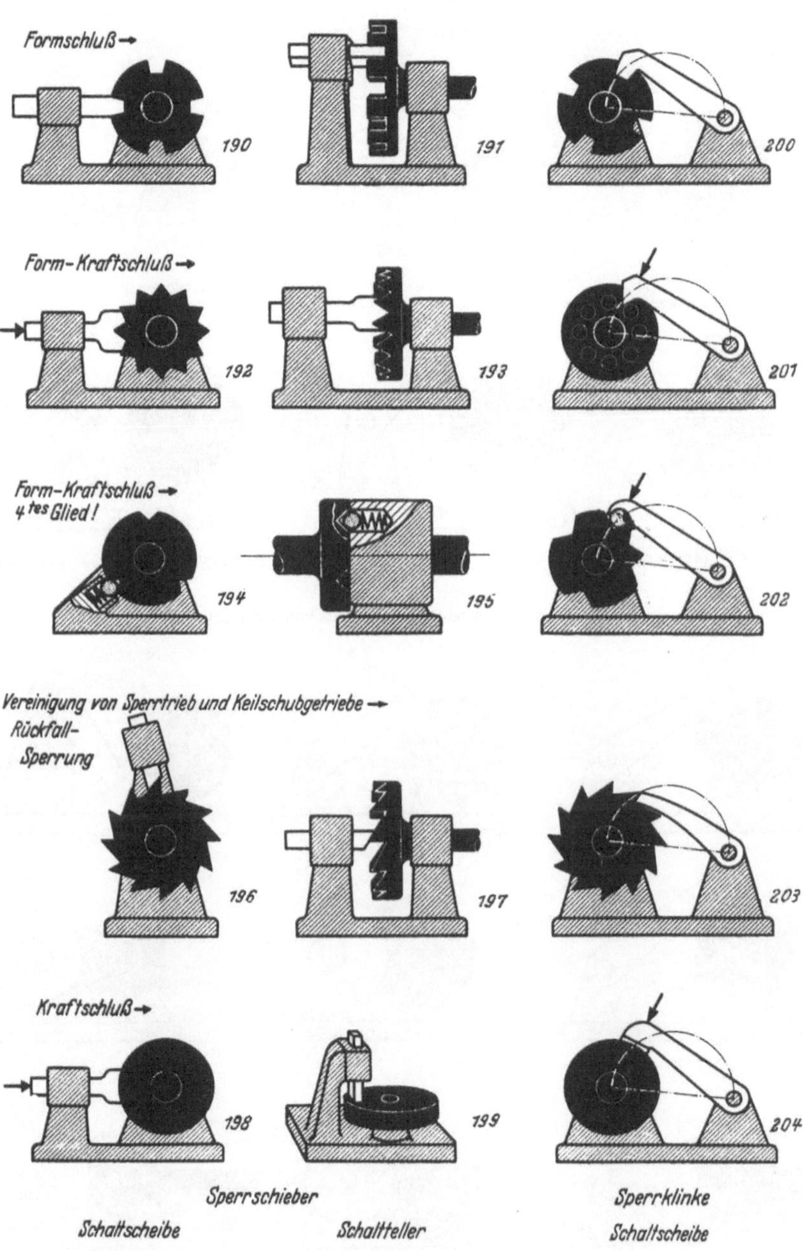

Abb. 190 bis 199. Sperrtriebe mit Sperrschieber und Schaltscheibe oder Schaltteller.
Abb. 200 bis 204. Sperrtriebe mit Sperrklinke und Schaltscheibe.

Text: Abschnitt 26

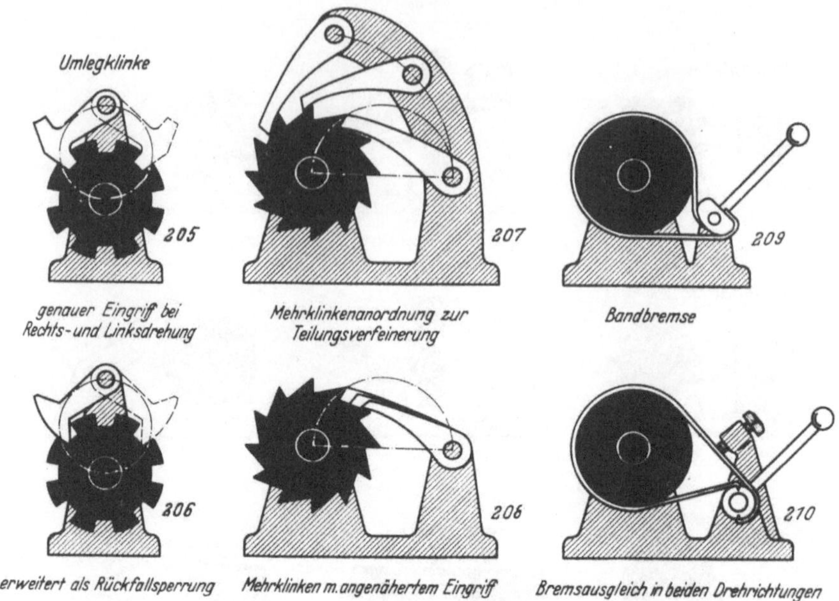

Abb. 205 bis 210. Ausbildungsformen von Sperrklinken.

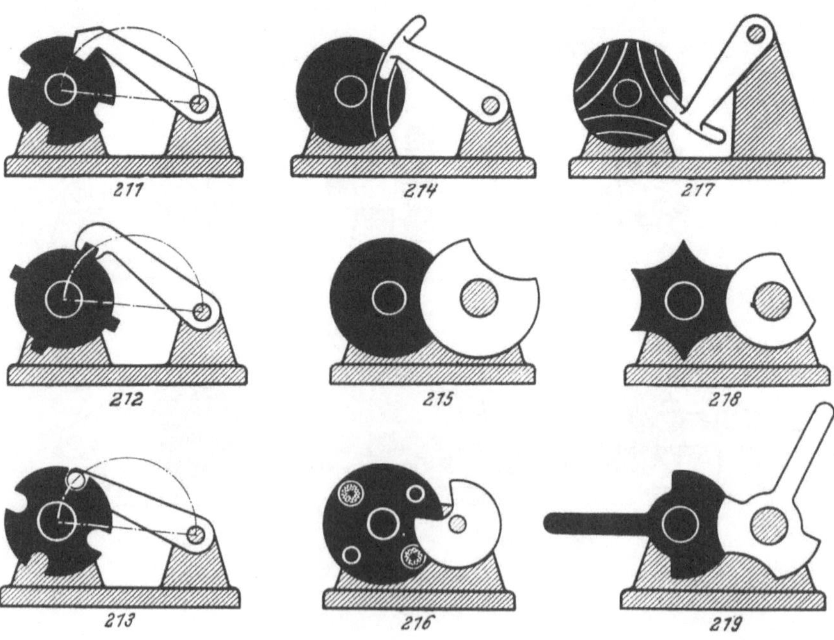

Abb. 211 bis 219. Ausbildungsformen von Klinkensperrungen mit formschlüssigen Sperrklinken.

Text: Abschnitt 27, 28

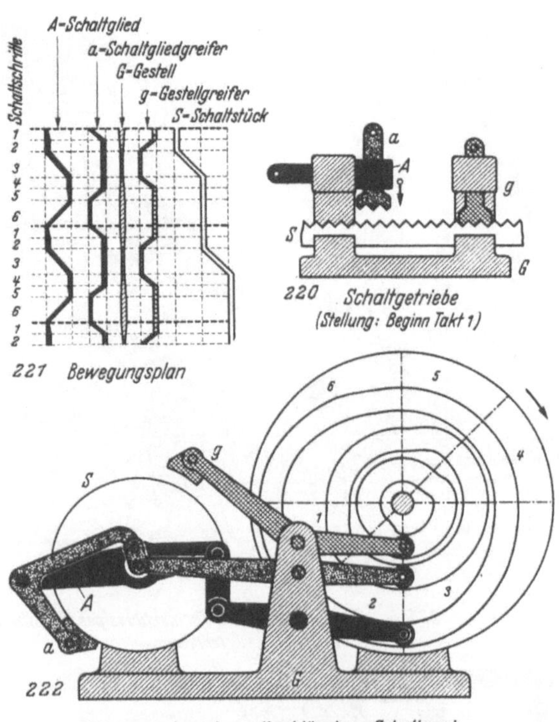

Abb. 220 bis 222. Kurvengesteuertes reibschlüssiges Schaltwerk mit *drei* Metallkurven.

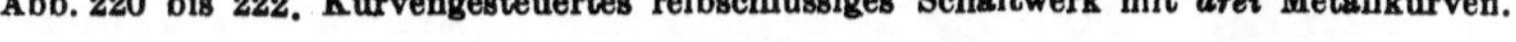

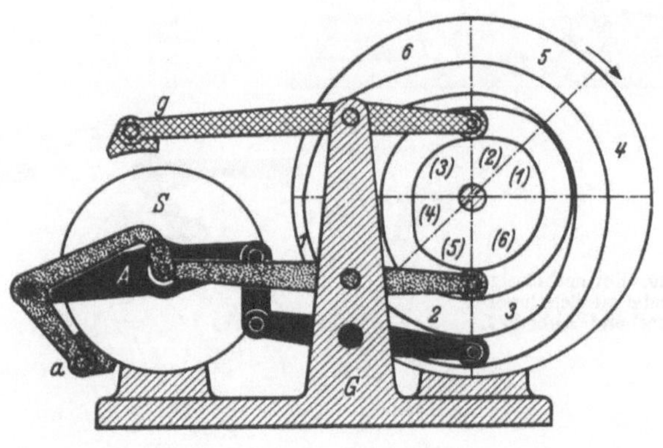

Abb. 223. Kurvengesteuertes reibschlüssiges Schaltwerk mit *zwei* Metallkurven.

Text: Abschnitt 29, 30, 35

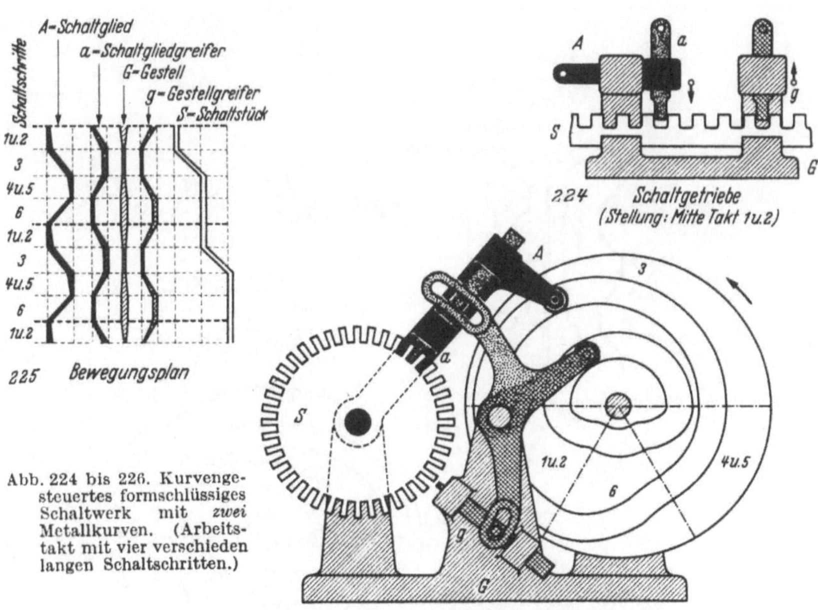

Abb. 224 bis 226. Kurvengesteuertes formschlüssiges
Schaltwerk   mit   *zwei*
Metallkurven.   (Arbeits-
takt mit vier verschieden
langen Schaltschritten.)

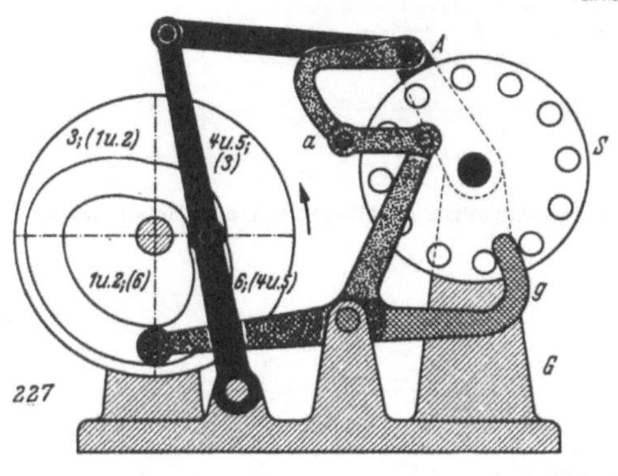

Abb. 227. Kurvengesteuertes formschlüssiges Schaltwerk mit *einer*
Metallkurve. (Arbeitstakt mit vier
gleichlangen Schaltschritten.)

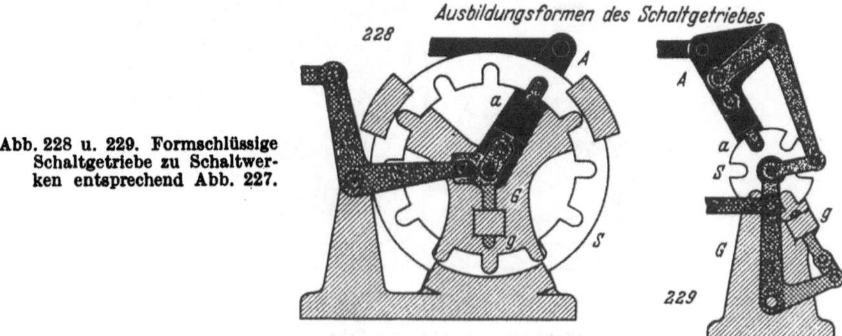

Abb. 228 u. 229. Formschlüssige
Schaltgetriebe zu Schaltwerken entsprechend Abb. 227.

Text: Abschnitt 29, 30

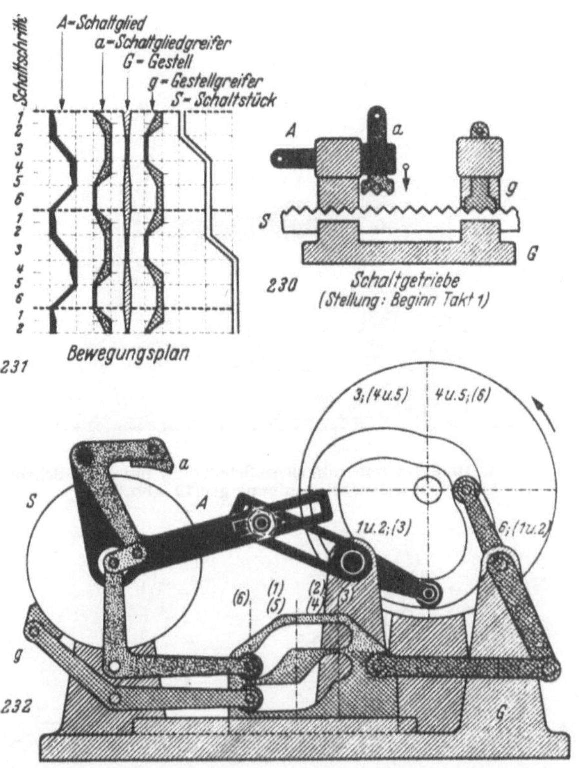

Abb. 230 bis 232. Kurvengesteuertes, verstellbares reibschlüssiges Schaltwerk mit *einer* Scheibenkurve und *zwei* (Geradschub-) Hilfskurven.

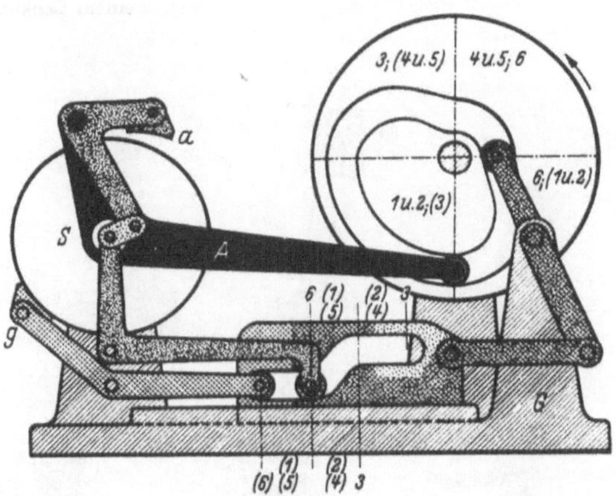

Abb. 233. Kurvengesteuertes reibschlüssiges Schaltwerk mit *einer* Scheibenkurve und mit *einer* (Geradschub-)Hilfskurve (doppelt berollt).

Text: Abschnitt 29, 30

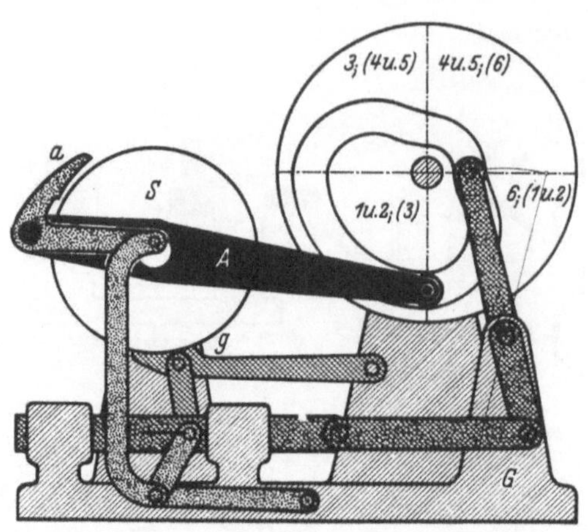

Abb. 234. Kurvengesteuertes reibschlüssiges Schaltwerk mit *einer* Scheibenkurve
und einer Kniehebelanordnung gemäß Abb. 288.

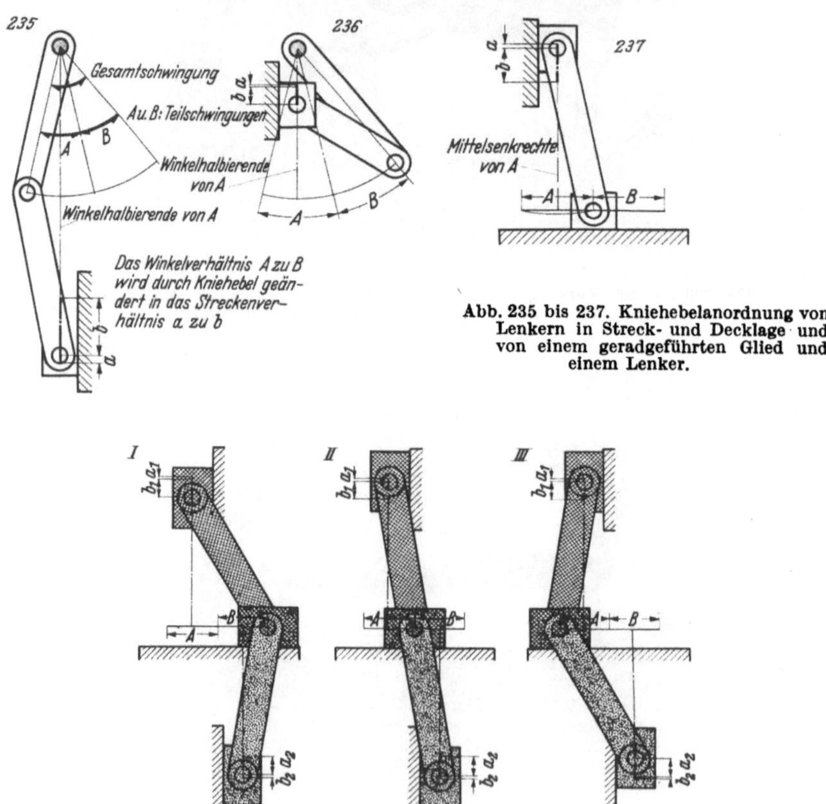

Abb. 235 bis 237. Kniehebelanordnung von
Lenkern in Streck- und Decklage und
von einem geradgeführten Glied und
einem Lenker.

Abb. 238. Zwei Kniehebel mit abwechselnder Wirkung an *einem* Geradschubglied.

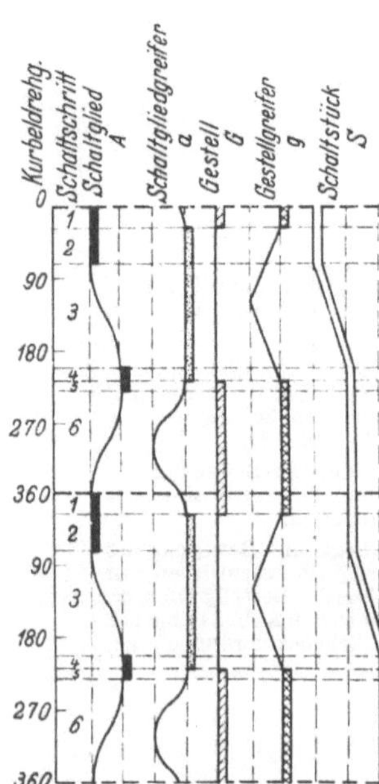

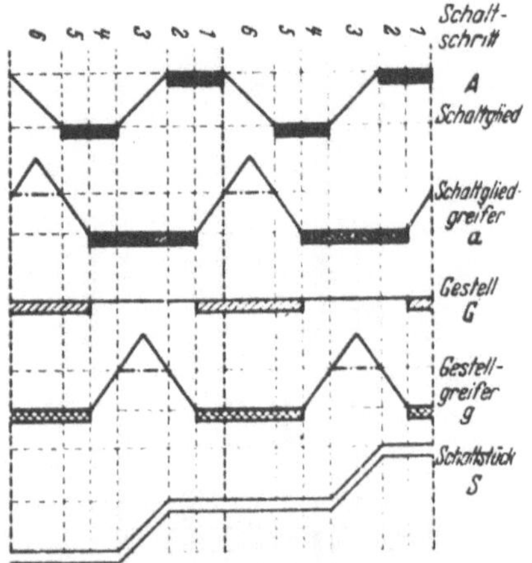

Abb. 239. Bewegungsplan nach Abb. 242. Beseitigung der unnötigen Stillstände in den Greiferbewegungen, beim Schaltgliedgreifer *a* während des Schaltschrittes *6*, beim Gestellgreifer *g* während des Schaltschrittes *3*. (Die breiten Striche in den Bewegungslinien dürfen nicht geändert werden.)

Abb. 240. Bewegungsplan eines Koppelkurvenschaltwerkes (vgl. Abb. 241 u. 244). Reihenfolge des Entwurfes:

1. Zweistillstands-Koppelkurve und Bewegungslinie des Schaltgliedes *A* (Schaltschritte *3* und *6*).

2. Schaltgliedgreifer-Bewegung (Kniehebel oder Koppelkurve) und Bewegungslinie des Schaltgliedgreifers *a*.

3. Damit liegt die Bewegungslinie des Gestellgreifers *g* im wesentlichen fest. Dazu ist ein geeignetes Getriebe zu suchen.

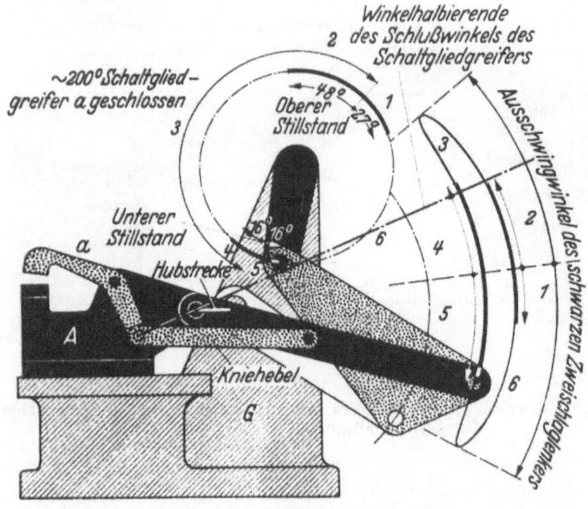

Abb. 241. Koppelkurvenschaltwerk (ohne Gestellgreifer) mit Kniehebelantrieb für den Schaltgliedgreifer *a* (Punktraster).

Text: Abschnitt 30

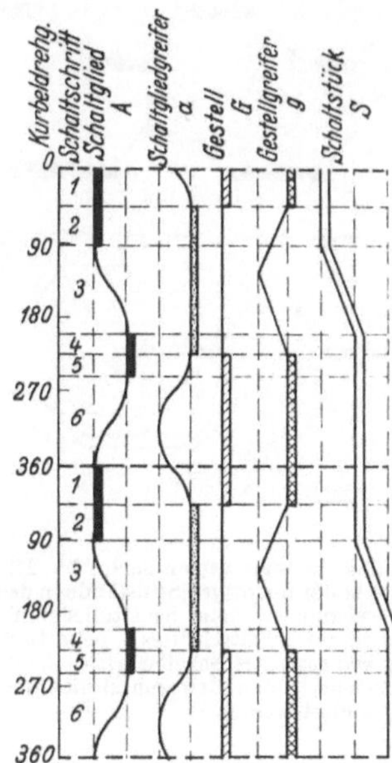

Abb. 242. Bewegungsplan eines Kurbel-kurven-Schaltwerkes (vgl. Abb. 243, 249 bis 252).

Reihenfolge des Entwurfes:

1. Zweistillstands-Kurbelkurve und Bewegungslinie des Schaltgliedes A (Schaltschritte *3* und *6*).

2. Schaltgliedgreifer-Bewegung (Kniehebel) und Bewegungslinie des Schaltgliedgreifers a.

3. Damit liegt die Bewegung des Gestellgreifers g im wesentlichen fest (Bewegungslinie des Gestellgreifers g). Hierfür wurde in den Abb. 249 bis 252 ebenfalls Kniehebelanordnung gewählt.

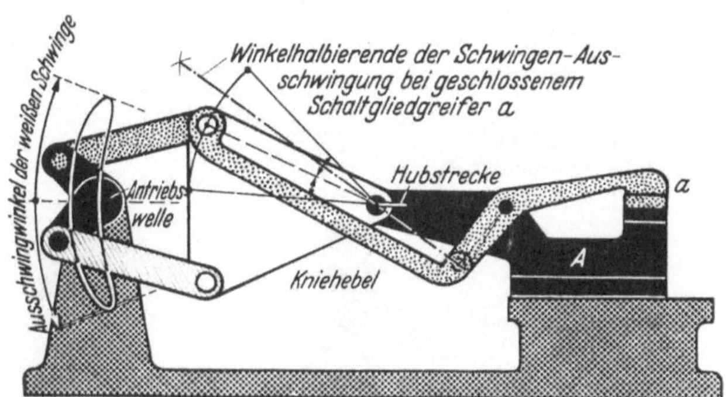

Abb. 243. Kurbelkurvenschaltwerk (ohne Gestellgreifer) mit Kniehebelantrieb für den Schaltgliedgreifer *a* (Punktraster).

Text: Abschnitt 30

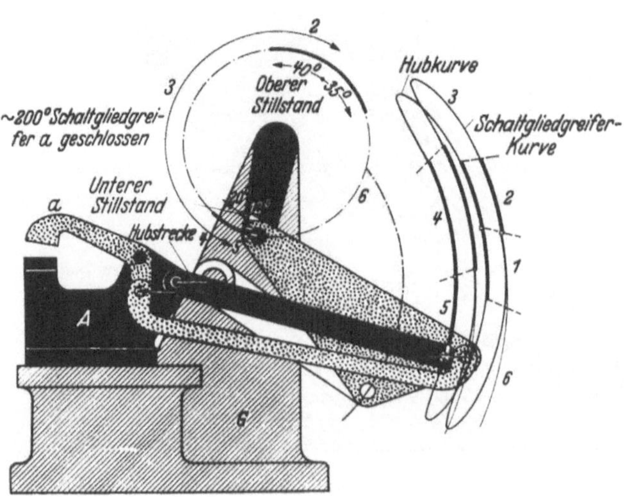

Abb. 244. Koppelkurvenschaltwerk (ohne Gestellgreifer) mit Koppelkurvenantrieb für den Schaltgliedgreifer a (Punktraster). Die Relativbewegung zwischen den Hubbewegungen der beiden Koppelkurven wird zum Öffnen und Schließen des Schaltgliedgreifers ausgenutzt.

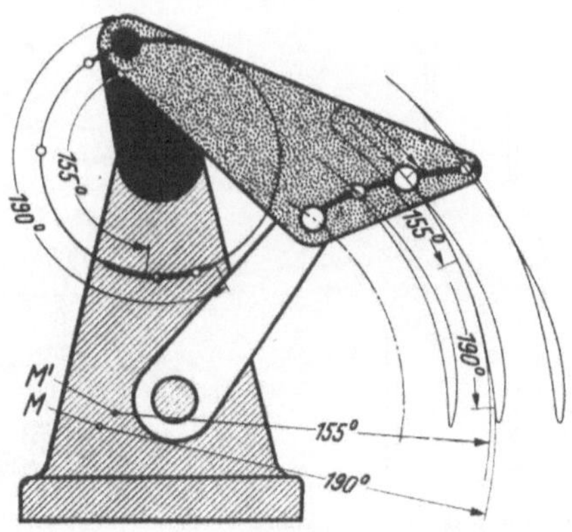

Abb. 245. Sonderform der 3-Stillstandskurve (mittlere Koppelkurve). Der obere und der untere
Stillstandsbogen fallen zusammen und ergeben für den Krümmungsmittelpunkt M eine Stillstandsdauer von 190° Kurbeldrehung.

Da dies für das Schaltwerk der Abb. 246 zu viel ist, wird der Punkt M' für die Stillstandsableitung
verwendet mit einer Stillstandsdauer von „nur" 155° Kurbeldrehung.

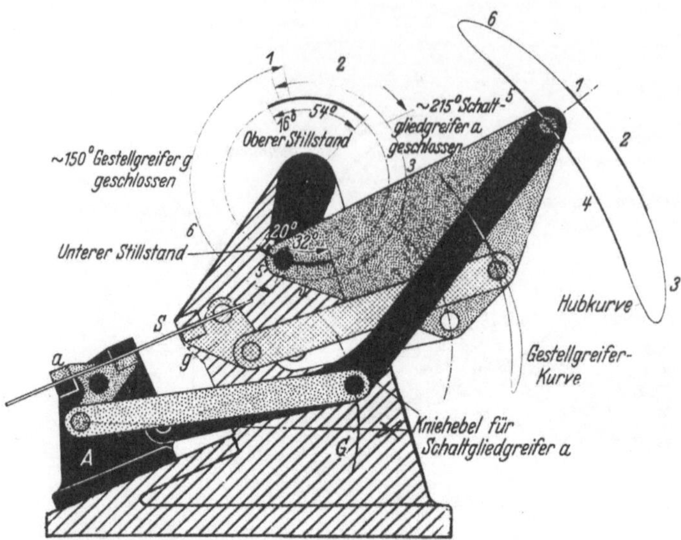

Abb. 246. Vollständiges Koppelkurvenschaltwerk mit Kniehebelantrieb für den Schaltgliedergreifer *a*
und Koppelkurvenantrieb für den Gestellgreifer *g*. (Kurve: vgl. Abb. 245.)

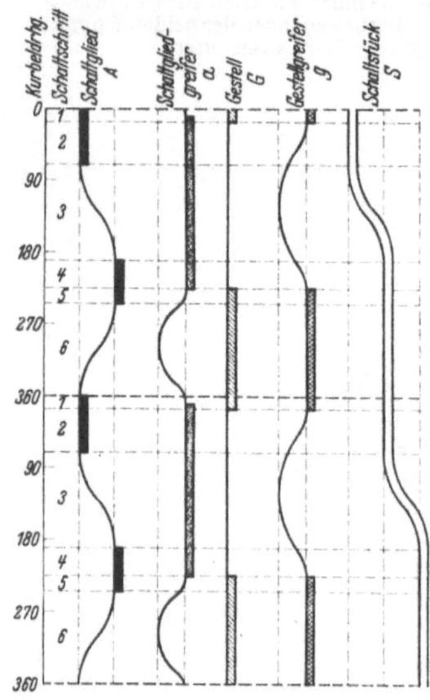

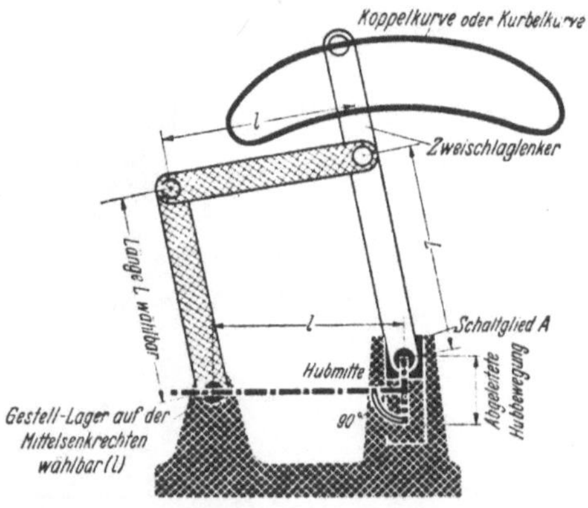

Abb. 247. Bewegungsplan des Koppelkurvenschaltwerkes der Abb. 246.

Reihenfolge des Entwurfes:

1. Zweistillstandskoppelkurve und
Bewegungslinie des Schaltgliedes *A*
(Schaltschritte *3* und *6*).

2. Gestellgreiferkurve und Bewegungslinie des Gestellgreifers *g*
(Schaltschritte *1, 2, 4* und *5*).

3. Einordnen des Kniehebelantrie-
bes des Schaltgliedgreifers *a* und
dessen Bewegungslinie.

Abb. 248. Parallelkurbelähnliche Anordnung zur
Ausnutzung der Ausschwingung des Zweischlaglenkers (Koppelkurve) oder der
Schwinge (Kurbelkurve) für die Gestellgreiferbewegung. Angewendet in den Schaltwerken
der Abb. 249 bis 252.

Text: Abschnitt 30

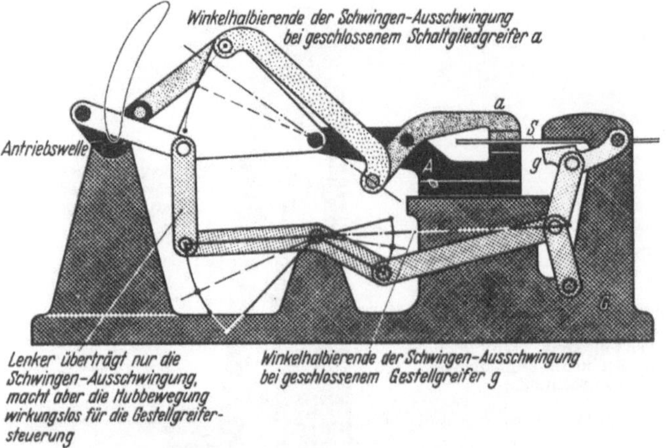

Abb. 249. Vollständiges Kurbelkurvenschaltwerk mit Kniehebelantrieb für Schaltgliedgreifer und Gestellgreifer.

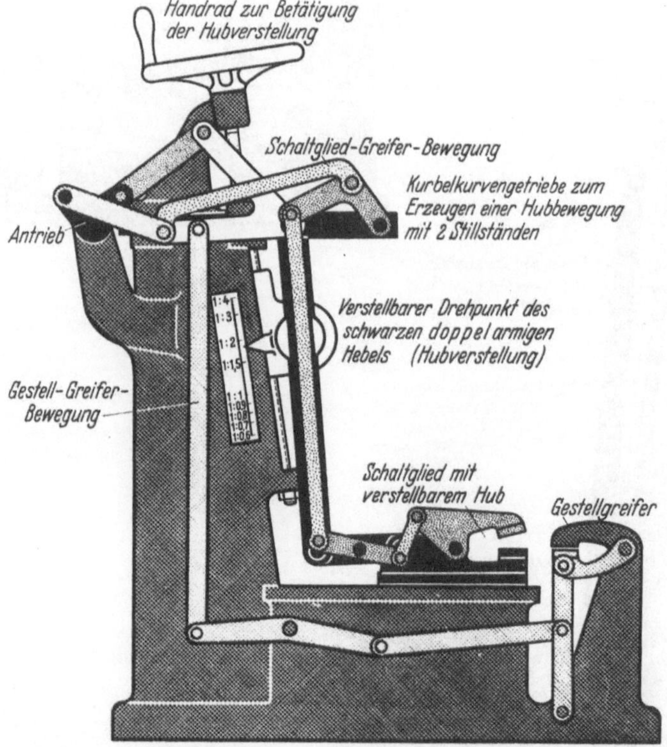

Abb. 250. Verstellbares Kurbelkurvenschaltwerk. Hubveränderung mittels doppelarmigen Hebels mit verstellbarem Drehpunkt. Großer Verstellbereich mit schnell wirkender Grobverstellung.

Text: Abschnitt 30, 31

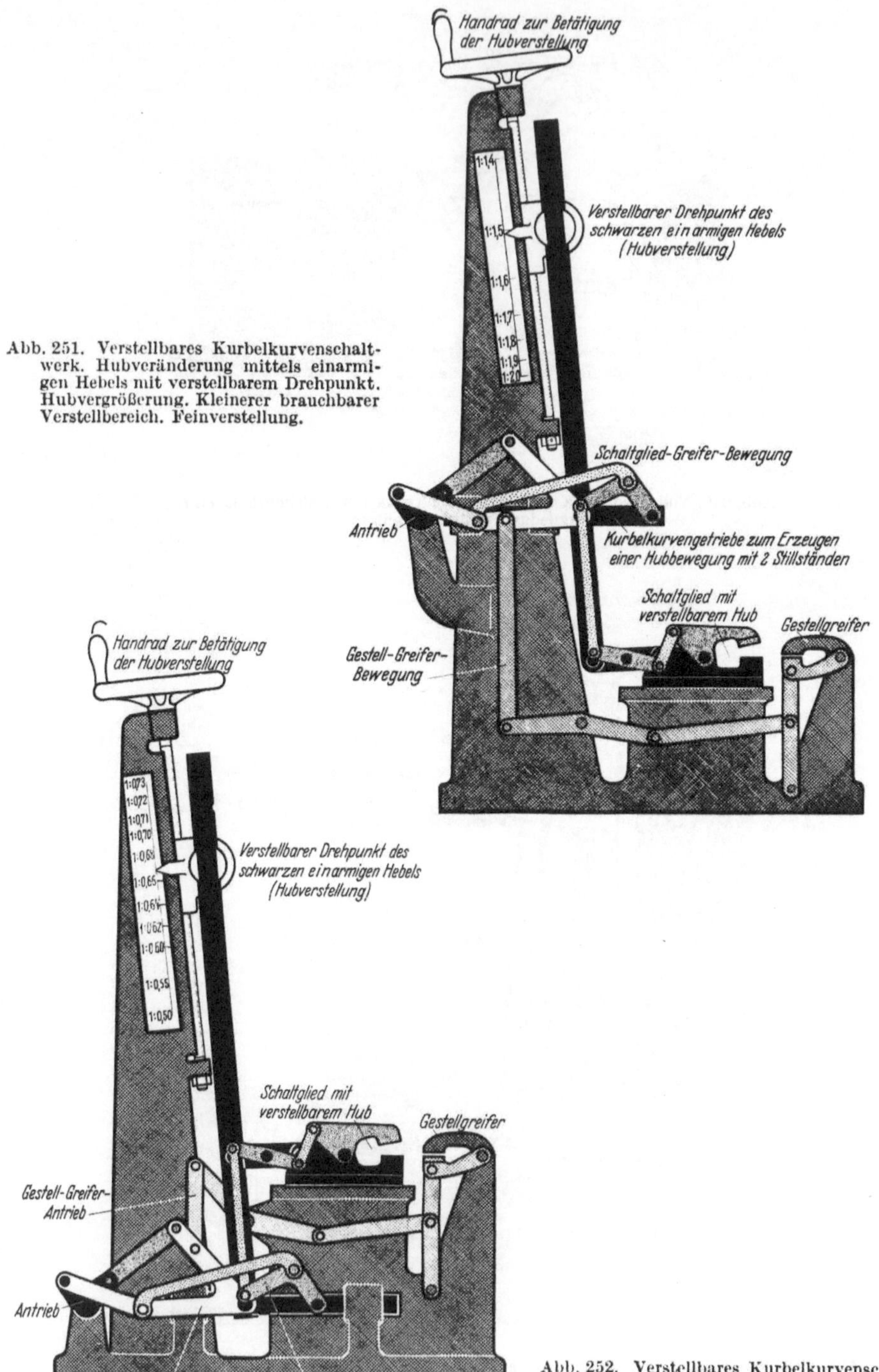

Abb. 251. Verstellbares Kurbelkurvenschaltwerk. Hubveränderung mittels einarmigen Hebels mit verstellbarem Drehpunkt. Hubvergrößerung. Kleinerer brauchbarer Verstellbereich. Feinverstellung.

Abb. 252. Verstellbares Kurbelkurvenschaltwerk. Hubveränderung mittels einarmigen Hebels mit verstellbarem Drehpunkt. Hubverkleinerung. Kleiner Verstellbereich. Feinverstellung.

Text: Abschnitt 31

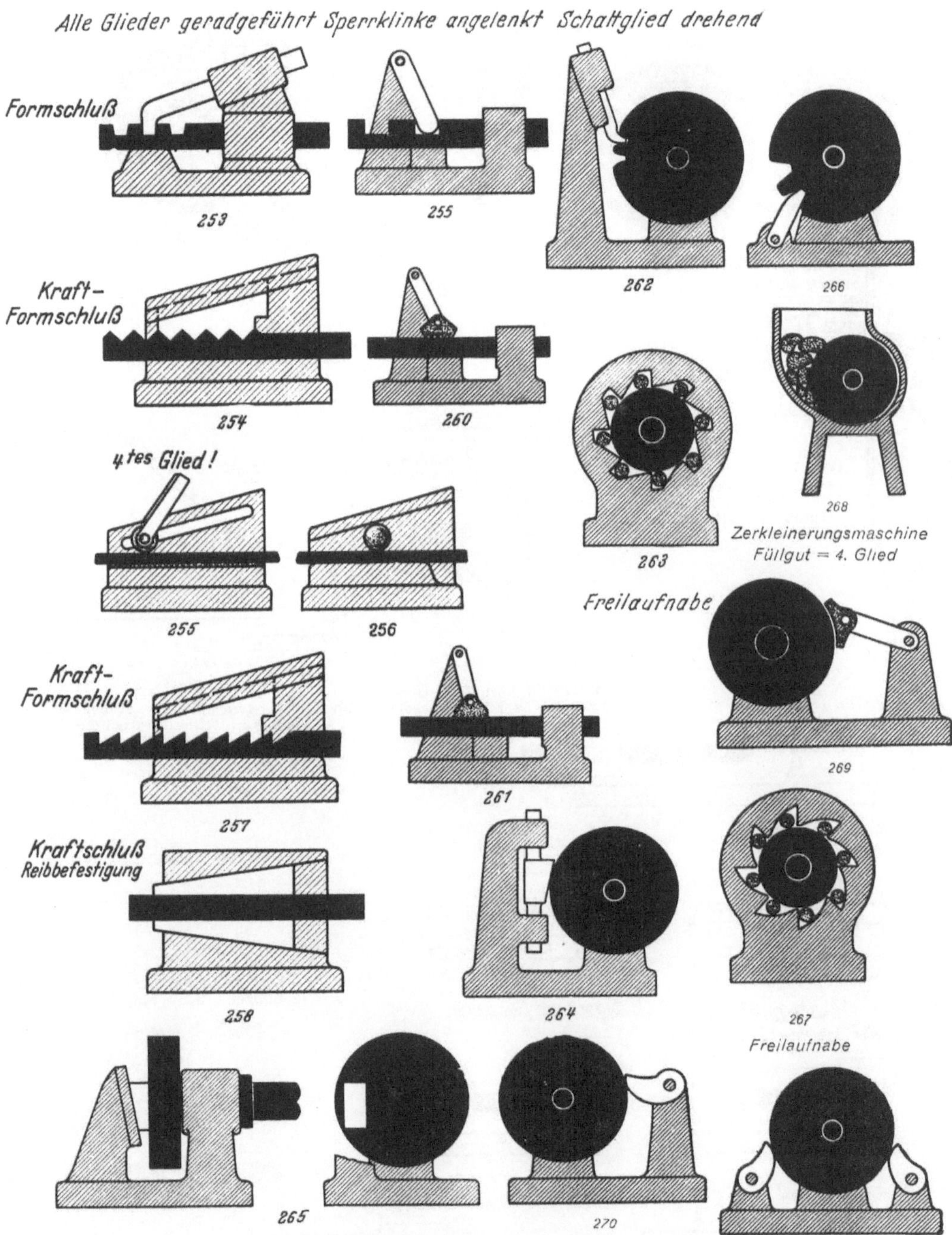

Abb. 253 bis 271. Befestigungen.
Abb. 253 bis 258. Schaltglied und Sperrglied geradgeführt.
Abb. 259 bis 261. Schaltglied geradgeführt, Sperrglied angelenkt.
Abb. 262 bis 265. Schaltglied drehend, Sperrglied geradgeführt.
Abb. 266 bis 271. Befestigungen. Schaltglied und Sperrglied drehend.

Text: Abschnitt 32

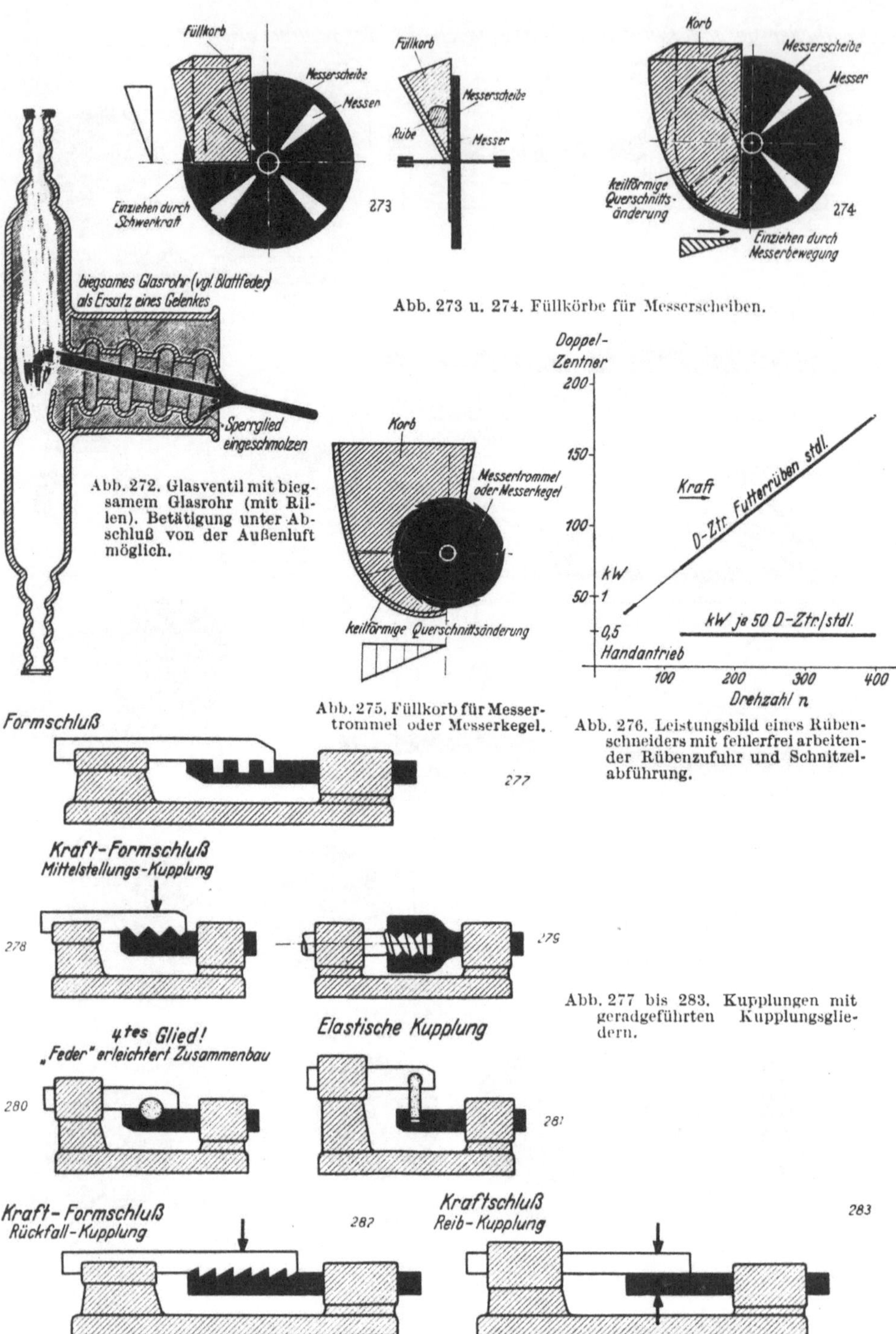

Abb. 273 u. 274. Füllkörbe für Messerscheiben.

Abb. 272. Glasventil mit biegsamem Glasrohr (mit Rillen). Betätigung unter Abschluß von der Außenluft möglich.

Abb. 275. Füllkorb für Messertrommel oder Messerkegel.

Abb. 276. Leistungsbild eines Rübenschneiders mit fehlerfrei arbeitender Rübenzufuhr und Schnitzelabführung.

Abb. 277 bis 283. Kupplungen mit geradgeführten Kupplungsgliedern.

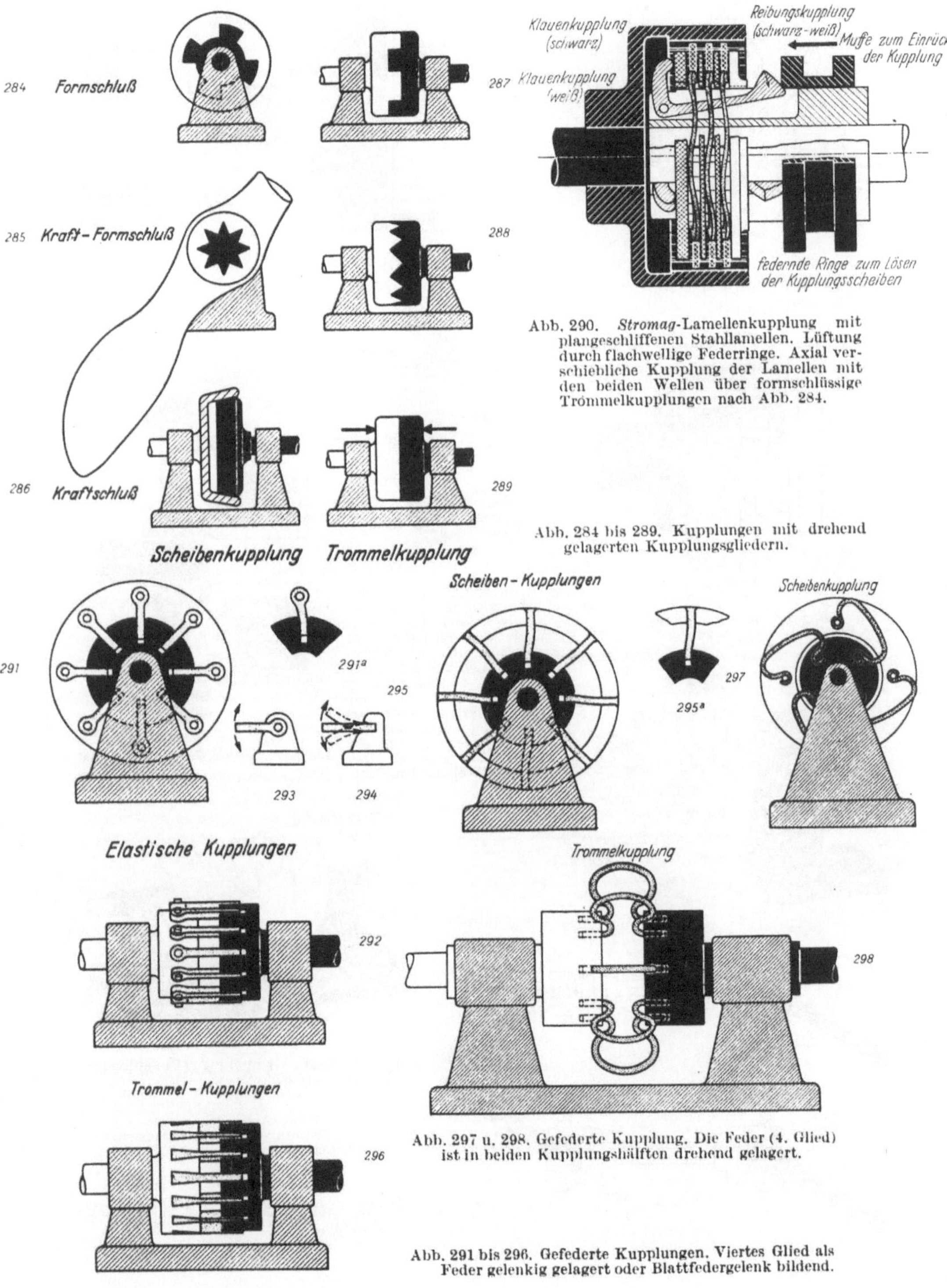

Abb. 290. *Stromag*-Lamellenkupplung mit plangeschliffenen Stahllamellen. Lüftung durch flachwellige Federringe. Axial verschiebliche Kupplung der Lamellen mit den beiden Wellen über formschlüssige Trommelkupplungen nach Abb. 284.

Abb. 284 bis 289. Kupplungen mit drehend gelagerten Kupplungsgliedern.

Abb. 297 u. 298. Gefederte Kupplung. Die Feder (4. Glied) ist in beiden Kupplungshälften drehend gelagert.

Abb. 291 bis 296. Gefederte Kupplungen. Viertes Glied als Feder gelenkig gelagert oder Blattfedergelenk bildend.

Text: Abschnitt 33, 34

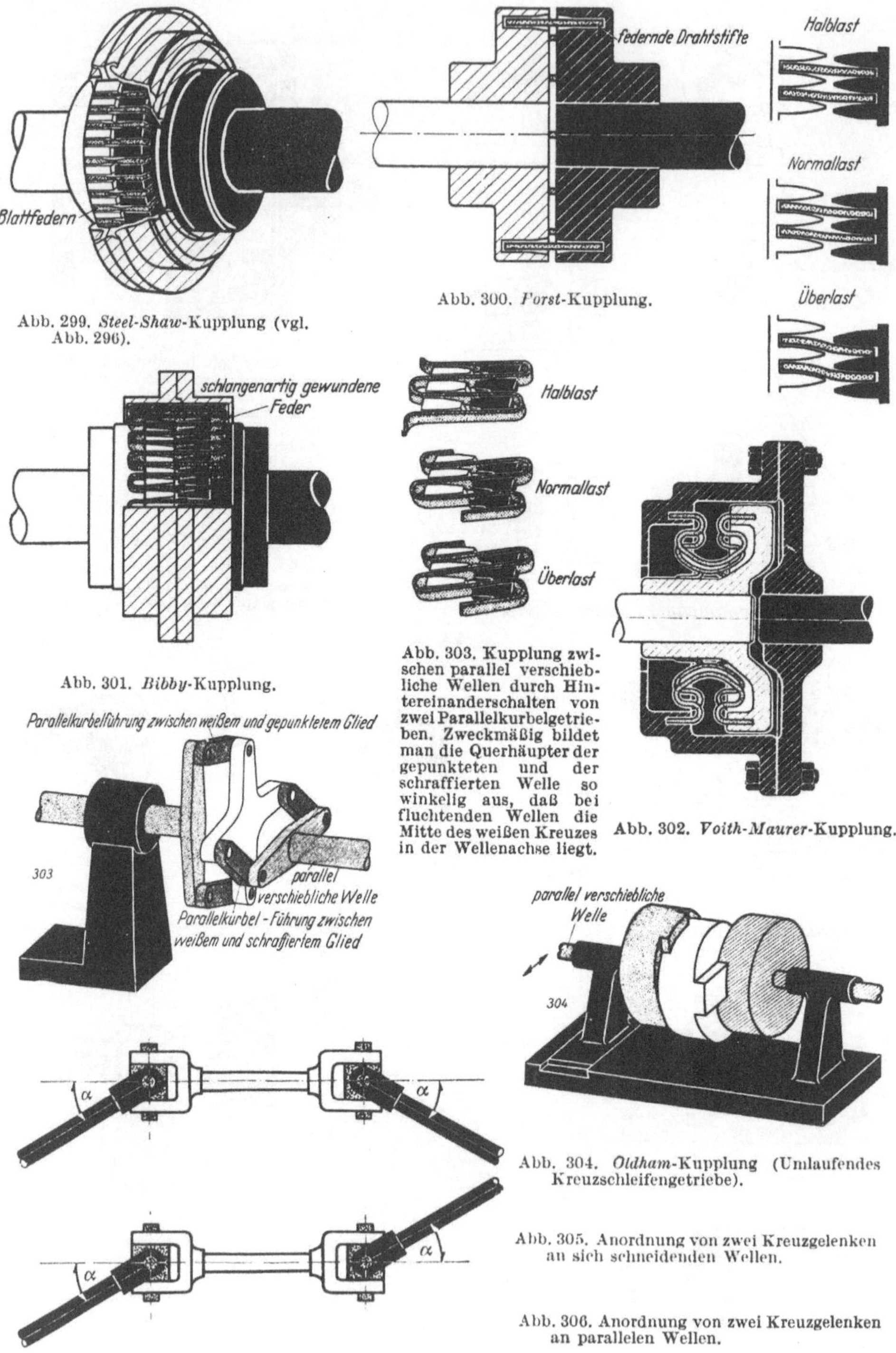

Abb. 303. Kupplung zwischen parallel verschiebliche Wellen durch Hintereinanderschalten von zwei Parallelkurbelgetrieben. Zweckmäßig bildet man die Querhäupter der gepunkteten und der schraffierten Welle so winkelig aus, daß bei fluchtenden Wellen die Mitte des weißen Kreuzes in der Wellenachse liegt.

Abb. 302. Voith-Maurer-Kupplung.

Abb. 304. Oldham-Kupplung (Umlaufendes Kreuzschleifengetriebe).

Abb. 305. Anordnung von zwei Kreuzgelenken an sich schneidenden Wellen.

Abb. 306. Anordnung von zwei Kreuzgelenken an parallelen Wellen.

Text: Abschnitt 34

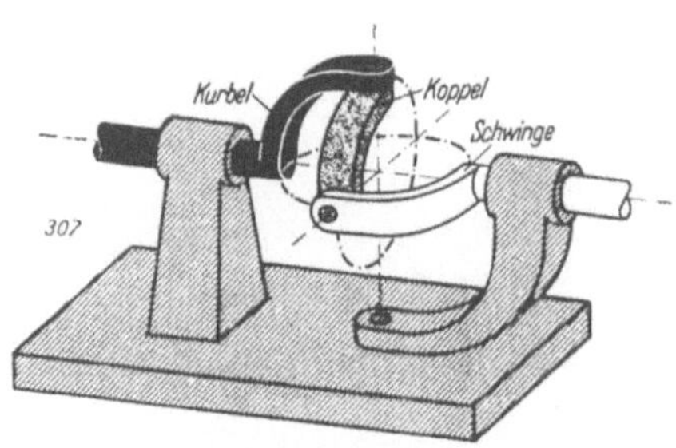

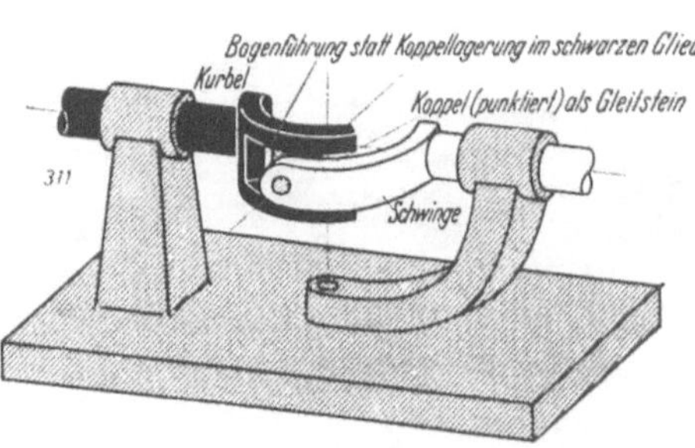

Abb. 307. Sphärisches Kurbelgetriebe. Kurbel. Koppel und Schwinge gleichlang (90°) als Grundgetriebe des Kreuzgelenkes.

Abb. 311. Sphärisches Kurbelgetriebe nach Abb. 307, jedoch mit Bogenführung zwischen Kurbel (schwarz) und Koppel (gepunktet) statt Gelenk.

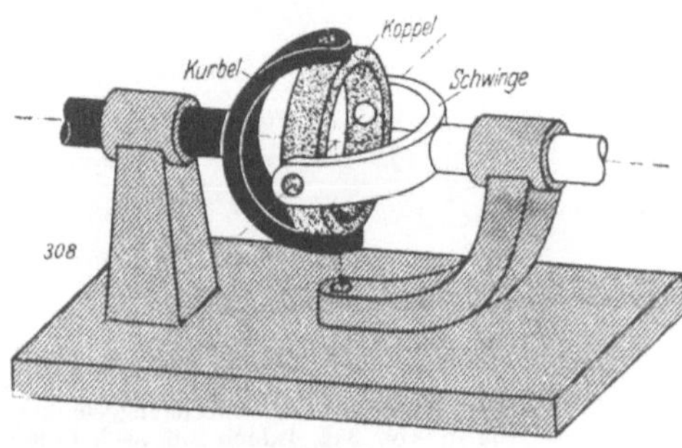

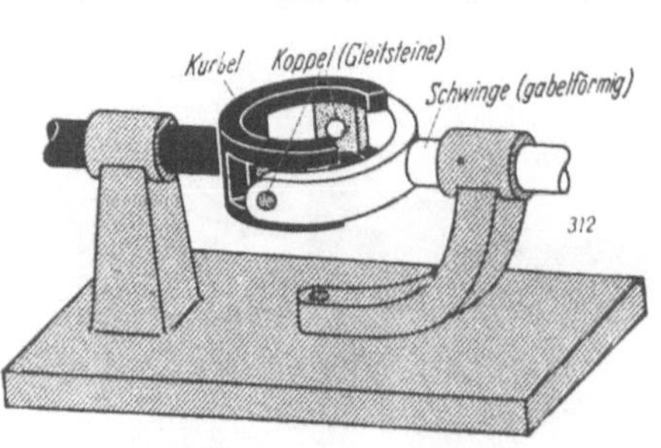

Abb. 308. Kreuzgelenk mit Koppelring.

Abb. 312. Kreuzgelenk, wie in Abb. 308, jedoch mit Bogenführung wie in Abb. 311. Keine Mittensicherung!

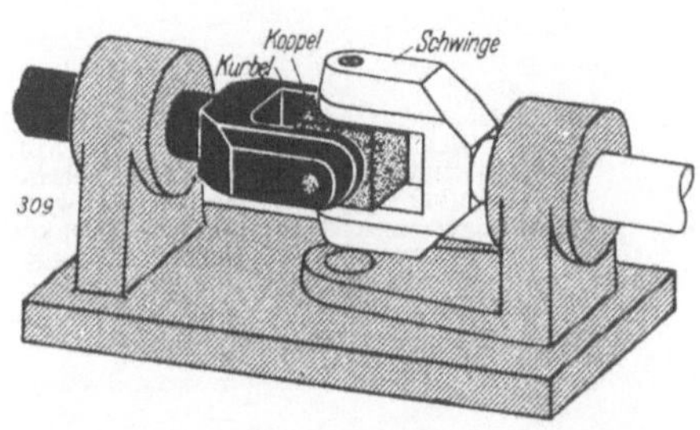

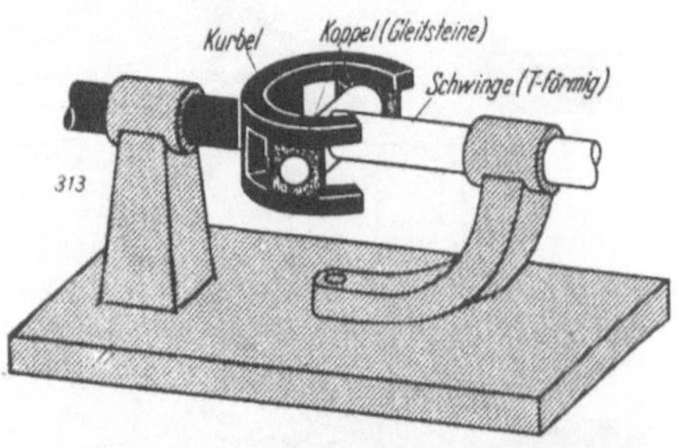

Abb. 309. Kreuzgelenk mit Koppelkreuz (Würfel).

Abb. 313. Kreuzgelenk, wie in Abb. 309, jedoch mit Bogenführung (Abb. 311). Keine Mittensicherung!

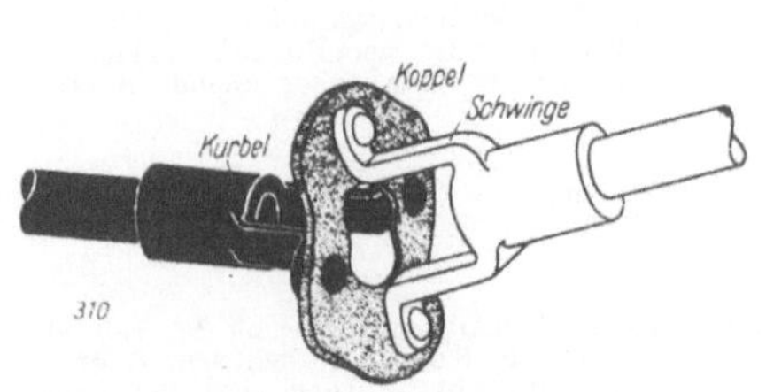

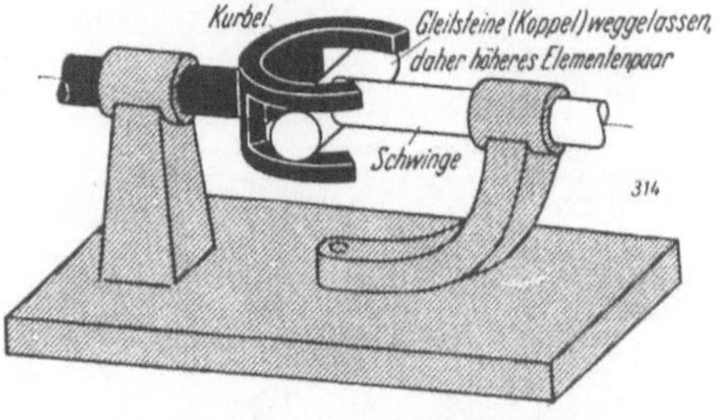

Abb. 310. Hardy-Scheibe. Kreuzgelenk mit federndem Koppelring.

Abb. 314. Kreuzgelenk, wie in Abb. 313, jedoch ohne Koppelsteine. Höhere Elementenpaare zwischen den beiden Wellen. Nur für ganz leichte Beanspruchungen!

Text: Abschnitt 36

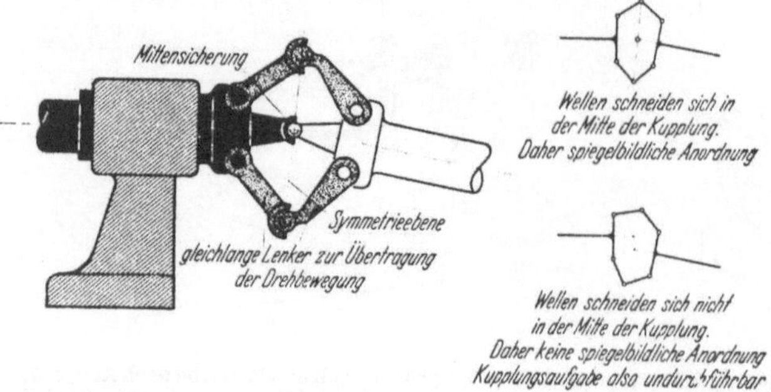

Abb. 315. Grundform des Gleichganggelenkes mit gleichlangen, spiegelbildlich angeordneten Übertragungslenkern und Mittensicherung (Kugelgelenk).

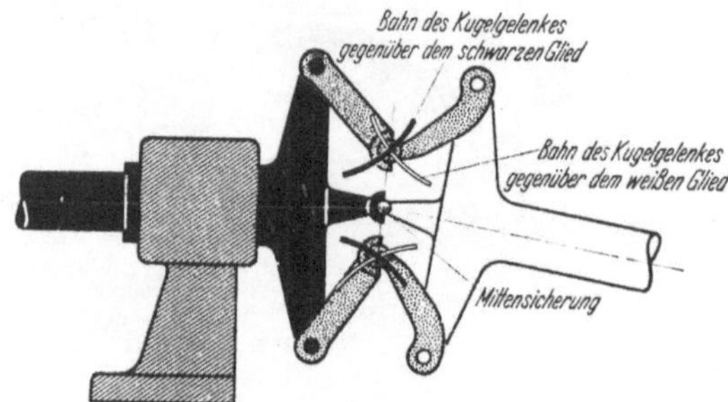

Abb. 316. Grundform des Gleichganggelenkes,
wie in Abb. 315, jedoch mit nach innen
eingeschlagenen Übertragungslenkern.

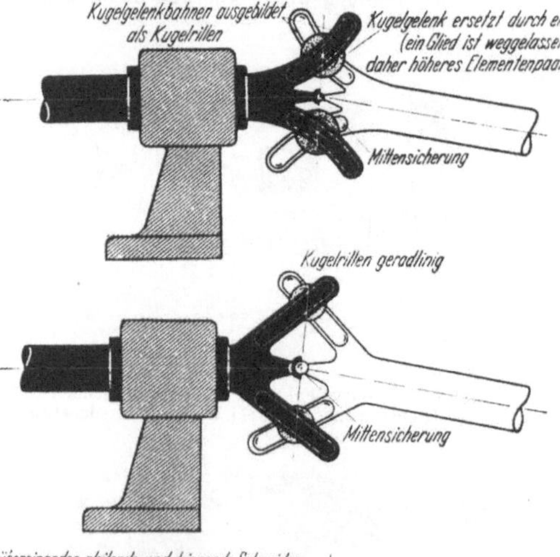

Abb. 317. Gleichgangsgelenk wie in Abb. 316,
jedoch sind die Lagerungen der Übertragungslenker in den Wellen durch Bogenführungen ersetzt, je einer der Lenker
als Kugel ausgebildet, der andere weggelassen. (Dadurch höhere Elementenpaare:
Kugel und Kugelrillen!)

Abb. 318. Gleichgangsgelenk wie in Abb. 317,
jedoch mit geradlinigen Kugelrillen
(= Übertragungslenker unendlich lang).

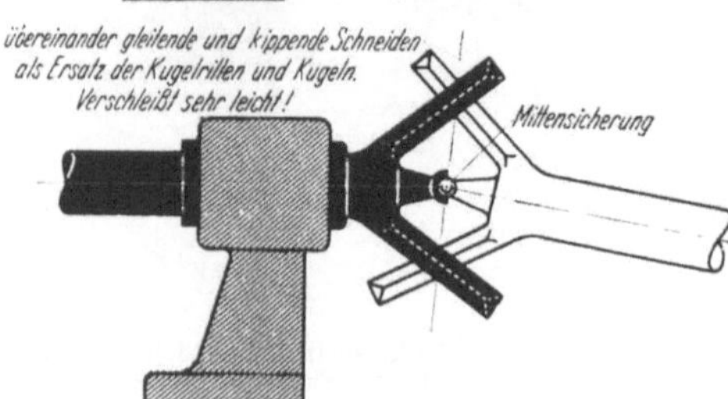

Abb. 319. In dem Gleichganggelenk der Abb. 318
sind noch die Kugeln weggelassen. Dadurch
weiter vereinfachter Aufbau, aber auch besonders ungünstig beanspruchte höhere Elementenpaare mit Punktberührung und Schleifbe-
wegungen. Nur für ganz leichte Beanspruchungen verwendbar.

Text: Abschnitt 36

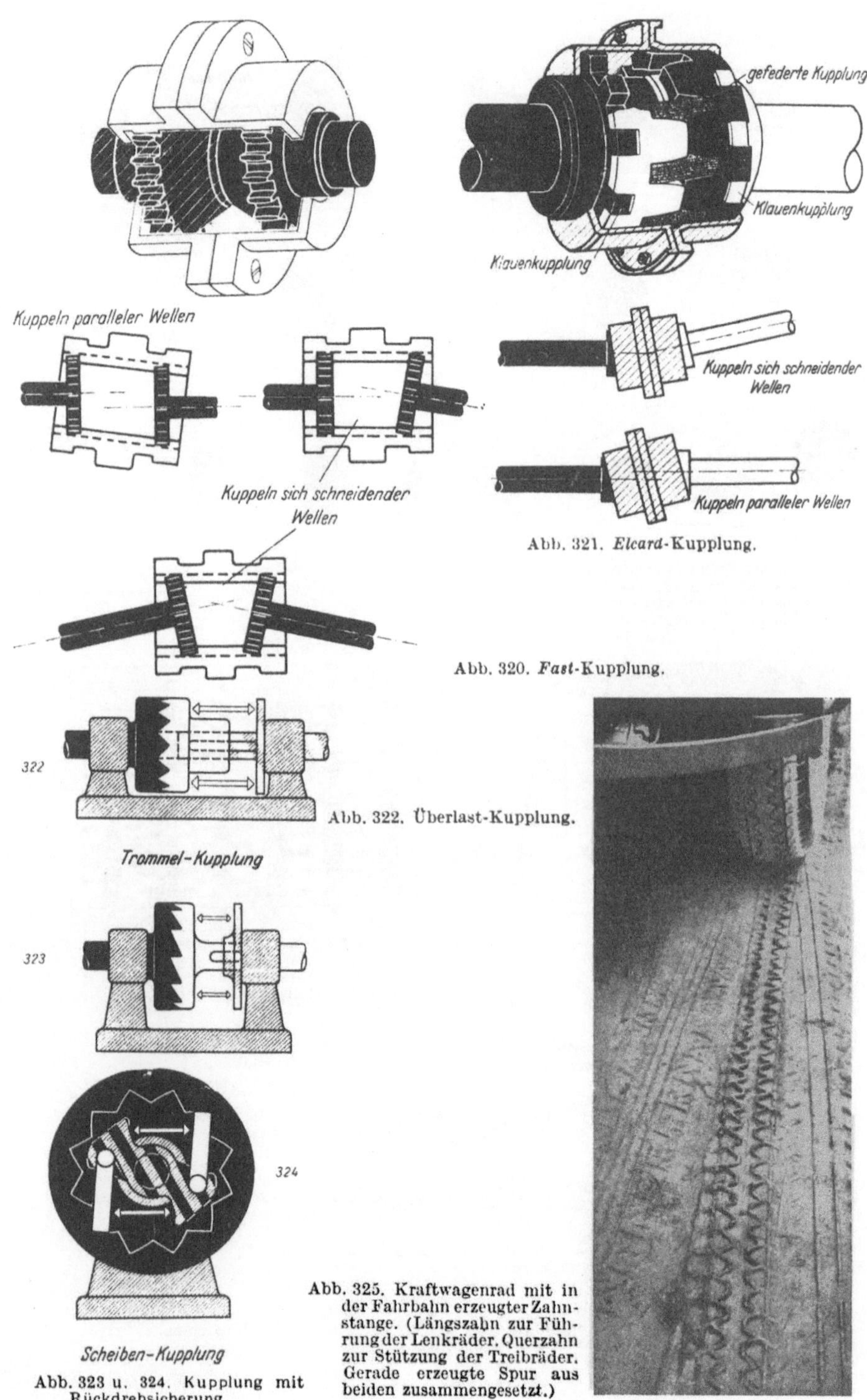

Abb. 321. *Elcard*-Kupplung.

Abb. 320. *Fast*-Kupplung.

Abb. 322. Überlast-Kupplung.

Abb. 323 u. 324. Kupplung mit Rückdrehsicherung.

Abb. 325. Kraftwagenrad mit in der Fahrbahn erzeugter Zahnstange. (Längszahn zur Führung der Lenkräder, Querzahn zur Stützung der Treibräder. Gerade erzeugte Spur aus beiden zusammengesetzt.)

Text: Abschnitt 36, 37

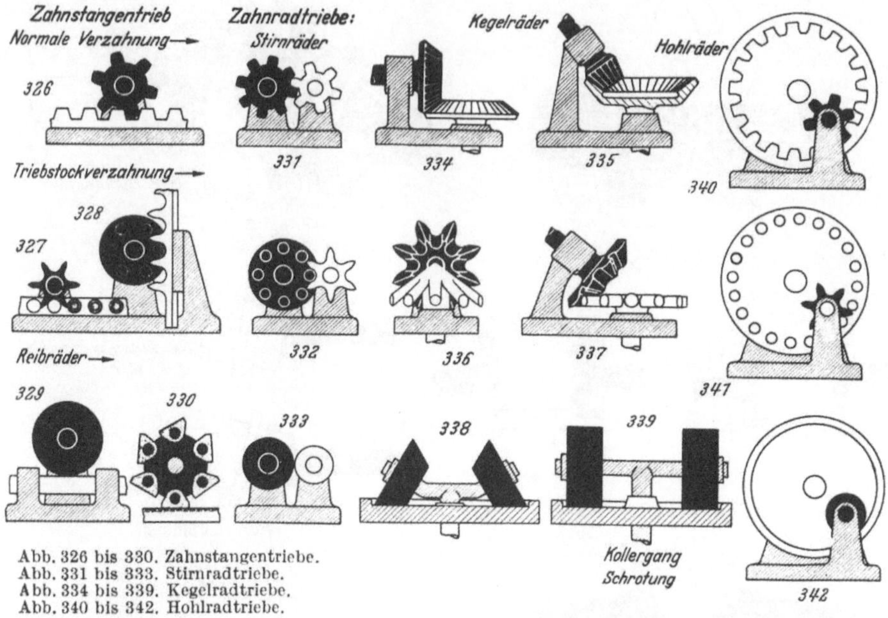

Zahntriebe.

Abb. 326 bis 330. Zahnstangentriebe.
Abb. 331 bis 333. Stirnradtriebe.
Abb. 334 bis 339. Kegelradtriebe.
Abb. 340 bis 342. Hohlradtriebe.

Abb. 343. Kohlenmühle. 4. Glied zum
Regeln der Anpressung.

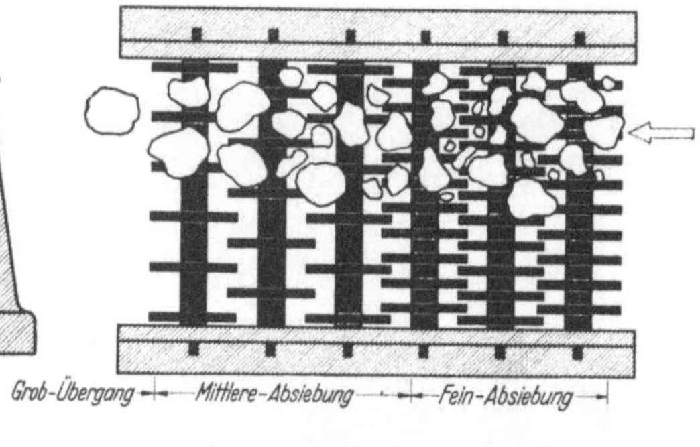

Abb. 344 Rollenrost (Draufsicht).

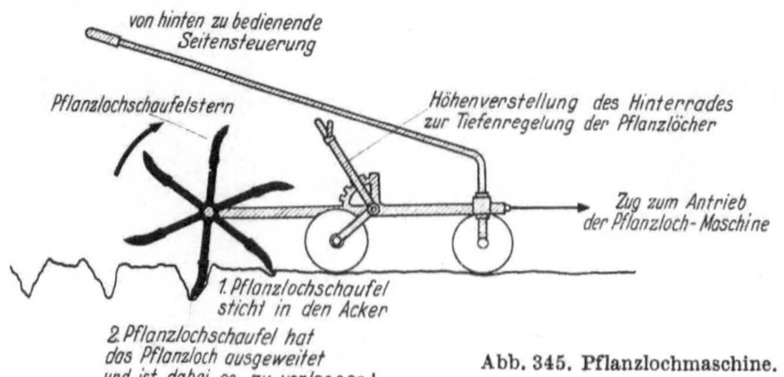

Abb. 345. Pflanzlochmaschine.

Text: Abschnitt 38, 39

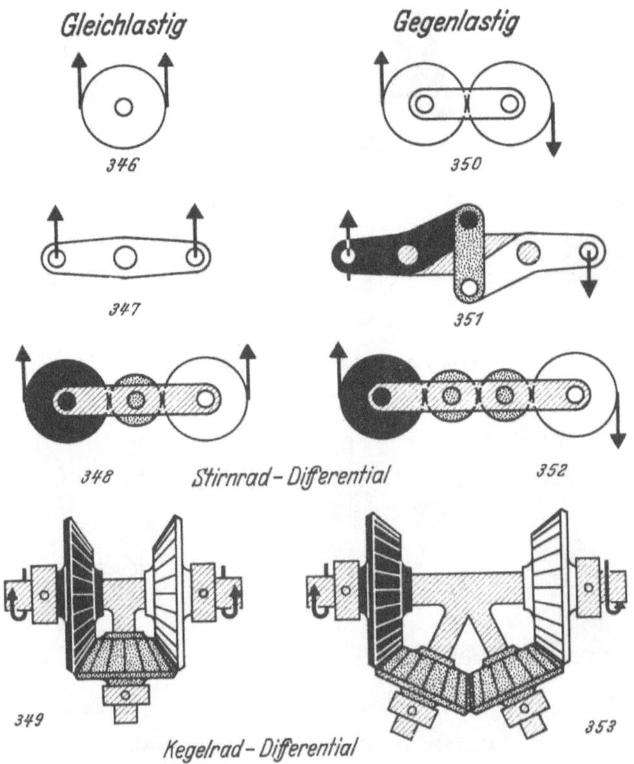

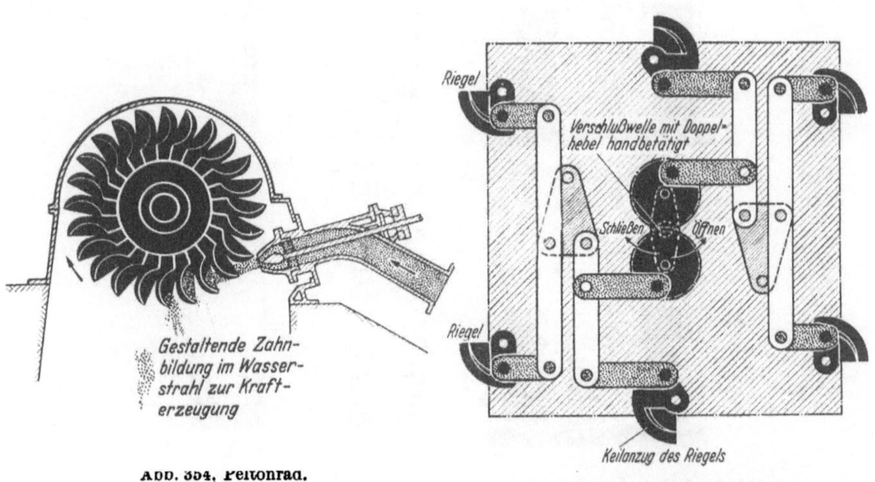

Abb. 354. Peltonrad.

Abb. 355. Kühlraumtür mit sechs-
facher Verriegelung mit Hilfe von
Differentialgetrieben.

Text: Abschnitt 39, 40

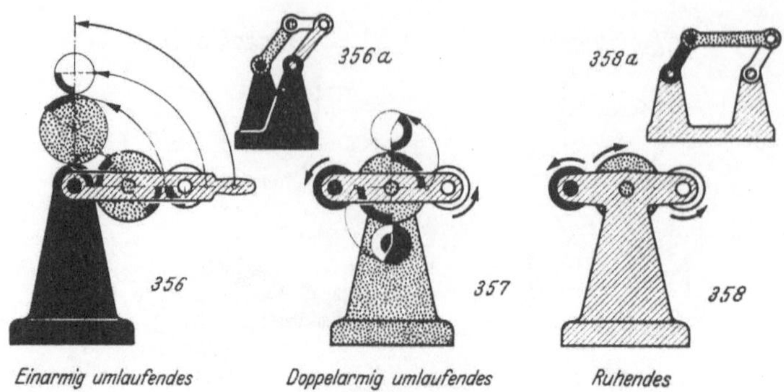

Abb. 356 bis 358. Stirnrad-Differential.

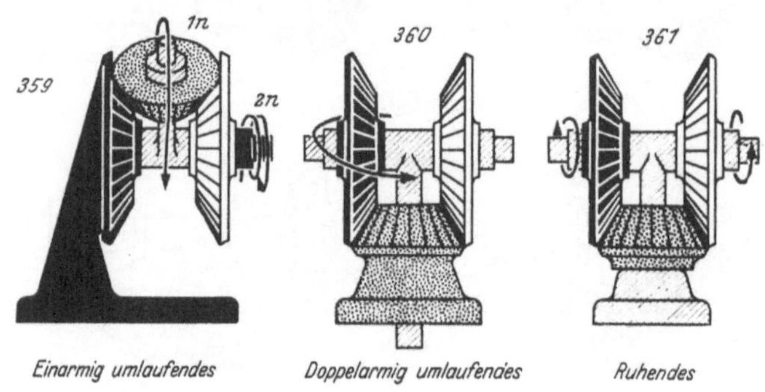

Abb. 359 bis 361. Vollkegelrad-Differential.

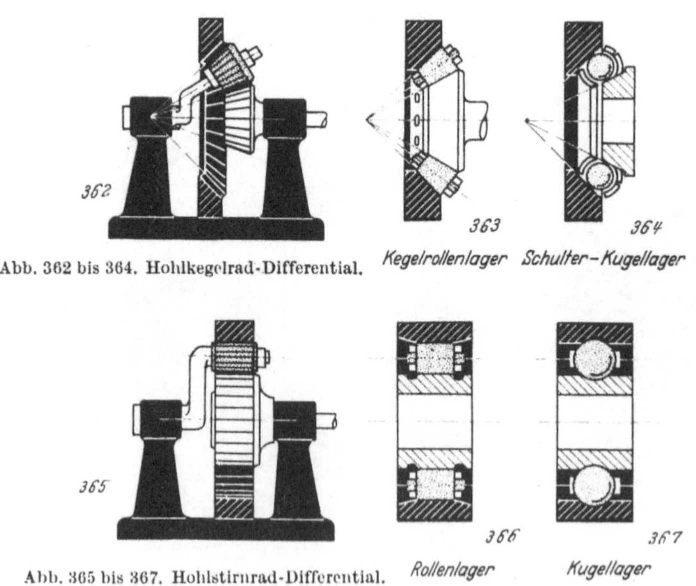

Abb. 362 bis 364. Hohlkegelrad-Differential.

Abb. 365 bis 367. Hohlstirnrad-Differential.

Text: Abschnitt 40

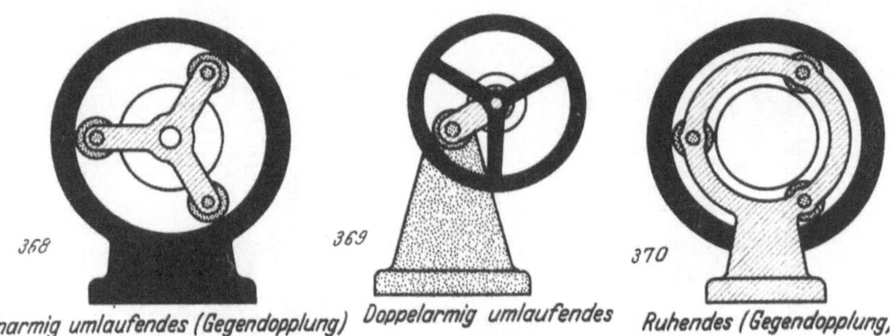

Abb. 368 bis 370. Hohlstirnrad-Differential.

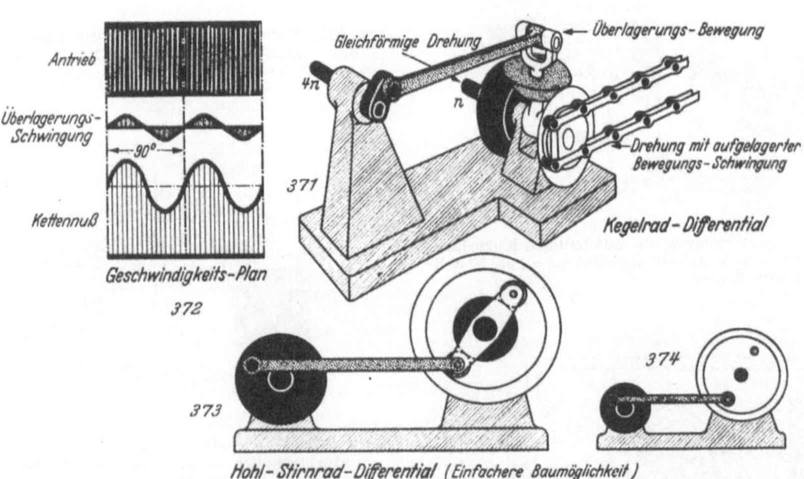

Abb. 371 bis 374. Differential zum Antrieb einer Kettennuß.
Durch Bewegen der Zwischen-Kegelradwelle (Überlagerungsbewegung) wird der Antriebsbewegung (schwarz) eine weitere Bewegung überlagert.

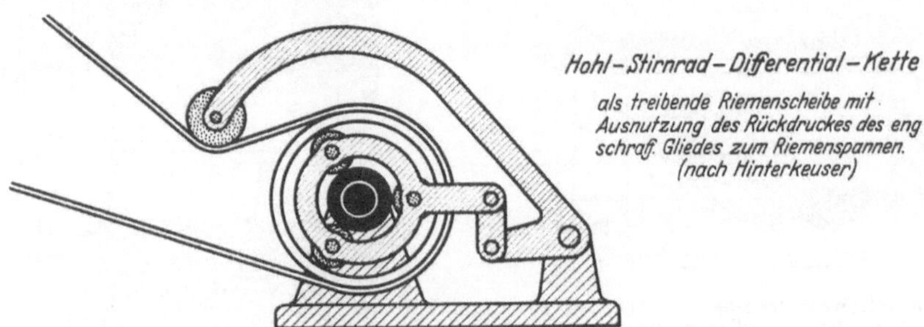

Abb. 375. Differential zur Steuerung der Anpressung der Spannrolle entsprechend der Riemenarbeit.

Text: Abschnitt 40

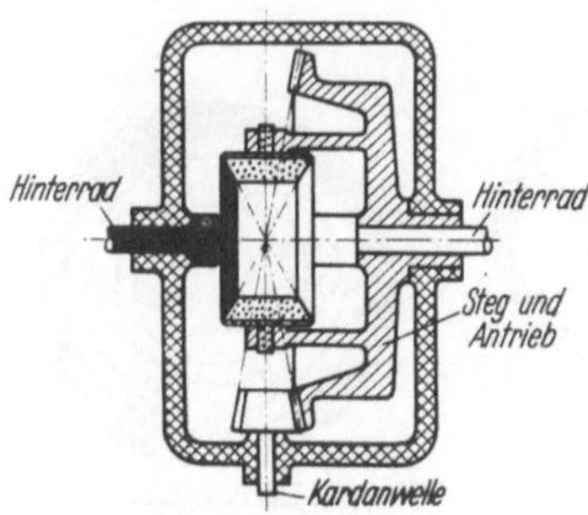

Abb. 376. Automobil-Differential. Die Kardanwelle treibt über den schraffiert gezeichneten Steg und die punktierten Zwischenkegelräder die beiden Hinterräder des Fahrzeugs (schwarz und weiß) an.

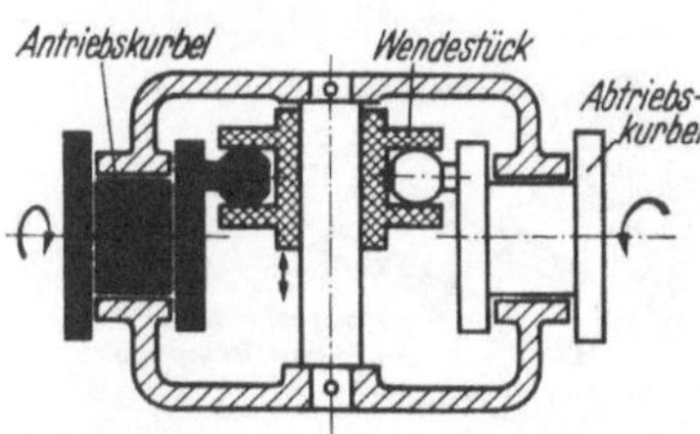

Abb. 378. Wendegetriebe mit balligen Kurbelzapfen. Das Wendestück gleitet auf einem gestellfesten Zapfen.

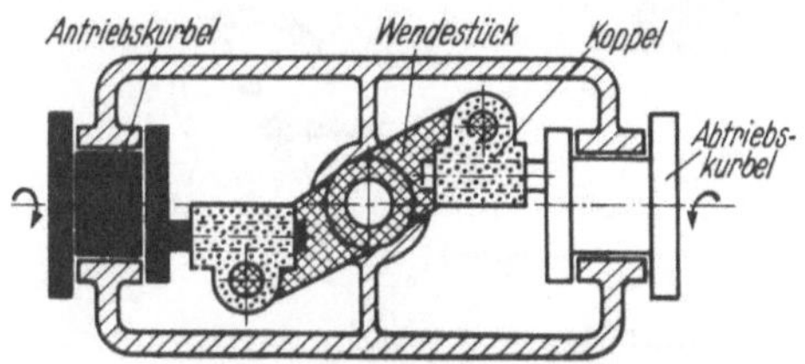

Abb. 380. Wendegetriebe mit Koppelstücken. Die balligen Zapfen sind ersetzt durch zylindrische Zapfen und Lagerungen.

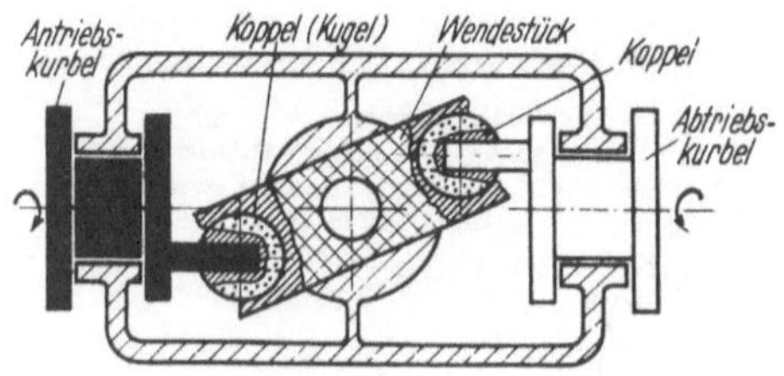

Abb. 381. Wendegetriebe nach Abb. 380. Die Mittellinien der Koppellagerungen kreuzen sich, und die Koppeln sind nun zylindrische Stücke mit zylindrischen Bohrungen.

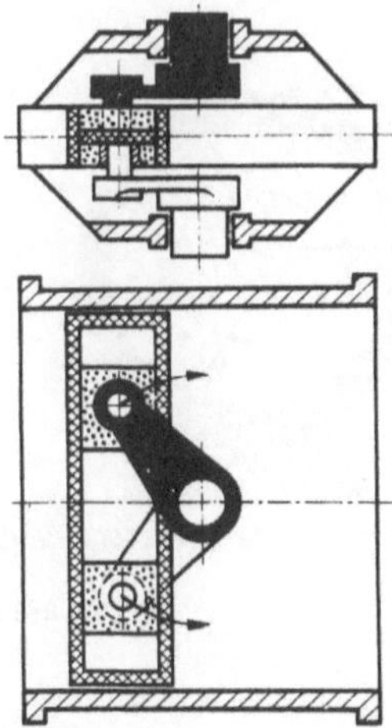

Abb. 377. Darstellung eines Wendegetriebes als doppeltes Kreuzkurbelgetriebe mit entgegengesetzt laufenden An- und Abtriebskurbeln.

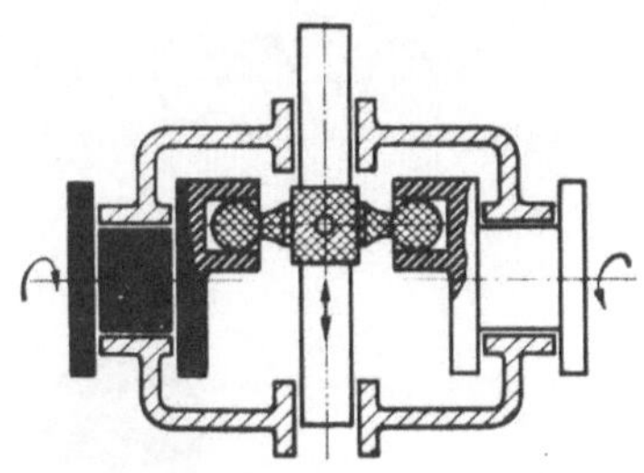

Abb. 379. Wendegetriebe nach Abb. 378 in kinematischer Umkehrung. Das Wendestück hat nun ballig ausgebildete Zapfen und die Kurbelzapfen Bohrungen.

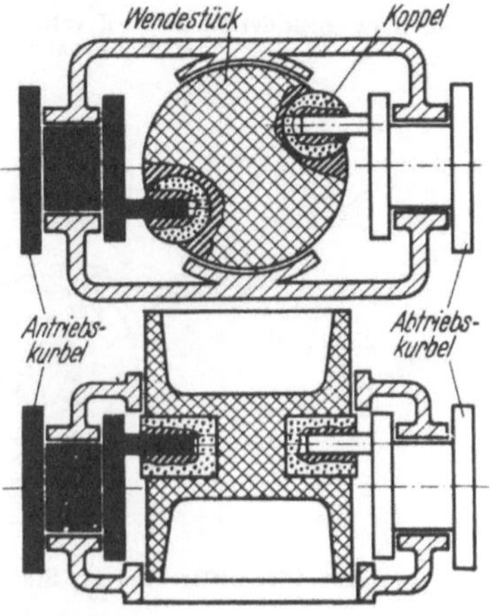

Abb. 382. Wendegetriebe nach Abb. 381 mit Zapfenerweiterung des Wendestückzapfens. Durch die erhöhte Lagerreibung entsteht ein selbstsperrendes Differential.

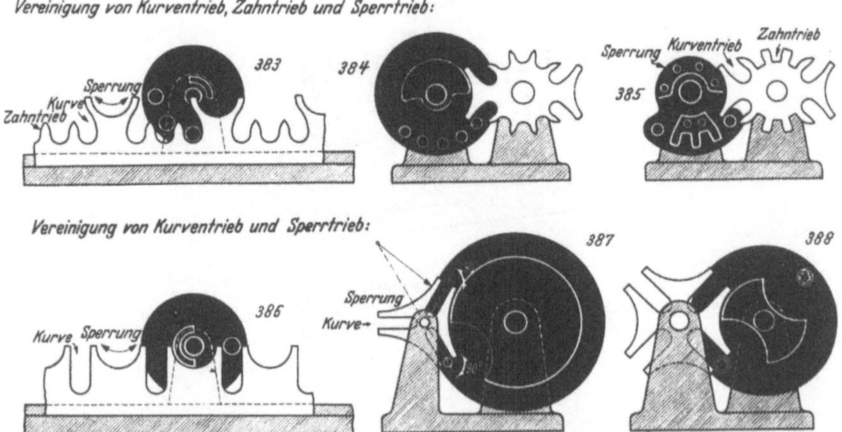

Abb. 383 bis 385. Sternradgetriebe. Selten, da schwer herzustellen.

Abb. 386 bis 388. Malteserkreuzgetriebe. Kurvennut geradlinig. Wichtig: Tangentialer Eintritt des Triebstockes in die Nut, dann Schaltung mit Ruck (sonst mit Stoß). Schaltzeit Abb. 386: 180°, Abb. 387: 60° und Abb. 388: 90° Drehung der Antriebsscheibe (schwarz).

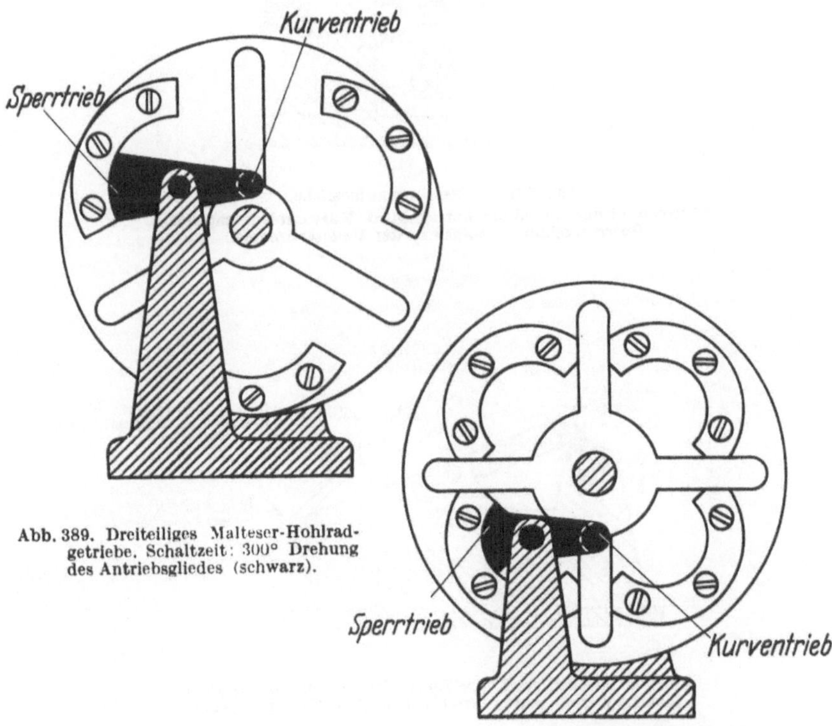

Abb. 389. Dreiteiliges Malteser-Hohlradgetriebe. Schaltzeit: 300° Drehung des Antriebsgliedes (schwarz).

Abb. 390. Vierteiliges Malteser-Hohlradgetriebe. Schaltzeit: 270° Drehung des Antriebsgliedes (schwarz).

Text: Abschnitt 41

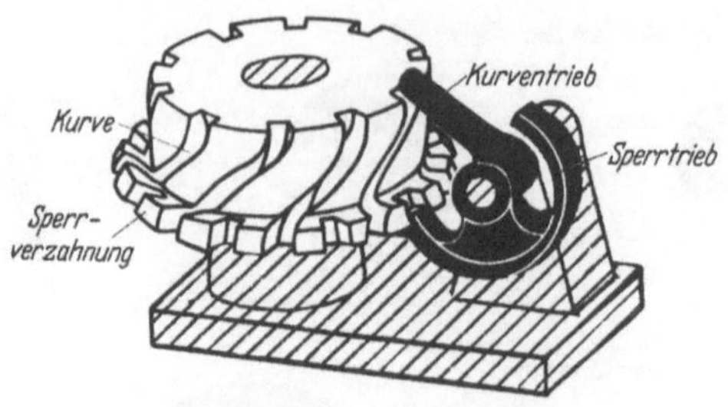

Abb. 391. Maltesertrommelgetriebe.
Kurvennuten nicht mehr geradlinig, dafür beliebig wählbare Schaltzeiten.
Maltesertrommel trägt viele Kurvennuten.

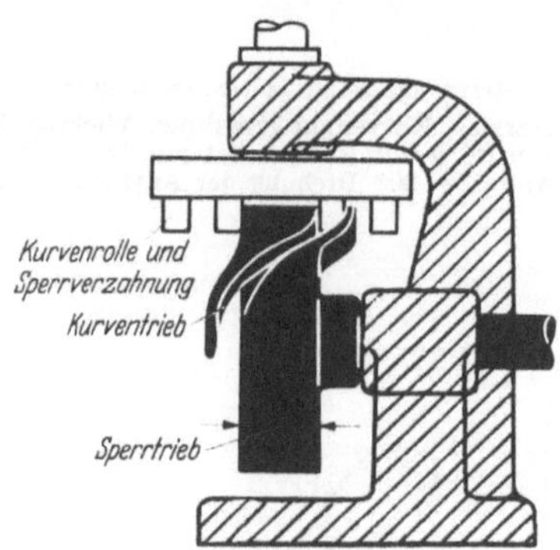

Abb. 392. Maltesertrommelgetriebe.
Kurvennut nur einmal am Antriebsglied. Kurvenrollen, zugleich
Sperrverzahnung vielfach an der Maltesertrommel.

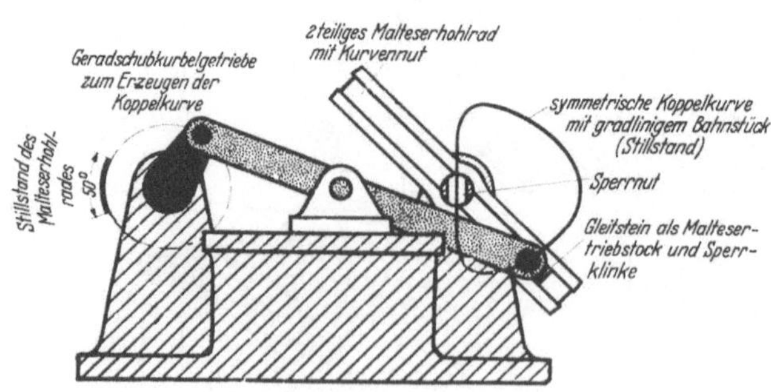

Abb. 393. Zweiteiliges Koppelkurven-Malteser-Hohlradgetriebe.
Schaltung stoß- und ruckfrei. Nur niedere Elementenpaare.

Text: Abschnitt 41

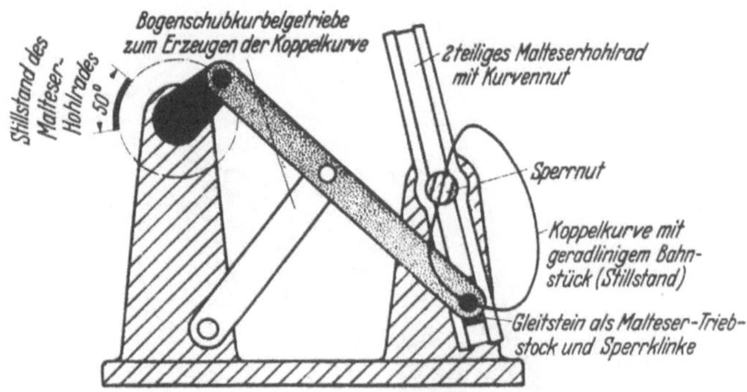

Abb. 394. Zweiteiliges Koppelkurven-Malteser-Hohlradgetriebe wie in Abb. 393, jedoch mit einer Koppelkurve des Bogenschubkurbelgetriebes.

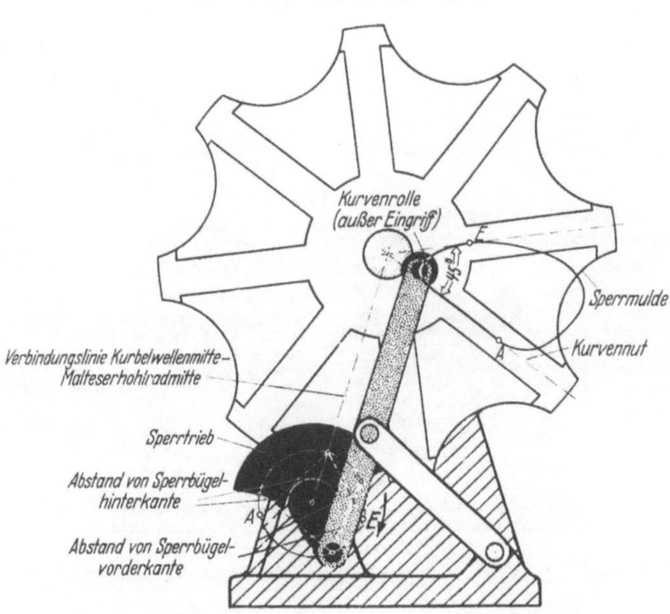

Abb. 395. Achtteiliges Koppelkurven-Malteser-Hohlradgetriebe. Koppelkurve und Bogenschubkurbelgetriebe wie in Abb. 394. Schaltbeginn (*A*) stoß- und ruckfrei. Schaltende (*E*) mit Ruck.

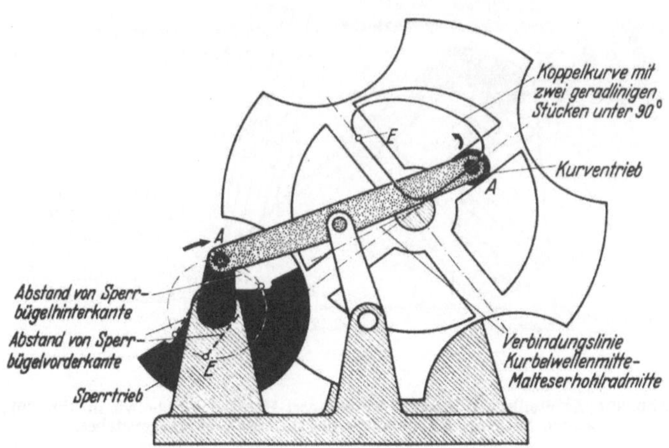

Abb. 396. Vierteiliges Koppelkurven-Malteser-Hohlrad.
Koppelkurve hat zwei geradlinige Stücke, die einen Winkel von 90° bilden.
Daher Schaltung stoß- und ruckfrei.

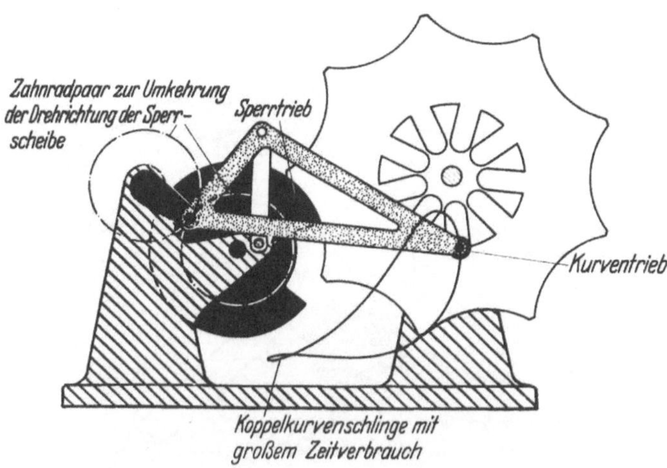

Abb. 397. Neunteiliges Koppelkurven-Malteserkreuz.
Schaltung mit Ruck. Sehr geringe Schaltzeit. Koppelkurve ziemlich klein,
da vom Koppelpunkt nahe der Gangpolbahn beschrieben.

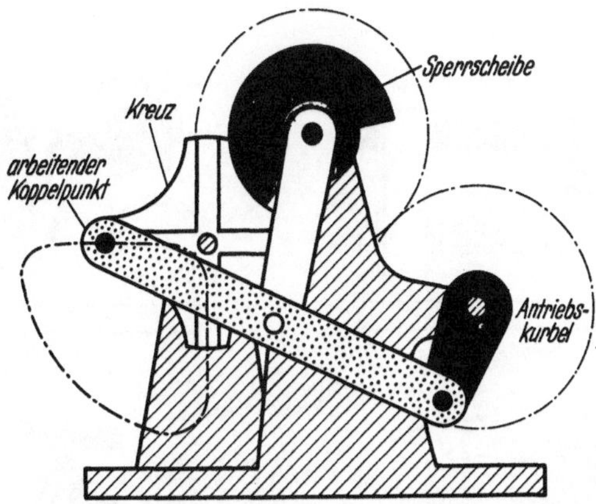

Abb. 398. Vierteiliges Malteserkreuz, angetrieben durch
das gleiche Bogenschubkurbelgetriebe wie in Abb. 396.
Abmessungen des die Koppelkurve erzeugenden Getriebes: Kurbel : Koppel : Schwinge = 1 : 2 : 2. Koppelpunkt auf der Koppelmittellinie im Abstand der
doppelten Kurbellänge vom Schwingenzapfen. Steglänge je nach dem benötigten Winkel zwischen den
geradlinigen Koppelkurvenstücken. Die Sperrscheibe
muß durch Zwischenübersetzung besonders angetrieben werden.

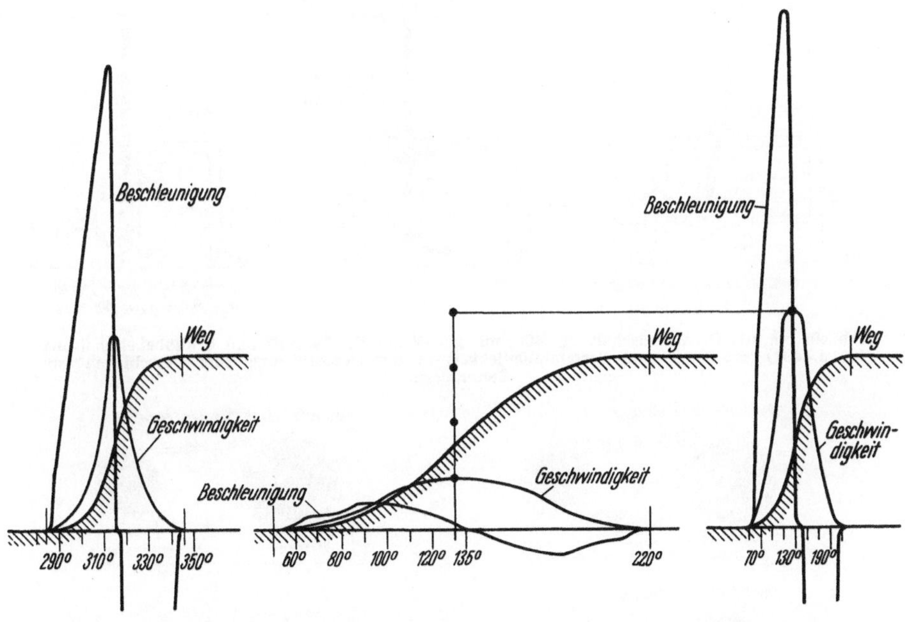

Abb. 399a. Weg, Geschwin- Abb. 399b. Weg, Geschwindigkeit und Beschleuni- Abb. 400. Diagramme der
digkeit und Beschleunigung gung des Malteserhohlrades nach Abb. 396 über Abb. 399b, jedoch bei einer
des Malteserkreuzes nach der Zeit mit der gleichen Antriebsdrehzahl wie viermal so großen Antriebs-
Abb. 398 über der Zeit. das Malteserkreuz nach Abb. 399a. drehzahl. Der Vergleich der
Abb. 399a u. 400 zeigt, daß
dann beide Getriebe in dieser Richtung etwa gleich-
wertig sind.

Text: Abschnitt 41

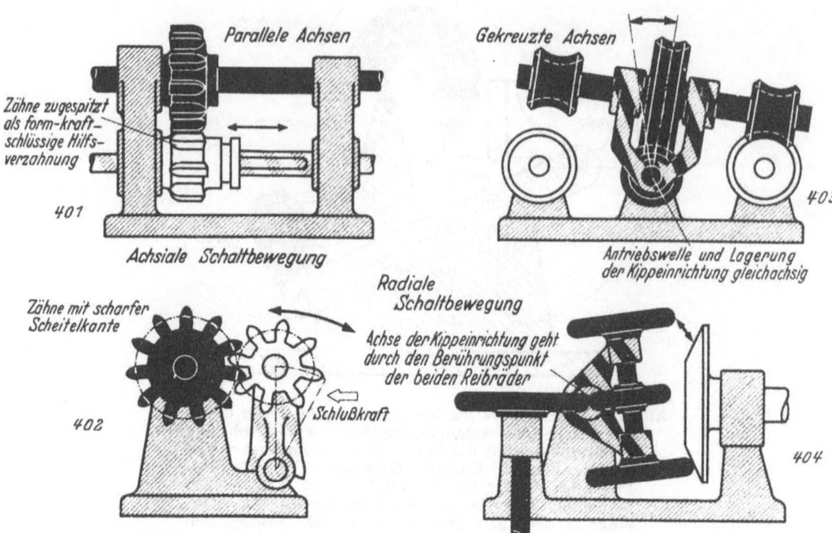

Abb. 401 bis 404. Kuppelnde Zahntriebe. (Abb. 403: Schneckentrieb. Abb. 404: Reibradtrieb.)

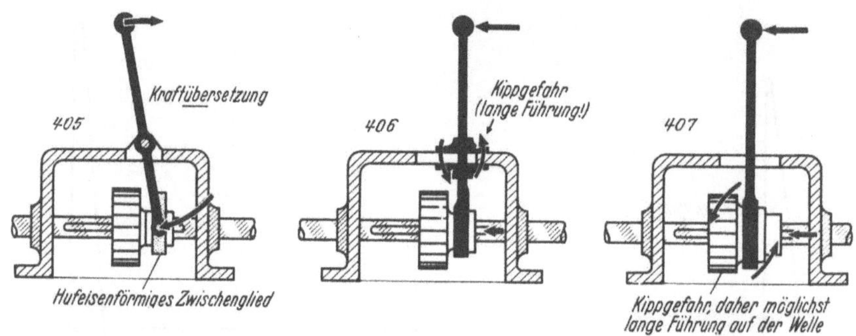

Abb. 405 bis 407. Drehhebelschaltung (405) mit günstigem Kraftangriff und Schubhebelschaltung (406 u. 407) mit Kipp- und Klemm-Möglichkeit in der Geradführung zum Verschieben von Zahnrädern.

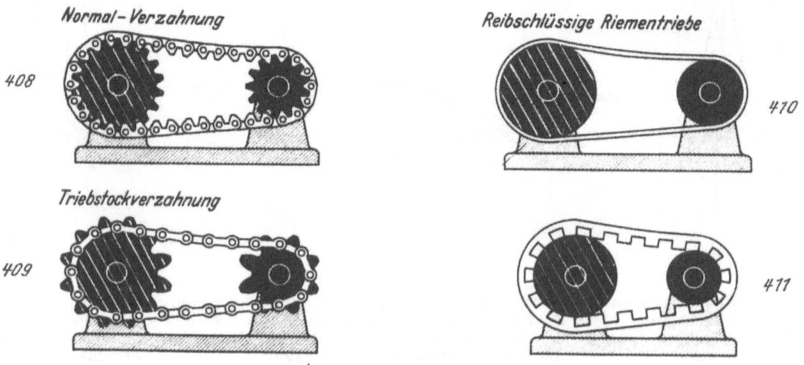

Abb. 408 bis 411. Ketten- und Riementriebe.

Text: Abschnitt 42, 43

Abb. 412. Zahnradpumpe.

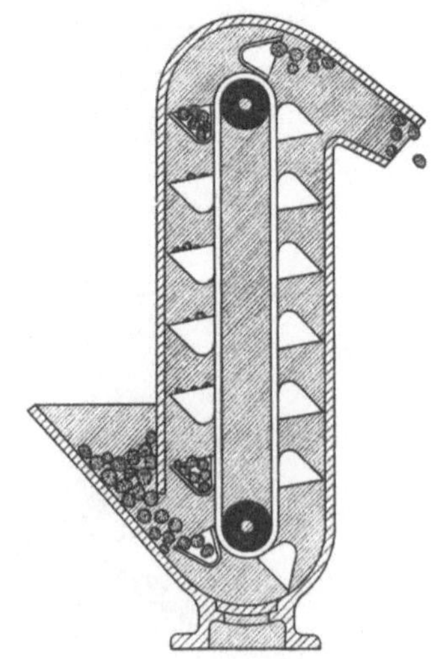

Abb. 413. Becherwerk.

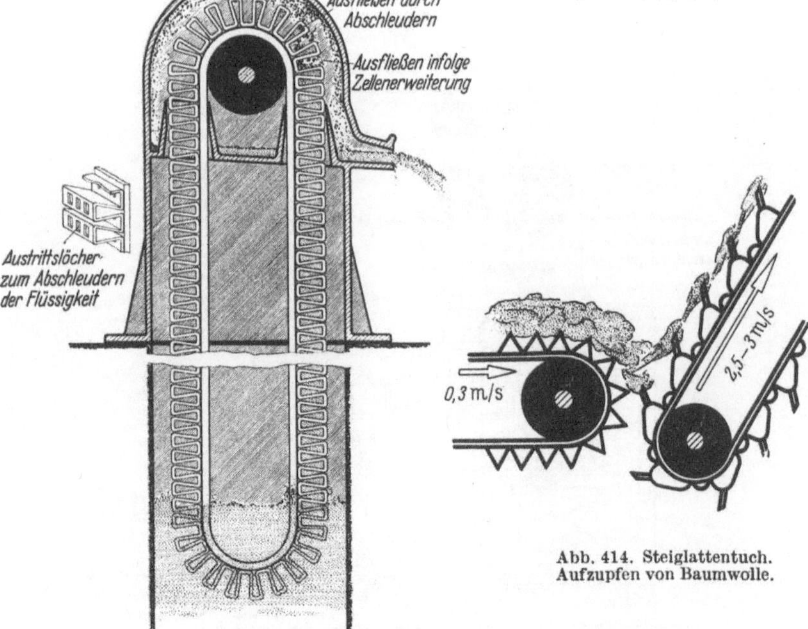

Abb. 415. Kettenpumpe.

Abb. 414. Steiglattentuch.
Aufzupfen von Baumwolle.

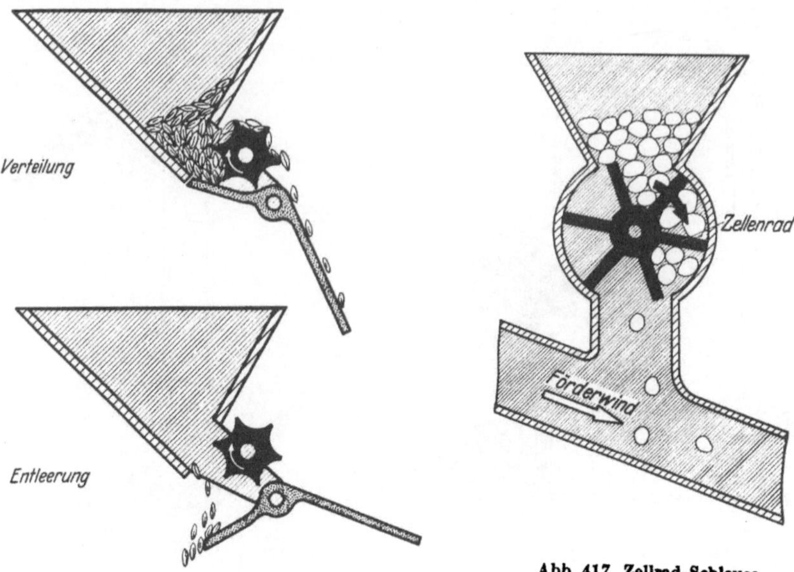

Abb. 417. Zellrad-Schleuse.

Abb. 416. Speisewalze zum Aufteilen körnigen Gutes in einen „Kornschleier".

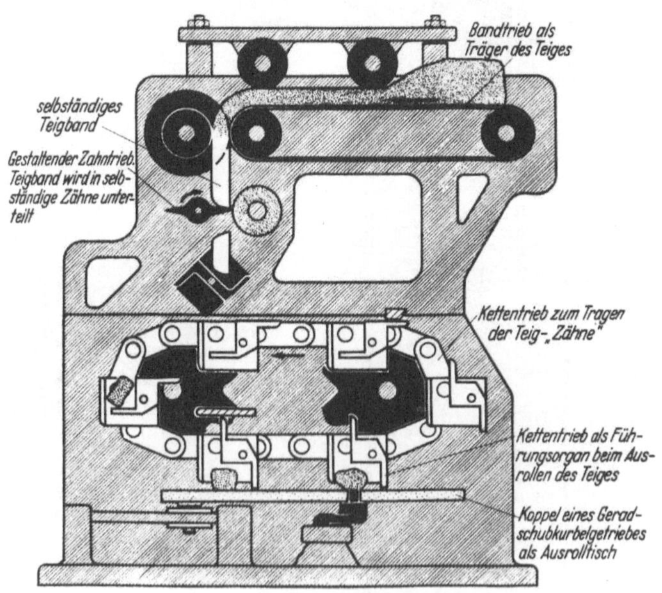

Abb. 418. Teigteilmaschine.

Text: Abschnitt 39, 43, 49

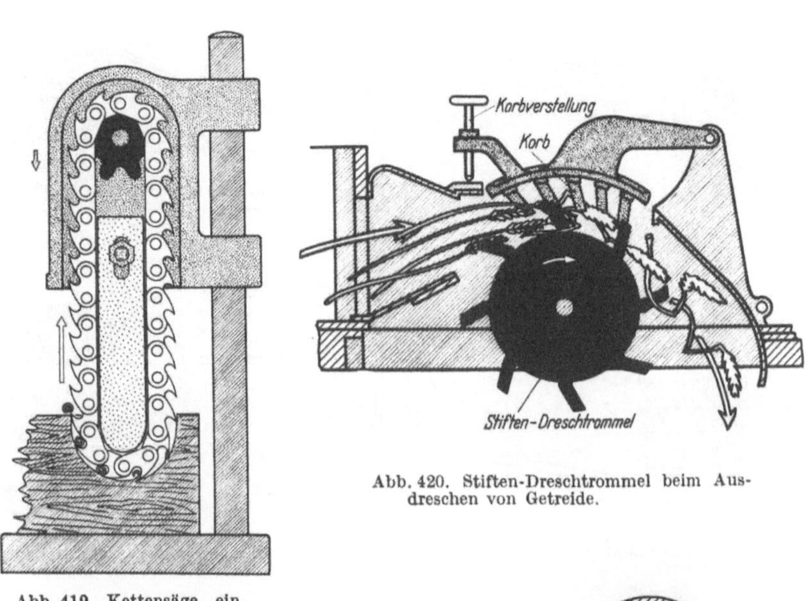

Abb. 420. Stiften-Dreschtrommel beim Aus-
dreschen von Getreide.

Abb. 419. Kettensäge, ein
schneidfähiger Ketten-
trieb.

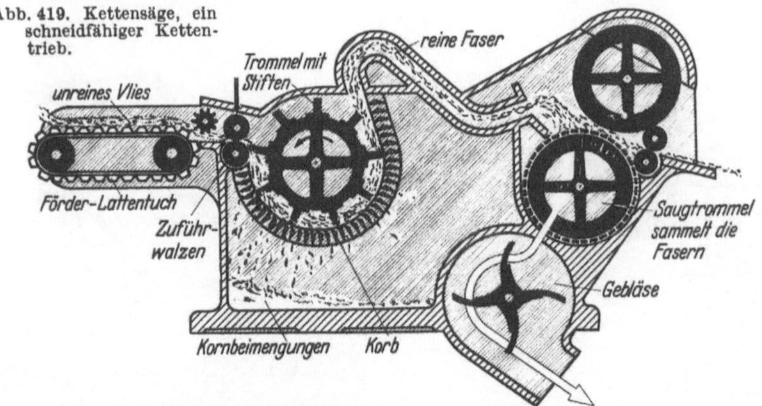

Abb. 421. Schlagmaschine zum Reinigen
von Baumwolle.

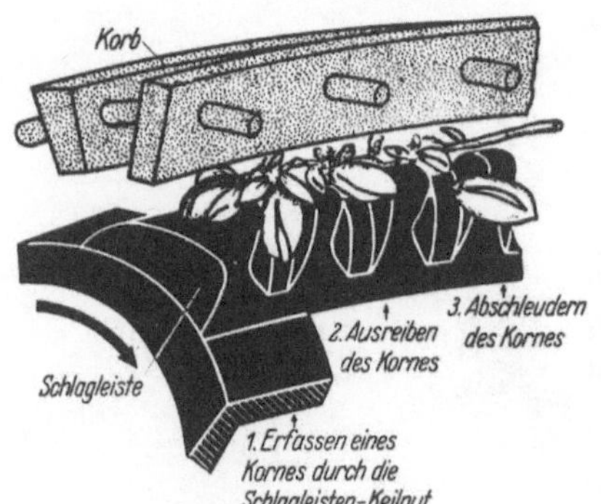

Abb. 422. Das „Ausreiben" der
Körner beim Dreschen mit
Schlagleisten.

Text: Abschnitt 43

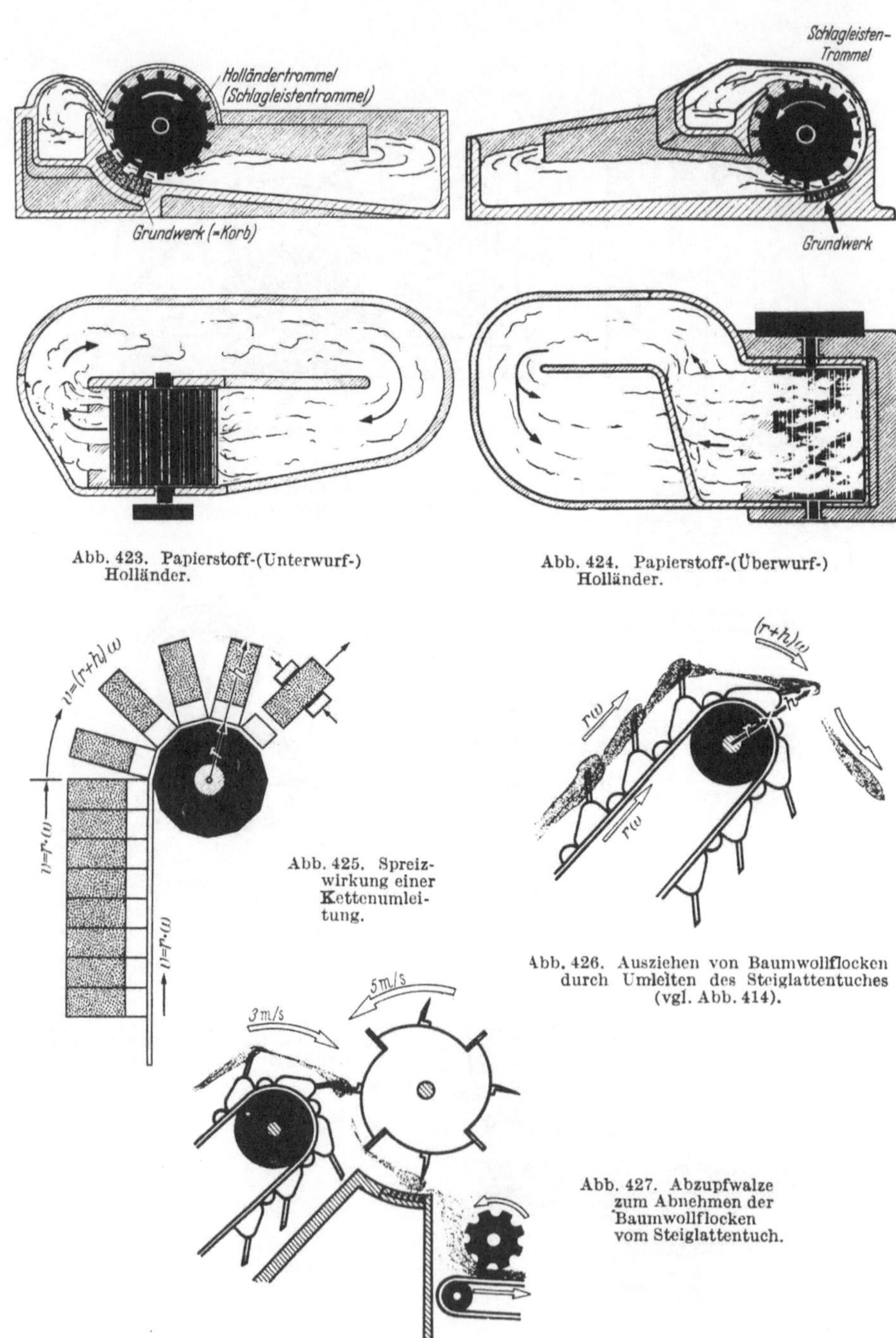

Abb. 423. Papierstoff-(Unterwurf-)
Holländer.

Abb. 424. Papierstoff-(Überwurf-)
Holländer.

Abb. 425. Spreiz-
wirkung einer
Kettenumlei-
tung.

Abb. 426. Ausziehen von Baumwollflocken
durch Umleiten des Steiglattentuches
(vgl. Abb. 414).

Abb. 427. Abzupfwalze
zum Abnehmen der
Baumwollflocken
vom Steiglattentuch.

Text: Abschnitt 43

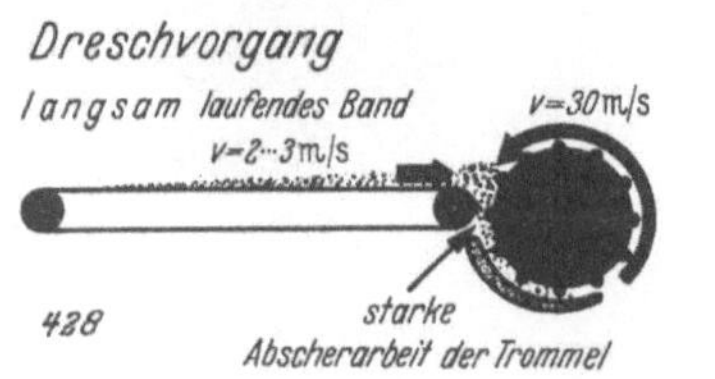

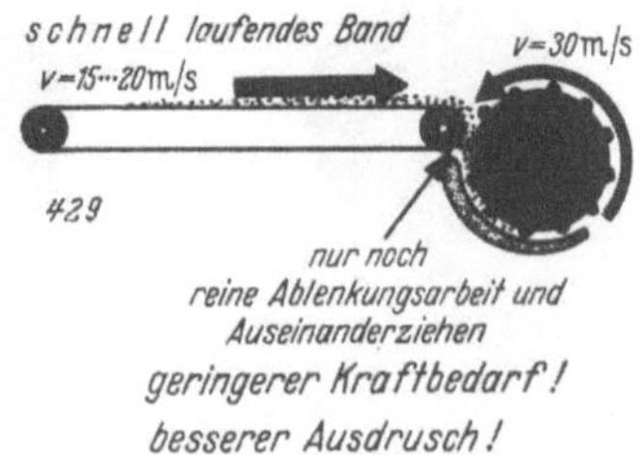

Abb. 428 u. 429. Vergleich des Dreschens eines langsam zugeführten dicken und eines schnell zugeführten dünnen Getreidebandes.

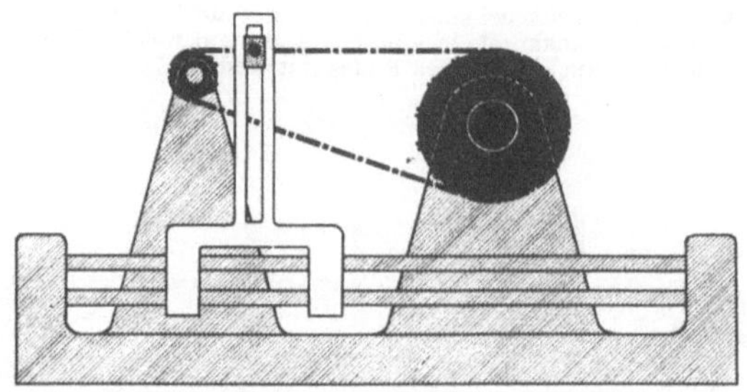

Abb. 430. Kettentrieb als „verzerrter Kurbelkreis" eines
Kreuzkurbelgetriebes.

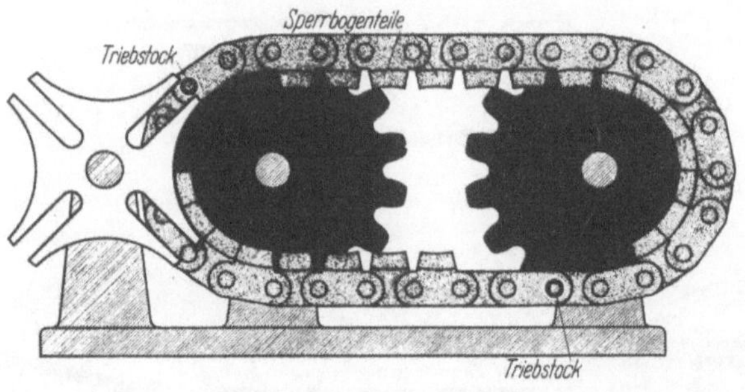

Abb. 431. Kettentrieb zum Antrieb eines Malteserkreuzes.

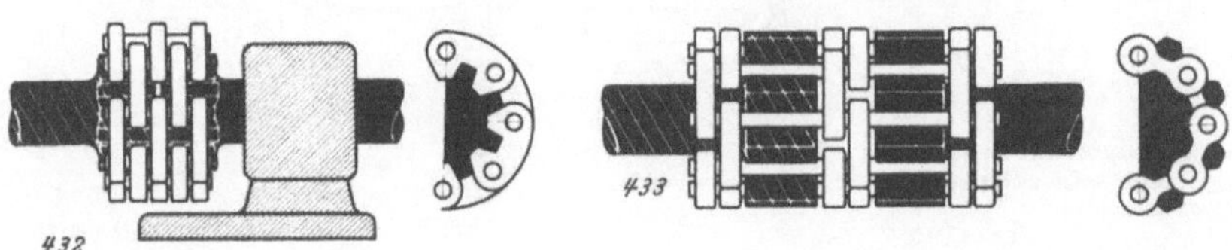

Zahnkettenkupplung.   Triebstockkettenkupplung.

Abb. 432 u. 433. Kettentriebe als Kupplungen.

Text: Abschnitt 43

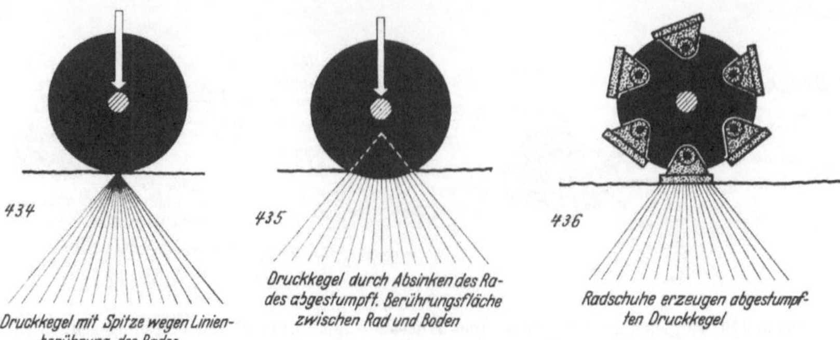

Abb. 434. Druckkegel eines harten Rades auf harter Bahn.
Abb. 435. Druckkegel eines harten Rades auf weicher Bahn.
Abb. 436. Druckkegel eines Rades mit Radschuhen.

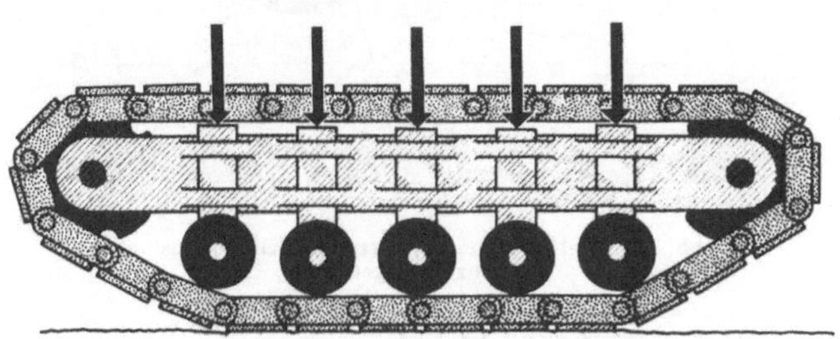

Abb. 437. Druckkegel einer Gleiskette.

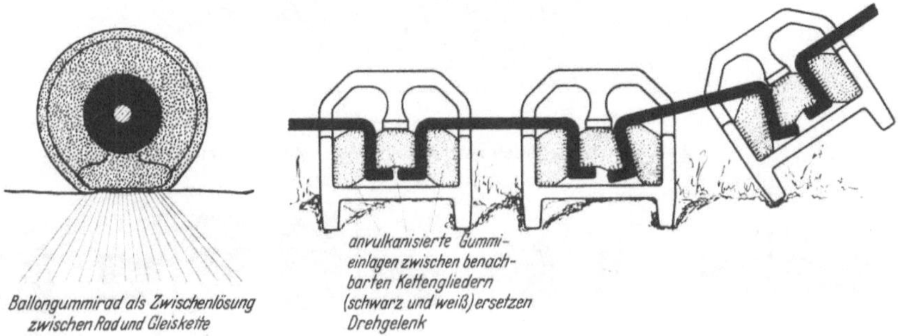

Abb. 438. Druckkegel eines   Abb. 439. Einige Glieder einer Gleiskette mit
Ballongummirades.   Gummieinlagen statt Gelenken.

Text: Abschnitt 44

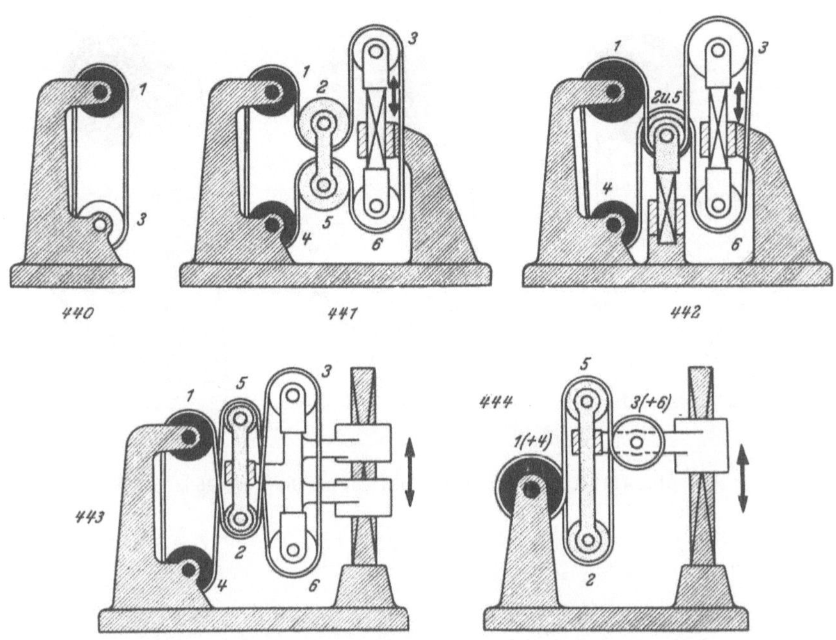

Abb. 440. Riementrieb mit fest gelagerten Riemenrollen.
Abb. 441 bis 444. Riementriebe mit verschieblicher Rollenlagerung (weiß). Gegengedoppelte Ausführung zur Aufnahme des Riemenvorrates. Ein Riemen!

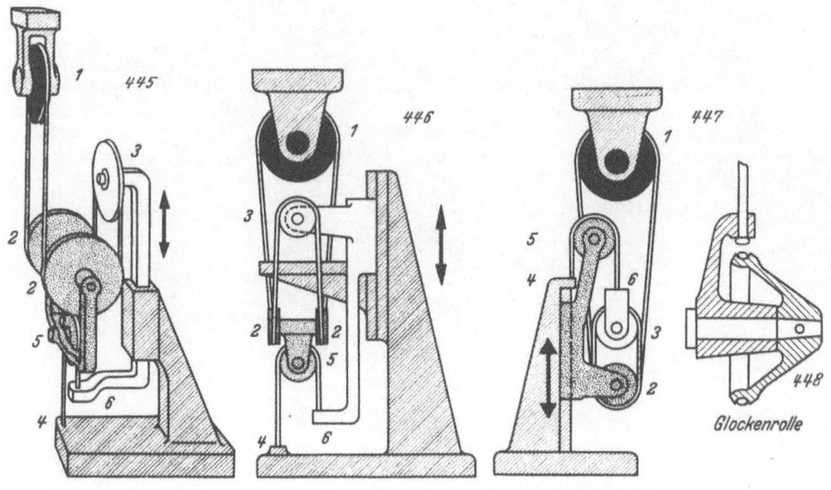

Abb. 445 bis 447. Riementriebe mit verschieblicher Rollenlagerung. Räumliche Anordnung. Gegendopplung mit besonderem, *nicht* umlaufenden Riemen.

Text: Abschnitt 45

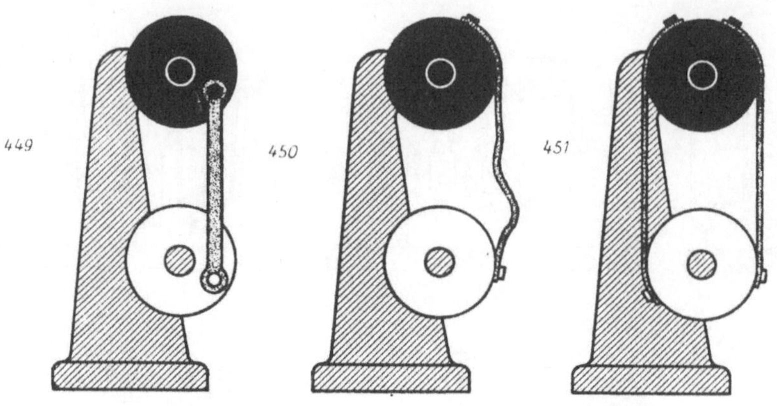

Abb. 449 bis 451. Getriebe zur Erklärung der Gegendopplung.

Abb. 452. Kettenschlepper mit Vorderrad-Lenkung.

Text: Abschnitt 45

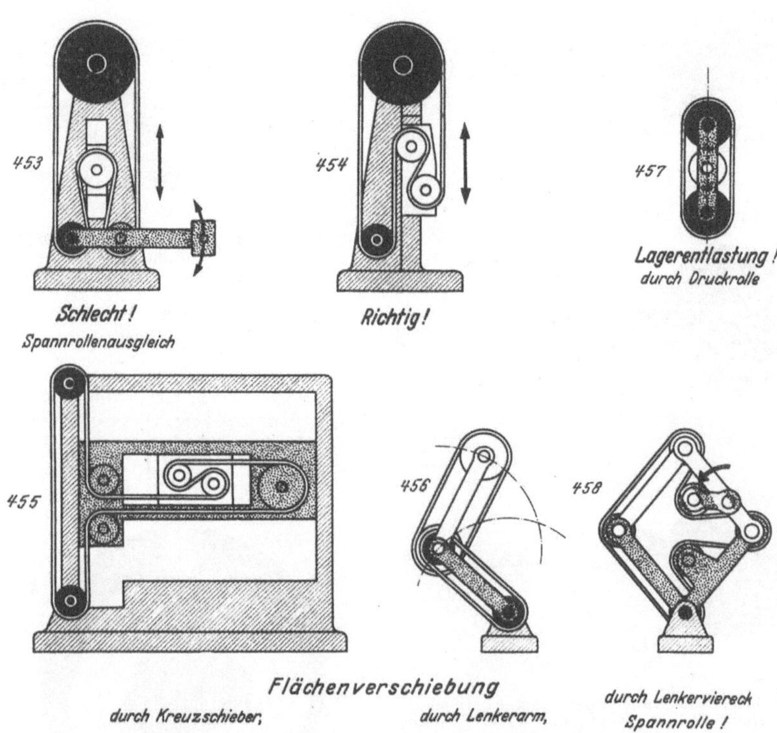

Abb. 453 bis 458. Riemenführungen zum Antrieb verschieblicher Wellen.

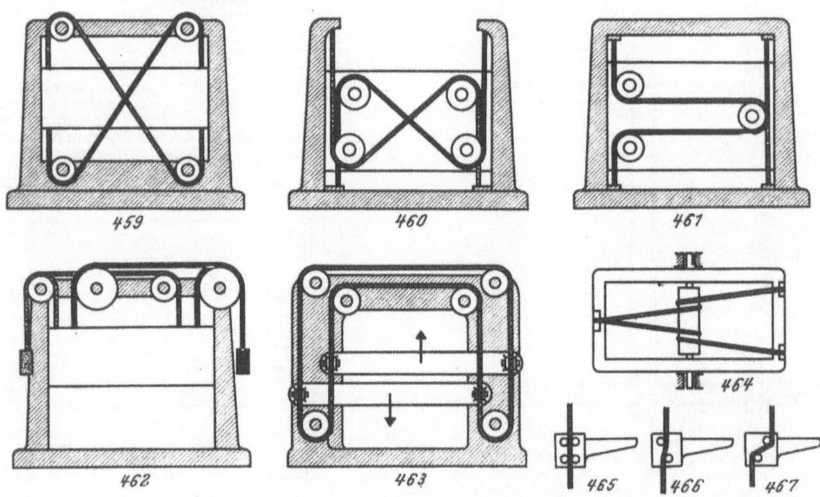

Abb. 459 bis 467. Seilführungen zum Verhindern des Verklemmens dazu neigender Geradführungen.
Führung eiserner Theatervorhänge.

Text: Abschnitt 45, 46

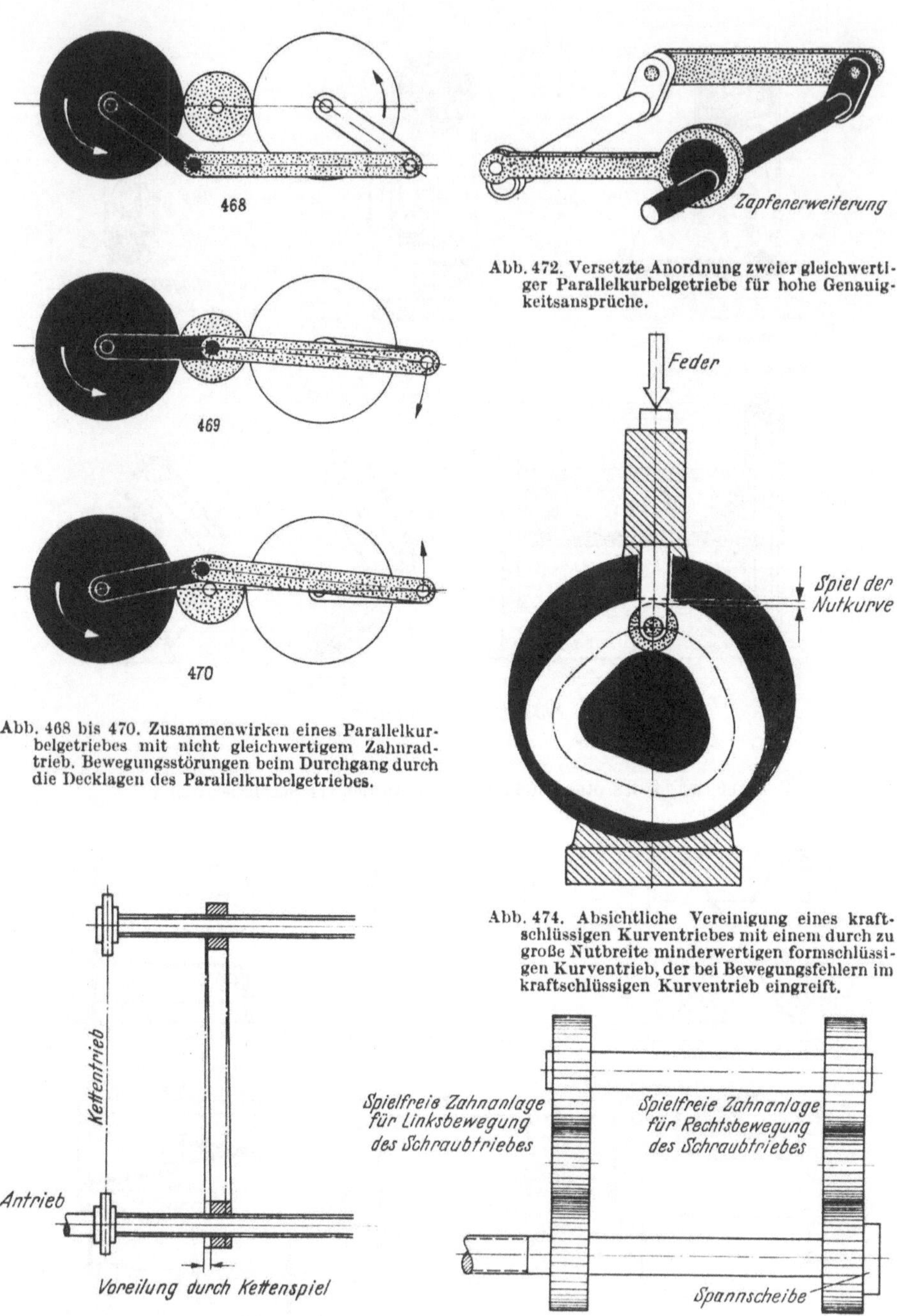

Abb. 468 bis 470. Zusammenwirken eines Parallelkurbelgetriebes mit nicht gleichwertigem Zahnradtrieb. Bewegungsstörungen beim Durchgang durch die Decklagen des Parallelkurbelgetriebes.

Abb. 472. Versetzte Anordnung zweier gleichwertiger Parallelkurbelgetriebe für hohe Genauigkeitsansprüche.

Abb. 474. Absichtliche Vereinigung eines kraftschlüssigen Kurventriebes mit einem durch zu große Nutbreite minderwertigen formschlüssigen Kurventrieb, der bei Bewegungsfehlern im kraftschlüssigen Kurventrieb eingreift.

Abb. 471. Zusammenarbeit zweier gleichwertiger Schraubentriebe mit einem ungleichwertigen Kettentrieb gibt Verklemmen des Mutterngliedes.

Abb. 473. Verspannt angeordnete Zahntriebe geringerer Wertigkeit für hochwertige Bewegungsaufgaben.

Text: Abschnitt 47

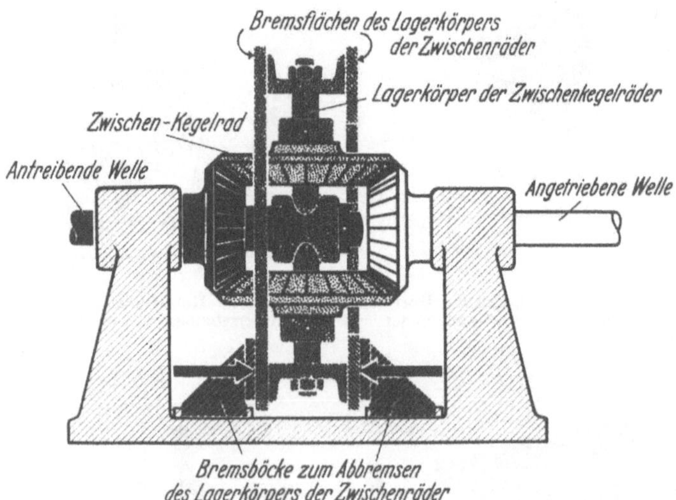

Abb. 475. Differentialgetriebe mit Geschwindigkeitsregelung durch verschieden starkes
Abbremsen des Umlaufes des Zwischenkegelräder-Lagerkörpers.

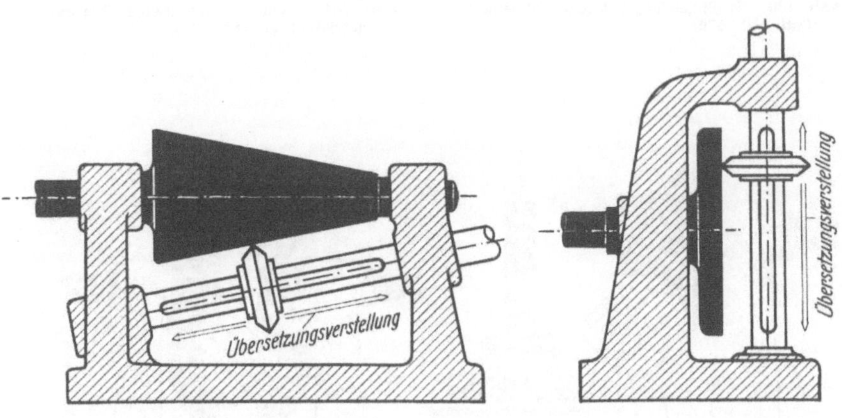

Abb. 476. Kegel-Reibradgetriebe mit stufen-
loser Übersetzungsänderung.   Abb. 477. Planscheiben-Reib-
radgetriebe mit stufenloser
Übersetzungsänderung.

Text: Abschnitt 48

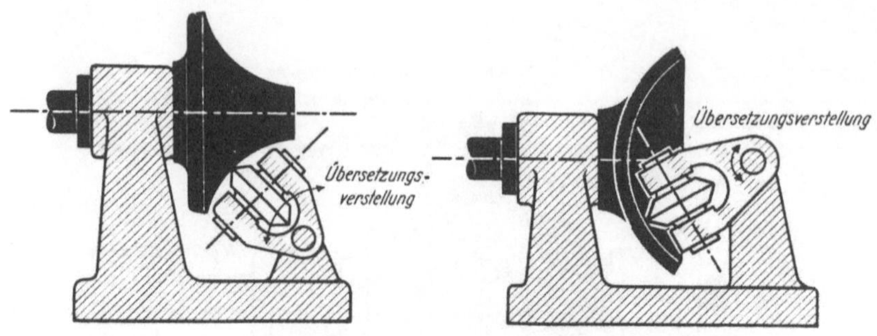

Abb. 478. Globoid-Reibradgetriebe. Übersetzungsänderung durch Schwenken der
angetriebenen Welle.

Abb. 479. Hohl-Globoid-Reibradgetriebe.
Übersetzungsänderung wie in Abb. 478

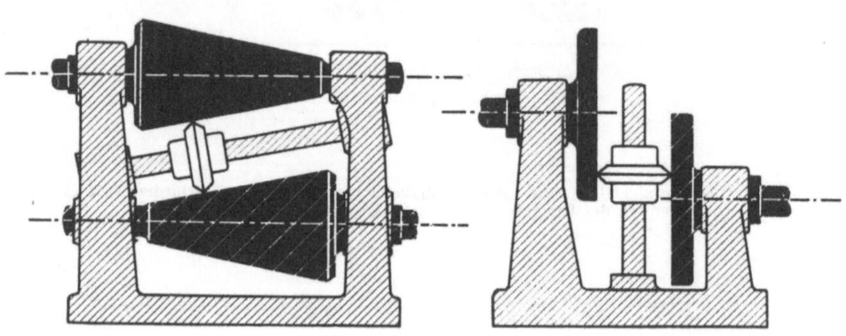

Abb. 480. Zwillings-Kegel-Reibradgetriebe
(vgl. Abb. 476).

Abb. 481. Zwillings-Planscheiben-Reibrad-
getriebe (vgl. Abb. 477).

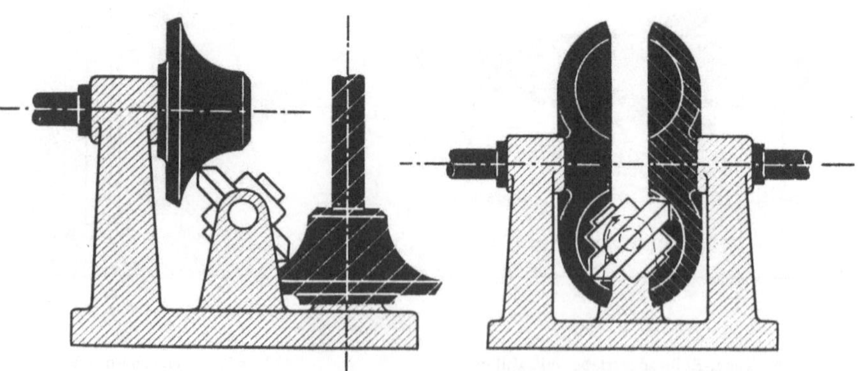

Abb. 482. Zwillings-Globoid-Reibradgetriebe
(vgl. Abb. 478).

Abb. 483. Zwillings-Globoid-Reibradgetriebe
(vgl. Abb. 479).

Text: Abschnitt 48

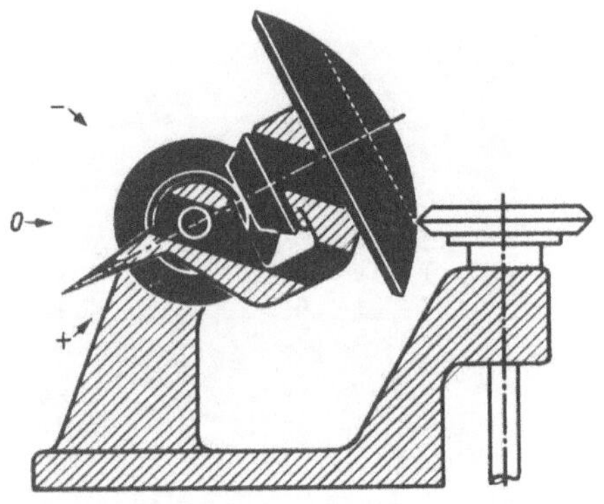

Abb. 484. Kugelkappen-Reibtrieb mit Antrieb durch Kegelräder.

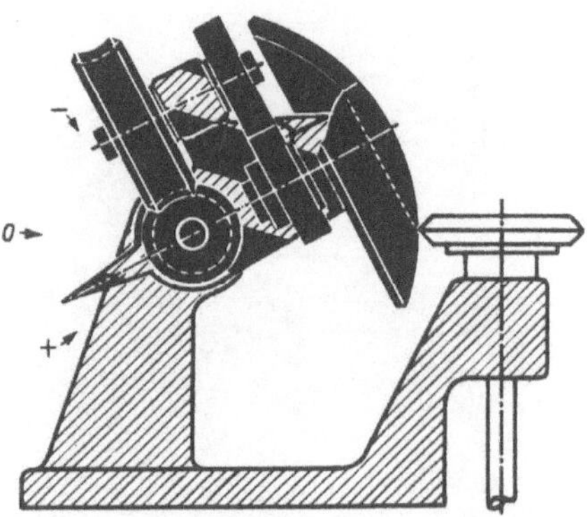

Abb. 485. Kugelkappen-Reibtrieb mit Antrieb durch Schneckenradgetriebe.

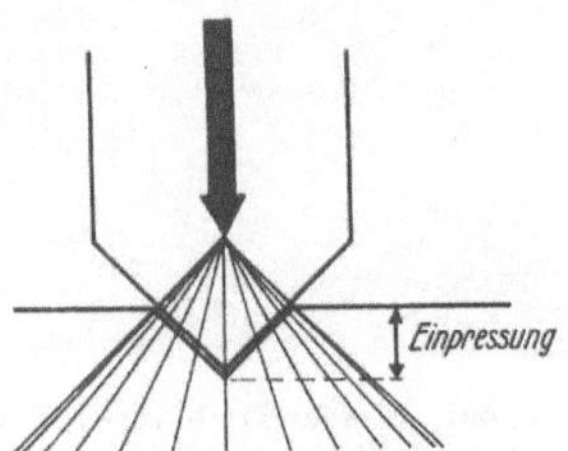

Abb 486. Eindringen eines scharfkantigen Schaltrades in die Schaltfläche.

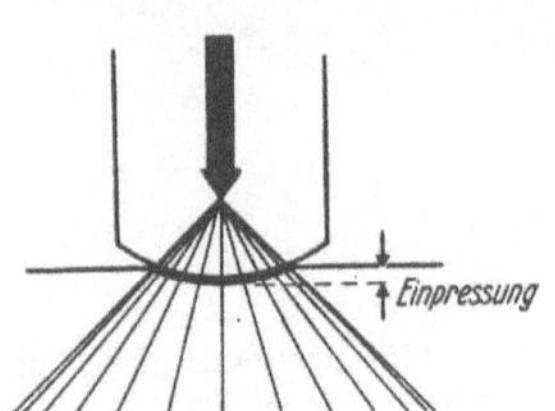

Abb. 487. Eindringen eines balligen Schaltrades in die Schaltfläche.

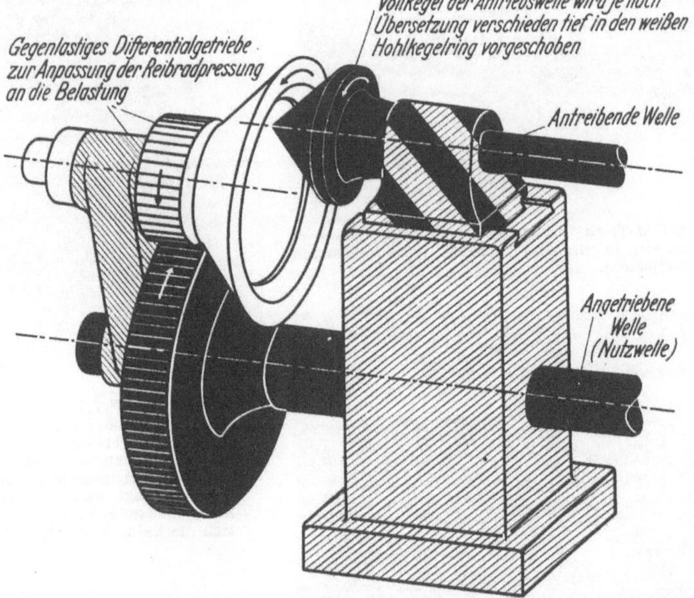

Abb. 488. *Prym*-Getriebe für stufenlose Drehzahlregelung mit selbsttätiger Anpassung der Reib-Kegelräder-Anpressung an den Arbeitswiderstand der angetriebenen Welle.

Text: Abschnitt 48

Abb. 489. *Wülfel*-Drehzahlregler. Ballige Spannrolle *a* leitet den Riemen.

Abb. 491. *Flender*-Trieb verwendet keilriemenähnliche Kette zwischen einstellbar
nahen Steilkegeln. (Wird nur gekapselt
geliefert.)

Abb. 490. *MUM*-Trieb. Keilriementrieb (Keilriemen = *c*)
zwischen sich (*a* und *b*) einstellbar durchdringenden
Steilkegelpaaren.

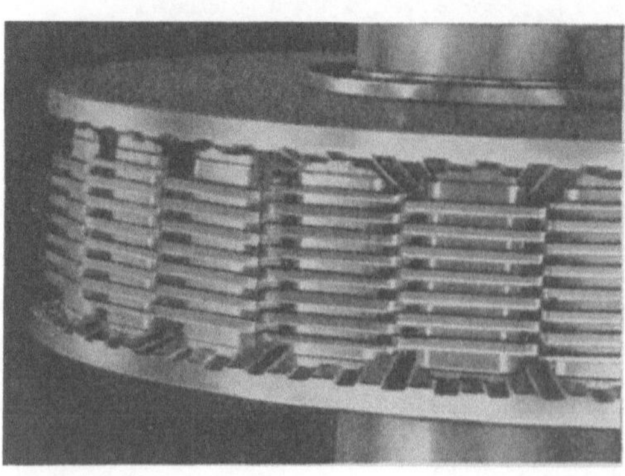

Abb. 492 u. 493. *P.I.V.*-Kettentrieb mit keil-
riemenähnlichen Ketten mit verstellbaren
Zähnen. Die verstellbaren Zähne bestehen
aus gegeneinander verschieblichen Ble-
chen. Bei den zusammenarbeitenden Keil-
scheiben liegt immer einem Zahn eine
Zahnlücke gegenüber. Dazwischen stellen
sich die Zahnbleche ein (Abb. 493).

Text: Abschnitt 48

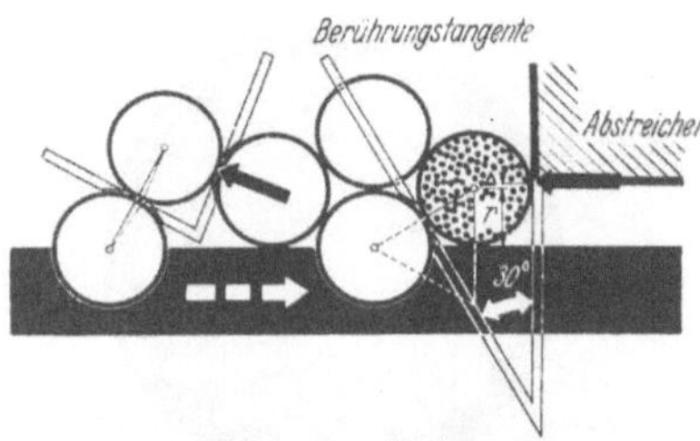

Abb. 494. Kugelige oder zylindrische Werkstücke vom schwarzen Kupplungsglied erfaßt, bilden die Kurve, die zurückbleibenden Werkstücke die Kurvenrollen eines Kurventriebes. Hier Klemmung, da Steigung zu steil.

Abb. 498. Vorrichtung nach Abb. 495 u. 496, jedoch für kantige Werkstücke gibt Sperrung zwischen mitgenommenen und zurückbleibenden Werkstücken.

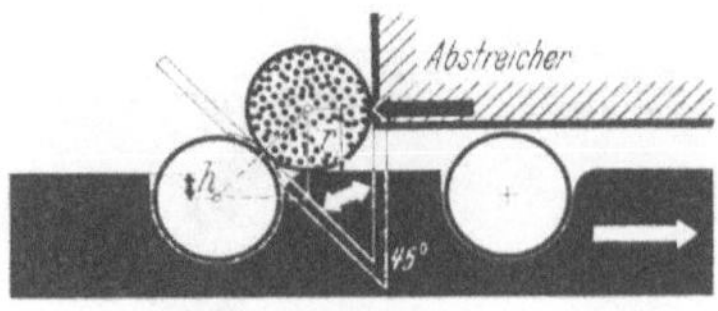

Abb. 495. Lagerung im schwarzen Kupplungsglied so vertieft, daß Höchstleistung von 45° erreicht ist.

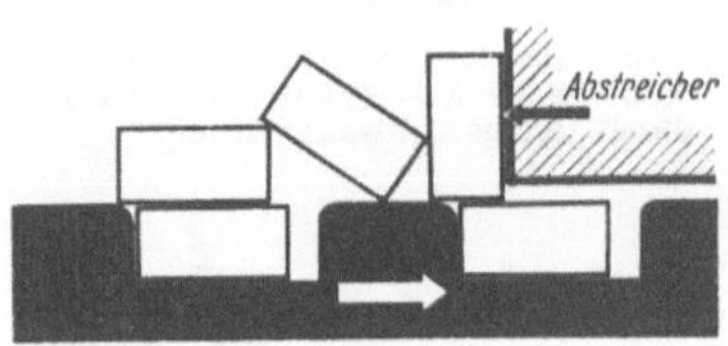

Abb. 499. Werkstücklager in voller Tiefe der Werkstückhöhe würden nicht zu Sperrungen führen, wie in Abb. 498.

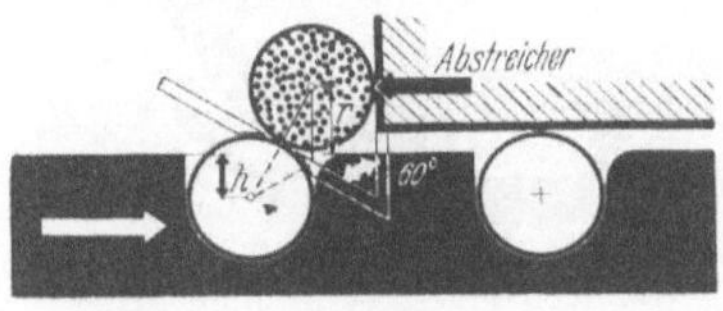

Abb. 496. Praktisch zweckmäßigere Vertiefung der Lagerungen. Steigung 60° gegen Senkrechte.

Abb. 500. Bei falschem Einkippen der Werkstücke sperrt aber auch eine Magazinierung wie in Abb. 499.

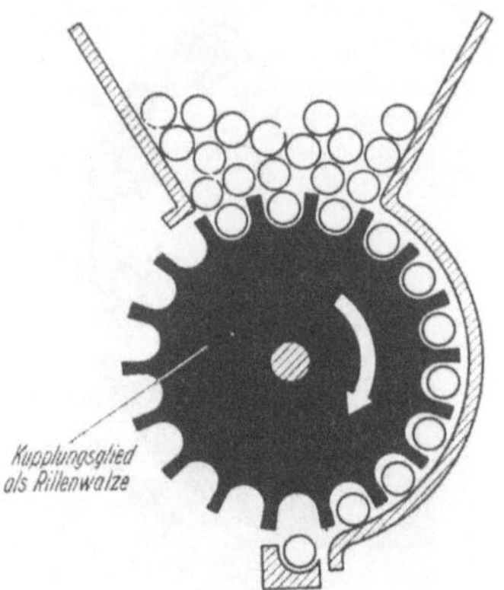

Abb. 497. Kuppelnde Magaziniervorrichtung nach Abb. 494 bis 496, jedoch mit trommelartig ausgebildetem drehenden Kupplungsglied.

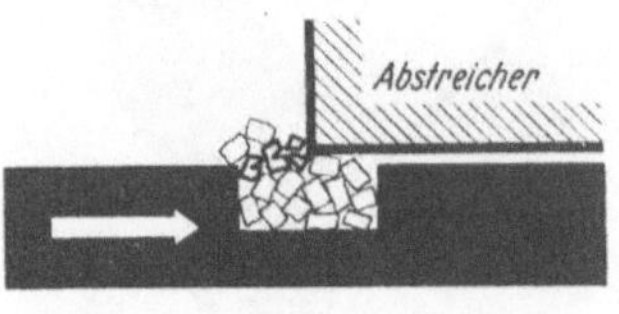

Abb. 501. Selbst bei körnigem Gut muß mit Werkstückzertrümmerung gerechnet werden, was aber praktisch oft ohne Belang ist.

Text: Abschnitt 48

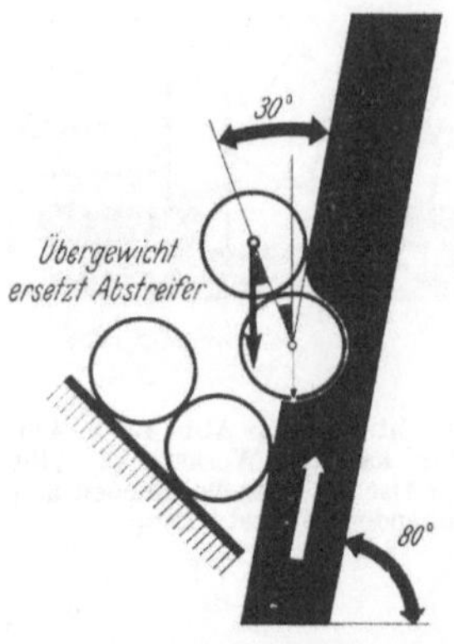

Abb. 502. Der körperlich ausgebildete Abstreicher der Abb. 494 bis 501 ist ersetzt durch Übergewichtsabstreifung.

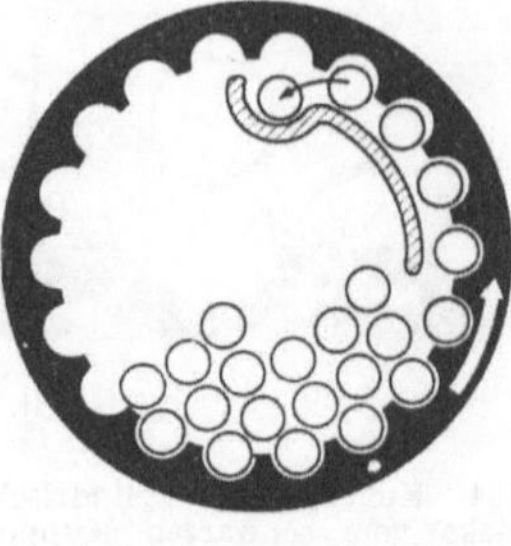

Abb. 505. Kuppelnde Magaziniervorrichtung nach Abb. 502 bis 504 als Hohlrad für runde oder walzenförmige Werkstücke.

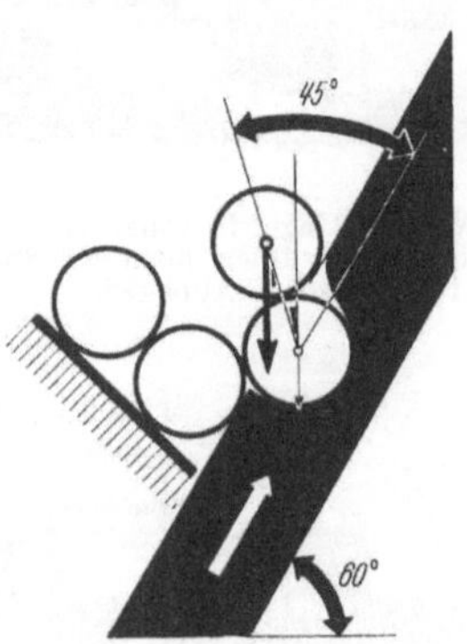

Abb. 503. Tiefere Werkstücklager gestatten geringere Steilheit des schwarzen Kupplungsgliedes.

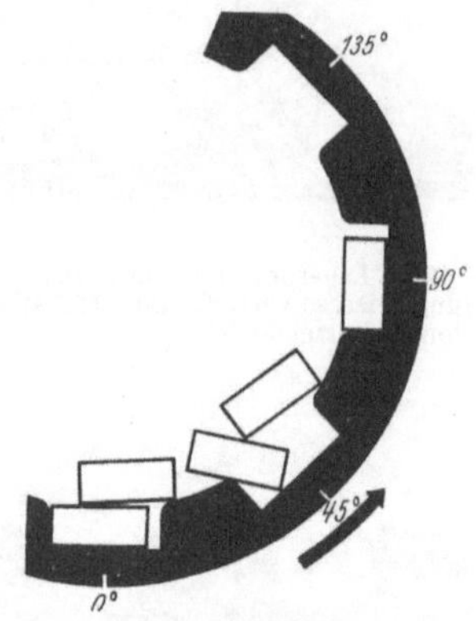

Abb. 506. Vorrichtung wie in Abb. 505 für kantige Werkstücke.

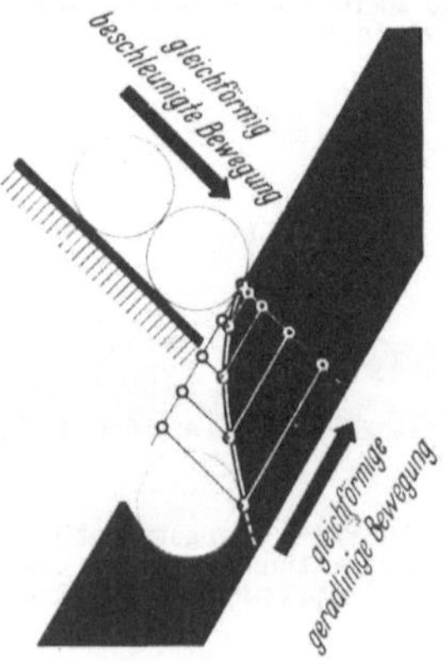

Abb. 504. Taschenform einer Werkstücklagerung.

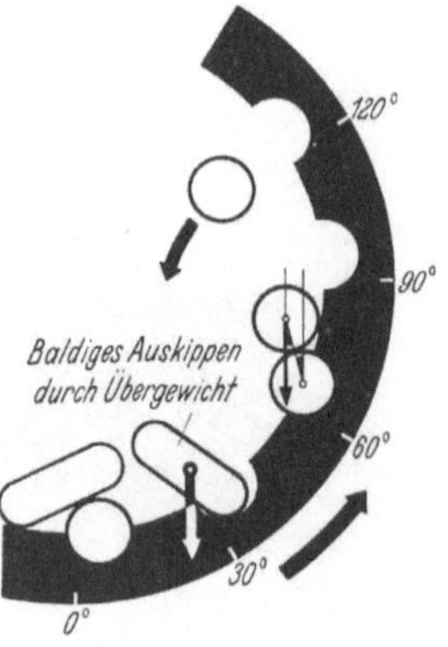

Abb. 507. Vorrichtung nach Abb. 505 u. 506 zum Trennen kugeliger von länglichrunden Werkstücken.

Text: Abschnitt 49

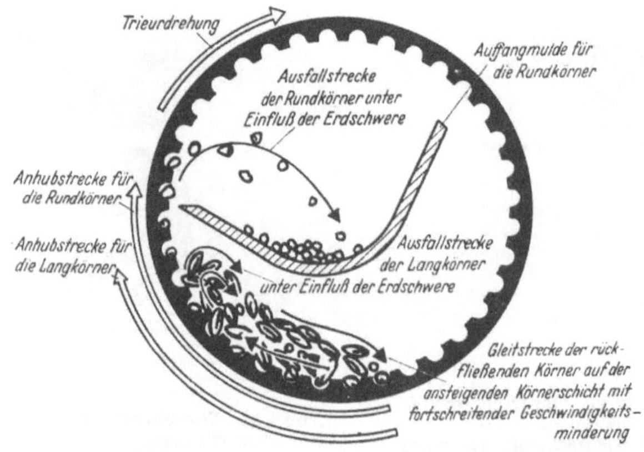

Abb. 508. Vorrichtung, wie in Abb. 507 zum Ausheben von Unkrautsamen und Querbruch aus Getreide. Trieur.

Abb. 509. Vorrichtung wie in Abb. 502 u. 503 mit Häkchen (vgl. Abb. 474) für Kappen von Sicherheitsnadeln (Fehlmitnahmen).

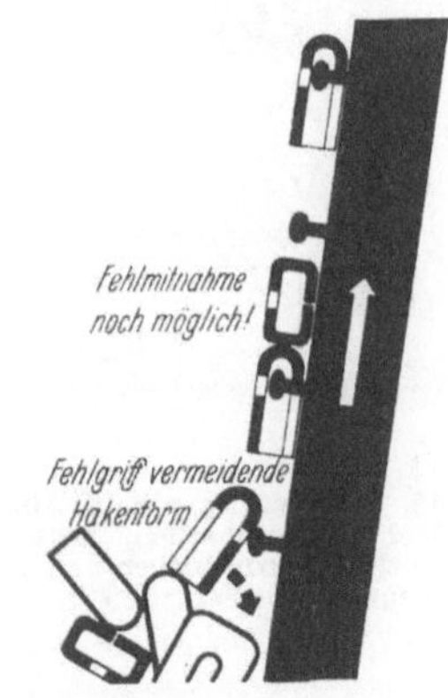

Abb. 510. Vorrichtung wie in Abb. 509, jedoch mit Pilzchen statt Häkchen (weniger Fehlmitnahmen).

Abb. 511. Anordnung von Pilzchen wie in Abb. 510 an einer Trommel (ohne Fehlmitnahme).

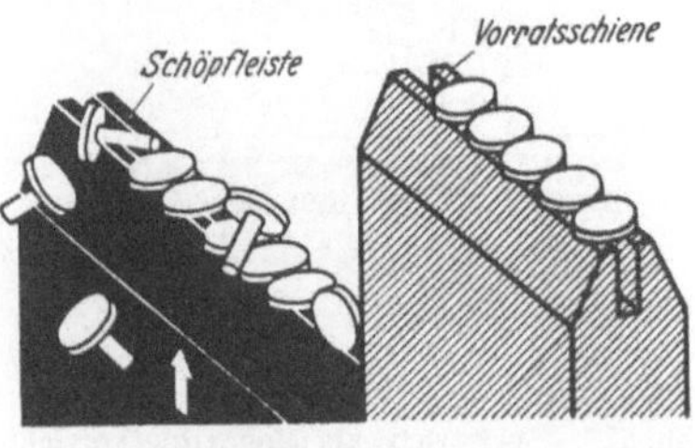

Abb. 512. Magazinieren von Nägeln usw. mit Schöpfleiste.

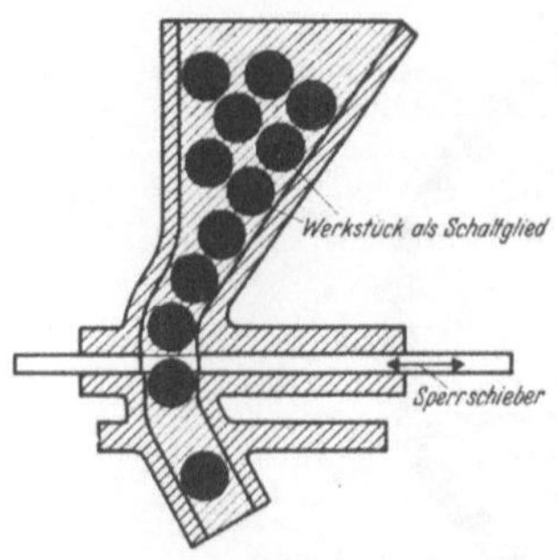

Abb. 513. Sperrtrieb als Magaziniervorrichtung mit Absperr-Schieber. Werkstücke als Schaltglied. Sperrschieber als Sperrglied.

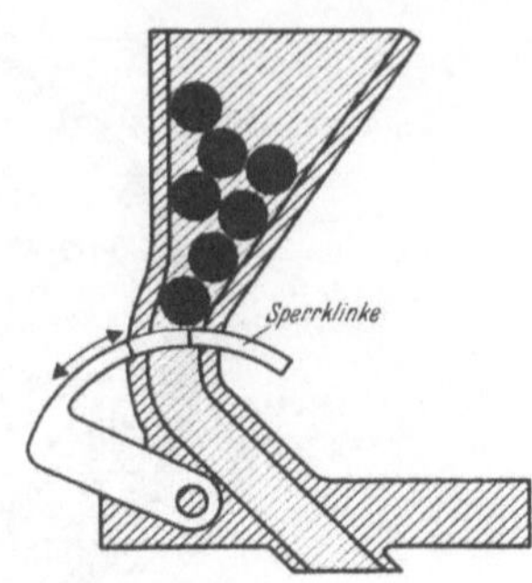

Abb. 514. Vorrichtung wie in Abb. 513 mit Absperrklinke.

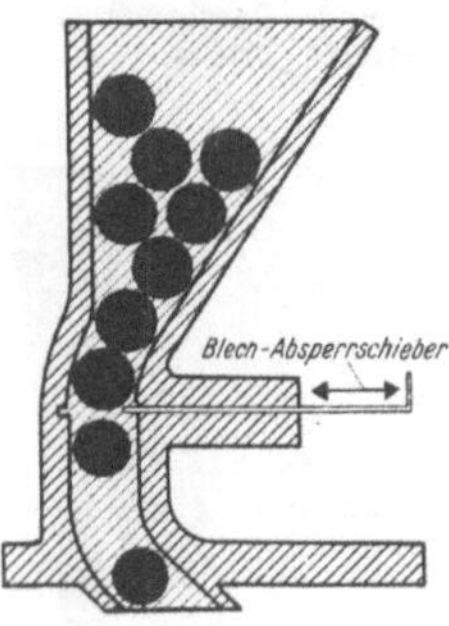

Abb. 515. Vorrichtung wie in Abb. 513, jedoch mit scharfem, schneidfähigem Blech-Absperrschieber, zum besseren Trennen der Werkstücke.

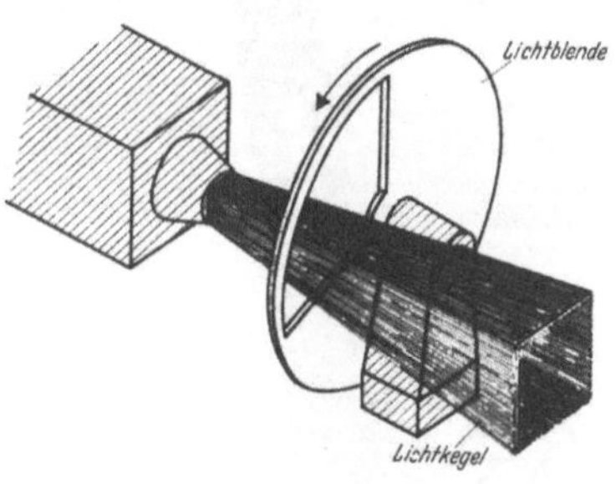

Abb. 516. Vorrichtung wie in Abb. 515 mit umlaufender Sperrklinke. Lichtblende für Film-Vorführungsgerät.

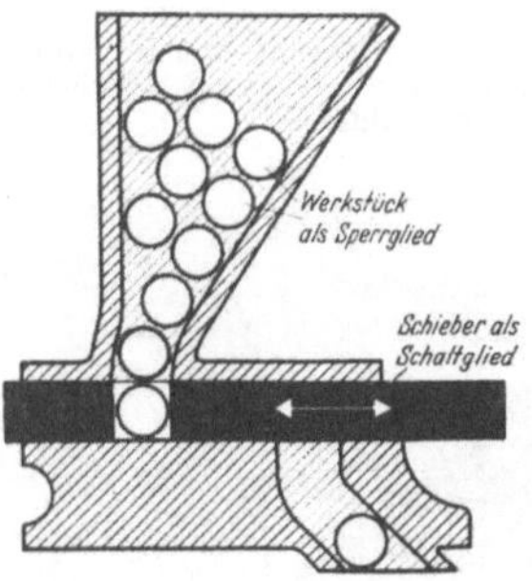

Abb. 517. Sperrtrieb als Magaziniervorrichtung, ähnlich Abb. 513, jedoch Werkstücke als Sperrglied. Schieber als Schaltglied.

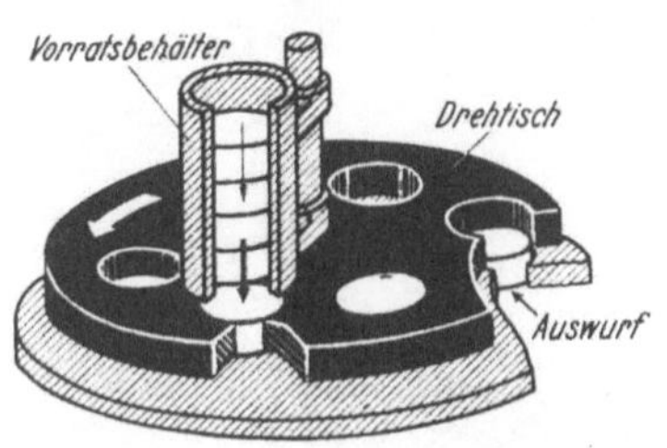

Abb. 518. Vorrichtung wie in Abb. 517, jedoch mit umlaufendem Schaltglied. Drehtisch.

Text: Abschnitt 49

Abb. 519. Vorrichtung wie in Abb. 517, jedoch mit Halbrundriegeln, kann zu Beschädigung führen.

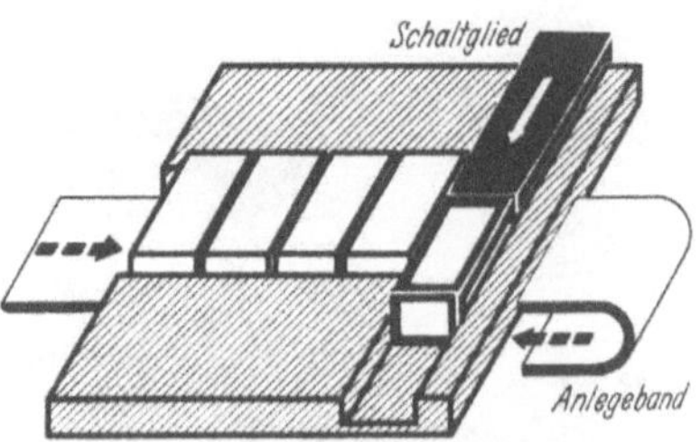

Abb. 522. Vorrichtung wie in Abb. 518, jedoch waagerechte Zuführung. Schwerkraftwirkung ersetzt durch Reibkraft des Anlegebandes.

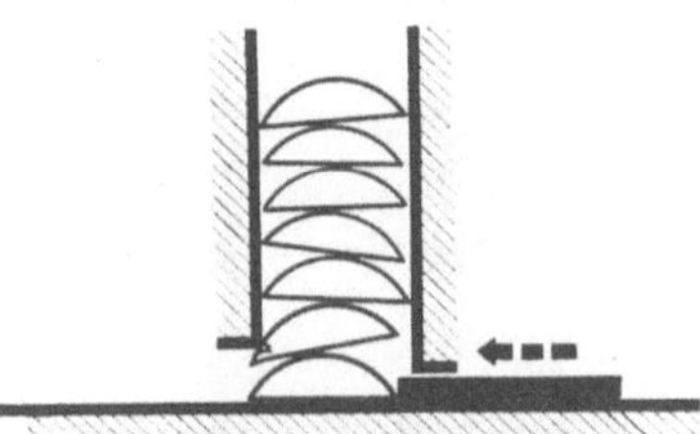

Abb. 520. Auch flacher Schieber kann Beschädigung nicht verhindern.

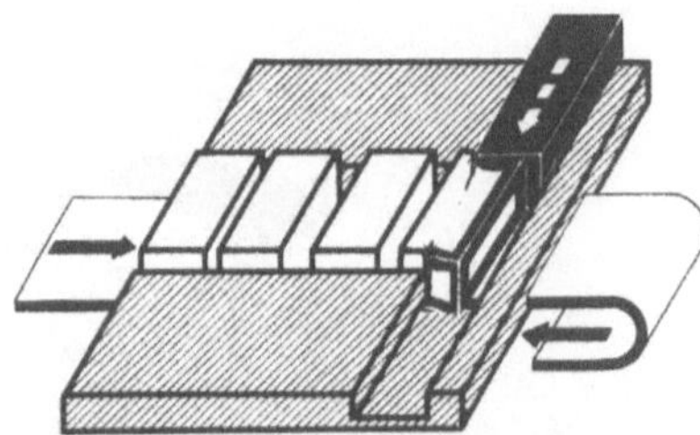

Abb. 523. Schlecht arbeitendes Anlegeband führt zu Bruch.

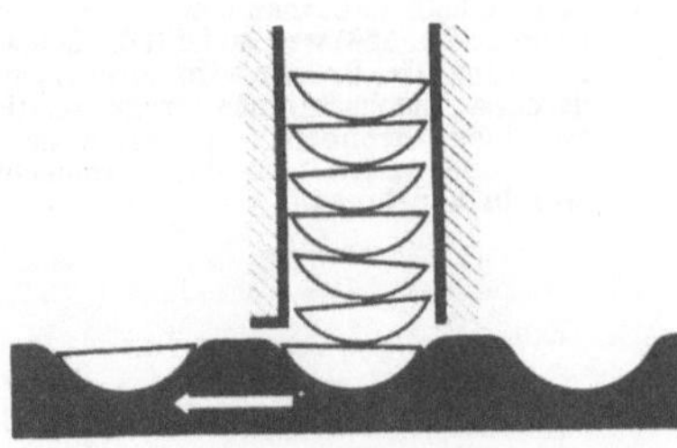

Abb. 521. Kuppelnde Vorrichtung wie in Abb. 495 u. 496 arbeitet ohne Beschädigung.

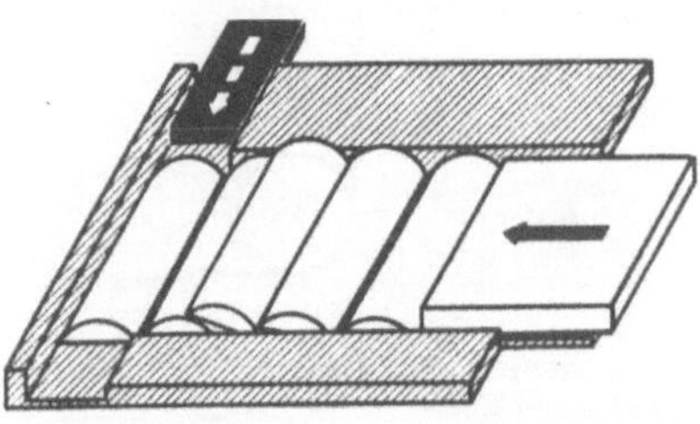

Abb. 524. Anlegeschieber (weiß) kann auch fehlerhaft anlegen. (Aufeinanderschieben von Halbrundriegeln.)

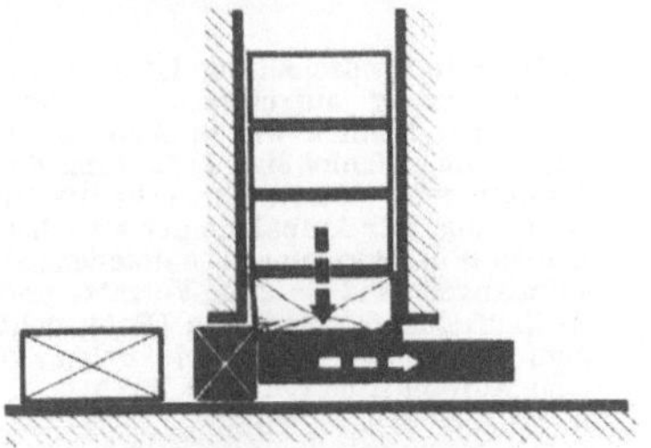

Abb. 525. Während der Bewegung des Schaltgliedes (schwarz) darf der Werkstoffvorrat nicht die Rückbewegung sperren, sonst Bruch.

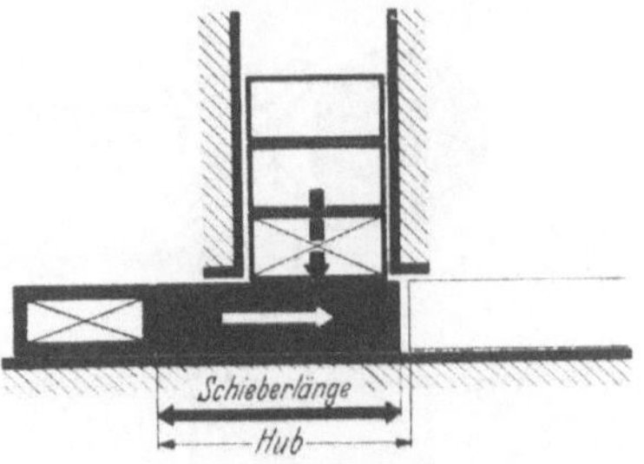

Abb. 526. Schaltschieber genügend lang und ohne Vorsprung, arbeitet richtig.

Text: Abschnitt 49

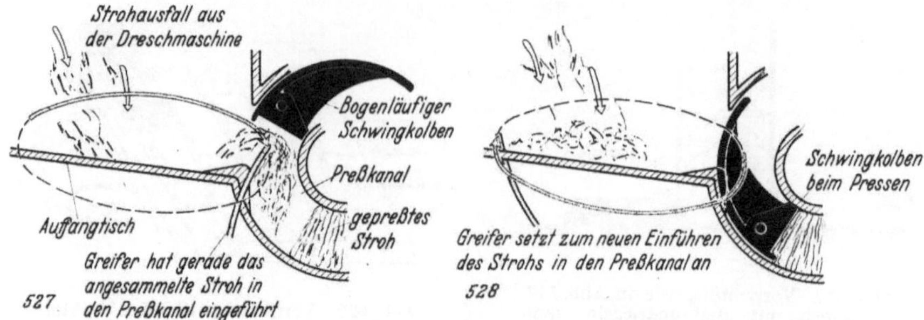

Abb. 527 u. 528. Die Strohzuführung mit Greifer ist eine Magaziniervorrichtung entsprechend Abb. 517 bis 526. Greifer ist Schaltglied. Er löst Strohportionen aus dem gleichmäßigen Strohzufluß aus der Dreschmaschine zur Verarbeitung in der Strohpresse.

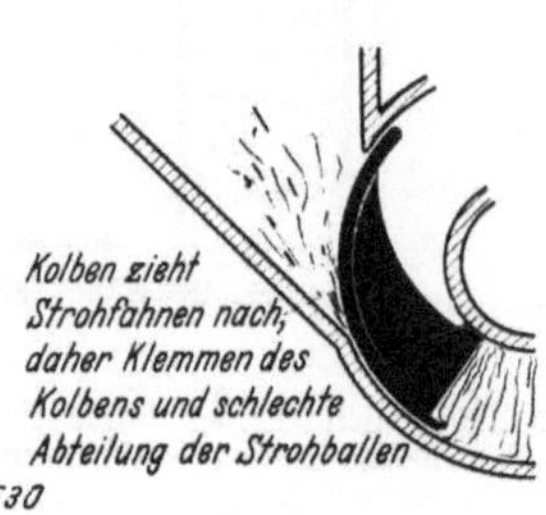

Abb. 529 u. 530. Läßt man den Strohgreifer (Abb. 527 u. 528) weg, so fehlt die Magazinierung. Das Pressen wird durch nachgezogene Strohschwänze erschwert, die einzelnen Strohballen hängen zusammen und lassen sich daher schlecht einzeln abnehmen.

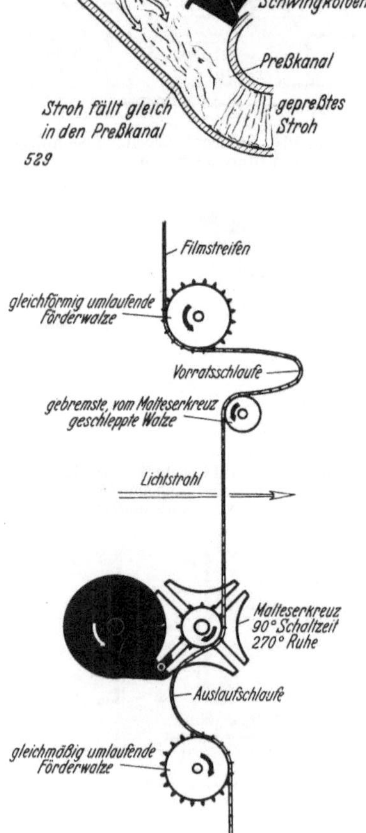

Abb. 531. Filmbandschaltung ist auch als Magazinierung aufzufassen. Sie verwandelt — ähnlich wie in Abb. 527 u. 528 — die gleichmäßige Zuführung des Filmstreifens (Stroh) in schrittweise Schaltung. Zur Aufnahme der zwischen beiden Filmbewegungen entstehenden Filmlängen sind je eine Vorrats- und Auslaufschlaufe vorgesehen. (Entspricht dem Ansammeln einer Strohportion auf dem Auffangtisch der Abb. 528.)

Text: Abschnitt 49

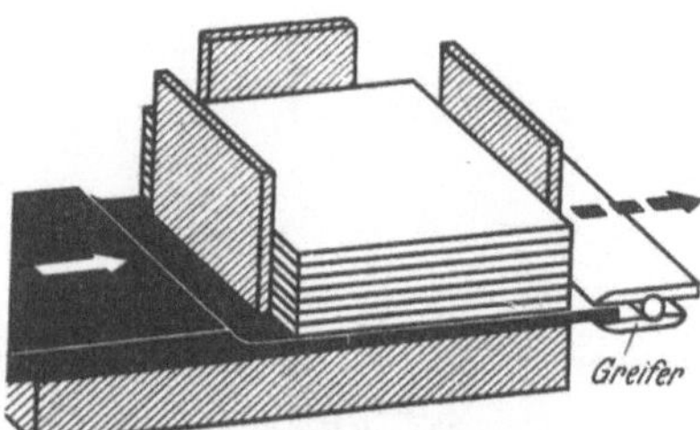

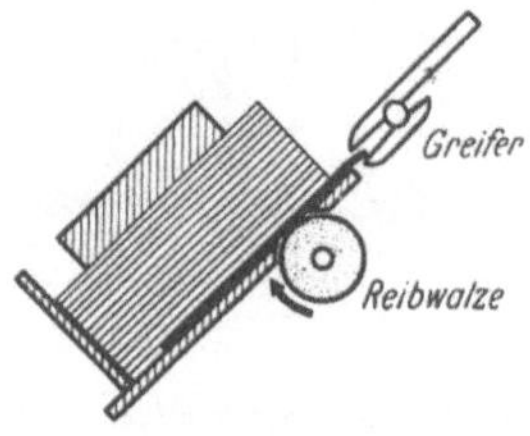

Abb. 532. Magaziniervorrichtung nach Abb. 526 für Papier eignet sich nur für pappähnliche druckfeste Arten.

Abb. 533. Dünnere Papiere werden besser abgezogen. Schräglage zur Verringerung des Stapeldruckes auf dem untersten Blatt.

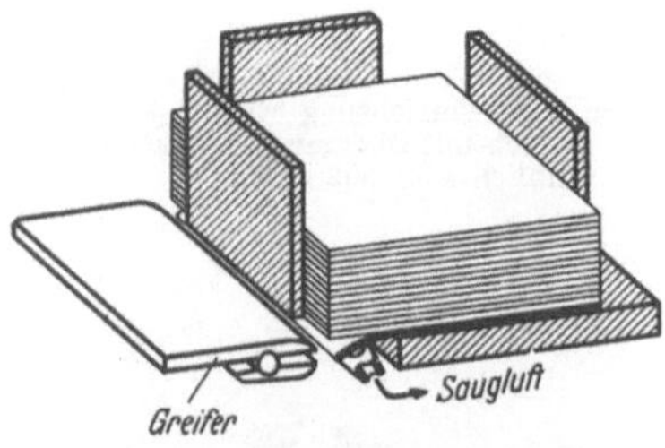

Abb. 534. Ablösen des untersten Blattes durch kippende Saugfinger. Dann Abziehen durch Greifer.

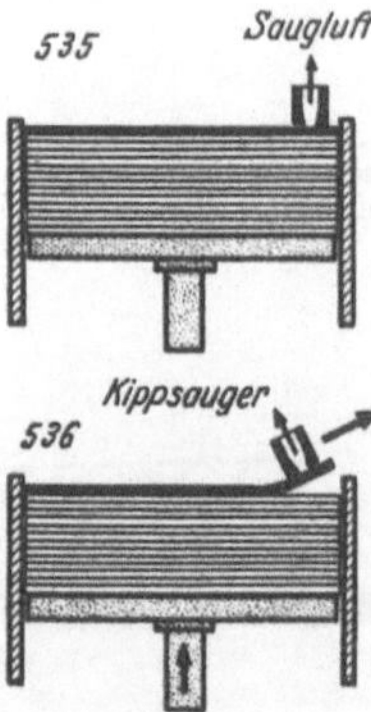

Abb. 535 u. 536. Abnehmen des obersten Blattes durch Sauggreifer allein. Entsprechend langsames Anheben des Vorrates notwendig.

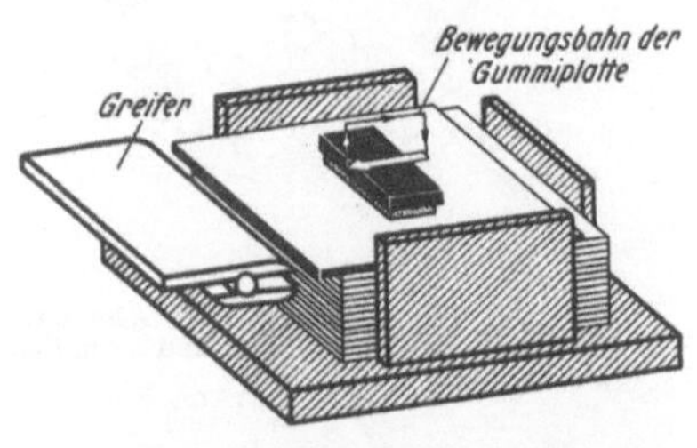

Abb. 537. Abschieben des obersten Blattes durch Schwammgummiplatte. (Ritzmesser zum Zurückhalten der übrigen Blätter!)

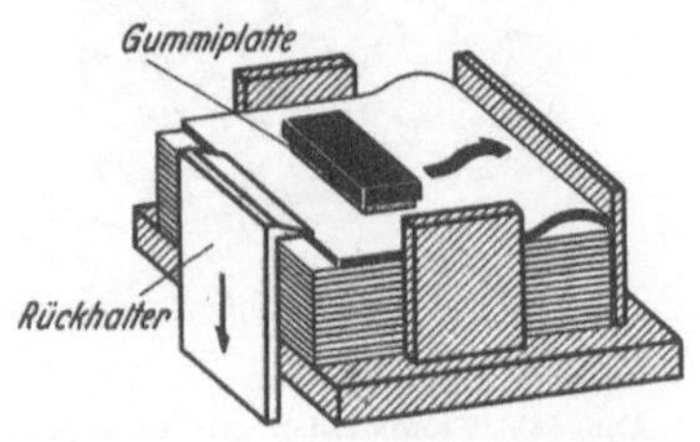

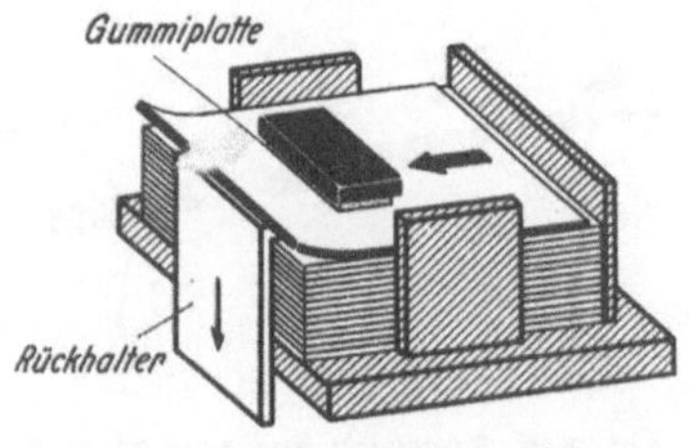

Abb. 538 u. 539. Vorrichtung ähnlich wie in Abb. 537, jedoch mit Rückhalter. Gummiplatte zieht das Blatt unter dem Rückhalter vor (Abb. 538) und hebt dann an. Blatt federt dann zurück, aber über den Rückhalter (Abb. 539).

Text: Abschnitt 49

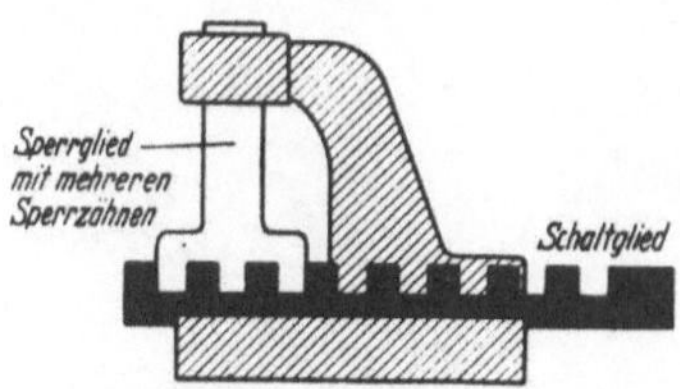

Abb. 540. Sperrtrieb mit mehreren Sperrgliedzähnen.

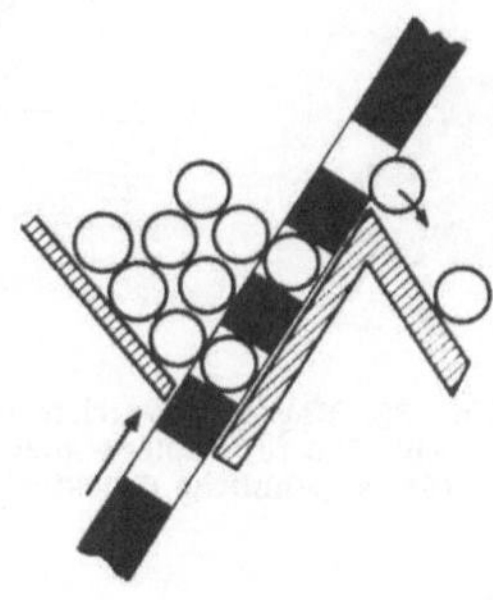

Abb. 542. Vorrichtung wie in Abb. 541, jedoch mit Übergewicht-Abstreifung, ähnlich Abb. 502 u. 503.

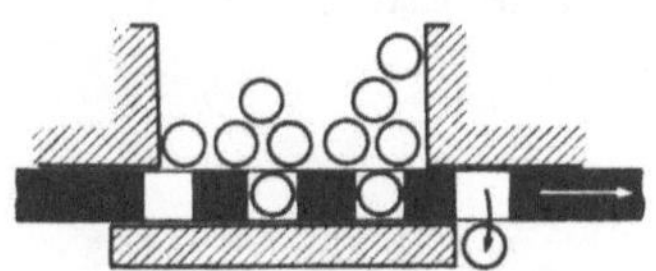

Abb. 541. Magazinierung nach Abb. 514, jedoch mit mehreren Schaltgliedzellen (ähnelt Abb. 495 u. 496).

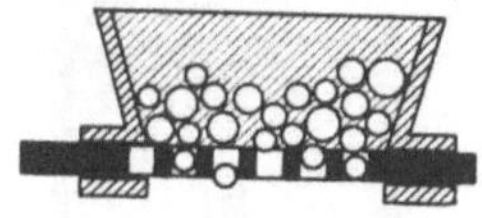

Abb. 544. Vorrichtung wie Abb. 541, als Sieb für verschieden große Werkstücke.

Abb. 543. Vorrichtung wie in Abb. 541. Schaltglied als Hohlrad ähnlich Abb. 505.

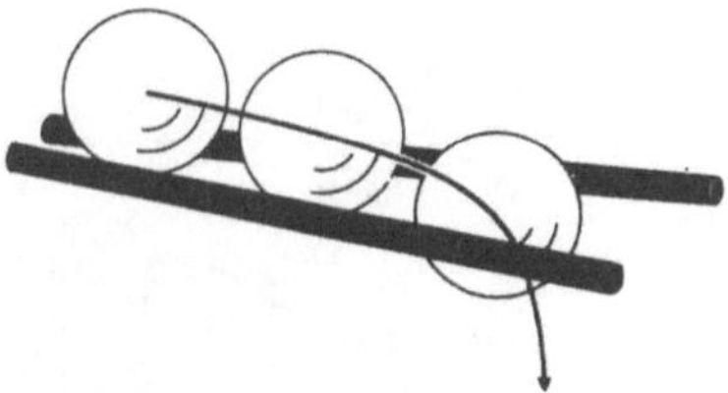

Abb. 546. Kugelsieb aus zwei nicht parallelen Stäben. (*Allmählich* größer werdende Lochung!)

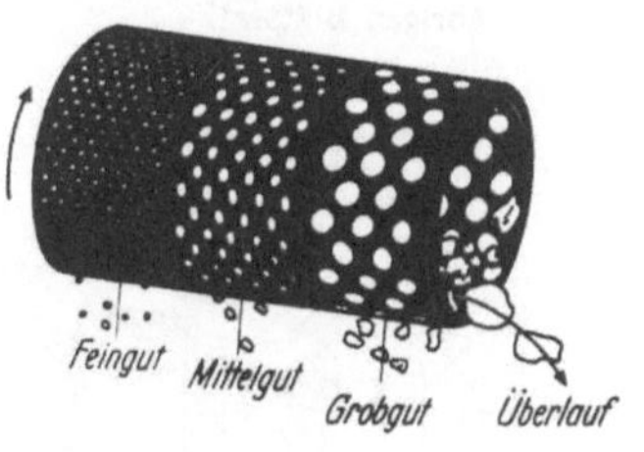

Abb. 545. Trommelsieb mit verschieden großer Lochung zum Trennen in entsprechende Stückgrößen.

Text: Abschnitt 49

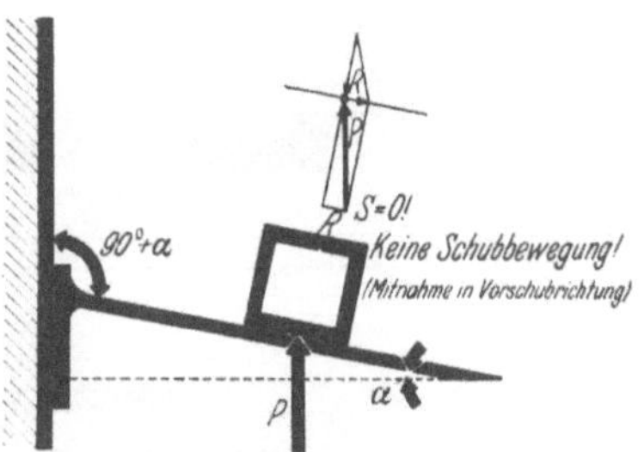

Abb. 547. Keilschubgetriebe mit Hubwirkung.
R = Reibkraft.
S = Keilschubkraft.

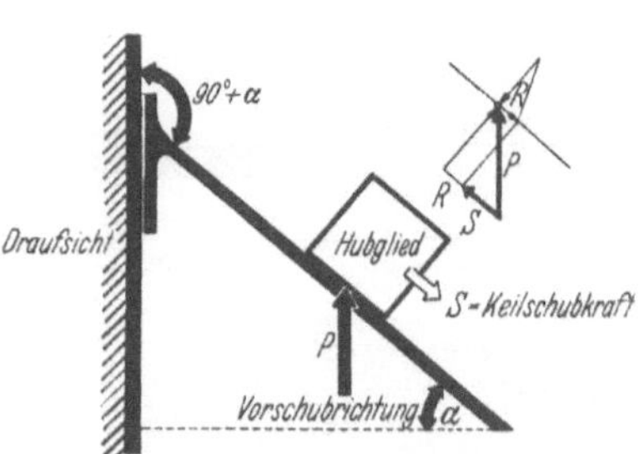

Abb. 548. Keilschubgetriebe, wegen Selbstsperrung nur Mitnahme in Vorschubrichtung.
R = Reibkraft.

Abb. 550. Nadelmagazinierung nach Abb. 548. Geringe Seitenbewegung bis zum Ausrichten an der Anlageschiene.

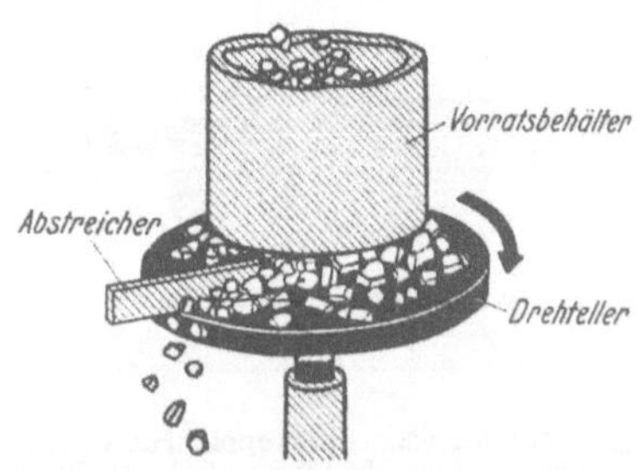

Abb. 549. Magazinieren mit Drehteller und Abstreifer (Keil) nach Abb. 547.

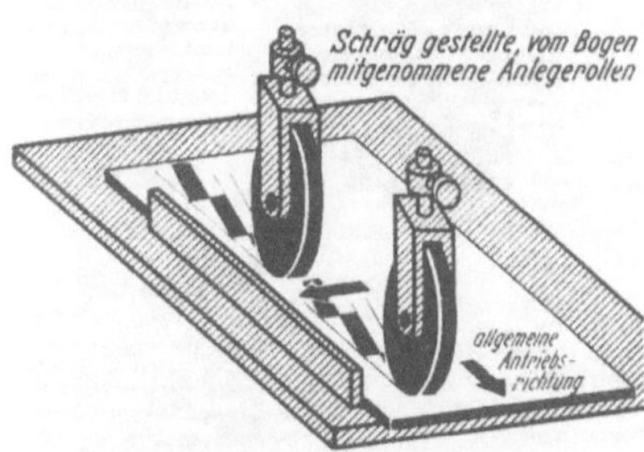

Abb. 551. Leichte Schrägstellung von Mitnahmerollen zum Papieranlegen. (Wirkung sehr vergrößert anschaulich gemacht.)

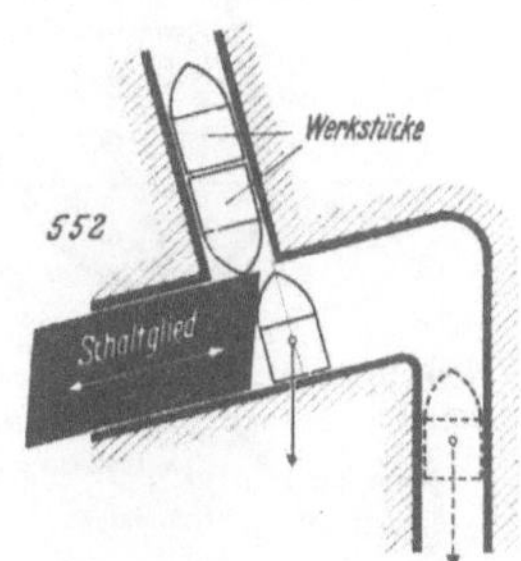

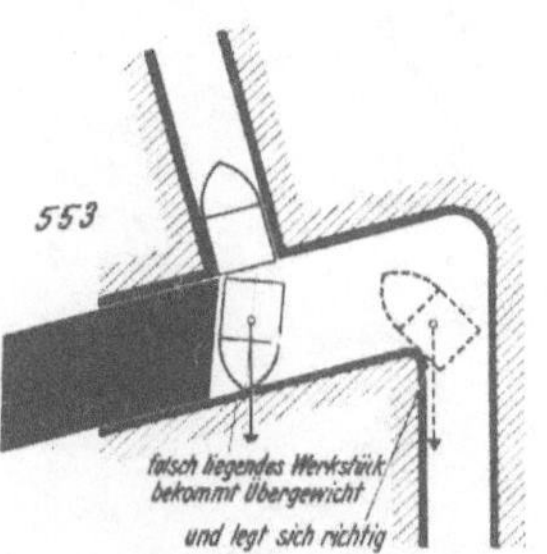

Abb. 552 u. 553. Patronenmagazinierung mit Gleichgewichtsausnutzung.

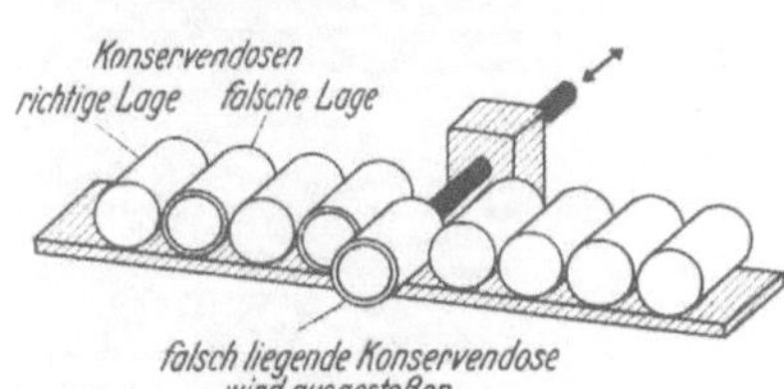

Abb. 554. Nachordnung von Konservendosen mit Stoßkupplung.

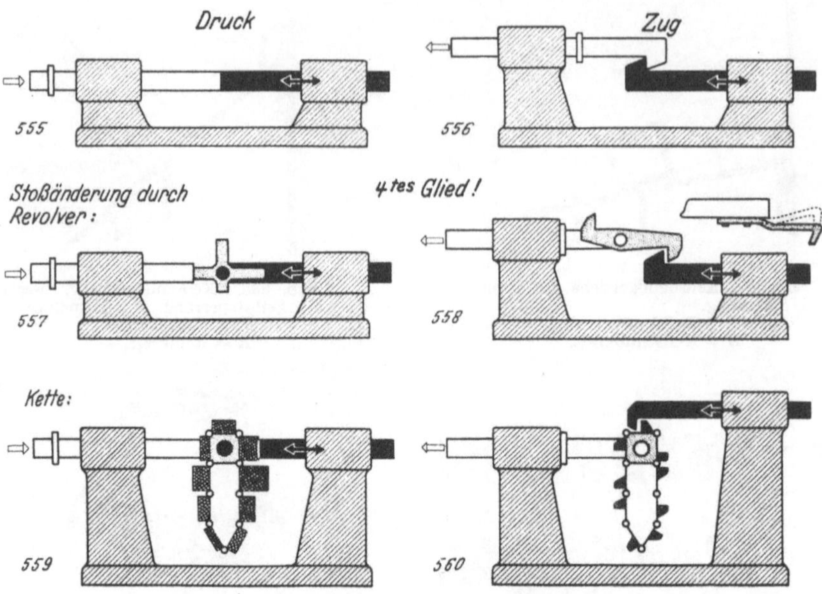

Abb. 555 bis 560. Stoßkupplungen in einfacher Anordnung. Abb. 555, 557 u. 559 auf Druck ansprechend, Abb. 556, 558 u. 560 auf Zug ansprechend. Abb. 557 bis 560 mit 4. Glied, Abb. 559 u. 560 dazu noch mit Steuerketten.

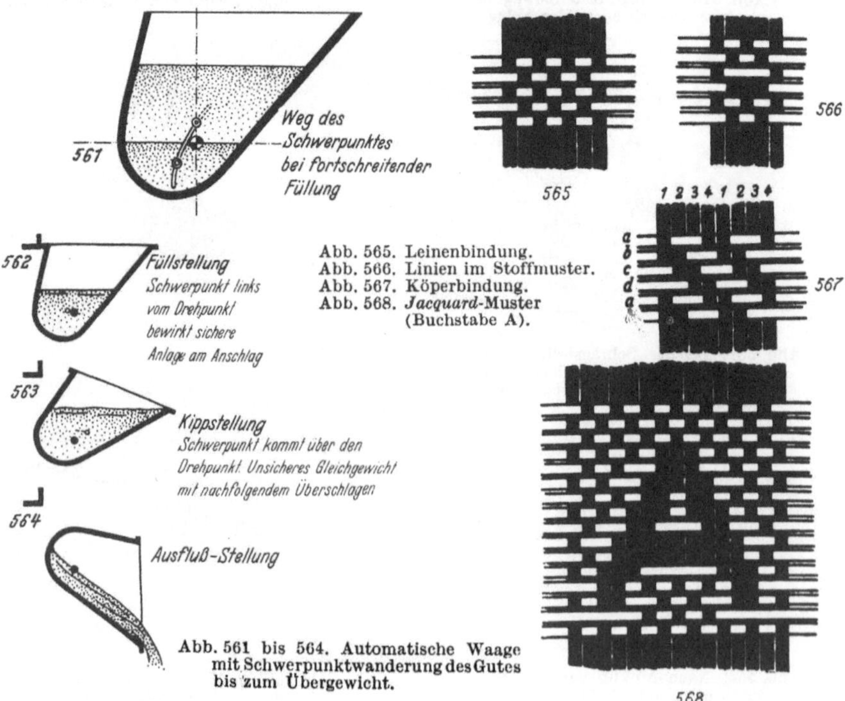

Abb. 565. Leinenbindung.
Abb. 566. Linien im Stoffmuster.
Abb. 567. Köperbindung.
Abb. 568. *Jacquard*-Muster (Buchstabe A).

Abb. 561 bis 564. Automatische Waage mit Schwerpunktwanderung des Gutes bis zum Übergewicht.

Text: Abschnitt 50, 51

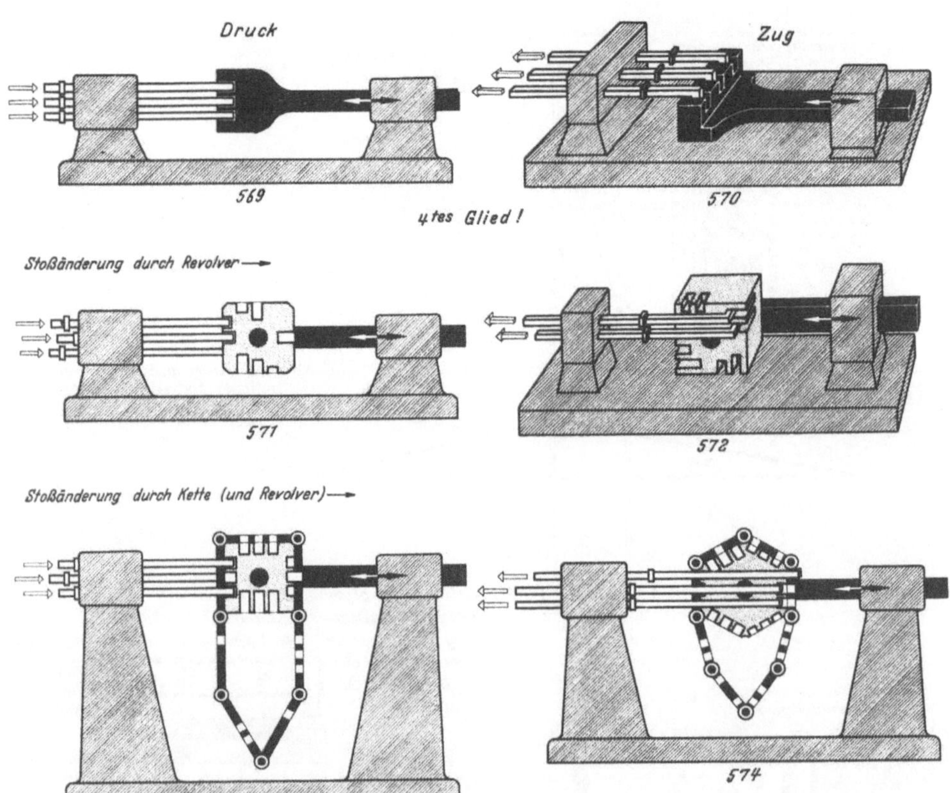

Abb. 569 bis 574. Stoßkupplungen, wie in Abb. 553 bis 560, jedoch in mehrfacher Anordnung. In Abb. 573 u. 574 Kette aus gelochtem Hartpapier an Stelle der verschiedenen Anschläge in Abb. 559 u. 560.

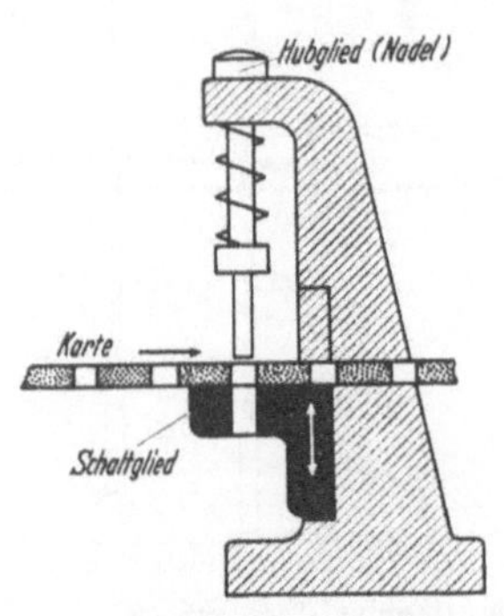

Abb. 575. Grundform der 1. Stoßkupplung der *Jacquard*-Steuerung in Abb. 577. Schaltglied (bewegt) trägt die Karte.

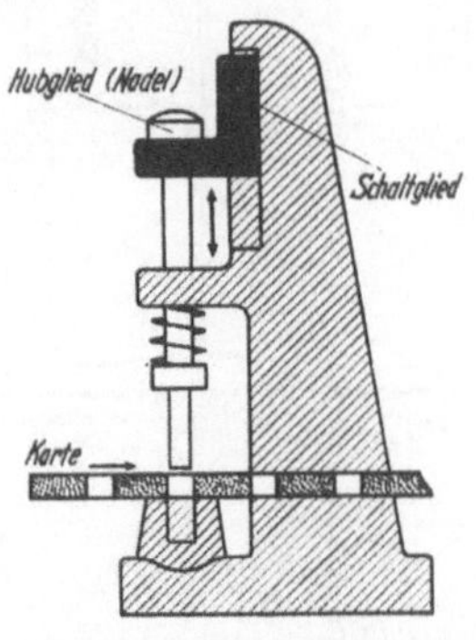

Abb. 576. Stoßkupplung der Abb. 575 umgeformt. Gestell (ruhend) trägt die Karte, Schaltglied bewegt nur das Hubglied (Nadel).

Text: Abschnitt 50

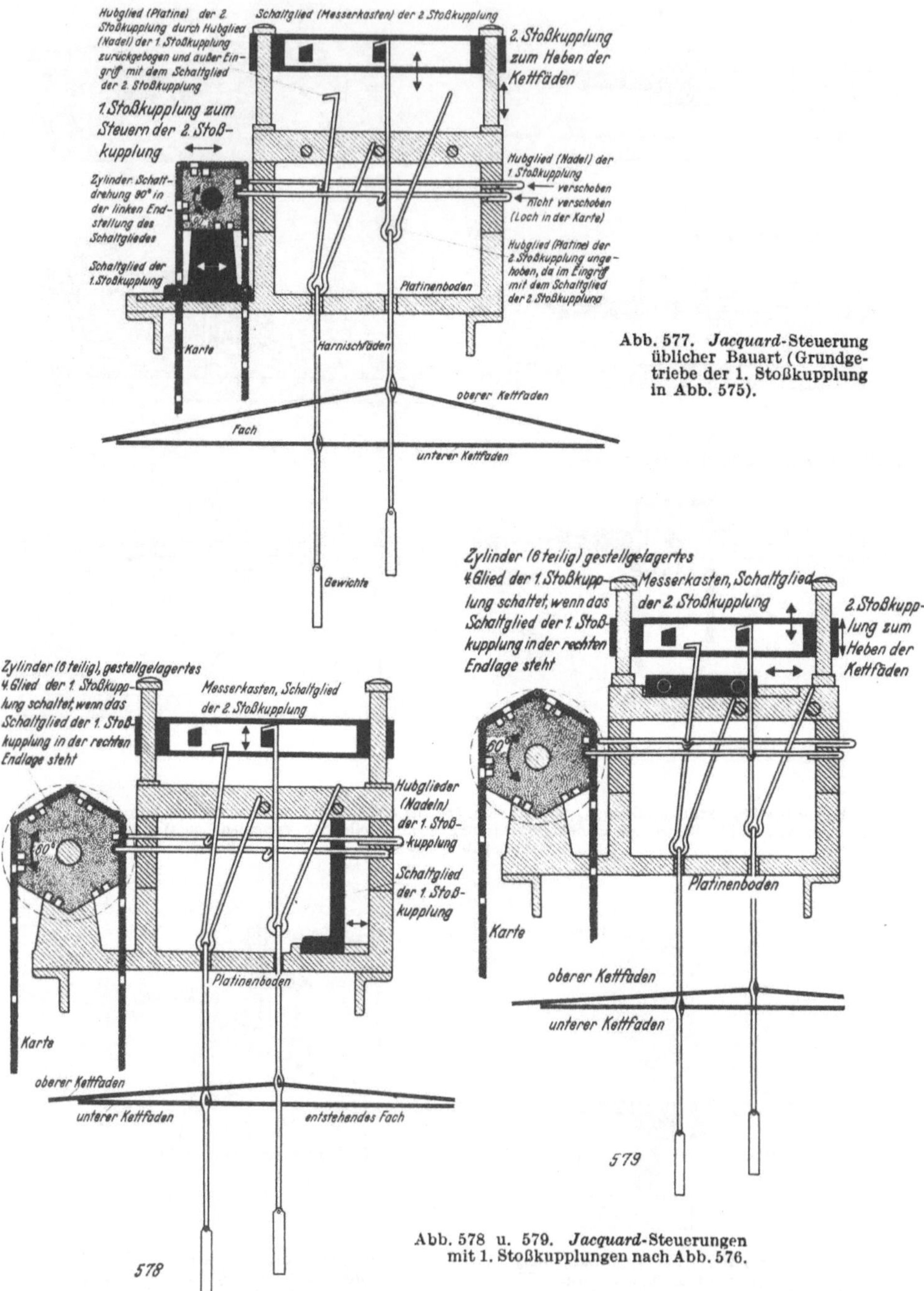

Abb. 577. *Jacquard*-Steuerung üblicher Bauart (Grundgetriebe der 1. Stoßkupplung in Abb. 575).

Abb. 578 u. 579. *Jacquard*-Steuerungen mit 1. Stoßkupplungen nach Abb. 576.

Text: Abschnitt 51

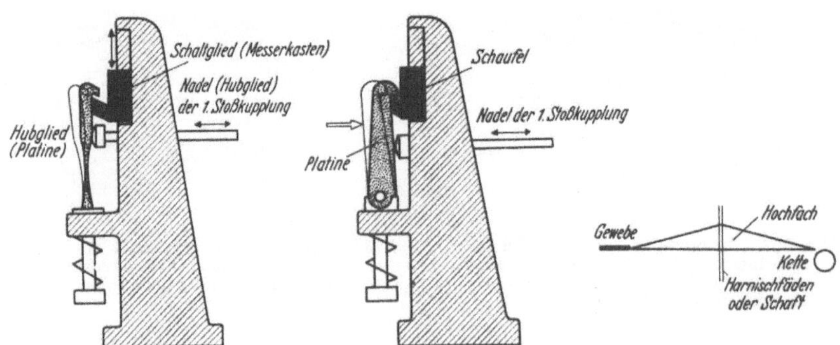

Abb. 580. Grundform der 2. Stoßkupplung der Abb. 577, 578 u. 579. Hubglied (Platine) gefedert. (Blattfedergelenk.)

Abb. 581. Grundgetriebe der Hochfachschaufelschaftmaschine entsteht aus dem Getriebe der Abb. 580 durch Ersatz des Blattfedergelenkes durch ein normales Drehgelenk (vgl. Abb. 558).

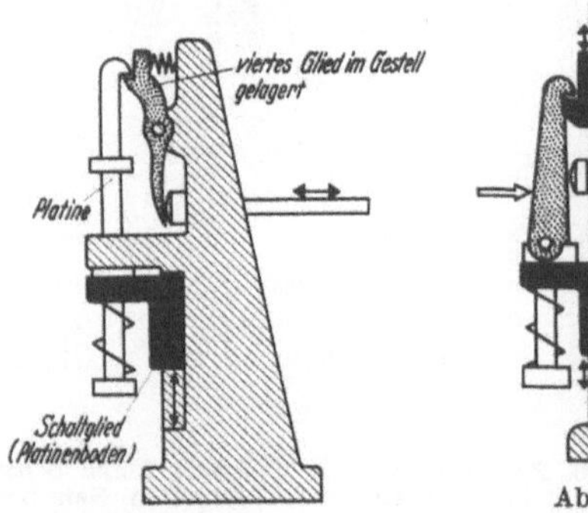

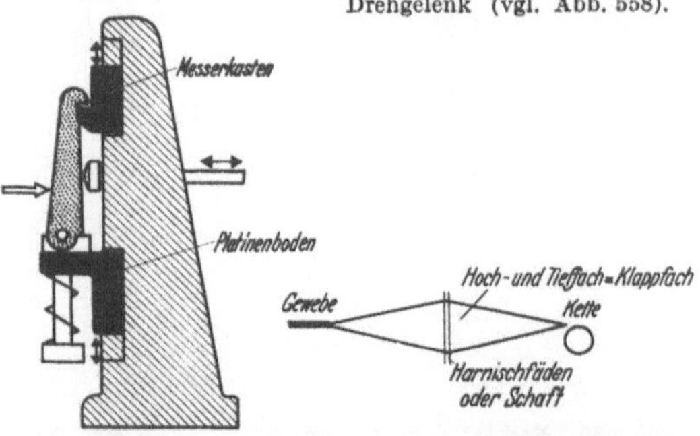

Abb. 583. Grundgetriebe einer Klappfachsteuerung. Messerkasten und Platinenboden gegenläufig. Bei *Jacquard*- und bei Schaftmaschinen angewendet.

Abb. 582. Getriebe wie in Abb. 581, jedoch 4. Glied im Gestell (vgl. Abb. 575 u. 576).

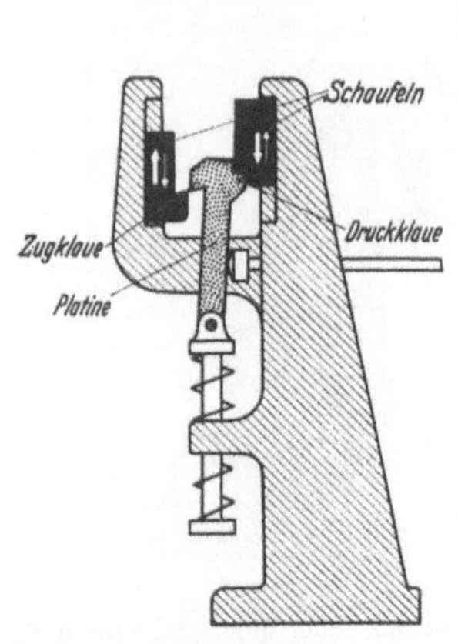

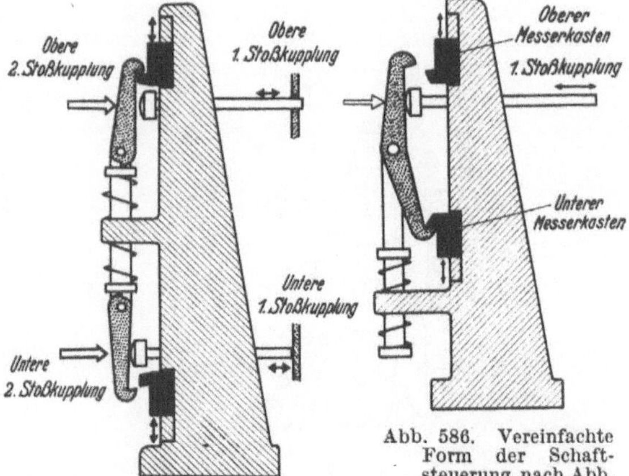

Abb. 584. Grundgetriebe der Schemelschaftmaschine.

Abb. 585. Grundgetriebe einer Schaftmaschinensteuerung für Seidenstühle (Zwillings-Schaftsteuerung).

Abb. 586. Vereinfachte Form der Schaftsteuerung nach Abb. 585 ergibt eine Schemelschaftmaschinensteuerung wie in Abb. 584.

Text: Abschnitt 51

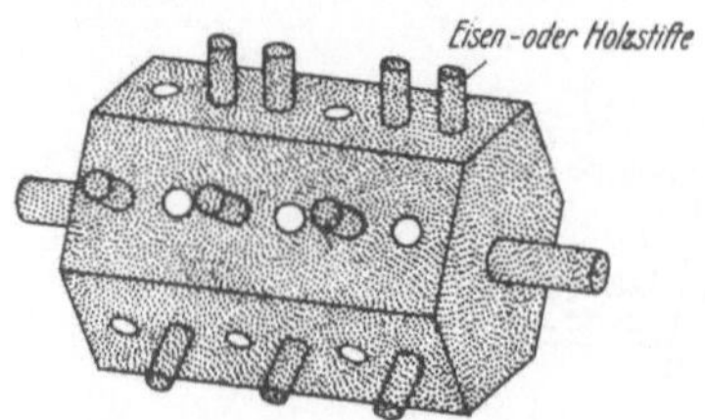

Abb. 587. Steuerungszylinder für Schaftmaschinen (vgl. Abb. 557). Anschläge
(entspr. ungelochter Karte) als einsetz-
bare Eisen- oder Holzstifte.

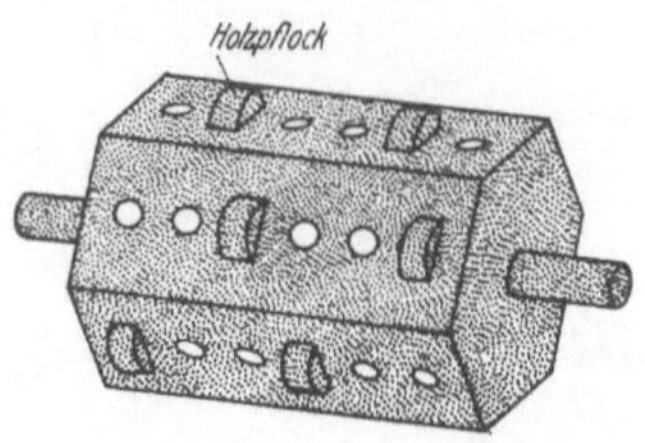

Abb. 588. Steuerungszylinder für Schaftmaschinen wie in Abb. 587, jedoch mit
einsetzbaren Holzpflöcken als Anschlä-
gen.

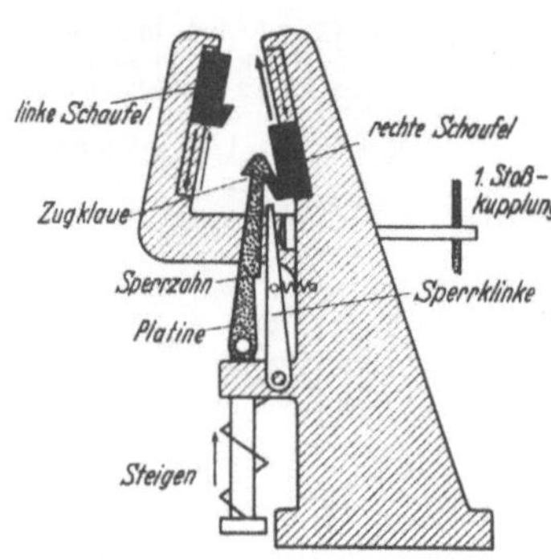

Abb. 589. Rechte Schaufel unten,
Loch in der Karte. Schaft wird
steigen.

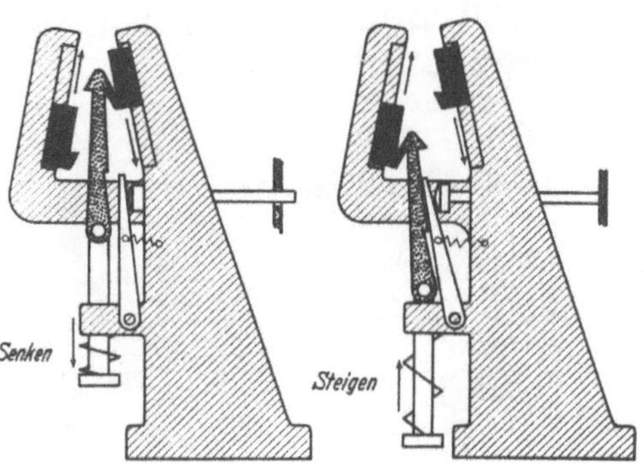

Abb. 590. Rechte Schau-
fel mit Platine oben.
Loch in der Karte.
Schaft wird sinken.

Abb. 591. Linke Schau-
fel unten. Kein Loch
in der Karte. Schaft
wird steigen.

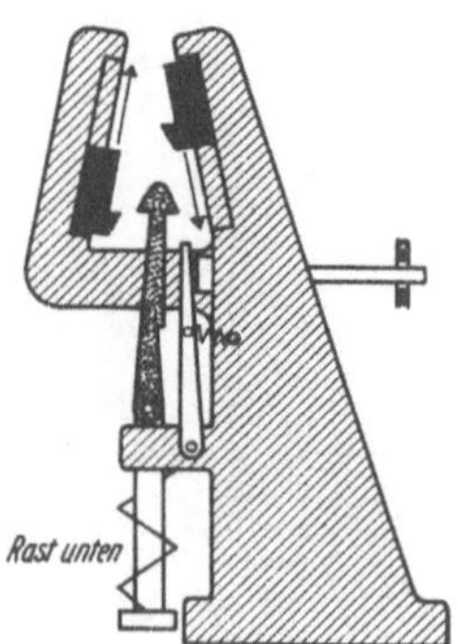

Abb. 592. Linke Schaufel unten. Loch in
der Karte. Schaft rastet unten.

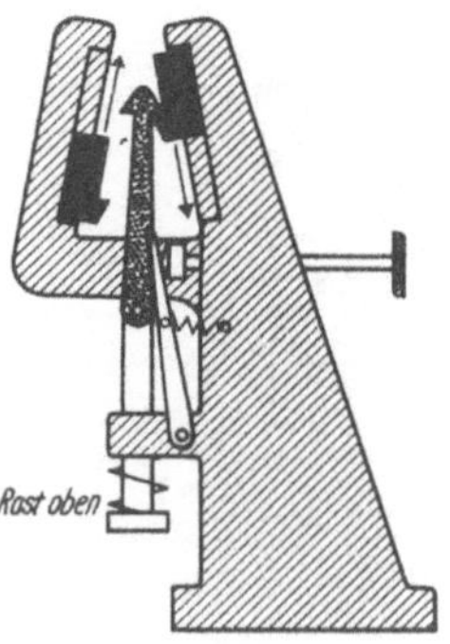

Abb. 593. Rechte (oder linke) Schaufel und
Platine oben. Kein Loch in der Karte.
Schaft rastet oben.

Abb. 589 bis 593. Doppelhub-Schaftmaschinen-Steuerung.

Text: Abschnitt 51

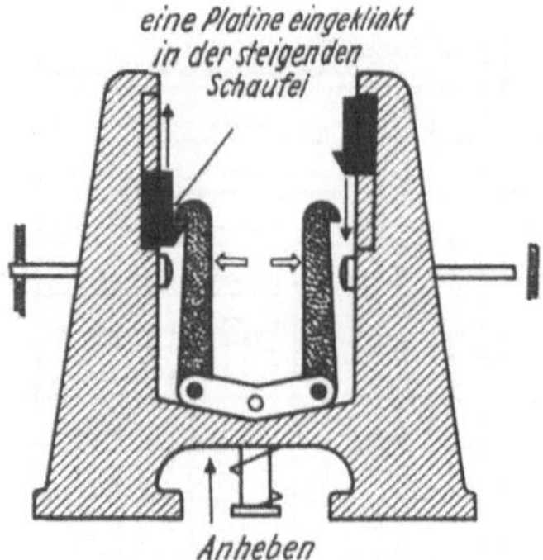

Abb. 594. Linke Schaufel unten. Loch in *linker* Karte. Schaft wird steigen.

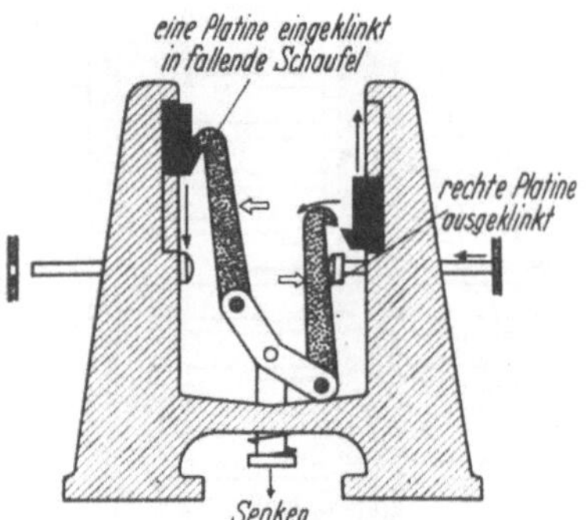

Abb. 595. Linke Schaufel mit linker Platine oben. Kein Loch in der *rechten* Karte. Schaft wird sinken.

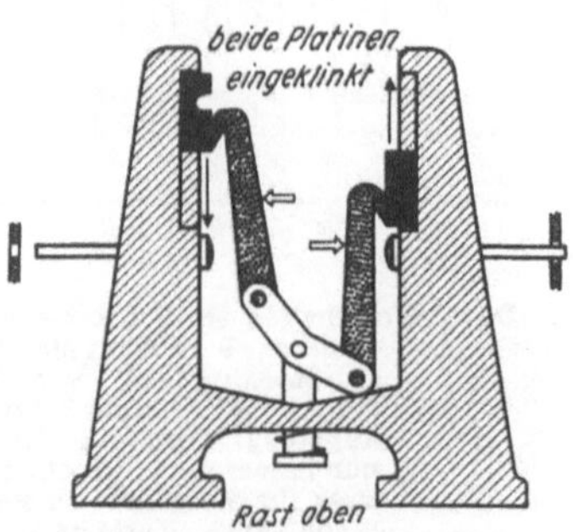

Abb. 596. Linke Schaufel mit linker Platine oben. Loch in *rechter* Karte. Schaft rastet oben.

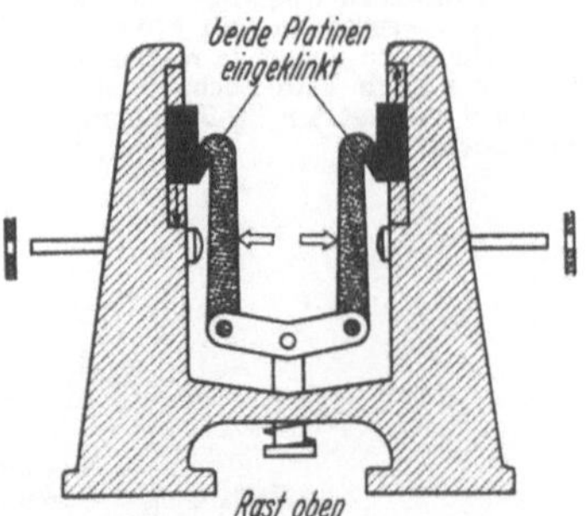

Abb. 597. Anordnung wie in Abb. 596. Schaufeln auf halbem Weg. Schaft rastet oben.

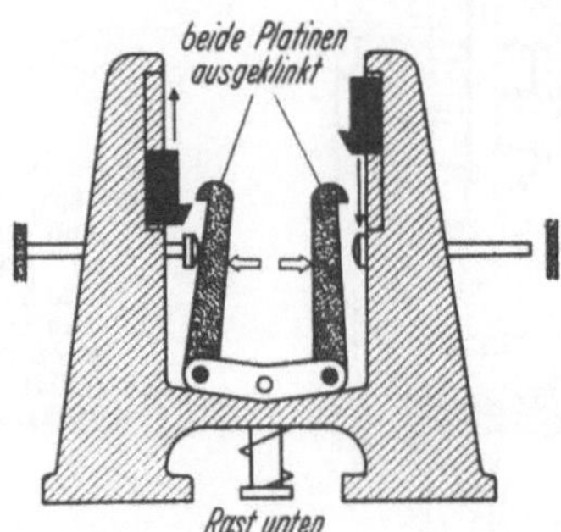

Abb. 598. Linke Schaufel unten. Rechte Platine unten. *Linke* Karte ohne Loch. Schaft rastet unten.

Abb. 594 bis 598. Doppelhub-Schaftmaschinen-Steuerung.

Text: Abschnitt 51

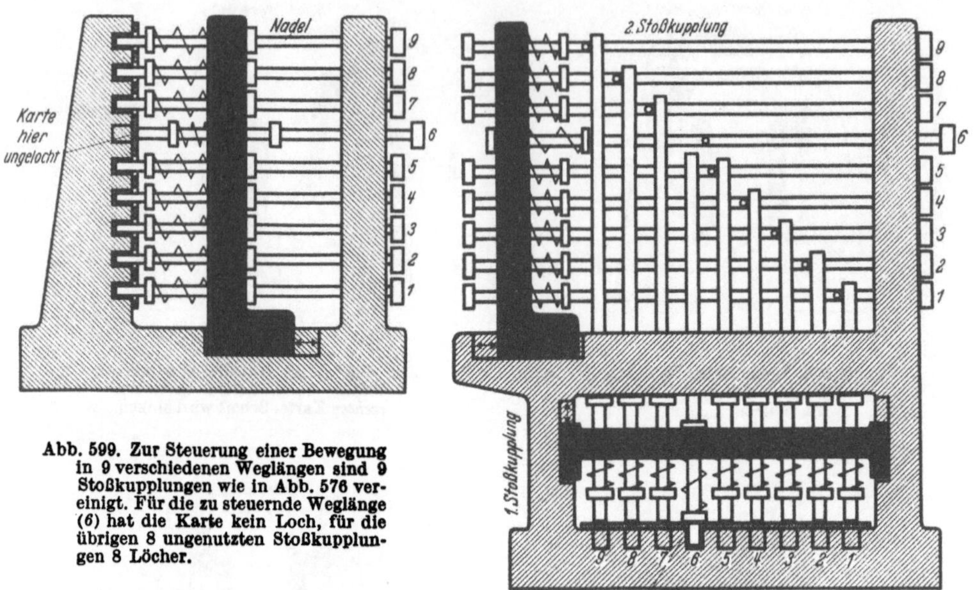

Abb. 599. Zur Steuerung einer Bewegung in 9 verschiedenen Weglängen sind 9 Stoßkupplungen wie in Abb. 576 vereinigt. Für die zu steuernde Weglänge (*6*) hat die Karte kein Loch, für die übrigen 8 ungenutzten Stoßkupplungen 8 Löcher.

Abb. 600. Durch Vorschalten einer Gruppe von weiteren 9 Stoßkupplungen (1. Stoßkupplung) vor die der Abb. 599 (jetzt: 2. Stoßkupplung) trägt die Karte nun immer nur ein Loch, und zwar für die gerade zu steuernde Länge. Karte ist daher haltbarer.

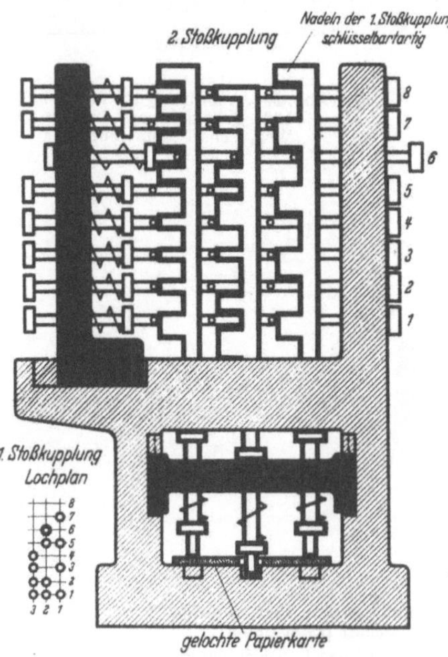

Abb. 601. Die Anordnung nach Abb. 600 gestattet bei acht zu steuernden Weglängen eine Verringerung auf 3 Nadeln in der 1. Stoßkupplung, wenn diese Nadeln geeignete schlüsselbartähnliche Sperransätze erhalten.

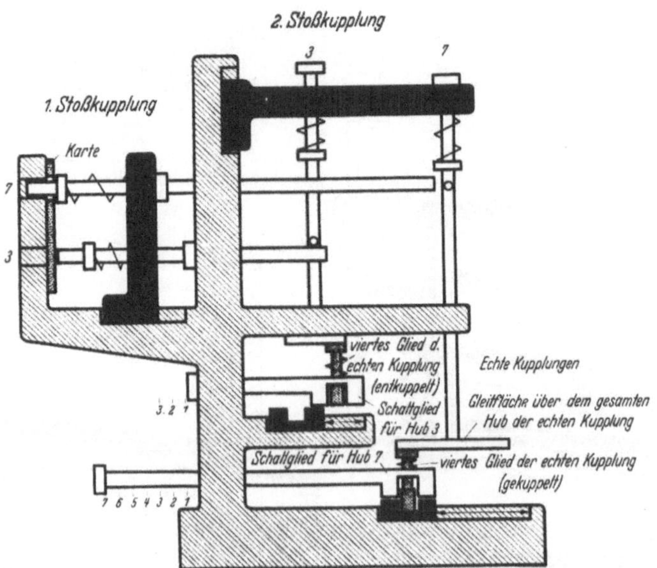

Abb. 602. Umwertung der Schaltstellung einer Nadel einer 2. Stoßkupplung nach Abb. 600 (oder 601) in einer wirklichen Weglänge. (Nur Nadel 3 und 7 gezeichnet, 7 geschaltet.) Jede der Nadeln arbeitet mit einer echten Kupplung zusammen, deren schwarzes Glied immer den der Nadel entsprechenden Hub ausführt, deren weißes Schaltglied aber jeweils nur durch die gesteuerte Nadel mit Hilfe eines gepunkteten Gliedes (4. Glied) gekuppelt wird.

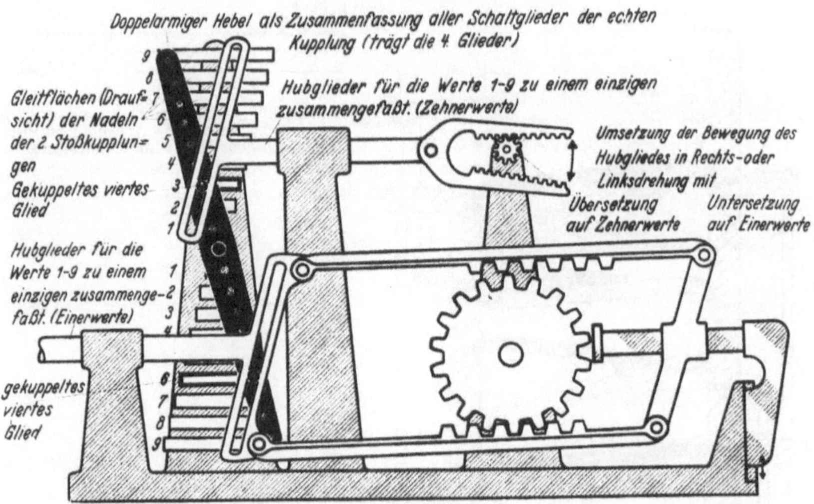

Abb. 603. Praktische Ausführungsform einer Anordnung nach Abb. 602. Alle schwarzen Kupplungsglieder sind zu einem schwingenden schwarzen Doppelhebel zusammengefaßt, der die „vierten Glieder" der echten Kupplungen trägt. Alle Schaltglieder dieser Kupplung sind zu zwei Hubgliedern für die Einer- und Zehnerwerte zusammengefaßt. Diese können + oder — geschaltet werden. Reichweite 99 + 99 = 198 Bewegungseinheiten.

Text: Abschnitt 51

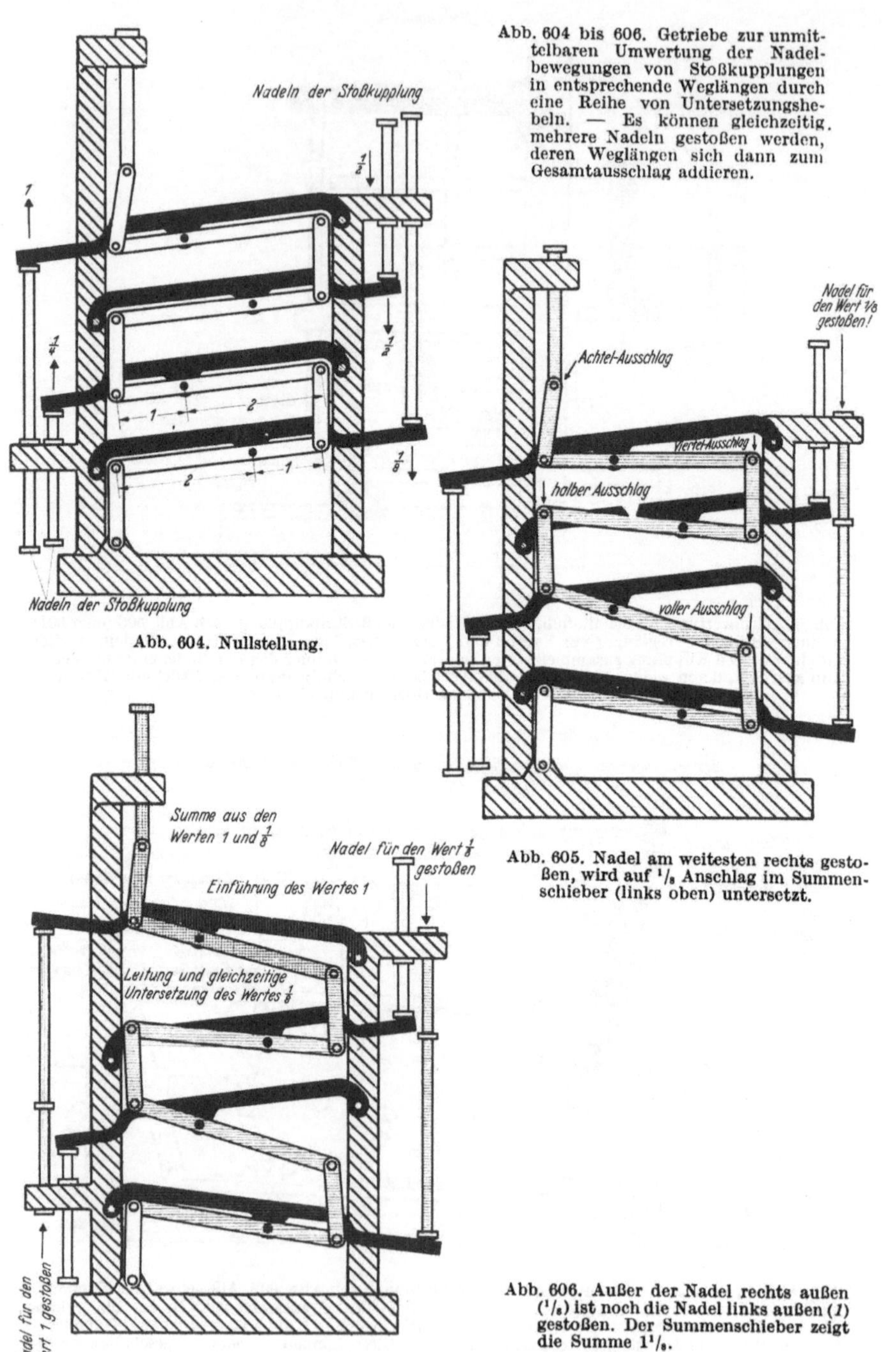

Abb. 604 bis 606. Getriebe zur unmittelbaren Umwertung der Nadelbewegungen von Stoßkupplungen in entsprechende Weglängen durch eine Reihe von Untersetzungshebeln. — Es können gleichzeitig mehrere Nadeln gestoßen werden, deren Weglängen sich dann zum Gesamtausschlag addieren.

Abb. 604. Nullstellung.

Abb. 605. Nadel am weitesten rechts gestoßen, wird auf ¹/₈ Anschlag im Summenschieber (links oben) untersetzt.

Abb. 606. Außer der Nadel rechts außen (¹/₈) ist noch die Nadel links außen (*1*) gestoßen. Der Summenschieber zeigt die Summe 1¹/₈.

Text: Abschnitt 51

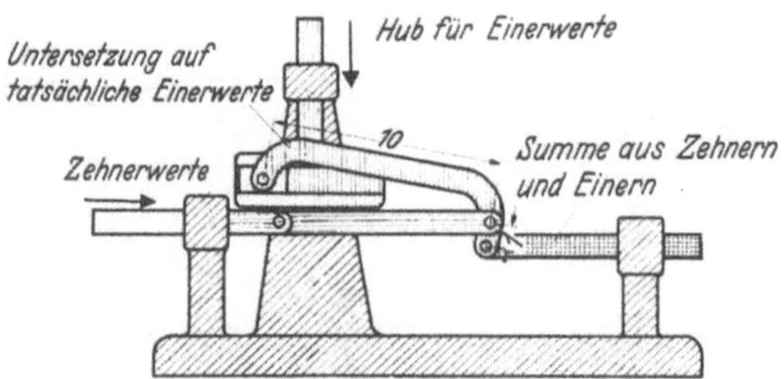

Abb. 607. Getriebe zum Untersetzen der Einerwerte auf $^1/_{10}$ und Addition mit den Zehnerwerten.

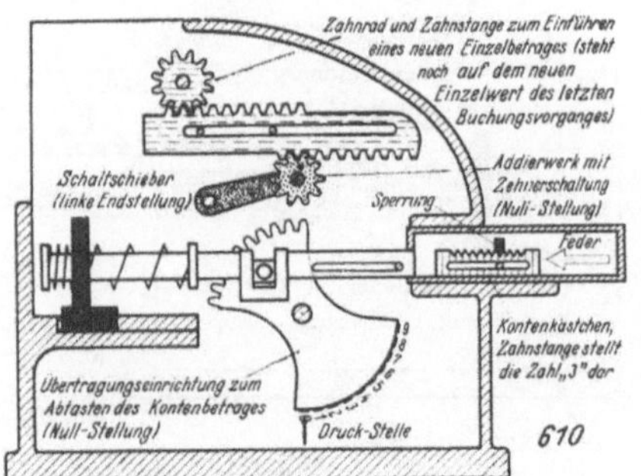

Abb. 608. Getriebe zum Umwerten der Nadelbewegungen mit Addition und Subtraktion der tatsächlichen Weglängen.

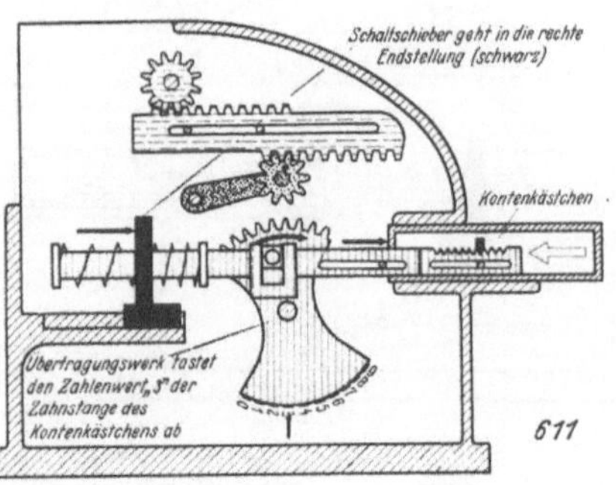

Abb. 609.
Hebel für $^9/_9$ (rechts außen) nach unten (+)
Hebel für $^3/_9$ (rechts mitten) nach oben (—)
Hebel für $^1/_9$ (rechts innen) nach unten (+).
Summe: $+\,^9/_9 - ^3/_9 + ^1/_9 = ^7/_9$.

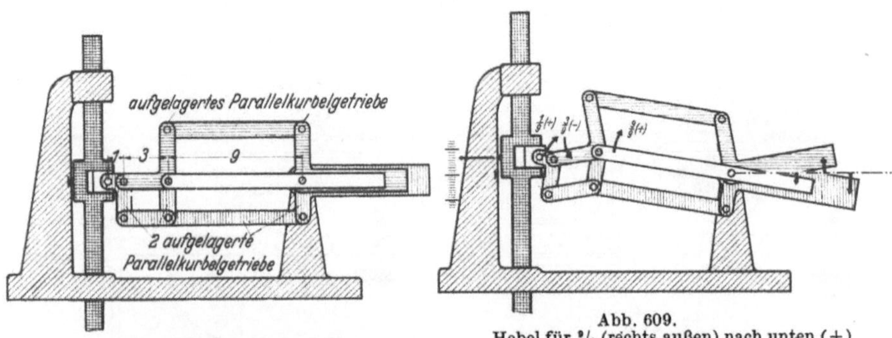

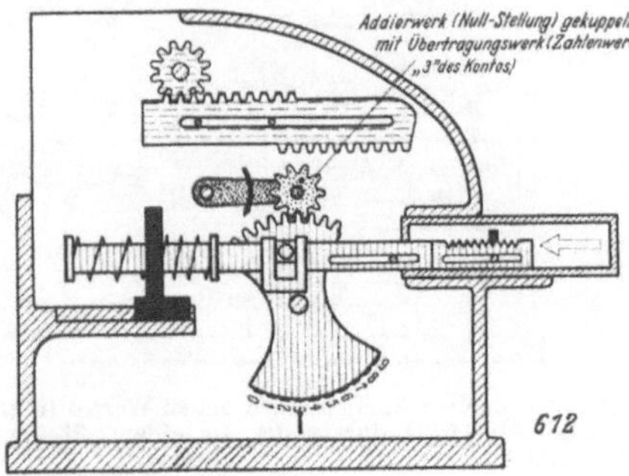

Abb. 610 bis 612. Die drei ersten Vorgänge bei einer maschinellen Buchung bis zur Einführung des alten Saldos in das Addierwerk.

Text: Abschnitt 51

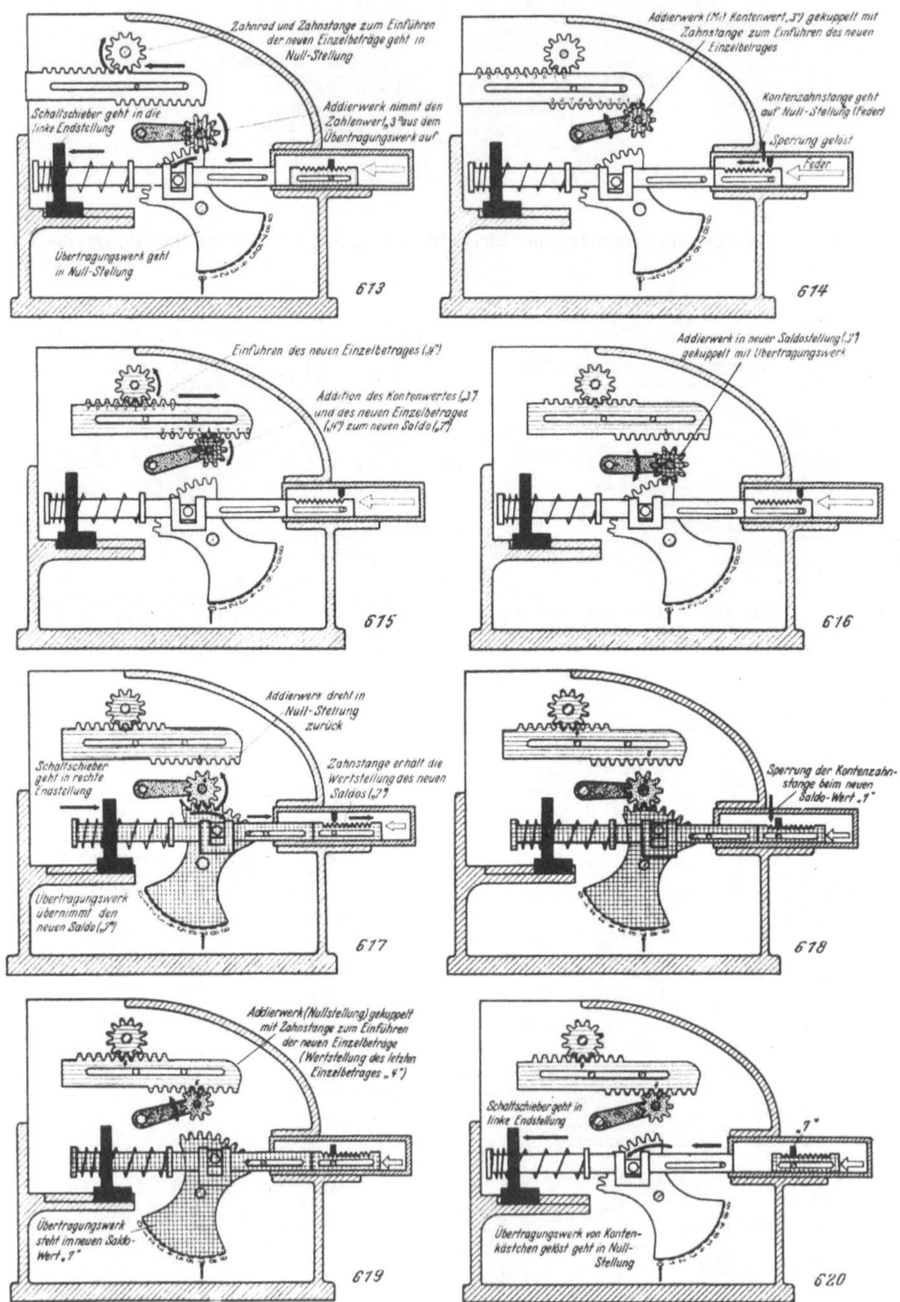

Abb. 613 bis 620. Die einzelnen Vorgänge beim maschinellen Buchen eines neuen Wertes in einem Zahnstangenkonto (Kontenkästchen entsprechend Abb. 629) dargestellt an einem Stellenwert (Dezimale).

Text: Abschnitt 52

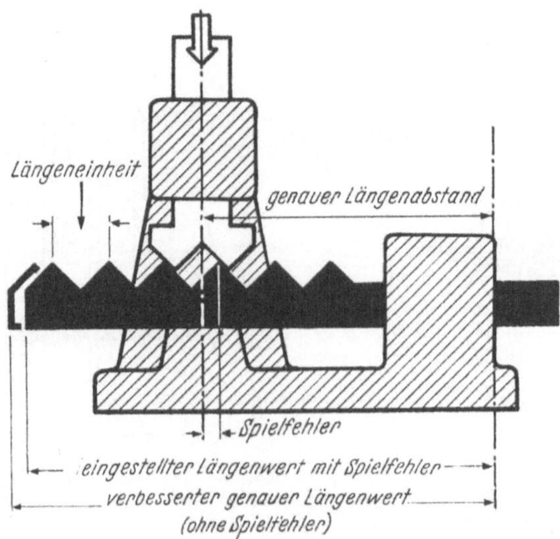

Abb. 621. Formkraftschlüssiger Sperrtrieb nach Abb. 75, 82 u. 83 zur Genaueinstellung ungenau anfallender Rechenwerte.

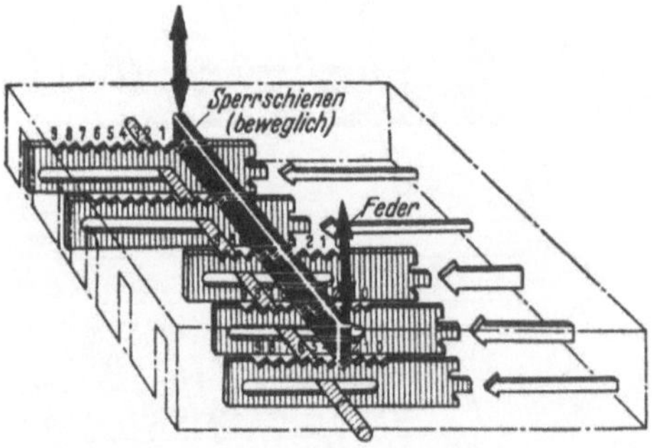

Abb. 629. Getriebliche Zahl (Zahnstangenkästchen).

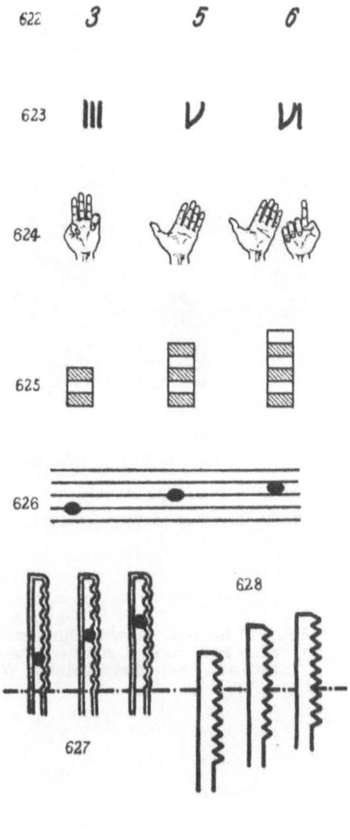

Abb. 622 bis 628. Ziffern und Zahlenwerte.

Text: Abschnitt 51, 52

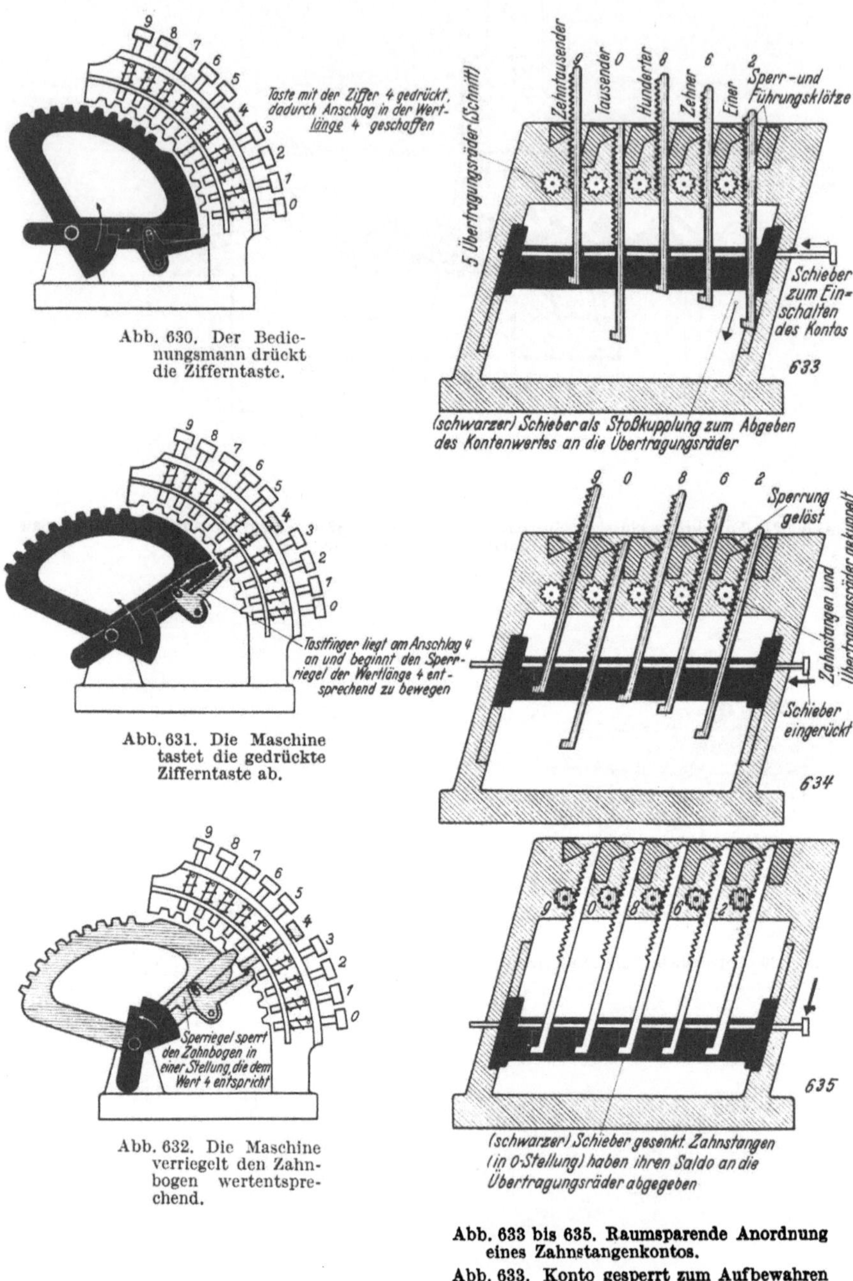

Abb. 633 bis 635. **Raumsparende Anordnung eines Zahnstangenkontos.**

Abb. 633. **Konto gesperrt zum Aufbewahren eines Saldos.**

Abb. 634. **Kupplung des Kontos mit den Übertragungszahnrädern.**

Abb. 635. **Überführen des Konteninhaltes in die Übertragungszahnräder.**

Abb. 630 bis 632. **Getriebe zur Umwandlung einer Zahl in eine von der Maschine abtastbare wertentsprechende Weglänge.**

Text: Abschnitt 52.

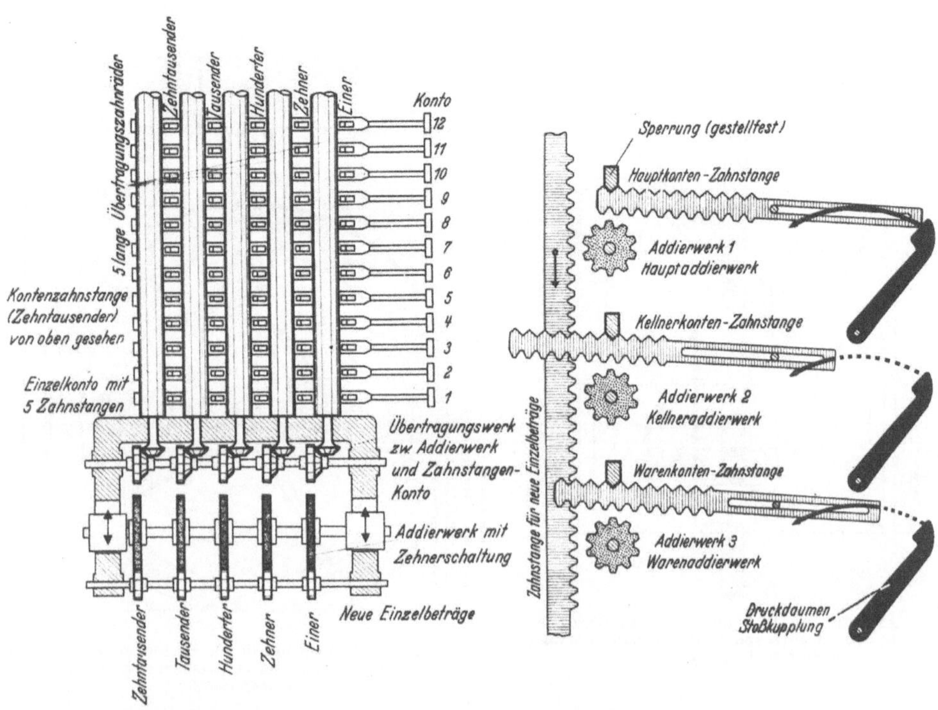

Abb. 636. Buchungskasse für maschinelle Bankbuchführung (Anordnung) mit vielen raumsparenden Einzelkonten wie in Abb. 633 bis 635. Arbeitsweise wie Abb. 610 bis 620.

Abb. 637. Buchungskasse zum gleichzeitigen Buchen eines Betrages in mehreren Konten. Registerkasse.

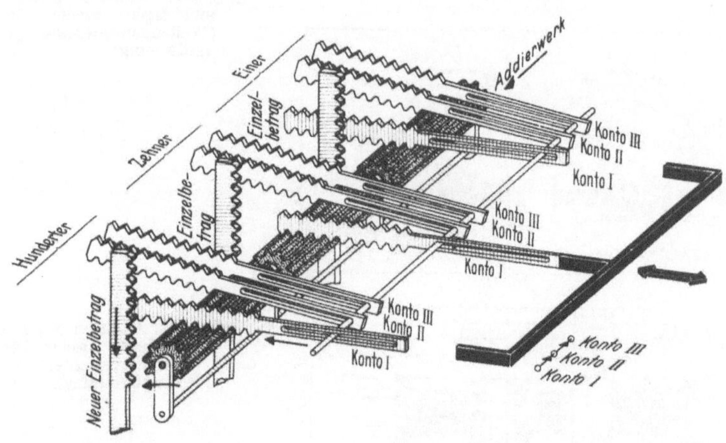

Abb. 638. Anordnung mehrerer Konten einer Kontenart (z. B. Kellnerkonten) bei einem breit gebauten Addierwerk nach Abb. 637.

Text: Abschnitt 52

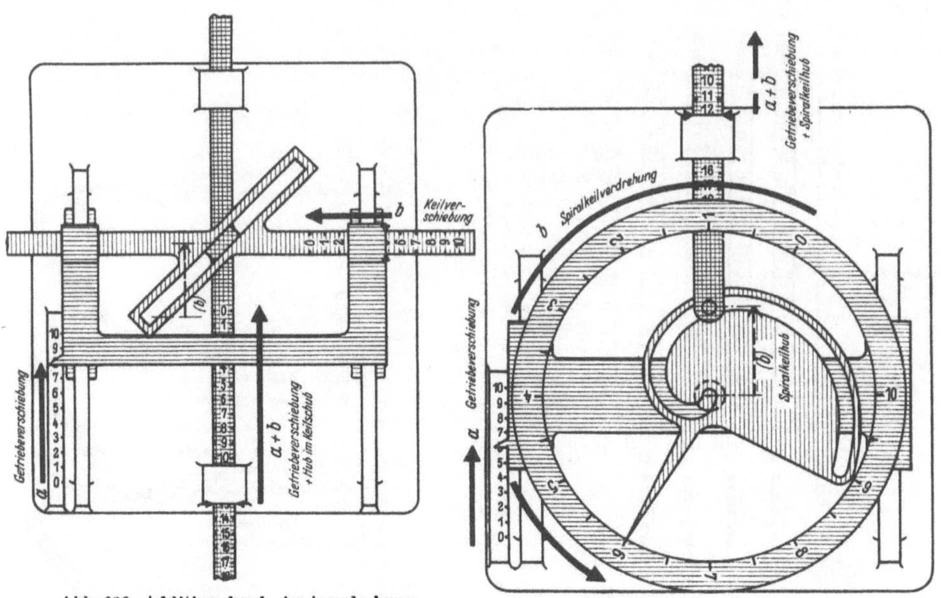

Abb. 639. Addition durch Aneinanderlegen
zweier Strecken (Getriebeverschiebung
+ Keilverschiebung).

Abb. 640. Addition durch Aneinanderlegen
zweier Strecken (Getriebeverschiebung
+ Spiralkeilverdrehung).

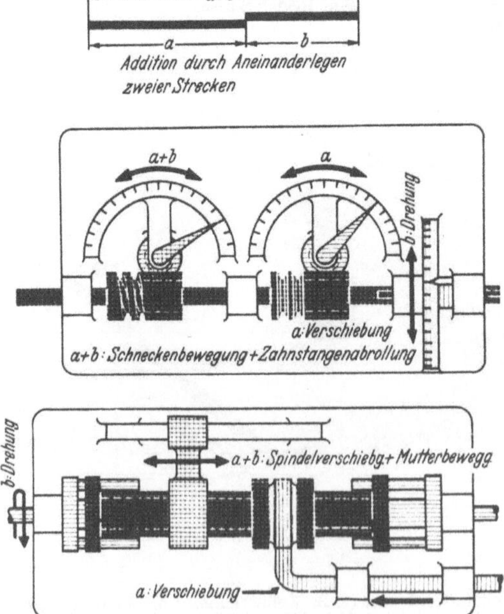

Abb. 641. Addition durch Aneinanderlegen zweier Strecken
(Wellenverschiebung + Wellen-
verdrehung).

Abb. 642. Addition durch Anein-
anderlegen zweier Strecken
(Getriebeverschiebung +
Schraubdrehung).

Text: Abschnitt 52

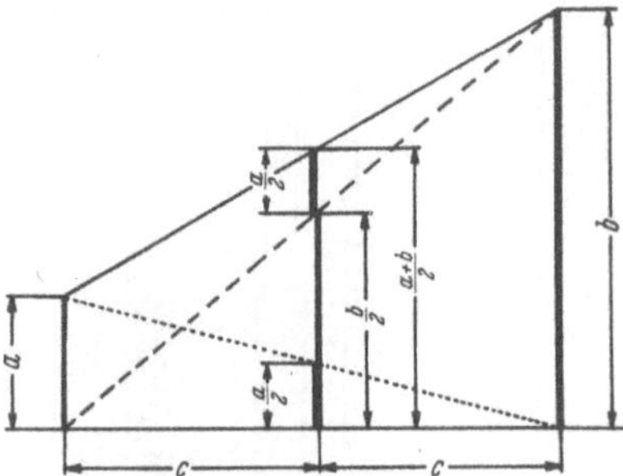

Abb. 643. Winkelschenkel geschnitten von parallelen Geraden ergeben ähnliche Dreiecke (Strahlensatz).

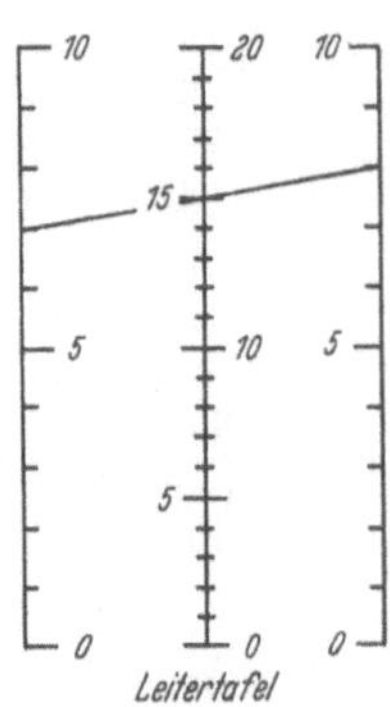

Abb. 645. Graphische Addition nach Art der Abb. 643.

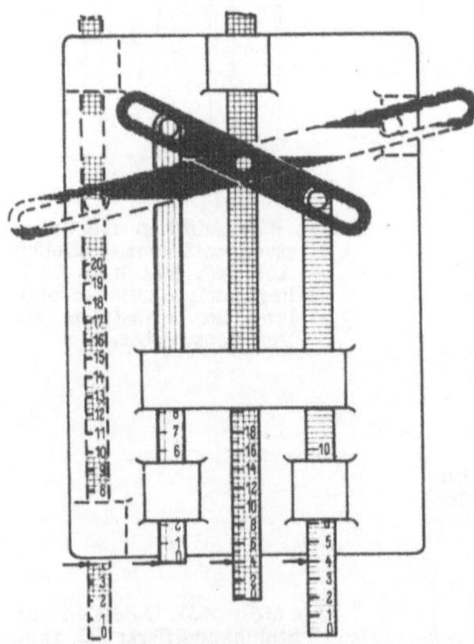

Abb. 644. Additionsgetriebe nach Art der Abb. 643 verbunden mit einem Multiplikationsgetriebe (gestrichelt) zur Multiplikation der Summe mit einer Konstanten (2).

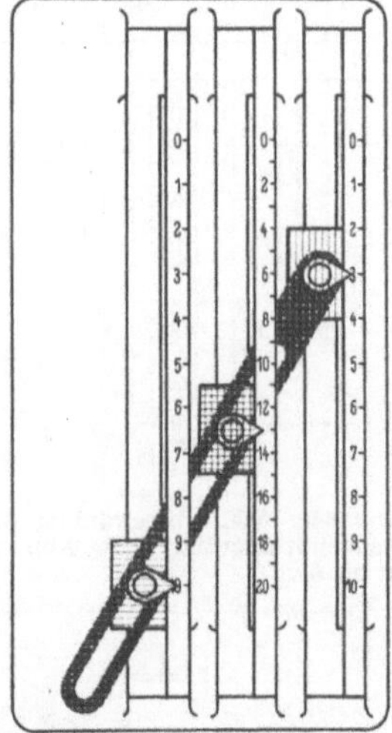

Abb. 646. Leitertafel der Abb. 645 als Getriebe.

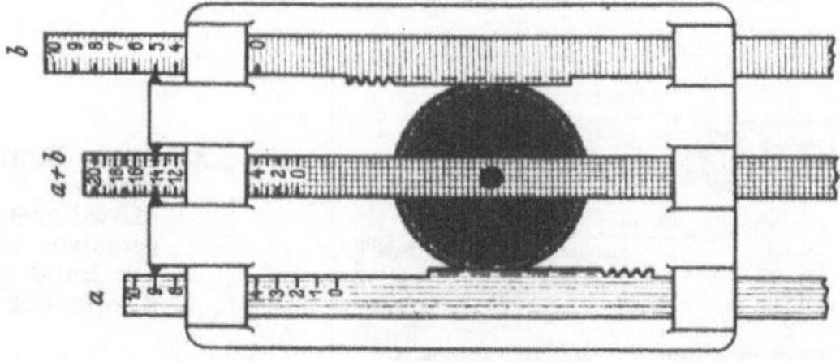

Abb. 647. Additionsgetriebe nach Art Abb. 643 bis 646 als Zahnstangendifferential.

Text: Abschnitt 52

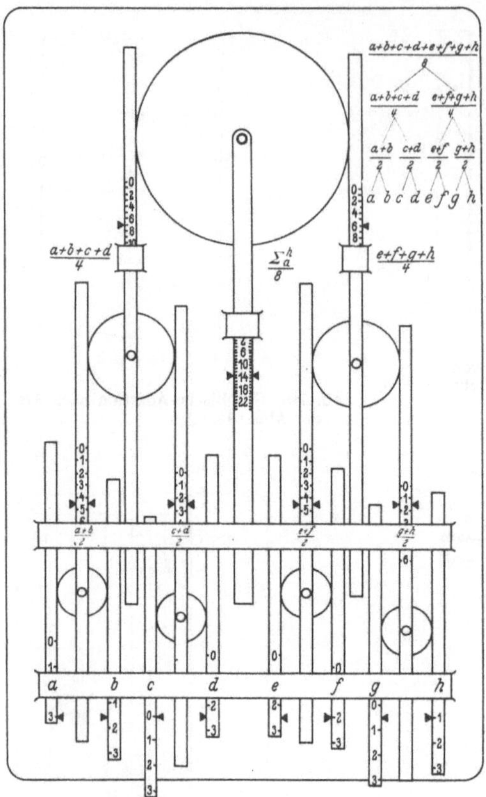

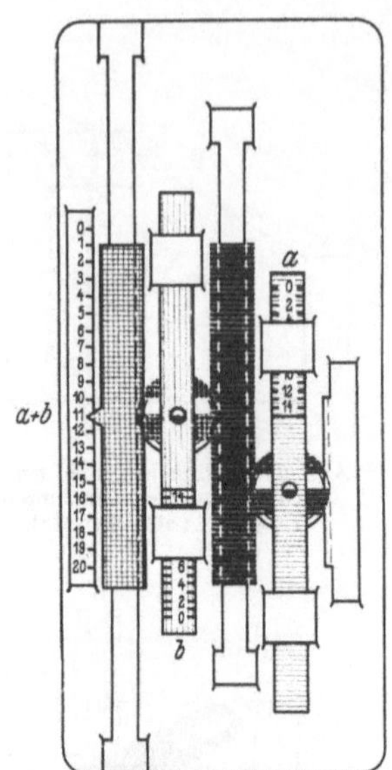

Abb. 648. Vielfachanordnung der Addition mit Zahnstangendifferential nach Abb. 647 für 8 Summanden (*a* bis *h*).

Abb. 649. Addition mit Zahnstangendifferential ähnlich Abb. 647, jedoch als Zwillingsgetriebe mit Verdopplung des Maßstabes am Summenschieber.

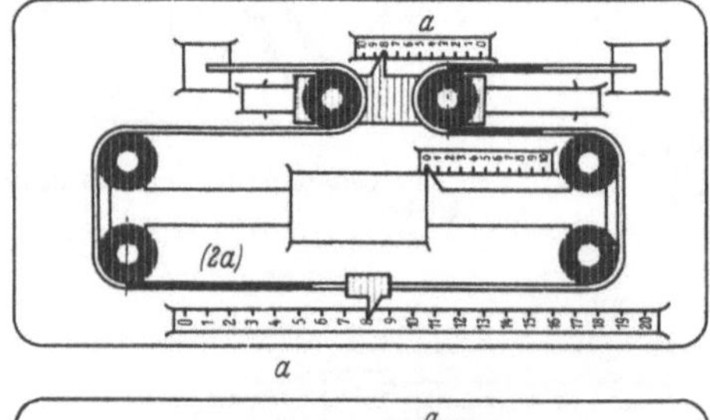

Abb. 650 u. 651. Addition mit Stahlbanddifferential ähnlich Abb. 649. Einführung der Summanden *a* in den obenliegenden Summandenschieber.

Abb. 651. Einführen des Summanden *b* in den in der Mitte liegenden Sumandenschieber. Der Zeiger unten am Band zeigt die Summe $a+b$ im doppelten Maßstab.

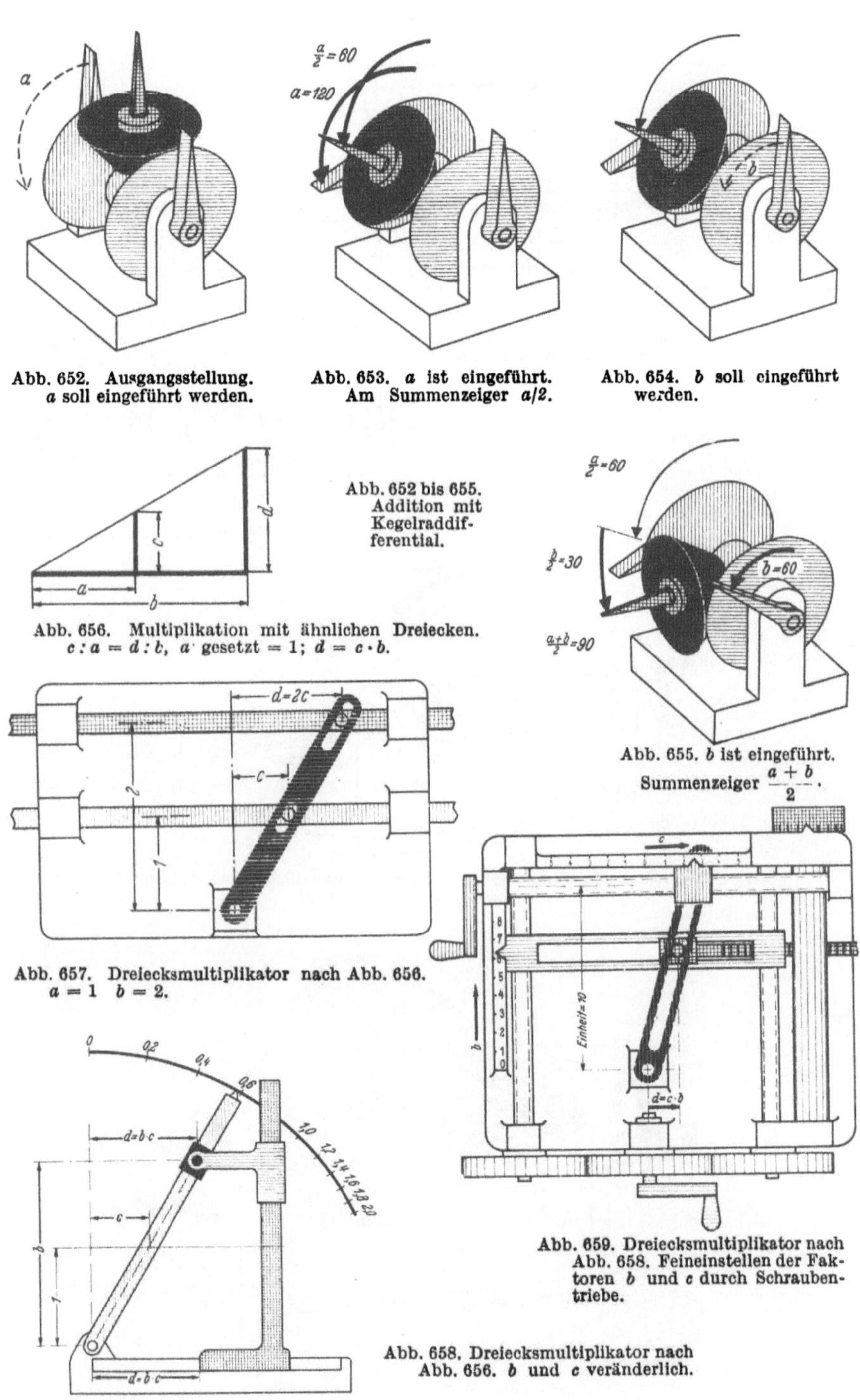

Abb. 652. Ausgangsstellung. *a* soll eingeführt werden.

Abb. 653. *a* ist eingeführt. Am Summenzeiger *a/2*.

Abb. 654. *b* soll eingeführt werden.

Abb. 652 bis 655. Addition mit Kegelraddifferential.

Abb. 656. Multiplikation mit ähnlichen Dreiecken. $c : a = d : b$, *a* gesetzt $= 1$; $d = c \cdot b$.

Abb. 655. *b* ist eingeführt. Summenzeiger $\dfrac{a + b}{2}$.

Abb. 657. Dreiecksmultiplikator nach Abb. 656. $a = 1 \quad b = 2$.

Abb. 659. Dreiecksmultiplikator nach Abb. 658. Feineinstellen der Faktoren *b* und *c* durch Schraubentriebe.

Abb. 658. Dreiecksmultiplikator nach Abb. 656. *b* und *c* veränderlich.

Text: Abschnitt 52

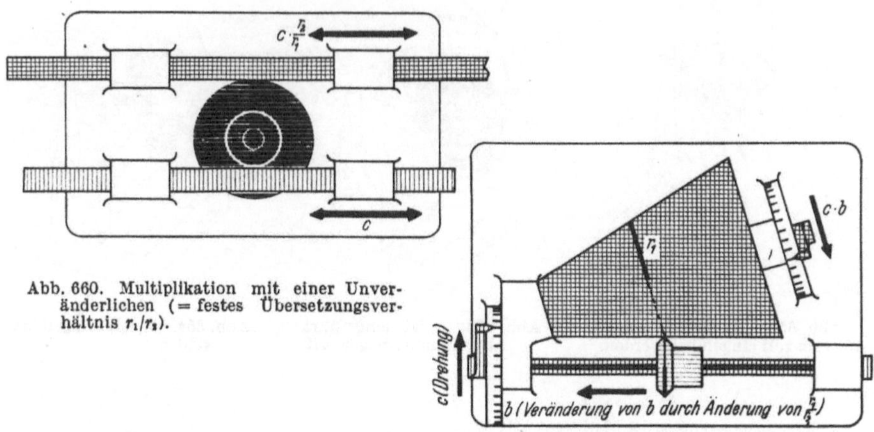

Abb. 660. Multiplikation mit einer Unveränderlichen (= festes Übersetzungsverhältnis r_1/r_2).

Abb. 661. Multiplikation mit einer Veränderlichen (= wechselndes Übersetzungsverhältnis r_1/r_2).

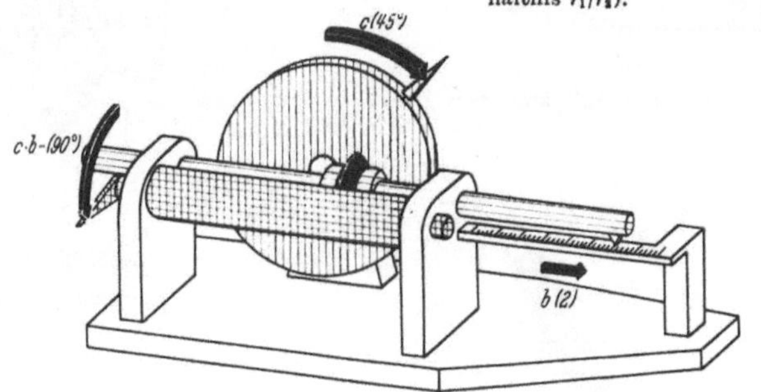

Abb. 662. Multiplikationsgetriebe zweier Veränderlicher mit entlasteter
Welle für das Verstellrad (b).

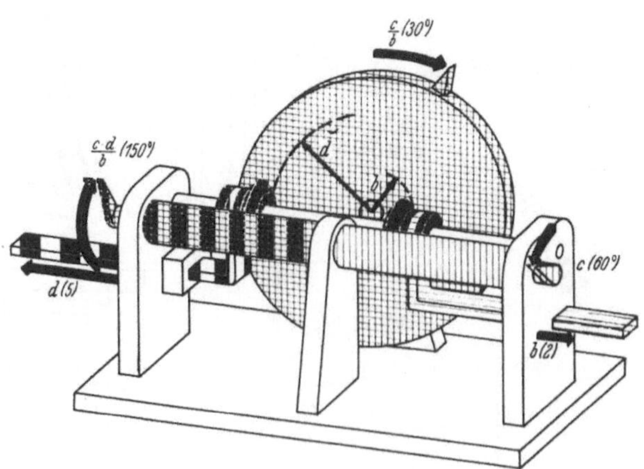

Abb. 663. Multiplikationsgetriebe dreier Veränderlicher als Zwillingsgetriebe
aus zwei Getrieben wie in Abb. 662.

Text: Abschnitt 52

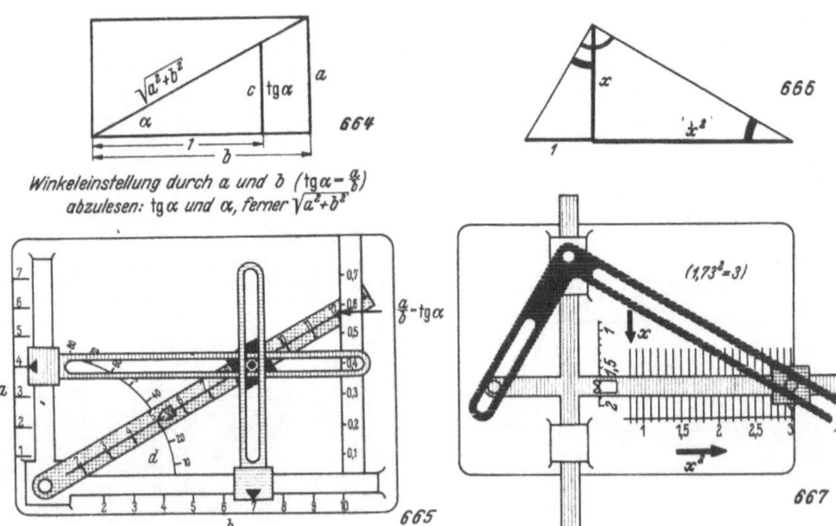

Winkeleinstellung durch a und b ($\operatorname{tg}\alpha=\frac{a}{b}$)
abzulesen: $\operatorname{tg}\alpha$ und α, ferner $\sqrt{a^2+b^2}$

Abb. 664 u. 665. Divisionsgetriebe mit ähnlichen Dreiecken (Abb. 664).

Abb. 666 u. 667. Quadriergetriebe.

Abb. 668. Getriebe für die Funktion: $y=x$.

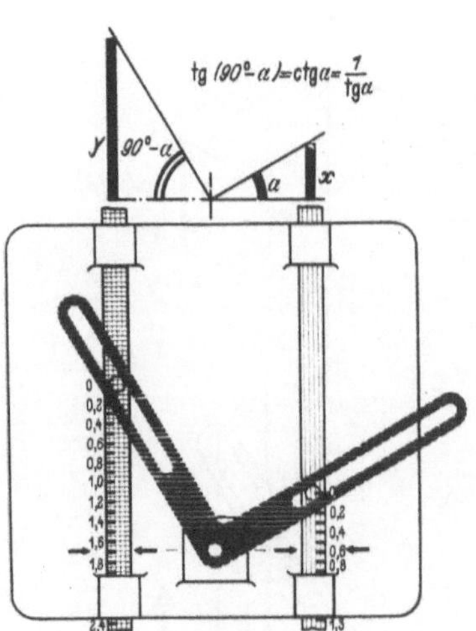

Abb. 671. Kehrwertgetriebe. Geometrische Beziehungen in Abb. 670.

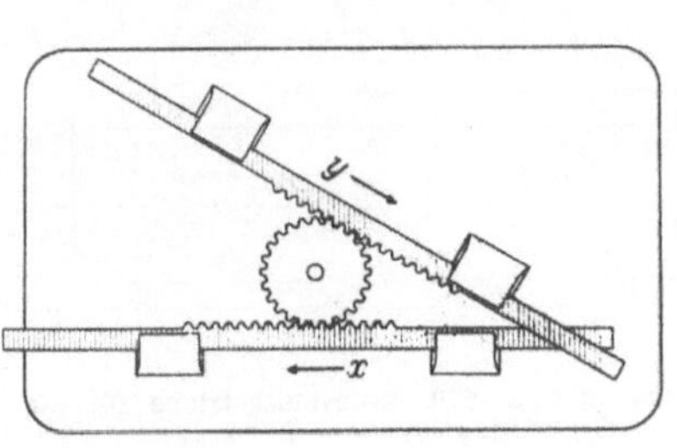

Abb. 669. Getriebe für die Funktion: $y=x$.

Text: Abschnitt 52

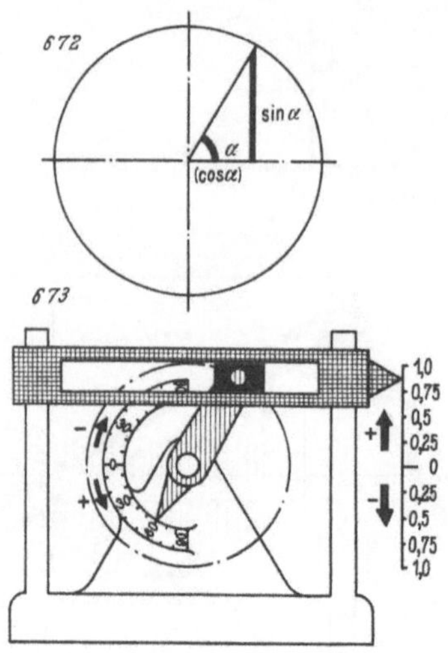

Abb. 672 u. 673. Sinusgetriebe für die Winkelfunktion: $y = \sin \alpha$.

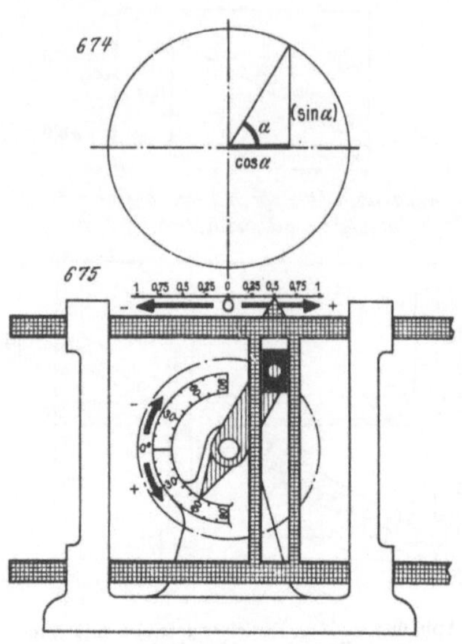

Abb. 674 u. 675. Cosinusgetriebe für die Winkelfunktion: $y = \cos \alpha$.

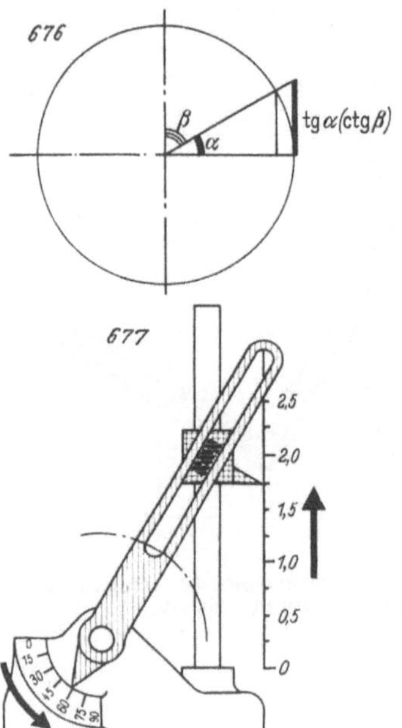

Abb. 676 u. 677. Tangensgetriebe für die Winkelfunktion: $y = \operatorname{tg} \alpha$.

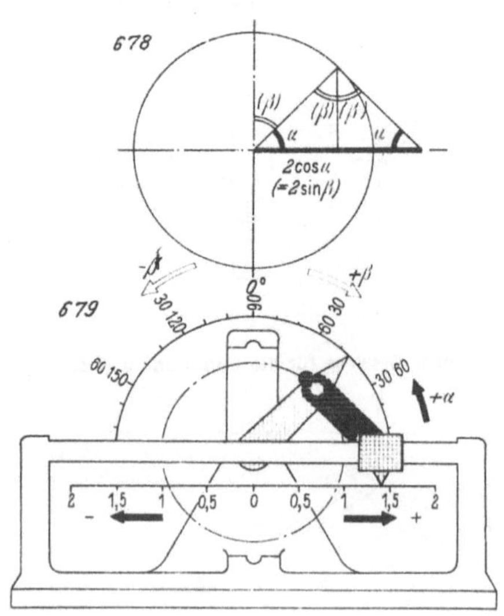

Abb. 678 u. 679. 2-Cosinusgetriebe für die Winkelfunktion: $y = 2 \cdot \cos \alpha$.

Text: Abschnitt 52

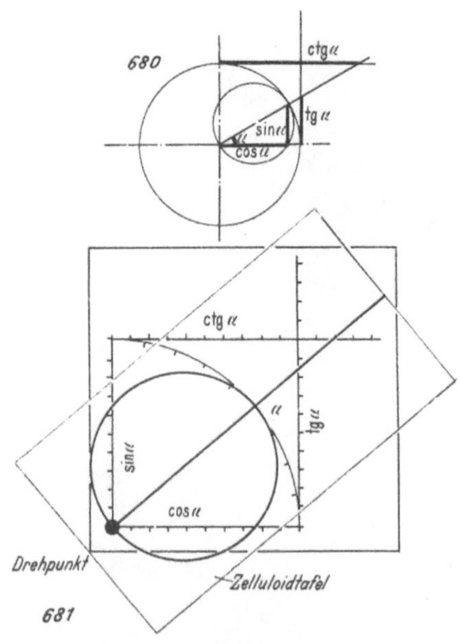

Abb. 680 u. 681. Winkelfunktionsmesser für
sin *a*, cos *a*, tg *a* und ctg *a* unter Benutzung
der Beziehungen bei Kardankreispaar.

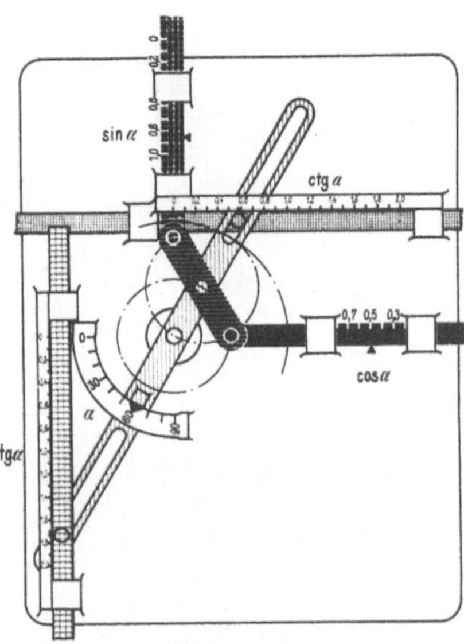

Abb. 682. Dem Winkelfunktionsmesser der
Abb. 681 entsprechendes rechnendes Getriebe.

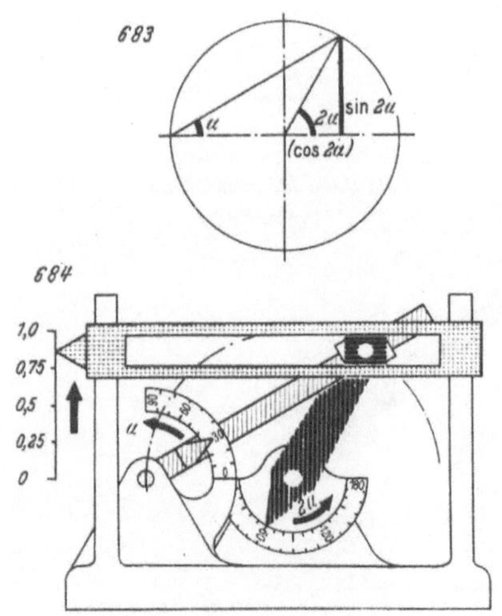

Abb. 683 u. 684. Erweitertes Sinusgetriebe
(vgl. Abb. 673 für die Winkelfunktion
$y = \sin 2a$.

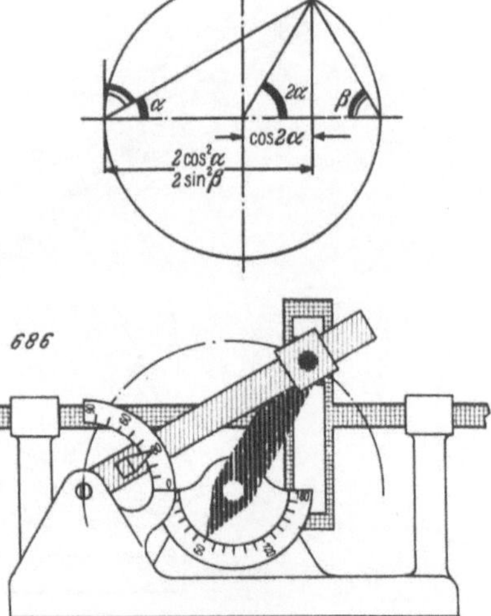

Abb. 685 u. 686. Erweitertes Cosinusgetriebe
für die Winkelfunktion
$$y = \cos 2a$$
$$2 \cos^2 a = 1 + \cos 2 a.$$

Text: Abschnitt 52

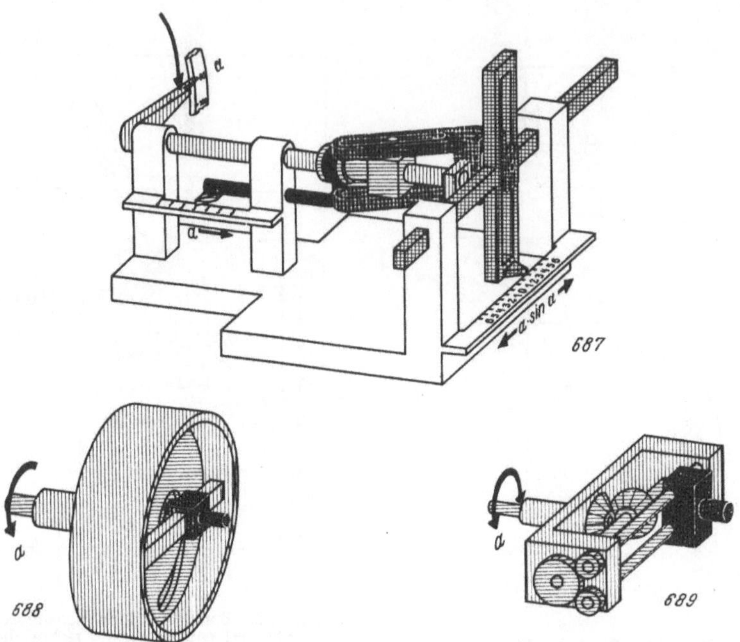

Abb. 687 bis 689. Erweitertes Sinusgetriebe für die Winkelfunktion: $y = a \cdot \sin a$.
Die Einführung des Wertes a erfolgt als Kurbelverlängerung in Abb. 687 durch Keiltrieb,
in Abb. 688 durch Spiralkeiltrieb, in Abb. 689 durch Schraubentrieb.

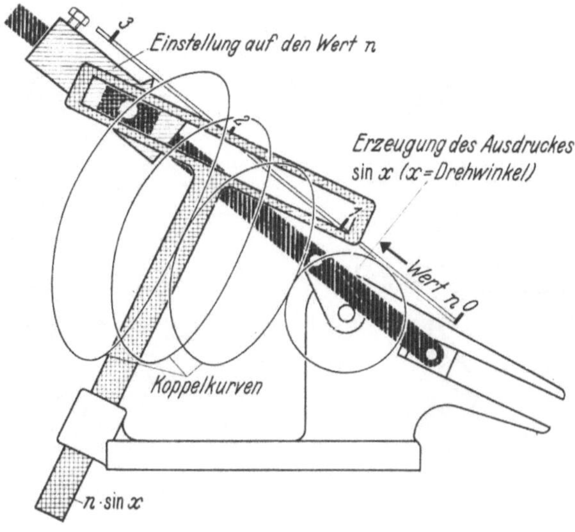

Abb. 690. Ausnutzung von Koppelkurven des zentrischen Geradschubkurbelgetriebes
für die Winkelfunktion: $y = n \cdot \sin x$.

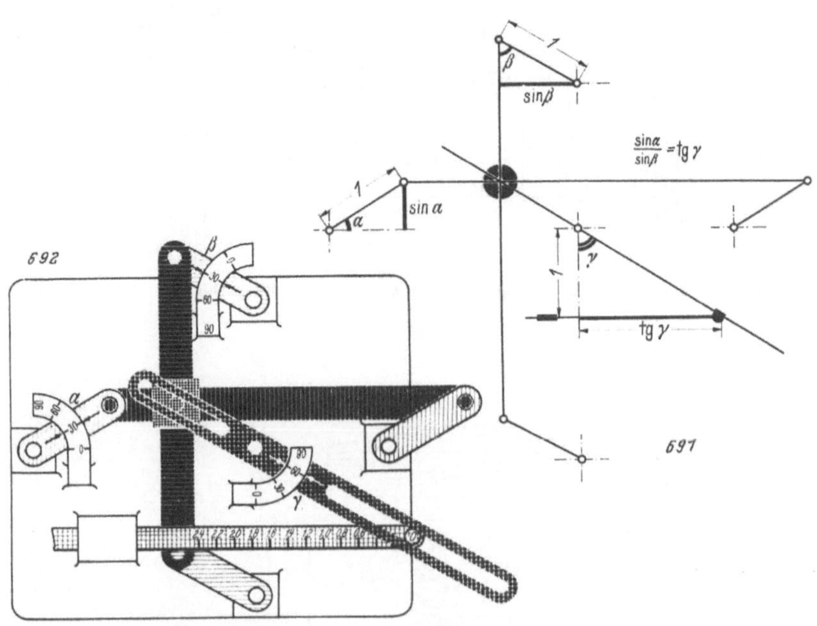

Abb. 691 u. 692. Divisionsgetriebe für Winkelfunktionen, zusammengesetzt aus zwei Sinusgetrieben, einem Divisionsgetriebe und einem **Tangensgetriebe** für: $\dfrac{\sin\beta}{\sin\alpha} = \mathrm{tg}\,\gamma$.

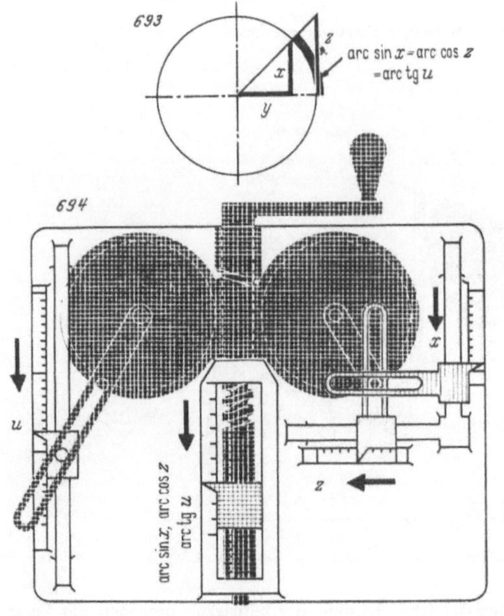

Abb. 693 u. 694. Bogenfunktionsgetriebe für die Funktionen
$$y = \text{arc sin } x$$
$$y = \text{arc cos } z$$
$$y = \text{arc tg } v$$
$$(y = \text{arc ctg } w).$$

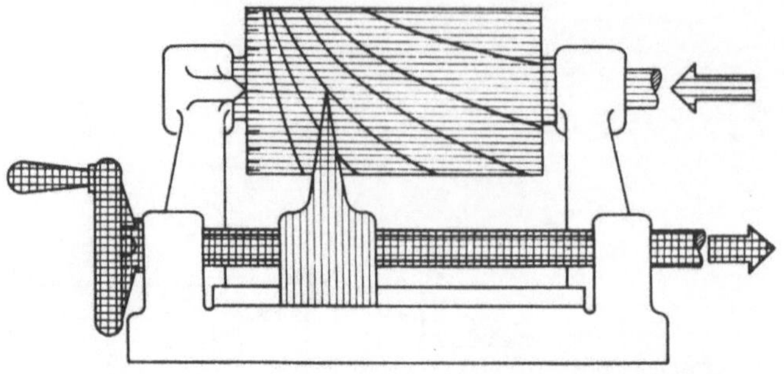

Abb. 695. Trommelkurve mit handgesteuertem Abdeckzeiger. Blickschlüssiger Kurventrieb.

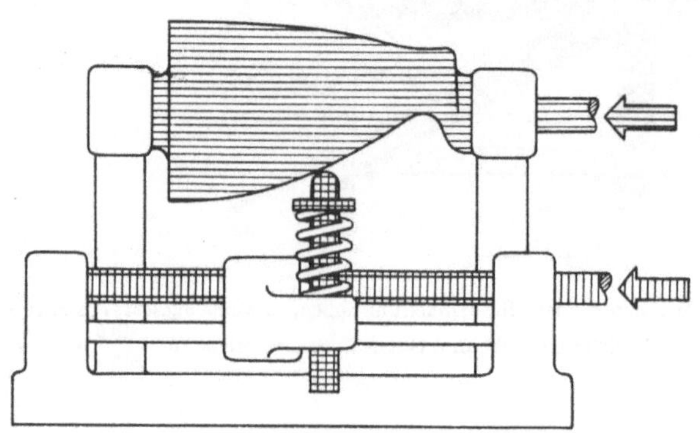

Abb. 696. Kraftschlüssiger Kurvenkörpertrieb.

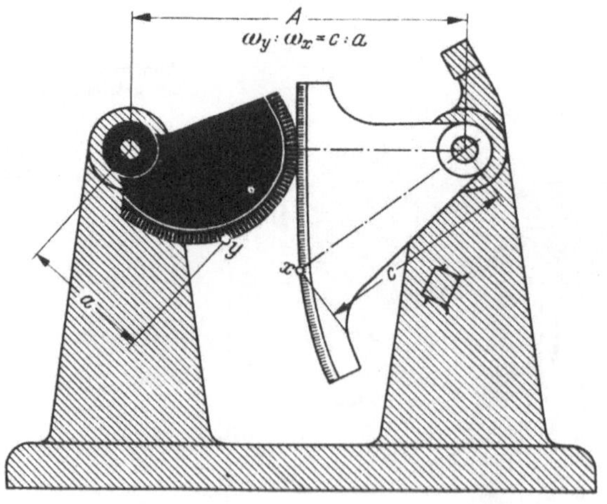

Abb. 697. Unrunder Rädertrieb als rechnendes Getriebe. Schwere Herstellbarkeit besonders der Verzahnung.

Text: Abschnitt 52

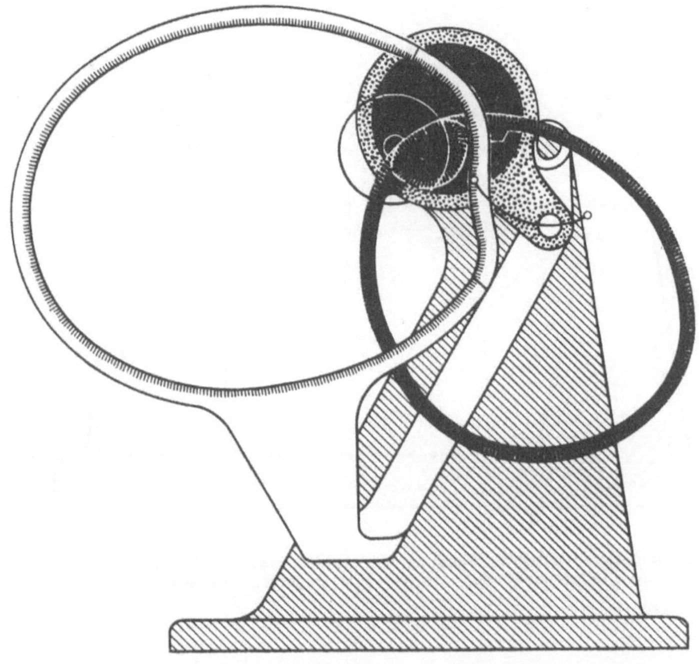

Abb. 698. Bogenschubkurbelgetriebe mit dem Polbahnpaar zwischen Kurbel und Schwinge. Im Gegensatz zu den gleichen Polbahnen des schwingenden Doppelkurbelgetriebes (Abb. 329, 1. Bd.) bewegen sich im vorliegenden Falle beide um gestellfeste Lager.

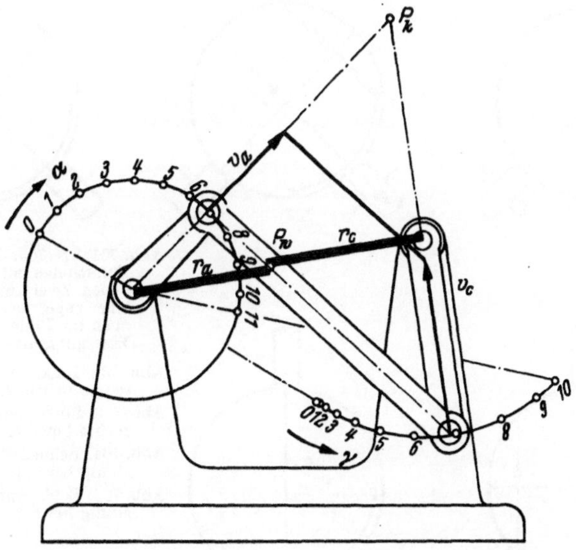

Abb. 699. Ermittlung des Übersetzungsverhältnisses zwischen den Polbahnen nach Art der Abb. 648.

Text: Abschnitt 52

Abb. 700. Unrunder Rädertrieb unter Verwendung von Ausschnitten der Polbahnen der Abb. 698, zugleich parallelgeschaltet das gleichwertige Bogenschubkurbelgetriebe.

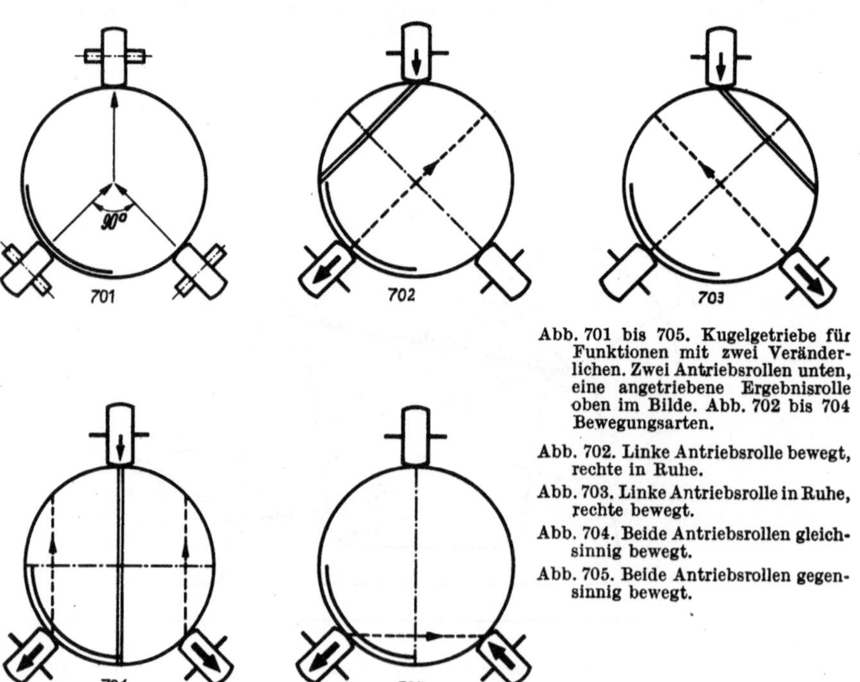

Abb. 701 bis 705. Kugelgetriebe für Funktionen mit zwei Veränderlichen. Zwei Antriebsrollen unten, eine angetriebene Ergebnisrolle oben im Bilde. Abb. 702 bis 704 Bewegungsarten.

Abb. 702. Linke Antriebsrolle bewegt, rechte in Ruhe.

Abb. 703. Linke Antriebsrolle in Ruhe, rechte bewegt.

Abb. 704. Beide Antriebsrollen gleichsinnig bewegt.

Abb. 705. Beide Antriebsrollen gegensinnig bewegt.

Text: Abschnitt 52

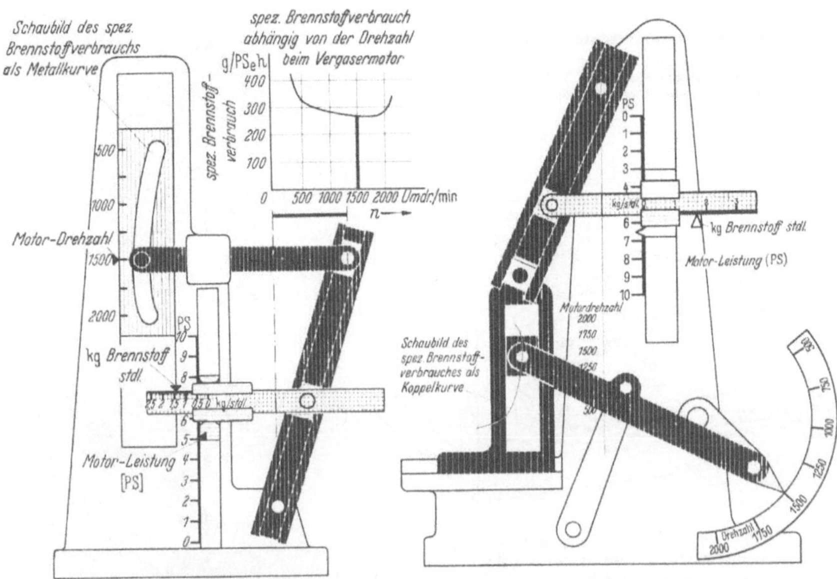

Abb. 706 u. 707. Getriebe mit Metallkurve (spez. Brennstoffverbrauchskurve) und Dreieckmultiplikator zur Berechnung des tatsächlichen Brennstoffverbrauches.

Abb. 708. Getriebe wie Abb. 707, jedoch mit Koppelkurve statt der Metallkurve.

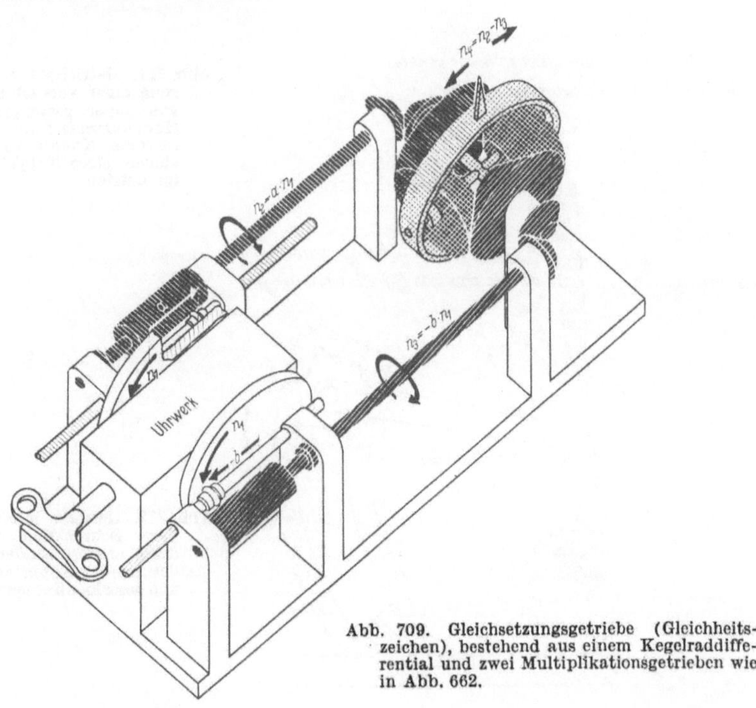

Abb. 709. Gleichsetzungsgetriebe (Gleichheitszeichen), bestehend aus einem Kegelraddifferential und zwei Multiplikationsgetrieben wie in Abb. 662.

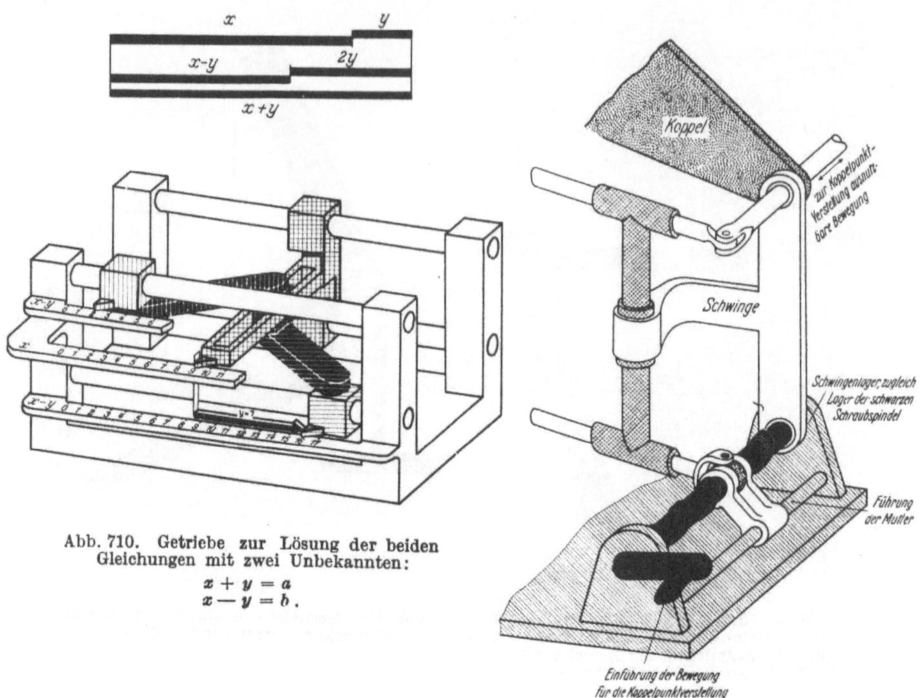

Abb. 710. Getriebe zur Lösung der beiden
Gleichungen mit zwei Unbekannten:
$$x + y = a$$
$$x - y = b.$$

Abb. 711. **Getriebe zur Einführung einer Verstellbewegung von einer gestellgelagerten Handkurbel (schwarz) auf die bewegte Koppel zum Verstellen eines Koppelpunktes im Betrieb.**

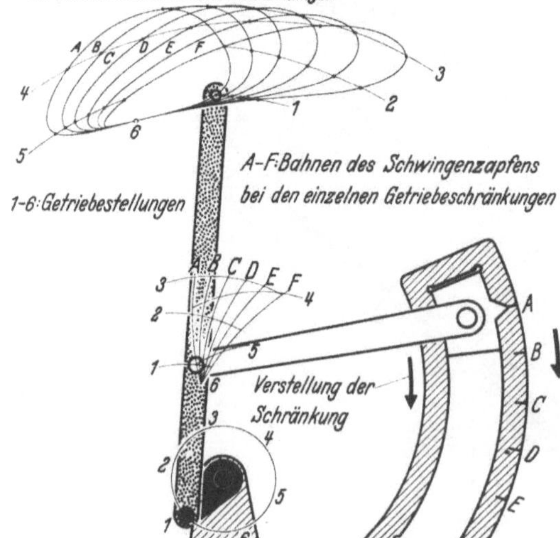

Abb. 712. **Getriebe mit verstellbarer Schränkung und dadurch entsprechender Veränderung der Koppelkurve ein und desselben Koppelpunktes.**

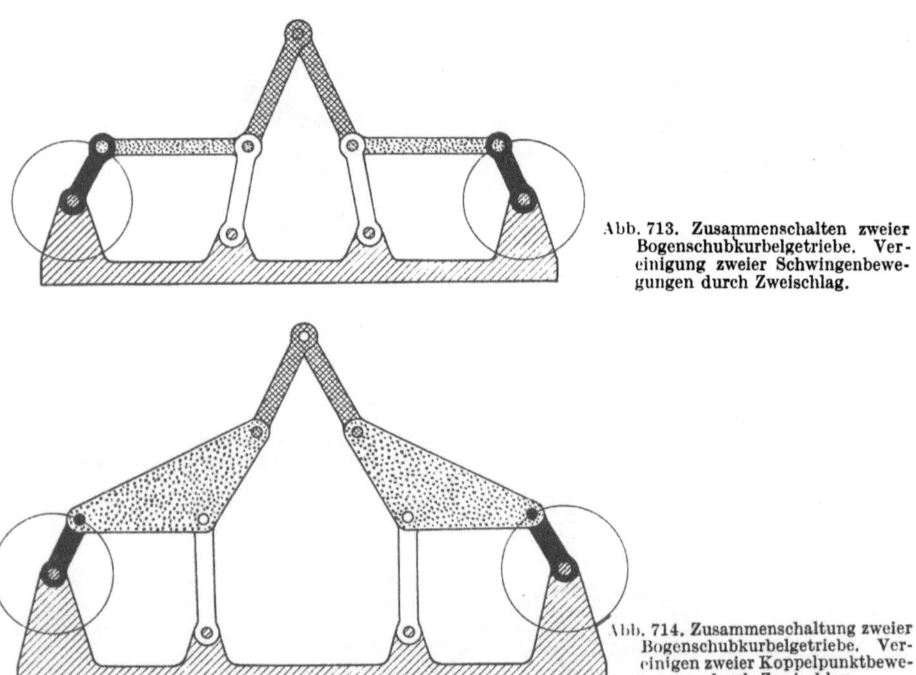

Abb. 713. Zusammenschalten zweier Bogenschubkurbelgetriebe. Vereinigung zweier Schwingenbewegungen durch Zweischlag.

Abb. 714. Zusammenschaltung zweier Bogenschubkurbelgetriebe. Vereinigen zweier Koppelpunktbewegungen durch Zweischlag.

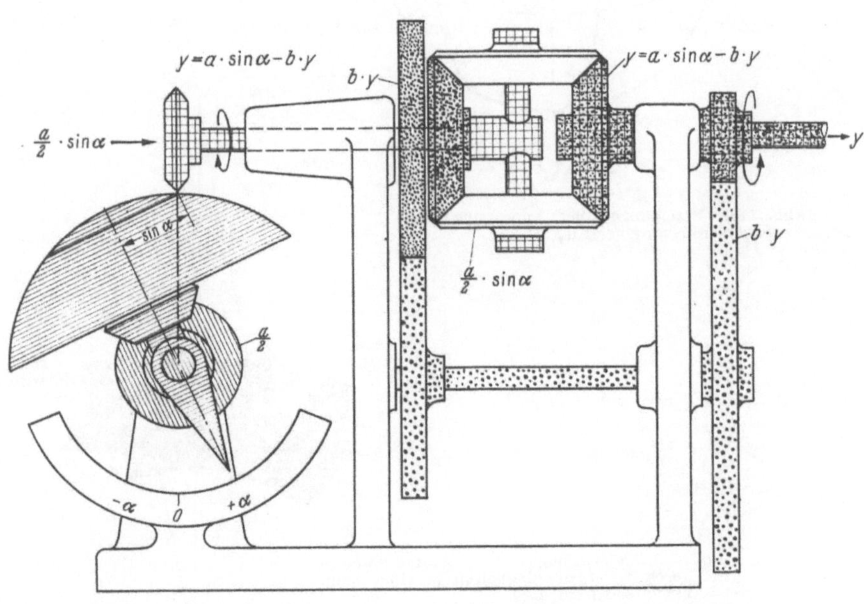

Abb. 715. Getriebe zur Lösung einer impliziten (mathematisch nicht aufgelösten) Gleichung $y = a \sin a + b\,y$.

Text: Abschnitt 52

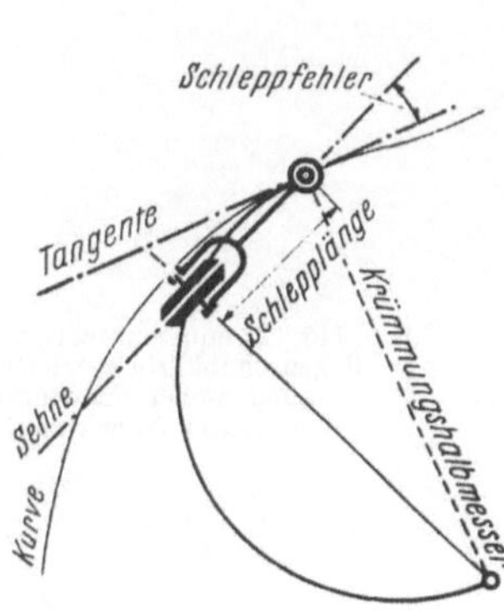

Abb. 716. Schleppfehler einer an einer Kurve entlanggeführten Schlepprolle.

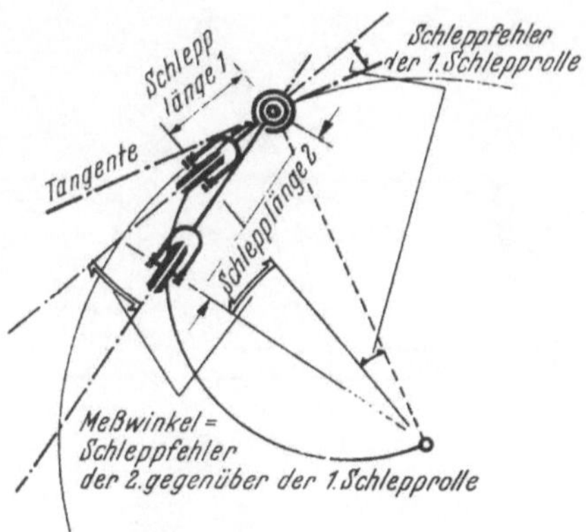

Abb. 717. Schleppfehlerbestimmung einer Schlepprolle mit Hilfe einer zweiten Schlepprolle.

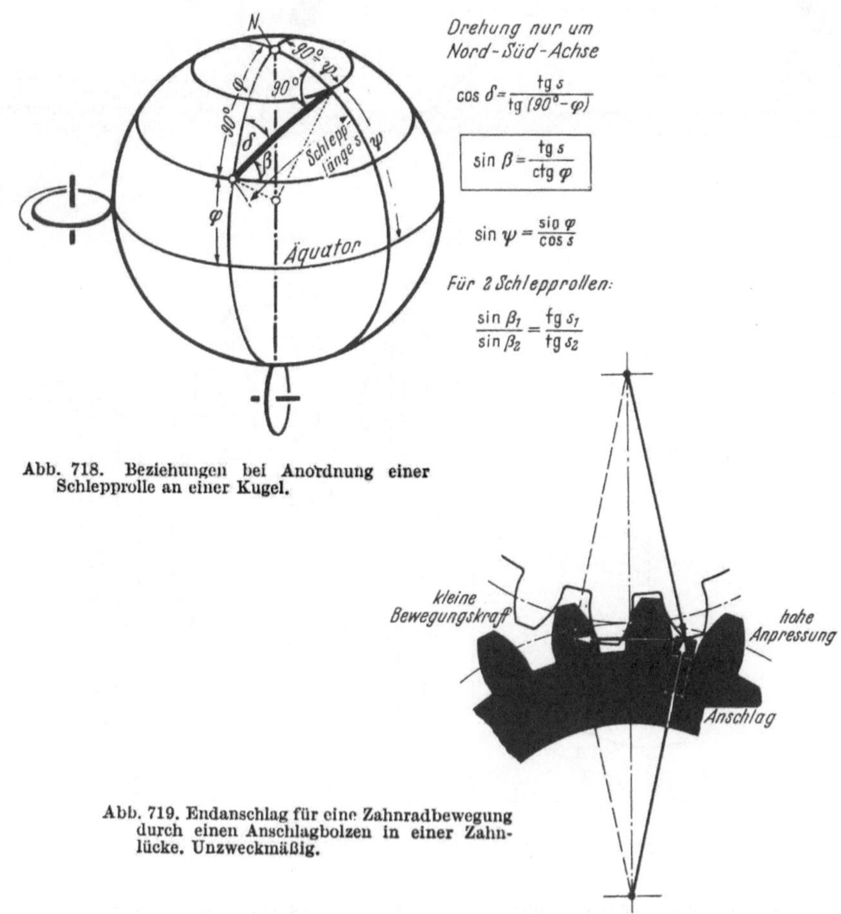

$$\cos \delta = \frac{\operatorname{tg} s}{\operatorname{tg}(90^\circ - \varphi)}$$

$$\boxed{\sin \beta = \frac{\operatorname{tg} s}{\operatorname{ctg} \varphi}}$$

$$\sin \psi = \frac{\sin \varphi}{\cos s}$$

Für 2 Schlepprollen:

$$\frac{\sin \beta_1}{\sin \beta_2} = \frac{\operatorname{tg} s_1}{\operatorname{tg} s_2}$$

Abb. 718. Beziehungen bei Anordnung einer Schlepprolle an einer Kugel.

Abb. 719. Endanschlag für eine Zahnradbewegung durch einen Anschlagbolzen in einer Zahnlücke. Unzweckmäßig.

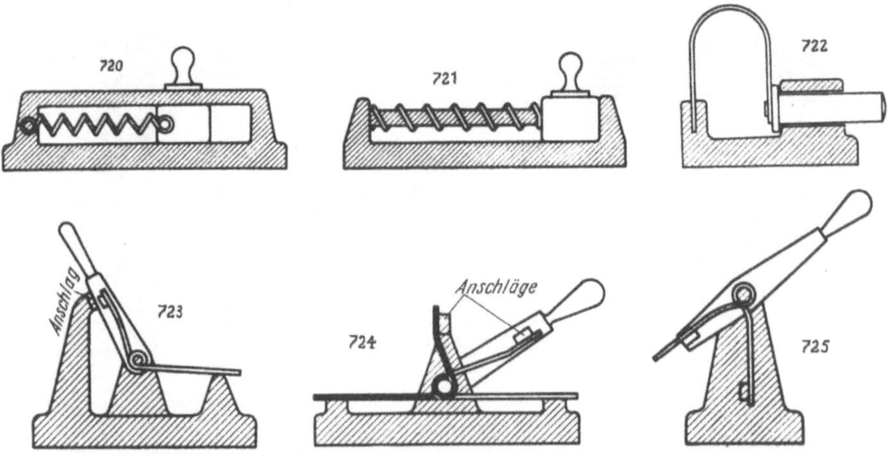

Abb. 720 bis 725. Elementenpaare der federnden und gefederten Getriebe.

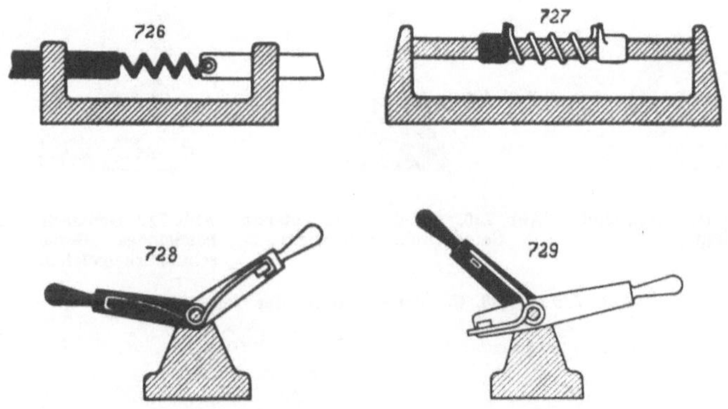

Abb. 726 bis 729. Federkupplungen.

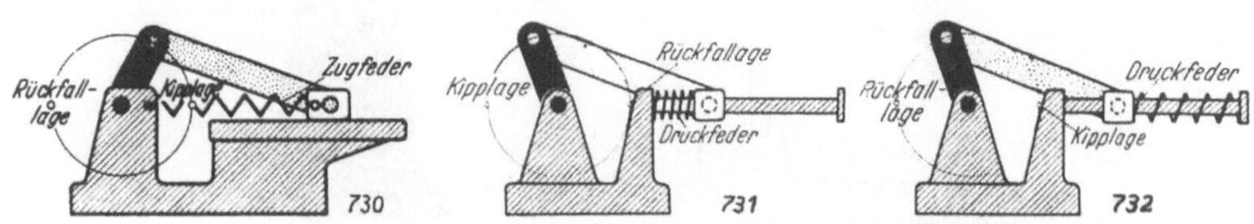

Abb. 730 bis 732. Kipplage und Rückfallage beim gefederten Geradschubkurbelgetriebe.

Text: Abschnitt 54

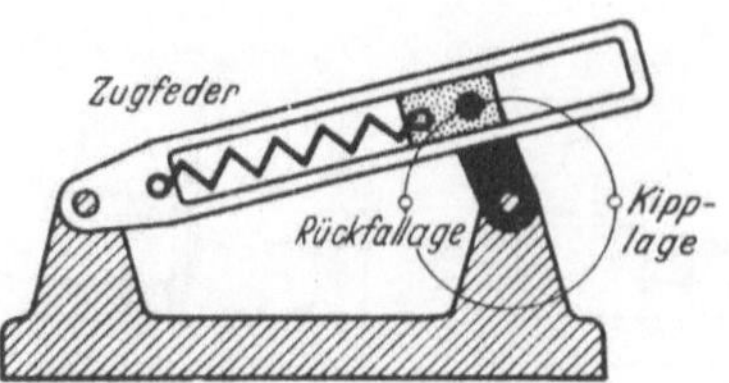

Abb. 734. Gefederte Geradschubkurbel-
schwinge. Der Charakter der Getriebebewegung wird durch die zusätzliche Feder verändert.

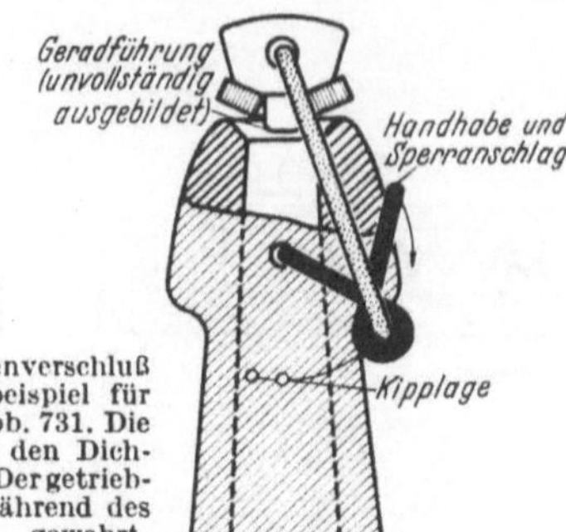

Abb. 733. Bierflaschenverschluß
als Anwendungsbeispiel für
das Getriebe in Abb. 731. Die
Feder ist durch den Dich-
tungsring ersetzt. Der getriebliche Ablauf ist während des
Schließvorganges gewahrt.
Beim Öffnen fällt die Geradführung weg und die Kette
wird gelöst.

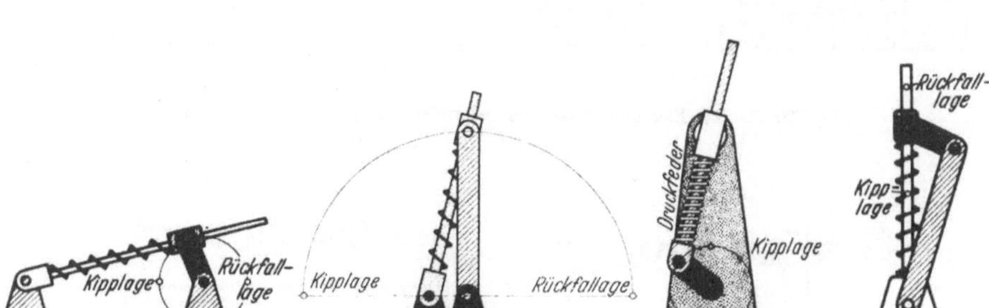

Abb. 735. Gefederte Geradschub-   Abb. 736. Gefederte umlaufende   Abb. 737. Gefedertes   Abb. 738. Gefe-
kurbelschwinge.   Geradschubkurbelschleife.   pendelndes Gerad-   derte schwingen-
                                                                             schubkurbelgetriebe.   de Geradschub-
                                                                                                        kurbelschleife.

Abb. 735 bis 738. Gefederte Getriebe der Geradschubkette.

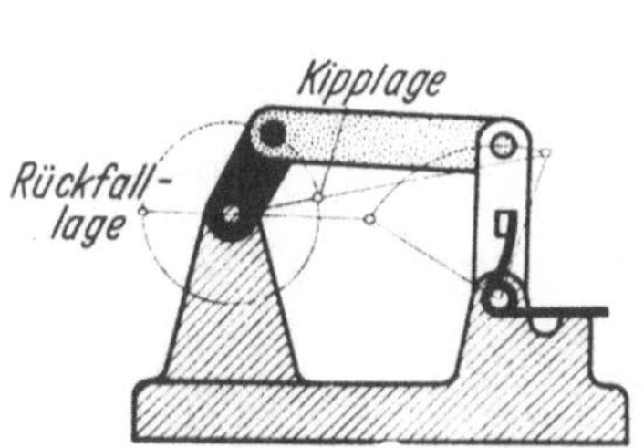

Abb. 739. Gefedertes Bogenschubkurbelgetriebe, gefedert durch Gelenkfeder.

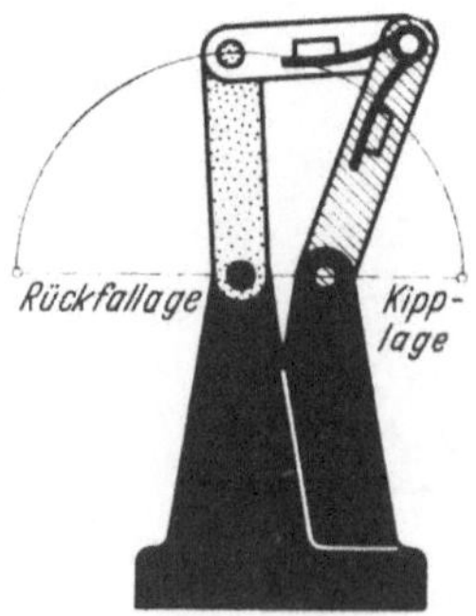

Abb. 740. Gefedertes umlaufendes Doppelkurbelgetriebe mit Gelenkfeder.

Text: Abschnitt 54

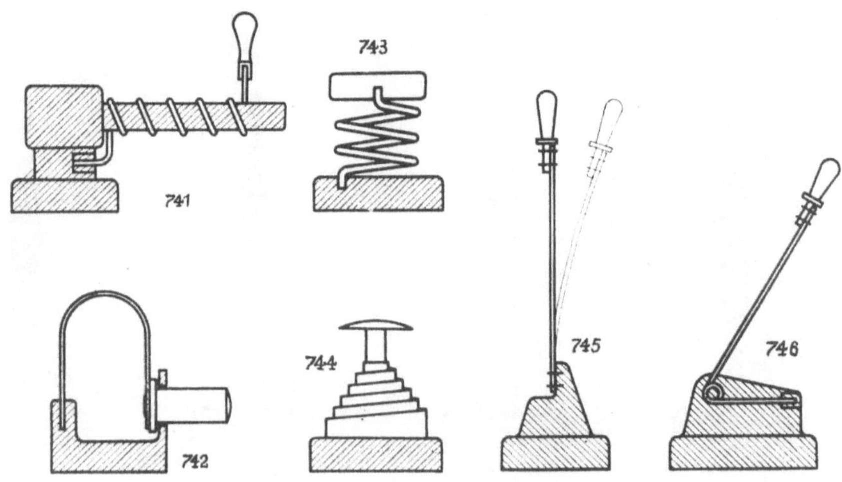

Abb. 741 bis 746. Federnde Getriebe. Die Feder ersetzt als federndes Getriebeglied 2 Gelenke und 1 Glied.

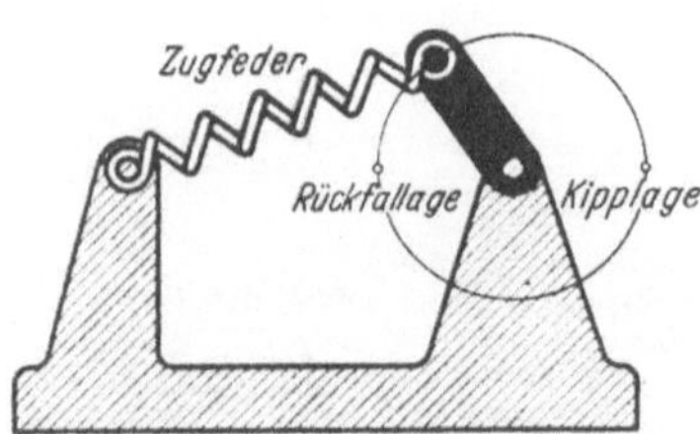

Abb. 747. Federndes pendelndes Geradschubkurbelgetriebe. Gleitstein, Koppel und Gleitsteingelenk ersetzt durch
Zugfeder.

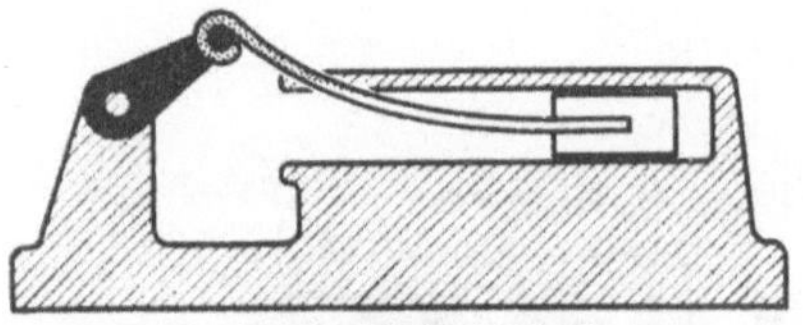

Abb. 750. Federndes Geradschubkurbelgetriebe.

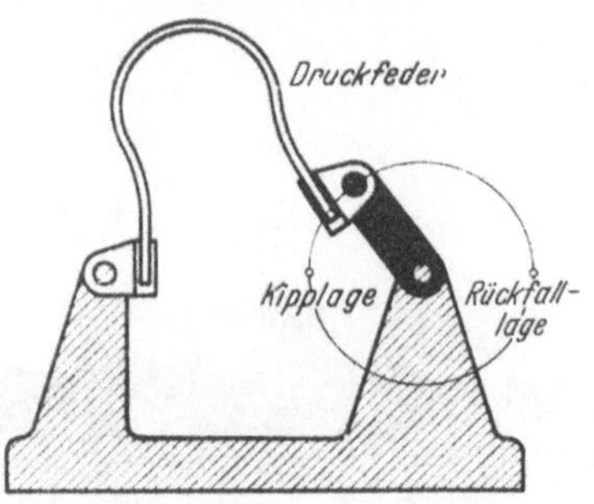

Abb. 748. Federndes Bogenschubkurbelgetriebe.

Abb. 749. Federndes umlaufendes Doppelkurbelgetriebe.

Text: Abschnitt 54

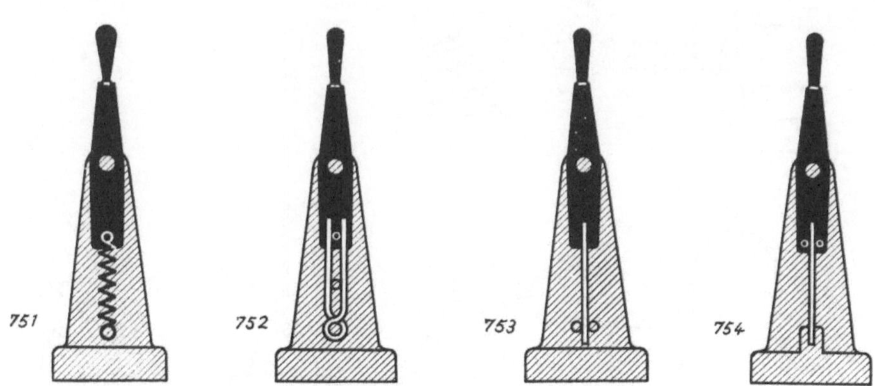

Abb. 751 bis 754. Federnde Getriebe mit **stark** eingeengtem Bewegungsbereich.

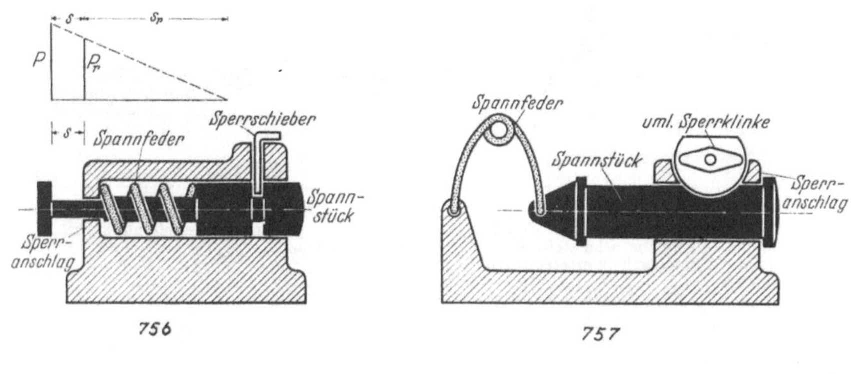

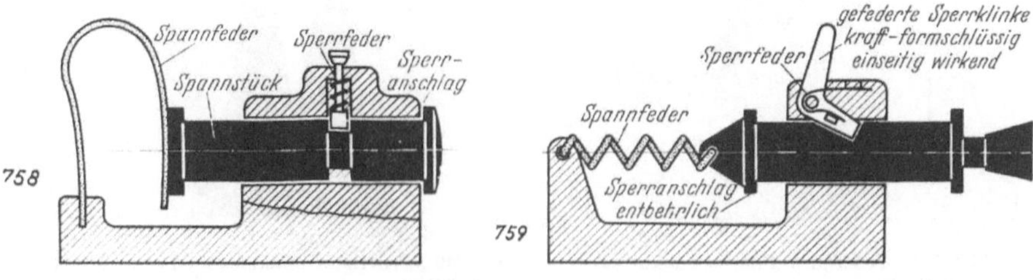

Abb. 755 bis 759. Sperrspannwerke. Federnde oder gefederte Getriebe verbunden mit einem Sperrtrieb sind Sperrspannwerke.

Text: Abschnitt 54

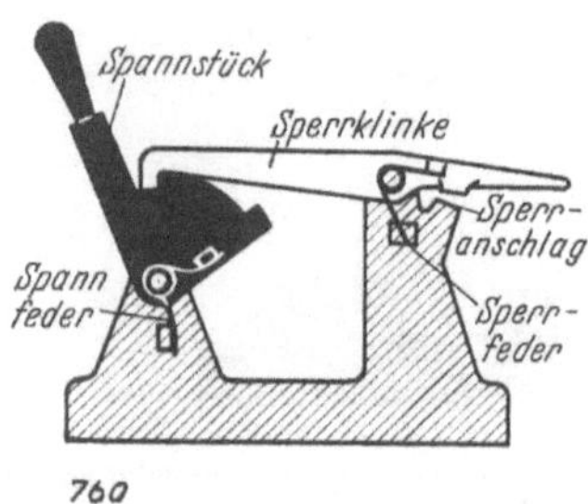

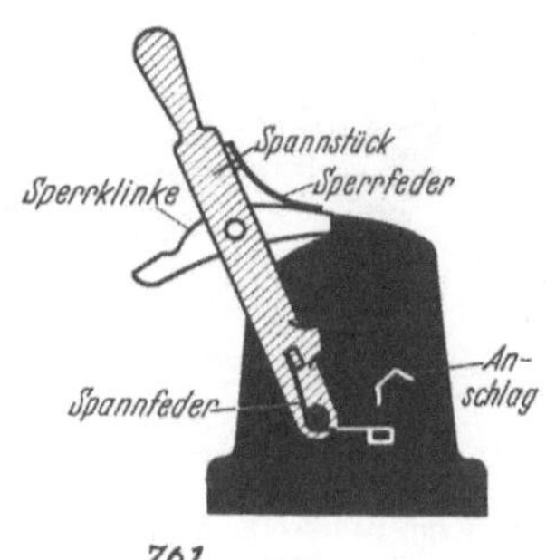

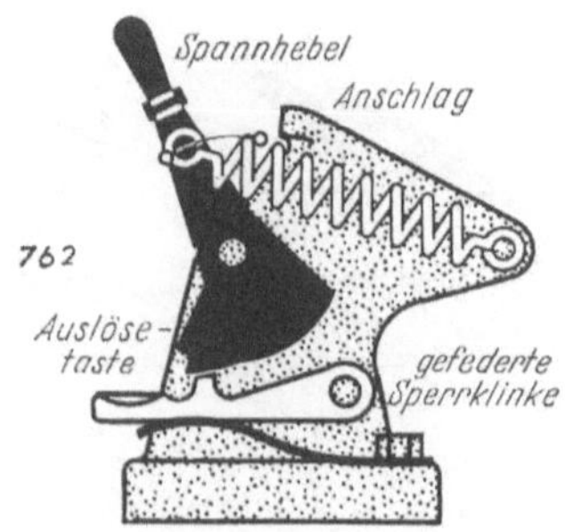

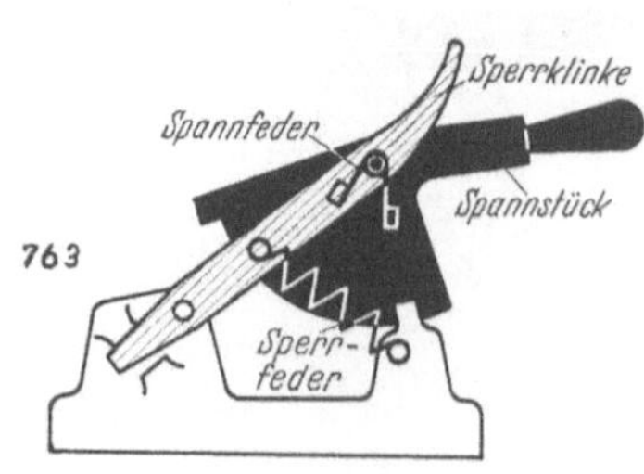

Abb. 760 bis 763. Sperrspannwerke der Viergelenkkette. Durch Gestellgliedwechsel entstehen verschiedene Ausführungen von Sperrspannwerken.

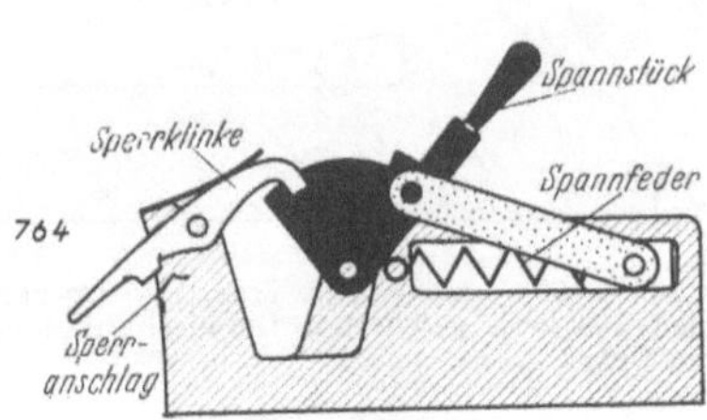

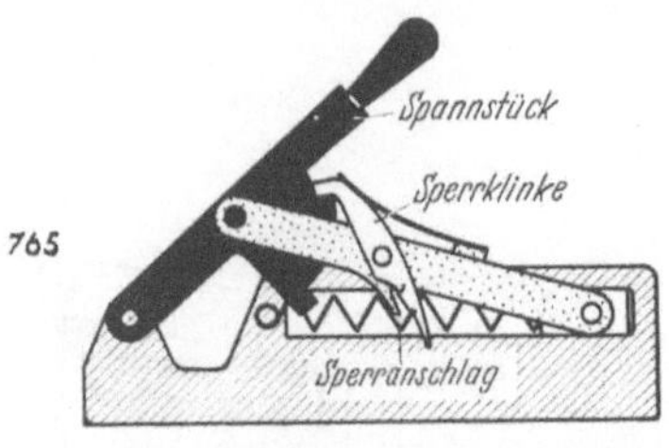

Abb. 764 u. 765. Sperrspannwerke, aufgebaut aus einem gefederten Geradschubkurbelgetriebe und einer Sperrklinke. In Abb. 764 ist die Sperrklinke zwischen Kurbel und Gestell, in Abb. 765 zwischen Kurbel und Koppel angeordnet.

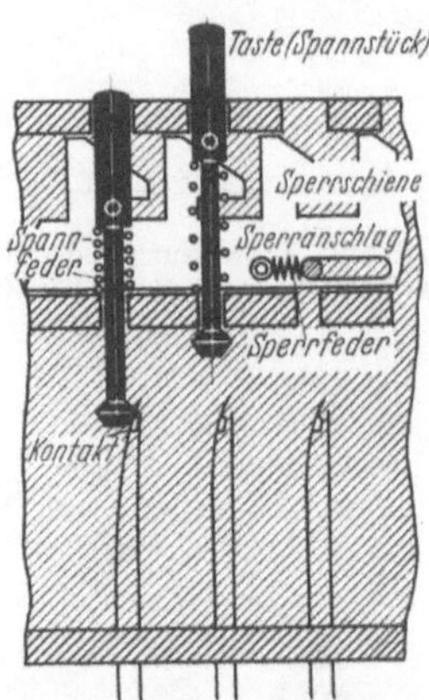

Abb. 766. Drucktastenleiste. Wird eine Taste gedrückt (links) wird die Sperrfeder gespannt, gleichzeitig auch die Spannfeder des Spannstückes (Drucktaste). Sperrschiene sperrt die Taste in gespannter Stellung, bis neue Taste gedrückt wird.

Text: Abschnitt 54

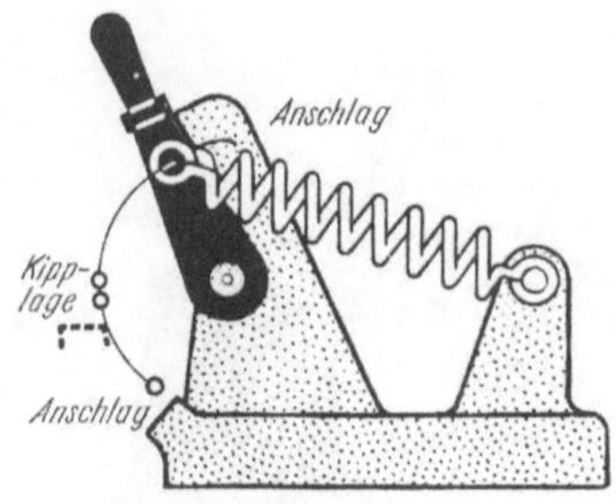

Abb. 767. Kippspannwerk. Kipplage wird Sperrstellung. Anwendung als Umschaltgetriebe.

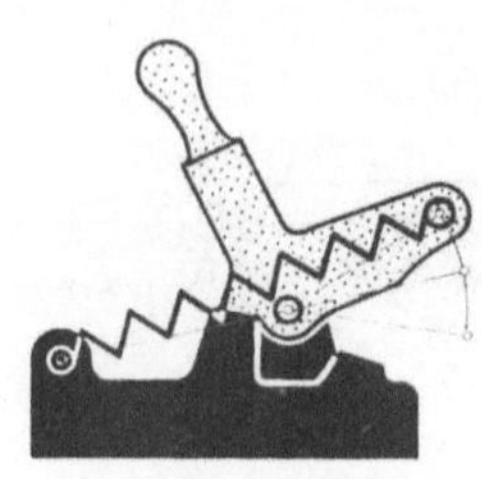

Abb. 774. Kippspannwerk aus dem federnden umlaufenden Doppelkurbelgetriebe.

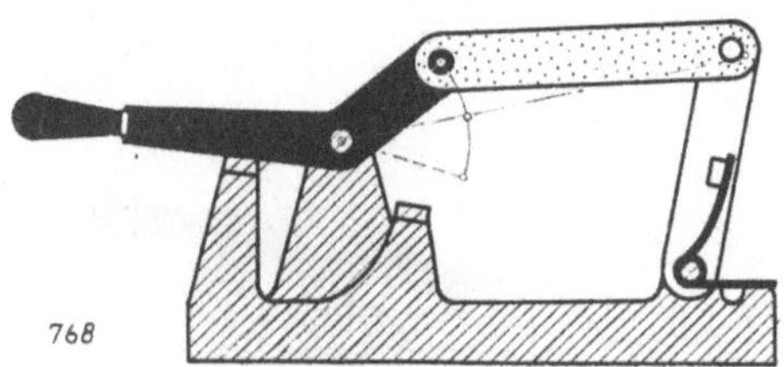

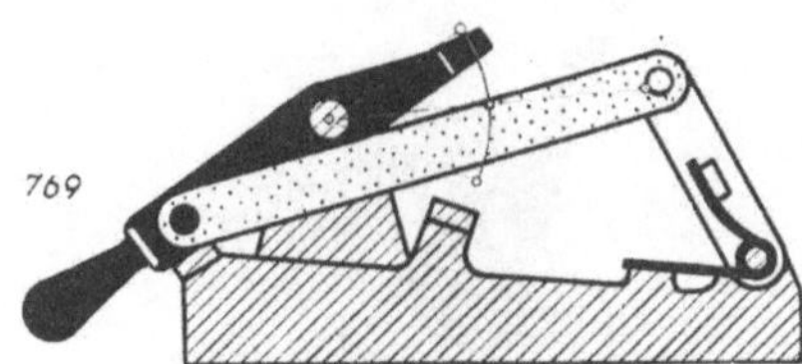

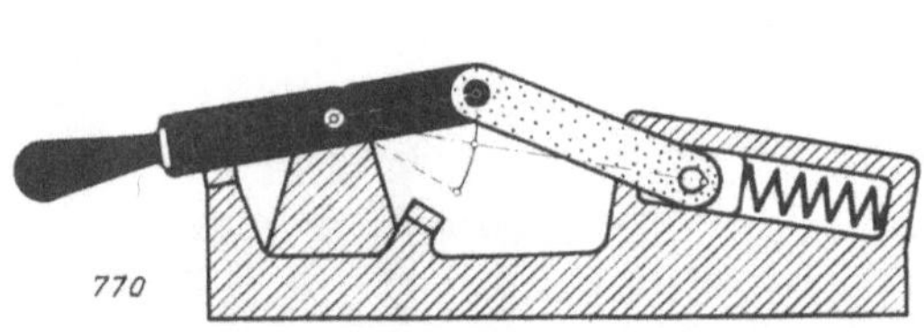

Abb. 768 u. 770. Kippspannwerke, hervorgegangen aus dem gefederten Bogenschubkurbelgetriebe.

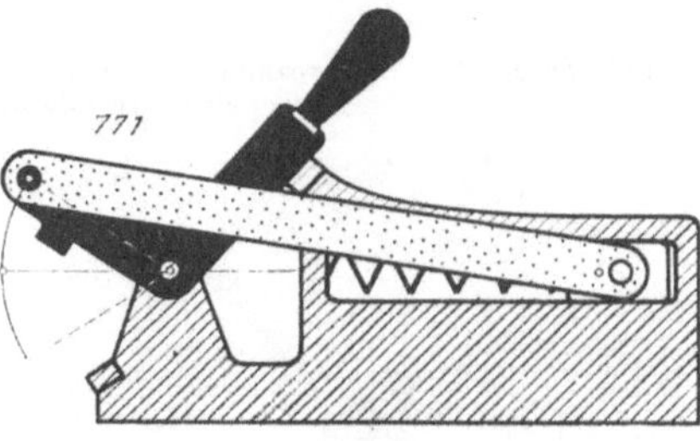

Abb. 769 u. 771. Kippspannwerke, hervorgegangen aus dem gefederten Geradschubkurbelgetriebe.

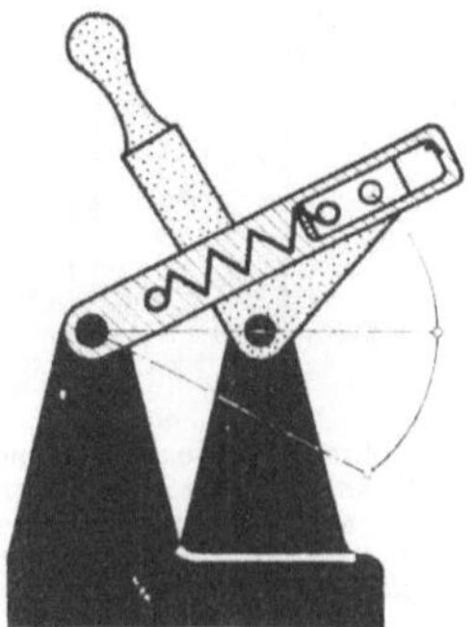

Abb. 772. Kippspannwerk aus der gefederten umlaufenden Geradschubkurbelschleife.

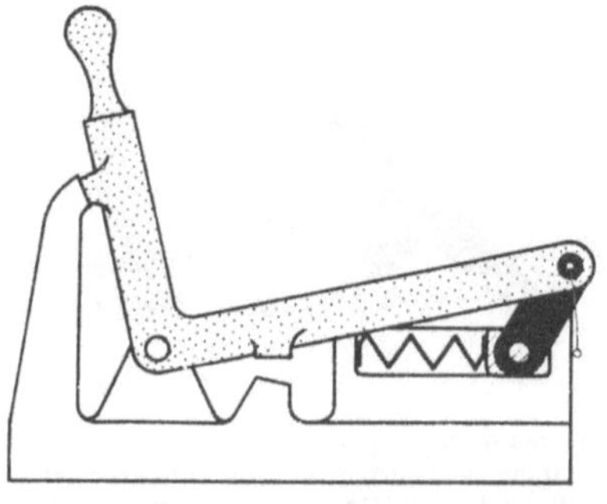

Abb. 773. Kippspannwerk aus der gefederten schwingenden Geradschubkurbelschleife.

Text: Abschnitt 54

775

776

777

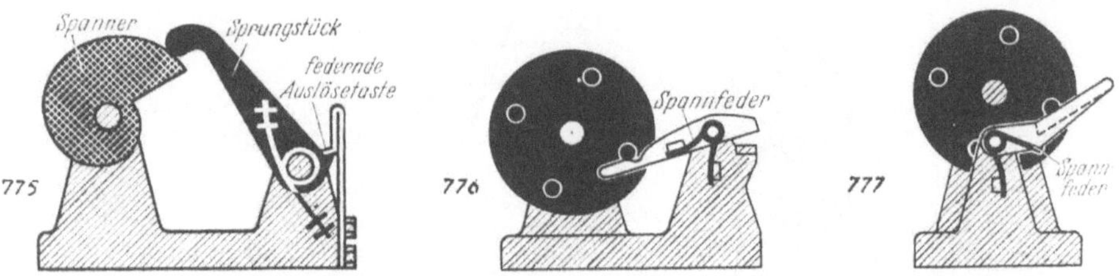

Abb. 775 bis 777. Kurvenspannwerke. Das gefederte Hubglied eines Kurventriebes wird zum Spannstück. Die Kurvenform bedingt die Auslösemöglichkeit.

778

779

780

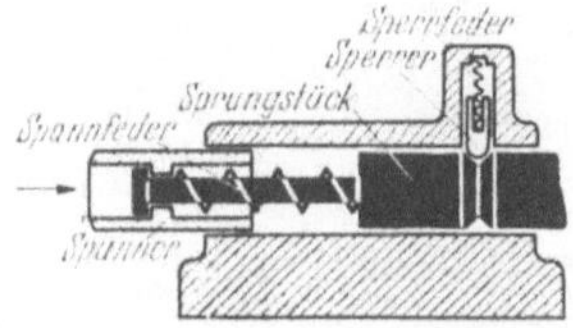

Abb. 778 bis 780. Sperrsprungwerke aus den Sperrspannwerken der Abb. 756 bis 759. Gestellagerpunkt der Feder wird gelenkig angeordnet und die Sperrung vom Spanner selbst ausgelöst.

781

782

783

784

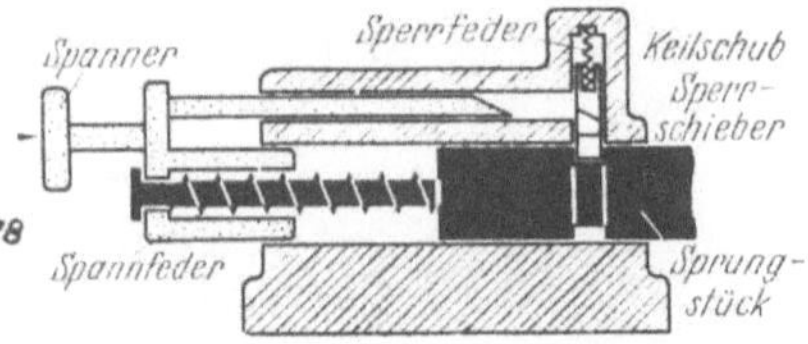

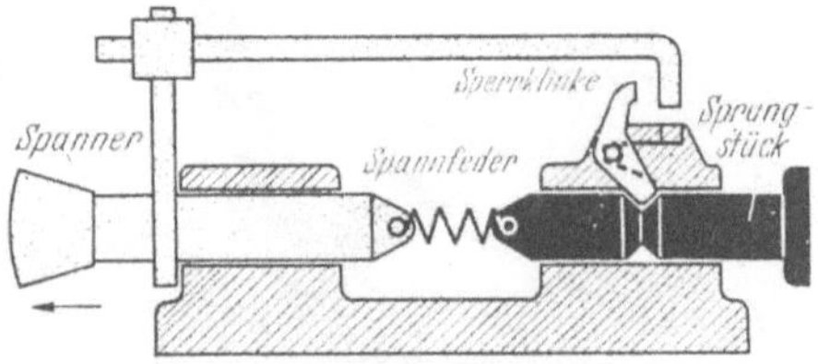

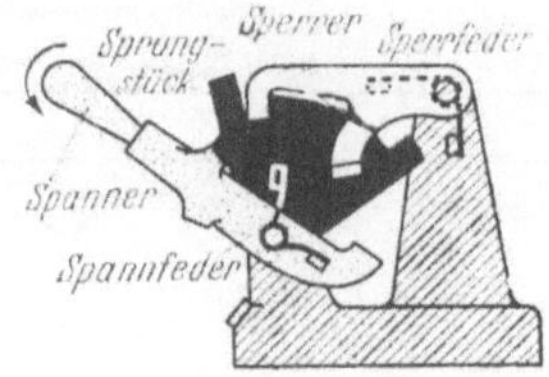

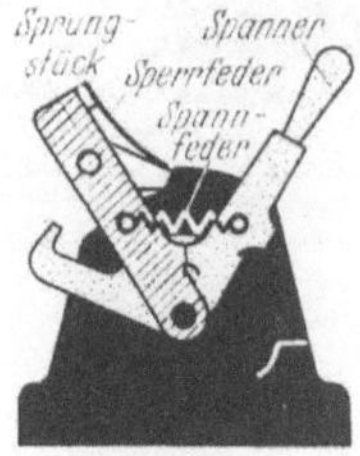

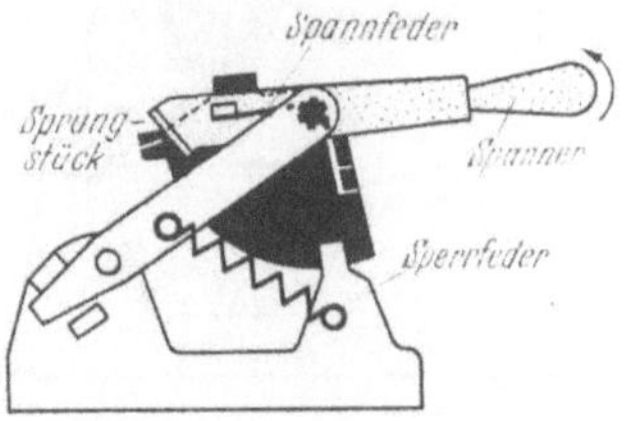

Abb. 781 bis 784. Sperrsprungwerke der Viergelenkkette.

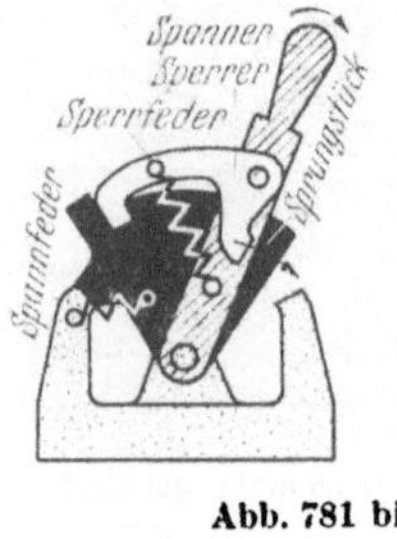

Text: Abschnitt 54

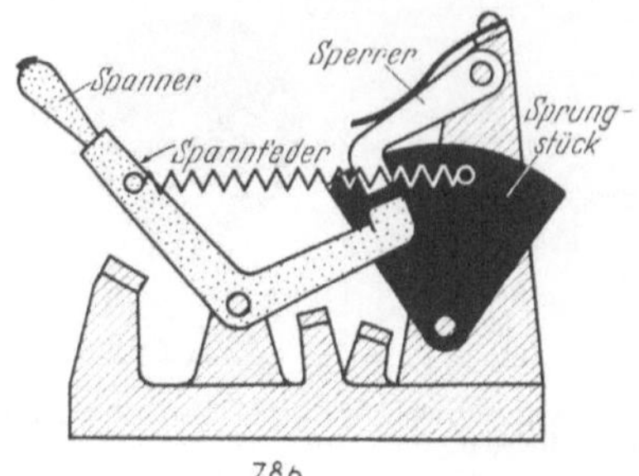

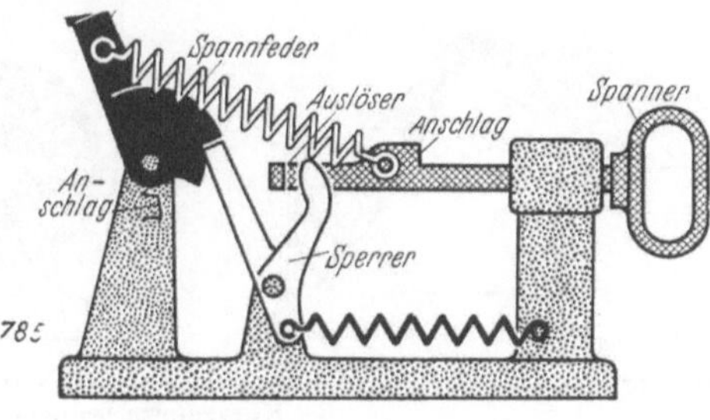

Abb. 785 u. 786. Sperrsprungwerke. Spanner und Sprungstück sind verschiedenartig gelagert.

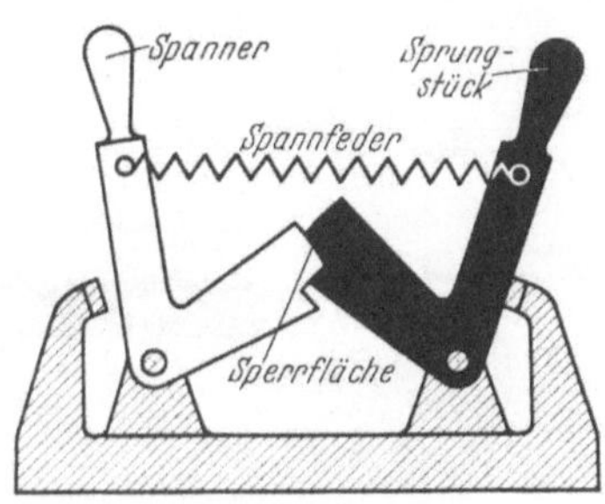

Abb. 787. Sperrsprungwerk. Spanner und Sprungstück haben gleiche Form und ersparen die Sperrklinke.

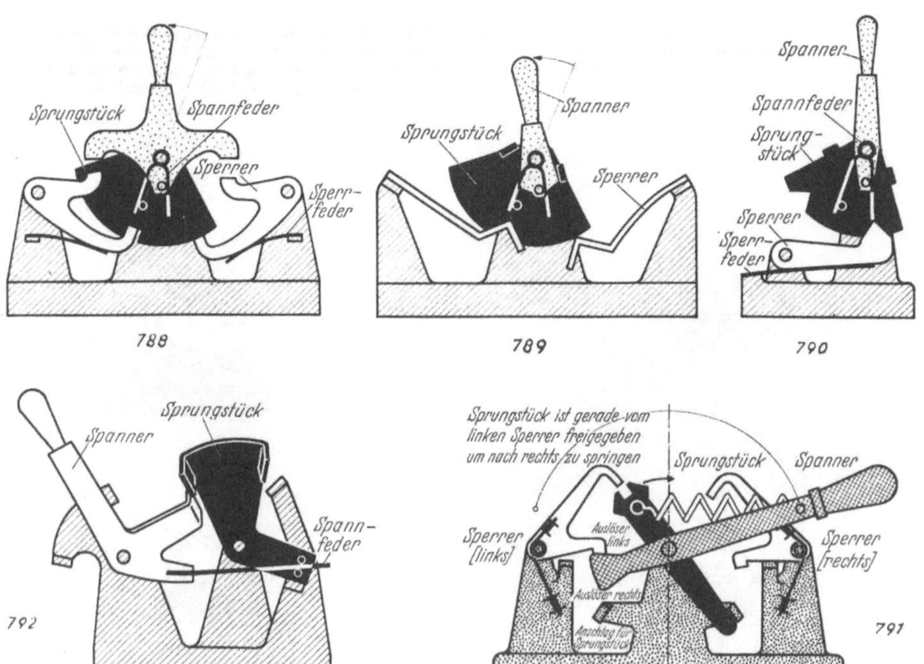

Abb. 788 bis 792. Sperrsprungwerke. Spanner und Sprungstück sind gleichartig gelagert und ermöglichen doppelseitige Wirkung.

Text: Abschnitt 54

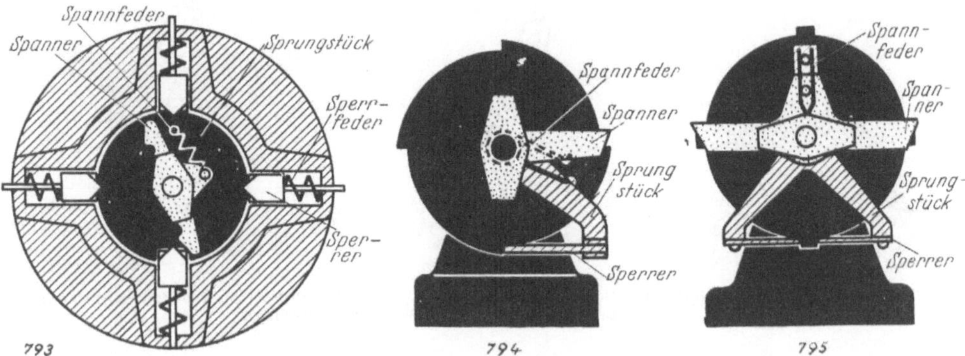

Abb. 793 bis 795. Umlaufende Sperrsprungwerke. Sprungstück wird als Scheibe mit Sperrnuten vorgesehen. Anwendung als elektrische Schalter.

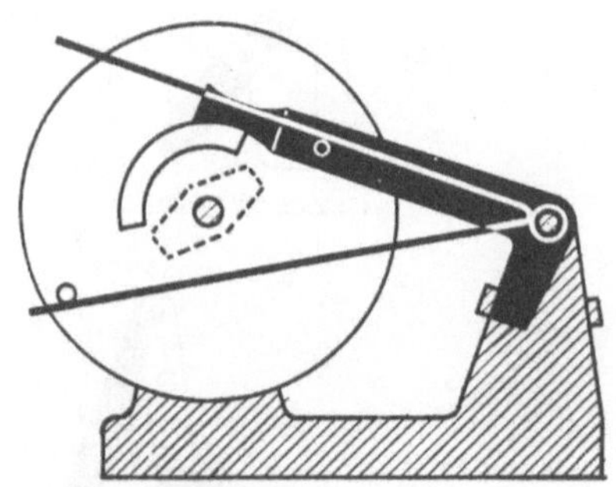

Abb. 796. Getriebe mit umlaufendem Spanner für die gabelförmige Spannfeder.

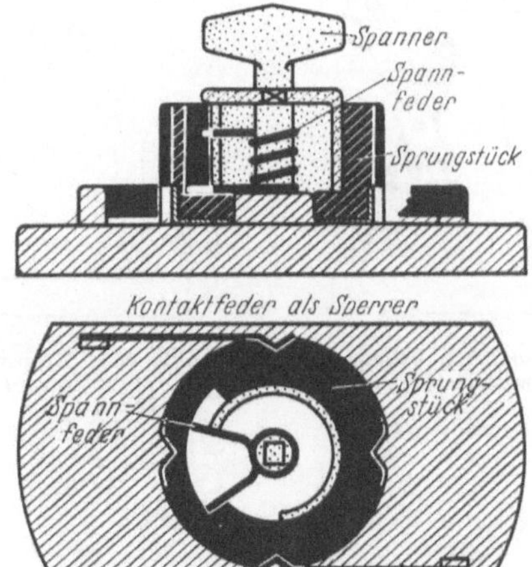

Abb. 797. Umlaufendes Sperr-Sprungwerk als elektrischer Rastschalter ausgebildet.

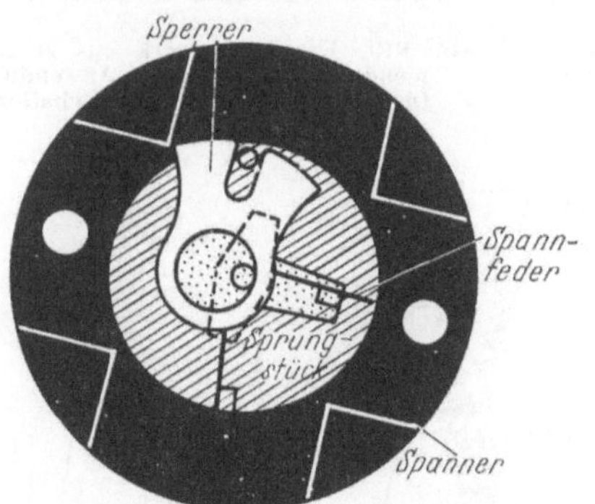

Abb. 798. Umlaufendes Sperrsprungwerk für Drehschalter mit Momentschaltung. Riegelförmige Sperrklinke wird statt von einem Kurventrieb durch einen zusätzlichen Kurbeltrieb ausgelöst.

Text: Abschnitt 54

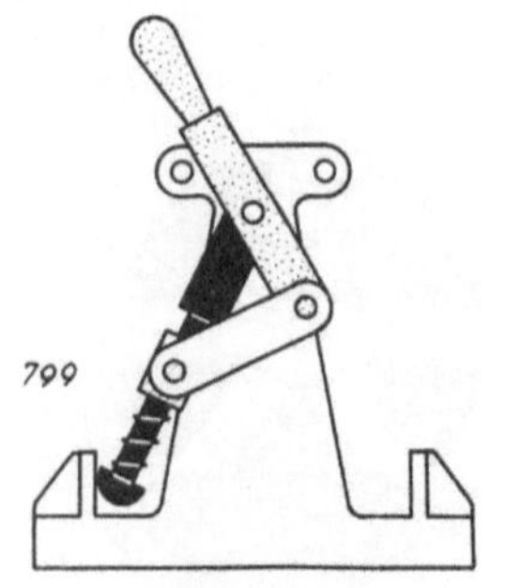 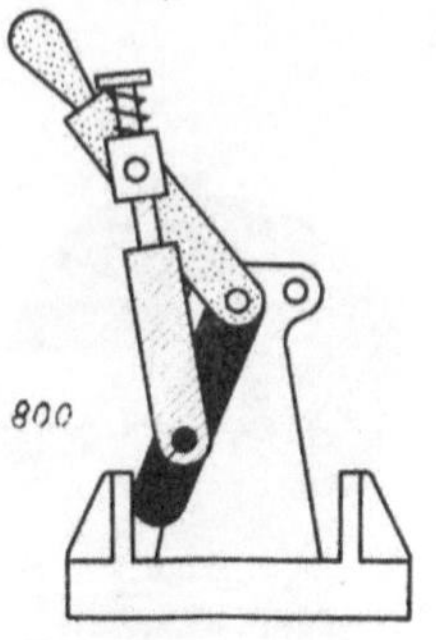 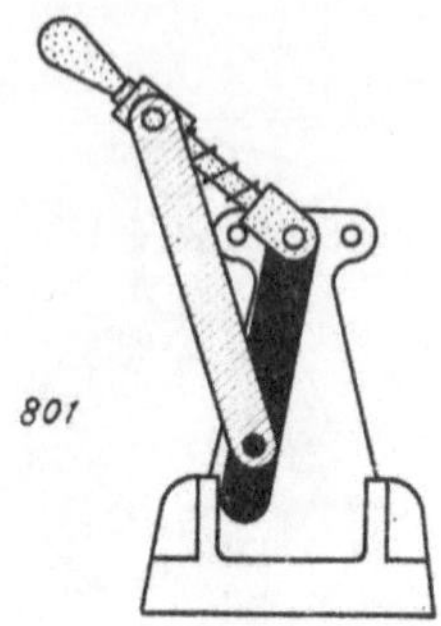

Abb. 799 bis 801. Kippsprungwerke der Geradschubkette. Kippsprungwerke entstehen aus den Kippspannwerken wie die Sperrsprungwerke aus den Sperrspannwerken.

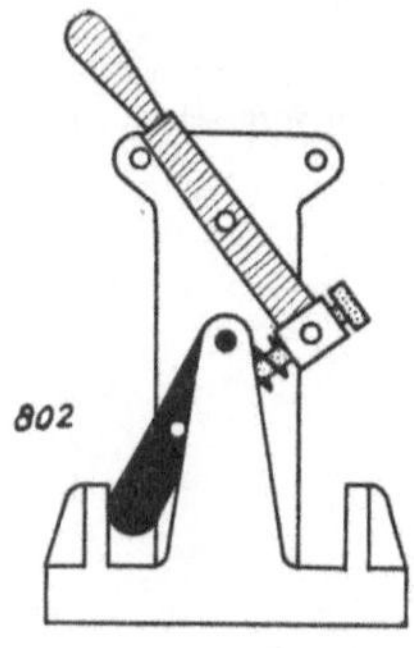 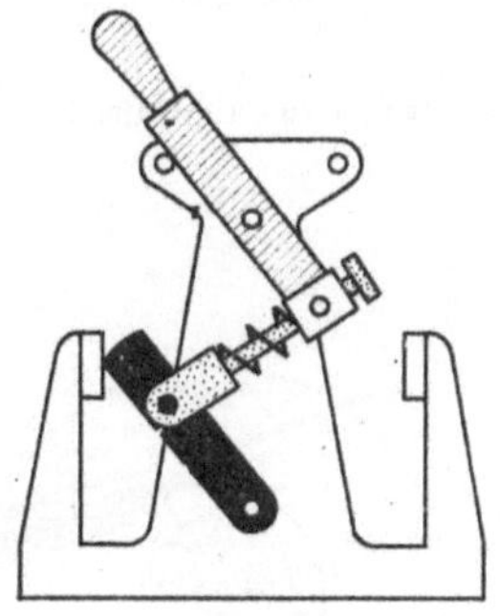

Abb. 802 u. 803. Kippsprungwerke als Weiterentwicklungen der Abb. 801. Spanner (gepunktet) und Sprungstück (schwarz) sind verschiedenartig gelagert.

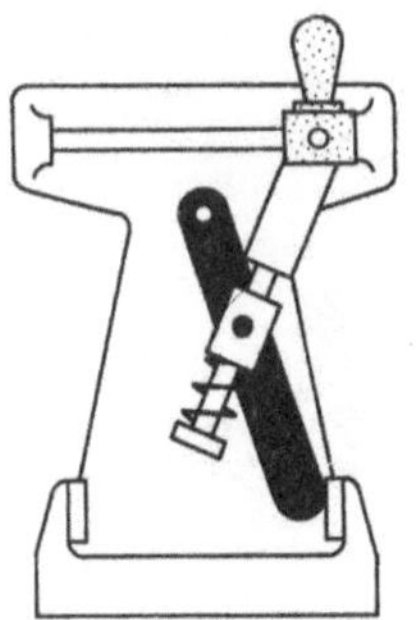 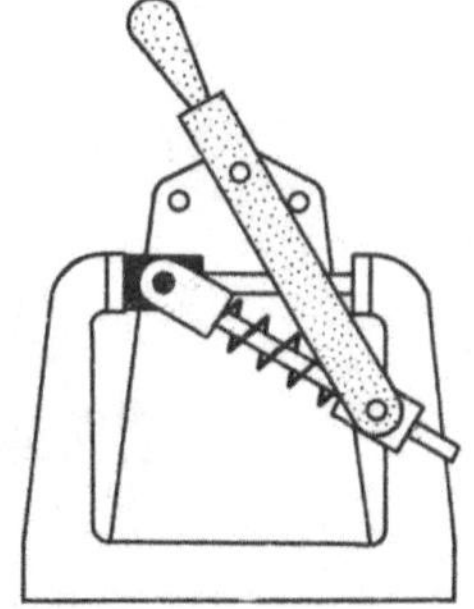 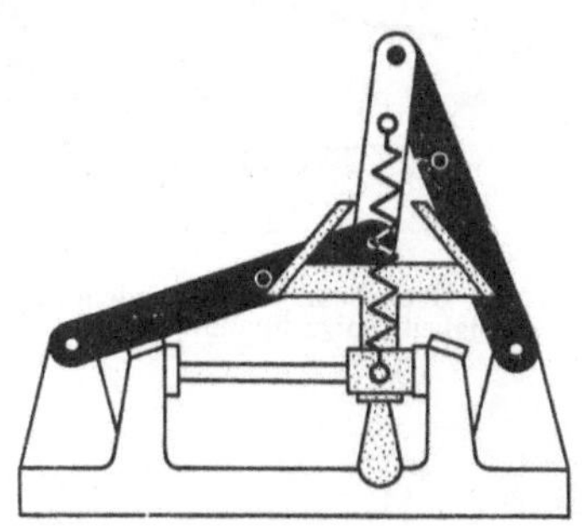

Abb. 804. Kippsprungwerk. Spanner ist geradgeführt.

Abb. 805. Kippsprungwerk. Sprungstück ist geradgeführt.

Abb. 810. Kippsprungwerk aus zusammengesetztem Getriebe. Anwendung für Momentschaltung an Ölschaltern.

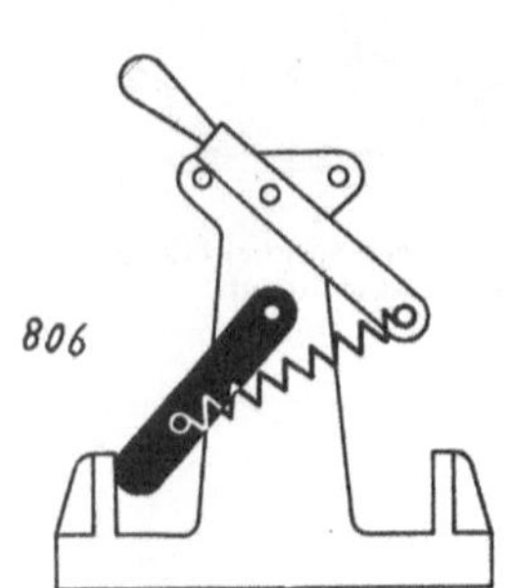 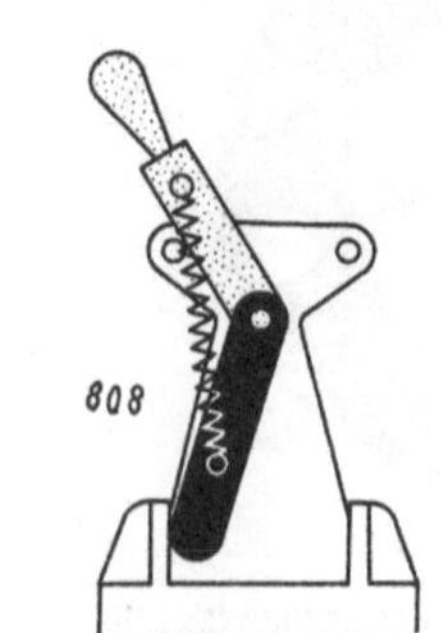 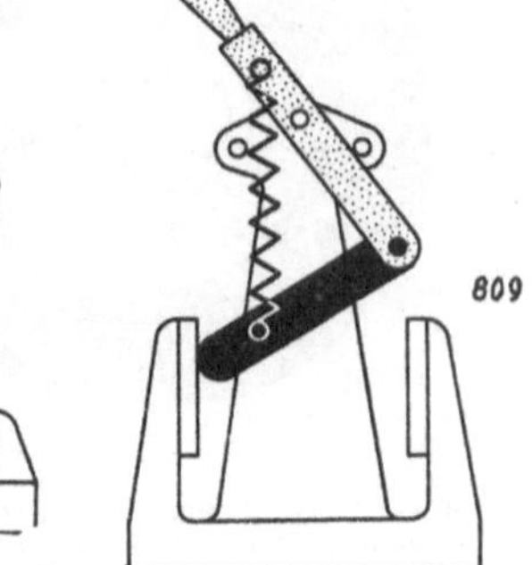

Abb. 806 bis 807. Spanner und Sprungstück sind verschiedenartig gelagert.

Abb. 808 bis 809. Spanner und Sprungstück sind gleichartig gelagert.

Text: Abschnitt 54

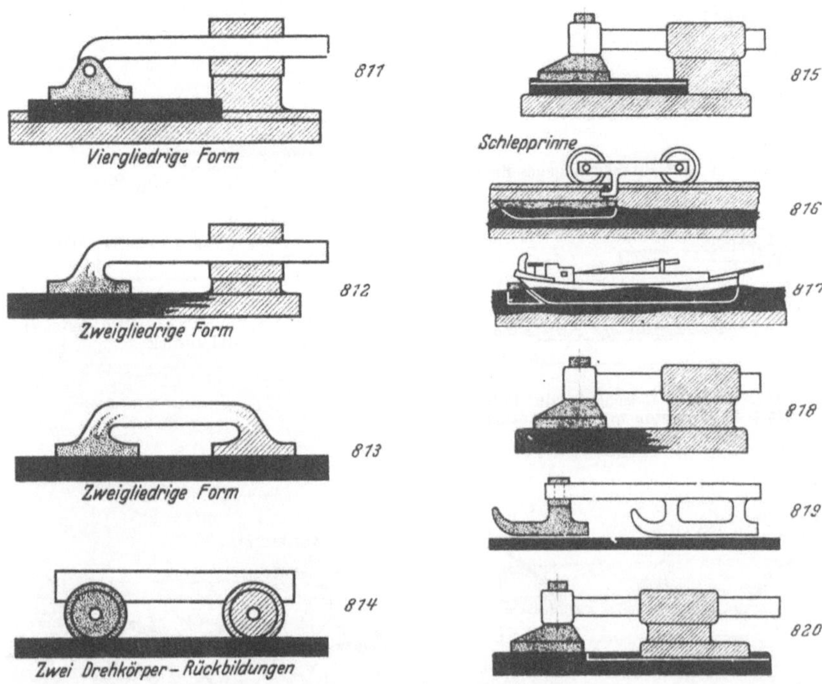

Abb. 811 bis 814. Führungsgetriebe mit waagerechter Achse des Gelenkes am 4. Glied.

Abb. 815 bis 820. Führungsgetriebe mit senkrechter Achse des Gelenkes am 4. Glied. (In Abb. 817 u. 819 als Steuerwelle am Schiff und Schlitten.)

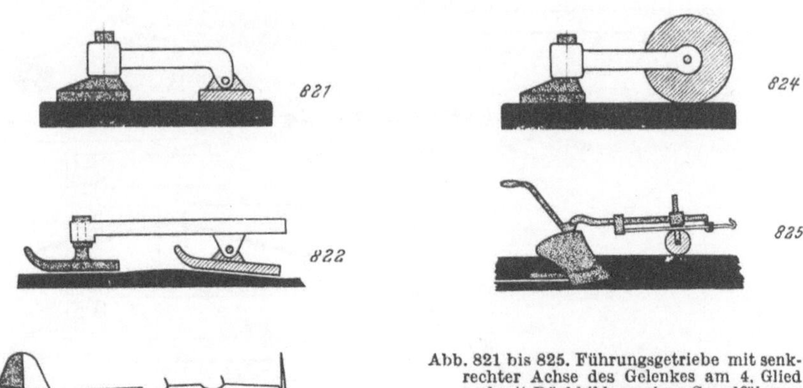

Abb. 821 bis 825. Führungsgetriebe mit senkrechter Achse des Gelenkes am 4. Glied und mit Rückbildung einer Geradführung zu einem Gelenk mit waagerechter Achse. (Anwendung: Geländegängiger Lenkschlitten (Abb. 822), Flugzeug (Abb. 823) und Pflug (Abb. 825) usw.)

Text: Abschnitt 55

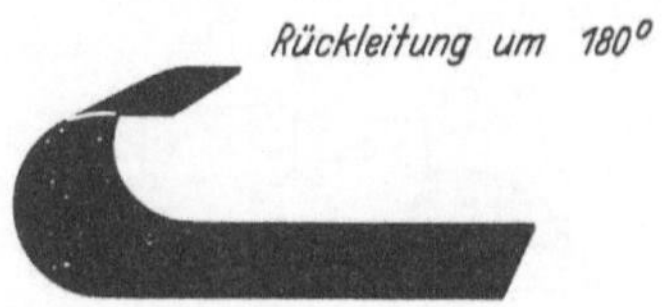

Abb. 826. Um 180° zurückgebogenes Band.

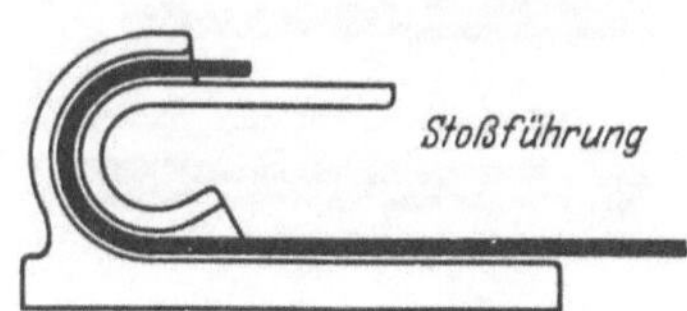

Abb. 827. Allseitig umschließende Führung
leitet ein eingestoßenes Band zurück.

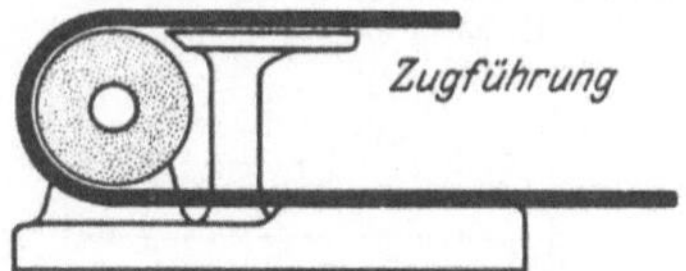

Abb. 828. Umlenkrolle (4. Glied) leitet ein
gezogenes Band zurück.

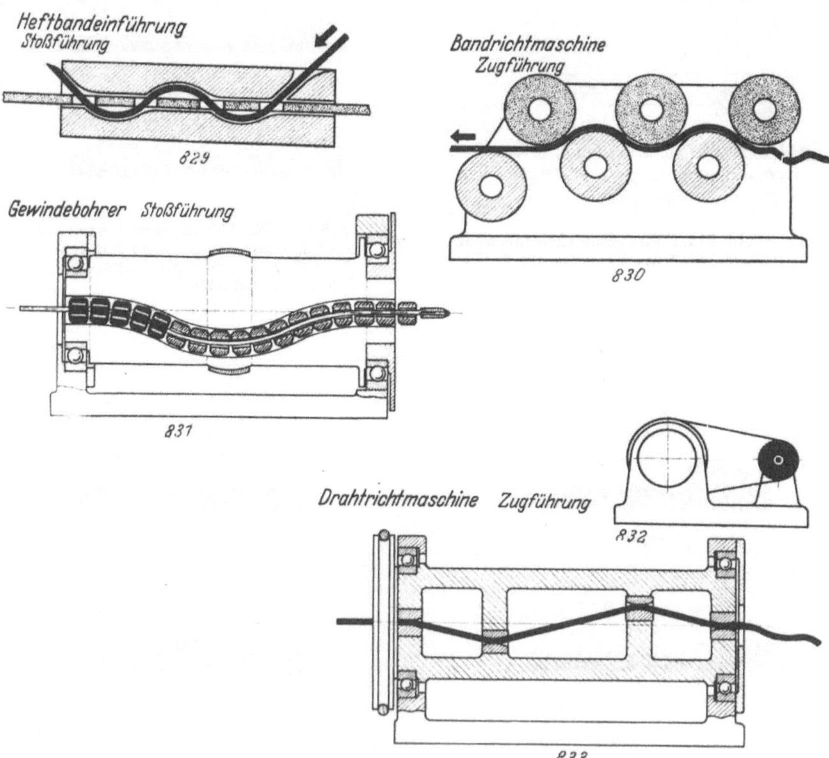

Abb. 829 u. 831. Praktische Anwendung von Stoßführungen.
Abb. 830, 832 u. 833. Praktische Anwendung von Zugführungen.
Abb. 831, 832 u. 833. Umlaufende Führungen.

Text: Abschnitt 55

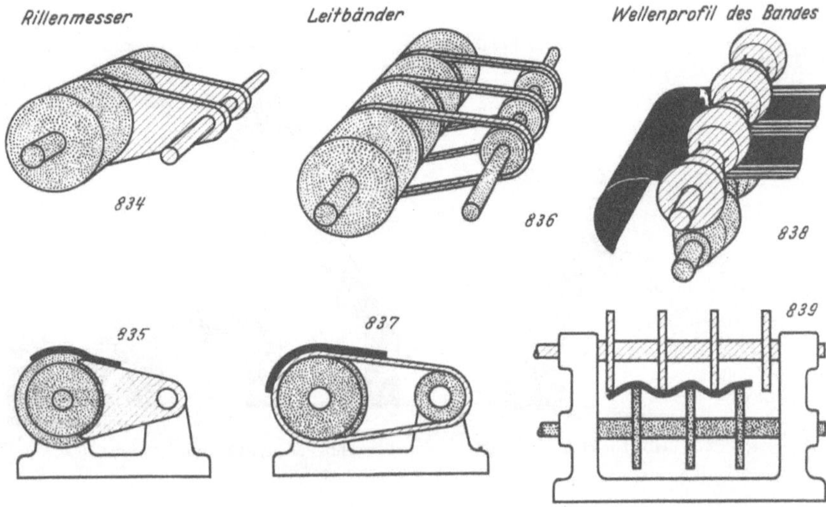

Abb. 834 u. 835. Rillenmesser zum Lösen eines Blattes von der Umleitrolle.

Abb. 836 u. 837. Leitbänder zum Ablösen wie in Abb. 834 und Weiterleiten. Drucktechnik.

Abb. 838 u. 839. Rillenwalzen zum Versteifen des Blattes zum sicheren Ablösen.

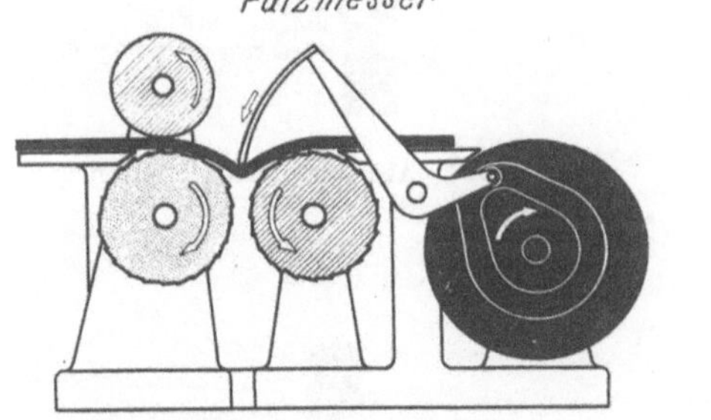

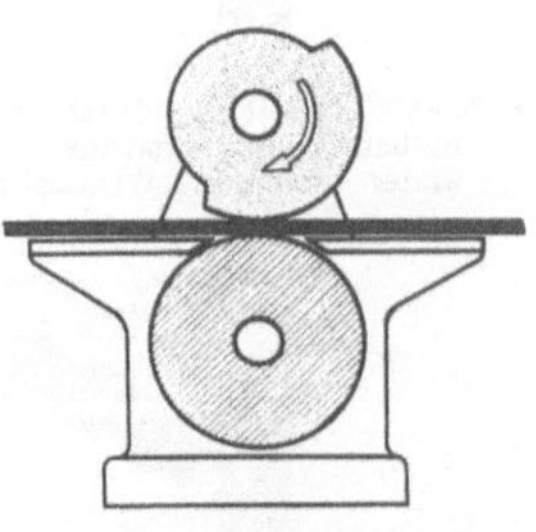

Abb. 840. Falzvorrichtung (Druckbogen) mit taktmäßig einfallendem Falzmesser.

Abb. 842. Teilweise ausgebildetes Führungsgetriebe; nicht einstellbar.

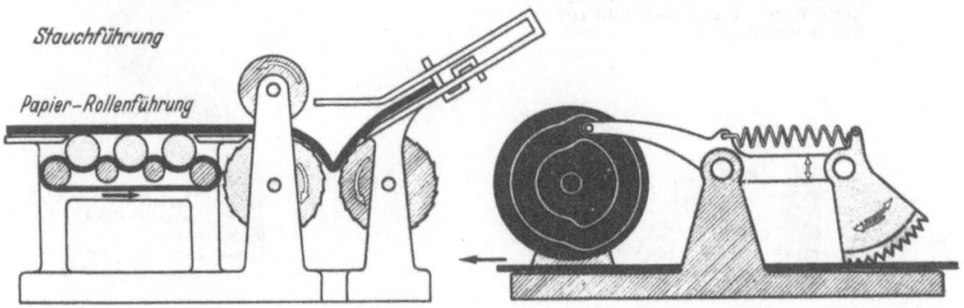

Abb. 841. Falzvorrichtung mit Stauchführung. Sehr leistungsfähig. Querfaltung (vgl. Abb. 861 bis 862).

Abb. 843. Oblatenschneider einer Tütenmaschine, einstellbar!

Text: Abschnitt 55

Abb. 844. Schraubenfläche zur
reinen Führung ungeeignet!

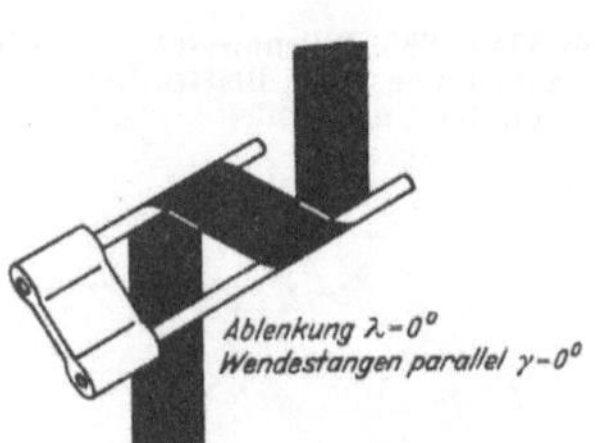

Umbiegen an der
Umlenkkante
gibt einwandfreie
Führungen ohne
gestauchte oder
gedehnte Fasern.

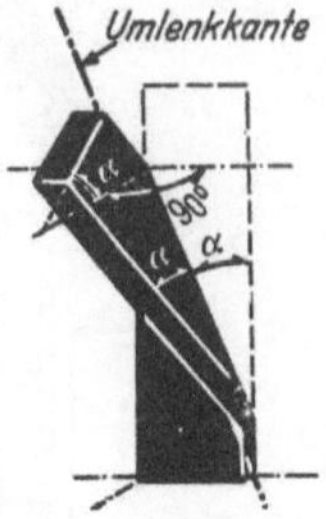

Abb. 845. Umleitung um 90°.

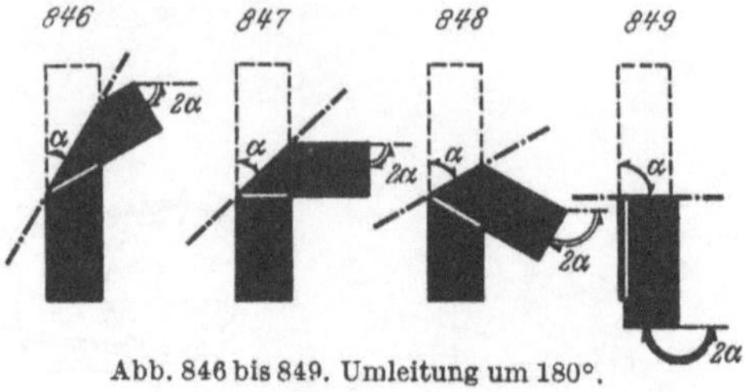

Abb. 846 bis 849. Umleitung um 180°.

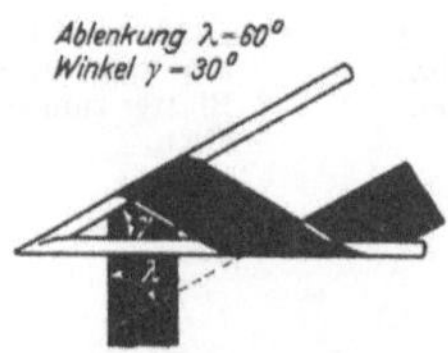

Abb. 850. Ablenkung durch zwei im
halben Ablenkungswinkel zueinander stehende Wendestangen.

Abb. 853. Ablenkung um 0°, jedoch
seitliches Verlagern des Bandes.

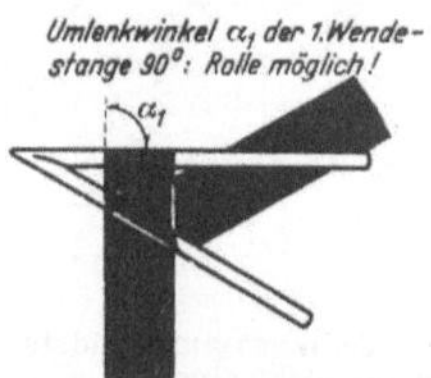

Abb. 851. Ablenkung wie in Abb. 850.
Erste Wendestange senkrecht zur
Bandanlaufrichtung.

Abb. 852. Ablenkung um 180°.

Abb. 854. Wenden des Bandes.
Drei Wendestangen.

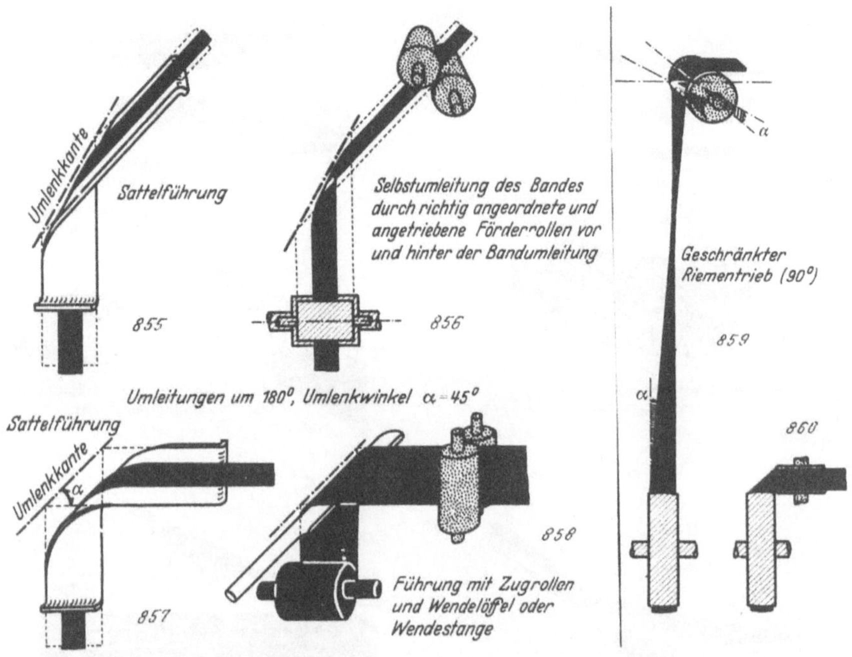

Abb. 855 bis 860. Sattelführungen, Wendelöffel, Wendestangen, Selbstumleitung des Bandes durch richtiges An- und Abführen des Bandes zum Vermeiden scharfer Umlenkkanten.

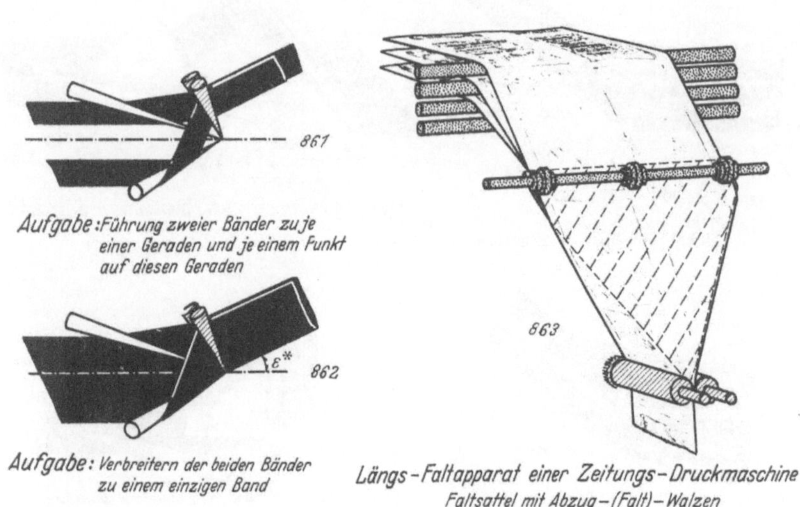

Abb. 861 bis 863. Erzeugen einer Längsfaltung (vgl. Abb. 841).

Text: Abschnitt 55

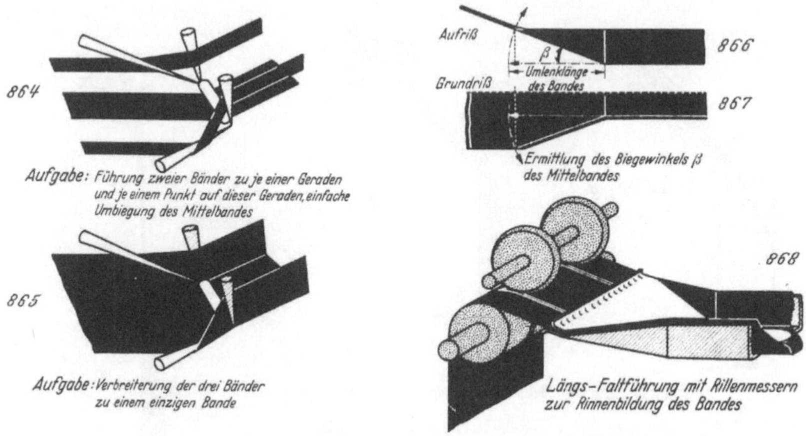

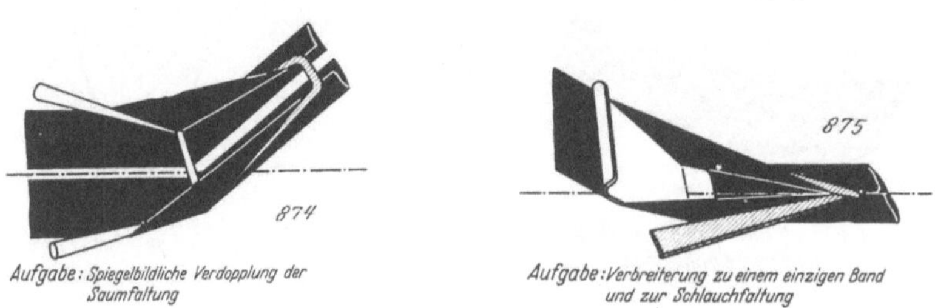

Abb. 864 bis 868 Erzeugung eines U-Profils.

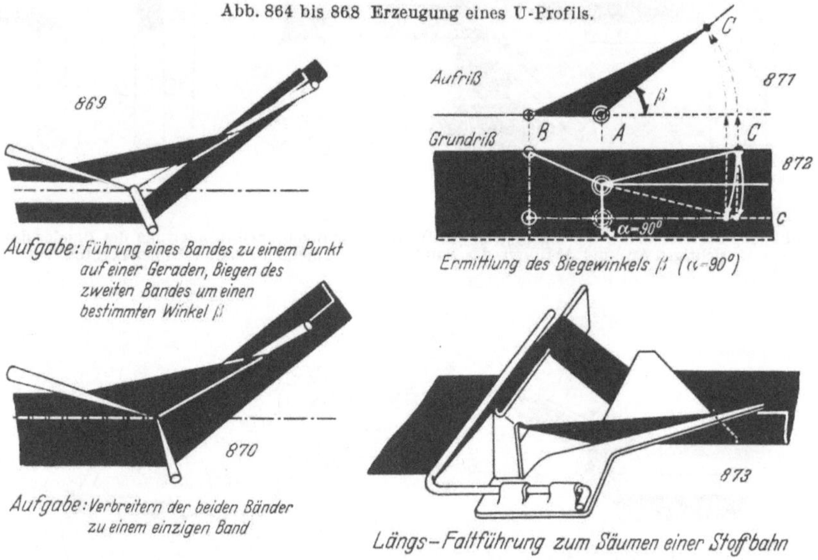

Abb. 869 bis 873. Einfalten eines Saumes. Biegewinkel β nicht vergessen!

Abb. 874 u. 875. Entstehen eines Schlauches aus zwei Saumfaltungen.

Text: Abschnitt 56, 57

Abb. 876. Strohrückleitung an einer Strohpresse. Umleitung erfolgt durch eine Stoßführung (vgl. Abb. 645). *a* Antrieb, *b* Dreschmaschine, *c* Welle der Dreschmaschine, *d* Garbeneinwurf, *e* Blattfeder (Holz) als Lenker für die Führung des Strohschüttlers, *f* Strohausfall aus der Dreschmaschine in die Presse, *g* Strohpresse, *h* Strohrückleitung, *i* gepreßtes Stroh.

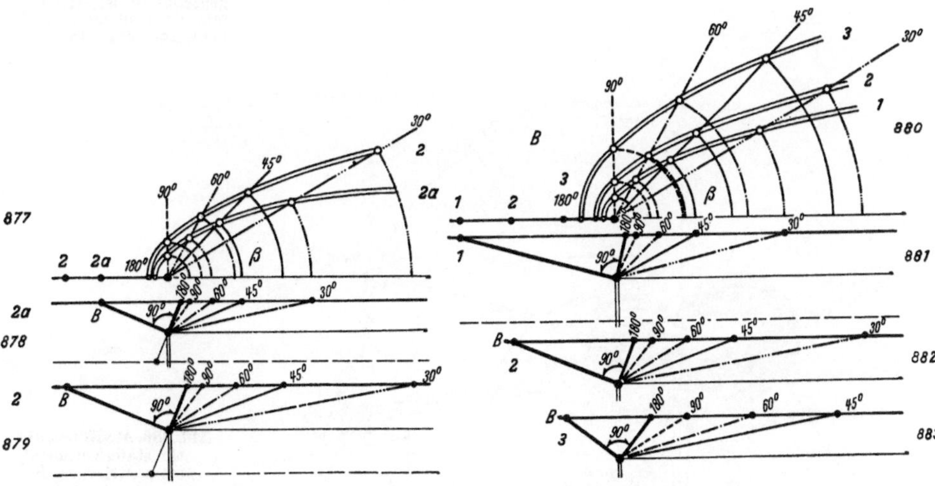

Abb. 877 bis 879. Je breiter der Saum werden soll, um so länger wird die Faltführung bei sonst gleichen Verhältnissen. (Vgl. Abb. 871 u. 872.)

Abb. 880 bis 883. Einfluß der Lage des Punktes *B* (Beginn der Faltung) auf die Länge der Führung bei gleichbleibender Saumbreite. (Vgl. Abb. 871 u. 872.)

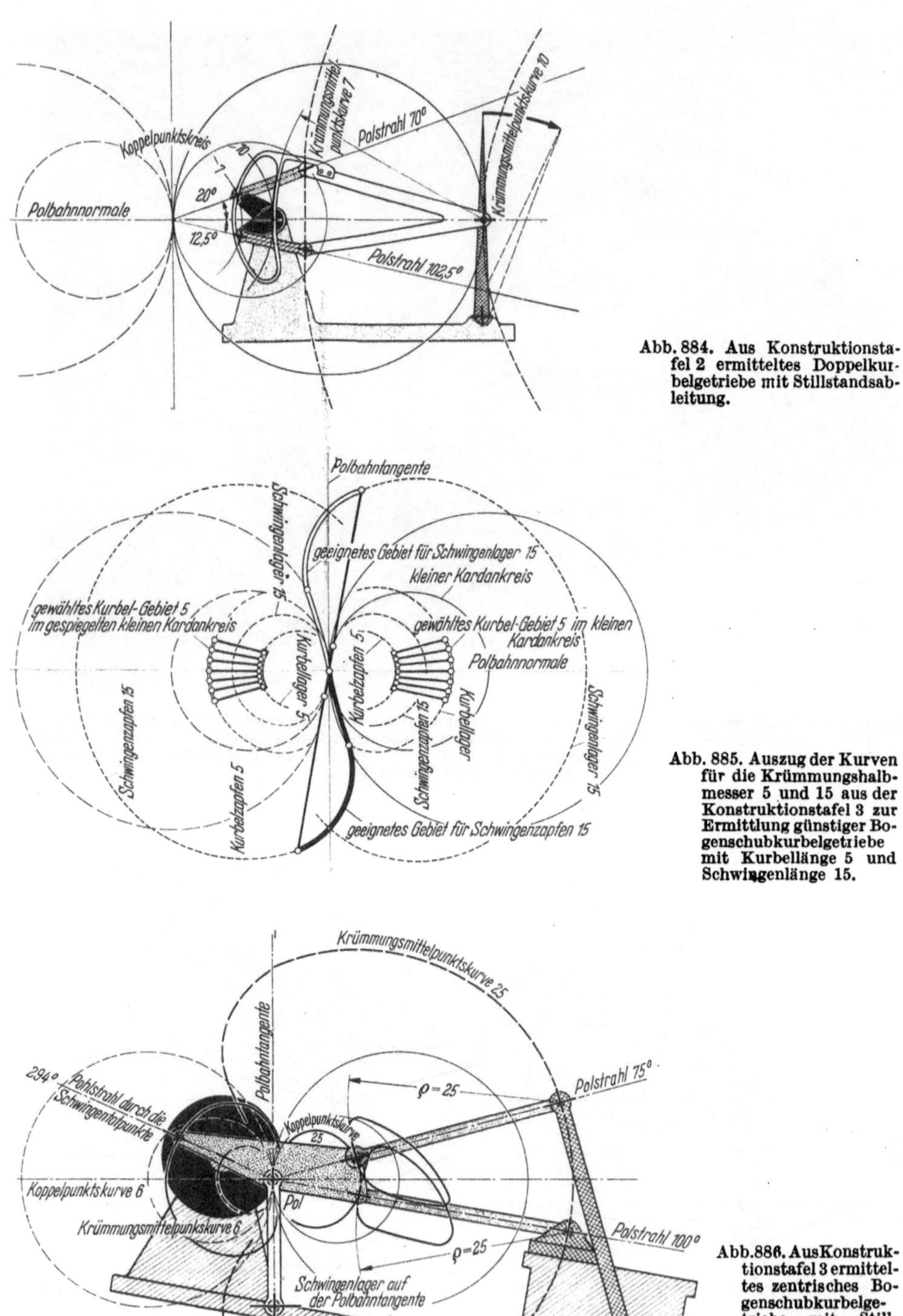

Abb. 884. Aus Konstruktionstafel 2 ermitteltes Doppelkurbelgetriebe mit Stillstandsableitung.

Abb. 885. Auszug der Kurven für die Krümmungshalbmesser 5 und 15 aus der Konstruktionstafel 3 zur Ermittlung günstiger Bogenschubkurbelgetriebe mit Kurbellänge 5 und Schwingenlänge 15.

Abb. 886. Aus Konstruktionstafel 3 ermitteltes zentrisches Bogenschubkurbelgetriebe mit Stillstandsableitung von zwei Koppelkurven mit Stillstandsbögen gleich großer Bahnkrümmungshalbmesser.

Text: Abschnitt 56, 57

Additional material from *Praktische Getriebelehre*
ISBN 978-3-642-94632-5, is available at http://extras.springer.com

EXTRA
MATERIALS